패션스타일리스트

한권으로 끝내기

시대에듀

머리말

2024 패션스타일리스트
한권으로 끝내기

21세기는 '이미지 문명'의 시대라고 말한다.

이미지의 생산과 전파기술의 발달은 이미지를 우리의 일상생활 어느 곳에서나 접할 수 있는 것으로 만들었다. 이러한 발달로 우리는 자신을 사회의 일원으로 느끼게 하는 유사한 생각이나 외모, 취향 등을 통해 심리적 안정을 찾는 동시에 타인과는 다른 자신만의 개성을 부각시키고자 하는 양면성을 지니게 되었다.

외모를 통해 전달되는 이미지는 착용하고 있는 의복은 물론 메이크업, 헤어 스타일, 가방, 신발, 액세서리 등의 종합적인 정보를 통해 타인으로 하여금 성격, 취향, 라이프스타일까지 추측하게 할 수 있다. 그리고 고정적인 미의 형태가 아닌 개인의 개성에 따라 자신의 이미지를 의복, 헤어 및 메이크업, 액세서리 등으로 다양하게 변화시킬 수도 있다.

따라서 이러한 외적인 이미지를 총괄적으로 만들고 조절할 수 있는 패션 스타일리스트의 양성이 중요한 시대가 되었다.

위와 같이 현대사회에서 중요하게 부각되는 패션 스타일링 분야의 전문가를 양성하기 위해서 본 교재는 패션스타일리스트를 위한 전문가 과정으로써 시험과 실무에 많은 도움이 되는 내용을 담고자 하였다.

제1과목
패션 트렌드 분석

패션 트렌드 분석을 하기 위해서 기본적으로 숙지해야 할 이론 위주로 정리하였다. 현대 패션모드는 20세기 패션의 흐름을 중심으로 살펴보았다. 패션문화는 각 시대별 패션 아이콘부터 하위문화의 패션스타일을 정리하였으며, 컬렉션 분석은 디자이너를 중심으로 설명하였다.

제2과목
패션 디자인 연출

패션디자인 연출을 하기 위해서 필요한 부분을 패션디자인 발상, 패션디자인 이론, 패션아이템, 액세서리 스타일링으로 나누어 다루었다. 패션디자인 발상에서는 다양한 발상법을 정리하였고, 패션디자인 이론에서는 패션디자인을 위해 필요한 요소, 원리, 패션 일러스트레이션 등을 보여주고 있다. 이와 더불어 패션아이템의 종류와 액세서리 스타일링 방법을 살펴보았다.

제3과목
색채 및 소재 코디네이션

색채 및 소재 코디네이션에 중점을 두는 장으로, 색채연구, 색채 코디네이션, 패션소재의 이해, 패션소재의 활용을 풍부한 이미지 사진과 함께 수록하여 설명하였다.

제4과목
패션 스타일링

최종 스타일링을 위한 장으로, 이미지 메이킹은 여러 방송 상황 사례별로 정리하였다. 체형별 스타일링을 제시하여 자신에게 어울리는 패션 이미지를 찾을 수 있도록 하였으며, 마지막으로 패션 비즈니스가 어떻게 이루어지고 있는지를 설명하였다.

이와 같은 정리를 통하여 이론과 실무에 있어서 후배들에게 도움이 되기를 간절히 바란다.

편저자 씀

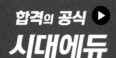
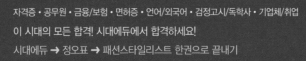

현대패션모드

1 개요

20세기가 되면서 개인주의와 자유주의가 더욱 확고해졌고 정치적으로 민주적이고 사회적인 체제가 되었다. 과학의 발달과 기계문명의 발전은 인간생활을 더욱 윤택하고 편리하게 만들었다.

제1·2차 세계대전 이후 여성이 산업의 최일선에서 근무를 하게 되면서 여성복은 우아하고 여성적인 형태보다는 실용적이고 활동하기 편한 것에 중점을 두기 시작하였다.

스커트가 짧아지고 코르셋이 거의 사용되지 않거나 단순해져 현대화된 복식으로 변하였고 서양복이 일상복으로 정착되었으며, 기성복의 품질이 향상됨에 따라 수요가 급증하여 기성복이 급속히 발달하였다. 과거에는 왕족을 중심으로 하여 유행이 발달했다면, 현대에는 대중들에 의해 선택되고, 그 선택의 요구를 미리 예측하여 디자인해주는 의상 디자이너가 배출되었다.

사회가 전세계적으로 서로 밀접해짐에 따라 디자이너들이 소비자 취향에 맞는 기성복을 디자인하였고, 각종 의류가 대량 생산되어 널리 보급되고 모든 사람이 다양한 의생활을 즐기게 되었다. 유행을 창조하는 것으로 명성을 얻은 디자이너는 단순히 상당한 수의 소비자들이 원하고 받아들이고자 하는 형태나 컬러, 소재와 스타일, 그리고 전체적인 룩을 효과적으로 표현하는 데 성공한 이들이었다.

특정한 스타일이 유행하는 것은 그 스타일이 새로운 것이든 오래된 것이든 상관없이 오로지 소비자가 그 스타일을 수용하는 시점이 되었다는 것을 의미한다.

---

③ 표시방법은 색상기호(H), 명도(V), 채도(C)의 수치에 의해 나타낸다.
④ 우리나라에서는 한국공업규격(KSA 0062)에 의해 규정한 색채교육용으로 채택된 표색계이다.

[색상, 명도, 채도의 관계]

[먼셀의 색입체 개념도]

[NCS의 색입체 모형]

[기본 10색상환]

• 계통색명 및 먼셀기호

색표	계통색명(일반색이름)	먼셀기호	색표	계통색명(일반색이름)	먼셀기호	색표	계통색명(일반색이름)	먼셀기호
	아주연한빨강	5R8/4		아주연한녹색	5G8.5/4		아주연한보라	5P8/4
	밝은회빨강	5R7/2		밝은회녹색	5G7.5/2		밝은회보라	5P7.5/2
	회빨강	5R5/2		회녹색	5G5.5/2		회보라	5P5/3
	어두운회빨강	5R2.5/2		어두운회녹색	5G3/2		어두운회보라	2.5P2/2
	연한빨강	5R6.5/8		연한녹색	5G7/6		연한보라	5P6.5/5
	칙칙한빨강	5R6/6		칙칙한녹색	5G5/5		칙칙한보라	5P4/6
	어두운빨강	5R3/5		어두운녹색	5G3.5/5		어두운보라	5P3/6
	밝은빨강	5R6/10		밝은녹색	5G6.5/9		밝은보라	5P5.5/10
	빨강	5R4/14		녹색	5G5/10		보라	5P4/10
	짙은빨강	5R3.5/10		짙은녹색	5G4/8		짙은보라	5P3/10
	해맑은빨강	5R4/14		해맑은녹색	5G6.5/11		해맑은보라	5P/10
	아주연한주황	5YR8.5/3		아주연한청록	5BG8.5/3		아주연한자주	5RP8.54/
	밝은회주황	5YR7.5/2		밝은회청록	5BG7.5/2		밝은회자주	5RP7.5/2
	회주황	5YR5.2/2		회청록	5BG5.5/2		회자주	5RP5/2
	어두운회주황	5YR2/2		어두운회청록	5BG3/2		어두운회자주	5RP2.5/2

이렌느 캐슬과 그녀의 남편은 볼룸댄스로 유명한 부부댄서였다. 이들은 새로운 기교작인

춤으로 젊은이들을 열광시켰고 그녀의 단발머리와 패션 스타일 역시 곧바로 대중들에 의해 유행되었다.

마타하리(Mata Hari)

댄서이자 제1차 세계대전 당시 독일측 스파이로 활약한 네덜란드 출신의 마타하리는 1900

년대 초부터 파리에서 반나체로 인도네시아식의 춤을 추어 최고의 인기를 누렸다.

> ### 시대별 여성복 실루엣의 변화
>
> - 1910년대 : 하이 웨이스트(High Waist) 실루엣
> - 1920년대 : 로 웨이스트(Low Waist) 실루엣
> - 1930년대 : 아워글라스 웨이스트(Hourglass Waist) 실루엣
> - 1940년대 : 아워글라스 웨이스트 실루엣

사건 키워드 : 금주법, 아르데코, 밀조주, 브로드웨이 – 쇼보트(Show Boat), 할렘이 코튼클럽

① 1914년에 제1차 세계대전이 일어나자 여성들은 남성을 대신하여 사회에 진출하였다.

② 여성들의 사회 진출과 함께 스포츠를 즐기면서 의복에서도 합리성과 기능성을 추구하는 양상이 나타났고, 단발머리 스타일이 크게 유행하였다.

사건 키워드 : 20세기, 낙관주의, 벨 에포크

① 사회 · 문화적 배경을 살펴보면 19세기 말은 지식층들이 새로운 세기를 향해 카운트다운을 시작하고 무엇인가에 대한 결정적인 종말, 즉 세기의 종말에 참여한 시기였다.

② 일부 사람들은 '퇴폐적'이었고, 주색에 빠지거나 전략했으며 자살을 하는 사람도 있었다. 이러한 데카당스 분위기를 뒤로 하고 20세기가 시작되었다.

③ 20세기 초로 접어들면서 낙관주의와 희망이 세계를 지배하고 벨 에포크, 즉 ～～～ 간이 도래한다.

④ 예술과 과학의 발달은 자동차, 영화, 의류산업의 발달을 가져왔고 이와 함께 ～～～～

⑤ 그러나 1914년에 발발한 제1차 세계대전은 전례 없는 대규모의 파괴를 초래

---

01 다음 설명이 뜻하는 패션 용어는?

> 보편화되기 이전 상태의 첨단적인 유행. 디자이너가 발표한 창작 디자인 혹은 독점디자인을 말하며, 그중에서도 제한된 수의 패션 선도자들에 의해 채택되어 유행단계상 초기단계에 있는 상태를 말한다.

① 오뜨꾸뛰르   ② 하이패션

③ 클래식   ④ 보 그

해설
- 오뜨꾸뛰르 : 고가이며 작품성이 강한 고급 수제옷
- 하이패션(High Fashion) : 최신유행을 의미하며, 실용적이기 보다는 새로운 영감의 근원
- 클래식 : 고전적인, 고풍스러운 등의 의미로 오랜 세월이 흘러도 스타일이 변하지 않는 특징
- 보그 : '패션'이란 뜻의 프랑스 용어로 가장 광범위하게 퍼져 있는 유행의 의미

02 20세기 초 니트 재킷, 누빔 코트, 주름 치마, 저지 드레스 등 실용적인 스타일을 발표하여 여성복의 현대화에 가장 많은 영향을 끼친 디자이너는?

① 크리스토발 발렌시아가   ② 가브리엘 샤넬

③ 랄프로렌   ④ 크리스찬 디올

추가개념 BOX

더 깊이 있게 배워보자!

- 이론 외 부수적인 정보를 수록했습니다.
- 다채로운 추가개념을 통해 자세하게 학습할 수 있습니다.

형광펜 처리

중요한 건 밑줄 쫙!

- 중요한 키워드나 개념에 형광펜 처리를 하였습니다.
- 핵심 중의 핵심을 집중적으로 암기해보십시오.

출제예상문제

이론부터 실전까지!

- 각 과목마다 출제예상문제를 수록했습니다.
- 문제를 풀며 실전 분위기를 느껴보십시오.

자격시험 안내 INFORMATION

패션스타일리스트란?

스타일리스트의 사전적 의미는 멋을 중시하는 사람이다. 고도 경제 성장에 따른 생활 수준의 질적 향상과 더불어 개인의 미학적 욕구가 높아지고 이를 충족시키기 위한 결과로 패션에 대한 관심이 고조되고 있다. 전문화되고 다원화되고 있는 오늘날의 사회는 패션 분야에서도 각 영역의 전문가를 요구하고 있다. 무(無)의 상태에서 어떤 영감을 가지고 새로운 의상을 창조해내는 전문가를 의상디자이너라고 한다면, 패션 감각을 기본으로 새로운 트렌트를 분석하여 독창적인 콘셉트로 새로운 이미지와 스타일을 창출해내는 사람을 패션스타일리스트라고 한다.

시행처

사단법인 한국직업연구진흥원(www.kivd.or.kr)

응시자격

❶ 1차(이론) : 학력, 경력, 나이 제한 없음
❷ 2차(실무) : 1차(이론) 합격자로서 연이어 실기 3회 이내의 응시자

시험과목

구 분	과 목	출제 문항수	비 고
1차(이론)	패션 트렌드 분석	각 15문항 (총 60문항)	객관식 4지선다형 / 50분
	패션디자인 연출		
	색채 및 소재 코디네이션		
	패션 스타일링		
2차(실무)	스타일리스트 실무	6문항	기술형 + 작업형 / 3시간

합격기준

구 분	합격기준	비 고
1차 객관식 시험	60점 이상(절대평가)	1차, 2차 각 60점 이상 시 합격
2차 실기 시험	기술형 40점, 작업형 60점 60점 이상 합격(절대평가)	2차 실기 시험 불합격 시 다음 회차에 2차 시험만 응시 가능(3회 한함)

출제기준

구 분	과목명	문 항	주요항목	
1차(이론)	패션 트렌드 분석	15	• 현대패션모드 • 복식문화사	• 컬렉션 분석
	패션디자인 연출	15	• 디자인발상 • 패션디자인	• 패션아이템
	색채 및 소재 코디네이션	15	• 색채연구 • 소재 기획	• 색채 코디네이션 • 소재 코디네이션
	패션 스타일링	15	• 패션테마 스타일링 • 액세서리 스타일링	• 이미지 메이킹 • 패션 비즈니스
2차(실무)	스타일리스트 실무	6	• 패션테마 스타일링 기획(4문항) • 패션 스타일링 맵 작성(2문항)	

시험일정

구 분		원서접수	시험일	합격자 발표
제82회	1차	23.12.07~23.12.17	24.01.13	24.01.19
	2차	24.01.19~24.01.28	24.02.17	24.03.08
제83회	1차	24.02.05~24.02.18	24.03.09	24.03.15
	2차	24.03.15~24.03.24	24.04.20	24.05.10
제84회	1차	24.04.25~24.05.05	24.05.25	24.05.31
	2차	24.05.31~24.06.09	24.07.06	24.07.26
제85회	1차	24.07.04~24.07.14	24.08.03	24.08.09
	2차	24.08.09~24.08.18	24.09.07	24.09.27
제86회	1차	24.09.05~24.09.18	24.10.05	24.10.11
	2차	24.10.11~24.10.20	24.11.16	24.12.06
제87회	1차	24.12.05~24.12.15	25.01.04	25.01.10
	2차	25.01.10~25.01.19	25.02.15	25.03.07

※ 시험일정은 변경될 수 있으므로, 자세한 내용은 한국직업연구진흥원 홈페이지에서 확인하시기 바랍니다.

이 책의 목차 CONTENTS

FASHION STYLIST

1 과목

패션 트렌드 분석

FASHIONSTYLIST

패션 트렌드 분석

현대패션모드

1 개 요

20세기기 되면서 개인주의와 자유주의가 더욱 확고해졌고 정치적으로 민주적이고 사회적인 체세가 되었다. 과학의 발달과 기계문명의 발전은 인간생활을 더욱 윤택하고 편리하게 만들었다.

제1 · 2차 세계대전 이후 여성이 산업의 최일선에서 근무를 하게 되면서 여성복은 우아하고 여성적인 형태보다는 실용적이고 활동하기 편한 것에 중점을 두기 시작하였다.

스커트가 짧아지고 코르셋이 거의 사용되지 않거나 단순해져 현대화된 복식으로 변하였고, 서양복이 일상복으로 정착되었으며, 기성복의 품질이 향상됨에 따라 수요가 급증하여 기성복이 급속히 발달하였다. 과거에는 왕족을 중심으로 하여 유행이 발달했다면, 현대에는 대중들에 의해 선택되고, 그 선택의 요구를 미리 예측하여 디자인해주는 의상 디자이너가 배출되었다.

사회가 전세계적으로 서로 밀접해짐에 따라 디자이너들이 소비자 취향에 맞는 기성복을 디자인하였고, 각종 의류가 대량 생산되어 널리 보급되고 모든 사람이 다양한 의생활을 즐기게 되었다. 유행을 창조하는 것으로 명성을 얻은 디자이너는 단순히 상당한 수의 소비자들이 원하고 받아들이고자 하는 형태나 컬러, 소재와 스타일, 그리고 전체적인 룩을 효과적으로 표현하는 데 성공한 이들이었다.

특정한 스타일이 유행하는 것은 그 스타일이 새로운 것이든 오래된 것이든 상관없이 오로지 소비자가 그 스타일을 수용하는 시점이 되었다는 것을 의미한다.

패션은 그림이나 조각, 그리고 다른 형태의 예술처럼 그 시대의 취향과 가치를 기록하며, 사회 심리적 현상으로서 사람이 생각하고 살아가는 방식을 반영한다.

2 20세기의 패션 경향

① 패션은 사람이 생각하고 살아가는 방식을 반영하며, 따라서 어떤 사회에 작용하는 동일한 환경적인 힘에 의해 영향을 받는다.

② 모든 패션은 각 시대에 충분히 적합해 보이며 그 시대의 다른 어떤 상징도 하지 못하는 시대 정신을 반영한다.

③ 21세기에 들어와 다양한 매체를 통한 신속한 패션 정보의 전달은 우리의 패션사를 양적 · 질적으로 크게 변화시키고 있다.

3 대중스타와 미디어

① 대중스타는 대중문화에 종사하는 사람들로서 패션에 있어서 선도적인 역할을 하며, 탤런트, 가수, 영화배우, 스포츠 선수 등의 스타들과 우상, 극단적인 열광의 대상, 놀라울 정도의 매력적인 인물, 패션 디자이너, 전문직종의 유명인 등으로 구성되어 있다.

② 이들은 패션리더로서 창의적이고 새로운 모험을 즐기는 사람들이며, 일반인들에게 강력한 영향력을 행사한다.

③ 자본주의 사회의 대중문화는 흔히 '스타의 문화'라 일컬어진다. 스타의 옷차림이나 행동을 모방하며 그들이 만들어내는 이미지와 기호들이 특정한 담론을 형성하고 있어 고부가가치를 지닌다.

④ 스타들은 패션의 발생지이고, 그들과 같아지고자 하는 이들을 유혹하는 상업적인 마케팅 도구이자 유혹의 도구이다.

⑤ 스타들이 사용하는 모든 것은 미디어를 접하는 모든 대중에게 정보로 다가가게 된다. 이러한 정보를 접하는 대중들은 특히, 자신이 열광하는 스타라면 더욱 그들과 같아지고 싶은 욕구를 가지게 된다.

⑥ 대중스타들의 영향력은 매우 크며, 이런 영향력을 전달해주는 수단은 매스미디어, 인터넷, 패션지 등으로 전파력이 빠르고 동시에 많은 사람들에게 접근할 수 있는 특징을 갖고 있다.

⑦ TV는 스타를 양산해낼 수밖에 없으며, 그 생산 주기는 매우 빨라진다. TV 스타의 '신비감'은 어쩌면 그렇게 빨리 스타가 될 수 있는 것인지 그 비결에 관한 신비감이라고 해도 과언이 아니다.

⑧ 스타는 이미지 문화를 만들고 대중문화 속의 스타는 자본주의 문명의 특산품이며, 동시에 신화와 종교의 측면에서 표현되는 깊은 인간학적 욕구에 대응하는 것이다.

⑨ 스타는 대중의 강렬한 호응을 받는 인물이므로 흥행에 결정적인 변수가 된다.

20세기 대중스타와 사회적 배경

1 1900년대

사건 키워드 : 20세기, 낙관주의, 벨 에포크

① 사회·문화적 배경을 살펴보면 19세기 말은 지식층들이 새로운 세기를 향해 카운트다운을 시작하고 무엇인가에 대한 결정적인 종말, 즉 세기의 종말에 참여한 시기였다.

② 일부 사람들은 '퇴폐적'이었고, 주색에 빠지거나 전락했으며 자살을 하는 사람도 있었다. 이러한 데카당스 분위기를 뒤로 하고 20세기가 시작되었다.

③ 20세기 초로 접어들면서 낙관주의와 희망이 세계를 지배하고 벨 에포크, 즉 좋은 시절이라고 불리는 기간이 도래한다.

④ 예술과 과학의 발달은 자동차, 영화, 의류산업의 발달을 가져왔고 이와 함께 여성의 권익도 신장되었다.

⑤ 그러나 1914년에 발발한 제1차 세계대전은 전례 없는 대규모의 파괴를 초래하였다.

[S Curve Style의 드레스, 1890]

[아르누보 시대의 모자]

 대표 아이콘

안나 파블로바(Anna Pavlova)

발레리나 안나 파블로바는 1907년부터 유럽 여러 나라에서 공연하였으며, 1909년 파리에서 창단한 발레 루스의 일원으로 세계적인 명성을 얻었으나 단 한 시즌만을 함께 공연하고 발레단을 떠났다. 1913년 자신이 발레단을 조직한 후 미국에 발레라는 예술을 대중에게 소개하였으며, 선풍적인 인기를 끌었다. 그녀는 새로운 것에 많은 관심을 나타냈는데, 당시 모던 댄스의 선구자인 이사도라 던컨을 가장 먼저 인정했다.

이사도라 던컨(Isadora Duncan)

'모던 댄스의 개척자'라 불리는 미국 태생의 이사도라 던컨은 무용의 역사를 바꾸었을 뿐만 아니라 무용에 대한 관객의 개념까지 변화시켰다. 이사도라는 무대 위에서 얻어지는 즉흥적인 생각만으로 춤추지 않았고 옷감 선택에서부터 의상제작, 배경활동 등 모두를 세밀하게 준비하였다. 그녀는 모든 속박을 깨뜨리는 인간의 가능성을 보여준 화려한 실례로서 대중의 상상력을 끊임없이 뒤흔들어 놓았다. 그녀는 활동적이고 주체성이 강한 여성이면서 자신의 일을 수행해나가는 데 타협을 몰랐던 여성의 표본으로 평가되고 있다.

[안나 파블로바(Anna Pavlova)]　　　　[이사도라 던컨(Isadora Duncan)]

2　1910년대

사건 키워드 : 발레, 기능주의, 대량 생산, 중산층 여성, 제1차 세계대전

① 1900년대(1905~1911)에는 라이트형제가 첫 비행을 성공시켰고, 거대한 타이타닉호의 침몰, 러시아 발레단의 출연으로 인한 파리 문화계의 지각변동 등이 패션의 변화를 부추겼다.

② 1910년, 러시아 발레단의 파리공연이 하나의 문화적 이벤트로 공연되는 동안, 패션 디자이너들은 움직임, 드라마, 볼거리가 어떻게 의상을 돋보이게 할 수 있는지를 보았다.

③ 이 공연은 유명한 발레리노 니진스키(Nijinsky)의 첫 해외공연이었을 뿐만 아니라 유럽관객들이 레온 박스트(Leon Bakst)의 실험적 의상과 무대세팅을 처음으로 본 공연이었다.

④ 이 한 작품이 화려한 색조의 동양풍 보석으로 치장된 의상과 함께 관객에게 끼쳤던 영향은 역사상 유례를 찾아볼 수 없을 만큼 컸다.

⑤ 폴 푸아레의 이국적인 컬렉션은 훨씬 더 인기를 끌었지만, 이보다 더 중요한 것은 발레가 여러 예술 분야에 영향을 끼쳤다는 점이었다.

⑥ 러시아 발레단은 '문화의 촉매제'가 되었고, 더 나아가 비평가들은 무엇부터 칭송해야 할지 결정하는 것조차도 어렵다고 평가했다.

⑦ 예술 분야에서도 아르누보 양식에 이어 새로운 양식, 즉 야수파, 입체파, 미래파, 신조형주의 아르데코, 바우하우스 등이 강한 색채와 기하학적 단순한 선을 강조해 기계적 생산방식을 따르는 기능주의를 강조하게 되었다.

⑧ 이러한 예술·문화계의 영향 하에 패션은 폴 푸아레(Paul Poiret)를 중심으로 화려한 색상의 동양풍, 그리스풍의 직선적(H-line)·기능적, 단순한 스타일이 나타나기 시작하여 대량 생산이 가능한 패션의 현대화를 가져왔다.

⑨ 남성복에서 영향을 받은 테일러드 슈트가 여성적인 호블 스커트와 공존하였다.

⑩ 제1차 세계대전이 일어나기 전까지 좋은 시절로 상징되는 '벨 에포크(Belle Epoque) 시대'에는 러시아 발레단의 파리공연을 계기로 동양풍의 화려한 디자인이 주를 이루었다.

⑪ 19세기 패션은 중산층 여성을 위한 것이었다. 이 패션의 핵심코드는 '어떻게 하면 그녀들의 무위도식 하는 지위를 잘 드러내느냐'였다.

⑫ 전쟁이 끝나는 시기를 기점으로 여성복은 단순하면서 활동성이 있는 실용적인 직선의 실루엣으로 변했다.

　㉠ 일하는 여성이 품위 있고 아름답게 입을 수 있는 의상의 전범이 없었던 만큼, 이들은 스스로 자신들에게 어울리는 패션을 찾아야 했다.

　㉡ 따라서 여성들은 코르셋에서 벗어났으며 하이 웨이스트(High Waist) 실루엣, 하렘 팬츠, 호블 스커트가 유행하였다.

　㉢ 하렘 팬츠나 호블 스커트 위에 둥근 오버 스커트를 입는 미나렛(Minaret) 스타일도 새로운 스타일로 등장하였다.

[미나렛 스타일]

[1910년대 스타일]

[니진스키(Nijinsky)]

[레온박스트(Leon Bakst)]

[폴 푸아레 디자인]

대표 아이콘

메리 피포드(Mary Pickford)

미국 영화사상 첫번째 스타였다. 그녀는 16세 때 영화를 시작했고 세계의 연인이라 불리울 만큼 큰 인기를 누렸다. 그녀의 소녀답고 귀여운 패션과 헤어스타일은 많은 소녀들의 모방의 대상이 되었다.

이렌느 캐슬(Irene Castle)

이렌느 캐슬과 그녀의 남편은 볼룸댄스로 유명한 부부댄서였다. 이들은 새로운 기교적인 춤으로 젊은이들을 열광시켰고 그녀의 단발머리와 패션 스타일 역시 곧바로 대중들에 의해 유행되었다.

마타하리(Mata Hari)

댄서이자 제1차 세계대전 당시 독일측 스파이로 활약한 네덜란드 출신의 마타하리는 1900년대 초부터 파리에서 반나체로 인도네시아식의 춤을 추어 최고의 인기를 누렸다.

시대별 여성복 실루엣의 변화

- 1910년대 : 하이 웨이스트(High Waist) 실루엣
- 1920년대 : 로 웨이스트(Low Waist) 실루엣
- 1930년대 : 아워글라스 웨이스트(Hourglass Waist) 실루엣
- 1940년대 : 아워글라스 웨이스트(Hourglass Waist) 실루엣

---

3 1920년대

사건 키워드 : 금주법, 아르데코, 밀조주, 브로드웨이 – 쇼보트(Show Boat), 할렘의 코튼클럽

① 1914년에 제1차 세계대전이 일어나자 여성들은 남성을 대신하여 사회에 진출하였다.

② 여성들의 사회 진출과 함께 스포츠를 즐기면서 의복에서도 합리성과 기능성을 추구하는 양상이 나타났고, 단발머리 스타일이 크게 유행하였다.

③ 재즈 열풍

　　㉠ 전후의 회복기가 되자 삶을 즐기려는 태도와 함께 재즈 열풍이 일어났다.

　　㉡ 재즈 댄스는 여성의 스커트 길이를 무릎 위로 올려놓았는데, 이것은 여성의 지위가 향상됨에 따라 자유생활을 하게 되었음을 의미한다.

④ 복 식

　　㉠ 복식에서는 스포츠를 즐기고, 젊음을 강조하는 스트레이트 박스 실루엣(Straight Box Silhouette)으로 웨이스트의 길고 슬림한 플래퍼(Flapper) 스타일, 가르손느(Garconne) 스타일로 나타났다.

ⓛ 이 시대의 패션을 주도한 디자이너로는 샤넬(Chanel), 비오넷(Vionnet), 파투(Patou)를 들 수 있으며, 그 밖에도 많은 디자이너들이 나타나 프랑스 봉제업계와 뉴욕의 의류 대량 생산 및 매매업을 발전시켰다.

⑤ 굿 올드 데이즈(Good Old Days)

ㄱ 미국인들에게 1920년대는 굿 올드 데이즈(Good Old Days)이다.

ㄴ 전쟁의 폐허에서 벗어난 거리에는 영화스타, 문학, 재즈, 자동차가 넘쳤고 격렬한 춤인 찰스턴이 유행하면서 파격적인 의상스타일을 등장시켰다.

ㄷ 영화 감상은 대중에게 가장 인기 있는 오락이었고 젊은 여성들은 자기가 좋아하는 배우를 열렬히 모방하였으므로 유명배우의 의상과 헤어스타일은 복식의 유행을 주도하였다.

ㄹ 헤어스타일에도 변화가 나타났다. 아르누보의 풍성한 헤어스타일은 사라지고 짧은 헤어스타일이 등장했다.

ㅁ 남성들만의 권리였던 짧은 머리를 여성들이 한 것은 훨씬 자주적이고 자의식이 강한 새로운 유형의 여성이 등장했음을 말해준다.

ㅂ 이러한 패션과 머리 형태에 대해 사회의 비판과 압력도 거셌지만, 많은 젊은 여성들이 새로운 스타일에 참여한 것은 그만큼 여성의 힘이 커졌음을 의미한다.

[가르손느(Garconne) 스타일, 1926]

[Fashion Sourcebook - 1920s(Fiell Fashion Sourcebooks)]

플래퍼(Flapper) 스타일	• '말괄량이'라는 의미로, 특히 1920년대의 첨단패션을 입은 여성을 말한다. • 복장, 행동 등에서 관습을 깨뜨리고 유행에 열중하여 소매 없는 의복, 짧은 머리의 차림을 하였다.
가르손느(Garconne) 스타일	• 몸의 곡선을 나타내지 않는 직선적인 실루엣에 로우 웨이스트(Low Waist)의 무릎 길이인 남성적인 스타일이다.

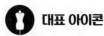 **대표 아이콘**

클라라 보(Clara Bow)

클라라 보는 1922년에 한 영화 잡지가 마련한 미인대회에서 우승함으로써 가난을 벗어나 할리우드로 올 수 있었다. 그녀는 모든 여성들의 신데렐라 환상을 실현하였다. 클라라 보는 1920년대의 패션의 주인공으로서 플래퍼 룩의 상징이었다. 클라라 보의 메이크업 스타일은 미간을 넓게 그리는 가는 눈썹, 창백한 피부, 주홍색의 입술, 헝클어진 곱슬머리 등으로 요약할 수 있다. 사람들은 클라라 보를 모방해서 머리를 짧게 자르고 큐피드의 활모양으로 입술을 칠하여 그녀를 신격화하기 이르렀다.

루이스 브룩스(Louise Brooks)

1920년대 무성영화의 스타 루이스 브룩스는 패션광고의 모델로 출연하였으며 보브 헤어스타일과 플래퍼 스타일의 상징이 되었다.

[클라라 보(Clara Bow)]

[루이스 브룩스(Louise Brooks)]

4 1930년대

> 사건 키워드 : 할리우드 스타가 일반패션 영향, 카페 소사이어티(Cafe Society), 브로드웨이

① 대공황
- ㉠ 1929년 뉴욕 증시 폭락으로 인한 세계 대공황이 시작되었다.
- ㉡ 정치적 혼란과 실업자의 증가로 사회가 불안정하였고, 패션 디자이너들은 불황을 타개하기 위해 가격을 인하하거나 실용적이고 경제적인 옷들을 만들게 되었다.
- ㉢ 영화를 통해 현실에서 벗어나고자 나타난 것이 영화산업과 초현실주의이다.
- ㉣ 경제공황의 영향으로 어두운 색상과 모자, 헤어스타일 등 모든 선이 아래로 처지고 길어지기 시작하여, 화장에서도 20년대와는 다르게 과거보다 더 진하고 숙련된 기술로서 성숙한 분위기를 연출하였다.
- ㉤ 그레타 가르보는 눈썹을 한올한올 정교하게 뽑아 가늘고 둥근 아치형으로 그렸으며, 눈뼈 부분의 하이라이트를 강조하여 검은색과 흰색으로 음영을 강조한 아이홀은 움푹 꺼진 눈을 강조했다.

② 초현실주의

   ㉠ 이 시기의 대표적인 예술사조인 초현실주의 디자이너로는 스끼아빠렐리(Schiaparelli)를 들 수 있는데, 그녀는 달리(Dali), 콕토(Cocteau) 등 초현실주의 예술주의와 연대하여 패션을 만들어냈다.

   ㉡ 이때 스커트 길이가 다시 길어지고, 로 웨이스트였던 허리선은 다시 제자리를 찾았으며, 신체의 곡선이 드러나는 날씬하고 긴 윤곽선을 가진 슬림 앤 롱(Silm & Long) 스타일이 유행하였다.

   ㉢ 또한 이 시기에 여성들의 옷은 타운웨어(Town Wear), 파티용 드레스, 운동복 등 기능적으로 더욱 세분화되었다.

   ㉣ 또한 바이어스 재단을 사용하여 드레스를 제작하게 됨으로써 인체의 곡선을 살린 드레스가 유행하였고 드레스에 혁신을 가져오게 되었다.

   ㉤ 영화배우로는 그레타 가르보(Greta Garbo), 마를렌 디트리히(Mrlene Dietrich) 등과 영국의 윈저(Winsor)공이 30년대 젊은이들의 우상이자 패션리더로 부상되었다.

③ 메이크업

   ㉠ 30년대의 메이크업은 20년대와는 다르게 변화된 새로운 이미지의 여성을 만들었는데, 더 진하고 숙련된 기술로서 성숙한 분위기를 연출하였다.

   ㉡ 얼굴은 전체적으로 파운데이션으로 완벽하게 덮은 다음에 턱을 좁아 보이게 하는 어두운 색상의 파운데이션을 바르고, 아이섀도는 눈이 움푹 들어가 보이도록 흰색 하이라이트와 검정색, 청색 아이섀도를 사용하였다.

   ㉢ 눈썹은 한 올 한 올 뽑아 가늘고 기교적으로 그렸으며, 인조 눈썹과 마스카라를 더하여 강조하였다.

   ㉣ 입술은 오무린 형태보다는 연필을 이용하여 크고 선명하게 그렸으며, 반짝이는 빨간색의 립스틱이나 립루즈로 안을 칠해 강조하였다.

   ㉤ 빨간색 립스틱에 맞추어 빨간색 네일 에나멜을 같이 바르는 것도 유행하였다.

   ㉥ 블루, 그린, 바이올렛 계열의 컬러를 많이 사용하였고, 입술은 길고 가늘면서 윗입술은 약간 늘려서 그렸으며 로즈버드 계열의 붉은 장미빛이나 환한 오렌지빛 컬러를 많이 이용하였다.

   ㉦ 눈썹은 펜슬로 길고 가늘게 빼서 그리는 게 특징이었다.

[Fashion Sourcebook – 1930s(Fiell Fashion Sourcebooks)]

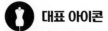 **대표 아이콘**

그레타 가르보(Greta Garbo)

할리우드의 많은 배우들 가운데 가장 신비로운 배우라고 불리는 그레타 가르보는 완벽한 미의 소유자로, 우아하고 순수하며 지적인 이미지와 성숙한 여인의 이미지까지 갖춘 배우였다. 그녀는 천사의 미소와 악녀의 이미지를 동시에 지니고 있어 남성뿐 아니라 여성들에게도 선망의 대상이 되었다. 1930년대 최고의 영화 스타인 그레타 가르보의 패션이 여성들에게 미치는 영향력은 대단하였다. 모든 여성들이 그레타 가르보의 화장법과 얼굴 형태를 모방하려고 노력하였는데, 특히 기울어진 모자를 쓰고 깃을 높이 세운 트렌치 코트를 입고서 빗속을 걷는 것이 유행이었다. 그녀가 출연한 많은 영화 속에서 그녀가 입었던 의상들은 '가르보 룩'이라는 이미지로 당시 패션에 결정적인 영향을 끼쳤다. 우수를 머금은 듯한 분위기의 그레타 가르보는 남성들뿐만 아니라 여성들에게도 신화적 존재였다. 가르보 룩을 정리하면 카플린 해트(Capeline Hat)를 비스듬히 착용해 한쪽 눈을 가린 신비로움, 테일러드 슈트와 트렌치 코트, 검은 안경, 화장법 등이라 할 수 있다.

마를렌 디트리히(Marlene Dietrich)

이지적이고 매혹적인 여배우로 손꼽히는 마를렌 디트리히는 베를린 태생으로 미국에서 성공한 가수 겸 배우였다. 1930년 '블루 에인절'에 캐스팅되었으며 요염한 역을 맡아 그녀 특유의 매력을 발산하며 대중을 사로잡았다. 그녀는 영화에서 화려한 모피를 자연스럽게 어깨에 걸치거나 긴 스커트에 슬릿이 들어가 아름다운 각선미를 드러냈다. 그녀의 옷은 화려하지 않으면서도 우아했고, 털이나 베일로 장식된 모자, 여성스러운 슈트 등을 착용하였다. 그녀의 슈트 의상은 매니시 룩의 시초가 되었다.

[그레타 가르보(Greta Garbo)]

[마를렌 디트리히(Marlene Dietrich)]

5 1940년대

사건 키워드 : 제2차 세계대전(1939~1945년) 종전, 나일론 스타킹 출현, 브로드웨이 – 세일즈 맨의 죽음
　　　　　　(Death of Salesman)과 욕망이라는 이름의 전차(A Street car Named Desire)

① 제2차 세계대전

　㉠ 제2차 세계대전의 영향으로 밀리터리 룩이 본격화된 시기이다.

　㉡ 전쟁기간 중에는 물자 부족과 이에 따른 라이프스타일의 변화로, 실용복과 의복스타일 규제 등 의복
　　 유행이 침체되었다.

　㉢ 밀리터리 룩의 영향으로 군복에 사용된 파랑이나 녹색, 카키가 일반인의 의복에도 자주 등장하고, 어
　　 두운 색으로 딱딱하고 절제된 검소한 이미지를 표현하였다.

　㉣ 이때 전쟁기간 동안 부족한 물자와 노동력으로 인해 국가에서 국민의 의생활을 통제하여 옷감의 양을
　　 제한하였다.

　㉤ 그러나 이런 반강제적인 제도와 더불어 전쟁으로 인한 과학기술의 발달로 합성섬유 및 직물가공의 개
　　 발, 재봉틀의 일반화 등 시민복의 현대화에 박차를 가했다.

　㉥ 1940년대 전쟁이 끝난 이후에는 허리가 좁고 어깨와 상의 포켓 등이 강조되어 상대적으로 위엄이 있
　　 고 거대해 보이는 남성복 스타일의 볼드 룩이 유행하였다.

[밀리터리 룩]

[뉴 룩, 1947]

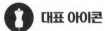

리타 헤이워드(Rita Hayworth)

리타 헤이워드는 1940년대 전설적인 핀업걸(Pin-up-girl)로 전세계 남성들의 연인이었으며, 유명한 영화 '길다(Gilda)'에서 섹시한 요부 역으로 스크린을 뜨겁게 하였다. 영화 '쇼생크탈출'에서 죄수들이 환호하며 보던 영화 속 여배우가 바로 그녀이다. 길다에서 그녀가 입고 나온 어깨를 드러낸 드레스는 이후 1960년대까지 이브닝드레스의 기본이 되었다.

베티 그레이블(Betty Grable)

베티 그레이블은 군인들의 총애를 받으며 널리 인기를 끌었다. 2차 대전 당시 미군들의 철모 속에서 살아 숨쉬는 요정이었다. 그녀의 다리는 뛰어나게 아름다웠으며, 수영복 차림의 사진이 유명하다.

에바 페론(Eva Peron)

에비타라는 애칭으로 더 알려진 에바 페론은 전 세계에서 가장 사랑받은 아르헨티나의 퍼스트레이디이다. 그녀를 표현하는 말 중에서 '거룩한 악녀이자 천한 성녀'라는 말보다 그녀를 정확히 표현할 수 있는 말을 찾을 수 없을 것 같다. 그녀는 가진 자에게는 더할 수 없이 표독한 영부인이었지만 가지지 못한 자들에게는 자상한 나라의 어머니였다. 그녀는 후안 페론을 대통령 직위에 오르게 했으며 그를 여러 차례의 정치적 위기에서 구해냈다. 그녀는 주로 크리스찬 디올(Christian Dior)의 옷을 입었으며, 살바토레 페라가모(Salvatore Ferragamo)의 신발을 신었다. 그녀는 창백한 얼굴에 빨간 입술, 시뇽 스타일(Chignon Style) 헤어, 넓은 깃이 달린 화려한 장식의 윗옷, 잘록한 허리를 강조한 스커트, 화려한 꽃무늬 코트와 복잡한 장식의 모자, 보석 액세서리 등 전형적인 뉴 룩 스타일의 옷을 입었으며, 이를 에비타 룩(Evita Look)이라고 한다. 그녀의 이야기를 담은 영화 에비타(Evita)는 페니 로즈(Penny Rose)에 의해 1940년대를 재현한 작품으로 유명하다.

[리타 헤이워드(Rita Hayworth)]

[베티 그레이블(Betty Grable)]

[에바 페론(Eva Peron)]

6 **1950년대**

사건 키워드 : 텔레비전 보급, 비트세대(The 'Beat' Generation), 추상표현주의, 삭 홈즈(Stock Hopes)

① 경제 호황

    ㉠ 1950년대 패션은 제2차 대전 이후 미소 냉전체제로 경제적 호황기를 맞이하게 되었고, 전쟁기간 동안에 억제된 욕구가 분출하는 듯이 화려함과 사치스러움이 극에 달했던 시기였다.

    ㉡ 이로 인해 복식사상 처음으로 '룩(Look)'이나 '라인(Line)'이 보편적으로 대중화되는 계기가 마련되었다.

    ㉢ 이러한 룩의 선두주자는 디올이었다. 1950년대를 알파벳 라인시대라고 할 만큼 그가 시즌마다 발표한 실루엣은 그대로 유행을 주도했다.

② 메이크업

    ㉠ 50년내 메이크업은 남성들에게 잘 보이기 위한 여성의 가치를 높이는 중요한 수단이 됨에 따라 우아한 이미지를 나타내는 메이크업이 유행하였다.

    ㉡ 1950년대까지는 여전히 영화 스타들의 메이크업이 그 시대 유행을 주도하였다. '오드리헵번'은 짧은 헤어스타일과 함께 소녀같은 이미지의 굵은 눈썹 메이크업을 유행시켰다.

    ㉢ '소피아 로렌'은 굵고 각진 검은색의 눈썹과 아이라인을 강하게 치켜올린 스타일로 강한 이미지를 강조했다.

    ㉣ 섹스 심벌로 널리 알려진 '마릴린 먼로'가 등장한 때이기도 하다. 마릴린 먼로는 성적 매력을 가진 청순하며 순종적인 나약한 이미지로, 밝은 색의 피부 톤에 약간 인위적인 메이크업을 했다.

    ㉤ 눈썹산을 바깥쪽으로 치켜올리고, 아이홀에 살구색과 밝은 브라운 톤으로 음영을 주며, 눈 중앙에 밝은 색으로 하이라이트를 줌으로써 입체감을 강하게 주었다.

    ㉥ 또한 눈 바깥쪽으로 길게 붙인 속눈썹, 보트형의 빨간색 입술과 메이크업, 입가의 애교점으로 섹시한 이미지를 최대한 살리는 메이크업을 선보였다.

③ 헤 어

    ㉠ 이 시기 헤어스프레이의 개발로 웨이브와 컬이 오랫동안 유지되도록 연출되었으며, 윤기나는 '시뇽(뒷머리에 땋아 붙인 쪽)'을 위하여 머리를 기르기도 했다.

    ㉡ 50년대 이전 시대에 비해 머리 또한 짧아지는 경향이였으며, 53년 '로마의 휴일'에서 오드리 헵번이 보여준 보이시한 느낌의 '헵번 스타일'이 유행하였다.

    ㉢ 오드리 헵번의 이탈리안 보이 머리형은 불규칙한 앞머리에 보이시한 짧은 머리 모양의 픽시 커트를 한 것이다.

    ㉣ 짧은 머리가 대세인 한편 긴 머리를 뒤로 빗어 올린 프렌치 스타일도 각광받았다.

    ㉤ 머리 전체를 잘라 곱슬거리게 한 푸들 컷(Poodle Cut) 형태와 옆 가르마에 올백을 하고 끝 부분에 자연스럽게 안으로 말은 페이지 보이 보브 스타일과 중간 부분에서 끝부분으로 가면서 입체감이 강조된 굵은 웨이브 스타일도 유행하였다.

ⓑ 10대 후반부터 20대 초반의 소녀들에게는 말꼬리 모양의 포니테일 스타일에 리본을 묶은 헤어스타일이 유행하였다.

ⓢ 1953년 말경부터 롱 헤어의 아름다움을 동경하는 기운이 일어나, 1955년부터 1956년에는 롱의 시대가 시작이 되어 부팡 스타일로 불렸다.

ⓞ 마릴린 먼로의 머리카락 3인치 정도의 길이를 큰 롤로 감아 만든 둥근 모양의 버블 스타일, 브리짓 바르도의 머리카락을 흩뜨린 스타일, 포니테일 스타일도 유행하였다.

 대표 아이콘

오드리 헵번(Audrey Hepburn)

1953년 '로마의 휴일'로 데뷔하여 사브리나 등 여러 작품을 거치면서 아카데미 여우 주연상을 수상하였다. 이후 그녀는 최고의 인기를 누렸다. 그녀의 발랄하고 참신한 매력은 가녀린 몸매, 밋밋한 가슴, 기품과 지성미 등이며, 흰 블라우스, 쁘띠 스카프, 롱 스커트, 맘보바지 등 헵번 스타일이라는 용어를 탄생시킬 정도로 패션에 영향이 컸다.

마릴린 먼로(Marilyn Monroe)

금발의 마릴린 먼로는 글래머스한 몸매, 아이처럼 해맑은 미소를 가진 글래머러스한 패션을 대표하는 여배우였다. 그녀가 영화 '7년만의 외출'에서 입고 나온 홀터넥 드레스는 그녀의 섹시한 면모를 드러내 주었다. 그리고 섹시함을 완성하기 위해 페라가모의 하얀 하이힐 샌들을 착용하였다. 마릴린 먼로는 아직까지도 전 세계 남성들의 영원한 섹스 심벌로 남아 있다.

그레이스 켈리(Grace Kelly)

미국 영화배우로서 실제로 1956년 모나코의 왕비가 된 그레이스 켈리는 많은 히트작을 남기며 미모와 지성을 갖춘 품위 있는 여배우로 기억되고 있다. 그레이스 켈리의 패션인 허리가 들어간 플레어 스커트, 커다란 선글라스와 우아하게 올린 머리 스타일, 블랙 칵테일 드레스, 영화 '모감보(Mogambo)'에서 선보인 사파리룩, '켈리백'으로 불리는 커다란 핸드백과 헤어 스카프 등은 지금까지도 전 세계적인 패션 아이콘이 되고 있는 그녀만의 스타일이라 할 수 있다.

[오드리 헵번(Audrey Hepburn)]

[마릴린 먼로(Marilyn Monroe)]

[그레이스 켈리(Grace Kelly)]

7 1960년대

사건 키워드 : 우드스탁, 팝아트, 환각제, 비틀즈(The Beatles), 플라워차일드

① 1969년에는 당시 냉전상황이었던 소련을 제치고 인류 최초로 암스트롱이 달을 탐사하였고, 우드스탁이라는 곳에서 '3 Days of Peace & Music'이라는 구호 아래 음악 페스티벌이 개최되었다.

② 미국의 사회
　㉠ 1969년은 미국 내의 여러 사회 문제들이 불거질 대로 불거진 해였다.
　㉡ 흑백 간의 인종차별, 월남전 참전에 대한 반전시위 등으로 상당히 혼돈스러웠으며, 2차 대전 직후에 태어난 베이비붐 세대는 소위 'Fower Movement'에 동참하며 히피족이라 불리게 되었다.
　㉢ 그들은 반전, 사랑, 평화를 외치지만 적극적인 의미의 사회참여가 아니라 도피적이자 이상향만을 찾는 소극적인 계층이었다고 할 수 있다.

③ 영패션
　㉠ 1950년대에 이어 1960년대는 영패션의 시대라 할 수 있다. 베이비붐 세대인 이들은 구매력이 있는 새로운 소비자가 되어 당시의 패션을 주도했다.
　㉡ 그들이 좋아하는 록스타인 롤링스톤즈, 비틀즈는 젊은이들의 우상이 되었고, 비틀즈는 모즈 룩(Mods Look)을 유행시켰다.
　㉢ 1965년에는 메리 퀀트(Mary Quant)가 미니스커트(Mini skirt)를 내놓았다.
　㉣ 미국의 베트남 전쟁 참전으로 인해 히피(Hippie)집단이 생겨나게 됨에 따라 사이키델릭(Psychedelic)한 음악, 미술과 그들의 머리형, 의복 스타일, 생활방식 등이 유행하였다.
　㉤ 히피들의 복장은 성별에 관계없이 낡은 듯한 스웨터, 인디언 튜닉, 빛바랜 청바지, 제3세계에서 온 민속복, 긴 머리가 대표적이다.

④ 우주시대

　㉠ 소련이 우주선을 발사하여 새로운 우주시대를 열어감에 따라 디자이너들의 관심이 과학세계로 가게
　　되면서 앙드레 쿠레주(Andre Courreges), 피에르 가르뎅(Pierre Cardin) 등은 우주시대의 이미지를
　　표현한 패션을 내놓기도 하였다.

　㉡ 젊은 남자와 여자들이 성별에 관계없이 블루진, 테일러드 팬츠 슈트(Tailored Pants Suit) 등을 입음
　　으로써 유니섹스라는 개념이 생겨나게 되었다.

　㉢ 당시의 예술사조인 팝아트(Pop Art)와 옵아트(Op Art)에 영향을 받은 패션이 유행하기도 했다.

　㉣ 한편, 프랑스 오뜨꾸뛰르에서는 디올을 이어받은 이브 생 로랑(Yves Saint Laurent)의 단순한 스타
　　일이 다시 유행하기 시작하면서 고급 기성복 프레타포르테(Prêt-à-porter)가 시작되었다.

[트위기]　　　　　　　　　　[1960년대 우주시대 이미지 스타일]

[히피 차림의 비틀즈]　　　　　[페전트 드레스차림의 히피모습, 1960]

[1960년대 비틀즈]　　　　　　[1960년대 유행 스타일]

⑤ 헤 어

㉠ 60년대 초기에는 비틀즈의 헤어스타일이 인기가 있었으며, 많은 여성들에게는 앞머리의 볼륨을 죽이고 뒷머리 모양을 과장되게 부풀린 스타일이 유행하였다.

㉡ 또한 비달사순의 영향으로 전체적으로 층이 난 자연스러운 헤어컷이 등장하였으며, 긴 직모 헤어스타일도 젊음의 상징으로 여겨져 많이 유행했던 스타일이다.

㉢ 헤어컷트 기술의 향상으로 헤어스타일의 변화가 가장 많은 시기이다.

㉣ 부팡(Bouffant) 스타일은 더 높고 불룩하게 부풀리는 형태로 많은 여성들이 머리 뒷부분에 공기를 넣은 듯 부풀렸고, 비히브(Beehive) 스타일은 긴머리를 백코밍(Backcombing)해서 부풀려 뒤로 넘기는 기법으로 매우 유행하였다.

㉤ 부풀린 헤어를 위해 헤어피스, 가발도 사용되었다. 존 F. 케네디 대통령의 영부인인 재클린 케네디의 벌집 모양 같은 불룩한 머리 모양을 만들어 바깥은 매끄럽게 다듬고 헤어스프레이로 고정한 스타일도 확대되었다.

㉥ 히피스타일(Hippie Style)인 다듬지 않고 풀어헤쳐 자연스런 모양의 아프로 스타일(Afro Hair)이 선보여졌다.

㉦ 50년대 후반부터 시작한 미국의 흑인민권운동으로 꼬불꼬불하고 부시시한 흑인 특유의 머리를 빗질하여 부풀린 모양이 유행하였다.

㉧ 60년대 말 '내추럴(Natural)'로 알려진, 아프로보다 짧은 스타일이 나타났다. 영국 디자이너 메리 퀸트는 소년같은 외모의 영국 10대 모델인 트위기에게 비달사순의 컷트 헤어스타일을 적용하였다.

⑥ 메이크업

㉠ 60년대 들어서면서 화장을 둘러싼 전반적인 문화도 이제까지 영화스타들을 중심으로 한 획일적인 모방의 단계에서 벗어나게 되었다.

㉡ 연령과 대상이 확대되면서 사회 구성원에 따라 표현형태의 다양성, 개성이 중시되어 새롭게 미를 표출하게 되었다.

㉢ 60년대 중반으로 갈수록 화장은 더욱 장식화되고 극단적으로 대담하게 전개되었다. 분홍, 초록, 보라색으로 염색된 기하학적인 가발과 함께 유선형으로 두껍게 그린 아이라인에 흑백을 번갈아 바르고 인조 속눈썹에 마스카라를 칠해 더 인위적으로 만든 눈 화장이 강조되었다.

㉣ 미술사조의 하나인 옵아트와 기하학적인 표현을 눈의 화장 패턴으로 응용하거나 아이라이너의 강조로 눈 밑에도 진하게 그려 눈 꼬리에서 두 줄로 만나도록 그리기도 하였다.

㉤ 우주시대 개막과 함께 '스페이스 룩'이 탄생되면서 흰색 아이섀도 크림과 함께 은색, 흰색의 립스틱이 나와 파스텔조의 창백한 입술이 연출되었다.

㉥ 이러한 화장은 밝음, 대담함, 짧고 경쾌하게 노출된 신체 등 당시 패션 특징과 조화를 이루면서 더욱 실험적이고 전위적인 이미지를 형성하였다.

㉦ 대표적인 배우로는 프랑스의 브리짓 바르도가 있다. 피부를 하얗게 하고 눈썹은 야성적인 이미지로 치켜올렸으며 입술은 밝은 분홍색으로 섹시하게 표현하였다.

◎ 엘리자베스 테일러, 에바 가드너, 소피아 로렌 등의 입체적이고 인위적인 진한 메이크업이 할리우드의 스크린을 통해 전 세계로 퍼져나갔다.

키네틱 아트

움직임을 중시하는 예술작품으로 1960년대는 키네틱 아트의 황금시대였다.

 대표 아이콘

재클린 케네디 오나시스(Jacqueline Kennedy Onassis)

미국의 퍼스트레이디였던 그녀는 사교성과 지적인 아름다움으로 많은 사람들을 매료시켰다. 그녀는 직선적인 심플한 의복을 좋아했고 지성과 품위있는 패션감각을 발휘하였다. 그녀의 복식감각은 당시 패션에 큰 영향을 주었다. 그녀는 지방시, 이브 생 로랑, 랄프 로렌을 즐겨 입었다. 재클린은 작은 필박스, 깔끔한 슈트, 단순한 A라인 실루엣의 의상 등 직선적이고 심플한 옷을 좋아했고, 가볍고 스포티하며 자연스러운 미국적인 룩을 구사하였다.

[재클린 케네디 오나시스(Jacqueline Kennedy Onassis)]

트위기(Twiggy)

1949년 영국에서 태어난 트위기는 비달사순의 헤어컷과 메리 퀀트의 미니스커트 모델로 패션계에 데뷔하였다. 그녀는 각종 잡지 표지모델이 되어 마른 다리와 깜찍한 분위기로 순식간에 전 세계를 매료시켰다. 그녀는 미니 스타일을 가장 멋지게 입었던 모델이다. 가냘픈 몸매와 천진난만한 모습의 단발머리에 무늬 있는 스타킹을 신은 그녀 스타일은 트위기 룩이라는 별칭이 붙을 정도였다.

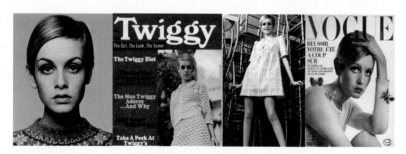

[트위기(Twiggy)]

사건 키워드 : 롤러 스케이트, 디스코, 브로드웨이 – 코러스 라인(A Chorus Line)

① 경제와 패션

  ㉠ 경제적으로 초기에 석유 파동을 겪었으나 점차 안정을 찾게 되고, 덩 샤오핑의 개혁정치로 동서 냉전의 분위기가 점차 가라앉게 되었다.

  ㉡ 1970년대의 패션 경향으로는 여러 개의 의복을 겹쳐 입는 레이어드(Layered Look)가 일반화되었고, 판탈롱의 유행과 함께 팬츠 슈트가 유행하였다.

  ㉢ 또한 경제가 성장함에 따라 레저 의류가 확산되었으며, 산업화로 인한 피해는 젊은 사람들로 하여금 자연으로 돌아가자는 히피 운동을 더욱 확대시켰다.

  ㉣ 동양적 사상, 더 나아가서는 마약 등도 일반화되었으나 히피룩은 패션 일부에 영향을 주어 민속풍에 대한 관심을 가지게 하였고, 펑크(Punk)나 유니섹스룩(Unisex Look)은 새로운 스타일을 유행시켰다.

② 유니섹스와 펑크

  ㉠ 1970년대는 개성이 존중되었던 시기로, 진팬츠와 티셔츠는 유니섹스 스타일을 정착시키는 역할을 하였다.

  ㉡ 1970년대 후반에는 가장 흥미로운 스타일인 펑크 패션이 유행했는데, 런던 하층계급의 젊은이들 사이에 유행한 복장과 헤어스타일로 너덜너덜한 티셔츠에 술을 단 재킷을 입거나 머리털을 곤추세운다.

  ㉢ 펑크 패션은 파괴적이고 야만적인 패션으로 공격적이고 불쾌감을 주는 복식을 착용함으로써 문명 파괴적인 양상을 띠었다.

  ㉣ 또한 디스코 댄스 음악의 유행으로 패션의 젊은 경향과 함께 나타난 디스코 팬츠와 노출·시스루·피팅을 강조하는 글래머러스 룩이 유행하기도 했다.

[재키 룩 유행, 1970]

[카디건 코트, 클로에, 1973]

[하운드 투스 슈트, 이브 생 로랑, 1975]

[카바레 / 사파리 재킷과 플리츠 스커트, 루이페로, 1974]   [자카드 슈트, 움베르토 지노시에티, 1979]

[Punk Style]   [Rooster Hair-cut(Rod Stewart)]   [애니홀, 1977]

1970년대 패션

펑크 룩
- 야만적이고 파괴적인 패션 스타일로, 록 음악의 영향을 많이 받았다.
- 프린지, 구슬, 금속판 등 장신구 소재의 다양화에 영향을 미쳤다.

유니섹스 룩
- 여성의 전유물이었던 하이힐과 부츠를 남성도 착용하였다.
- 성적 역할 개념이 사라진 성(性)의 혁명이라 볼 수 있다.
- 청바지, 스포티 룩, 캐주얼 룩 등에 영향을 미쳤다.

파라 포셋(Farrah Fawcett)

1970년대 후반에 미국의 인기 TV 시리즈물인 '미녀 삼총사(Charle's Angel)'에서 주연을 맡아 인기를 누리던 배우이다. 바람에 휘날리는 금발머리는 워낙 인기가 높아 당시 여성들 사이에 크게 유행했다. 멋지게 굴곡진 퍼머머리에 보잉 선글라스와 카우보이 모자가 특징인 스타일이다.

로렌 허튼(Lauren Hutton)

로렌 허튼은 모델 겸 배우로, 벌어진 앞니를 개성으로 살려 성공을 거두면서 모델계의 미에 대한 기준을 바꿔놓았다.

[파라 포셋(Farrah Fawcett)]   [로렌 허튼(Lauren Hutton)]

9 1980년대

> 사건 키워드 : MTV, 뉴웨이브 음악, 마이클 잭슨, 포스트모던 예술/건축, 브로드웨이 – 캣츠, 마돈나
> (Madonna), 헤비메탈, 오페라의 유령(Phantom of The Opera), 레미제라블(Les Miserable)

① 포스트 모더니즘

ㄱ 1980년대에는 기존의 관념을 타파하여 새로운 멋을 낸 다양한 뉴웨이브 패션 스타일이 동시에 유행하였다.

ㄴ 1980년대 전반부에는 빅 룩(Big Look)이 유행하였으며, 정보망의 발달로 인해 지구촌 개념이 생겨남에 따라 다른 문화와의 교류가 잦아지면서 의복에는 민속풍, 에스닉(Ethnic) 개념이 도입되었다.

ㄷ 이것은 1980년대 후반을 지배하고 있던 포스트 모더니즘(Post-modernism) 사고에 부합하는 것이었다.

ㄹ 포스트 모더니즘은 모더니즘 이후에 나타난 양상으로, 동양과 서양을 섞은 절충주의적 성격, 남성주의에 반대한 여성주의 사고방식의 앤드로지너스 룩(Androgynous Look), 과거의 패션에서 영감을 받은 레트로 룩(Retro Look), 고정관념에서 벗어난 현대감각의 비대칭적이고 기하학적인 아방가르드(Avant-garde), 단정하고 아름다워야 한다는 기존의 미의식을 부정한 펑크(Funk), 초현실주의에 영향을 받은 의상 등의 양상으로 패션의 다양화를 가져왔다.

ⓜ 또한 생활 속에서도 질적인 면을 중요시함에 따라 천연 섬유를 선호하였고, 생태계의 파괴로 인해 환경오염에 대한 위협을 느낌에 따라 에콜로지 룩(Ecology Look)이 유행하였다.

뉴웨이브 패션

기존의 관념을 타파하여 새로운 멋을 나타낸 패션으로 펑크, 네오 모더니즘, 포스트 모더니즘, 앤드로지너스가 포함된다.

[마돈나 공연]   [1980년대 찰스 & 다이애나 결혼]

 대표 아이콘

다이애나 스펜서(Diana Spencer)

다이애나는 1981년 영국 찰스 황태자와 결혼하면서 현명함과 지성, 그리고 뛰어난 매너가 조화된 패션 감각으로 패션 역사에 중요한 아이콘이 되었다. 그녀의 짧고 단순한 헤어스타일과 몸매를 강조한 러플 달린 여성적인 스타일, 그녀가 즐겨 착용했던 모자 등이 유행할 정도로 많은 여성의 유행을 이끄는 패션리더가 되었다. 또한 그녀의 패션은 웨딩드레스부터 장신구, 임부복에 이르기까지 독특한 개성 표현으로 1980년대 세계 패션가의 화제를 모았다. 의상뿐만 아니라 보석, 장신구, 모자 등 액세서리 또한 많은 영향을 미쳤는데, '다이애나의 모자'라는 책이 소개될 정도로 모자를 즐겨 착용함으로써 다양한 모자의 유행을 불러일으켰다. 브레톤, 클로슈 등 많은 모자를 착용하여 침체되어 있는 모자 시장에 활기를 불어넣어 주었다.

마돈나(Madonna)

1980년대부터 현재까지 팝 음악의 여왕으로 군림하고 있는 마돈나는 섹시하고 변화무쌍한 패션가수로서 독보적인 존재이다. 1980년대 스타덤에 오른 그녀의 대담한 패션 매력은 대중에게 크게 주목받았다. 마돈나는 1980년대를 상징하는 섹시아이콘이자 패션아이콘이었다. 그녀는 굵은 웨이브 머리와 어깨를 부풀린 재킷, 좁은 바지의 디스코 룩이나 짧은 커트머리에 남성정장을 차려 입은 매니시 룩도 유행시켰다. 마돈나는 섹슈얼리티, 성별, 인종, 계급이라는 가장 민감한 문제를 시작으로 하여, 도전적이고 도발적인 이미지를 가진 여가수이다. 노래라는 매개를 통해 패션을 자신을 표현하는 도구로 이용하였다.

보이 조지(Boy George)

뉴웨이브 뮤직은 보이 조지와 같은 중성적 이미지나 양성적 이미지의 앤드러지너스 감각을 보여준다. 보이 조지는 화려한 메이크업과 감미로운 사운드, 로맨틱한 경향으로 '뉴로맨티스(New Romantice)'라고 부르기도 하고 중성적 이미지를 강조하였다. 여자 같은 짙은 화장, 치렁치렁한 머리, 교태가 넘치는 몸짓과 말소리 등으로 앤드러지너스적인 모습을 보이고 있다. 보이 조지의 인상은 독살스럽고 악마적이며 선과 악이 혼합된 것 같은 묘한 매력을 나타내고 있다.

프린스(Prince)

프린스는 성을 뛰어넘는 독립된 하나의 개성으로서의 존재를 나타내고 있다. 프린스는 춤추기 좋은 펑크 록, 팝과 소울, 그리고 블랙 댄스와 발라드에 이르기까지 모든 장르를 소화해 음악적 재능을 발휘함과 동시에 레이스 장식이 요란한 패션을 입고 나와 그의 음악을 성공시켰다. 프린스는 털 투성이의 가슴, 사자 갈기 같은 머리, 특이하게 기른 콧수염과 더불어 비키니 차림의 굽 높은 부츠, 스타킹, 레인코트, 주홍 스카프 등 여자들의 옷과 기상천외한 의상을 입고 무대에 섰다. 그의 대표적 의상은 미끈한 가죽재킷으로 어깨를 높여 품위를 주고 있으며, 칼라와 소매는 중국식 크레이프와 레이스로 장식하고 팔은 꼭 달라붙도록 디자인되었다.

[다이애나 스펜서
(Diana Spencer)] [마돈나
(Madonna)] [보이 조지
(Boy George)] [프린스
(Prince)]

사건 키워드 : 세계화, 컴퓨터화, 정보화 시대, 위성 텔레비전, 휴대용 전화기, 인터넷과 사이버스페이스, NAFTA와 GATT / WTO, 환경에 대한 관심, 에이즈 증가, 신중한 소비문화, 걸프전, 오클라호 마 폭탄테러사건, 아시아와 세계적인 경제위기, 건강과 휘트니스 열광, 정치적 올바름, 다이 애나와 베르사체 사망, 엘니뇨(ELNINO), 적극적 차별조치에 대한 비난

[원더브라]

[고스 룩]

① 포스트 모더니즘

ⓐ 1990년대에는 1980년대의 포스트 모더니즘이 계속 이어지면서 특별히 어떤 규칙이나 양식에 얽매이 지 않는 다양한 스타일의 혼합이 나타났다.

ⓑ 그런지 스타일(Grunge Style), 네오 히피 스타일(Neo-hippie Style), 란제리룩 등 여러 스타일이 나 왔고, 오염되어 가는 환경에 대한 위기감은 리사이클 패션(Recycle Fashion)으로 나타났다.

ⓒ 복합적 경향 역시 계속되어 1950~1970년대의 유행들뿐만 아니라 과거 고대 복식으로부터 시작하여 복식사에서 보여지는 이미지들도 차용되었다.

ⓓ 또한 첨단 기술 발전으로 하이테크 가공소재가 사용되고, 테크노, 사이버 등의 미래적 패션도 등장하 였다.

ⓔ 미의 개념 자체가 파괴되는 해체주의적인 패션 개념인 안티 패션의 개념이 나타났다.

ⓕ 그러나 복잡한 생활방식에 요구되는 기능적으로 단순한 모더니즘적인 미니멀리즘 패션이 계속적으로 요구되어 패션의 이중화, 다중화 경향을 나타내었다.

ⓖ 특히 신축성 있는 신소재가 발달하여 단순하면서도 인체를 느끼게 하는 세미 피트 스타일이 일반화된 경향을 나타냈다.

대표 아이콘

케이트 앤 모스(Katherine Ann Moss)

영국의 케이트 모스는 15세 때 모델로 데뷔하였다. 당시 큰 키와 풍만한 체형의 모델들과는 대조적으로 깡마른 체형과 중성적인 느낌을 자아내면서 캘빈 클라인의 시크하고 청순한 이미지를 가장 잘 표현하는 모델로서 패션계뿐만 아니라 대중 사이에 영향력 있는 아이콘이 되었다.

클라우디아 쉬퍼(Claudia Schiffer)

쉬퍼는 파란 눈과 부드러운 금발을 가진 독일 출신 모델로, 1987년에 데뷔한 후 청바지 브랜드 '게스'를 통해 미국 시장에 진출하면서 세계적인 모델로 등장하였다.

제니퍼 애니스톤(Jennifer Aniston)

미국 여배우 제니퍼 애니스톤은 미국 시트콤 '프렌즈'가 인기를 끌면서 유명해졌다. 그녀의 헤어스타일은 '레이첼'이라는 이름으로 큰 인기를 끌었고, 그녀의 패션 스타일이 유행하면서 1990년대 미국의 대중패션을 리드하는 스타가 되었다.

[케이트 앤 모스
(Katherine Ann Moss)]

[클라우디아 쉬퍼
(Claudia Schiffer)]

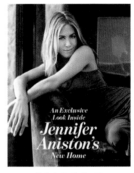
[제니퍼 애니스톤
(Jennifer Aniston)]

11 21세기 초 복식

① 첨단 기술

　㉠ 21세기에는 첨단 기술의 발달로 IT기술과 패션이 결합되어 패션 산업을 변화시키고 있다.

　㉡ 온라인 시장이 확대되고 웨어러블 컴퓨터와 스마트 웨어, 나노기술을 응용한 특수 소재 등이 개발되고 있다.

　㉢ 또한 IT분야의 발달로 전문가 수준의 정보 습득이 가능해지고, 패션 산업의 양상이 변화함에 따라 자기만의 개성을 찾으려는 사람들이 패션 유행의 주체가 되어 자기 중심적인 소비로 이어지게 되었으며, 패스트 패션이 호황을 누리게 되었다.

② 패스트 패션과 리사이클 패션
- ㉠ 패스트 패션은 저렴한 가격에 여러 벌의 옷을 구매하여 다양한 연출을 즐기는 젊은 층의 욕구를 자극하고 있다.
- ㉡ 반면에 환경오염으로 인한 자연재해나 글로벌 경제위기로 인해 가급적 오래 사용하는 제품을 중시하는 가치 소비 라이프스타일로 실용적이고 캐주얼한 리사이클 패션, 빈티지 패션을 선호하는 경향이 나타났다.
- ㉢ 빈티지 패션을 고가의 패션으로 여기고, 같은 스타일의 진(Jean)이나 캐주얼한 의복을 연령과 성별에 구애받지 않고 입으며, 고딕 시대의 검은색 십자가 목걸이, 로코코 시대의 현란한 리본 장식이 모던한 스타일과 멋지게 어울리게 되었다.

③ 물질주의
- ㉠ 그러나 물질주의의 팽배로 고가 명품들이 유행하여 사회적인 문제가 되기도 하였다.
- ㉡ 패션 시장의 경우 인터넷, 통신판매, 홈쇼핑 등의 새로운 시장이 기존의 시장에 가세하여 소비자를 끌어들이고 있다.
- ㉢ 파리, 뉴욕, 도쿄 등지의 패션 스타일을 동시에 느낄 수 있는 풍요로운 패션 시장에서 자신에게 맞는 것을 선택하여 개성을 찾는 것이 가장 중요하게 되었다.

다양한 스타일

빈티지 패션
오래되고 낡은 구식 의복처럼 보이지만 허름하지 않은 자연스러운 스타일의 패션이다.

여피(Yuppie) 족
생활수준이 향상된 1980년대 등장하였으며, 유명 디자이너나 유명 브랜드를 선호하며, 럭셔리하며 여유 있는 모습의 새로운 라이프스타일을 영위하는 부류를 말한다. 여피란, 젊은(Young), 도시화(Urban), 전문직(Professionally)에서 나온 말이다.

보보스(Bobos)
'부르주아 보헤미안(Bourgeois-Bohemian)의 합성어로서 신흥 엘리트집안의 라이프스타일을 말한다. 삶의 가치를 자기만족이라고 여기고 합리적 소비를 하지만, 새로운 문화생활을 최대한 즐기기 위해 자신을 위한 투자는 아끼지 않는 디지털시대의 새로운 지배계층을 말한다.

메트로섹슈얼(Metro Sexual)
21세기에 등장한 신조어로 '도심에 살며 각종 클리닉과 피트니트센터, 클럽, 레스토랑을 찾는 젊은 남자들'을 통칭하며, 어느 정도의 경제력을 갖추고 남성적 기질을 내포하면서도 여성적 감성으로 자신의 패션과 미용에 관심을 쏟는 나르시스적인 성향을 가진 남성들의 문화흐름을 말한다.

패션문화

예술양식과 패션

1 개요

패션은 한 시대의 반영이며 그 시대의 사회, 정치, 경제, 기술의 한 일면을 표출하는 가장 적합한 수단 내지는 방법으로서, 특히 인간의 내적 미의식 세계를 표현하는 예술과 밀접한 관계가 있다.

실제 많은 패션 디자이너들이 자신의 영감을 조형예술에서 찾는다고 볼 수 있는데, 20세기 초부터 폴 푸아레(Paul Poiret)를 선두로 하여 디자이너들은 순수 예술작품에서 영감을 얻었을 뿐만 아니라 예술가들과 공동작업을 벌여왔다. 이는 대중의 관심을 불러일으켰으며, 나아가 상업적인 이익을 가져오는 역할을 하였다.

2 고전주의(Classicism)

① 고대 그리스 · 로마의 예술과 문학에서 보이는 자연스러우면서 조화와 절제, 균형을 추구하는 미술양식을 말한다.
② 특성은 선을 중요시하며 천상의 인체미를 추구하는 자연적 미학을 표현하는 데 있다.
③ 고대 이후 18세기에 여러 문화 부분에서 적용되었으며, 넓은 의미로 세대를 초월한 가치를 지닌 변치 않는 스타일을 의미하기도 한다.

3 구성주의(Constructivism)

① 1920~1930년대 러시아를 중심으로 유행했던 추상주의 예술운동이다.
② 전통적 미학의 개념을 부정하고 변화하는 사회의 급진적이고 새로운 아이디어를 받아들이며, 기계적이고 단순한 형태를 이용한 형태 변혁의 주역으로서 데스틸과 바우하우스에 큰 영향을 끼친 예술사조이다.
③ 샤넬(G. Chanel), 디올(Dior) 등 현대 패션의 선구자인 초기 패션 디자이너들의 작품에 영향을 주었고, 당대의 예술적 흐름과 더불어 다양한 패션의 변화를 일으켰다.

4 데 스틸(De Stijl)

① 네덜란드어 '양식(Style)'을 의미하며, 1917년에 시작된 네덜란드 미술운동의 기관지 이름에서 비롯되었다.
② 신 플라톤주의
    ㉠ 신 플라톤주의 철학에 영향을 받은 화가 피에트 몬드리안과 화가 겸 디자이너이자 이론가였던 데오
       반 도에스버그(T. Van Doesburg), 디자이너 게릿 리트벨트(G. Rietveld) 그리고 다수의 미술가, 건
       축가, 작가들이 모여 '데 스틸'이라는 그룹을 만들었다.
    ㉡ 예술을 근본적으로 새롭게 바꾸는 것을 목적으로 새로운 미학을 창조하였다.
    ㉢ 이는 보편적이고 단순한 기하학적 형태의 완벽함을 추구하며, 순수 평면인 추상형태를 3차원적 공간
       구조로 변형시키고, 사각형과 3원색 · 비대칭에 의해 평면을 공간으로 구분하는 새로운 디자인 방식이
       었다.

5 기능주의(Functionalism)

① 1920년대 장식주의에 대항한 근대 건축운동에서 출발하였다.
② 실용성 · 합목적성이라는 디자인의 원칙을 기반으로 하며, 심미적 · 조형적 개념보다는 기능적 · 실용적
   개념에 입각한 예술사조이다.
③ 최근 패션에서는 테크놀로지(Technology)를 주요 테마로 하여 소재와 형태의 기능성 중심의 디자인을
   발표하고 있다.
④ 점차 발전과 변화를 거듭하는 분야이며, 생활환경의 변화와 맥을 같이 하고 있다.

6 낭만주의(Romanticism)

① 1820~1950년경 유럽을 중심으로 전개된 예술운동이다.
② 이성적이고 합리적이기보다는 감성적이고 주관적이며, 자유로움과 열정이 과장된 장식으로 표현된다.
③ 특히, 복식문화에 많은 영향을 주었고, 코르셋이나 패티코트 등 조이고 부풀리는 인위적 장치들에 의해
   귀족들의 의상으로 유행되었다.

7 데카당스(Decadence)

① '쇠퇴, 퇴폐'를 의미하는 것으로 19세기 프랑스 중심의 허무적이고 심미주의적인 문예부흥에서 비롯되었다.
② 퇴폐적이고 허무적인 감성 표현으로 악마스런 문양이나 과감한 색 사용, 보디 페인팅과 성적인 부분의
   강조 등 세기말적인 퇴폐적 분위기를 연출한다.

8 데테스터(Detester)

① 깨끗하고 세련된, 우아, 단정한 것에 반대하여 등장한 것으로 혐악, 증오를 가리키는 악취미 운동으로서 추악하고 저속한 것에도 미가 있다는 것이다.
② 1960년대의 사이키델릭 감각, 현대의 펑크로 대표되는 스트리트 패션과 폐품으로 만들어진 것이다.
③ 데테스터 패션은 자유분방한 발상에 의해 만들어진 것으로 티에리 뮈클러(Thierry Mugler)의 디자인이 대표적이다.

9 다다(Dada)

① 1915~1920년경 유럽에서 일어난 반문명 · 반합리적 · 반이성주의 예술운동이다.
② 고정적인 틀에서 벗어나 완전히 자유로운 감성표현을 중요시한다.
③ 의도하지 않고 우연에 의해 나타나는 결과에 의미를 부여하며, 일상적인 현상이 아닌 기이한 행동이나 과정은 강렬한 인상을 준다.
④ 콜라주나 아상블라주, 전위적 오브제들이 많이 이용되며, 추상 혹은 초현실주의 예술에도 많은 영향을 미치게 된다.

10 입체주의(Cubism)

① 자연적인 것 혹은 구성적인 것들에 대한 재해석과 재구성에 의해 새로운 조형방법을 추구한 혁명적 미술운동이다.
② 전형적인 미술적 가치나 원근법, 모델링, 단축법, 명암법 등의 전통적 고정관념을 배제하고 추상적이고 기하학적인 구성을 적극 받아들인다.
③ 작가들은 각 부분을 단순한 기하학적 형태로 보고 이 모든 요소들을 가지고 평면 안에서 형태를 구성하는 조형기법을 이용하여 작품을 제작하였다.
④ 즉, 자연물 혹은 사물들의 대상을 해체함과 동시에 고유의 성질들을 하나의 전체로서 화면에 재구성하는 기법이다.

11 초현실주의(Surrealism)

① 다다이즘(Dadaism) 운동이 진정되던 무렵인 제1차 세계대전 이후부터 시작된 전위적 문학 · 예술운동이다.
② 1924년 브르통(A. Broton)에 의한 '초현실주의 선언'에서 시작되었다.
③ 무의식 영역에서 순수하게 움직이는 정신활동을 윤리적 · 이성적 · 도덕적 · 미학적 적극성을 띤 모든 억압에서 해방시켜 사고의 자동적 전개를 추구하고 예술적 원천인 무의식의 세계를 대중화하는 작업이다.
④ 현실의 한계를 뛰어넘고 잠재된 정신적 경험을 확장시켜 현대 미술의 새로운 획을 그었다.
⑤ 제1차 세계대전 이후부터 시작된 전위적 문학, 예술운동 억압에서 해방시켜 무의식의 세계를 대중화하는 작업으로, 달리(S. Dali), 에른스트(M. Ernst) 등이 활동하였다.

12 팝아트(Pop Art)

① 팝아트는 통속적인 이미지를 미술로 수용한 사조를 말한다.

② 일반적으로 1960년대 초기에 미국에서 발달해 왔지만, 이 용어를 제일 먼저 사용했던 영국의 비평가 로렌스 알로웨이(Lawrence Alloway)에 따르면 이미 영국에서는 1950년대 초부터 어떤 소그룹이 이를 사용해 왔다고 한다.

③ 또한 팝(Pop)이라는 명칭에 대해서는 여러 의견이 있지만 파퓰러(Popular)의 약자로 보는 경향이 유력하다.

④ 이러한 팝아트의 이미지는 광고, 상표, 만화, 영화, 사진 등의 대중적 이미지를 한번 더 보기 위한 재현으로, 대중적인 것을 수용하는 현대 인간의 감수성을 의식화한 것이다.

⑤ 팝아트로 유명한 것으로는 마릴린 먼로의 얼굴이 있다. 또한 팝아트는 시사성과 단순한 감각적 오락이라는 양면성을 지니고 있다.

⑥ 1950년대 미국과 영국에서는 대량 생산과 대량 소비가 최고치에 이르게 되었다. 이와 더불어 사람들은 자연, 환경이 아니라 광고판, 대중매체와 친해지게 되었다.

⑦ 이를 착안해 추상주의에 식상함을 느낀 화가들이 TV나 잡지, 광고에 등장하는 이미지를 작품의 재료로 채택하였다.

⑧ 추상주의가 추상적이었다면 팝은 구상적이었다. 또한 '새로운' 것을 추구하였다.

⑨ 직접 관찰된 실제 그대로의 이미지가 아니라 인공적인 제2의 이미지를 채택한다는 면에서, 어떻게든 가공과정을 거쳐야 한다.

⑩ 대중문화에 대한 비판이나 도전보다는 대중문화를 그림의 소재이자 정보로서 이용하는 중립적 입장에 있다.

⑪ 패션디자인에서 팝아트는 실크스크린에 의한 프린트기법을 이용하는 방법으로 전개되었다.

13 옵아트(Op Art)

① 옵아트는 영어의 옵티컬 아트(Optical Art)의 약칭이다.

② 옵티컬은 단순히 본다는 의미의 비주얼(Visual)보다는 추상적 · 기계적인 형태의 반복과 연속 등을 통한 시각적 환영, 지각, 그리고 색채의 물리적 및 심리적 효과와 눈의 착각을 이용한 입체적 조형미의 연출 등과 관련된 것을 일컫는다.

③ 옵아트는 단순성이 가장 중요하며, 본질적인 특징으로 표현하고자 하는 의도적이며 즉각적인 효과를 위하여 복합적인 서술을 피한다.

④ 하나의 요소 또는 여러 요소들의 질서 있고 규칙적인 흐름을 간략하고 일률적인 구성방식으로 표현하여 형태에 있어서 기하학, 기계적 특징을 이루고 있다.

14 아르누보(ArtNoubou)

① 아르누보(프랑스어 : Art Nouveau) 또는 유겐트슈틸(독일어 : Jugendstil)은 19세기 말에서 20세기 초에 성행했던 유럽의 예술사조이다.

② 최고조를 이룬 시기는 20세기 전후(1890~1905)이며, 프랑스어로 '새로운 미술'을 뜻한다.

③ 독일어권에서는 유겐트 잡지이름을 따서 유겐트 양식(유겐트슈틸)이라고도 불린다.

④ 19세기 아카데미 예술의 반작용으로 아르누보는 자연물, 특히 꽃이나 식물 덩굴에서 따온 장식적인 곡선을 특징으로 삼고 있다.

⑤ 아르누보는 예술가가 건축에서 가구까지 삶의 예술에 관한 모든 부분에 대해 작업해야 한다고 접근한다.

⑥ 아르누보의 15년간의 전성기는 유럽 전역을 강하게 휩쓸었고, 그 영향력은 전 세계적이었다.

⑦ 따라서 이것은 지역적인 특성에 따라 다양한 방식으로 알려져 있다.

⑧ 아르누보가 20세기의 모더니즘 양식의 발생으로 인하여 쇠퇴할 때까지, 신고전주의와 모더니즘을 이어주는 중요한 가교로 여겨진다.

⑨ 이 양식은 역사주의의 반복이나 모방을 거부하고 자연의 모든 유기적인 생명체 속에 있는 근원적인 조건으로 돌아가려는 경향으로, 율동적인 섬세함과 유기적인 곡선의 장식 패턴을 전개하였다.

⑩ 주로 꽃과 줄기를 모티브로 한 구성으로, 패션에서는 흐르는 듯한 S자 실루엣, 식물문양 등의 이국적인 정취와 절충주의적 양식으로 나타난다.

15 아르데코(Art-deco)

① 20세기 초는 아직까지 아르누보가 국제적인 예술양식으로서 예술 전반에 영향력을 행사하고 있었다.

② 예술사조가 합리성과 단순성, 그리고 구조적 기능성을 요구하게 되면서 아르데코가 태동하게 되었다.

③ 아르누보가 수공예적인 것에 의해 나타나는 연속적인 곡선의 선율을 강조하여 공업과의 타협을 받아들이지 않았던 반면에, 아르데코는 공업적 생산방식을 미술과 결합시킨 기능적이고 고전적인 직선미를 추구한다.

④ 모더니즘과 장식미술의 결합으로 모더니즘의 장식적 기능성을 표현하며, 미적 영감보다는 대중화를 중시한다.

⑤ 할리우드 양식, 재즈 양식으로 불리고, 직선적이며 컬러풀한 패션을 리드하며 20년대 의상에 많은 영향을 주었다.

16 아방가르드(Avant-garde)

① 프랑스 군용어로 '정예부대'라는 의미이지만 기존의 기본개념을 부정하고 전통을 무시하거나 파괴하기 위해 새로운 것을 창조하는 성격이 짙은 디자인과 앞선 유행의 독창적인 전위예술이다.
② 추상주의파와 초현실주의파를 중심으로 표현되었으며 장 폴 고티에를 대표적으로 뽑을 수 있다.
③ 프랑스와 독일을 중심으로 자연주의와 고전주의에 대항하여 등장한 예술이다.
④ 대중성을 무시한 실험적 요소가 강한 디자인과 유행에 앞선 기묘한 디자인, 전위적이고 실험성이 강한 것이 특징이다.

17 사이키델릭(Psychedelic)

① 사이키델릭은 사이코(Psycho)와 델리셔스(Delicious)의 합성어로 일종의 심적 황홀상태를 나타낸다.
② 환각제를 마셨을 때 보이는 환각의 세상을 예술로 표현한 것을 의미한다.
③ 패션에서는 형광염료를 염색한 프린팅, 광택 있는 비닐소재를 이용하고 신체에 직접 그림을 그려 옷을 대신하는 보디 페인팅으로 나타내기도 한다.

18 정크아트(Junk Art)

① '폐품, 쓰레기, 잡동사니'를 의미하는 것으로 일상생활에서 나온 부산물을 소재로 제작한 미술작품을 정크아트라 한다.
② 폐품을 소재로 하지 않는 전통적 의미의 미술이나 갖가지 폐품을 만들어내는 현대 도시 문명에 대한 비판을 담아내고자 하는 작품들이 포함된다.
③ 추상표현주의에 대한 반작용으로 현대 도시의 파괴되고 버려진 폐품을 작품에 차용함으로써 자본주의 사회를 비판한다.
④ 한편으로는 자원 보존을 강조하는 의미로 이미 유용하게 사용했던 사물들을 활용함으로써 '녹색' 환경의 개념을 강조하는 의미를 띠기도 한다.
⑤ 현대 패션에서는 동물의 털이나 일상용품을 이용하여 탈색, 패치워크, 낡은 이미지를 표현한다.

19 키치(Kitsch)

① '저속한 것, 가짜, 본래의 목적에서 벗어난 사이비' 등을 뜻하는 미술용어이다.
② 키치라는 용어가 처음으로 유행하기 시작한 것은 1870년대 독일 남부에서였는데, 당시에는 예술가들 사이에서 '물건을 속여 팔거나 강매한다'는 뜻으로 쓰이다가 갈수록 의미가 확대되면서 저속한 미술품, 일상적인 예술, 대중패션 등을 의미하는 폭넓은 용어로 쓰이게 되었다.
③ 키치 패션은 고상하고 품위 있는 세련된 멋을 추구하는 것이 아니라 지나치게 산만한 장식을 통해 일부러 저속함 등으로 지저분하고 저질스러움을 추구한다.

④ 1970년대 한국에서 유행한 촌티 패션을 비롯해 1990년대의 뚫린 청바지, 배꼽티, 패션의 복고 열풍, 싸구려 액세서리의 이용 등도 하나의 키치 문화로 보는 경우도 있다.

⑤ 최근에는 키치 현상을 보편적인 사회현상, 인간과 사물 사이를 연결하는 하나의 유형, 일정한 틀에 얽매이지 않고 기능적이며 편안한 것을 추구하는 사회적 경향 등으로 풀이하기도 한다.

20 포스트 모더니즘(Post-Modernism)

① 포스트 모더니즘은 이성중심주의에 대해 근본적인 회의를 내포하고 있는 사상적 경향의 총칭이다.

② 제임슨(Fredric Jameson)은 포스트 모더니즘이란, 단순히 어느 특정한 양식을 설명하기 위한 용어라기보다는 시대를 구분 짓는 개념이라고 하였다.

　⊙ '새로운 유형의 소비, 계획된 퇴폐성, 이제까지 볼 수 없었던 패션과 스타일 변화의 급격한 리듬이 대표적이다.

　ⓒ 교외(郊外)와 일반적 표준화로 대체된 도시와 시골 그리고 중앙과 지방 사이의 낡은 긴장관계, 거대한 초고속 도로망의 발전과 자동차 문화의 도래' 등 이전 사회와는 다른 문화가 급격하게 나타나는 사회이다.

③ 포스트 모더니즘은 1970~1980년대에 등장하기 시작한 새로운 미학적, 문화적, 지적 형태와 실천을 기술하기 위해 사용되기 시작한 매우 느슨한 개념이다.

④ 포스트 모던이란, 20세기 전반기의 문화적 양식과 운동을 기술하는 데 사용되었던 모더니즘이라는 용어에 뒤이어 나타나면서도 동시에 그것을 빠르게 대체하고 있는 용어이다.

⑤ 회화에서 나타난 추상과 비구상의 실천, 근대 건축의 하이테크 기능주의, 문학형식에서의 아방가르드적 실험 등으로 대표되는 모더니즘은 20세기 초반에 시작되었다.

⑥ 이는 19세기의 사실주의에 대한 도전이자 실험적이고 아방가르드적 기법으로 부르주아적 '충격'을 주려는 시도였다.

⑦ 그러나 모더니즘이 '길들여지는' 과정을 통해 국제 양식(International Style)으로 제도화되면서 종국에는 세계의 모든 현대적 도시의 스카이라인과 기업 자본주의의 '기념비' 격인 마천루, 현대풍의 박물관과 화랑, 그리고 국제적인 미술품 시장 등을 지배하였다면, 이제는 일상생활, 시장과 소비, 그리고 대중매체를 통한 새로운 대중문화에 밀착된, 새롭고 보다 민중적인 문화가 등장하기 시작했다.

⑧ 이 문화는 형식의 순수성과 절대성, 그리고 엘리트주의를 거부하고 보다 발랄하고 역설적이며 절충적인 양식을 취하는 것이다.

⑨ 제임슨은 스타일의 혁신이 소멸하면 문화 생산자들은 '과거밖에 의존할 곳이 없어서, 죽은 스타일을 모방하게 된다'라고 간주한다.

⑩ 포스트 모던적 시간성과 공간성은 모두 근본적인 역설을 통해 표시되고, 포스트 모던 시간성은 변화의 가속률을 통해 특징화될 수 있다.

⑪ 이는 패션, 라이프스타일, 심지어 대중들의 신념이 전복되고 변화되는 것이 과거 20~30년간 지속적으로 가속되어 왔다는 점을 통해 확인된다.

⑫ 즉, 포스트 모더니즘의 심층 논리는 모든 것이 패션, 이미지, 그리고 미디어의 변화에 종속되어버려서 더 이상 근본적인 변화가 불가능한 상태를 의미한다.

⑬ 나아가 현대사회에서 하이퍼 모더니티(Hypermodernity)는 지속되는 역사적 상황 속에서 이성적으로 변화하는 것을 거부하고 역사적인 믿음 없이 아주 빠르게 변화된다는 것이 진실이라고 가정한다.

⑭ 하이퍼 모더니즘

   ㉠ 하이퍼 모더니즘은 포스트 모더니즘의 특징인 과거 과잉된 인공유물이 문화의 장소에 과다하게 뒤섞여 나타나고, 오리지널의 가치와 의미가 식별하기 어렵게 된 것들이 생겨나면서 더욱 과잉된 것을 초래하여 의미 분별을 더욱 할 수 없어지는 현상들을 거부하는 것이다.

   ㉡ 하이퍼 모더니티는 가치의 진실에 동일성(Identification) 혹은 창조성이라는 자체가 상관없는 것이다.

   ㉢ 대신 유용한 정보를 새로운 미디어의 과잉되는 정보에서 선택하여 이용하는 것이다.

   ㉣ 하이퍼 모더니티는 포스트 모더니티의 허무주의에서 벗어나기 위해 의미의 과잉과 생각 없이 떠드는 것에 목적을 두는 것으로, 인터넷 검색 및 상호 블로그 건설은 슈퍼모던(Supermodern)이라는 훌륭한 비유를 한다.

21 하이브리드 현상

① 20세기 이후 다양한 전통적 장르의 혼합 또는 붕괴로 시도되었다.

② 다원성의 경향이 강해지면서 다른 문화에 관심을 가지는 '탈중심화' 현상이다.

③ 내부로부터의 해체를 통한 다양성을 추구하거나 불연속성에 의한 스타일의 혼합으로 표현되는 패션 현상을 말한다.

22 오리엔탈 스타일

① 1910년대 이후 20세기 말 지역주의의 다양한 양상이 표현되기 시작하면서 다시 등장한 스타일로, 서양 문화 속에 이질적인 동양문화가 등장할 때 불리는 용어이다.

② 포스트 모더니즘 이후 지역적 특성을 동반한 21세기 새로운 문화양상으로 부각되었다.

패션이미지 감성에 따른 테마 이해

1 개 요

패션 연출에 있어서 공통적인 감각적 특징을 지닌 것을 테마라고 했을 때, 패션 이미지 감성에 따른 테마 스타일링은 사회 · 문화적 환경, 예술양식, 시대적 가치관, 기술의 발달에 따라 계속적으로 변화하며 끊임없이 생성되고 등장한다.

라이프스타일, 체형, 취향을 고려하여 그 시대에 적절한 복식 스타일링을 연출하는 감각이 중요하게 부각되고 있으며, 패션 이미지는 개성 있는 복식 스타일을 연출하는 데 중요한 요소이다.

2 클래식(Classic)

사전적 의미는 '최고 수준의, 전통적인, 정통적인'이며, 유행에 크게 좌우되지 않는 스타일을 말한다. 시대를 초월하는 가치와 보편성을 갖는 고전적이고 전통적인 스타일 이미지이다.

① 의 상
　㉠ '클래식'은 '고전적 · 전통적 · 모범적' 등의 의미를 갖고 있다.
　㉡ 패션 이미지로서의 클래식 이미지는 유행에 좌우되지 않고 오랫동안 애용되어 온 의복과 기타 소품의 스타일로, 세대를 초월한 가치와 보편성을 갖는 패션 이미지이다.
　㉢ 의상의 형태로는 샤넬 슈트, 테일러드 슈트, 카디건 슈트가 대표적인 형태이다.
　㉣ 색상은 전통적으로 오랫동안 사랑을 받아온 따뜻하며 정감 있고 깊이 있는 색상들이 많이 사용되는데, 채도가 높은 다크 그린이나 다크 브라운 또는 무채색이 대표적이다.
② 헤어 · 메이크업
　㉠ 클래식 이미지를 표현하는 헤어 및 메이크업의 특징은 보수적으로 깔끔하게 정리된 스타일이 적당하다.
　㉡ 메이크업에 있어서 피부 표현은 원래의 피부 톤에 맞추어 차분한 베이지로 정리한다.
　㉢ 눈썹은 그레이나 브라운 컬러로 앞머리는 약하게 시작하여 눈썹산은 다소 각지고 날렵한 형태로 그려준다.
　㉣ 포인트 메이크업에서 눈은 베이지를 주 톤으로 하여 브라운이나 의상 컬러에 어울리는 유사색 계통으로 포인트를 주고, 아이라인을 이용하여 또렷한 눈매를 완성시키면 더욱 효과적이다.
　㉤ 입술은 눈의 컬러와 비슷한 컬러를 선택한다.

③ 액세서리
- ㉠ 보수적이며 중후한 분위기의 클래식 이미지 연출을 위한 액세서리로는, 단순하며 고전적인 듯 하면서도 세련된 디자인이 알맞다.
- ㉡ 장신구로는 광택이나 디자인이 강하지 않은 것으로, 고급스러운 재료로 만들어진 부드럽고 둥근 대칭형이 어울린다.
- ㉢ 구두는 기본형 디자인에서 벗어나지 않는 스타일이 적합하다.
- ㉣ 핸드백은 부드러운 것보다는 딱딱하게 각이 진 형태로, 손으로 들 수 있는 스타일을 선택하는 것이 알맞다.

3 모던(Modern)

사전적 의미는 '현대의, 새로운, 최신의, 근대의' 등으로 해석하며, 자신감 있고 세련된 스타일로 다소 차가우면서 도시적인 현대적 감각의 이미지를 말한다.

① 의 상
- ㉠ 모던이란, '현대적 · 근대적'이라는 뜻으로 날카롭고 차가운 느낌의 인상, 도시적이며 시크(Chic)한 이미지의 현대적인 감각의 패션을 의미한다.
- ㉡ 이러한 모던 이미지는 의복에 있어서 불필요한 장식 등을 삭제하고 가장 간결하게 표현하여, 직선이나 단순한 곡선라인으로 표현된 심플한 슈트 스타일이 대부분이다.
- ㉢ 색상은 차가운 색과 도시적이며 기계적인 색상, 블루가 가미된 컬러 등이다.
- ㉣ 색감이 억제된 것들로 모노톤이나 그 반대인 강렬한 원색들이 대표적으로 사용된다.
② 헤어 · 메이크업
- ㉠ 모던 이미지는 심플하고 간결한 의복의 형태와 무채색의 배색이나 원 톤으로 이뤄진 배색법 등을 연상시킬 수 있다.
- ㉡ 이와 어울리는 헤어와 메이크업의 연출은 색상이나 액세서리를 지양하고 형태적인 부분에 포인트를 주는 방법이 적당하다.
- ㉢ 예를 들면 헤어스타일은 복잡한 헤어 액세서리로 연출하는 것은 적당하지 않으며, 스트레이트 스타일에 길이 차이를 주거나 독특한 커트 모양 등으로 표현한다.
- ㉣ 메이크업에 있어서도 화려한 컬러나 기법에서의 연출이 아니라 피부 표현으로 모공과 잡티 등을 제거하여 인위적인 이미지 연출이 적합하다.

③ 액세서리

    ⊙ 도회적이며 진보적, 하이테크한 분위기를 기본으로 심플한 의상의 디자인과 조화가 이루어질 수 있도록 액세서리는 기하학적인 형태가 강조된 것이 적당하다.

    ⓒ 신발 종류는 심플한 디자인이 알맞다.

    ⓒ 핸드백 또한 선이 간결한 것을 선택하는 것이 적당하다.

4 매니시(Mannish)

사전적 의미는 '남자 같은, 여자답지 않은'이다. 남성적이라고 하는 관습적인 슈트와 노동자 계층에서 선호되는 복식스타일이 나타나서 자립심이 강한 여성의 이미지를 연출한다.

① 의 상

    ⊙ 매니시란, '남성적인'이란 의미로 댄디(Dandy)나 보이시(Boyish)와 유사한 의미인데, 자립심이 강한 여성을 내세울 때 자주 인용되는 감성의 이미지이다.

    ⓒ 매니시 이미지의 근원은 여성도 남성의 복장을 함으로써 남성 슈트가 가지는 권력과 의미를 여성에게 착장도 가능하다는 것을 보이면서 남녀동등을 확인하려는 데서 시작되었다.

    ⓒ 현대 패션에서 매니시 이미지는 클래식 이미지와 함께 중후한 멋을 표현하기 위해 남성적 이미지가 강하게 가미되어 표현된다.

    ⓔ 특히 점차 성의 개념이 무너져 '남녀 양성'의 의미인 앤드러지너스(Androgynous)'나 '성의 구별이 없는'의 의미인 젠더리스(Genderless) 등의 유니섹스(Unisex)의 의미로 많이 이용되고 있다.

    ⓜ 매니시한 의복은 각진 형태의 재킷에 심플한 팬츠로 연출한 슈트나 셔츠 블라우스에 팬츠로 연출한 슈트가 주된 형태이다.

    ⓑ 색상은 주로 무채색 계열과 채도가 낮은 톤이 선호된다.

② 헤어 · 메이크업

    ⊙ 매니시한 헤어스타일은 짧은 형태의 헤어스타일이 기본이다.

    ⓒ 여기서 좀 더 길어지기도 하지만 길고 웨이브 있는 헤어스타일은 적합하지 않다.

③ 액세서리

    ⊙ 활동적이며 경쾌한 분위기로 액세서리 표현은 금이나 은, 또는 메탈릭한 소재의 체인벨트와 자연스런 움직임이 있는 것이 좋다.

    ⓒ 구두는 간단한 모양의 낮은 구두나 로퍼, 운동화 등을 착용한다.

    ⓒ 핸드백은 벨트 파우치, 배럴백 등과 같이 손을 자유롭게 움직이게 할 수 있는 스타일이 적절하다.

5 에스닉(Ethnic)

① 의 상

    ㉠ 에스닉이란, 비기독교 국가에서 나타난, '인종의 · 민족의 · 민간전승'이라는 의미이다.

    ㉡ 에스닉 이미지의 복식은 민속복에서 힌트를 얻어 소박하고 전원적인 민족의 문화나 관습을 취한 자연적이고 토속적인 스타일을 일컫는다.

    ㉢ 특히 아프리카, 아시아, 아메리카 인디언 등의 각 민족 고유의 의복에서 느껴지는 그 토속적인 분위기나 요소들을 의복, 액세서리 등에 도입한 스타일이 많다.

    ㉣ 에스닉 이미지는 20세기 초 프랑스에 러시아 발레단의 의상에서 영감을 받은 디자이너 폴 푸아레(Paul Poiret)가 최초로 도입하면서 시작되었다.

    ㉤ 에스닉 이미지의 의복은 민속적인 전통 소재를 이용하고, 무늬는 새나 짐승, 꽃 등의 자연 패턴이나 또는 추상적인 패턴, 자수를 놓은 전통적인 패턴이 대부분이다.

    ㉥ 색상은 붉은 색상의 강렬한 이미지를 주는 경우가 많다.

② 헤어 · 메이크업

    ㉠ 민속적인 느낌이 많이 나는 이미지이므로 자연스럽게 풀은 머리나 여러 갈래로 땋은 스타일이 알맞은 헤어스타일이다.

    ㉡ 메이크업의 피부 표현은 자연스럽고 건강한 피부 연출을 위해서 자신의 피부색과 동일한 톤을 이용하고, 눈과 다른 부분에 이용되는 색상은 자연스러운 이미지를 연출하는 것이 적당하다.

③ 액세서리

    ㉠ 액세서리는 민족의 고유성과 종교적 상징에서 모티브를 얻은 것들로 연출한다.

    ㉡ 자연에서의 향수를 느낄 수 있는 소박한 소품들이나 각 나라에 따른, 예를 들어 머리에 두르는 인도풍의 두건이나 아프리카풍의 장신구 등 민속풍 이미지의 장신구를 이용한다.

6 아방가르드(Avant-garde)

아방가르드의 어원은 군대의 '전위부대'를 말했던 것이었으나, 현재는 넓은 의미에서 '기성의 개념을 부정하고 전통을 배제한다거나 파괴하기 위해 새로운 것을 창조하다'라는 **실험적 성격이 짙은 전위 예술**을 의미한다.

① 의 상
  ㉠ 복식에서의 아방가르드 이미지는 격식, 전통 등을 거부하고 유행에 보다 앞선 독창적이고 기발한 스타일을 일컫는다.
  ㉡ 이처럼 아방가르드 이미지는 대중적이기보다는 실험적이고 독창적이다.
② 헤어 · 메이크업
  ㉠ 아방가르드 이미지의 헤어스타일과 메이크업 연출은 규정할 수 없을 정도로 다양하고 예상하기 힘들다.
  ㉡ 대부분의 아방가르드 헤어스타일은 다양한 헤어 컬러와 자유로운 헤어스타일 연출을 기본으로 한다.
③ 액세서리
  ㉠ 아방가르드 이미지의 액세서리는 파격적이고 실험적인 분위기를 연출할 수 있는 독특한 형태를 가지고 있는 것이 적절하다.
  ㉡ 독특한 소재와 장식 등으로 연출된다.

7 액티브(Active)

'활동적인, 경쾌한, 편안함'이란 뜻으로, 모든 활동적인 요소를 모던하고 고급스럽게 표현한 것을 말한다.

① 의 상
  ㉠ '경쾌한 · 유희 · 활동적인' 등의 의미를 가지며, 복식은 활동적이고 건강한 스타일을 지향한 이미지를 말한다.
  ㉡ 액티브한 이미지는 건강하고 활발한 분위기, 솔직하고 인간적이며 친근한 개성을 느끼게 해준다.

  ⓒ 따라서 밝고 건강한 이미지의 디자인으로 원색과 같은 강렬하고 경쾌함을 주는 색상이 선호된다.

  ⓔ 의상스타일은 몸을 구속하지 않는 편안한 실루엣으로 캐주얼하고 여유가 많아서 입고 활동하기 편한 스타일을 선호한다.

② 헤어 · 메이크업

  밝고 경쾌한 이미지의 연출을 하기 위해 헤어스타일은 강하고 활동적인 이미지 표현에 중점을 두고, 메이크업은 너무 인위적이지 않은 자연스러운 연출을 할 수 있도록 한다.

③ 액세서리

  ⓐ 활동적이며 경쾌한 분위기로 액세서리 표현은 금이나 은, 또는 메탈릭한 소재의 체인벨트와 자연스런 움직임이 있는 것이 좋다.

  ⓑ 구두는 간단한 모양의 낮은 구두나 로퍼, 운동화 등을 착용하며, 핸드백은 벨트 파우치, 배럴백 등과 같이 손을 자유롭게 움직이게 할 수 있는 스타일이 적절하다.

8 로맨틱(Romantic)

사전적 의미는 '꿈과 희망을 가진 소녀적인 여성스러움'이다.

① 의 상

  로맨틱은 '소녀스러운, 여성스러운, 상냥하고 청순한' 이미지를 나타내는 형태로 레이스나 프릴, 자수, 러플과 같은 디테일을 많이 이용한다.

② 헤어 · 메이크업

  ⓐ 부드러운 여성의 이미지를 살리기 위해 살짝 웨이브가 있거나 자연스럽게 풀은 긴 헤어스타일과 땋은 헤어 등으로 소녀적인 이미지를 연출하는 데 주안점을 둔다.

  ⓑ 메이크업은 부드러운 파스텔 톤 색상을 주로 사용하며, 피부 톤은 밝게 연출하여 화사한 이미지를 연출한다.

③ 액세서리

  ⓐ 순수하고 깨끗한 여성의 이미지를 부각시킬 수 있도록 보석류를 피한 코사지, 리본 장식 등이 달린 모자와 머플러 등을 이용한 로맨틱한 액세서리가 어울린다.

  ⓑ 소녀적인 이미지 연출을 위해 구두도 외곽선이 둥글고 부드러운 것이 적당하다.

  ⓒ 핸드백 또한 작고 부드러운 스타일의 숄더백을 선택하는 것이 좋다.

9 엘레강스(Elegance)

'우아한, 품위 있는, 고상한'의 뜻으로, 자연스러운 품위와 우아함이 있는 세련된 스타일로 성숙한 여성의 이미지를 말한다.

① 의 상
  ㉠ 세련되고 고상하며, 여성적인 화려함을 가지고 당당하고 위엄있으며 품위까지 있는 고급스러운 이미지이다.
  ㉡ 가장 포멀하고 머리에서 발끝까지 하나의 통일된 이미지로 조화롭고 부드러운 느낌을 주는 스타일이 여기에 어울린다.
  ㉢ 액세서리는 가죽과 보석 등 화려함과 품위를 유지할 수 있는 디자인이 적절하다.
  ㉣ 우아하면서도 성숙한 여성의 아름다움을 나타내기 위해서 바이올렛 계열 등의 색상과 딜 톤 등을 사용하여 화려하면서 고상한 이미지 연출을 하도록 한다.

② 헤어 · 메이크업
  ㉠ 헤어는 부드러운 웨이브와 긴 헤어스타일이 적절하다.
  ㉡ 메이크업에 있어서 피부 표현은 자신의 피부톤보다 조금 밝게 하며, 색조화장을 최소화하여 우아한 분위기 연출을 하도록 한다.

③ 액세서리
  ㉠ 엘레강스 이미지의 액세서리 연출은 우아하고 화려한 디자인이 적당하다.
  ㉡ 챙이 크거나 베일이 드리워진 모자나 보석 등 광택이 있고 화려한 액세서리로 연출하는 것이 적절하다.
  ㉢ 구두는 장식이 있거나 색상이 강렬하지 않은 것을 선택하며 펌프스를 이용하여 단정한 이미지를 연출한다.
  ㉣ 핸드백은 크기가 작은 토트백이나 캐비아 백을 손에 가볍게 들어 우아한 이미지를 연출한다.

하위문화와 스트리트 패션

하위문화 스타일

1 개 요

대중문화는 주류의 지배와 소수자의 저항이 충돌하는 모순적이고 양가적이며 헤게모니적인 정치의 공간이 된다. 지배의 주류적 상태가 실재하고 저항과 전복의 소수자적 실천이 잠재하는 이중적 성격을 띤다.

소수자적 실천이 잠재하는 하위문화는 그 내부의 능동적인 요인으로 인해 주류문화를 거부한 것이며 지배적인 가치와 윤리를 배격한 것이라 할 수 있다. 하위문화의 주체 형태는 계급론적으로는 노동자와 룸펜(하층) 프롤레타리아의 위치, 세대론적으로는 부모들의 기성문화에 반대되는 청년문화의 위치, 성애론적으로는 이성애에 반대되는 동성애의 위치, 인종적으로는 백인 정체성에 반대되는 유색정체성의 위치 속에서 형성된다.

하위문화 'Subculture'와 유사하게 사용되는 용어로는 'Counter Culture', 'Micro Culture'가 있다. 이 용어는 많은 이해와 가치를 지니고 있으나 하위문화를 반드시 멤버가 적은 문화로 인지할 필요는 없으며, 주류 혹은 기성문화에 반항적이거나 혹은 지배문화에 반대되는 개념으로 이해하여야 한다.

구체적으로 살펴보면, 초기 하위문화를 연구한 Becker, Cohen, Hebdige, Irwin 등 많은 학자들은 하위문화를 권리를 박탈당한 개인들로 형성되고 '일상에서 벗어난 태만'이라고 추측했다. 하위문화를 주도적으로 연구한 Chicago School과 The Birmingham University's Centre for Contemporary Cultural Studies(CCCS)의 Edgar 그리고 Sedgwcik, Hodkinsno은 하위문화 초창기 연구에서 과하게 단순화되었고 일반화하여 퍼뜨린 것에 대한 비평을 중도적으로 받아들였다.

하위문화 연구의 리더, Sarah Thornton은 하위문화를 평범한 생각과 성인 커뮤니티로부터 벗어났다고 지각되는 사회 그룹이라고 주장한다. 하위문화는 두 가지 부정적인 함축된 의미를 갖는다. 하나는 일상에서 벗어나서 품위가 없는 문화이고, 또 하나는 하위문화라는 그룹이 사회적 단계에서 계급, 인종, 민족, 그리고 나이에 기인하는 사회적 사다리 훨씬 아래에 위치한다고 지각한다.

하위문화에 속한다는 것은 라이프스타일, 성 정치적 측면에서 어떤 자유를 부여하는 동시에 지역적, 사회적 그리고 스타일에서의 경계를 정의내림으로써 가족에서의 독립이라는 공감대를 제공한다.

스타일은 하위문화 정체성의 중심이며, 의복과 신체 장식은 같은 구성원들의 충성과 세상으로부터의 소외를 의미하는 동료의식을 가장 가시적으로 나타내는 상징이다.

2 하위문화 패션의 정의

하위문화의 범주에 들어오는 용어인 패션의 정의를 Bamard는 '패션에 의해 구성되고 의미되며 재생산된 정체성 위치를 거부하는 것'이라고 하였다.

Holland는 '저항적 혹은 반문화적 복식과 같은 의미로 사용되며, 주로 하위문화 측면과 결합되는 것'이라고 하였다.

클라크 등이 주목한 '스타일을 통한 저항'의 주체는 계급과 인종, 세대를 축으로 결정된 사회문화적 소수자에 해당하며, 소수자 문화에 대한 관심은 이후 이주에 따른 영국 사회의 다인종과 다민족화와 맞물리면서 활성화된다.

3 역사적 하위문화

한편, 1950년대 후반 노동계급문화 주체를 대변했던 '모드족'에서부터 70년대의 '펑크족'에 이르는 영국의 구체적인 청년문화 형태를 지칭하는 '역사적 하위문화'가 있다.

이 기간 동안에 영국 사회는 기존의 지배문화와는 다른 새로운 청소년 문화족들의 출현을 경험했고, 이들은 '모드', '테드보이', '그리서', '크롬비', '록커', '스킨헤드', '펑크'와 같은 다양한 이름으로 불리었다. 물론 이 족들의 형태는 단순히 자의적인 명명법이나 외형적 스타일의 차이에 의해 구별되기보다는 부르디외(Bourdieu)가 말하는 '계급적 취향의 구별 짓기'라는 경제적, 정치적, 문화적 논리에 의해서 구별된다.

영국의 '역사적 하위문화'는 이후 영국 내부의 변형과정 속에서 새로운 형태로 이행되었고, 한편으로 60년대 이후 미국의 반문화 청년운동과 이후의 소수 문화적 형태들과 연결되면서 청년문화의 역사적 궤적의 출발점으로 인식되곤 한다.

4 하위문화집단의 의복

하위문화집단의 의복스타일에는 전통적 윤리 의식을 지켜나가는 지배문화에 대한 공공연하고 의도적인 불만을 토로하고 자신의 특정한 정체성을 외형적으로 표현하고 싶어 하는 욕망이 표상된다.

의복스타일을 통한 하위문화의 저항은 계급과 성에 대한 모순이 뒤얽혀 있는 사회적 억압으로부터 탈주하려는 더 솔직한 육체적 자기발견이다. 즉, 하위문화는 정치적이고 이념적인 저항보다는 육체의 탈금기적 표현을 통한 스타일의 저항을 강조한다.

지배계급에 저항하는 대중음악의 영향은 미국 청소년들로 하여금 엘리트적 패션을 거부하고 캐주얼 웨어를 완성하게 하였다. 이 시기 상표에 기초한 엘리트주의에 저항하였고 일부 청소년들의 캐주얼 차림의 애용은 캐주얼 웨어가 상품화됨에 따라 전체 남성들에게 확대되었다.

캐주얼 룩의 확산은 일하는 옷에 변화를 가져와서 정장 슈트에 도전하고 있다.
이러한 상향전파의 과정은 이전에는 사회적 엘리트와는 관계가 없었던 옷들로 남성의 의복 코드를 바꾸도록
허용하였다.

5 2차 세계 대전 이후의 하위문화

2차 세계 대전 이후의 하위문화는 당시 전후의 불안정한 사회적 상태를 반영한 것이다. 전후 사회구조의 와해
는 노동 계급의 생활 터전을 위협하였고, 부모 세대가 오랫동안 유지해왔던 가치관이 붕괴되기에 이르렀다.

하위문화는 노동계급의 생활 위기가 부모들이 간직했던 전통 문화의 정체성 사이에서 방황하는 그들 자녀들
의 불만과 공포와 자유가 담긴 일종의 새로운 형태의 '청년문화'이다. 그들이 오랫동안 유지하고 있었던 전
통적인 윤리의식과 규범에 대한 것이고, 한편으로 부르주아적 지배문화에 반발하는 점은 경제적, 정치적 착
취와 그로 인한 사회적 불평등에 대한 계급적 편견에 대한 것이다.
이렇듯 하위문화는 주류문화와 저항적인 의식을 가지고 있다. 과거 사회적 우월과 열등의 표시로서 정의 내
려진 계급과 성 정체감에 대한 강요는 개인적 혹은 집단적 불만을 야기했고, 이러한 불만은 패션을 통해서
표면화되었다.
즉, 댄디, 모즈와 테디보이스, 펑크 등의 하위문화와 팝가수들과 배우들의 공연을 중심으로 한 대중문화의
패션은 계급과 성, 인종적 정체감에 대한 저항을 표시하고 있다.

최근 하위문화 스타일의 파생상품이 대량 생산되어 동시에 주류 소비시장과 스트리트(Street) 시장에 유행되
는 새로운 의류모델을 형성하고 이렇게 빠른 속도로 성장한 상업적 성공은 패션시장에 큰 변동을 유발한다.

문화의 주체	인구론적	계급론적	세대론적	성애론적	인종적	대중문화
주류문화의 주체	다 수	부르주아	기성문화	이성애	백인문화	
하위문화의 주체	소 수	프롤레타리아	청년문화	동성애	유색정체성	

스트리트 패션

1 스트리트 패션의 특징

거리문화의 변용으로 생성된 스트리트 패션은 1940년대 말 미국의 비특권층이었던 흑인 젊은이들에 의해 생겼던 주티 스타일(Zooty Style)로 시작되어 검은 가죽재킷의 착용으로 대표되는 바이커 스타일(Biker Style)로 이어졌으며, 50년대에 이르러 비트(Beats)와 테디보이(Teddy Boy) 스타일로서 진정한 스트리트 패션을 형성하게 되었다.

폭발적인 젊음 지향 문화가 대두된 60년대에는 모즈(Mods), 록커(Rocker) 스타일과 안티패션의 전형인 히피(Hippie) 스타일이 전 세계를 풍미하였으며, 이후 70년대에는 스킨헤드(Skinhead)와 과격하면서도 파괴 지향적인 펑크(Punk) 패션을 출현시켰다.

즉, 40년대부터 70년대까지 생성된 스트리트 패션은 출현한 시기의 경제, 사회 문화적 환경의 영향하에 기존의 체제를 거부하면서 생성되었다. 이렇듯 독특한 스트리트 패션은 80년대와 90년대에도 이어져 보다 다양한 스타일을 창출하였으며, 현재까지 패션에서 유행의 핵심으로 자리매김하고 있다.

그러나 90년대 이후의 스트리트 패션은 복고적 스타일과 미래적 스타일이 동시에 보여지는 등 매우 다양하게 표출되는 스타일의 혼재가 나타나고 있다. 과거의 사회적 이슈를 내포하며 기성 체계를 강력하게 부정하는 안티적 성향보다는, 소비 지향적인 사회구조와 극단적인 상업주의 속에서 차별화된 개인적인 스타일의 창조와 개성의 추구가 더욱 중요한 요소로 부각되는 특징을 나타내고 있다.

젊은이들은 의복을 통해 자신을 꾸밈으로써 개성의 창출과 더불어 정체성의 확보를 꾀하고 있으며, 자기표현의 수단과 자신들의 메시지를 전달하는 의사소통의 매체로서 시대를 초월하여 주류 유행과 상호 영향하에 공존하고 있는 것이다.
바로 이러한 점이 스트리트 패션의 가장 큰 특징 중 하나라 할 수 있다.

2 스트리트 패션의 종류

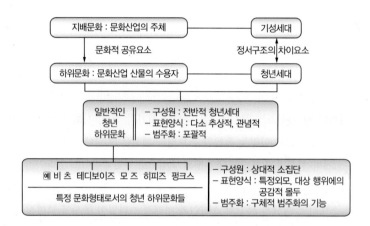

① 주티(Zooties)

   ㉠ 주티 스타일은 1940년대 사회적 · 경제적으로 혜택을 받지 못했던 흑인과 멕시코계 미국 젊은이들이 즐겨 입었던 것으로 **상향 지향적인 스트리트 패션**이다.

   ㉡ 주트 슈트(Zoot Suit)는 어깨가 넓고 허리가 꼭 끼는 무릎 길이의 재킷, 발목 부분이 좁아지면서 통은 넓은 바지, 넓은 테의 모자, 금줄 장식으로 이루어졌다.

   ㉢ 비싸고 장식적인 주티는 진실성에 상관없이 '나는 성공한 사람'이라는 과시적 메시지를 담고 있다.

@ 쇼플러(Schoeffler)와 게일(Gael, 1973)은 20세기 최초로 사회계층의 밑바닥에서 시작된 스타일이라는 점에서 주티 스타일의 중요성을 강조했다.

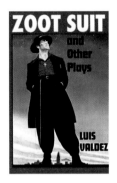

② 테디보이즈(Teddy Boys)

㉠ 테디보이들의 외모와 복식에 부착된 방식과 이들이 지배문화로부터 빌려 자신들만의 뚜렷한 스타일로 재구성한 요소들을 분석하면, 상류계급 복식의 노동자 계급화(Proletarianization)는 단지 스타일적으로 화려하게 꾸민 것이 아니고, 그 집단의 열망과 실제 둘 다를 표현한다고 할 수 있다.

㉡ 스타일적으로는 시대착오적이었으나 하위문화로서 테디보이의 존재는 영국 청년문화와 스트리트스타일을 위한 토대가 되었다.

㉢ 테디보이 룩은 1950년대 초 런던의 젊은이들 사이에 유행한 과장된 스타일의 에드워드룩으로서 풀어내린 웨이브의 롱 헤어스타일, 에드워드 재킷, 높고 빳빳한 칼라, 타이트한 팬츠, 앞이 뾰족한 구두 등이 특징이다.

㉣ 자이비 스타일은 1950년대 뉴욕의 재즈 뮤지션들이 선호하던 스타일로 입는 즐거움이 있는 아이비 룩을 말한다.

㉤ 자이비는 자이브(Jive : 재즈광이나 스윙에 맞추어 추는 열광적인 춤)와 아이비의 합성어이다.

③ 카나비 스트리트 룩(Carnaby Street Look)

ⓐ 1965~1966년에 걸쳐 유행했던 런던의 카나비 스트리트에서 발생된 룩이다. 크게는 모즈 룩에 포함된다.

ⓑ 모즈 룩(Mods Look)은 모즈들의 옷차림이다. 1966년경 런던 카나비 스트리트를 중심으로 나타난 비트족 계보에 속하는 젊은 세대를 모즈라 한다.

ⓒ 원래 'Mods'란, Moderns의 약자로 '현대인, 사상이나 취미가 새로운 사람'을 의미한다.

ⓓ 기성세대의 가치관과 기존의 관습에 대한 자신들의 반항을 의복으로 표현하고자 한 이들은 초기에는 그래니 부츠(Granny Boots), 에드워드 슈트(Edwardian Suits), 발목 길이의 스커트 등의 차림새를 하였다.

ⓔ 나중에는 히피의 영향을 받은 비틀즈와 같이 꽃무늬나 물방울 무늬가 현란한 셔츠와 넥타이, 아래로 갈수록 폭이 넓어지는 바지, 장발 등의 복장으로 화제를 모았다.

ⓕ 영국의 디자이너 M.퀀트는 그녀의 상상력이 풍부하고 인습에 얽매이지 않는 디자인에 모즈 룩을 다양하게 표현하였다.

ⓖ 유니섹스 룩의 범람을 불러일으켰던 것으로 화려한 밀리터리풍의 재킷과 꽃무늬 프린트의 셔츠, 좁은 바지, 미니스커트 등이 대표적인 아이템이다.

카나비 스트리트

영화 《오스틴 파워》에서 오스틴과 그의 파트너 펠리시티 색웰이 뛰어다니는 카나비 스트리트는 1960년대 모드 패션을 차려입은 멋쟁이들이 우글거리던 중심가였다. 모즈 룩 전후 각광받았던 청소년 스트리트 스타일인 테디보이(Teddy Boys) 스타일이 이미 유행에 뒤떨어지고 있던 시기에 청소년 패션에 큰 영향을 미친 두 번째 집단이다. 초기에는 이탈리아와 프랑스 패션을 모방하였다. 모즈 룩은 1950년대 말 영국의 미술 대학생들을 중심으로 생겨났는데, 특히 카나비 스트리트를 중심으로 활성화되었다. 미국에서는 흑인 게토 사이에 유행하였다.

④ 비트 제너레이션(Beat Generation)

  ㉠ 비트 제너레이션(Beat Generation)은 1950년대 미국의 경제적 풍요 속에서 획일화, 동질화의 양상으로 개개인이 거대한 사회조직의 한 부속품으로 전락하는 것에 대항하며, 민속음악을 즐기고 산업화 이전 시대의 전원생활, 인간정신에 대한 신뢰, 낙천주의적인 사고를 중요시하였던 사람들이다.

  ㉡ 이들은 1920년대의 '상실세대(Lost Generation)'처럼 기성세대의 주류 가치관을 거부하였다.

  ㉢ '비트 제너레이션'은 크게 두 종류로 나눌 수 있다. 하나는 '힙스터(Hipsters)'로서 혁명가의 기질을 가진 사람들을 말하고, 다른 하나는 '비트닉(Beatniks)'으로서 방랑자의 기질을 가진 사람들을 말한다.

  ㉣ 그들은 기성사회를 떠나 시를 쓰고, 재즈 음악에 맞추어 춤을 추고, 동방의 선불교에 빠진 사람들을 칭한 것이다.

  ㉤ 이들 비트족(Outsiders)은 샌프란시스코나 뉴올리언스에 모여 살았다.

  ㉥ 브니스 웨스트와 뉴욕의 그리니치 빌리지의 중심부로부터 노스 비치, 캘리포니아, 맨하탄 남동부를 거쳐 샌프란시스코의 하이트에시버리 지역으로 진출하였다.

  ㉦ 그 후 하시버리(Hashbury) 지역으로 진출했으며 이후 보헤미아니즘의 새로운 요람으로 성장하여 히피의 중심지가 되었다.

  ㉧ 유대인 출신의 시인이며 동성애자인 앨런 긴즈버그가 그들을 대표하였으며, 그들은 자기들만 통하는 은어를 사용하고 제임스 딘이나 말론 브란도 같은 '반항적인 배우들'을 숭배하였다.

  ㉨ 또한 사회에서 성공하려는 사람들을 '인습적인 사람들'이라고 경멸하였다.

  ㉩ 비트의 복식은 지성인과 예술가들이 중심이 되어 나타난 스트리트 패션으로서, 창백한 얼굴과 검정색 일색의 터틀넥 스웨터, 가죽슈트, 털실로 짠 모자가 특징이다.

⑤ 스킨헤드(Skinhead)

　㉠ 스킨헤드의 상징은 켈트 십자가, 오달룬 문자, 주먹, 철십자, SS 로고, 두개골 등이 있다.

　㉡ 스킨헤드는 1960년대 후반 영국에서 있었던 노동자 계급의 하위문화(Subculture)를 가리키는 말로 쓰이기 시작했다.

　㉢ 그들은 짧게 깎은 머리를 하거나 대머리를 해서 '머리가 짧은', '대머리의'라는 뜻을 가진 스킨헤드가 이들을 지칭하는 말이 된 것이다. 이후에는 다른 나라로도 퍼졌다.

　㉣ 최초의 스킨헤드는 서인도 제도, 특히 자메이카의 루드 보이(Rude boy) 문화와 영국의 모드(Mod) 문화로부터 패션, 음악, 라이프스타일 면에서 영향을 받았다.

　㉤ 초기 스킨헤드 하위문화는 정치, 인종 문제와는 관련이 없었다. 그러나 이후에 정치 성향과 인종에 대한 태도가 스킨헤드 일부를 구분하는 요소가 되었다.

　㉥ 이들은 정치에 무관심한 경우가 많지만 스킨헤드의 정치 성향은 극좌파부터 극우파까지 다양하다.

　㉦ 러시아의 스킨헤드는 극단적 인종차별의 성향을 보이며 2005년 고려인 출신의 러시아 가라테 챔피언인 야코브 칸을 죽이고, 우즈베키스탄인, 러시아인에 중상을 입히기도 했다.

스킨헤드

사회적으로 보자면 스킨헤드족은 기본적으로 노동자 계급 출신들이라는 말이 있는데, 이것은 일반적으로 옳은 말이다. 스킨헤드족이라 불리게 된 청년집단이 1960년대 말 영국에서 형성되었고, 이들은 자메이카 출신의 흑인 노동자들과 영국의 항구도시들에 위치한 백인 항만 노동자들로 구성되었기 때문이다.

그러므로 초창기 스킨헤드족은 인종차별주의적 성향을 갖지 않았으며 보다 노동계급적이었다고 볼 수 있다. 이들은 힘든 항만 노동을 통해 형성된 매우 거친 성격과 함께 맥주를 즐겨 마시고 전형적인 영국인들처럼 축구를 열광적으로 좋아하며, 영국이라는 나라에 대한 애국심을 가지고 있다는 등의 특징을 공유하고 있었다.

스킨헤드족들은 머리에 이가 생기지 않도록 하기 위해 삭발을 했으며, 힘든노동에서 견딜 수 있도록 튼튼한 청바지와 쇠징을 박은 구두를 신고 다녔다. 그러나 1970년대가 되면서 이들은 여러 가지 다른 성향의 스킨헤드족들로 분화되기 시작했다. 이때 영국은 인도·파키스탄계 노동자들이 대거 유입되면서 백인 노동자들의 실업률이 늘어나게 되었고, 보수당 정권은 복지 예산을 삭감하고 자유 경쟁을 확대시키는 등 보수적 정책으로 일관하고 있었다. 또한 유럽에서 일어나기 시작한 네오나치 움직임도 영국에 상륙하고 있었다.

이런 분위기에 따라 백인 우월주의적 우익 스킨헤드족이 탄생하게 된다. 이들 우익 스킨헤드는 권력에서 소외된 백인 청년들의 절망감에서 비롯된 것으로, 자본주의경쟁에서 패배한 분노를 유색인종에 대한 테러로 표출한 것이다. 우익 스킨헤드족에 맞서서 전통적 노동계급임을 긍지로 여기며 인종차별주의에 대항하는 스킨헤드족[이들은 흔히 SHARP(SkinHead Against Racial Prejudice)로 불린다]들이 등장한 것도 이 무렵이다.

현재의 스킨헤드족은 정치적 성향에 따라 크게 우익과 좌익으로 나뉜다. 이들은 서로 길거리 싸움을 벌이는 등 첨예하게 대립하고 있지만 또한 동시에 정치적 이슈를 떠나 노동자 계급의 자긍심, 애국주의 등의 코드를 공유하며 동질감을 유지하고 있다.

스킨헤드족은 음악적으로도 하나의 뚜렷한 흐름을 만들어냈다. 60년대 태동기의 오리지널 스킨헤드가 영국의 전통 노동요인 음주가요와 자메이카산 음악인 SKA에 취했다면, 70년대 중반 이후 스킨헤드족들은 펑크 록 및 하드코어 펑크에 자신들을 동일시하게 된다.

⑥ 그리저(Greasers)

　　㉠ 노동자 계급의 틴에이저로 이루어진 그리저는 록커즈와 비슷한 이미지를 가졌지만, 모터사이클에 대한 애착은 적었다.

　　㉡ 이들은 징이 박힌 옷, 체인, 프린지, 뱃지, 기장 등이 지나치게 장식된 가죽재킷, 기름에 절은 진바지를 입었고, 공격적 노동자 계층의 남성미로 미의식을 표현하였다.

⑦ 록커즈(Rockers)

　　㉠ 거칠고 반항적인 사람들의 이미지이다.

　　㉡ 육체노동자의 옷, 징이 박힌 가죽재킷, 청재킷, 진 바지, 기장이 장식된 옷, 칼 등이 장식된 옷 등 모즈의 깔끔한 소년의 이미지와는 반대로 공격적이고 지저분한 근로계층의 외모가 특징적이다.

⑧ 사이키델릭(Psychedelic)

㉠ 사이키델릭 아트(Psychedelic Art)는 리제르그산(酸) 디에틸아미드(LSD)와 같은 환각제를 마셨을 때 보이는 환각의 세상을 LSD 없이 재현하는 예술, 환각예술이라고도 한다.

㉡ 여기에는 회화 · 댄스 · 영화 · 텔레비전 · 음악 · 그래픽스 · 공학 등의 효과에 연결시켜서 모든 감각기관을 동시에 자극하여 '감각으로 정신을 폭격하자'라는 로젠버그 등의 환경예술적인 것도 있다.

㉢ 그 대표인 디스코테크(고고카바레)는 원색의 형광도료를 출렁거리는 파도처럼 칠한 디자인, 고막이 찢어지는 듯한 소리, 영화의 한 화면과 같이 잔상을 망막에 남기는 섬광의 점멸 등이 특징이다.

㉣ 그 밖에 색맹 검사표와 같이 출렁거려서 읽기 힘든 문자, 눈부신 배색의 포스터 광고도 이것의 하나이다.

㉤ 더욱이 강한 자극을 얻으려는 현대인의 자극기아(刺戟飢餓)와 성행위와도 같은 감각적인 쾌감의 추구, 그리고 획일적이고 규격화된 현실세계로부터 몽환적 · 도취적인 세계로의 도피를 나타내고 있다.

㉥ 1960년대 후반 '히피문화'의 여파로 생긴 이 기법은 한때 크게 유행하였고, 한국에는 1970년대 후반에 들어와 주로 유흥장의 조명 및 음악 등에 응용되었다.

⑨ 히피(Hippie)

㉠ 히피 스타일(Hippie Style)은 1960년대 중엽의 히피족에서 힌트를 얻은 의복 스타일이다.

㉡ 1967년 이후 베트남전쟁의 공포는 사회 분위기의 열정과 활기를 가라앉게 하였는데, 이 당시 미국의 반체제파 젊은이들로서 히피족이 등장하였다.

㉢ 히피족의 의복은 패션에도 큰 영향을 끼쳤다. 이들은 자연상태로의 회귀를 희망하여, 긴 머리를 곱슬 거리게 한다든가 인디언풍으로 헤어밴드나 꽃을 꽂기도 한다.

㉣ 그 밖의 특징은 엉덩이는 꼭 맞으면서 바지 끝이 넓게 벌어지는 판탈롱, 꽃무늬 셔츠, 또는 프릴이 장식된 블라우스, 술 달린 베스트 등을 많이 입었고, 목걸이 · 체인벨트, 남녀 모두 애용한 스타일로 굽이 높은 부츠나 세미 부츠를 함께 착용하였다. 이 스타일은 때로는 남루한 차림새로도 보였다.

㉤ 히피족의 독특한 스타일은 1960년대 룩의 붐을 타고 다시 패션에 도입되었다.

㉥ 1993년에는 네오 히피 룩이 유행하였는데, 장발과 청바지 같은 타입이 아니라 사이키델릭에서 나타나는 눈부시게 화려한 모드가 현재의 네오 히피의 중심이다.

㉦ 대표적 디자이너로는 안나 수이, 조르조 디 센트 안젤로가 있으며, 톰 포드는 1999년 봄 · 여름 구찌 컬렉션에서 히피룩을 현대적으로 재현하였다.

⑩ 글램(Glam)

　　㉠ 1970년대 우주의 새로운 가능성을 추구하는 글램 룩에서 유래되었다.

　　㉡ 화려한 의상과 진한 화장의 데이비드 보위가 등장하여 글램 룩을 탄생시켰다.

　　㉢ 반항, 에로티시즘, 앤드로지너스, 사이키델릭 성향을 보인다.

⑪ 펑크(Funk)

　　㉠ 펑크(Funk) 또는 훵크는 소울, 리듬 앤 블루스, 재즈 등의 장르의 영향을 받아 1960년대 성립된 미국 흑인 댄스 음악의 장르를 말한다.

　　㉡ 장르의 이름이 나오게 된 Funk는 1950년대 미국 흑인들 사이에 '성 행위의 냄새', '지저분한 냄새' 등의 뜻으로 쓰이는 속어였다. 훵크로 표기하기도 한다.

⑫ 펑크 룩(Punk Look)

㉠ 1970년대 후반에 런던 하층계급의 젊은이들 사이에 유행한 반항적이고 공격적인 패션이다.

㉡ 펑크(Punk)는 속어로 '시시한 사람, 재미없는 것, 불량소년·소녀, 풋내기'라는 의미로, 펑크 패션이 발생한 것은 미국이지만 이를 정착시킨 것은 런던의 젊은이들이다.

㉢ 런던의 펑크 패션은 1970년대 후반에 대부분 무직인 노동계층의 10대가 권위체제에 대한 저항으로 표현했다.

㉣ 티셔츠에 술을 단 재킷, 고무나 플라스틱제 바지, 마이크로 미니스커트, 플라스틱과 네트 셔츠, 저속한 메시지가 프린트되거나 너덜너덜한 티셔츠 등을 착용한다.

㉤ 머리털을 곧추세우고 핑크나 그린으로 염색하며, 특유의 메이크업을 하고 개의 목끈, 안전핀, 면도기, 지퍼, 체인을 이용한 메탈릭한 장식을 액세서리로 한다.

㉥ 극히 일부 젊은이들에 한정되었던 펑크 패션은 점차 일반 패션에 영향을 주어 안전핀이나 면도칼의 액세서리가 인기를 끌었으며, 영국의 디자이너 잔드라 로즈는 금, 은, 보석 등의 값비싼 소재를 이용하여 이와 같은 액세서리를 만들기도 하였다.

㉦ 로즈 외에 레이 가와쿠보, 장 폴 고티에, 비비안 웨스트우드, 엘리오 피오루치가 대표적인 펑크 룩 디자이너이다.

⑬ 고스(Goth)

㉠ 고딕은 본래 북유럽의 야만적인 고스(Goth)족의 이름에서 유래됐다. 로마 문명을 몰락시킨 고스는 이성의 전복, 처참한 유린의 상징으로 서양인의 뇌리에 각인됐다.

㉡ 오랜 세월 잊혀졌던 고스는 17세기에 다시 등장했다. 뾰족뾰족한 아치, 기괴한 각도와 과장된 형태가 특징인 교회 건축물에 서양인들은 고딕이라는 이름을 붙였다.

㉢ 고딕 패션은 고스(Goth) 하위문화의 구성원에 의해 착용된 의상스타일이다. 어둡고, 때로는 병적이고 에로틱적인 패션스타일의 드레스이다.

㉣ 전형적인 고딕양식의 패션에는 염색된 검은 머리, 검은 입술과 검은 옷이 포함되고 어두운 아이라이너와 어두운 손톱을 보여준다.

㉤ 그리고 스타일은 빅토리아 시대와 엘리자베스 시대(Victorians and Elizabethans)에서 차용한다.

ⓑ 남성과 여성의 고트는 네오-빅토리아 스타일의 세련되고 어두운 의류, 염색된 머리, 레이스, 어두운 매니큐어와 립스틱 및 독일 군사와 같은 특징을 보여준다.

⑭ 라스타파리안(Rastaafrians)
  ⊙ 흑인들의 아프리카 '약속의 땅'을 향한 고향에 대한 향수로 표현하며, 에티오피아 국가를 상징적으로 사용한다.
  ⓛ 평화적 삶을 꿈꾸는 스타일로 레게 음악과 더불어 소박하고 편안한 복장으로 흑인의 저항의지를 표현하고 있다.

⑮ 루드보이(Rude Boy)
  ⊙ 1960년대 초반에 자메이카와 카리브해 연안에서 이주하여 런던에서 흑인 공동체를 형성한 반사회적 · 급진적인 젊은이들을 일컫는다.
  ⓛ 재즈와 미국 갱 영화의 열광적인 팬으로서 그들만의 고유문화를 만들어낸 자메이카풍의 독특한 스타일이다.

⑯ 힙합(Hip Hop)
  ⊙ 1980년대 미국에서부터 유행하기 시작한 다이내믹한 춤과 음악의 총칭이다.
  ⓛ 힙합은 대중음악의 한 장르를 일컫는 말인 동시에, 문화 전반에 걸친 흐름을 가리키는 말이기도 하다. 힙합이란 말은 '엉덩이를 흔들다'라는 말에서 유래했다.
  ⓒ 당초에는 1970년대 후반 뉴욕 할렘가에 거주하는 흑인이나 스페인계 청소년들에 의해 형성된 새로운 문화운동 전반을 가리키는 말이었다.
  ⓡ 따라서 힙합을 '미국에서 독자적으로 만들어진 유일한 문화'라고 평하기도 한다.
  ⓜ 힙합을 이루는 요소로는 주로 네 가지, 랩 · 디제잉 · 그래피티 · 브레이크댄스가 거론된다.

ⓑ 주로 전철이나 건축물의 벽면·교각 등에 에어스프레이 페인트로 극채색의 거대한 그림 등을 그리는 그래피티(낙서미술), 비트가 빠른 리듬에 맞춰 자기 생각이나 일상의 삶을 이야기하는 랩, 랩에 맞춰 곡예 같은 춤을 추는 브레이크 댄스 등이 있다.

ⓐ 디제잉은 LP 레코드 판을 손으로 앞뒤로 움직여 나오는 잡음을 타악기 소리처럼 사용하는 스크래치·다채로운 음원(音源)을 교묘한 믹서 조작으로 재구성하는 브레이크 믹스 등의 독특한 음향효과로 주목을 끌었다.

ⓞ 이러한 기법은 테크놀로지의 급속한 발전으로 힙합 운동 출신의 '사운드 크리에이터(편곡자)'들을 등장시켰고, 이들이 만들어낸 사운드는 1980년대에 미국 대중음악의 새로운 경향의 하나로 정착되었다.

ⓩ 1990년대에 들어서면서 미국에서 시작된 힙합은 전 세계의 신세대들을 중심으로 '힙합스타일'이라고 하여, 보다 자유스럽고 즉흥적인 형태의 패션, 음악, 댄스, 노래, 나아가 의식까지도 지배하는 문화 현상이 되었다.

⑰ 테크노 & 사이버 펑크(Technos & Cyber Punks)

㉠ 미국 디트로이트를 중심으로 컴퓨터에 의해 생성된 음악 형태에서 비롯된 뉴웨이브의 한 장르이다.

㉡ 신디사이저와 리듬머신 등의 디지털 장비를 결합하여 댄스 뮤직으로 완성되었으며, 젊은이들의 댄스 문화인 레이브(Rave)의 등장과 함께 미술, 건축 등 전반적인 예술문화 코드로 성장했다.

㉢ 미래에 대한 막연한 동경과 불안심리가 끊임없는 호기심과 상상력을 표현하며 인공적인 차가운 소재를 이용하여 사이버 지향적이거나 중성적이고 기계적인 형태로 이미지화된다.

⑱ 서퍼스(Surfers)

　　㉠ 스포츠를 즐기는 젊은이들이 입고 있는 서프 그런지 룩(Sulf-grunge Look)이다.

　　㉡ 다양한 서핑보드를 소유하는 것을 개인적인 취미로 삼고 보드라는 특정한 하위문화 스타일을 형성하여
　　　상품 지향적인 성격을 보이며, 소비주의와 개인주의라는 미국 자본주의의 두 가지 요소를 강조한다.

⑲ 비보이즈(B-boys)와 플라이걸(Fly Girls)

　　격렬한 춤동작을 고려한 젊은이들의 패션으로 실용적인 캐주얼에 금목걸이 스타일이다.

⑳ 그런지(Grunge)

　　㉠ 그런지 룩(Grunge Look)은 낡아서 해진 듯한 의상으로 편안함과 자유스러움을 추구하는 패션 스타일
　　　이다.

　　㉡ 1980년대 정통 하이패션과 엘리트주의에 대한 반발로 시작된 더럽고 지저분한 느낌을 준다.

　　㉢ 도회적 보헤미아니즘(Bohemianism)에 그 뿌리를 두고 있으며, 1960~1970년대 히피 룩에서 풍기는
　　　남루한 분위기와 하류층 복식의 영향을 받았다.

　　㉣ 구속받지 않고 자기 편한 대로 입고 싶어하는 현대인의 욕구를 잘 반영하여 실용적이고 감각 있는 젊
　　　은이들의 패션으로 탈바꿈하였다.

　　㉤ 특별한 형식 없이 아무렇게나 입는 것이 특징으로 여러 가지 스타일을 섞거나 반대되는 소재를 사용
　　　하여 다양함을 표현한다.

　　㉥ 색상에서도 서로 반대되는 것을 혼합하여 한층 더 세련된 스타일을 연출한다.

　　㉦ 대표적 요소로는 허름한 코트, 꽃무늬 스커트, 털실로 짠 스웨터 같은 여러 종류의 옷을 겹쳐 입는 것
　　　과 낡은 느낌의 패치워크, 납작한 털실모자, 군화 모양의 신발 착용을 들 수 있다.

ⓞ 소재로는 투박한 울, 부드러운 벨벳, 가벼운 비스코스 등을 적절하게 매치하여 사용한다.

ⓩ 거리 청소년들에게서 시작된 영스트리트 패션으로 파리나 밀라노의 고급 기성복 컬렉션 무대에서도 선풍을 일으켜 1990년대 전반의 획기적인 패션 흐름으로 자리잡았다.

㉑ 모즈(Mods)

㉠ 모즈 룩(Mods Look)은 1960년대 중하류층의 젊은이들 사이에 발생한 독특한 청년문화에서 탄생하였다.

㉡ 대중문화의 발달과 함께 음악에 대한 인기와 대중스타의 모방의 힘으로 전 세계에 영향을 미친 스트리트 패션이다.

㉢ 세련되고 절제된 스타일의 단정한 슈트와 라운드 셔츠 칼라, 둥그렇고 짧은 헤어스타일이 특징이며, 초기 비틀즈의 스타일로도 유명하다.

FASHIONSTYLIST 제**4**장 컬렉션 분석

패션컬렉션

1 오뜨꾸뛰르(Haute Couture)의 성립과 발전기 : 1920년대

① 오뜨꾸뛰르는 '고급 의상섬의 고급 수문복'이란 뜻이다.

② 세계 최초의 오뜨꾸뛰르는 1859년 파리에서 개점한 찰스 프레드릭 워스(Charles Frederick Worth)의 의상점으로 전해지고 있다.

③ 그러나 프랑스에서는 18세기에 이미 의상 디자이너가 독립된 직업인으로 인정받아 1772년 마리 앙뜨와네뜨(Marie Antoinette)의 의상을 디자인하여 제작한 로즈 베르탱(Rose Bertin)의 이름이 기록으로 전해지고 있다.

④ 1868년에 시작되었으며, 전임 디자이너가 계절에 앞서 고객을 위한 새로운 창작 의상을 발표하면 이것이 전세계 유행의 방향을 결정하였다.

⑤ 이 신작 모드 발표회를 파리 컬렉션이라 하며, 1년에 2회가 열린다.

⑥ 이러한 오뜨꾸뛰르가 60여개소나 있으며 파리의상점 조합사무국(La Chambre Syndicaledela Couture Parisienne)에 속해 있다.

⑦ 이러한 발표회가 처음 개최된 것은 1858년 C.F.워르트에 의해서였고, 현재 활약하는 유명한 디자이너는 디올, 피에르 가르뎅, 발렌시아가, 지방시, 발망, 샤넬 등이 있다.

⑧ 최근에는 고급 주문복을 위한 의상실보다 고급 기성복의 프레타포르테가 많아지고 있다.

2 프레타포르테(Pret-a-porter)

① 프레타포르테란, '바로 입을 수 있도록 준비된'이라는 의미로서 영어의 '기성복' 레디 투 웨어(Ready-to Wear)라는 말에 상응하는 용어이다. 이 말은 복식용어로는 고급 기성복을 말한다.

② 고가이며 작품성이 강한 고급 수제옷과 달리 트렌드에 민감하다.

③ 모든 사람들이 입을 수 있는 옷을 산업적으로 생산하는 새로운 길을 열었으며, 산업과 패션을 혼합시키려고 한 것이다.

④ 제2차 세계대전 후 파리에서 처음으로 사용하기 시작했지만, 제2차 세계대전 전에도 기성복은 있었다.

⑤ 그러나 질이 좋지 않을 뿐만 아니라 값도 싼 대중품이었으므로 멋쟁이들의 관심을 끌지 못했다.

⑥ 오뜨꾸뛰르의 옷은 너무 비쌌으므로 이렇게 오뜨꾸뛰르 수준의 기성복을 원하는 수요층이 늘게 되자 생겨난 것이 바로 프레타포르테이다.

⑦ 이 기성복 박람회는 파리, 뉴욕, 밀라노, 런던 등지에서 해마다 2번 열리는데, 이 박람회를 통하여 세계의 디자이너들은 자신의 창작 의상을 소개하여 세계의 패션을 이끌어간다.

⑧ 프레타포르테에 참가하는 디자이너로는 캘빈 클라인, 조르지오 아르마니, 질 샌더, 톰 포드, 안나 수이, 미우치아 프라다 등 세계적인 디자이너이며, 한국에서는 이신우, 진태옥, 이영희, 홍미화 등이 참가하고 있다.

⑨ 프레타포르테의 활성화로 인하여 현재는 대부분의 오뜨꾸뛰르 디자이너들도 좀 더 현실적인 프레타포르테에 더욱 주력하고 있다.

⑩ 또한 프레타포르테 딜럭스, 하이 프레타포르테, 뉴 프레타포르테 등 다양한 수요층을 위한 고급 기성복 시장이 형성되었다.

⑪ 프레타포르테에서 출발한 디자이너는 디자이너 앤드 캐릭터 브랜드(Designer and Character Brand)를 생산할 수 있다.

⑫ 디자이너 브랜드는 특정 디자이너의 이름을 붙인 상품을 말하며, 캐릭터 브랜드는 개성을 짙게 표출한 상품이라는 뜻이다.

⑬ 1980년경부터 이와 같은 브랜드가 직영점, FC(프랜차이즈 체인), 가맹점 등을 통해 단일품 판매를 추진하여 고객층으로부터 압도적인 지지를 받아 커다란 비즈니스로 성장하게 되었다.

세계 패션컬렉션

1 파리 컬렉션

① 파리 컬렉션이란, 오뜨꾸뛰르 패션쇼와 프레타포르테를 일컬으며 세계 유행을 주도하는 주요 패션행사의 하나이다.

② 오뜨꾸뛰르는 대개 1월, 7월의 마지막 월요일에 열리며, 원칙적으로는 2주일의 개최기간 중 약 100~200점의 신작을 각 디자이너의 점포 내에서 혹은 기타 다른 이미지를 가진 장소를 선정하여 발표한다.

③ 프레타포르테 컬렉션은 오뜨꾸뛰르 컬렉션이 끝난 3월과 8월에 열린다.

④ 처음에는 두 다른 맥락의 컬렉션의 디자이너들이 구별되었으나 1980년대 이후, 현재는 대부분의 오뜨꾸뛰르 디자이너들이 프레타포르테에도 참가하고 있다.

2 밀라노 컬렉션

① 이탈리아 밀라노에서 매년 두 차례 열리는 패션 컬렉션이다.

② 고급스러운 소재와 우아함, 세련됨이 돋보이는 옷을 제작하는 밀라노만의 특성을 가지고 있다.

③ 패션상품 제작에 있어서 장인정신이 투철한 것으로 알려져 있다.

④ 따라서 더욱 견고하고 실용성과 착용성을 고려한 디자인이 주로 발표되며, 파리보다 밀라노에서 실질적인 구매가 더 활발하다.

3 뉴욕 컬렉션

① 미국은 보다 실용적인 패션으로 산업화에 성공한 나라이다.

② 라스베이거스나 텍사스에서 열리는 패션쇼는 유통 중심적으로 상업적이 홍보를 목적으로 하고 있는 반면, 뉴욕에서는 미국적 트렌드를 제시하고 세계화하려는 의도가 있다.

③ 뉴욕 컬렉션은 아메리칸 캐주얼의 전통에 대한 재해석을 통해 새로운 스타일을 제시한 컬렉션이 주를 이루고 있다.

④ 대표적인 디자이너로 랄프 로렌, 캘빈 클라인, 페리 엘리스를 들 수 있다.

4 런던 컬렉션

① 뉴욕 컬렉션이 아메리칸 스타일의 실용성과 시크함을 강조하고 있다면, 런던 컬렉션은 런던 특유의 하위문화와 스트리트 패션에서 영감을 받아 반항적이면서도 젊은 감각을 기반으로 한 스타일이 강하다.

② 파리나 뉴욕, 밀라노에 비하여 실험적인 디자인이라는 평가를 받고 있으며, 신인들을 중심으로 극단적인 패션을 선보이고도 있다.

5 도쿄 컬렉션

① 요지야마 모트, 이세이 미야케, 준야 와타나베, 넘버나인 등의 감각 있는 디자이너를 발굴하여 세계적인 브랜드로 육성시키는 데 핵심 역할을 해왔다.

② 기존 행사를 정부가 대폭 지원해 '도쿄 발 일본 패션위크'로 발전했다.

③ 매년 2회, 3월과 9월에 개최된다.

④ 도쿄 컬렉션은 동양적인 전통성과 미래 지향적 트렌드를 제시하고 있다.

제5장 패션 디자이너

| 여러 패션 디자이너들 |

1 개 요

파리에서 전쟁 후에 아이디어의 특별한 상호작용이 존재하는 예술가, 디자이너, 여성복 디자이너, 작가 그리고 사진작가의 사회적 환경이 조성되었고, 이것은 많은 카바레, 일러스트 북, 발레와 인테리어 디자인을 위한 스케치를 부흥시켰다.

물론, 실용 예술가들은 이런 문화적 환경에 면역이 되진 않았지만, 그것은 실용 예술가들에게도 큰 동기가 되었다.

실용 예술에 활발하게 관여한 여성 디자이너들은 이런 문화적 환경으로부터 효용을 얻었고, 텍스타일 디자인에 이르렀다. 프랑스는 전쟁으로 인해 야기된 슬럼프로부터 재빨리 벗어나기 위해서 텍스타일 산업을 후원했다.

러시아에서도, 혁명 이후 원자재의 부족이라는 비슷한 경제적 빈곤이 존재했으며, 1918~1921년의 시민전쟁은 아방가르드 예술가와 건축가들의 이론과 계획의 실현을 막았다.

채드윅(Chadwick)에 따르면, 단 한 가지 예외로 건설주의자들의 추상적인 섬유디자인의 대량 생산을 가능하게 한 것은 모스크바의 큰 텍스타일 산업이었다. 이와 같은 국가적인 노력은 패션 디자이너들의 발전을 더욱 촉진시켰다.

2 찰스 프레드릭 워스(Charles Frederick Worth)

19세기 후반, 오뜨꾸뛰르의 탄생과 함께 새로운 위계구조가 도래한다. 미천한 드레스 메이커 또는 꾸뛰르 기술자(Couturea Facon)와는 엄연히 구별되는 '패션 디자이너 혹은 아티스트/천재(Fashion Designer as Artist/Genius)'라는 개념의 대두와 함께 새로운 형태의 패션에 있어서의 엘리티즘(Elitism)이 이전 시대의 것을 대체했다.

이 시기의 위계는 계층에 의해서라기보다는 재정적 차원에 의해 결정되었다. 패션 시장의 엘리트층은 꾸뛰리에르의 정체성과 역할을 미화함으로써 고가격을 유지하는 데 필요한 자신만의 특징을 가지게 되었다.

봉제에 있어서의 장인다움, 디테일과 맞음새의 정교함, 여러 겹의 레이스나 튤로 장식된, 풍부한 손자수와 구슬 장식된 고급직물은 모두 사치스러움으로 드러났고 이는 상류사회의 여성들을 사로잡았다.

파리 최초의 오뜨꾸뛰르 디자이너인 영국 출신의 워스(C.F. Worth)는 귀족을 위한 디자인을 한 디자이너이다. 1858년, 파리에 자신의 첫 하우스를 오픈하였으며, 1869년에 패션리더인 유제니(Eugenie) 황후에 의해 궁정 드레스메이커로 공식 지목되었다.

이 외 유럽 왕족의 의상 디자인을 하였으며 특권계층을 위한 의상에 높은 가격을 만들어낸 창의적 아티스트로서의 자리를 구축하였다.

그는 공연무대의 유명 여가수들을 위한 디자인을 해주었는데, 사라 베른하트(Sarah Bernhardt), 릴리 랑트리(Lillie Langtry), 넬리 멜바(Nellie Melba), 제니 린드(Jenny Lind) 등에게 공연 의상과 개인 의상을 공급하였으며, 이는 중산층 고객을 끌어들이기 위한 광고효과의 상업적 전략이 되었다.

'오뜨꾸뛰르(Haute Couture)의 아버지'로 불리는 그는 옷을 패션모델에 입혀서 판매하는 것을 최초로 고안하였으며, 파리 고급 의상점계의 기초를 세웠다. 그는 뛰어난 엘레강스의 감각과 독창적인 디자인에 대한 천부적인 재능을 갖고 있었다.

워스는 19세기 후반 타의 추종을 불허하는 패션리더의 지위를 얻었으며, 그의 작품의 복제품이 영국이나 미국에도 판매가 되었다.

3 폴 푸아레(Paul Poiret)

현대복식의 개척자로 불리는 폴 푸아레는 나폴레옹 1세기 시대의 엠파이어 스타일 이래 처음으로 코르셋과 페티코트를 없애고 현대적인 직선적 실루엣을 선보인 장본인이다. 그의 독창적인 디자인 세계는 창조적 디자인 영감의 원천으로 전 세계 패션에 영향을 끼쳤다.

러시아 발레단의 영향을 받은 강렬한 색채, 중국의 외투에서 영감을 받은 코트, 터키풍의 판탈롱, 기모노풍의 튜닉 드레스, 터번 등 동양풍의 아이템을 잘 이용하였고, 여성의 곡선미를 살린 실루엣을 창조하였다.

푸아레는 그의 책 'En Habillantl' Epoque'에서 직접적으로 샤넬과 스끼아빠렐리 같은 디자이너의 엘리트 훈련에 대한 통탄할 쇠퇴에 대해 언급하였다.

"그것은 그들에게 상당한 이익이 될 것이다. 그러나 동시에 그들은 패션창조자와 꾸뛰르의 타이틀을 상실한 것이다."라고 두 디자이너들을 비평할 만큼 서로 다른 세계를 가지고 있다.

4 들로네(Delaunay)

소니아 들로네(Sonia Delaunay)의 그림은 서정시(문학적인) 형식이다. 그림의 색상들은 단어, 그리고 패턴의 색상은 한 편의 작품 안에서 리듬을 창조했다.

큐비스트(Cubist) 화가 로버트 들로네(Robert Delaunay), 그리고 색상을 편성하는 그들의 시도들과 1913년 예술활동의 발견을 오르피즘이라 불렀다.

1905년 그녀가 러시아에서부터 파리를 무대로 활동할 때, 러시아와 서부 유럽 아티스트 사이에서의 상호 관계로 좋은 대우를 받았다. 그리고 그녀는 대단한 예술계의 선구자들과 피카소 등을 만났다.

그림의 체계적인 발달에서부터 예술과 기술(기교)의 이용, 패션, 그리고 직물디자인까지 들로네의 경력을 통해서 나타난다. 그녀의 컬러리스트와 같은 색의 광택은 대부분이 인정한다. 그리고 그림물감(염료)보다는 다른 매개체 안에서 이 재능은 그녀의 광범위한 시도를 느끼게 한다.

샤넬과 달리, 들로네의 패션디자인은 관찰하는 것과 같은 예술적 표현 방식의 교체자이고, 그녀의 개념상의 흥미와 더 많은 일반적 욕구는 물질적인 것으로 인해 상업적인 기획과 같은 패션 안에서 퇴색되었다. 뉴욕타임즈 인터뷰에서 그녀에게 패션디자인에 대한 질문을 했을 때 소니아는 말했다. "나는 패션에 대한 흥미가 없다. 그러나 색상과 직물의 빛으로 응용시킬 수 있다."

매드슨(Madsen, 1989)에 의하면 소니아의 의복, 예술전위가들의 광경들은 예술행위를 좋아하고 시적인 부분을 강조하여 '옷이 몸을 감싼다'는 옷에 대한 초기 개념을 다시 해석하게 했으며, 부드러운 스크린 같이 몸의 이미지를 대체하였다.

들로네의 현대 패션디자인에 대한 중요한 공헌으로 벅베로우(Buckberrough)는, "앞으로는 판지(Cardboard)와 같은 콘셉트를 가진 것들이 이용될 것이다."라고 말했다.

1920년대 들로네의 기하학적이고 미래적인 직물과 패션디자인들은 선구적이었다. 1920년 모던 아트는 모더니스트 운동의 신조가 반영된 모던 라이프로 이끌었을 뿐만 아니라 형태와 기능의 합류점을 통한 전세계적 시각 언어의 창조물은 1920년 테크놀로지의 르네상스에서 발생한 미의 기계를 지배하였다. 들로네는 패션과 직물디자인이 너무 엘리트적이라는 지적을 중화하기 위해서 원단패턴(Tissu-patron)을 대량생산하는 노력을 하였다.

그것들을 상업적 재생산에 적용하면서 이 원단으로 직물원단과 드레스 패턴을 포장하였다. 그리하여 디자인의 통일성을 보호하였고, 반면에 최소가격으로 소비자에게 판매되었다. 이 계획은 디자인 표준화가 개인적 다양성을 허용하지 못하였고, 또 당연하게 대부분의 여성이 그들의 개별적인 치수를 원하였기 때문에 실제로는 성공하지 못했다.

그녀는 1927년 파리의 소르본느 대학에서 이 가장 현대적인 아이디어를 강의하였다.

'패션디자인에서 페인팅의 영향'이 타이틀이었다. 거기서 그녀는 드레스에 대해 '건설적인 것'을 강조하였다. 그녀의 자서전에서 그녀가 대상의 진정한 아름다움은 취향에 영향을 미치지 않는다고 주장하였을 때, 이것은 궁극적으로 그것의 기능과 밀접하다고 또 강조하였다. 그리고 이 믿음에는 기계적이고 역동적인 것이 실질적으로 시간차원에서 필수적 요소이다.

그녀의 가장 큰 공헌은 미래의 패션 생산에 대한 예언이다. 그녀의 에세이 'Les ArtistesetL ; Avenir dela-Mode'(1931년에 첫 출판 ; Cohen, 1978 : 208)에서, 그녀는 미래 패션의 민주화가 '산업의 일반적 기준'을 만들 것이라고 예측하였다. 또 산업의 첫 번째 목표는 두 배가 될 것이라고 하였다.

첫째, 그녀는 실제적인 옷의 디자인을 연구하는 연구소는 삶과 매우 근접하여 삶의 향상과 평행하게 발전할 것이라고 예측하였다.

둘째, 그녀는 대량 생산으로 인하여 상품의 가격을 낮출 것이라고 말했다. 그리고 영업의 신장 확대에 집중할 것이라고 예측하였다.

1920년의 들로네의 기성품 패션에 대한 확신은 그녀의 자서전에 기록되어 있다.

5 바바라 스테파노바와 루이보브 포포바(Stepanova and Popova)

유토피아 사회주의자들의 이상은 소비에트 디자이너인 바바라 스테파노바와 루이보브 포포바를 이끌었다. 스테파노바와 포포바는 오뜨꾸뛰르 디자이너는 아니었지만, 의상과 미의식 그리고 상업적 패션과 반하는 실용성과 관계한 현대의 미의 원칙에 지대한 영향을 미친 이상적으로 전념한 예술가였다.

그들의 작품을 요약하면, 러시아 건설주의자의 철학적 이상은 예술의 형태로서 옷은 직접적으로 대중에게 영향을 끼친다는 것이다.

1917년 혁명 이전에, 새로운 공산주의자들은 부르주아의 사상으로서 옷을 보았으며 기본적인 관심사는 구조와 형태의 결합과 함께 건설주의자에 의해 공유된다.

모든 여성은 옷을 만드는 것에 배경지식이 있고, 전문적인 기술을 강조했다. 자본가, 사회주의자 협회 모두에서 실용주의에 기초한 디자인, 대량 생산과 더 큰 예술적이고 상업적인 활동의 증가를 이끌어냈다. 스테파노바와 포포바 모두 사람들에게 디자인을 제공하고 건설주의자들의 이상인 실용적인 적용에 전념하고자 하는 강렬한 동기로, 1921년에 실용적인 의복과 텍스타일 디자인을 하게 되었다.

불행히도 러시아 패션과 텍스타일 디자인의 영향은 광범위하지 않았을 뿐만 아니라, 들로네(Delaunay)와 같은 정도의 영향력도 없었다. 그러나 그들의 작업은 대각선의 동적인 상호작용과 딱딱한 시뮬레이션, 명확한 기계적 선, 빛나는 색조의 명확성을 공유했다. 그리고 기계시대의 미학을 더 잘 유지하려 했다.

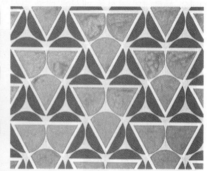

[스테파노바(Varvara Stepanova)]

[포포바(Lyubov Popova)]   [Space Force Construction by Liubov Popova]

6 가브리엘 샤넬(Gabrielle Chanel)

가브리엘 샤넬은 심플하고 스포티한 디자인으로 패션의 혁명을 일으킨 대표적인 디자이너로, 현대까지도 영향을 끼치고 있다. 샤넬은 가브리엘이라는 본명보다 코코라는 별칭으로 더 유명하다. 샤넬의 명성은 기계시대의 '기능적 이론'에 의해 초기에 충실히 발전되었고 전쟁 시 제약으로부터 공급과 수요의 영리한 경제적 평가로 정착한다.

1920~1930년에 패션에 있어 샤넬과 스끼아빠렐리는 자주 미의식과 사회적 혁명부분 두 분야에 있어 명성을 쌓았다. 샤넬은 스끼아빠렐리처럼 젊음과 움직임의 자유, 발랄함을 강조한다. 스끼아빠렐리의 평범한 것을 재밌는 하이패션의 아이템으로 변화시키는 능력은 샤넬의 상류사회의 예술적 옷의 성공적인 도입과 비교된다.

과거 샤넬의 이미지는 혁신적인 여성의 대명사인 가르손느였지만, 샤넬의 현재 이미지는 부와 지위의 상징으로 대표된다.

샤넬만의 디자인, 소재, 봉제 테크닉 등이 세계 패션의 흐름과 방향에 큰 영향을 미치면서 프랑스 오뜨꾸뛰르를 대표하고 있다.

샤넬의 가장 큰 특징은 활동성이며, 여성들을 위한 하이패션 팬츠를 만들어낸 최초의 디자이너이다. 여성들이 원하는 것이 무엇인지를 스스로 깨닫기 전에 미리 알아내는 데 타고난 재능을 가진 디자이너로 평가받았다. 특히 20세기 초 니트 재킷, 누빔 코트, 주름치마, 저지 드레스 등 실용적인 스타일을 발표하고, 남성들의 전유물이었던 바지정장을 여성패션에 도입함으로써 여성복의 현대화에 가장 많은 영향을 주었다.

이렇듯 현재까지도 샤넬이 성공할 수 있었던 이유는 고유성, 즉 샤넬의 전통성인 '샤넬의 고유정신'을 유지하였기 때문이다. 관습을 타파하고 자유를 추구하며 패션에서의 혁명을 창조한 샤넬과 그 뒤를 이어 현재의 눈으로 과거를 재조명하고 미래적이 시각으로 현대를 바라보는 라거펠트는 현 시대에 맞는 샤넬 스타일을 창조했으며 시대를 앞서가는 샤넬 정신으로 그 신화를 이어가고 있다.

7 엘자 스끼아빠렐리(Elsa Schiaparelli)

유럽에서는 샤넬의 경쟁자로 엘자 스끼아빠렐리가 안티 패션의 형태로 창조되었다. 들로네와 같이 그녀는 처음에는 순수 예술가였다. 그러나 그녀는 모순적인 이미지의 사용으로 그녀의 영감을 발견했고 그것은 초현실주의 작품에 있어 프로이트의 성적인 연상과도 통했다. 그녀는 디자인에 있어 경계 없는 참신함의 발전과 특이한 재료를 사용하였다.

그녀는 이탈리아 출생으로 1920~1954년에 파리의 패션계에서 활약하였다. 그녀가 입고 있던 수제 스웨터로 재능을 인정받아 패션계에 들어갔다. 디자인의 특징은 심플하고 스포티하며, 대담한 악센트 컬러나 기발한 버튼 등을 이용한 점이다. 자유분방하고, 남국적이며 강렬한 색채를 즐겼으나, 그중에서도 쇼킹 핑크(Shocking Pink)가 유명하다. 액세서리에 재능을 보였으며, 금속·목재·플라스틱 등의 다양한 재료를 사용하였다. 지퍼나 화학섬유, 거친 복지를 처음으로 여성복에 사용하였다.

그녀의 가장 중요한 공로 중의 하나는 확대시킨 어깨인데, 그것은 어깨심을 사용해 만들어진 최초의 패션이었다. 1930년대 후반과 1940년대에 세계를 휩쓸었던 각지고 심이 들어간 어깨는 1932년 보그지에 처음 소개되었고, 미국에서 널리 사용되었다.

들로네와 같이 스끼아빠렐리의 경력은 순수예술 기반에서 나온다. 그녀가 패션으로 전향했을 때 그녀의 작품은 직접적으로 예술적 방법론과 연결되어 있었다. 그녀 작품에서 상징의 풍부함은 다다이스트와 초현실주의자와 관련이 있었다. 그녀는 디자인 경력을 통해 패션과 예술의 상호 관계를 재정의하고 재구성하였다. 그녀의 순응하지 않는 태도와 관습에도 불구하고, 그녀는 오뜨꾸뛰르의 세상에서 힘과 영향력으로 탁월한 지위를 갖게 된다. 많은 다다이스트처럼 그녀의 작품은 화려하고 관습적인 또는 예술에 있어 지루한 것에 대항하는 반란의 형태를 띠었다.

그녀는 관습적이지 않은 재료의 사용을 통해 엘리트와 전통적 관습을 파괴했다. 예를 들어 옷의 장식적 디테일 안에 있는 노골적인 성적 이미지를 포함해서 그녀는 대중적 문화로부터의 기록을 사용했다. 평범하지 않은 재료와 모티브에 대한 예는 신문을 오려낸 패턴이 프린트된 실크와, 면을 생산하는 리옹텍스타일 회사에 주문으로 이어졌다.

그녀의 작품을 좋아하거나 좋아하지 않는 두 가지를 포함하는 언론인과 패션 에디터에 의해 쓰인 기사의 조각을 나란히 놓기도 했다. 몇몇 저자는 이것은 피카소가 1911년 신문을 꼴라쥬의 재료로 썼던 입체파의 영감이 중심이 되었다고 하지만 사실상 그녀는 다다아티스트인 커트 슈비터스(Kurt Schwitters)로부터 영감을 받았으며, 또한 모던아트에 반대하고 많은 실용주의자들과 친하게 지냈다.

스끼아빠렐리의 능력은 하나의 아이템 안에 진부함과 감각적인 것을 합치는 것이었는데, 이는 벌레로 칠해진 플라스틱 장식 목걸이로 증명된다. 시각적으로 기괴할 뿐 아니라 입체감 있는 감각을 자극한다. 이는 혼성 자연물의 특성인 아르누보의 목걸이처럼 보인다. 이런 이단적인 주제는 귀한 것과 귀하지 않은 재료의 조합에 있고, 이는 아르누보와 초현실주의 작품 모두의 특징인 셈이다. '이성−비이성의 이중성'인 초현실주의 현상으로서 또는 묘사에 대한 반대로 실제를 상상과 꿈의 세계로 말했다. 스끼아빠렐리의 작품은 잘 재단된 천의 전형적인 구조를 갖는다. '완벽함은 그녀의 모험적인 자수로서 깨뜨려진다'. 이것은 전통적인 자수의 범위에서 영감을 받았다. 서정성과 기괴함 간의 교류, 순수와 장식예술의 결합을 위해 오래된 것과 새 기술과 재료를 조합하였다고 한다.

1934년 손자수 벨트를 생산하고 나중에 목걸이, 요크, 바로크 스타일과 컬러감 있는 눈속임 컬러를 만들었다. 동시에 테이프 산업을 살려냈다. 푸아레는 그녀가 자수를 강화하는 것으로 천을 속인다고 했다. 샤넬과 달리 스끼아빠렐리는 '독점적인' 혁신적 합성을 창조했다.

그녀는 예술적 기법을 사용하여 '눈속임'을 하였다. 다른 곳에 사용했던 시각적 문맥으로부터 적당한 상징을 찾았다. 이런 일탈의 융합은 순수한 천의 엘리트적인 구조와 장인정신의 시각적 변칙을 창조했다. 그녀의 작품은 초현실주의의 성적 상상과 자수의 전통적 구조의 상호 관계에 의해 고조되었다.

살바도르 달리를 포함한 많은 다다이스트들과 시인, 작가들과의 순수예술의 배경을 가졌다. 그녀의 많은 작품은 패션과 예술 간에 상징적으로 존재하게 된다. 1925년 두 번째 전시회에서 초기의 영향을 볼 수 있는데, 그녀는 기계시대를 알리는 새로운 재료를 인식하게 되어 플라스틱, 라텍스, 셀로판지, 레이온 크레페, 와이어로 감싸진 그녀의 테크놀로지컬한 혁명을 접목하게 되었다.

1920년대 역설적인 초현실주의의 사용이 시작되었다면 1930년대는 이것이 강화되고, 1937~1938년에는 이것의 전성기였다.

살바도르 달리와의 협업에서 그녀는1936년 책상슈트를 제작하였고 이것은 손잡이를 버튼으로 한 서랍같은 강한 시각적 부조물이 있는 진실과 거짓의 포켓시리즈로 발전한다.

이런 시각적·개념적 모순은 여자와 그녀의 작품과 함께 납득할 수 없도록 짜인다.

그런 증거로서 달리의 3차원 조각처럼 그녀의 천은 사회적 맥락 안에서 해석되었다. 모순적인 이미지의 도용으로 그녀의 디자인은 사회적·환경적 문맥에 의존한 변화로 보이는 비이성적인 감정, 감각적 자극, 미신적이고 토템적인 상징적 연상을 갖게 된다.

이런 상징적 연상은 그녀의 작품에서 재료의 선택으로 표현되었다. 예를 들면 입체감 있는 천을 'Treebark'로 불렀는데 이는 나무줄기를 싸는 것으로 몸을 감싸는 소리를 닮아서 이름지었다고 한다. 천은 두 번째 피부가 되고 동시에 시각적 이분법을 창조한다. 1943년에는 셀로판, 벨루어, 유리섬유가 그녀의 컬렉션을 지배하게 되었다.

보그는 "천이 유리의 투명함으로 깨질 것 같지만 유리창갈이 부서지지는 않는다."고 했다. 그리고 'New Art'로 그녀의 또 다른 개념적 모순을 창조했다. 유리는 백화점에 전시하는 유리와는 다르게 여성의 몸을 감싼다고 했다. 눈물드레스(Tear Dress)의 에로틱 본성은 그녀가 살바도르 달리와 협업한 눈물과 입술로 덮인 천을 제작하는 예를 들수 있다. 이 일루션은 실제 천에 입체적 반응을 초대하는 시각적 판타지를 창조하게 된다.

이런 방법으로 그녀는 유머와 도발의 요소, 초현실주의와 예술을 융합한다.

스끼아빠렐리의 작품의 유머의 본질적인 역할은 달리에서 영감받은 '양초 모자(Mutton Chop Hat)'에서 나타나는데, 이것은 커틀렛된 모티브를 가지고 자수로 완벽하게 맞춰졌고, 위에 프린트된 움직이는 물고기를 가진 수영복, 새장 또는 전화기 모양의 가방, 손톱 모양 창문을 가진 긴 검정 장갑들이다. 특정 예술전시처럼 그녀의 컬렉션은 테마를 가지고 보여졌다.

1938년 그녀의 서커스 컬렉션에서 곡예사를 묘사하는 단추와 드레스의 뒤편에 'Beware of Fresh Painter'이란 말을 써서 보여주었다. 다른 꾸뛰르 디자이너들은 비웃었다. 그녀는 1936년에는 노예의 자유를 상징으로 'Phrigian Bonnet'을 만들기도 했다. 다다이스트의 작품처럼 그녀의 작품은 협업의 노력의 결과였다. 그녀는 순수예술과 꾸뛰르 두 가지의 독특함의 개념을 질문하면서 니트 전문가와 보석가, 염색가, 자수가들, 달리와 콕토, 베르테스 반 돈존, 자코메티, 크리스챤 버나르 같은 예술가와 친하게 지냈다.

그녀는 다다이스트들의 정서를 더 담고 있었는데, 특별히 덧없는 예술로서 드레스 디자인을 언급하였다. 이것은 장 콕토의 '패션은 매우 젊게 죽는다. 그래서 우리는 모든 것을 용서해야 한다.'는 견해에서 볼 수 있다. 1954년 그녀는 드레스에 대해 '가장 어렵고 만족스럽지 않은 예술이고, 때문에 드레스는 태어나자마자 과거의 것이 된다.'고 주장하였다. 한번 창조되면 그것은 더이상 당신에게 속하지는 않는다. 그림처럼 벽에 걸 수도 없고 책처럼 변하지 않고 긴 삶으로 살 수 없다고 하였다.

보그의 에디터인 미카엘 부드로(Michael Boodro)는 '아마 초현실주의의 전성기 동안이 예술과 패션 간의 가장 친밀한 연결이었다. 초현실주의 패션은 초현실주의자들처럼 충격을 주기 위해 재미, 즐거움, 예술이 만들어지는 평가에 대한 기반에 질문하는 미학을 창조했다.'고 하였다. 패션은 더 직접적으로 삶의 조건이 되고 사회의 본성이 되며, 이것은 다다이스트의 작품에서 지배하는 외관의 기본이 되었다. 프로이트 심리학의 정신적·성적 연상을 설명하는 데 시각적으로 패션 이미지를 사용하였다.

스끼아빠렐리는 더 직접적이고 드라마틱한 역설을 그녀의 1938년의 '신발모자(Shoe Hat)'에서 창조했다. 이는 '억압된 무의식'으로 얘기되고 옷의 언어 안에서 이동장치를 고안한 것이다. 동시에 이는 성적인 상징으로 사용되었는데, 보통 발을 감싸는 데 사용되는 것이 머리에 올라간 것이다.

두 가지 다른 예를 보면 하나는 칵테일 드레스의 어깨에 메두사의 머리를 넣은 것이고, 1937년 달리의 영향을 받은 바닷가재와 흰 오간디에 파슬리 천이다. 그런 이미지의 시각적 병치는 에로틱한 상징적 중요함을 이끌어내고, 이미지는 오뜨꾸뛰르의 문맥 안에서 아주 충격적인 요소를 강화한다.

그녀의 작품의 악명의 증가는 그런 패션의 특징에 속하는 의미를 통해 쌓아놓은 서열에 대한 도전뿐만 아니라 20세기 초기에 파리지엔의 엘리트적 문화의 인습과 전통에 대한 질문이기도 했다. 그녀의 작품은 컬러커필드와 잔드라 로즈를 포함한 후세 디자이너가 1980년대 초에 신초현실주의를 재건하는 데 기여하는 촉매제가 되었다.

8 마들렌 비오넷(Madeleine Vionnet)

루아레 데파르트망(Department)에서 출생한 프랑스의 디자이너이다. 1920년대 여성복을 근대화시킨 공로가 크다. 그때까지 몸을 단단히 졸라매고 있었던 코르셋에서 여성을 해방시키고, 바이어스(Bais) 재단으로 탄력성과 유연성을 발견하여 바이어스 재단 의상을 만들어 전례 없는 획기적인 기술을 창조해 냈다.

처음에는 런던에서 재봉사로 근무하다가, 1914년에 독립하여 가게를 차렸다. 제1차 세계대전 중에는 가게를 닫았으나, 전후부터 다시 열어 활동을 시작하였다. 고객으로는 에스파냐 · 벨기에 · 루마니아 등의 여왕을 비롯하여 상류계급의 여성들이 많았다. 작품은 여성스럽고 부드러운 커트의 디자인이다.

9 자끄 파스(Jacque Fath)

프랑스의 패션 디자이너로 처음으로 사이즈별 기성복을 대량 생산하였다. 텐트형 코트, 오블리크 라인, 매니시 룩, S커브 라인과 엘레강스하고 섹시한 이브닝 드레스가 유명하다. 증조할아버지는 나폴레옹 3세 때 유제니 황후의 의상 디자인을 하였으며, 할아버지는 화가, 할머니는 유제니 왕비의 모자 디자이너, 아버지는 아르자스의 실업가 집안에서 태어났다.

상업학교 졸업 후 주식거래소의 회계원이 된 이후에도 예술가적 자질을 포기하지 못하고 드라마 학교에 입학, 연극 의상을 담당하면서 디자이너로 입문하였다. 1937년 보에티에 거리에 작은 메종을 열어 데뷔하였다. 제2차 세계대전 중인 1944년 피에르 프르미에 거리의 넓은 저택을 구입하여 큰 메종을 열었다. 회계사였던 그는 전후 의류 수요가 급증할 것을 예상하고, 전후 제일 먼저 미국의 대기업 조셉 할파트와 계약을 맺어 사이즈별 기성복을 대량 생산한 최초의 디자이너가 되었다.

그는 디자인 경험이 많지 않았으나 오히려 디자인상의 실수로 자주 걸작을 만들었다. 1949년 텐트형의 코트, 1950년 사선을 강조한 오블리크 라인, 1952년 매니시 룩, 1954년 최후의 작품이 된 S커브 라인(S Curve Line : 등에 여유를 주어 허리에서 조이고 스커트는 체형에 따르게 한 스타일로서 옆에서 보았을 때 S자 모양과 비슷함) 등은 유명하다.

또한 쾌활하고 광고 감각이 있었다. 그는 엘레강스하고 섹시한 이브닝 드레스로 정평이 나 있는데, 로맨틱하고 화려한 디자인을 제공하여 큰 인기를 얻었다.

10 클레어 맥카델(Claire McCardell)

"옷은 기능적이고 편안하며 상황에 적절해야 한다. 잘 맞고 보기에 매력적이어야 한다."라는 신념 하나로 옷을 만든 클레어 맥카델은 미국의 프레타포르테(기성복)의 창시자이다.

미국에서 가장 미국스러운 디자이너로 알려졌으며, 검소하고 기능적이며 스포티한 스타일로 단순하고 자연스러운 여성상을 추구한 디자이너다. 여성의 평등한 사회활동을 가능하게 해준 페미니스트 디자이너로서 여성을 어깨 패드로부터 해방시키고, 데님을 동부패션계로 전파하여 도시적인 멋과 패션을 인정받았다.

그녀는 아메리칸 스포츠웨어의 선구자였는데 주로 액티브웨어와 남성복에서 모티브를 얻었다. 커다란 포켓과 루즈한 소매, 지퍼(그녀가 최초로 사용했다), 허리띠 등을 사용하여 편안하고 실용적이며 웨어러블한 옷을 만들었다. 그러나 여전히 여성스러움은 잃지 않는 옷이었다. 그녀의 첫 번째 대표적인 디자인으로는 텐트실루엣의 'Monastic Dress'가 있다.

11 크리스찬 디올(Christian Dior)

프랑스의 패션 디자이너로 노르망디에서 태어났다. 그의 부모가 주장하여 그는 정치학을 공부했다. 그는 1935년에 파리에서 스케치를 판매하며 자신의 디자인 경력을 시작했다.

처음 그의 모자 디자인은 드레스 디자인보다 더 성공했다. 하지만 그는 드레스 디자인에 집중하고 1938년부터 다른 디자이너 하우스에서 경력을 쌓았으며, 1946년 자신의 하우스를 열었고, 1947년 독립하여 파리의 몽테뉴가(街)에 자신의 양장점을 열었다. 그는 긴 플레어 스커트를 채용하여 '뉴 룩'이라는 이름으로 발표한 제1회 컬렉션에서 제1급 디자이너로 인정받았고, 그의 롱스커트는 인기를 끌었다.

이는 디올 전후 프랑스의 심각한 생활조건과는 대조되는 부유한 스타일의 의상이었다. 전쟁 후, 그는 파리가 세계 패션의 수도로 다시 설정되는 데 중요한 역할을 하였으며, 1950년대에 스타일의 마지막 위대한 독재자가 되었다.

1954년 H선 및 A와 Y라인, 1955년 테마-클래식 정장, 발레리나 길이 스커트 등을 발표하여 세계의 패션을 이끌었으며, 1956년 레지옹도뇌르 훈장을 받았다.

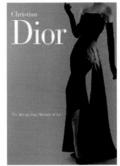

12 크리스토발 발렌시아가(Christobal Balenciaga)

에스파냐 출생의 프랑스 복식 디자이너이다. 에스파냐조(調)의 야성미와 프랑스주의 멋이 융합된 그이 컬레션은 항상 파리 모드계(系)를 지배하였으며, '파리 모드계의 지배자', '파리 모드계의 교황'이라 불렸다.

비오넷처럼 발렌시아가도 훌륭한 커팅, 재단과 끝맺음 기술로 유명했다. 그는 양식(스타일리스틱) 용어의 창조자였다. 1950년대와 60년대의 주요 실루엣을 창조한 것으로 신뢰받는 다작의 작가로 유명했으며, 작가의 시대를 만든 그의 영향력은 위대했다. 유명한 패션 포토그래퍼인 세실 비튼(1954)은 그를 '패션의 피카소'라고 칭했다. 그의 작품에는 역사적인 참고가 풍부하였고, 그는 17세기 벨라스퀘즈 그림의 많은 스페인 공주가 입은 '인파타 드레스'를 재창조하였다. 그가 가장 좋아하는 모델인, 베티나는 16세기 이탈리아에서 입었던 것과 동일한 스라소니 털로 장식된 망토를 입었다.

그의 작품은 이제 전 세계의 주요 미술관에 소장되어 있다. 발렌시아가가 그의 꾸뛰르를 1937년 파리에서 열었을 때, 스끼아빠렐리의 초현실주의 전집은 전 세계의 패션 저널리스트에 의해 칭송을 받았다. 초현실주의는 발렌시아가의 작품에 다른 식으로 영향을 미쳤다. 그의 작품은 이제까지의 예술에는 보이지 않던 '다름'을 창조하는 생물형태적인 추상형을 사용한 막스 언스트, 한스 야프, 그리고 존 미로와 같은 다른 초현실 작가에 동조되었다. 그리고 이러한 유기적 형태의 실루엣을 그들이 조각뿐만 아니라 그림에도 영향을 미쳤다. 미로와 언스트는 아메바 같은 사인과 자연스럽게 그려진 것 같이 보이는 상징을 사용하여 신체적인 테마를 그려냈고, 반면에 그는 자연의 유기적 형태와 관련된 곡선 형상을 조각하고, 성장하는 신체 부분을 제시했다. 이러한 예술에 있어서의 새로운 발전은 가구와 패션을 포함하여 다른 장식예술에 영향을 미쳤다. 디자인 용어로, 그것은 '오가닉 모더니즘'이라고 불린다.

디자인역사가 호프(1998)에 따르면, 1939년 이후에 뉴욕의 현대예술의 명성 있는 박물관이 '무엇이 아방가르드인가'를 결정했다. 1940년에 박물관은 블루밍달르의 백화점의 후원으로 '홈 가구에서의 오가닉 디자인'이라는 타이틀로 대회를 개최했으며, 그것은 곡선의 흘러내리는 새로운 오가닉 스타일의 선과 폴리에스테르와 알루미늄, 폴리우드와 같은 재료의 사용을 확립시켰다. 아르네자콥센과 같은 스칸디나비아의 가구디자이너는 철 튜브 건설과 조화를 이루는 자작나무와 솔나무를 구부리고 충내는 새로운 방법을 사용하여 오가닉 형태를 창조했다.

그가 1952년에 디자인한 유명한 아메즈 의자는 첫 대량 생산된 덴마크 의자였다. 미끄러운, 미묘한 형태는 1950년대의 스칸디나비아의 티크 가구의 대표가 되었다. 비슷한 시기에 갈릴리오 나타와 칼 제글러에 의한 폴리프로필렌의 발명으로, 견고한 테이블과 의자는 인체공학에 대한 연구와 함께 만들어졌고, 그것은 가구와 가정용품에의 변혁을 가져왔다. 곡선의 실루엣은 1940년과 1950년대에 패션 디자이너에 의해 만들어진 두드러진 스타일이다.

발렌시아가는 그 형태를 지속할 수 있는 딱딱한 재료를 사용하지만, 단순하고 우아한 형태를 창조하는 전문적인 컷팅에 의존하였다. 그는 아마도 뚜렷한 형태로 만들어지거나 정교하게 구슬로 장식되거나 값비싼 직물표면을 창조하기 위해 수가 놓아진 이브닝 가운으로 가장 유명할 것이다. 그의 가장 위대한 재능은 의류를 조각의 창조로 만들어내는 능력이다.

그의 조각과 같은 작품은 디올(Dior), 발망(Balmain), 지방시(Givenchy), 파스(Fath)에 의해 1950년대에 카피되었으며, 그의 작품은 끊임없이 보그(Vogue) 잡지의 표지를 장식했다. 내부 장소에서 의류의 실루엣을 강조했기에 1950년대 이브닝웨어의 지배적인 색은 검정색이었다. 청록색(터키색), 노란 오커색, 자주색과 붉은 갈색과 같은 낮에 인기 있는 색은 시대를 대표하는 색이 되었고, 발렌시아가가 자신의 구성으로부터 나온 것이다.

중요한 것은 그 색깔은 그 색의 근원인 '지구, 바다, 태양을 머금은 벽토 집'을 반영하는 자연색으로서, 많은 스페인 예술가(미로를 포함하여)에게 영감을 준 색이란 것이다. 이 색들이 1950년대를 대표하는 지배적인 색조임을 고려할 때, 그것은 발렌시아가가 패션을 이끄는 데 지대한 영향을 미쳤다는 것을 암시한다. 그의 동료 디자이너들은 그에게 큰 존경을 표하기에 그는 꾸뛰르 중의 꾸뛰르로 칭송된다.

13 지방시(Hubert de Givenchy)

지방시는 발렌시아가의 제자이며 오드리 헵번(Audry Hepburn)과는 아주 밀접한 1950~1960년대 지성적인 의상의 창조자이고, 클래시즘(Classicism)의 거장으로 불린다. 1952년부터 1995년까지 허버트 지방시는 전 세계에 이름을 날린 우아하고 세련된 패션 디자이너였다. 창업 이래 지금까지도 지방시는 세련된 정제미와 화려함을 지닌 최고의 브랜드로 지방시의 스타일은 타인과 구분되는 매력, 즉 최상의 우아함, 신중함에 순수함과 고급스러움의 조화를 이루고 있다.

1927년 프랑스 보베의 귀족 가문에서 태어난 지방시는 원래 법학을 공부하던 법학도였다. 그러나 가족의 바람과는 달리 그는 직물 공장의 감독관이었던 조부의 영향을 받은 탓인지 패션에의 관심을 떨쳐 버릴 수 없어 결국 전공을 미술로 바꾼다.

몇몇 부티크를 거쳐며 상당 기간 동안 로버트 피겟으로부터 패션 수업을 받고 엘자 스끼아빠렐리의 부티크를 맡는 등 꾸준히 경력을 쌓아나갔다.

그 후 지방시는 1952년 2월 2일 자신의 이름을 딴 'GIVENCHY House'의 문을 열고 컬렉션을 개최하게 된다. 이 컬렉션의 대대적인 성공을 바탕으로 지방시는 디자이너로서의 성공적인 출발을 하게 된다. 지방시 스타일은 단순하면서도 우아한 라인과 최고급의 패브릭을 사용한 지극히 매혹적인 우아함과 신중하고 순수함이 느껴지는 매력을 과시하는 것으로 대표된다. 귀족출신답게 격조 높은 패션감각을 구사한 그의 작품은 전 세계 귀족과 유명인사들의 인기를 얻게 된다.

1956년 지방시는 맞춤복에 이어 기성복과 남성복까지 그 영역을 넓혀 나갔다. 그는 기성복을 시중에 내놓은 오뜨꾸뛰르 업계 최초의 디자이너가 되었다.

14 앙드레 쿠레주(Andre Courreges)

프랑스의 앙드레 쿠레주는 크리스토발 발렌시아가의 곁에서 일한 후 1961년 파리에 매장을 내며 본격적인 디자이너 생활을 시작했다. 발렌시아가의 영향을 받은 쿠레주는 건축적인 실루엣을 기본으로 현대적이고 젊은 작품을 만들어냈다. 여성복 디자이너로서는 최초로 옷 끝단선을 허벅지 중간까지 끌어올렸으며, 그의 기본적인 실루엣은 허리선을 무시하고 홈을 파서 솔기를 넣거나 바이어스로 장식한 다음 수많은 장식 스티치를 덧붙인 옷 끝단까지 길게 뻗은 A라인이었다.

1964년의 패션 경향은 기본적인 실루엣의 새로운 라인을 창안하는 데 한계점에 이르러 옷감의 질감에 의한 소재 개발과 프로모션에 변화를 주는 데 주력하였는데, 새로운 소재로 비닐, 인조가죽, 금속, 더빌니티, 누비목 면의 프린트 직물 등을 이용하였다.

1960년대 중엽에 쿠레주는 바지 슈트를 고급패션으로서 공식적으로 인정하여 재킷에 바지를 입은 차림이 전문직 여성들의 주간 정장으로 인정되기에 이르렀다. 1960년대 말에는 프레타포르테를 통해 오뜨꾸뛰르의 원형을 단순화시킨 입기 편한 옷의 대량생산을 시도했다.

그는 강하고 현대적이나 역시 자극적이고 우주탐험에 대한 많은 흥미를 보여 스페이스 룩을 선보이기도 하였는데, 이는 직사각형의 실루엣과 미니드레스, 캣슈즈로 표현된다. 또한 몸매를 단지 약간 나타내는 평범한 옷이었으나 정확하게 만들어진 형태를 주기 위해 극적인 모습의 흰색, 밝은 빨강색 또는 강한 초록색의 무거운 모직물의 크레이프나 개버딘을 사용하였다.

15 메리 퀀트(Mary Quant)

영국의 여성복 디자이너로 미니스커트를 세계적으로 유행시킨 것으로 유명하다. 그녀에게 디자인료를 지불하고 드레스를 만드는 메이커는 영국·미국·독일·남아프리카 공화국·오스트레일리아·네덜란드 등 많은 나라에 이른다.

영국의 외화 획득이라는 면에서 공적을 인정받아 1966년 엘리자베스 여왕으로부터 제4 영국훈장을 받았다. 그녀의 작품은 전통적인 낡은 관습이나 약속 따위를 부정하고, 옷의 본질을 엄격히 파악한 다음, 자유분방한 디자인을 하는 것이 특징이다. 컬러스타킹, 리본 등 현대 패션에도 영향을 끼쳤다.

16 피에르 발망(Pierre Balmain)

프랑스의 복식 디자이너이다. 건축학을 공부하기 위해 파리의 미술학교를 택했지만, 정작 그는 패션 스케치에 몰두하며 결국 당시의 유명 디자이너였던 몰리뇌의 보조 디자이너로 일하게 되었다.

1939년 몰리뇌를 떠나 루시앙 르롱(Lucien Lelong)에서 일하기 시작했고 그 곳에서 크리스찬 디올을 만나게 된다. 피에르 발망은 크리스찬 디올과 협력하며 선의의 경쟁구도를 갖추었고, 실력을 쌓은 후 1945년 파리 프랑소와 거리에 자신만의 숍을 오픈했다. 피에르 발망은 2차 세계대전 이후 크리스찬 디올, 크리스토발 발렌시아가와 함께 프랑스의 3대 디자이너라 불리며 1950~1960년대 왕성한 활동을 펼쳤다.

우아하면서도 섬세한 세련미를 갖춘 의상으로 큰 사랑을 받았고, 그의 의상은 100여 편의 영화와 연극무대에서 빛을 발하기도 했다. 당대 최고의 여배우였던 캐서린 헵번, 브리짓 바르도, 마를렌 디트리히 등이 그의 의상을 입고 작품에 출연했으며 타일랜드의 왕비 시리킷도 그의 대표적인 고객이기도 했다.

1970년 피에르 발망은 자신의 이름을 걸고 브랜드를 런칭했지만, 1982년 그가 사망한 후부터 급격한 하락세와 무분별한 라이선스 판매로 1980~1990년대 국내 백화점에서 저가의 피에르 발망 제품들이 판매되기도 했다. 현재는 피에르를 빼고 발망이라는 브랜드 네임으로 디자이너 크리스토프 데카르닝에 의해 성공적으로 전개되고 있다. 그는 이론가이기도 하여 미국을 비롯한 여러 나라에 패션강사로 초빙되기도 하였다.

17 앤디 워홀(Andy Warhol)

미국 팝아트의 선구자로 '팝의 교황', '팝의 디바'로 불린다. 대중미술과 순수미술의 경계를 무너뜨리고 미술 뿐만 아니라 영화, 광고, 디자인 등 시각예술 전반에서 혁명적인 변화를 가져왔다. 피츠버그 카네기 공과대학에서 산업디자인을 전공하였고, 졸업 후(1949년) 뉴욕에 정착하여 잡지 삽화와 광고 제작 등 상업미술가로 큰 성공을 거두었다.

1960년에 기존의 상업미술 대신 순수미술로 전환해 배트맨, 딕 트레이시, 슈퍼맨 등 연재만화의 인물시리즈를 그렸다. 그러나 고상한 예술만을 중시하던 당시 뉴욕의 화상들로부터 외면당하였다. 1962년에는 뉴욕 시드니 재니스 갤러리에서 열린 '새로운 사실주의자들 New Realists' 전시에 참여해 주목을 받았다. 워홀은 수프 깡통이나 코카콜라 병, 달러지폐, 유명인의 초상화 등을 실크스크린 판화기법으로 제작하였다. 그가 선택한 작품 주제는 대중잡지의 표지나 슈퍼마켓의 진열대 위에 있는 것이며, 워홀은 그것을 그의 스튜디오인 '팩토리(The Factory)'에서 조수들과 함께 대량 생산하였다.

워홀은 1963년 첫 영화《잠, Sleep》을 촬영하였다. 1965년에는 영화 만드는 일에 전념하기 위해 회화와의 작별을 선언하였다. 그는 총 280여 편의 영화를 찍었다. 1968년 팩토리 일원이자 그의 실험영화에 등장하기도 했던 발레리 솔라니스에 의해 저격을 당하고 극적으로 살아났다. 솔라니스는 후에 "그는 내 삶의 너무 많은 부분을 통제하고 있었다."라고 회고하였다.

1970년대부터 사교계나 정치계 인물의 초상화를 그리기 시작하여, 1972년《마오, Mao》시리즈로 다시 회화 제작에 전념하였다. 1983년 장 미셀 바스키아와 친분을 맺고 함께 작업하였고 1987년 2월 22일 담낭 수술과 페니실린 알레르기 반응으로 인한 합병증으로 사망하였다.

워홀은 현대미술의 아이콘이다. 살아있는 동안 이미 전설이었던 그는 동시대 문화와 사회에 대한 날카로운 통찰력과 이를 시각화해내는 직관을 가지고 있었다. 워홀은 자신의 예술을 '세상의 거울'이라고 말한다.

스스로 기계이기를 원했던 워홀은 기계와 같은 미술을 만들어냈다. 그리고 기계를 통해 무한히 복제되는 세계 속에서 그의 이미지도 그의 명성과 함께 증식을 거듭하고 있다. 지난 10여 년간 전 세계에서 가장 많은 전시회가 개최됐고, 매년 피카소와 함께 옥션 거래 총액 1, 2위를 차지하는 작가가 바로 팝아트의 제왕 앤디 워홀(Andy Warhol, 1928~1987)이다.

주요 작품은《캠벨 수프, Campbell's Soup》(1962),《두 개의 마릴린, The Two Marilyns》(1962),《재키, Jackie》(1964),《마오, Mao》(1973),《자화상, Self-portrait》(1986) 등의 실크스크린과 영화《잠, Sleep》(1963),《엠파이어, Empire》(1964),《첼시의 소녀들, The Chelsea Girls》(1966) 등이 있다.

18 이브 생 로랑(Yves Saint Laurent)

프랑스의 패션디자이너이다. '이브 생 로랑 꾸뛰르하우스'는 디자이너 이브 생 로랑(Yves Saint Laurent)이 그의 파트너 피에르 베르게(Pierre Berge)와 함께 1962년 설립한 럭셔리 패션 하우스다.

1960년대부터 70년대에는 비트닉(1950년대 전통적 관습, 복장 등을 거부했던 젊은이들을 이르는 말) 룩의 유행으로 사파리 재킷과 타이트한 팬츠, 사이 하이(Thigh-high) 부츠는 물론 남녀를 막론하고 턱시도 정장이 대세를 이뤘다.

특히, 이브 생 로랑이 1966년 만들어낸 '르 스모킹(Le Smoking)' 턱시도는 상업적으로 주목받은 최초의 여성용 정장으로, 패션계에 큰 영향을 미치며 세계적 주목을 받았다. 과거에도 주옥같은 컬렉션과 실루엣의 변화를 추구하던 디자이너들이 많이 있었지만, 여자들에게 남성복을 입히는 시도는 처음이었던 것이다.

이로써 패션의 민주화를 실현하였다.

여성 패션에 최초로 바지 정장을 도입해 '여성에게 자유를 입힌 패션혁명가'라는 평가를 받고 있다. 엘레강스하면서도 지적이고 우아한 그만의 분위기는 '생 로랑 시크'라고 불리기도 하였다. 그는 알제리의 오랑에서 태어났으며, 아버지는 해운중개업자였다. 유년시절부터 천재적 데생 실력을 발휘하여 1954년 파리 오뜨꾸뛰르 부속 조합 꾸뛰르학교를 뛰어난 성적으로 졸업하고 국제양모사무국에서 개최하는 콘테스트에서 일등을 하였다. 1957년 디올이 갑자기 죽자 디올 2세로 지명되었다. 1958년 봄 첫 컬렉션에서 '트라페즈 라인(Trapeze Line)'을 발표하였다.

이 작품은 어깨폭이 좁고 A자처럼 자락이 넓은 스타일로서 슈미즈 드레스의 변형에 불과했으나 바닥에서 50cm 올라간 젊은 룩의 효과로 대호평을 받았다. 이로써 1958년 니만 마커스상을 수상하였다. 1962년 디올사에서 독립하여 1974년 남성복 분야에도 진출하였다.

1981년에는 미국 패션디자이너협회(CFDA)상을 수상하였다. 1983년 메트로폴리탄 아트 뮤지엄 의상협회에서, 생존하는 디자이너로는 처음으로 25년 회고전을 개최하였다. 그는 클래식 엘레강스에 기초를 두고 단순하면서도 지적으로 우아한 여성다움을 표현하였다. 낮의 일상복으로는 심플하고 입을 만한 스타일을, 이브닝웨어로는 호화롭고 육감적인 스타일을 전개하였다.

이러한 그만의 독특하고 멋있는 분위기를 생 로랑 시크(Saint Laurent Chic)라 하였는데, 모던 트림(Modern Trim)이나 슬림 앤드 트림 패션(Slim & Trim Fashion) 등으로 불리는 새로운 복장 감각 패션의 세계적인 대두로, 거기에 가장 잘 매치하는 것이 로랑의 작품이었다. 몬드리안 룩, 판탈롱 슈트인 팬츠 룩, 튜닉 스타일, 인어와 같이 매혹적인 여성을 연상케 하는 슬림 실루엣인 사이렌 룩, 팝아트 계열의 작품, 누드 룩 등을 발표하였으며, 턱시도를 최초로 여성에게도 입혀 화제를 모았다.

큰 메달의 나비형 목걸이인 버터플라이 초커, 깃털 장식인 페더 초커 등의 드라마틱한 액세서리도 사용하였다. 브라크나 피카소, 후안 그리와 같은 화가들의 그림에서 얻는 색채의 이미지를 중시하였다. 전통적인 엘레강스 관념 대신 모드의 대중화 시대에 어울리는 '매력'이라는 개념을 도입한 최초의 디자이너로 알려져 있다.

또한 그는 1965년 몬드리안의 구성주의를 디자인에 응용하여 수평선과 수직선만을 사용하고 면을 분할한 기하학적 구성과 삼원색과 무채색만을 사용한 색채배합으로 몬드리안 룩을 최초로 발표하였다.

1970년대 중반부터는 영화 의상에도 관심을 가지고 카트린느 드뇌브의 의상을 제작하여 더욱 화제를 모았다. 그는 블랙 예찬론자로, "블랙에는 하나가 아니라 무수히 많은 색상이 존재한다."고 피력하였다.

[턱시도(Le Smoking Tuxedo)]

[트라페즈라인(Trapeze Line)]

19

잔드라 로즈(Zandra Rhodes)

영국의 패션 디자이너이다. 왕립예술학교에서 디자인을 공부한 후 '모즈'에서 프린트 디자이너로 활동하기도 했다. 독립하여 미국에서 컬렉션을 열며 활발히 활동했다. 특히 직물 디자인에 능해 '페인티드 레이디'라 불리기도 하였다. 1959년부터 3년 동안 메드웨이 예술대학에서 직물 디자인과 석판화를 공부하고, 왕립예술학교(RSA)에서 디자인을 공부하였다.

1964년 졸업 때 디자이너 오브 더 로열 칼리지 오브 아트상을 받았다. 원래 직물디자이너를 희망했던 그녀는 졸업 후 당시의 뉴웨이브 '모즈(Mods)'의 디자이너로 프린트 디자인을 공급했다. 당시는 모즈룩의 발상지였던 카나비 거리가 패션의 중심지이던 때였다. 3명의 파트너와 함께 1967년부터 풀햄가에서 2년 동안 '더 풀햄 로드 크로즈 숍'을 오픈했다가 동업이 해체되자 직물디자이너, 패션디자이너를 겸하여 출발하였다.

1972년 처음으로 미국에서 컬렉션을 열어 성공을 거두었으며, 같은 해 영국 의류사업협회가 수여하는 올해의 디자이너로 선정되었다.

1975년 잔드라 로즈사는 안 나이츠, 로니 스타링의 뒷받침으로 새로 설립되었고, 1977년에는 로열 디자이너 포 인더스트리의 칭호를 받게 되었다. 나비가 나는 듯한 지그재그의 환상적 무늬, 지렁이가 기어가는 듯한 무늬 등 그녀의 작품 세계는 난폭하다는 평을 받을 정도로 자유분방하고 새로운 것을 추구하여 전위적인 펑크 디자이너로 인정받는다.

20

이세이 미야케(Issey Miyake)

일본의 패션 디자이너이다. 파리에 유학하면서 기라로시와 지방시의 보조 디자이너로 일하였다. 이후 뉴욕으로 건너가 컬렉션을 발표하며 활발히 활동하였다. 선과 색이 아름다운 그의 의상은 움직이는 조각이라는 평가를 받는다. 다마(多摩)미술대학 재학 중 1963년 제1회 컬렉션 '천과 동의 시'를 발표한 것이 계기가 되어 패션계에 입문하였다.

1971년에 뉴욕에서 첫번째 컬렉션을 발표하였고 뉴욕의 백화점 블루밍 데일에서 '미야케 이세이' 코너를 개설하였다. 1973년 파리로 진출하여 제1회 미야케 이세이 가을 겨울 컬렉션을 발표하였다.

1976년의 시부야 파르코의 세이부 극장에서 '미야케 이세이와 12인의 흑인 여성'이라는 제목으로 코스튬 쇼를 발표하여 호평을 받았다. 일본에서 가장 큰 관객 동원력을 가진 디자이너로 평가받으며, "이세이 미야케가 표현한 의상은 움직이는 조각이다. 그의 옷 중에서 여성은 오브제가 되고 있다."라는 평을 받는다.

1976년 마이니치 디자인상을 수상하여 예술가로서 평가를 받았다. 그는 패션정보를 얻는 것을 거부하고, 천과 육체와의 교감이라는 관점에서 복식 조형의 가능성을 추구하는 독자적인 세계를 구축한다. 그의 디자인 철학은 패션에 대한 파리의 전통적인 태도가 현대 여성에게는 적절하지 못하기 때문에 디자인의 다양성을 추구해야 한다는 것이다.

그는 상품 진열이나 포장 분야에서도 두각을 나타내며 전통적인 일본식 디자인과 아프리카 타입의 직물을 결합하면서 반(反)패션을 시도하여 성공을 거두었다. 직물과 볼륨에 대한 독창적·감각적 재능을 지니고 있어서 몸을 느슨하게 감싸는 헐렁하고 커트가 적은 직선적인 옷감을 즐겨 사용한다. 1984년에는 니만 마커스상 두 부문과 미국 패션 디자인협회(CFDA) 상을 수상하였다.

21 질 샌더(Jil Sander)

단정하고 절제된 조형미가 느껴지는 미니멀리즘과 순수함을 추구하는 독일 출신의 디자이너이다. 모노톤의 심플한 라인의 슈트로 유명하고 매 컬렉션마다 신소재를 개발해 발표한다. 본명은 하이드마리 지린 샌더(Heidemarie Jiline Sander)이다. 1943년 독일의 작은 해안 도시에서 태어난 그녀는 함부르크의 퀸스라고 불리는 중상층의 아파트단지에서 성장하였다. 섬유공학을 공부하였으며, 미국으로 건너가 2년간 로스앤젤레스에 있는 캘리포니아 주립대학(UCLA)에서 의상을 공부하였다.

1965년 뉴욕의 여성지 《맥콜즈 McCall's》의 패션 기자로 일하였고 함부르크주로 돌아와 《콘스탄제 Constanze》를 비롯하여, 《페트라 Petra》 등 잡지사의 패션 편집자로 활동하였다. 1973년 질 샌더라는 자신의 이름으로 첫 컬렉션을 시작하였다. 그리고 1982년 리넨 사무국에서 금사자상을 수상하면서 국제적으로 인정받기 시작하였다.

그 후 질 샌더는 파리와 뉴욕에서 컬렉션을 선보이며 꾸준한 성장을 거듭하였다. 또한 화장품, 안경 등 액세서리 등에도 사업을 확장하였다. 1997년에는 첫번째 남성복 컬렉션을 런칭하며, 단순하고 엄격한 디자인으로 남성복 시장을 석권하였다. 질 샌더의 디자인은 단정하고 절제된 조형미가 느껴지는 미니멀리즘과 순수함을 추구한다.

그녀는 지나치게 예술성을 추구하기보다는 사업성에 무게를 두는 현실 감각이 있는 디자이너이며, 특히 모노톤의 심플한 라인의 슈트로 유명하여, 아르마니와 함께 슈트의 거장으로 불린다. 또한 섬유공학을 공부한 그녀는 신소재의 개발에 뛰어나 매 컬렉션마다 신소재를 발표하는 디자이너이다.

22 보테가 베네타(Bottega Veneta)

가죽 제품으로 이름난 이탈리아 럭셔리 브랜드 하우스이다. 창립 연도는 1966년이며, 2001년 구찌 그룹(Gucci Group)에 인수되어 현재 프랑스 글로벌 명품 그룹인 PPR에 속해 있다. 보테가 베네타의 본사는 이탈리아 북동부 베네토주 비첸차에 위치하고 있다.

보테가 베네타는 1966년 미켈레 타데이(Michele Taddei)와 렌조 젠지아로(Renzo Zengiaro)에 의해 설립되었다. 보테가 베네타는 이탈리아어로 '베네토 장인의 아틀리에'를 의미하며, 장인 정신이 깃든 가죽 제품을 생산하는 데 그 목표를 두었다. 보테가 베네타의 가죽 장인들은 가죽끈을 하나 하나 엮어 만든 독특한 인트레치아토(Intrecciato) 기법을 개발하였으며, 이 기법은 브랜드를 상징하는 대표적인 아이콘으로 자리잡았다.

시간이 지남에 따라 보테가 베네타는 탁월한 장인 정신과 로고가 배제된 절제된 디자인으로 점차 높은 명성을 누리게 되었다. 1970년대 보테가 베네타는 '당신의 이니셜만으로 충분할 때'라는 문구로 광고를 시작하였다.

1980년대 초반에 이르자 보테가 베네타는 글로벌 신상류층인 제트족이 선호하는 브랜드로 자리 잡았다. 심지어 보테가 베네타 뉴욕 부티크에서 크리스마스 쇼핑을 한 예술 작가 앤디 워홀(Andy Warhol)은 1980년이 브랜드를 기리는 단편 영화를 제작하기도 하였다. 보테가 베네타의 가장 최근의 역사는 2001년 2월 구찌 그룹에 인수되면서 시작되었다. 크리에이티브 디렉터 토마스 마이어(Tomas Maier)는 그 해 6월에 합류하였으며 같은 해 가을 S/S 2002를 통해 최초의 컬렉션을 선보였다.

이미 소니아 리키엘(Sonia Rykiel)과 에르메스(Hermes)에서 경력을 쌓은 독일 태생의 토마스 마이어는 보테가 베네타만의 고유 정체성을 회복시키는 작업에 착수하였다. 그는 눈에 띄는 브랜드 로고를 모든 제품에서 빼고 브랜드 고유의 인트레치아토 꼬임 장식을 확실하게 강조하여 브랜드 철학을 장인 정신으로 되돌려 놓았다. 이후 몇 년 후 보테가 베네타는 기존의 컬렉션을 통해 핸드백, 슈즈, 가죽 소품, 여행용 가방, 가정용 제품 및 선물용 제품을 선보이면서 이외에도 파인 주얼리, 아이웨어, 가정용 방향제, 가구 등 새로운 라인을 새롭게 론칭하였다. 그리고 브랜드 최초의 여성 기성복 라인을 2005년 2월에 출시하였으며, 남성 기성복 라인은 이듬해인 2006년 6월에 첫 선을 보였다.

오늘날 기성복 라인과 가구 라인 프레젠테이션은 이탈리아 밀라노에 위치한 보테가 베네타 사무실에서 개최된다. 수공예 장인 정신의 중요성을 인식하고 이탈리아 가죽 공예 명인들의 수가 줄어드는 상황을 안타깝게 여긴 보테가 베네타는 2006년 여름, 차세대 가죽 공예인의 교육과 지원을 위한 장인양성 전문교육기관인 'Scuola della Pelletteria'를 설립하였다.

23 조르지오 아르마니(Giorgio Armani)

아르마니는 미국의 기성복에 영향을 준 몇 안되는 꾸뛰르 디자이너 중 한 명이다. 1980년대를 대표하는 이탈리아의 패션 디자이너이며, 과장된 기교 없이 정수만 압축시킨 단순함과 우아함을 디자인 철학으로 한다. 현대적이고 화려하지만 절제되고 차분한 재킷으로 기술과 예술이 완벽한 조화를 이룬다는 평가를 받는다.

아르마니 재킷의 비밀은 남성 재킷에 있는데, 몸 위에 자연스럽게 걸쳐지는 실루엣을 위해서 그는 재킷 속의 패드와 안감을 떼어냈다. 이것을 여성 재킷에도 적용하였고 남성복과 여성복 슈트의 소재를 함께 사용하는 등 파격을 시도하여, 모던 클래식의 원조로 '재킷의 왕'이라는 칭송을 받는다. 아르마니는 그의 옷을 입는 사람들이 패션의 희생물이 되는 것이 아니라 그의 의상을 통해서 세련되어 보이도록 하는 것을 추구한다.

또한 소비자와 함께 가는 그의 패션관도 성공의 열쇠가 되었다. 아르마니 남성복, 여성복 외에 젊은층을 겨냥한 서브브랜드로 엠포리오 아르마니, 에레우노, 마리오 발렌티노 컬렉션과 엠포리오 아르마니 스포츠웨어 라인이 있다. 향수 분야에도 진출하여 '지오, 아쿠아 지오, 일르, 엘르' 등을 제작하였다.

그는 1983년 타임지 표지에 전통적인 특질에서 벗어난 그의 혁명적인 남성 정장으로 특필되었다. News-week(1978년 10월 22일)지는 '고전적인 재단이지만 진부한, 혁신적이지만 절대 극적이지는 않은'이라고 묘사하였다. 1980년대 아르마니의 길고 조직적이지 않은 재킷은 편안하였고, 비즈니스 정장에 대한 좀더 캐주얼한 접근에 알맞았다. 부드러운 어깨의 설계자로서 그는 전통적인 패드를 제거하였다.

또한 그는 길고 깊은 라펠의 1940년대 주트복과 여러가지 면에서 비슷한 빈티지 두 줄 단추 재킷을 다시 소개하기도 하였다.

1954년 리나 생티백화점에 입사하여 전시장 디자이너를 거쳐 패션스타일리스트, 남성복 분야 담당을 시작으로 하여, 1972년 첫 컬렉션을 가졌으며, 1974년 처음으로 아르마니라는 자신의 의상실을 열고 남성복을 디자인하였다. 1975년부터 여성복도 디자인하기 시작하였다. 그의 옷은 남성복의 전통적인 기능에 의문을 제기하였고, 예술적으로 그리고 문화적으로도 마찬가지였다. 그는 리넨의 구겨진 룩을 남성복과 여성복에 소개하였고, 그의 일정한 형태가 없고 큰 사이즈의 옷은 성별의 고정관념에 중재 역할을 하였다.

샤넬처럼, 그는 옷의 대안방법으로 전 세계 모든 나이의 남성들에게 어필하는 새로운 자유를 제시하였다. 반어적으로 아르마니는 1930년대 그의 슈트의 '최고 기품의 모델'이라고 믿는 할리우드 영화스타 프레드 에스테르(Fred Astaire)에게 영감을 받았다.

미국 스타일의 옷이 이 시대에 최정상에 도달했다고 믿으며 "1980년대와 1990년대 패션에 가장 큰 영향을 주었다."라고 말했다. 역시 아르마니는 미국 남성복 디자인이 따라야 할 길을 이끄는 상표이다.

1920년대에 샤넬, 1940년대에 디올, 1960년대에 퀸트, 1980년대에 아르마니라고 할만큼 1980년대의 대표적 디자이너로 평가받는다. 1979년 니만 마커스상, 1983년 미국 패션디자이너협회(CFDA)상을 수상하였다. 1980년 영화《아메리칸 지골로 American Gigolo》에서 주인공 역인 리처드 기어의 의상을 담당하면서 세계적 명성을 얻었다.

[프레드 에스테르(Fred Astaire)]

24 랄프 로렌(Ralph Lauren)

미국 기성복 디자이너의 일인자인 랄프 로렌은 최고의 스타일리스트이다. 전통 남성복을 만들던 브룩스 브라더스사의 최초의 양성자였던 그는 좋은 감각과 교육을 토대로 최대한의 심플한 디자인과 좋은 질감의 옷감을 사용하여 너무 튀지 않는 스타일의 옷을 원하는 고객들을 위해 옷을 디자인하였다. 이러한 '생활 양식' 혹은 '개념'은 1970년대와 1980년대에 떠오르는 디자이너들의 성공을 기약하였다.

랄프 로렌은 1968년 남성복 브랜드 폴로를 런칭하였고, 3년 후에는 여성복을 만들었다. 랄프 로렌이 스포츠웨어를 상징하였더라도 그는 셔츠, 블레이저, 정장 등을 비즈니스 여성들에게 선보였다. 그는 간혹 "나는 미국의 스타일을 대표한다."라고 말하는 것으로 알려져 있다.

그리고 그는 1920년대의 위대한 개츠비 스타일로 영감을 받았다고 언급한다. 그는 옛 정통 스타일을 신선하게 현대화시키는 능력을 갖고 있다. 고향을 그리는 이미지를 활성화시키고 집 같은 환경을 보이는 그의 상점들은 고객들에게 웰빙과 편안한 쉼터의 느낌을 준다.

가장 오리지널한 디자이너는 아니지만, 그의 클래식한 디자인과 중상층의 미국인들이 구입하기에 적절한 가격이 그의 성공 비결이었다. 그는 좋은 재료와 본인의 최고 기량을 잘 접목시켰고, 그의 제품뿐 아니라 그의 상점들에게도 좋은 이미지를 주는 정교하며 섬세한 세부적인 부분들에까지 신경을 썼다. 그의 옷들은 부유한 이미지를 주는 디자인의 이미지를 갖게 되었다.

반면 그의 옷을 입는 사람들은 토지에 온 귀족이나, 시골에서 걸어 다녔을지도 모르는, 요트를 타거나, 혹은 목장에서 말을 탔을 수도 있어 보이는 그의 외모에 대해 매우 태연함을 보였다. 랄프 로렌은 진정한 당대의 대단한 디자이너로 평가받으며 그의 스포츠웨어와 청바지를 동일하게 성공시켰고, 그것은 그가 가장 폭넓은 사회층과 연령대까지 영향을 끼칠 수 있도록 만들었다.

현대예술가인 찰스 르드레이는 랄프 로렌의 남성의류에서 영국 옥스포드풍이나 미국 프레피 혹은 귀족풍 등의 보수적인 색채가 지배적이라고 생각한다. 랄프 로렌의 이런 지향점을 비평하기 위해 르드레이는 전형적인 랄프 로렌의 캐주얼 울 소재 스포츠 재킷과 조끼, 그리고 컬러풀한 보우 타이를 가지고 미니어처를 제작한 다음에 이 옷들을 사포질로 해지게 하고 찢어놓았다. 이런 예술을 통해서 한마디로 랄프 로렌 의류의 상징성과 그에 해당하는 사회적 가치와 억압, 그리고 더 복합다양한 정체성들을 향한 반응을 표출하였다.

타운센드는 "르드레이가 이러한 작품을 통하여 랄프 로렌이 십여 년 넘게 시간과 비용을 들여서 쌓아온 것들을 비평했다"고 말했다.

25 폴로 랄프 로렌(Polo Ralph Lauren Corporation)

미국의 세계적인 패션 비즈니스 회사이다. 1967년 랄프 로렌(Ralph Lauren)이 'Polo Fashions'라는 브랜드명의 넥타이 사업으로 시작하여 1968년 고급 남성복으로 확장, 독립적인 회사로 발전시켰다. 폴로가 설립된 이래 30여년 동안, 랄프 로렌은 패션 산업에서 라이프스타일을 디자인에 가시화했을뿐만 아니라, 독특한 마케팅 전략을 통해 폴로 랄프 로렌과 연관된 미국적인 사고를 반영시켰다.

랄프 로렌은 미국 디자이너 중 최초로 1971년 비벌리힐스에 프리스탠딩 매장을 오픈함으로써 이정표적인 역할을 하였으며, 1981년에는 런던에 매장을 오픈하여 유럽에 매장을 소유한 최초의 미국 디자이너가 되었다. 1986년에 파리에 매장을 오픈하였으며, 같은 해 뉴욕 72번가에 플래그십(Flagship) 매장을 오픈하였다. 1993년 폴로스포츠 브랜드 출시와 함께 폴로스포츠 매장을 뉴욕 72번가 매장 건너편에 오픈하였으며, 현재 수십 개의 프리스탠딩 매장 및 해외 매장을 두고 남성복 · 여성복 · 아동복 · 액세서리 · 홈퍼니싱 및 향수에 이르기까지 라인을 확대시켰다. 브랜드로는 'Polo, Ralph, Purple Label, Collection, Polo Sport, Lauren, Polo Jeans' 등을 운영하고 있다.

폴로 제품은 현재 전 세계 대형 고급백화점과 전문매장에서 판매되고 있는데, 랄프 로렌은 폴로 매장으로만 구성된 복합매장을 고안, 1971년 뉴욕에 첫 매장을 오픈한 이래 수천 개의 복합매장이 전 세계에 퍼져 있다.

26 캘빈 클라인(Calvin Klein)

랄프 로렌의 경력과 어깨를 나란히 하는 디자이너로 캘빈 클라인이 있다. 미국의 패션 디자이너이다. 현대 여성을 위한 기능적인 아메리칸 스타일을 선도하여 미국 패션을 가장 현대적이고 실용적인 패션으로 대접받게 하였다.

고급 소재, 모던하고 심플한 디자인 등으로 우아하면서도 편안한 느낌을 주는 뉴욕 커리어 우먼의 세련미를 표현한다. 클라인은 주급 75불을 받아가며 댄 밀스타인의 코트 디자이너로 일을 시작했다. 클라인은 여러 의류들 가운데에서도 가장 덜 창조적인 옷이 코트 종류이기 때문에 코트 디자인이 가장 큰 도전이었다고 말했다.

1968년 친구 아버지로부터 1만 달러를 대출받아 7번가의 요크 호텔에 작은 상점을 구해 코트 기성복을 만들기 시작하여 패션계에 입문하였다.

어느 날 본위트 테일러 백화점의 상품부장이 실수로 엘리베이터를 6층에서 내려 그의 코트 라인을 보게 된 것이 성공의 신호가 되었다. 1972년 스포츠웨어 부문에 진출하였으며, 같은 해 3월 화장품·향수 회사를 설립하고, 사진가 아뱅 팽과의 대담한 광고에 힘입어 성공을 거두었다. 그의 충격적인 광고는 사회적인 문제로 주목되기도 하였으나, 오히려 거기에 힘입어 더 유명해졌다.

1982년에는 언더웨어를 제작하였으며 1990년대 초 여성복, 남성복뿐만 아니라 구두, 언더웨어, 가방, 수영복, 스타킹, 안경, 그리고 향수까지 젊은층에 초점을 맞춘 토털 패션을 전개하였다. 그의 디자인의 이미지는 브롱크스에서의 어린 시절, 수수하지만 자신감에 넘친 미국인들, 특히 신중하고 우아했던 그의 어머니의 모습에 있다. 또한 그는 자신의 보조 디자이너 출신인 두 번째 부인 켈리의 영향을 많이 받았는데, 그녀는 캘빈에게 좀 더 활동적이고 정통 스타일에서 자유로운 스타일을 보여주도록 권하였다.

또한 개념론 아티스트 도널드 주드에게 '미니멀리즘의 영향을 받아, 현대 여성을 위한 기능적인 아메리칸 스타일을 선도하여 미국 패션을 가장 현대적이고 실용적인 패션으로 대접받게 하였다'는 평가를 받는다. 고급 소재, 모던하고 심플한 디자인, 정교한 재단 기술, 블랙 컬러와 뉴트럴 컬러를 사용하여 우아하면서도 편안한 느낌을 주는 뉴욕 커리어 우먼의 세련미를 표현한다.

수수한 듯하면서도 명확하고 카리스마 있는 그는 시종일관 주장하였다. "나는 사람들이 입고 싶어 하는 옷들을 만든다."

그의 고객들 중에는 대부분 명사들이 많았는데, 그중 대표적인 인물로 존 케네디 전부인, 리브울만, 수산 브링클리, 로렌 허튼과 낸시 레이건 등이 있다.

캘빈의 디자인은 심플하고 편안하며 가볍고 착용감이 뛰어나다. 한 컬렉션이 발표된 후 또 다른 컬렉션으로 발전하고, 화려한 색채를 배제한 채 미니멀리스트한 보수성을 바탕으로 한 그의 옷과 브랜드는 전 세계를 사로잡았다.

80년대 캘빈 클라인의 라벨의 명성을 심어준 가장 효과적이었던 마케팅 전략으로 클라인의 디자이너 진 제품의 광고를 들 수가 있는데, 어찌나 청바지들이 타이트한지 당시 슬로건이 "내 캘빈 청바지와 내 몸 사이에는 아무것도 들어올 수 없다."라고 할 정도였다. 당시 텔레비전 광고를 담당했던 CF감독 리차드 에이브던은 당시 최고의 인기를 구가하던 브룩 쉴즈를 이용하여 아주 도발적이고 육감적인 방식으로 광고를 내보냈다.

1982년에는 유명한 미국 패션 사진가인 브루스 웨버의 노골적으로 선정적인 광고기법을 이용해 나갔는데, 캘빈클라인 속옷만 입은 채로 과감한 남자 몸매를 등장시키는 전례 없는 마케팅 캠페인을 벌였다. 발레리 스틸의 말에 따르면, "웨버는 주류광고에 등장한 역사상 가장 유명한 남성의 에로틱 사진을 창조했다."고 평했다. 80년대 몸에 달라붙는 패션에 대한 캘빈의 전략적 대응은 당시 변화하는 사회적 관습을 반영하고 당시의 성적 타부를 파헤쳤다는 데에 의의가 있다.

콜린 맥도웰은 그의 책 '남자의 패션'에서 캘빈을 '남자의 성을 옷의 판매에 이용한 첫 번째 사례'라고 말하고 있다. 미래의 사회 역사학자들은 미국의 80년대의 초반을 CK시대라고 부를 수밖에 없을 것이다.

브랜드를 만드는 것이 80년대에 큰 사업이 되었고, 디자이너들은 이 성장하고 있는 디자이너 브랜드 시장을 자본화(투자)하려고 노력하였다. 속옷으로 성공을 거둔 클라인은 남자 속옷의 Waistband(바지에 상표를 붙인 곳)에 그의 이름을 진하게 그려 넣었다.

그 당시에 청바지를 내려입는 것이 유행이었기 때문에 그 상표(Label)는 자연히 누출되었다. 그 속옷은 국제적인 베스트셀러가 되었고 그 의상에 대한 욕구는 위험할 수 있었지만, 매혹적인 사진작가 브루스 웨버의 사진으로 만들어진 광고로 유지되었다. 이런 남자의 몸 패션 이미지가 도시 환경을 장악하고 있을 때, 새로운 남자의 섹슈얼 아이콘이 탄생하였다(1982년 엄청난 양의 클라인 광고판이 타임스퀘어에 세워졌다). 이 광고판 광고는 남자 패션에 새로운 시대를 열었을 뿐만 아니라 1980년대 잘 키워진 근육질의 젊은 남자 이미지를 만들어냈다. 그는 "심플한 것과 재미없는 것은 다르며, 패션은 단순하면서도 부드럽고 고급스러워야 한다."고 하였다.

미국에서 1973~1975년 3년 연속 코티상을 수상한 최초의 디자이너이며, 1981년, 1983년, 1993년 미국 패션디자이너협회(CFDA)상을 수상하였다. PVH사가 2002년에 CK를 인수하게 되면서 새로운 시대가 열렸다. 그들은 캘빈 클라인의 브랜드 가치가 세계시장에서 여전히 엄청난 잠재 성장력을 가지고 있다고 보았다.

몇 개의 라이선스 협약이 2005년에 합의가 되었다. 이것은 고급스런 CK 이미지를 세계에 더욱 퍼트렸다. 여기에는 핸드백과 가죽 잡화, 남녀 제화와 그리고 ck(CK의 여자 스포츠웨어를 만드는 CK의 자매 상표)를 포함하며, 일본을 포함한 동아시아와 일부 미국 백화점에서 판매되고 있다.

미국의 패션 디자이너이다. 앤클라인사에서 디자이너로 일하다가 1985년에 뉴욕에서 개인 회사 DKNY를 설립하였다. 직장 여성들이 불편한 옷 대신 평상복을 직장에서 입을 수 있도록 디자인하여 호평을 받았다. 미국의 커리어우먼들에게 큰 영향을 준 디자이너로 유명하다. 모델인 어머니와 남성복 디자이너이자 양복점 경영자인 아버지 밑에서 자라 어린시절부터 패션과 접하였다.

파슨스 디자인 스쿨에서 수학하였으며, 2학년 때 앤클라인사에서 파트타임으로 일한 것을 계기로 1971년 앤클라인사의 보조디자이너가 되었고, 1974년에 앤클라인이 죽은 뒤 패션계에서 인정받는 디자이너가 되었다. 1983년 '앤클라인 2'라는 신규 브랜드를 개발하였고, 1985년에는 뉴욕에서 개인 소유의 회사를 설립하여 독립하였다.

AnneKlein Label을 10년 동안 디자인하며 테일러링과 'Seven Easy Pieces' 콘셉트로 명성을 얻었다. 그녀의 모듈양식 트렌드는 70년대에 다른 스포츠웨어 디자이너들에게도 큰 영향을 끼쳤다. 도나 카란이 1984년에 자신의 사업을 시작할 때에도 자신의 디자인 철학은 그대로였다.

그녀가 말하길 디자인은 편안함과 럭셔리의 균형을 맞추고, 실용성과 매력성을 조화시키는 끝없는 도전이라고 하였다. 도나 카란은 주로 테일러링에 치중하면서 성공적인 커리어우먼들을 위한 의상 디자인에 집중하였다.

도나 카란의 옷의 디자인은 몸의 움직임에 맞게 제작되었다. 그녀의 재킷들은 안감의 뻣뻣함이 없게 제작되었고 스커트들은 관능미가 돋보였다. 도나 카란의 디자인 목표는 쉽고 심플하면서도 세련된, 그러면서 상당히 편한 옷을 만드는 데 있었다. 그녀는 도나 카란 컬렉션을 다양화하여 남성의류와 매우 성공적인 DKNY 진 라인을 추가하였다. 그녀의 옷의 이미지는 미국의 라이프스타일을 대변하며 그녀의 디자인철학을 나타낸다.

적정 수준의 가격대를 형성하고 있는 디케이엔와이(DKNY)의 제품들은 전 세계로부터 호평을 받았고, 미국의 유수한 백화점에 들어가게 되었다. 그녀의 의복은 특히 직장 여성들의 마음을 사로잡았다. 커리어우먼들의 불편한 복장 대신 평소에도 입을 수 있는 옷을 직장에서도 입을 수 있도록 여성스러움을 잃지 않으면서도 활동적이고 지적인 옷을 디자인한 것이 성공의 열쇠가 되었다.

1977년과 1981년에 코티상을 수상하였으며, 1985년에는 미국 패션업계에 끼친 공로가 인정되어 미국디자이너협회상(CFDA)을 받았다. Madison Avenue에 위치한 그녀의 플래그십 매장은 이상적인 쇼핑 환경으로 유명하다. 전반적으로 잔잔하고 편안한 분위기에 정원도 있고 부드러운 음악과 매혹적인 조명으로 꾸며져 있다.

도나 카란은 그녀의 의류들을 자신의 소매점이나 주요 소매상들을 통해서만 판매를 하였고, 회사는 점점 확장되어 1996년에는 상장사로 거듭났다. 하지만 5년 후에 DKNY는 프랑스의 LMVH(루이뷔통)사에 인수되어 버린다.

28 지아니 베르사체(Gianni Versace)

패션, 시계, 액세서리, 선글라스, 향수, 화장품, 구두, 가구, 그릇 등의 브랜드이다. 지아니 베르사체사(Gianni Versace S.P.A.)가 소유하고 있으며 본사는 이탈리아의 밀라노에 있다.

지아니 베르사체는 1946년에 이탈리아의 칼라브리아(Reggiode Calabria)에서 출생했다. 재단사인 어머니 프란체스카(Francesca) 밑에서 견습공으로 일하던 그는 밀라노에서 패션과 텍스타일을 공부하고 1972년부터 '제니, 콩플리스 & 칼라강(Genny, Complice & Callaghan)' 회사에서 디자이너로 일했다. 1978년에 밀라노에 패션 하우스 '매종 베르사체(Maison Versace)'를 설립하고 첫 번째 컬렉션을 개최하였다.

다음 해에는 밀라노의 비아 델라 스피가(Viadella Spiga)에 여성복 부티크를 열었다. 1981년에는 창업주의 이름을 딴 회사 '지아니 베르사체(Gianni Versace S.P.A.)'를 설립하였다. 브랜드는 아테네 여신의 저주를 받은 메두사를 로고로 사용하고 있으며, 그리스 신화를 모티프로 한 독특한 신고전주의의 디자인으로 유명하다.

베르사체는 원색의 컬러 프린트를 사용, 화려하고 정열적인 이미지를 강조하였다. 현 베르사체는 고전미에 현대적 세련미를 접목시킨 디자인과 다양한 색상으로 변화를 시도해 성공을 거두었다. 회사는 아틀리에(Atelier), 지아니 베르사체(Gianni Versace), 이스탄테(Istante), 브이 투 바이 베르사체(V2 By Versace), 베르사틸(Versatile), 베르수스(Versus), 베르사체 진(Versace Jean) 등 연령별, 성별, 계층별로 차별화된 브랜드를 만들었다.

꾸뛰르 액세서리(Collection of Couture Accessories)는 최고급 액세서리 라인으로 양가죽을 소재로 가방 등을 만든다. 100개의 섹션에서 26개의 생산라인을 거쳐 5명 이상의 전문가가 22시간의 수작업으로 만들며, 6단계 이상의 엄격한 품질검사를 거친다. 베르사체는 패션, 시계, 액세서리, 선글라스, 향수, 화장품, 구두, 가구, 그릇 등의 분야에 진출해 있으며, 전세계에 350여 개의 아웃렛과 160개 이상의 부티크를 운영하고 있다.

유명한 도자기 회사 로젠탈(Rosenthal)을 비롯한 여러 회사가 베르사체 라이선스로 제품을 생산하고 있다. 베르사체 그룹은 호주에 호텔 팔라초 베르사체(Palazzo Versace)를 소유하고 있다.

29 알렉산더 맥퀸(Alexander McQueen)

영국 런던 출신의 패션 디자이너이다. 실험적이고 창조적인 디자인으로 주목받으며, 패션계의 앙팡테리블로 불렸다. 본명은 리 알렉산더 맥퀸(Lee Alexander McQueen)으로, 영국 런던에서 택시운전사의 6남매 중 막내로 태어났다. 16세에 학교를 그만두고 런던의 고급 양복점이 밀집되어 있는 거리인 새빌 로(Savile Row)의 유명 양복점 앤더슨 & 셰퍼드(Anderson & Sheppard)에서 견습생으로 패션계에 첫 발을 내딛었다.

이후 양복점 기브스 앤드 호크스(Gieves and Hawkes)와 무대의상을 제작하는 엔젤스 앤드 버먼스(Angels and Bermans)에서 일을 배웠고, 21세에 로메오 질리(Romeo Gigli)의 어시스턴트 디자이너로 고용되어 이탈리아 밀라노에서 생활하였다. 1994년 런던으로 돌아와 센트럴 세인트 마틴스 칼리지(Central Saint Martins College)에서 패션 디자인학 석사학위를 받았다. 1996년 프랑스 브랜드 지방시(Givenchy) 의 수석 디자이너가 되어 2001년까지 지방시에서 활동하였다.

2001년 구찌(Gucci) 그룹이 그의 이름을 딴 알렉산더 맥퀸 브랜드의 지분 51%를 인수하면서 구찌 그룹의 새로운 파트너가 되었다. 이후 세컨드 라인 브랜드 맥큐(McQ)와 향수 브랜드 마이퀸(My Queen) 등을 론칭하였으며, 푸마 · 샘소나이트 · 시바스리갈 등 다양한 브랜드와의 디자인 협업도 진행하였다. 1996년 역대 최연소 '올해의 영국 디자이너'가 되었고, 1997년 · 2001년 · 2003년에도 '올해의 영국 디자이너'로 선정되었다. 2003년 미국 패션디자인협회(CFDA)로부터 '올해의 세계 디자이너'로 선정되었고, 같은 해에 영국 여왕으로부터 CBE 훈장을 받았다.

2007년 그의 든든한 후원자이자 조력자였던 국제적 패션 스타일리스트 겸 잡지 에디터 이자벨라 블로(Isabella Blow)가 음독자살한 후부터 우울증을 앓았으며, 어머니가 숨진 지 10일이 채 안 되어 그 역시 런던 자택에서 자살하였다. 사인은 우울증으로 인한 자살로 추정되었다. 패션계의 앙팡테리블(악동), 천재디자이너라 불린 알렉산더 맥퀸은, 실험적이고 창조적인 디자인으로 주목받으며 독자적인 패션 세계를 구축하였다.

미우치아 프라다(Miuccia Prada)

1949년 이탈리아 롬바르디아주 밀라노에서 태어났다. 정치학 박사 출신인 프라다는 정식으로 디자인 수업을 받은 적이 없다. 사실 프라다의 집안은 할아버지 때부터 고급 가죽제품을 생산하는 패밀리 비즈니스를 운영해왔다. 프라다가 28살이 되던 1978년, 그녀는 어머니의 독촉으로 사업을 물려받았다.

할아버지 마리오 프라다(Mario Prada)가 운영하던 가죽사업을 이어받았다. 그녀가 1985년 포코노(Pocono) 나일론을 소재로 만든 토트백(Tote Bag)이 큰 성공을 거두면서 사업은 큰 변화를 맞게 된다. 토트백은 어느 옷에나 어울리는 실용적인 나일론 가방으로, 새로운 패션 트렌드를 형성하여 패션업계에 그녀의 이름을 알리는 계기가 되었다. 프라다의 진정한 발전은 마리오 프라다의 손녀 미우치아 프라다와 파트리지오 베르텔리와의 만남에서 시작된다.

1978년 베르텔리는 'I Pellettierid' Italia S.P.A'를 설립해 미우치아 프라다와 프라다의 브랜드 네임 아래 가죽 컬렉션을 발표하는 독점 계약을 맺으며 프라다가 전 세계를 대상으로 제품 공급을 가능케 할 기반을 마련하였다.

혁신적이면서도 꼼꼼한 미우치아의 감성과 베르텔리의 타고난 경영 감각과 지성의 결합으로 프라다는 꾸준하게 그 입지를 굳혀나갔다. 1989년부터 숙녀복 사업을 시작하였으며, 1990년대에 들어서는 새로운 시대의 새로운 감각을 수용한 또 다른 의류 라인을 선보이게 되었다. 1993년에는 10대 후반과 20대 초반을 겨냥한 미우미우(MiuMiu), 1994년 남성복 워모(Uomo), 1997년 언더웨어 프라다 인티모(Intimo), 1998년 프라다 스포츠웨어를 출시하면서 사업 영역을 확장하였다.

그녀의 디자인은 평범하면서 고급스럽고 세련된 미니멀리즘의 경향을 보인다. 또 독특한 소재로 품격있고 지적인 분위기를 풍긴다. 실용적인 소재를 이용한 나일론 파카, 무릎 길이의 치마, 가는 벨트, 개버딘 밀리터리 코트 등은 패션계의 유행 경향과 상관없는 안티 룩(Anti Look)의 특징을 보여준다. 1994년에는 오스카 패션상을 수상하였다.

현대 미술에 대한 적극적인 관심과 후원의 결과, 2000년 미우치아는 런던에 위치한 세계적인 예술 디자인 학교 'Royal College of Art'에서 독특한 소재의 사용과 근원적인 아름다움의 표현에 대한 사의의 표명으로 명예 박사학위를 수여받기도 하였다.

비비안 웨스트우드(Dame Vivienne Westwood, DBE, 1941년 4월 8일~)는 영국의 패션 디자이너이자 패션 브랜드이다. 브랜드 로고는 왕관과 지구를 모티프로 하고 있으며, 반역성과 엘레강스를 겸비한 전위적 디자인으로 잘 알려져 있다. 영국, 중국, 일본, 미국, 프랑스, 쿠웨이트, 레바논, 카타르, 싱가포르, 대만, 태국, UAE 등 세계 각지에 많은 수의 매장을 두고 있으며, 우리나라에는 서울특별시 각지와 경기도 등 여러 곳에 매장이 입점해 있다.

그녀는 1970년대 시각적으로 패션 피플을 충격으로 몰아넣음으로써 자신을 부각시키기 시작했다. 이 시기 다른 디자이너들은 펑크 요소를 약간 따오고 있어서 사회적으로 큰 무리가 없는 디자인을 이용하였다. 그러나 비비안 웨스트우드는 직설적으로 표현하였다.

처음에는 사회 반항적인 펑크족들이 직접 만든 옷을 보고 그대로 만들었으며 이 옷들은 사회적 집권에 안티적인 요소를 강하게 반영하였다. 섹스 피스톨즈의 매니저와 비비안이 런던에 섹스숍을 오픈한 것을 시작으로 자니라튼은 그녀의 옷을 입고 펑크록을 새로운 미디어에 접근하려는 노력을 했다.

이 시기 비비안의 작품 중 가장 혁신적인 언더웨어를 겉으로 입기 시작한 후에 디자이너 베르사체, 고티에 등이 이용하였으며, 후에 페티시즘(Fetishism)을 표현하는 것으로 상징되었다.

1990년과 1991년 2년 연속 '올해의 브리티시 디자이너'로 선정되었고 '영국 패션에 대한 기여도를 인정받아 'OBE(The Order of the British Empire)'를 수상하였으며, Women's Wear Daily 출판사는 그녀를 세계 6대 디자이너로 선정하였다. 마가렛 대처로 변장해 상류층의 잡지인 Tatler의 표지에 모델이 되어서 사회 센세이션을 일으키기도 한 포스트 모더니즘 패션의 대표적인 디자이너이기도 하다.

1994~1995년에는 파리 컬렉션에서 19세기 유럽의 르네상스나 로코코 의상을 현대 패션에 접목시킨 히스토리시즘(Historicism)을 발표하였다. 2004년에는 영국의 권위있는 빅토리아 앤 알버트 뮤지엄에서 전시회를 열 정도로 영국의 대표 디자이너가 되었으며, 2006년에는 귀부인(Dame) 칭호를 얻었다.

32 칼 라거펠트(Karl Lagerfeld)

현대적인 감각의 지적이고 섹시한 여성스러움을 추구했던 독일의 패션 디자이너이다. 흐르는 듯한 율동을 표현한 아름다움, 평범한 코디에서 벗어난 위트 있는 코디법, 정돈된 클래식 스타일에서 약간 벗어나 미래 지향적 느낌을 강조한 클래시즘을 표현한다. 독일 함부르크에서 태어났으며, 다카다 겐조와 함께 '두 사람의 K'로 불린다. 1964년부터 1983년까지 클로에의 주임디자이너였으며, 그후 샤넬의 책임디자이너가 되었다. 이후 다시 3년 동안 클로에에 관여한 후, 1989년 마틴 싯봉에게 넘겨주었다.

1975년 라거펠트 향수 회사를 설립하였고, 1975년 그룹 모드 크리에이션(G.M.C : Group Mode Creation)의 부회장으로 선출되었다. 1985년 미국 시장을 겨냥한 스포츠웨어 컬렉션을 전개하였으며, 마리오 발렌티노와 찰스 주르당에 장갑과 구두 디자인을 제공, 펜디의 디자인도 담당하였다.

그는 현대적인 감각의 이지적이고 섹시한 여성스러움을 추구하는데, 흐르는 듯한 율동을 표현한 아름다움으로 성병이 나 있다. 평범한 코디에서 벗어나 위트 있는 새로운 코디법으로, 정돈된 클래식 스타일에서 약간 벗어나 미래 지향적인 느낌을 강조한 클래시즘을 표현한다.

샤넬의 책임 디자이너로서 샤넬 라인에 여성스러움을 강조하는 디자인 감각을 혼합하여 샤넬의 정신을 살렸다. 그는 샤넬뿐만 아니라 원래, 자신의 브랜드인 라거펠트, 펜디 등 여러 상표의 옷을 디자인했는데, 이처럼 자신의 재능을 여러 업체에 제공하여 디자인 및 판매, 제조가 분리해서 발달할 수 있다는 점을 확인시켜 주었다. 16세에 IWS 콘테스트 입상, 1980년 니만 마커스상, 1982년 미국 디자이너협회상(CFDA)을 수상하였다. 또한 1994년에는 60년대의 히피보다 여성적인 우아함을 더하여 날씬하고 여유 있는 실루엣, 패치워크 등 리드미컬한 느낌을 특징으로 하는 네오 히피 룩을 발표하였다.

  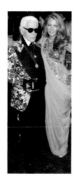

33 크리스찬 라크로와(Christian Lacroix)

남부 프랑스에서 태어났다. 라크로와는 몽펠리에서 미술사를 수학 후, 소르본 대학에서 박물관 큐레이터가 되고자 학업을 시작한다. 그의 인생은 부티크 매니저인 아내를 만나면서 바뀌게 된다. 라크로와는 에르메스에서 색상과 디자인 어시스턴트로도 일했으며, 여러 패션회사와 일을 하며 경력을 쌓았다.

그 후 피카트(Picart)에 고용되면서 일을 하게 되는데 그때부터 그의 재능을 인정받았고, 파리를 대표하는 디자이너가 된다. 1987년 그는 자신의 집에서 컬렉션을 열면서 자신의 브랜드를 탄생시켰다. 1987년 1월 외국 디자이너로 CFDA '가장 영향력 있는 디자이너'상을 수상하였다.

1989년 라크로와(Lacroix)는 보석, 핸드백, 신발, 안경, 스카프와 넥타이를 (기성복과 함께) 발표하였다. 역사적인 배경을 이용하며 남부 프랑스의 따뜻한 색상을 선호하였다. 그는 지중해 지역 패턴의 모양을 이용하고 코르셋과 크리놀린을 자신의 디자인에 차용한 디자인을 전 세계에 널리 보급시켰으며, 럭셔리하고, 환상적인 작품을 선보였다.

란제리와 향수, 화장품 등의 라인도 출시했으며 신사복 라인도 출시했다. 그는 2002년에서 2005년까지 이탈리아 패션 하우스 에밀리오 푸치에 대한 크리에이티브 디렉터로도 재직하였고, 할리우드 스타들의 많은 드레스를 디자인하였는데 그중 크리스티나 아길레라의 웨딩드레스가 유명하다. 2004년에는 에어 프랑스 퍼스트 클래스(L' 이스페이스의 프리미어) 잠옷에 그의 서명을 넣어 여행하는 승객을 위한 디자인을 하였다.

34 빅터 앤 롤프(Viktor & Rolf)

네덜란드 아른헴 예술대학 동기인 빅터 호스팅(Viktor Horsting)과 롤프 스노에렌(Rolf Snoeren)은 '빅터 앤 롤프(Viktor & Rolf)'라는 레이블을 론칭하였다. 쌍둥이 같은 외모와 옷차림, 독특한 사고방식을 가진 동갑내기 듀오 디자이너는 번뜩이는 아이디어로 지나치게 실용 노선 일색인 패션계에서 단번에 주목받는다.

1970년대와 80년대를 통틀어 재해석되는 패션은 1920~1960년대의 스타일을 재사용함과 함께 최고조에 이르렀다. 1990년대까지 서양의 패션은 끊임없는 변화의 욕구에 갈증을 느끼고 있었다. 어떤 디자이너들은 신상품을 찾아 이전 역사적 기록을 다시 탐구하였고, 반면에 다른 디자이너들은 이전에 사라진 것에 대한 반박과 반응의 요구를 찾아내었다. 이러한 방향성의 상실은 '인터내셔널 헤럴드 트리뷴'의 패션 에디터인 수지 멘커(Suzy Menker)를 이끌었던 스타일의 외관을 제공한 것처럼 보이며, 이러한 경향을 이끌어 '패션 캐리커처'라고 부른다.

학창 시절부터 기성 디자이너도 입성하기 힘들다는 파리 현대 예술 박물관과 편집 매장 콜레트에서 전시를 개최하였으며, 1993년에 신인 디자이너 경연대회에서 우승하였다. 1998년 이래로, 네덜란드의 이단자 예술가 듀오인 빅터와 롤프 작품은 오뜨꾸뛰르에서 널리 퍼진 생각의 파산을 풍자하고 묘사해 자신들의 콘셉트를 표출하면서 본격적인 활동의 시작을 하였다.

빅터와 롤프 작품은 불손, 허식 그리고 충격적인 강렬함을 포함한 다다이스트의 전략을 차용하여 독창성이 부족한 부분은 문체의 부조리와 패러디를 이용하여 강조하였다.

1998년 컬렉션을 예로 들면, 그들의 '개념적인' 꾸뛰르 패션은 그들이 작은 형태가 큰 비율로 보일 때까지 패션모델에게 의류를 하나씩 쌓아올림에 따라 왜곡된 문양과 형태의 과장을 특징으로 하였다.

문학적이고 은유적인 감각으로, 그들의 커진 부피는 삶보다 더 큰패 션을 창조하였다. 이러한 도발적인 작품은 포스트 모더니스트들의 '독해'에도 영감을 주었다. 예술행위로서 선형적인 캣워크 모델의 행렬에서부터 한 모델을 사용하는 컬렉션의 의류의 총 진열까지모든 것을 깨트렸다. 그것은 현시대의 패션을 남녀구별, 즉 성별이 없는 피사체로의 몸의 역할을 말해준 것이었다. 또한 일상생활보다 무대용으로 더 적합한 꾸뛰르 패션의 부자연스러운 화려함을 말해 준 것이었다.

빅터와 롤프는 작은 금종, 은종을 이브닝드레스에 달고 행진함으로써 시각적인 말장난을 2009년 가을/겨울 컬렉션의 쇼에 도입하였다. 많은 종은 랩 코트의 기모노 소매 안으로 수 놓였고, 턱시도 재킷은 금화와 같이 흩뿌려진 작은 종으로 덮여 있었다. 이들의 패션은 풍자적으로 '종이 있는 패션'으로 묘사되어 논평되곤 하였다.

빅터와 롤프는 거의 아무것도 팔지 않았다는 사실에도 불구하고 그들의 이름을 딴 꾸뛰르를 설립하였다. 유머 감각으로 무장하여 엘리트 패션의 허세를 조롱하였으며, 그들의 옷으로 국제적인 오류와 모순을 해결하려 함으로써 전통과 관습을 깨려 하였다.

2001년에 그들은 20년 더 일찍, 컬트 색깔로서 블랙을 도입한 컬렉션을 시연함으로써 일본의 콘셉추얼 디자이너들에게 도전하였다. 만연하고 있는 일본의 미학에 도전하며, 그들의 모델은 주름장식이 있는 가죽 블라우스를 입고 흑진주 보석을 하였으며, 그들의 얼굴 또한 완전히 검은색으로 색칠하였다.

디자이너들에 대한 개념적인 접근은 그들이 드레스를 만들지 않았다는 것을 의미한다.

"오로지 'V & R'은 파업 중입니다."라고 칠해진 플래카드로만 구성된 컬렉션에서부터 그들에 관련된 언론에 대한 클리핑으로 채워진 예술무대 설치까지, 프린트된 노출은 그들이 이해되는 수단이며 그들이 지속하는 수단이라는 것을 아는 워홀리안(Warholian)의 즐거움과 매혹 되었다.

2003년 10월에 파리의 2003/2004년 S/S 프레타포르테의 컬렉션과 상응하는 루브르의 데코레이티브 아트 미술관에서 그들의 작품에 대한 회상 전시회가 열렸다. 콘셉추얼 아트와 패션의 연관성을 찾던 사람들은 그들의 작품의 용기에 박수를 쳤다.

국제 아방가르드 패션의 역사에서 '왕'으로 찬양받기도 하며, 그들은 유럽의 오뜨꾸뛰르를 과도한 사치의 역사로 패러디하였으며, 극단주의자인 일본 디자이너들을 블랙으로 표현하였다. 그들이 별과 스트라이프 컬렉션을 열었을 때, 첫 컬렉션, 2000 · 2001년 가을 · 겨울 컬렉션은 큰 성공을 이뤘다.

미국의 국가주의와 기수로 불리는 것을 조롱하는 것처럼 보인 반면에 그들은 상업적인 공정과 옷의 대량 생산의 시발점인 청바지와 폴로넥 그리고 스웨터를 포함하는 미국의 패션아이콘을 선택하기 위해 미국의 문화가 존재하는 것으로 보았다.

35 피에르 가르뎅(Pierre Cardin)

피에르 가르뎅은 최초로 기성복을 판매하기 시작한 디자이너로, 패션의 구조적 변화와 기술적 진보에 끊임없이 기여하였으며, 1950년대 남성복에서 어깨가 좁은 플란넬로 된 2~3버튼의 싱글 슈트를 유행시켰다. 1960년대에 인공위성과 우주선 발사가 대중매체를 장식하는 등 우주시대가 열리면서 피에르 가르뎅도 '우주시대(Space Age)'라는 컬렉션을 개최하여 미래지향적인 스페이스 룩을 선보였다.

1970년대로 들어서면서 우주시대적인 요소가 약화되면서 기하학적인 디자인을 의복에 접목하여 가르딘느 드레스와 슬리브리스 드레스 등을 발표하였다. 또한 그는 패션디자인에 한정짓지 않고 건축 및 자동차 등 다양한 디자인을 시도하였고, 라이센스 계약을 통한 패션사업을 시작하여 크게 성공한 사업가로 발돋움하였다.

36 에르메스(HERMES)

에르메스의 창시자 '티에리 에르메스(Tierry Hermes)'는 1801년 독일 크레펠드에서 태어났다. 당시 신교도였던 그의 가족은 종교적인 이유로 프랑스 파리로 망명, 1837년 파리의 마드레인 광장의 바스 듀 름파르(Rue Basse-du-Rempart)로에서 마구상을 시작한 것이 에르메스 브랜드의 출발이었다.

당시 티에르는 교통수단인 마차를 끄는 말에 필요한 용구, 안장, 장식품 등을 직접 수공으로 제작하여 1867년 세계 박람회에서 1등 메달을 받음으로 인해 에르메스 마구제품의 섬세함과 튼튼함을 세계적으로 인정받게 되었다.

1878년 창업자 티에리 에르메스가 사망하자 그의 아들 '샤를 에밀 에르메스'가 선친의 일을 계승, 새로운 사업들을 창출해내며 기존의 가죽제품 위주의 생산에서 부티크 사업으로 확장하게 되었다. 1차 세계대전을 계기로 에르메스의 사업은 괄목할 만한 성장을 이루게 되고, 각국의 정·재계 유명인사 및 세계적으로 명성 높은 사람들이 에르메스의 주고객이 되었다. 그레이스 켈리, 윈저 공작 부부, 새미 데이비스 주니어, 잉그리드 버그만, 재키 케네디와 같은 사람들이 에르메스의 단골고객이 된 것이다. 이들이 에르메스 제품을 소지하고 있는 것만으로도 세계인들이 충분히 주목할만 했을 것이다.

한편, 자동차의 출현으로 라이프스타일이 변화하게 되고, 이러한 사회흐름에 따라 에르메스사는 고품질의 가죽제품 외에도 현대적 여행 스타일에 걸맞는 소품을 만들어내기 시작하였다. 패션, 장신구, 식탁용 은제품, 다이어리 및 실크 스카프에 이르는 다양한 제품들을 선보였으니 역시 시대의 흐름을 따라가는 것은 패션 시장에선 중요한 일임이 분명하다. 1929년, 뉴욕에 첫 부티크를 오픈한 에르메스는 비로소 국제적인 브랜드로서의 면모를 갖추게 된 기념할만한 날이었다.

향수, 타이, 맞춤복 및 기성복, 비치 타올, 에나멜 장신구, 그리고 여성 및 남성복에 이르는 다양한 아이템을 선보이며 미국, 서부 유럽, 태평양 연안 등 전 세계적으로 그 명성을 뻗어 나갈 수 있는 시발점이 생긴 것이다.

이후, 1978년 그룹의 회장으로 선출된 '장 루이 뒤마'는 시계 및 식탁 장식용품 등 새로운 라인을 도입하였다. 또 아시아와 호주까지 매장을 확대, 현재 에르메스사는 전 세계에 250여개 부티크를 운영 중이다. 연간 매출이 50억 프랑스 프랑에 달하는 국제적 그룹으로 성장한 에르메스지만, 말과 마구로 상징되는 인간생활에 대한 깊은 관심은 에르메스의 정신으로 여전히 지켜지고 있다.

에르메스는 '마르땡 마르지엘라'가 여성복 디자이너로 영입된 이후 과거의 수공제품에서 보여줬던 최고의 장인정신이 깃든 가죽제품이나 화려한 패턴의 스카프뿐만 아니라 매년 컬렉션에서 선보이는 남녀 의상에 있어서도 에르메스 고유의 고급스러우면서도 편안한 실루엣의 의상제품을 선보였다.

과거에서부터 이어져 온 최고의 명성에 걸맞는 브랜드로서의 위치를 굳건히 지켜나가고 있는 것이다.

1과목

[1956년 '라이프지' 표지]

MEMO

1
과목

출제예상문제

FASHIONSTYLIST

출제예상문제

01 다음 설명이 뜻하는 패션 용어는?

> 보편화되기 이전 상태의 첨단적인 유행, 디자이너가 발표한 창작 디자인 혹은 독점 디자인을 말하며,
> 그중에서도 제한된 수의 패션 선도자들에 의해 채택되어 유행단계상 초기단계에 있는 상태를 말한다.

① 오뜨꾸뛰르   ② 하이패션

③ 클래식   ④ 보 그

해설
- 오뜨꾸뛰르 : 고가이며 작품성이 강한 고급 수제옷
- 하이패션 : 최신유행을 의미하며, 실용적이기 보다는 새로운 영감의 근원
- 클래식 : 고전적인, 고풍스러운 등의 의미로 오랜 세월이 흘러도 스타일이 변하지 않는 특징
- 보그 : '패션'이란 뜻의 프랑스 용어로 가장 광범위하게 퍼져 있는 유행을 의미

02 20세기 초 니트 재킷, 누빔 코트, 주름 치마, 저지 드레스 등 실용적인 스타일을 발표하여 여성복의 현대화에 가장 많은 영향을 끼친 디자이너는?

① 크리스토발 발렌시아가   ② 가브리엘 샤넬

③ 랄프 로렌   ④ 크리스찬 디올

해설 **가브리엘 샤넬(1833~1971)**
- 20세기의 대표 명품브랜드 '샤넬'의 창시자
- 세련된 우아함과 실용성이 특징
- 저지 천을 이용하여 드레스를 만들고 주머니를 겉으로 나오게 함
- 남성들의 전유물이었던 바지정장을 여성패션에 도입
- 그녀의 대담한 스타일은 여성들에게 자유를 선물함
- 토털 패션의 선구자로 패션의 역사를 바꿈

정답   **01** ②   **02** ②

03 패션의 현대화에 영향을 미친 요인이 아닌 것은?

① 예술적 가치와 실용적 가치의 결합을 꾀하는 공예운동인 아르누보의 등장

② 여성들의 사회참여

③ 스포츠의 확산

④ 맞춤복의 보급

> **해설** 1 · 2차 세계대전 이후 기성복이 급속히 발달함

04 1910년대, 1차 세계대전 전후의 복식에 대한 설명으로 알맞은 것은?

① 아르누보 영향에 의한 간소화된 깁슨걸 스타일의 유행

② 여성들의 사회활동 참여로 실용적인 기성복 보급의 활성화

③ 정치적 자아 표현으로서 복식표현

④ 남성복에 있어서 재킷, 조끼, 바지가 한 벌인 디토슈트가 평상복으로 등장

> **해설** 1910년대 복식
> - 아르데코
> - 전쟁으로 바닥에서 8인치 정도 올라오는 스커트 등장
> - 코르셋에서 해방(엠파이어 튜닉 스타일, 스트레이트 롱 실루엣)
> - 호블 스커트, 하렘 팬츠, 미나렛 스타일 등장

05 1910년 벨 에포크 시대에 러시아 발레단의 파리공연을 계기로 동양적인 멋이 알려지면서 유행된 오리엔탈 스타일과 디자이너가 알맞게 짝지어진 것은?

① 가재 드레스 – 엘자 스끼아빠렐리

② 저지 드레스 – 가브리엘 샤넬

③ 호블 스커트 – 폴 푸아레

④ 바이어스 드레스 – 마들렌 비오넷

> **해설** • 가재 드레스 : 엘자 스끼아빠렐리(1930년대)
> • 저지 드레스 : 가브리엘 샤넬(1920년대)
> • 바이어스 드레스 : 마들렌 비오넷(1930년대)

06 1920년대 아르데코 미술양식의 영향으로 로우 웨이스트의 직선적인 허리선과 짧은 스커트, 소년 같은 신여성 스타일이 유행하였는데, 이 스타일을 무엇이라 칭하였는가?

① 깁슨걸 스타일
② 가르손느 스타일
③ 밀리터리 스타일
④ 스포티 스타일

> **해설** 깁슨걸 스타일 : 1900년대 화가 깁슨의 그림에 많이 등장. S자형 실루엣, 머리는 퐁파두르 스타일

07 1930년대 화가인 달리, 사진작가 만레이와 더불어 초현실주의의 환상적 패션 디자인으로 유명한 디자이너는?

① 피에르 가르뎅
② 찰스 프레드릭 워스
③ 엘자 스끼아빠렐리
④ 이브 생 로랑

> **해설**
> • 피에르 가르뎅 : 미래파 의상을 선보임. 최초로 기성복을 팔기 시작
> • 찰스 프레드릭 워스 : 프랑스 오뜨꾸뛰르의 창시자
> • 이브 생 로랑 : 몬드리안 룩. 여성에게 최초로 턱시도를 입힘

08 다음은 무엇을 설명하고 있는가?

> 여러 종류의 다양한 길이의 옷을 겹쳐 입어 멋을 내는 스타일로 주로 스커트를 여러 개 겹쳐 입거나 셔츠를 입은 후에 베스트나 재킷, 코트, 스카프 등을 겹쳐서 연출하는 스타일링을 말한다.

① 라이더스 룩
② 히피 룩
③ 레이어드 룩
④ 그런지 룩

> **해설**
> • 라이더스 룩 : 청바지나 가죽바지에 검정 가죽재킷을 걸치고 모터사이클 경주에 주력하는 라이프스타일을 표현한 패션
> • 히피 룩 : 1960년대 베트남전에 대한 반전운동의 일환으로 미국 학생들 사이에 만들어진 문화. 낡고 해진 옷과 천연염색, 자수, 패치워크 등의 장식이 있는 의복을 주로 입음
> • 그런지 룩 : 엘리트주의에 대한 반항으로 너저분하고 오래되어 보이는 패션

정답 06 ② 07 ③ 08 ③

09 다음은 무엇을 설명하고 있는가?

여학생처럼 신선하고 귀여운 이미지를 느끼게 하는 스타일로 전통적인 체크무늬를 사용하여 만든 플리츠 스커트와 카디건을 조화시켜 연출하는 스타일링을 말한다.

① 후드럼 룩   ② 프레피 룩

③ 스쿨걸 룩   ④ 하이디 룩

> **해설**
> - 후드럼 룩 : '건달, 깡패'를 뜻하는 단어. 자신의 반항의식을 겉으로 드러낸 패션
> - 프레피 룩 : 미국 고등학교 학생들의 교복 스타일을 본뜬 캐주얼 스타일

10 20세기 초, 미술과 공예 간의 평형상태를 복원하려는 목적으로 역사주의의 반복이나 모방을 거부하고 비대칭의 균형을 추구하며, 자연 속의 유기적인 모티브를 이용하여 율동적인 섬세함과 유기적 곡선의 장식 패턴을 추구한 미술양식과 패션 스타일이 잘 짝지어진 것은?

① 자연주의 – 히피 스타일   ② 미래주의 – 스페이스 에이지 스타일

③ 아르데코 – 미나렛 스타일   ④ 아르누보 – S커브 스타일

> **해설**
> - 자연주의 : 히피 스타일(1960년대)
> - 미래주의 : 스페이스 에이지 스타일(1960년대)
> - 아르데코 : 미나렛 스타일(1910년대)

11 아르데코 예술양식의 영향을 받은 패션 스타일의 특징이 아닌 것은?

① 기능주의와 합리주의적 성향   ② 강렬한 색채 대비와 밝은 컬러

③ 기하학적이거나 구상주의적 장식   ④ 흘러내리는 듯한 곡선과 꽃무늬 장식

> **해설**   아르데코
> - 1920년대 패션에 많은 영향을 준 문화
> - 기하학적인 형태와 반복되는 패턴
> - 기계 생산과 대중화를 중시한 운동

12 팝아트와 옵아트의 영향을 받은 패션 스타일이 유행한 시대는?

① 1950년대

② 1960년대

③ 1970년대

④ 1980년대

해설 1960년대 패션 : 팝아트, 옵아트, 히피, 미래주의 등의 영향

13 1940년대 말 패션의 현대화 과정에서 남성적 라인의 밀리터리 룩을 여성스럽게 변화시키고, 우아하고 아름다운 아워글라스 실루엣으로 전후 패션의 기폭제가 되었던 패션 스타일은?

① 빅 룩

② 보이시룩

③ 샤넬룩

④ 뉴 룩

해설 뉴 룩의 특징
- 부드러운 어깨, 잘록한 허리, A라인으로 넓게 퍼지는 스커트
- 아름다운 여성의 라인을 잘 표현

14 1960년대 발표된 수평과 수직구조 간의 균형을 중시하고 대담한 면 분할에 의한 원색 배치가 특징인 심플한 형태의 몬드리안 미니 원피스는 어떤 미술 사조의 이념을 반영한 것인가?

① 팝아트

② 표현주의

③ 추상미술

④ 초현실주의

해설 몬드리안 미니 원피스

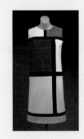

15 대중문화가 발달하고 상업화되어가는 현대화의 과정에서 등장하였으며, 예술성 자체라기보다 광고, 산업디자인, 사진술, 영화 등과 같은 대중 예술 매개체의 유행성에 대한 새로운 태도를 반영하며, 상징적 장식과 원색적 표현으로 패션 스타일에 영향을 미친 1960년대 예술사조는?

① 아방가르드 ② 팝아트

③ 옵아트 ④ 아르데코

 해설
- 아방가르드 : 자연주의와 고전주의에 대항하여 나온 미술양식. 기능적인 면보다는 실험성이 강한 패션
- 옵아트 : 기하학적 형태나 눈의 착시 현상을 이용한 미술양식

16 1950년대 영화산업의 영향으로 많은 패션리더들이 등장하고 유행스타일을 만들어냈다. 대중스타일에 영향을 준 영화 속 패션리더와 유행스타일이 알맞게 짝지어진 것은?

① 로마의휴일 – 오드리헵번 – 홀터넥원피스

② 사브리나 – 오드리헵번 – 맘보바지

③ 모정 – 마릴린먼로 – 차이니즈스타일

④ 자이언트 – 제임스딘 – 히피스타일

해설
- 로마의 휴일 : 오드리 헵번의 흰 블라우스, 쁘띠 스카프, 롱스커트 등
- 7년만의 외출 : 마릴린 먼로의 홀터넥 드레스
- 자이언트 : 제임스 딘의 셔츠, 청바지 등

17 팝아트적 패션디자인의 특징으로 알맞은 것은?

① 실크스크린에 의한 프린트기법의 이용

② 눈의 착각을 이용한 입체적 조형미의 연출

③ 산만하고 저속한 모습의 싸구려 액세서리의 이용

④ 지퍼, 체인을 이용한 메탈릭한 장식기법

해설
- 눈의 착각을 이용한 입체적 조형미의 연출 : 옵아트
- 산만하고 저속한 모습의 싸구려 액세서리의 이용 : 키치
- 지퍼, 체인을 이용한 메탈릭한 장식기법 : 펑크

18 1960년대 미술계의 '키네틱 아트'의 영향으로 발생하였으며, 환각적이고 현란한 형광색 프린트와 보디페인팅으로 나타났던 패션 스타일로서 방랑생활하는 히피들 사이에서 유행처럼 전파되어 등장하였던 독특한 패션 룩은?

① 몬드리안 룩   ② 사이키델릭 룩

③ 스페이스 에이지 룩   ④ 에스닉 룩

> **해설** • 몬드리안 룩 : 이브 생 로랑이 추상화가 몬드리안의 작품을 패션에 응용. 무채색과 원색의 공간 구성이 특징
> • 스페이스 에이지 룩 : 1960년대 등장한 우주복 스타일
> • 에스닉 룩 : 민족 고유의 복장에서 그 토속적인 분위기나 요소들을 의상이나 액세서리 등에 도입한 패션 경향

19 패션 분야에 포스트 모더니즘이 나타나기 시작한 시대는?

① 1960년대   ② 1950년대

③ 1980년대   ④ 1990년대

> **해설** 포스트 모더니즘 : 1980년대 이성중심주의에 대해 근본적인 회의를 내포하였던 사상적 경향의 총칭

20 고상하고 품위 있는 패션의 반대개념으로, 지나치게 산만한 싸구려 장식을 통해 통속적이고 해학적으로 일부러 저속함을 표현함으로써 물질적 풍요로움과 권태를 느끼는 젊은이들의 패션에 신선한 즐거움을 선사하는 저속적이고 추한 이미지의 패션 스타일은 무엇인가?

① 펑크 룩   ② 키치 룩

③ 그래픽 룩   ④ 콜라주 룩

> **해설** 펑크 룩 : 스모키 화장, 머리 염색, 검정 가죽점퍼, 메탈 장식 등

21 1970년대 이후 나타난 현대 패션의 특징이 아닌 것은?

① 남녀 복식의 차이가 없는 유니섹스화 현상

② 유행의 상향전파(Bottom Up) 현상

③ 패션의 다양화 현상

④ 여성 복식의 남장화 현상

> **해설** • 다양한 룩과 스타일이 선보임(레이어드 룩, 빅 룩, 펑크, 글래머러스 룩 등)
> • 다양한 스타일의 여성 바지 시도

22 1960년대 패션에 영향을 준 예술사조가 아닌 것은?

① 팝아트

② 옵아트

③ 모더니즘

④ 키네틱아트

> **해설** 모더니즘 : 1920년대에 발생한 근대적 감각을 나타내는 예술상 현대적 추구를 의미

23 1980년대 등장한 뉴웨이브 패션에 대한 설명이 아닌 것은?

① 기능주의 팽배에 반대한 감성존중 사고방식의 의식변화에 의한 패션

② 남성주의에 반대한 여성주의 사고방식의 변화에 의한 패션

③ 고정관념에서 벗어난 현대감각의 비대칭적이고 기하학적인 패션

④ 단정하고 아름다워야 한다는 기존의 미의식을 부정한 반패션

> **해설** **뉴웨이브 패션**
> • 기존의 관념을 타파하여 새로운 멋을 낸 패션
> • 남성주의에 반대한 여성주의 사고방식의 변화에 의한 패션 : 앤드로지너스 룩
> • 고정관념에서 벗어난 현대감각의 비대칭적이고 기하학적인 패션 : 아방가르드
> • 단정하고 아름다워야 한다는 기존의 미의식을 부정한 반패션 : 펑크

24 다음 중 현대적 감성을 표현하는 포스트 모더니즘적 패션 경향의 설명으로 가장 적당한 것은?

① 자연과 환경에 대한 인식과 중요성을 강조하는 움직임

② 전통적 복식문화를 지키려는 움직임

③ 합리적이고 기능적인 모더니즘의 감각을 지키려는 움직임

④ 과거 모드를 현대적으로 재창조하려는 움직임

> **해설** 포스트 모더니즘적 패션은 기존 질서를 무시하는 반패션과 전위적인 패션으로, 1980년대부터 나타나기 시작. 전통을 거부하는 실험정신으로 장르의 파괴와 혼합정신을 가져옴. 펑크 경향, 앤드로지너스 경향, 아방가르드 경향을 포함하는 현대적 감성의 패션이라고 할 수 있음

25 1980년대 뉴웨이브 패션에서 나타난 성향이 아닌 것은?

① 로맨틱   ② 앤드로지너스

③ 펑 크   ④ 아방가르드

> **해설** 뉴웨이브 패션
> • 기존의 관념을 타파하여 새로운 멋을 낸 패션
> • 펑크, 아방가르드, 네오 모더니즘, 포스트 모더니즘, 앤드로지너스가 포함

26 남녀가 모두 입을 수 있는 동일한 패션으로 '양성 공유', 즉 '남녀 공동의 의복'을 의미하는 것은?

① 아방가르드 패션   ② 네오모더니즘 패션

③ 앤드로지너스 패션   ④ 매니시 패션

> **해설** 1980년대에는 남성적 요소와 여성적 요소가 뒤섞인 앤드로지너스 패션이 유행

정답 24 ④ 25 ① 26 ③

27 1990년대를 대표하는 자연주의 성향과 복고 무드에 나타난 패션 스타일은?

① 네오 히피 스타일   ② 네오 펑크 스타일

③ 네오 모더니즘 스타일   ④ 네오 베이직 스타일

> **해설** 네오 히피 룩
>
> 장발과 청바지 같은 타입이 아닌 사이키델릭에서 나타나는 눈부시게 화려한 모드가 현재의 네오 히피의 중심

28 1990년대에 부각된 자연주의 성향의 에콜로지 스타일과 관계없는 것은?

① 에스닉 스타일   ② 그런지 스타일

③ 복고 스타일   ④ 글래머 스타일

> **해설** • 에콜로지 룩 : 자연과 환경에 대한 인식과 중요성이 패션에도 부각되면서 1990년대 초반 패션의 주요 주제
> • 글래머 스타일 : 여성의 성적 매력을 표현한 선정적 스타일. 1970년대 후반에 유행

29 1994~1995년 비비안 웨스트우드가 발표한 19세기 유럽의 의상을 현대 패션에 접목시킨 패션 콘셉트를 무엇이라고 하는가?

① 리얼리즘(Realism)   ② 히스토리시즘(Historicism)

③ 젠더리즘(Genderism)   ④ 오리엔탈리즘(Orientalism)

> **해설** 히스토리시즘 : 컬렉션에서 19세기 유럽의 르네상스나 로코코 의상을 현대 패션에 접목

30 에스닉풍 패션 트렌드가 중요하게 부각된 시기는?

① 1970년대   ② 1980년대

③ 1990년대   ④ 2000년대

> **해설** 자연과 환경에 대한 인식과 중요성이 패션에도 부각되면서 1990년대 초반 패션의 주요 주제가 됨

27 ①   **28** ④   **29** ②   **30** ③   **정답**

31 펑크 패션을 잘 표현했던 영국의 대표 디자이너는?

① 지방시

② 칼 라거펠트

③ 비비안 웨스트우드

④ 에마누엘 웅가로

> **해설** 비비안 웨스트우드
> 처음에는 사회 반항적인 펑크족들이 직접 만든 옷을 보고 그대로 만들었으며, 이 옷들은 사회적 집권에 안티
> 적인 요소를 강하게 반영

32 에스닉 패션에 표현된 특징으로 알맞은 것은?

① 직선적이고 일률적인 기계주름의 사용

② 오일이나 왁스 코팅의 강렬한 텍스처 사용

③ 천연 섬유소재와 토속적인 문양의 사용

④ 레드, 오렌지, 옐로우의 난색조 색상 사용

> **해설** 에스닉 룩 : '민족의'라는 의미. 민속복, 민족복에서 힌트를 얻은 소박하고 민속적인 느낌의 복장

33 1960년대 전위미술의 움직임에서 시작되었으며, 1990년 에콜로지와 연결되어 낡고 구겨지고 해진 듯한 의상으로 편안함과 자유로움을 추구하려는 영스트리트 패션으로 등장한 패션 스타일의 종류는?

① 시스루 패션

② 레트로 패션

③ 에스닉 패션

④ 그런지 패션

> **해설** • 시스루 패션 : 비치는 소재를 사용하여 몸이 비쳐보이는 패션 스타일
> • 레트로 패션 : 복고주의를 지향하는 하나의 유행, 패션 스타일
> • 에스닉 패션 : '민족복'에서 힌트를 얻은 소박하고 민속적인 느낌의 패션 스타일

정답 31 ③ 32 ③ 33 ④

34 원래 15세기 프랑스의 군대용어로 선두의 돌진부대를 뜻하는 말로 기존의 개념을 부정하고 전통을 무시 혹은 파괴하여 새로운 것을 창조하는 실험적 성격의 전위예술을 말하는 용어이다. 패션에서 디자인과 유행에 앞선 독창적이고 기묘한 디자인으로 보여지는 이 예술사조는 무엇인가?

① 레트로
② 시누아즈리
③ 쉬르리얼리즘
④ 아방가르드

> **해설** 아방가르드 : 고정관념에서 벗어난 현대감각의 비대칭적이고 기하학적인 사조

35 20세기 이후 다양한 전통적 장르의 혼합 또는 붕괴로 시도되었으며, 다원성의 경향이 강해지면서 다른 문화에 관심을 가지는 '탈중심화' 현상으로서 내부로부터의 해체를 통한 다양성을 추구하거나 불연속성에 의한 스타일의 혼합으로 표현되는 패션현상을 무엇이라고 하는가?

① 혼성모방현상
② 하이브리드현상
③ 하이테크현상
④ 퓨전현상

> **해설** 하이브리드현상 : 내부로부터의 해체를 통한 다양성 추구, 불연속성에 의한 스타일의 혼합으로 대표

36 1차 세계대전 이전의 풍요로웠던 시대로서, 동양적 아름다움과 아르누보 예술양식의 영향을 많이 받았던 시대를 무엇이라고 부르는가?

① 아르데코 시대
② 벨 에포크 시대
③ 엠파이어 시대
④ 크리놀린 시대

> **해설**
> • 아르데코 : 아르누보 이후의 시대. 유동적인 곡선을 이용했던 아르누보와는 달리 기계적 생산에 순응하도록 대중화를 중시한 운동
> • 엠파이어 시대 : 1700년대 말 프랑스 혁명 이후의 시대. 하이 웨이스트에 전체적으로 길고 날씬하게 만든 스타일이 유행
> • 크리놀린 시대 : 1840~1860년대까지 유행. 허리가 잘록하게 꼭 끼고 극단적으로 퍼진 의복은 크리놀린 실루엣으로서 널리 알려짐

37 1910년대 오리엔탈리즘의 영향으로 폴 푸아레에 의해 발표된 동양적 실루엣은 무엇인가?

① 엠파이어튜닉 실루엣   ② 튜블러 실루엣

③ 스트레이트박스 실루엣   ④ 호블 실루엣

> **해설** 호블 실루엣 : 벨 에포크 시대 동양풍의 화려한 디자인의 대표적 실루엣

38 미나렛 스타일(Minaret Style)에 대한 설명으로 알맞은 것은?

① 1차대전 이후 등장한 스타일이다.

② 하렘팬츠나 호블스커트 위에 둥근 오버스커트를 입은 모습이다.

③ 튜닉 스타일이라고도 한다.

④ 디자이너 샤넬에 의해 소개되었다.

> **해설** 미나렛 스타일 : 벨 에포크 시대 하렘 팬츠나 호블 스커트 위에 둥근 오버 스커트를 입는 스타일

39 재즈와 광란의 시대라고 불리우는 1920년대를 배경으로 등장하였으며, 짧은 머리에 마르고 슬림한 스트레이트 실루엣의 보이시 룩을 한 말괄량이 아가씨 스타일을 무엇이라고 하는가?

① 매니시 스타일   ② 깁슨걸 스타일

③ 플래퍼 스타일   ④ 캐주얼 스타일

> **해설** 플래퍼 스타일 : 1920년대 등장한 말괄량이 아가씨 같은 느낌의 스타일

40 1920년대 패션 경향은?

① 여성이 남성복을 착용   ② 허리선의 위치가 하이웨이스트로 변화

③ 여성스러운 실루엣   ④ 남성 정장의 등장

> **해설**
> • 세계 1차 대전으로 여성이 일을 하면서 남성의 의복을 그대로 착용하는 경우가 생기고 테일러드 슈트의 착용이 보편화됨
> • 플래퍼 룩, 가르손느 스타일 유행(로 웨이스트, 평평한 가슴, 짧은 스커트 길이)

41 1930년대 일반적인 여성복 실루엣은?

① 엠파이어 실루엣

② 롱 앤 슬림 실루엣

③ 밀리터리 실루엣

④ 아워글라스 실루엣

> **해설**
> • 경제 대공황으로 실업률이 증가하면서 여성이 집으로 돌아옴에 따라 다시 여성스러운 실루엣 등장
> • 허리선이 제자리로 돌아옴
> • 긴 스커트로 전체적으로 날씬한 실루엣이 살아남

42 시대별 여성복 실루엣에서 웨이스트 라인의 변화 위치를 바르게 연결시킨 것은?

① 1910년대 – 로 웨이스트 실루엣

② 1920년대 – 하이 웨이스트 실루엣

③ 1930년대 – 아워글라스 웨이스트 실루엣

④ 1940년대 – 스트레이트 웨이스트 실루엣

> **해설**
> • 1910년대 : 하이 웨이스트 실루엣
> • 1920년대 : 로 웨이스트 실루엣
> • 1940년대 : 1947년 뉴 룩의 등장으로 아워글라스 웨이스트 실루엣

43 1930년대 남성 패션 리더로서 대중에게 영향을 주었던 사람은?

① 윈저공

② 그레고리 펙

③ 찰스 황태자

④ 폴 푸아레

> **해설**
> 1930년대 남성복은 1920년대의 남성복과 비교하자면 큰 변화가 없었음. 어깨가 넓은 스타일이 선호되었고 터프하고 강한 이미지의 게리 쿠퍼, 클라크 케이블 등의 할리우드 스타들. 영국 윈저공이 이 시기의 패션리더 라고 할 수 있음

44 1930년대 패션 경향을 잘 설명한 것은?

① 신비로운 바이어스 재단으로 드레스의 혁신을 이루었다.

② 전쟁과 세계적인 경제공황으로 남성적인 보이시 스타일이 유행했다.

③ 여성의 몸을 구속하는 코르셋이 완전히 사라졌다.

④ 젊은이들을 중심으로 한 영패션이 발달했다.

> **해설** 1920년대 패션 경향
> - 전쟁과 세계적인 경제공황으로 남성적인 보이시 스타일이 유행
> - 여성의 몸을 구속하는 코르셋이 완전히 사라짐
> - 젊은이들을 중심으로 한 영패션이 발달
>
> 1930년대 패션 경향
> - 1920년대가 젊은이들의 모드라면, 1930년대는 어른들의 모드라고 할 수 있음
> - 1930년대는 여성을 가정을 놀려보내자는 분농으로, 여성스러움의 패션으로 허리선을 강조하고 현실에 구애받지 않는 초현실주의 예술경향을 추구
> - 우아한 바이어스 재단의 스커트나 극단적으로 등을 노출한 홀터 네크라인의 이브닝드레스 등은 여성의 성숙미를 나타내 주는 의상

45 각진 어깨와 짧은 스커트의 테일러드 슈트 스타일의 밀리터리 룩 모드로 변환되어 실용적인 기능복으로 유행된 시기는 언제인가?

① 1920년대 ② 1930년대
③ 1940년대 ④ 1950년대

> **해설**
> - 1920년대 : 플래퍼 룩, 가르손느 스타일
> - 1930년대 : 롱 앤 슬림 실루엣
> - 1940년대 : 제2차 세계대전의 영향으로 밀리터리 스타일 유행
> - 1950년대 : 라인의 시대

46 1940년대 영국 무역청에서 발표한 유틸리티 클로스(Utility Cloth) 규정에 의해 만들어진 간단복이 패션에 미친 영향이 아닌 것은 무엇인가?

① 여성복 스타일의 발전에 기여했다.

② 의복 스타일이 반강제로 단순화 · 축소화의 과정을 겪게 되었다.

③ 옷감을 절약할 수 있게 하였다.

④ 한동안 유행이 침체되게 하였다.

> **해설** 유틸리티 클로스 : 1940~1950년대 전쟁의 발발과 종전 등이 원인이 된 물자 부족으로 인함

47 다음 중 1940년대 전쟁이 끝나고 평화가 오자 상대적으로 위엄 있고 거대해 보이는 남성복 스타일이 유행하였다. 허리가 좁고 어깨와 상의 포켓 등이 강조된 남성적 분위기의 이 스타일을 무엇이라고 부르는가?

① 루스 룩

② 볼드 룩

③ 텐트 룩

④ 뉴 룩

> **해설**
> • 루스 룩 : 여유 있는 스타일
> • 텐트 룩 : 텐트의 모양과 같이 아래로 갈수록 퍼지는 스타일
> • 뉴 룩 : 부드러운 어깨, 잘록한 허리, A라인으로 퍼지는 스커트로 여성의 몸매를 살린 스타일

48 1950년대의 의상의 특징으로 알맞은 것은?

① 라인의 시대

② 나일론 스타킹의 등장

③ 반전운동에 의한 히피 패션의 등장

④ 영패션의 시대

> **해설**
> • 나일론 스타킹의 등장 : 1939년
> • 반전운동에 의한 히피 패션의 등장 : 1960년대
> • 영패션의 시대 : 1960년대

46 ① 47 ② 48 ① **정답**

49 다음에서 설명하는 오른쪽 그림의 스타일 명칭은?

> 1950년대 후반에 그리페(Griffe)에 의해 발표된 디자인으로 허리선이 완전히
> 사라진 형태의 드레스

① 색 드레스　　　　　　　　　　② 펜슬라인 드레스

③ 셔츠웨이스트 드레스　　　　　　④ 홀터 드레스

해설　색 드레스 : 몸의 선에 맞추지 않고 넓게 지어 부대 자루같이 넓게 만든 풍성한 여성용 드레스

---

50 1950년대 라인의 시대 패션을 리드하며 현대적 여성복 흐름에 큰 영향을 준 디자이너는 누구인가?

① 이브 생 로랑　　　　　　　　　② 크리스챤 디올

③ 비비안 웨스트우드　　　　　　　④ 지방시

해설　**이브 생 로랑**
여성 패션에 최초로 바지 정장을 도입해 '여성에게 자유를 입힌 패션혁명가'라는 평가를 받고 있음. 엘레강스
하면서도 지적이고 우아한 그만의 분위기는 '생 로랑 시크'라고 불리기도 함

---

51 다음 중 1960년대 등장한 패션이 아닌 것은?

① 미니스커트　　　　　　　　　　② 스페이스 룩

③ 히피 스타일　　　　　　　　　　④ 미니멀리즘 스타일

해설　• 미니스커트 : 1965년 메리 퀀트가 발표
　　• 스페이스 룩 : 아폴로 11호의 달착륙으로 우주패션 등장
　　• 히피 스타일 : 베트남 전쟁으로 인한 반전사상으로 평화를 수호하려는 젊은이들의 패션으로 등장
　　• 미니멀리즘 : 1990년대 패션의 특징

---

52 1960년대 패션의 특징은?

① 펑크패션의 하이패션화 현상

② 대담한 영(Young)패션의 대중화

③ 뉴욕 컬렉션의 부상

④ 패션의 자연주의 성향

> **해설** · 1970년대 : 비비안 웨스트우드, 말콤 맥라렌 등이 펑크 스타일을 하이패션으로 적극 수용
> · 1980년대 : 미국 디자이너들의 부상으로 뉴욕 컬렉션의 비중이 높아짐
> · 1990년대 : 자연과 환경에 대한 인식이 패션에도 부각

53 다음 중 1960년대 일어난 패션 현상이 아닌 것은?

① 진(Jean)과 티셔츠, 레이어드 룩의 유행

② 우주탐사와 스페이스룩의 등장

③ 여성 해방운동과 재키스타일의 유행

④ 가수 지미 핸드릭스의 아프로 헤어스타일(Afro-hair Style) 유행

> **해설** 1970년대 : 진(Jean)과 티셔츠, 레이어드 룩의 유행

54 1960년대 모델 '트위기'가 유행시킨 스타일이 아닌 것은?

① 짧은 단발머리(Bob Hair) ② 가냘픈 몸매

③ 미니스커트 ④ 비키니 수영복

> **해설** 트위기
> 1949년 영국에서 태어나 비달사순의 헤어컷과 메리 퀀트의 미니스커트 모델로 패션계에 데뷔, 각종 잡지 표지모델이 되어 마른 다리와 깜찍한 분위기로 순식간에 전 세계를 매료시킨 모델

52 ② 53 ① 54 ④ **정답**

55 1960~1970년대 유니섹스 스타일의 중심 아이템이 되었던 것으로, 남녀 공동으로 입는 젊은 패션의 대명사이며, 히피, 펑크 등 스트리트 패션에 자주 등장하는 아이템은?

① 사파리 슈트
② 미니스커트
③ 블루진
④ 맥시스커트

> **해설** 젊은 남자와 여자들이 성별에 관계없이 블루진, 테일러드 팬츠 슈트(Tailored Pants Suit) 등을 입음으로써 유니섹스라는 개념이 생겨남

56 1970년대의 패션 현상이 아닌 것은?

① 젊음을 상징하는 청바지패션 유행
② 유니섹스 의상의 정착
③ 앙드레 쿠레주의 미니드레스
④ 비비안 웨스트우드의 펑크패션

> **해설** 1960년대 : 1964년 앙드레 쿠레주의 미니드레스

57 1970년대 유행한 룩이 아닌 것은?

① 레이어드룩
② 루스룩
③ 빅 룩
④ 뉴 룩

> **해설** 1947년 : 크리스챤 디올. 뉴 룩

58 1960~1970년대 유행한 캐주얼 패션의 공통적인 특징은?

① 유니섹스 스타일
② T.P.O.에 잘 맞는 스타일
③ 관능적인 스타일
④ 복고적 스타일

> **해설** 1970년대 히피풍은 패션 일부에 영향을 주어 민속풍에 대한 관심을 가지게 하였고, 펑크(Punk)나 유니섹스룩(Unisex Look)은 새로운 스타일을 유행시킴

정답 55 ③ 56 ③ 57 ④ 58 ①

59 1970년대 후반에 나타난 글래머러스 룩(Glamorous Look)의 특징이 아닌 것은?

① 대담한 노출

② 시스루(See-through) 타입

③ 피팅(Fitting) 타입

④ 명쾌한(Vivacious) 타입

> **해설** 복식사상 가장 선정적 스타일인 글래머러스 룩은 1970년대 후반에 유행. 글래머러스 룩은 여성의 성적 매력을 표현한 선정적 패션으로 예를 들면, 홀터 네크라인과 슬러쉬가 깊게 파인 스커트 등의 노출, 시스루, 피팅 등으로 대담하게 표현

60 1970년대 유행한 유니섹스 룩의 영향으로 볼 수 없는 것은?

① 여성의 전유물이었던 하이힐과 부츠의 남성 착용

② 중성, 혹은 성개념이 사라진 성(性)의 혁명

③ 블루진, 스포티룩, 캐주얼룩의 일반화

④ 프린지, 구슬, 금속판 등 장신구 소재의 다양화

> **해설** ① · ② · ③ 유니섹스 룩에 대한 내용, ④ 펑크 패션(1970년대)에 대한 내용

61 1980년대 패션의 가장 큰 특징은 무엇인가?

① 영패션에서 성인패션으로의 전환

② 형식에 구애받지 않는 개성적인 스타일의 유행

③ 리사이클(Recycle) 패션의 유행

④ 스트리트 패션의 등장

> **해설**
> • 1970년대 : 영패션에서 성인패션으로의 전환
> • 1990년대 : 리사이클(Recycle) 패션의 유행
> • 1960년대 : 스트리트 패션의 등장

62 1980년대 등장한 대표적인 여성 패션리더는?

① 트위기

② 다이아나 황태자비

③ 재키 케네디

④ 비틀즈

> **해설** 1960년대 : 트위기, 재키 케네디, 비틀즈

1과목

63 1980~1990년대 중요 패션 테마였던 포스트모더니즘이 패션에 끼친 영향은 무엇인가?

① 서로 다른 문화의 양식과 이미지를 혼합하는 절충적 스타일 등장

② 환경오염을 걱정하는 자연주의 스타일 등장

③ 활동성을 높인 스포티 스타일의 등장

④ 젊은이들의 절망과 공허를 표현한 폭력적 스타일의 등장

> **해설**
> • 1990년대 : 환경오염을 걱정하는 자연주의 스타일 등장
> • 1970년대 : 활동성을 높인 스포티 스타일의 등장, 젊은이들의 절망과 공허를 표현한 폭력적 스타일의 등장

64 생활수준이 향상된 1980년대 등장하였으며, 유명 디자이너나 유명 브랜드를 선호하며 럭셔리하고 여유 있는 모습의 새로운 라이프스타일을 영위하는 부류를 무엇이라고 하는가?

① X세대

② 여피(Yuppie) 족

③ 딩크(DINK) 족

④ N세대

> **해설**
> • X세대 : 신세대라는 말과 동일하게 사용
> • 딩크(DINK) 족 : 자녀를 갖지 않고 맞벌이를 하는 젊은 부부
> • N세대 : 인터넷을 아무런 불편 없이 자유자재로 활용하면서 인터넷이 구성하는 가상공간을 삶의 중요한 무대로 인식하고 있는 디지털적 삶을 영위하는 세대

정답 62 ② 63 ① 64 ②

65 1990년대 패션 소비생활에 영향을 미친 사회현상과 패션문화를 바르게 설명한 것은?

① 환경오염에 의한 지구촌 위기감 – 리사이클 패션
② 물질보다 정신적 세계에 대한 향수 – 페미니즘 패션
③ 자연주의적 성향 – 안티 패션
④ 컴퓨터 세대의 독특한 라이프스타일 – 그런지 패션

> **해설** 자연주의적 성향 : 에콜로지 패션, 루즈 룩

66 동양적 신비로움을 패션에 도입시켜 벨 에포크 시대 선구자적인 역할을 한 디자이너는?

① 폴 푸아레
② 가브리엘 샤넬
③ 찰스 프레드릭 워스
④ 요지 야마모토

> **해설** 폴 푸아레
> • 아랫부분이 꼭 끼는 수직행 호블 스커트를 만든 것으로 잘 알려짐
> • 1908년 높은 허리선의 수직 실루엣에 벨트를 착용, 나폴레옹 1세의 재위 시 프랑스에서 유행했던 제정양식을 다시 유행시킴
> • 화려한 색채와 극적인 분위기를 연출하는 디자인을 즐김
> • 그리스 양식의 단순하면서 흘러내리는 듯한 의상

67 디자이너의 아버지이며, 유제니 황비의 전속 디자이너로서 영국의 재봉술과 파리의 멋을 결합시켜 수많은 새로운 패션을 탄생시켰으며, '꾸뛰르 하우스'에서 수많은 디자이너를 양성한 디자이너는?

① 폴 푸아레
② 가브리엘 샤넬
③ 찰스 프레드릭 워스
④ 크리스찬 디올

> **해설** • 폴 푸아레 : 아랫부분이 꼭 끼는 수직행 호블 스커트를 만든 것으로 잘 알려짐
> • 가브리엘 샤넬 : 세련된 우아함과 실용성이 특징
> • 크리스찬 디올 : 1947년 뉴 룩 발표

65 ① 66 ① 67 ③ **정답**

68 1950년대 라인의 시대에 활약했던 디자이너가 아닌 것은?

① 피에르 발망
② 마들렌 비오넷
③ 크리스찬 디올
④ 발렌시아가

해설 마들렌 비오넷 : 1920~1930년대 바이어스 스커트의 발명자. 부드러운 드레이프 기술을 창조

69 패션의 구조적 변화와 기술적 진보에 끊임없이 기여하였으며, 1950년대 남성복에서 어깨가 좁은 플란넬로 된 2~3버튼의 싱글 슈트를 유행시킨 디자이너는?

① 가브리엘 샤넬
② 이브 생 로랑
③ 피에르 가르뎅
④ 장 폴 고티에

해설 • 가브리엘 샤넬 : 1954년 입기 편하고 실용적인 샤넬 슈트로 패션계로 컴백
• 이브 생 로랑 : 1958년 디올의 후계자로 트라페즈 라인을 발표
• 장 폴 고티에 : 1990년대 오리엔탈 룩, 남성을 위한 치마를 제안

70 '르 스모킹'이라는 최초의 여성용 정장을 선보인 디자이너는?

① 도나 카란
② 이브 생 로랑
③ 메리 퀸트
④ 잔드라 로즈

해설 • 도나 카란 : 심플하면서도 세련된, 그러면서 편한 옷을 추구하는 실용성을 접목시킴
• 메리 퀸트 : 영국의 여성복 디자이너로 미니스커트를 세계적으로 유행시킴. 전통과 낡은 관습에서 벗어나 자유분방한 디자인을 중시
• 잔드라 로즈 : 난폭하다는 평을 받을 정도로 자유분방하고 새로운 것을 추구하는 전위적인 펑크 디자이너로 유명

정답 **68** ② **69** ③ **70** ②

71 1947년 가는 허리와 둥근 어깨, 풍성한 스커트로 여성의 우아함과 아름다움을 표현하는 '뉴 룩'을 발표해 전후 패션의 전환점에 기폭제가 되었던 프랑스 디자이너는?

① 이브 생 로랑   ② 크리스찬 디올

③ 가브리엘 샤넬   ④ 지방시

> **해설** 크리스찬 디올
> 전쟁 후, 파리가 세계 패션의 수도로 다시 설정되는 데 중요한 역할을 하였으며, 1950년대에 스타일의 마지막 위대한 독재자가 됨

72 1950년대 활동했던 디자이너가 아닌 것은?

① 지방시   ② 가브리엘 샤넬

③ 발렌시아가   ④ 칼 라거펠트

> **해설** 칼 라거펠트
> • 20세기 후반 가장 영향력 있는 디자이너
> • 1965년 펜디 책임디자이너, 클로에, 샤넬 크리에이티브 디렉터
> • 1975년에는 라거펠트 향수회사 설립

73 1950년대 영국 젊은 남성들의 유행을 리드했던 스타일로서, 하류계층의 청소년들에 의해 상류층 전유물인 에드워드풍의 고급 슈트차림을 풍자적으로 표현하며 그들의 야심과 열망을 표현하였으며, 엘비스 프레슬리, 비틀즈 등과 더불어 영 컬처로서 록큰롤 문화를 선도했던 남성 스타일은?

① 히 피   ② 테디보이즈

③ 펑 크   ④ 모 즈

> **해설** 모즈 룩
> 1960년대 영국 노동자 계급의 청소년들의 패션 스타일. 깔끔한 스타일, 라운드 셔츠 칼라, 좁은 바지, 3버튼 재킷, 끝이 뾰족한 신발, 여성의 짧은 햄라인, 짧은 블레이저 재킷 등이 특징

74 히피 스타일에 의한 영향이 아닌 것은?

① 사이키델릭 스타일의 전개

② 유니섹스 모드의 시작

③ 레이어드 룩의 창조

④ 장식용 지퍼의 출현

> **해설** 장식용 지퍼는 히피 스타일과 관계 없음

75 히피 스타일의 특징으로 알맞은 것은?

① 단정한 헤어스타일

② 페전트 블라우스와 길고 폭이 넓은 스타일을 겹쳐 입는 스타일

③ 가능한 적게 입고 조금 화장하는 미니 패션 스타일

④ 옷핀, 쇠사슬, 플라스틱과 그물망 장식의 티셔츠 스타일

> **해설** 히피 스타일(Hippie Style)
> 1960년대 중엽의 히피족에서 힌트를 얻은 의복 스타일로 엉덩이는 꼭 맞으면서 바지 끝이 넓게 벌어지는 판탈롱, 꽃무늬 셔츠, 또는 프릴이 장식된 블라우스, 술 달린 베스트 등이 특징

76 스트리트 패션 중의 하나로, 1967년 "피코크 혁명"에서 화려한 남성복의 등장을 예고하는 이론과 함께 록스타들 사이에서 유행되어 대중에게 전파된 화려하고 다소 반항적인 스타일은 무엇인가?

① 테디보이 룩

② 비트 룩

③ 사이키델릭 룩

④ 펑크 룩

> **해설**
> • 테디보이 룩 : 저임금의 하류층 백인 청소년들이 기존의 엘리트층과 상류층에 대한 불만과 미래에 대한 불안을 극복하고자 19세기 영국 에드워드풍의 의복이나 풍습을 초근대적으로 흉내낸 패션
> • 비트 룩 : 사회에 대한 항의와 탈출의 사회운동으로 지식인 중심의 하위문화로서 지성적 느낌의 복식 강조
> • 펑크 룩 : 기성사회에 대한 반항을 복식으로 표현하고자 했던 반모드 현상

77 프랑스 출신의 건축학도로 A라인의 옷이 특징이고 미래적 디자인과 새로운 모드의 대중화에 기여한 디자이너는?

① 파코라반
② 피에르 가르뎅
③ 앙드레 쿠레주
④ 이브 생 로랑

> **해설**
> • 파코라반 : 1960년대 신소재인 알루미늄과 플라스틱, 유리구슬, 인조모피 등의 새로운 소재를 이용한 디자인을 발표하여 패션 소재의 새 영역을 창출
> • 피에르 가르뎅 : 패션을 하나의 기업으로 확장, 최초로 기성복을 팔기 시작

78 1960년대 인간의 우주탐험이 시작된 데서 영감을 얻어 우주감각을 표현한 우주복을 디자인하여 전파시킨 디자이너는?

① 가브리엘 샤넬
② 메리 퀀트
③ 피에르 가르뎅
④ 이브 생 로랑

> **해설**
> • 가브리엘 샤넬 : 패션을 통해 여성에게 자유를 선물. 샤넬라인
> • 메리 퀀트 : 미니스커트
> • 이브 생 로랑 : 몬드리안 룩, 최초로 턱시도를 여성에게 입힘

79 미니스커트를 발표하여 유행시킨 대표적인 디자이너는?

① 가브리엘 샤넬
② 메리 퀀트
③ 피에르 가르뎅
④ 이브 생 로랑

> **해설**
> 미니스커트 : 1963년 메리 퀀트에 의해 첫 선을 보임

80 몬드리안의 구성주의를 디자인에 응용해서 수평선과 수직선만을 사용하고 면을 분할한 기하학적 구성과 삼원색과 무채색만을 사용한 색채배합으로 몬드리안 룩을 발표한 디자이너는?

① 가브리엘 샤넬

② 메리 퀀트

③ 피에르 가르뎅

④ 이브 생 로랑

> **해설** 이브 생 로랑(1960~1970년대 활동)
> • 프랑스 패션 디자이너
> • 여성에게 자유를 입힌 패션혁명가
> • 블랙 예찬론자

81 1970년대 디자이너와 대표적인 패션 스타일이 바르게 연결된 것은?

① 잽(Jab) – 섹시 스커트 패션

② 소니아 리키엘(Sonia Rykiel) – 키치 패션

③ 미소니(Missoni) – 펑크 패션

④ 랄프 로렌 – 클래식 슈트 패션

> **해설** • 소니아 리키엘, 미소니 : 니트 패션
> • 랄프 로렌 : 미국 디자이너. '폴로' 브랜드 런칭. 실용주의 패션 철학

82 펑크 패션의 스타일로 알맞은 것은?

① 검정색 옷과 끝이 뾰족한 화려한 헤어스타일

② 무릎 밑으로 플레어가 진 넓은 벨 보텀 진(Bell Bottom Jean) 스타일

③ 밝은 색 티셔츠와 블루종 재킷 스타일

④ 벨베틴과 벨로아 소재의 꽃무늬 셔츠 스타일

> **해설** 펑 크
> • 기성사회에 대한 반항을 복식으로 표현하고자 했던 반모드 현상이며, 불량 청소년, 매춘부를 의미하기도 함
> • 모히칸 헤어스타일, 공포감을 자아내는 메이크업, 혐오스러운 복장 등을 통해 그들의 허무주의, 히스테리, 폭력성을 표현

83 1970년대 스트리트 스타일인 펑크 패션을 이용하여 디자인한 디자이너가 아닌 것은?

① 레이 가와쿠보　　　　　　　② 비비안 웨스트우드
③ 캘빈 클라인　　　　　　　　④ 엘리오 피오루치

> **해설** 캘빈 클라인
> 미니멀리즘의 영향을 받은 아메리칸 캐주얼의 대명사로, 심플하고 정돈된 이미지와 독특한 광고기법으로 진을 브랜드화하여 세계 패션계에 거장이 되었으며, 패션 언더웨어에 대한 새로운 개념을 도입하여 여성과 남성 분야 모두에서 언더웨어의 선구자가 됨

84 1960년대 꽉 짜여진 현대사회에 견디지 못하고, 방종한 생활과 행동으로 해방감을 맛보려 하는 사회에 대한 항의와 탈출의 사회운동으로, 지성인과 예술가들이 중심이 되어 나타난 스트리트 패션으로서 다음 그림과 같이 창백한 얼굴과 검정색 일색의 터틀넥 스웨터, 가죽 슈트, 털실로 짠 모자를 쓴 차림새의 스타일을 무엇이라고 하는가?

① 비트 룩　　　　　　　　　② 모즈 룩
③ 펑크 룩　　　　　　　　　④ 히피 룩

> **해설** • 모즈 룩 : 깔끔한 스타일
> • 펑크 룩 : 가죽재킷, 청바지, 메탈 장식, 스모키 화장, 모히칸 스타일과 염색 등
> • 히피 룩 : 수공예 장식, 천연염료와 직물, 긴머리 등

85 다음 중 '라이더스 룩(Riders Look)'을 설명한 것은?

① 오버사이즈의 넉넉하고 헐렁함을 특징으로 하는 이미지
② 이질감을 주는 대조적 이미지를 섞고 결합해 새로운 멋을 추구하는 재미있는 이미지
③ 오물과 쓰레기, 타락 등을 의미하며, 터진 옷과 벙거지 모자 등 낡고 지저분한 이미지
④ 오토바이 타는 사람들의 패션으로, 가죽점퍼와 팬츠로 폭력적이고 반항아적인 이미지

> **해설** • 루즈 룩 : 오버사이즈의 넉넉하고 헐렁함을 특징으로 하는 이미지
> • 레이어드 룩 : 이질감을 주는 대조적 이미지를 섞고 결합해 새로운 멋을 추구하는 재미있는 이미지
> • 키치 룩 : 오물과 쓰레기, 타락 등을 의미하며, 터진 옷과 벙거지 모자 등 낡고 지저분한 이미지

83 ③ 84 ① 85 ④ **정답**

86 1960년대 중하류층의 젊은이들 사이에 발생한 독특한 청년문화에서 탄생하였으며 대중문화의 발달과 함께 음악에 대한 인기와 대중스타의 모방의 힘으로 전 세계에 영향을 미친 스트리트 패션으로서, 세련되고 절제된 스타일의 단정한 슈트와 라운드 셔츠 칼라, 둥그렇고 짧은 헤어스타일이 특징적이며, 초기 비틀즈의 스타일로도 유명한 스타일은?

① 비트 룩   ② 모즈 룩
③ 펑크 룩   ④ 히피 룩

해설 모즈 룩(Mods Look)
• 1966년경 런던 카나비 스트리트 중심으로 나타난 비트족 계보에 속하는 젊은 세대를 모즈라 함
• Mods란, Moderns의 약자로 '현대인, 사상이나 취미가 새로운 사람'을 의미함
• 1950년대 말 영국의 미술 대학생들을 중심으로 생겨났음

87 다음 설명과 관계있는 디자이너는?

> 1960년대 우주시대를 맞이하기 위한 미래파적인 디자인 구상은 스포티하고 경쾌한 스타일의 스페이스 룩으로 등장하였다. 강하고 현대적이며 미래 지향적 디자인은 달을 여행하는 소녀(Moon Girl)를 연상시키는 직사각형 실루엣과 미니드레스, 캣슈즈로 표현되고 건축구조와도 관계를 갖는다.

① 앙드레 쿠레주   ② 이브 생 로랑
③ 레이 가와쿠보   ④ 잔드라 로즈

해설 • 이브 생 로랑 : 1960~1970년대 프랑스 패션혁명가이자 디자이너
• 레이 가와쿠보 : '꼼 데 가르송' 설립자. 실험정신이 강한 디자이너. 일본의 패션을 세계에 알린 1세대 디자이너
• 잔드라 로즈 : 텍스타일 전공. 1970년대 펑크 스타일을 창조

88 1910년대 이후 20세기 말 지역주의의 다양한 양상이 표현되기 시작하면서 다시 등장한 스타일로, 서양문화 속에 이질적인 동양문화가 등장할 때 불리는 용어이다. 포스트 모더니즘 이후 지역적 특성을 동반한 21세기 새로운 문화양상으로 부각된 이 스타일의 명칭은?

① 포클로어 스타일   ② 오리엔탈 스타일

③ 에콜로지 스타일   ④ 프리미티브 스타일

 해설
- 포클로어 스타일 : 시골생활을 그리는 민속풍 스타일로 유럽의 농민, 인디언 의상의 영향을 받은 복식이나 이를 모티브로 삼은 의상
- 에콜로지 스타일 : 자연에 대한 관심을 표현한 패션
- 프리미티브 스타일 : 아프리카에서 영감을 받은 스타일

89 패션에서 우주시대의 개막은 '미래주의 패션'에 직접적인 영향을 주었는데, 1964년 앙드레 쿠레주의 '울트라 모던 패션 컬렉션'에서 보여준 단순하고 색의 대비가 뚜렷한 미니원피스로 대표되는 스타일은?

① 사이키델릭 룩   ② 사이버 펑크 룩

③ 스페이스에이지 룩   ④ 퓨처 룩

해설
- 사이키델릭 룩 : 일상적인 감각영역을 확대시킨 색다른 무늬나 형광성이 강렬한 색을 이용하여 눈을 자극하는 사이키 스타일
- 사이버 펑크 룩 : 1990년대의 대표적 복식. 펑크 패션과 비슷하나 미래적이고 광택이 있는 스타일의 옷
- 퓨처 룩 : 미래적인 감각의 패션으로 금속, 하이테크 등의 소재를 이용한 옷

90 1980년대 뉴욕 컬렉션이 중요하게 부각되는 데 기여한 미국 디자이너가 아닌 것은?

① 랄프 로렌   ② 페리 엘리스

③ 캘빈 클라인   ④ 톰 포드

해설 톰 포드 : 미국 출생 디자이너로 구찌 디자이너로 유명하며, 선정적인 광고와 영화배우로도 유명

88 ②   89 ③   90 ④   정답

91 1970~1980년대 패션의 주된 테마로서, 무질서하고 폭력적인 이미지의 스트리트 패션에서 유래되었으며, 디자이너 레이 가와쿠보와 장 폴 고티에, 요지 야마모토, 잔드라 로즈 등의 의상에 잘 나타나 있는 패션 테마는?

① 펑크 패션   ② 히피 패션

③ 빈티지 패션   ④ 클래식 패션

> **해설** **펑크 룩(Punk Look)**
> 1970년대 후반에 런던 하층계급의 젊은이들 사이에 유행한 반항·공격적 패션으로, 고무, 플라스틱, 안전핀, 면도기 등을 이용한 액세서리, 저속한 메시지, 핑크 또는 그린의 머리 염색으로 표현한 스타일

92 21세기, 환경과 건강을 중시하는 생활풍조가 부상함에 따라 재활용, 또는 빈티지 소재가 패션의 소재로 등장하게 된 배경으로서, 정신과 육체가 조화를 이룬 삶, 자연친화적이고 여유 있는 삶을 추구하는 새로운 소비자 라이프스타일을 무엇이라고 하는가?

① 젠 라이프스타일   ② 에콜로지 라이프스타일

③ 오가닉 라이프스타일   ④ 내추럴 라이프스타일

> **해설** **오가닉 라이프스타일**
> 정신과 육체가 조화롭고, 자연친화적이며 여유 있는 삶을 추구하는 새로운 소비자 라이프스타일

93 '부르주아 보헤미안(Bourgeois-bohemian)'의 합성어로서 신흥 엘리트집안의 라이프스타일을 말하며, 삶의 가치를 자기만족이라고 여기고, 합리적 소비를 하지만 새로운 문화생활을 최대한 즐기기 위해 자신을 위한 투자는 아끼지 않는 디지털시대 새로운 지배계층을 무엇이라고 하는가?

① 아바타   ② 보보스

③ 부르주아   ④ 여 피

> **해설**
> • 아바타 : 분신이라는 의미로 사이버상에서 사용되는 자신을 의미
> • 부르주아 : 무산계급의 값싼 노동력을 이용하여 이익극대화를 추구하는 계층
> • 여피 : 가난을 모르고 자란 세대 가운데 고등교육을 받은 도시 근교에서 전문직에 종사하면서 고수입을 올리는 도시의 젊은 인텔리들

94 21세기에 등장한 신조어로 '도심에 살며 각종 클리닉과 피트니트센터, 클럽, 레스토랑을 찾는 젊은 남자들'을 통칭하며, 어느 정도의 경제력을 갖추고 남성적 기질을 내포하면서도 여성적 감성으로 자신의 패션과 미용에 관심을 쏟는 나르시스트적인 성향을 가진 남성들의 새로운 문화흐름을 무엇이라고 하는가?

① 루키즘   ② 앤드로지너스
③ 드래그   ④ 메트로섹슈얼

> **해설**
> • 루키즘 : 외모지상주의
> • 앤드로지너스 : 양성을 공유했다는 의미로, 남성적인 복장에 여성적인 유연함을 더하여 표현하는 것

95 비비안 웨스트우드의 1994~1995년 파리 컬렉션에 새롭게 등장한 경향이며, 18~19세기 유럽과 동양권의 패션 스타일을 반영하는 다분히 귀족적인 패션으로, 르네상스나 로코코 의상이 현대적 라인과 융화되어 표현된 패션의 흐름은 무엇인가?

① 역사주의(Historism)   ② 네오히피(Neo-hippie)
③ 그런지(Grunge)   ④ 에스닉(Ethnic)

> **해설**
> • 그런지 : 엘리트주의의 반항으로 뉴욕에서 발생하였으며, 레이어드와 복고적 꽃무늬 패턴 이용. 패치워크, 중고의류를 재활용하는 리사이클 패션, 환경파괴에 반대하는 가공되지 않은 듯한 소재를 사용하여 지저분하고 오래되어 보이는 룩
> • 에스닉 : 민족적·민속적 특징을 띠고 있는 의복

96 1993~1994년 패션 전반에 나타난 복고주의 성향이 아닌 것은?

① 오드리헵번 스타일   ② 팝아트 스타일
③ 1950~1960년대 스타일   ④ 가르손느 스타일

> **해설**
> 가르손느 스타일은 1920년대 대표적인 스타일임

97 유행했던 스트리트 패션과 그 시기가 제대로 연결된 것은?

① 히피 스타일 – 1960년대
② 펑크 스타일 – 1990년대
③ 힙합 스타일 – 1970년대
④ 그런지 스타일 – 1980년대

> **해설**
> - 펑크 스타일 : 1970년대
> - 힙합 스타일 : 1990년대
> - 그런지 스타일 : 1990년대

98 세계 4대 패션 컬렉션에 해당하지 않는 것은?

① 뉴욕 컬렉션
② 도쿄 컬렉션
③ 파리 컬렉션
④ 밀라노 컬렉션

> **해설**
> 세계 4대 컬렉션 : 뉴욕, 파리, 밀라노, 런던

99 1970~1980년대 미국 흑인사회를 중심으로 발생한 하위문화로서 브레이크 댄스, 그래피티 아트, 랩 문화와 더불어 블랙 르네상스를 이루는 스트리트 패션의 한 종류는?

① 루드보이
② 힙 합
③ 주 트
④ 스킨헤드

> **해설**
> - 루드보이 : 런던에서 흑인 공동체를 형성한 반사회적 집단의 급진적인 젊은이. 자메이카풍의 고유 스타일
> - 주트 : 흑인과 멕시코계 미국 젊은이들이 즐겨 입었던 장식적 · 과시적인 복식을 말하며, 커다란 테의 모자와 금줄 장식, 역삼각형 재킷이 특징
> - 스킨헤드 : 60년대 모드(Mod)의 일부가 새로운 이미지로 변형된 스타일. 말아 올린 진바지, 작업용 부츠, 멜빵을 입고 머리를 아주 짧게 깎은 모습

정답 97 ① 98 ② 99 ②

100 1990년대 발표된 네오 히피 룩은 1960년대의 히피보다 여성적인 우아함을 더하여 날씬하고 여유 있는 실루엣과 패치워크나 올풀림의 디테일로 리드미컬한 느낌을 주었다. 1994년 컬렉션에서 네오 히피 룩을 발표한 대표적인 디자이너는?

① 조르지오 아르마니　　　　　　② 칼 라거펠트
③ 레이 가와쿠보　　　　　　　　④ 캘빈 클라인

> **해설**
> • 조르지오 아르마니 : 1980년대 대표 디자이너. 과장과 기교가 없는 단순한 디자인, 완벽한 재단, 뉴트럴 컬러 선호
> • 레이 가와쿠보 : '불균형의 미'라는 독자적인 표현으로 패션계의 이목을 끌었음
> • 캘빈 클라인 : 현대 여성을 위한 기능적인 아메리칸 스타일을 선도했던 미국의 패션디자이너

101 다음 중 1910년대에 유행했던 패션 스타일에 관한 설명으로 옳은 것은?

① 폴 푸아레를 중심으로 화려한 색상의 동양풍의 디자인이 유행
② 샤넬과 스끼아빠렐리를 중심으로 한 디자이너들이 활동
③ 신체의 곡선이 드러나는 슬림 앤 롱 스타일이 유행
④ 플래퍼 스타일이 나타남

> **해설**
> • 샤넬 : 1920년대
> • 슬림 앤 롱 : 1930년대
> • 플래퍼 : 1920년대

102 다음이 설명하는 배경의 시대로 옳은 것은?

> • 마릴린 먼로, 오드리 헵번, 그레이스 켈리 등이 이 시대의 패션아이콘
> • 룩(Look)이나 라인(Line)이 보편적으로 대중화된 시대

① 1990년대　　　　　　　　　② 1950년대
③ 1970년대　　　　　　　　　④ 1980년대

> **해설**
> 1950년대 패션
> 제2차 대전 이후 미소 냉전체제로 경제적 호황기를 맞이하게 되었고 화려함과 사치스러움이 극에 달했던 시기. 룩(Look)이나 라인(Line)이 보편적으로 대중화되고, 마릴린 먼로, 오드리 헵번, 그레이스 켈리 등의 패션 감각이 유행

100 ② 101 ① 102 ② **정답**

103 다음 중 1960년대에 등장한 하위문화 집단으로 옳은 것은?

① 히피(Hippie)

② 펑크(Punk)

③ 주티(Zooties)

④ 비트(Beat Generation)

> **해설**
> - 펑크(Punk) : 1970년대 하층 계급의 젊은이들 사이에 유행한 새로운 스타일
> - 주티(Zooties) : 1940년대 사회적·경제적으로 혜택 받지 못했던 흑인과 멕시코계 미국 젊은이들이 즐겨 입은 상향 지향적 스트리트 패션
> - 비트(Beat Generation) : 1950년대 미국의 경제적 풍요 속에서 획일화, 동질화의 양상으로 개개인이 거대한 사회조직의 한 부속품으로 전락하는 것에 대항하여, 민속음악을 즐기며 산업화 이전 시대의 전원생활, 인간정신에 대한 신뢰, 낙천주의적인 사고를 중요시하였던 사람들

104 다음 중 1980년대 패션 아이콘에 해당되지 않는 사람은?

① 다이애나 스펜서(Diana Spencer)

② 마돈나(Madonna)

③ 비틀즈(The Beatles)

④ 프린스(Prince)

> **해설** 비틀즈는 1960년대의 패션 아이콘

105 다음 중 1990년대에 유행한 스타일이 아닌 것은?

① 그런지 스타일

② 네오히피 스타일

③ 란제리 룩

④ 퀴어 룩

> **해설** 1990년대에는 1980년대의 포스트 모더니즘이 계속 이어지면서 특별히 어떤 규칙이나 양식에 얽매이지 않는 다양한 스타일의 혼합이 나타남. 그런지 스타일(Grungy Style), 네오 히피 스타일(Neo-hippie Style), 란제리 룩 등 여러 스타일이 나왔고, 오염되어 가는 환경에 대한 위기감은 리사이클 패션(Recycle Fashion)으로 나타났으며, 그 외, 과거복식 이미지, 미래적 패션, 안티패션, 미니멀리즘 패션 등이 있음

정답 103 ① 104 ③ 105 ④

106 다음 중 각 예술사조에 관한 설명이 잘못된 것은?

① 기능주의 – 1920년대 장식주의에 대항한 근대 건축운동에서 출발하여, 실용성·합목적성이라는 디자인 원칙을 기반으로 하며, 기능적·실용적 개념에 입각한 예술사조
② 데스틸 – 네덜란드어로 양식(Style)을 의미하며, 보편적이고 단순한 기하학적 형태의 완벽함을 추구하며, 순수평면이 추상형태를 3차원적 공간구조로 변형시키고, 사각형과 3원색·비대칭에 의해 평면을 공간으로 구분하는 새로운 디자인 방식
③ 데카당스 – 깨끗하고 세련되고, 우아, 단정한 것에 반대하여 등장한 것으로 혐악, 증오를 가리키는 악취미 운동
④ 다다 – 반문명·반합리적·반이성주의 예술운동으로 고정적인 틀에서 벗어나 완전히 자유로운 감성 표현을 중요시함

> **해설** 데카당스(Decadence)
> '쇠퇴, 퇴폐'를 의미하는 것으로, 19세기 프랑스 중심의 허무적이고 심미주의적 문예부흥에서 비롯됨. 퇴폐적이고 허무적인 감성 표현으로 악마스러운 문양이나 과감한 색 사용, 보디 페인팅과 성적인 부문의 강조 등 세기말적인 퇴폐적 분위기를 연출

107 다음이 설명하는 예술사조는?

> 프랑스 군용어로 '정예부대'라는 의미이지만 기존의 기본개념을 부정하고 전통을 무시하거나 파괴하기 위해 새로운 것을 창조하는 성격이 짙은 디자인과 앞선 유행의 독창적인 전위예술로서 추상주의파와 초현실주의파를 중심으로 표현되었으며, 장 폴 고티에를 대표적으로 뽑을 수 있다.

① 초현실주의
② 구성주의
③ 데테스터
④ 아방가르드

> **해설** 아방가르드
> 프랑스와 독일을 중심으로 자연주의와 고전주의에 대항하여 등장한 예술로, 대중성을 무시한 실험적 요소가 강한 디자인과 유행에 앞선 기묘한 디자인, 전위적이고 실험성이 강한 것이 특징

108 1950년대 초 런던의 젊은이들 사이에서 유행한, 과장된 스타일의 에드워드 룩으로서 머리는 말쑥하게 빗어 올리고, 에드워드 재킷, 높고 빳빳한 칼라, 타이트한 팬츠, 앞이 뾰족한 구두 등이 특징인 스트리트 패션은 무엇인가?

① 카나비스트리트 룩(Carnaby Street Look)

② 테디보이즈(Teddy Boys)

③ 그리저(Greasers)

④ 글램(Glam)

> **해설** 테디보이즈(Teddy Boys)
> 1950년대 초 런던의 젊은이들 사이에 유행한 과장된 스타일의 에드워드룩으로서 풀어 내린 웨이브의 롱 헤어스타일, 에드워드 재킷, 높고 빳빳한 칼라, 타이트한 팬츠, 앞이 뾰족한 구두 등이 특징

109 그런지 룩(Grunge Look)에 관한 설명으로 옳지 않은 것은?

① 낡아서 해진 듯한 의상으로 편안함과 자유스러움을 추구하는 패션스타일이다.

② 1980년대 정통 하이패션과 엘리트주의에 대한 반발로 시작된 더럽고 지저분한 느낌을 주는스타일이다.

③ 티셔츠에 술을 단 재킷, 고무나 플라스틱제 바지, 마이크로 미니스커트, 플라스틱과 네트 셔츠, 너덜너덜한 티셔츠 등을 착용한다.

④ 거리 청소년들에게서 시작된 영스트리트 패션으로 파리나 밀라노의 고급 기성복 컬렉션 무대에서도 선풍을 일으켜 1990년대 전반의 획기적인 패션흐름으로 자리잡았다.

> **해설** ③ 펑크 패션에 대한 설명

110 1970년에 유행하였던 패션 스타일이 아닌 것은?

① 레이어드룩의 일반화

② 판탈롱의 유행과 함께 팬츠슈트가 유행

③ 밀리터리룩이 본격화된 시기

④ 재키룩 유행

> **해설** 1940년대에 제2차 세계대전의 영향으로 밀리터리 룩이 본격화

111 몬드리안 룩, 판탈롱 슈트인 팬츠 룩, 튜닉 스타일, 인어와 같이 매혹적인 여성을 연상하게 하는 슬림 실루엣인 사이렌 룩, 팝아트 계열의 작품, 누드 룩 등을 발표하였으며, 턱시도를 최초로 여성에게 입혀 화제를 모은 디자이너는?

① 잔드라 로즈　　　　　　　　② 이브 생 로랑
③ 이세이 미야케　　　　　　　　④ 피에르 발망

> **해설** **이브 생 로랑**
> 프랑스의 패션 디자이너로 턱시도를 최초로 여성에게 입힘으로써 패션의 민주화를 실현했으며, 블랙 예찬론자로 "블랙에는 하나가 아니라 무수히 많은 색상이 존재한다."고 피력

112 다음 중 단정하고 절제된 심플한 스타일을 추구하는 디자이너가 아닌 것은?

① 도나 카란　　　　　　　　　② 캘빈 클라인
③ 질 샌더　　　　　　　　　　④ 알렉산더 맥퀸

> **해설** 패션계의 앙팡테리블(악동), 천재 디자이너라 불린 알렉산더 맥퀸은 실험적이고 창조적인 디자인으로 주목받으며 독자적인 패션 세계를 구축

113 다음 중 구성주의(Constructivism)에 대한 설명으로 옳은 것은?

① 장식주의에 대항한 근대 건축운동에서 출발하였으며, 실용성 · 합목적성이라는 디자인 원칙을 기반으로 심미적 · 조형적 개념보다는 기능적 · 실용적 개념에 입각한 예술사조이다.
② 저속한 것, 가짜, 본래의 목적에서 벗어난 사이비 등을 뜻하는 미술용어이다.
③ 유럽에서 일어난 반문명, 반합리적, 반이성주의 예술운동이며, 고정적인 틀에서 벗어나 완전히 자유로운 감성표현을 중요시한다.
④ 러시아를 중심으로 유행했던 추상주의 예술운동으로 전통적 미학의 개념을 부정하고, 변화하는 사회의 급진적이고 새로운 아이디어를 받아들여 기계적이고 단순한 형태를 이용한 형태 변혁의 주역이다.

> **해설** ① 기능주의(Functionalism)에 대한 설명
> ② 키치(Kitsch)에 대한 설명
> ③ 다다(Dada)에 대한 설명

111 ② **112** ④ **113** ④ **정답**

114 환각제를 마셨을 때 보이는 환각의 세상을 예술로 표현한 사조로, 패션에서는 형광염료나 광택 있는 비닐 소재를 이용하고, 신체에 직접 그림을 그려 옷을 대신하는 보디 페인팅으로 나타내기도 한 예술 사조는 무엇인가?

① 아방가르드
② 사이키델릭
③ 정크아트
④ 키 치

> **해설** 사이키델릭은 사이코(Psycho)와 델리셔스(Delicious)의 합성어로 일종의 심적 황홀상태를 나타냄

115 다음 중 찰스 프레드릭 워스에 관한 설명으로 옳은 것은?

① 현대복식의 개척자로불리며, 코르셋과 페티코트를 없애고 현대적인 직선적 실루엣을 선보였다.
② 오뜨꾸뛰르의 아버지로 불리며, 옷을 패션모델에게 입혀서 판매하는 것을 고안한 최초의 사람이다.
③ 심플하고 스포티한 디자인으로 패션의 혁명을 일으킨 대표적인 디자이너로 현대까지도 영향을 미치고 있다.
④ 바이어스 재단으로 탄력성과 유연성을 발견하여, 바이어스 재단 의상을 만들어 모드사상 전례없는 획기적인 기술을 창조해냈다.

> **해설** **찰스 프레드릭 워스(Charles Frederick Worth)**
> 1858년, 파리에 자신의 첫 하우스를 오픈하였으며, 1869년에 패션리더인 유제니(Eugenie) 황후에 의해 궁정 드레스메이커로 공식 지목됨. 이외 유럽 왕족의 의상 디자인을 하였으며 특권계층을 위한 의상에 높은 가격을 만들어낸 창의적 아티스트로서의 자리를 구축함. '오뜨꾸뛰르(Haute Couture)의 아버지'로 불리는 그는 옷을 패션모델에 입혀서 판매하는 것을 고안한 최초의 사람이었으며, 파리 고급 의상점계의 기초를 세움. 뛰어난 엘레강스의 감각과 독창적인 디자인에 대한 천부적인 재능을 갖고 있었으며, 19세기 후반 타의 추종을 불허하는 패션리더의 지위를 얻음. 그의 작품의 복제품은 영국이나 미국에도 판매됨

정답 114 ② 115 ②

MEMO

2 과목

패션디자인 연출

FASHIONSTYLIST

패션디자인 발상

| 패션디자인의 개념 |

1 패션디자인의 정의

① 디자인(Design)이란 용어는 사용되는 경우에 따라 매우 포괄적인 의미를 가지며, 일상생활 및 전문분야에서 다양하게 사용되고 있다.

② 디자인은 라틴어의 데지나레(Designare), 이탈리어의 디제뇨(Disegno), 불어의 뎃상(Dessin)에서 유래하며, 본래의 의미는 어떤 목적을 위해 창의적으로 연구하고 그 구상을 구체적인 형태로 눈에 보이게끔 하는 것을 뜻한다.

③ 오늘날 디자인은 '의장, 도안' 혹은 '설계하다, 고안하다, 계획하다, 기획하다' 등의 개념으로 활용되고 있다.

④ 즉 디자인이란, 작품을 완성하기까지의 모든 과정에 대한 행위라고 할 수 있다.

> **디자인과 생활**
>
> 우리는 일상생활 안에서 많은 디자인을 하면서 살고 있다. 아침에 일어나 입을 옷을 고르거나, 책상의 물건을 배치하거나, 식탁의 접시를 배열하거나, 화장을 하거나 액세서리를 착용하고, 편하게 느껴지는 신발을 고르는 등 다양한 면에서 디자인과 관련된 행위를 한다.
>
> 디자인의 가치는 인간생활의 관심을 토대로 형성되며, 형성된 가치는 생활수단으로써 도구와 관련되어 있다. 인간은 항상 보다 좋은 환경에서 생활하기를 원하기 때문에 생활과 디자인은 밀접한 관련이 있다. 인간이 무엇인가를 만들 때에는 기능적인 목적을 가지게 되나, 단순한 기능성뿐만이 아닌 심미적인 요소가 모두 충족되었을 때 더 큰 만족감을 얻게 된다.
>
> 한편 순수한 아름다움만을 추구하는 것은 순수미적 예술이라 불리며, 따라서 디자인 자체가 예술이 될 수는 없다.

2 디자인이 지녀야 할 조건

① 디자인이 지녀야 할 조건으로 합목적성, 경제성, 심미성, 독창성 등 네 가지를 생각할 수 있다.

② 디자인의 영역은 크게 산업디자인, 패션디자인 등의 생산적 디자인과 건축디자인, 도시환경디자인 등의 공간환경디자인, 시각디자인, 미디어 혹은 무대예술디자인의 커뮤니케이션 디자인이 있으며 그 외에도 범위가 확대되고 있다.

③ 패션의 어의는 팩티오(Factio)에서 유래한 것으로 '널리 퍼져 있는 형' 혹은 '형태를 만든다, 맞춘다' 등의 의미를 가지고 있다.

④ 이는 스타일의 변화과정에 초점을 두고 제품의 관점에서 보는가, 혹은 상품이 새로움을 추구하며 사회에 소개되고 채택되기까지의 과정의 관점에서 보는가에 따라 그 의미가 다르며, 보그, 모드, 트렌드 등의 용어로 불리기도 한다.

⑤ 즉 패션이란, 특정 기간 내, 특정 공간에서 다수의 사람들에 의해 선택되고 따르게 되는 행동양식 혹은 사회현상이라고 정의할 수 있다.

⑥ 이는 복식 분야에서만 사용하는 용어는 아니지만, 패션화 현상이 가장 많이 나타나는 분야가 바로 복식이기 때문에 복식이라는 말과 비슷하게 쓰이기도 한다.

⑦ 패션은 일반적으로 '유행'이라는 의미로도 받아들여지는데, 유행이라는 용어는 의복, 헤어스타일, 화장, 음식, 인테리어 장식, 여행과 취미활동에 이르기까지 다양한 분야에 영향을 준다.

3 패션주기

① 패션에는 일정한 주기가 있는데, 이 패션주기란, 새로운 스타일이 소개되고 전파되어 절정에 이른 다음 점차 쇠퇴하여 소멸되고 다시 새로운 것이 나타나는 패션 사이클을 말한다.

② 패션주기 단계

　㉠ '소개기'는 새로운 스타일을 시도하는 패션리더에 의해 특정한 유행이 시작하는 단계이고, 스타일을 시도하는 패션리더의 영향력에 따라 급속하게 확산되거나, 혹은 소비자에게 수용되지 않고 그대로 사라지기도 한다.

　㉡ '상승기'는 새로운 스타일을 수용하는 사람이 늘어나서 확산이 빨라지는 단계이며 사회적 가시도가 높다. 패션리더들은 일반적으로 추종자와 구별되기를 원해 이 시기에 좀 더 앞선 새로운 유행을 원한다.

　㉢ '절정기'는 유행하는 스타일의 수용이 최고조에 달한 단계이며, 이 단계에서 유행의 스타일은 어느 곳에서나 접할 수 있고 더 이상 새롭게 느껴지지 않지만 당시의 가장 적합한 복식으로 인식된다.

　㉣ '쇠퇴기'는 유행 스타일에 대한 선호도가 떨어져서 수용자가 줄어드는 단계이며, 반면 새로운 스타일에 대한 관심이 늘어나게 되는 시기이다.

　㉤ '소멸기'는 소비자들이 더 이상 흥미를 느끼지 않고 스타일을 수용하지 않는 단계로, 유행은 사라지게 된다.

| 패션디자인의 목표 |

1 패션디자인과 조형디자인의 목표

① 패션디자인은 인체 위에 착용되어 완성되며 착용자를 돋보이게 하고 착용자에게 만족감을 줌으로써 가치가 인정된다.

② 아름다움을 표현한다는 점에서 일반 조형디자인과 공통적인 목표를 가지며, 인체와의 관련성으로 인해 기능적인 측면이 고려되어야 한다.

③ 패션디자인은 우선 인체의 특성과 활동성을 고려하여 쾌적함을 느낄 수 있어야 하고, 사회·심리적으로 만족스러우며, 착용상황과 환경, 규범에 맞아서 인간생활에 혜택을 줄 수 있어야 한다.

④ 미적 가치 측면에서도 아름다움의 욕구를 충족할 수 있어야 한다.

⑤ 이를 위해서는 인간 생활에 대한 관심과 문화적 흐름을 파악하는 능력, 인체의 특징, 소재, 색채 등 포괄적인 전문 지식이 필요하다.

⑥ 또한 디자인은 우연에 의해서 이루어지는 것이 아니라 확실한 목표에 따라 충분히 생각하여 만들어진다.

⑦ 패션디자인이 추구하는 목표는 아름다움이며, 이것은 누구나가 느끼는 보편적인 아름다움을 뜻하고, 디자인의 요소는 디자인의 원리에 맞추어 조화롭게 사용함으로써 얻을 수 있다.

⑧ 패션디자인이 추구하는 목표는 보편적인 미가 가장 우선적인 조건이 되지만, 그 외에도 착용자의 사회적·개인적 특성에 맞아야 하고, 시대적 특성과 감성에도 맞아야 한다.

⑨ 즉, 패션디자인은 미적 특성과 적합성, 착용자의 개성, 유행감각에도 맞아야 함을 뜻한다.

2 패션디자인의 과정

① 패션디자인은 창조력에서 시작하지만 절대적 창조라기보다는 기본적인 복식의 틀 안에서 독창적이고 조화로운 선택과 변형이 창조적인 패션디자인에 이르게 한다.

② 머리를 통해 입는 관두의형, 앞을 여미는 전개형, 천을 감아서 두르는 권의형, 소매를 달아서 입는 통형, 바지처럼 입는 형식의 각의형의 기본적인 복식의 틀은 패션디자인의 가장 기본적인 선택의 형식이다.

③ 다양한 아이템과 소재의 종류 중 디자인의 목적에 맞는 적당한 것을 선택하고 적절히 변형하는 것도 중요하다.

④ 선택과 변형을 위해서 필요한 기본적인 과정이 있으며, 때와 장소에 맞고 어떤 사람이 입을 옷인지에 대한 목표가 있어야 한다.

⑤ 끝으로 선, 색채, 재질, 무늬, 장식 등 의복 구성요소의 선택과 활용방법을 통해 완성된다.

패션디자인 발상법

1 발상의 개념

① 발상은 독창적이고 창의적인 아이디어를 유도하는 단계이다.
② '순간적인 생각'을 뜻하며, 이 생각을 구체화해서 소재나 형태를 구성하고 제작하여 대상을 고안해 내는 과정이라고 할 수 있다.
③ 발상은 모든 사물과 현상 등에 대한 계속적인 관심과 더불어 학습과 트레이닝을 통해 향상되며, 전문적인 지식과 함께 이를 바탕으로 자신만의 사고로 발상을 하려는 의지가 중요하다.
④ 기존의 현상 혹은 감성이나 기술을 재해석하고 재구성하는 능력도 중요하며, 반대로 생각해보는 역발상의 방법도 생각해 봐야 하고, 늘 깨어 있는 시선으로 쉽게 지나쳐버릴 수도 있는 일들의 의미를 찾아보고 구체화시키면 좋은 발상을 해나갈 수 있다.
⑤ 그렇기 때문에 패션디자인을 위한 창의적인 발상을 위해서는 인간의 오감을 통한 다양한 경험을 하는 것도 중요하다.

2 발상의 조건

① 합목적성
　㉠ 문제제기는 필요에 의해 시작되며, 아이디어를 어떻게 활용하며 무엇을 만들 것인가에 대한 정확한 목적과 의도는 결과에 큰 영향을 미치게 된다.
　㉡ 목적이 불분명하거나 방향을 잡지 못하거나 좋은 아이디어라도 효용가치가 없다면 좋은 발상이 아니다.
　㉢ 따라서 디자인의 목적과 문제점에 대한 명확한 인식은 창조적인 사고의 가치를 높이고 디자인의 오류를 줄이는 데 중요한 역할을 한다.
② 독창성
　㉠ 발상에서 독창성이란 이전에 생각해내지 못했던 것을 뜻한다.
　㉡ 이는 창조성과도 연결되며, 또한 전혀 새로운 것이 아니더라도 다른 시각으로 재창조하여 독창적인 효용가치를 만들어 낼 수 있다면 또하나의 새로운 디자인으로 탄생하게 된다.
　㉢ 즉, 독특한 사고와 독자적인 아이디어의 창출은 새로운 디자인의 발상과 그 전개과정에 중요한 발상의 조건이 된다.
③ 정보력
　㉠ 새로운 발상과 아이디어는 전에 머릿속에 있는 정보에 의해 자극이 되고 또 정보 간의 상호작용에 의해 새롭게 구체화되는 것이다.
　㉡ 대상에 관한 관련지식과 이미지, 동영상, 스토리 등 우리가 느낄 수 있는 모든 감성을 통한 경험과 다른 사람들의 생각 등은 모두 중요한 정보가 될 수 있다.
　㉢ 훌륭한 발상을 하기 위해서는 여러 분야의 정보들을 많이 수집하고 축적해 놓는 것이 필수이다.

④ 전문지식의 활용

 ㉠ 많은 정보를 필요에 의해 걸러내고 유용한 가치를 발굴하는 것은 전문적 지식이 바탕이 되어야 한다.

 ㉡ 지극히 개인적이거나 감성적이면 일반성을 찾기가 어려워진다.

 ㉢ 아이디어를 객관적으로 생각하고 효용가치를 높이기 위해서는 습득되고 연구된 전문적 지식의 활용이 중요하다.

3 발상의 과정

① 발상은 순간 떠오르는 생각을 모티프로 하여 사용될 목적에 따라 구체적인 형태로 결실을 맺는 과정이다.

② 영감이 떠오르면 새로운 발상을 하게 되고, 아이디어를 구상하여 구체화하는 일련의 연속적인 사고의 과정을 거친다.

③ 구체화하는 과정은 크게 네 단계로 이루어진다. 문제의 발견, 자료의 수집과 탐구, 아이디어의 구상, 아이디어의 구체화이다.

4 발상법의 종류

① 체크리스트법

 ㉠ 체크리스트법은 오스본이 개발한 방법으로, 디자인 발상에 관련된 항목들로 리스트를 작성하고 각각의 변수들을 검토하여 아이디어를 구상하는 방법이다.

 ㉡ 기존의 항목에 대한 고정관념에서 벗어나 새로운 각도에서 생각하고 아이디어를 창출해 보는 것이 중요하다.

 ㉢ 대상의 특징들을 정확하게 파악하게 되고, 중점적인 디자인의 포인트를 어디에 두었는지를 잘 알 수 있는 특징이 있어 활용가치가 크다.

② 형태분석법

 ㉠ 형태분석법은 사물의 구조를 부분적으로 변화시켜봄으로써 새로운 특성을 가진 디자인을 발상해내는 방법이다.

 ㉡ 변화는 가능성을 다각도로 분석하여 새로운 조합 혹은 변형을 유도할 수 있다.

 ㉢ 비교적 짧은 시간에 많은 아이디어를 발상할 수 있는 장점이 있다.

 ㉣ 의상에 있어서는 주요 요소인 실루엣과 디테일, 트리밍 등에 대한 분석에 의해 새로운 디자인에 접근할 수 있다.

③ 브레인스토밍법

 ㉠ 브레인스토밍법은 자유분방한 아이디어의 산출법을 의미하는 것으로서, 집단의 아이디어를 집약하여 시너지 효과를 기대할 수 있는 방법이다.

 ㉡ 주로 창의적인 태도나 능력을 증진시키기 위해 사용되며, 일상적인 사고방식에서 벗어나 좀 더 다양하고 폭넓은 사고를 하게 함으로써 새로운 아이디어를 얻을 수 있다.

④ 고든법

　㉠ 집단적으로 발상을 전개하는 방법으로, 문제의 윤곽은 숨기고 키워드만 제시하여 구성원들의 자유연
　　상에 의해 문제와 관련된 정보와 아이디어를 산출해내는 것이다.

　㉡ 여러 사람들에 의해 다양한 아이디어들이 제시되면서 뜻밖의 발상들을 끄집어내는 방법이다.

⑤ 시네틱스법

　㉠ 서로 관련이 없는 몇 개의 부분을 하나의 의미 있는 것으로 통합한다는 그리스어에서 유래되었다.

　㉡ 구체적인 테마를 대상으로 은유와 유추에 기초를 두고 창조적 발상을 해나가는 방법이다.

⑥ KJ법

　㉠ 일본의 인류학자 가와키타 지로에 의해 개발된 방법으로, 수집된 정보나 자료를 서로 관계있는 것끼
　　리 분류·집약해서 새로운 문제의 구조를 개발해 나가는 방법이다.

　㉡ 관찰결과와 생각한 것들을 노트에 기록하고 이를 요약하여 한눈에 볼 수 있게 늘어 놓은 후, 작은 그
　　룹들로 나누어 그룹별 주제를 선정하고, 이들을 가장 이상적인 배열이 되도록 재배열하는 방법이다.

⑦ 특성 열거법

　㉠ 문제의 발견을 촉진하는 기법으로 활용되며, 사물을 구성하고 있는 부분이나 요소, 성질과 기능 등의
　　특성을 계속 열거해 나가면서 더 나은 대안을 모색하는 것이다.

　㉡ 결점, 장점, 희망점 등 개선하고 싶은 사물의 구체적 특성을 발견하고 더욱 완전한 것으로 접근하려는
　　아이디어를 찾는 방법이다.

5 　패션디자인 발상

① 특성 열거법

　㉠ 의복을 구성하는 핵심특성을 바꾸었을 때 느껴지는 변화를 이용하는 방법이다.

　㉡ 예를 들면 칼라, 소매, 포켓 등 의복의 핵심적인 부분에 변화를 주어 새로운 디자인을 하는 것을 뜻한다.

② 결점 열거법

　㉠ 현재 결점이라고 생각되는 부분을 변형시키는 것을 말한다.

　㉡ 예를 들어 재킷의 길이가 유행의 영향을 과도히 받는 것이 결점이라고 느껴진다면, 재킷의 길이를 조
　　절할 수 있는 디자인을 생각해 볼 수 있다.

　㉢ 소재가 구김이 너무 많은 것이 결점이라 생각된다면, 구김이 덜 가는 소재를 사용하거나 더 많은 구김
　　이 있는 소재를 사용함으로써 결점에 대한 부분을 이용한 디자인을 할 수 있다.

[이세이 미야케 2009 S/S]

③ 희망점 열거법

　㉠ 희망하는 부분을 변형하는 방법이다.

　㉡ 예를 들어 재킷의 색상을 바꾸고 싶다면 겉과 안의 색상이 다른 원단을 사용하여 뒤집어도 입을 수 있는 재킷을 디자인한다든가, 재킷의 부피를 마음대로 바꾸고 싶다면 공기를 주입하면 부피가 커지는 재킷을 디자인해 본다.

[이세이 미야케 2011 F/W]

④ 단일적 개념 발상법

　새로운 정보가 미리 주어진 경우로, 비교적 쉽고 단순하게 할 수 있고, 누가 사용하든지 비슷한 결과물을 얻을 수 있는 항상성이 있으나, 근본적이고 혁신적인 아이디어를 얻기는 어렵다.

리스트(List)법	• 체크리스트(Check List)를 작성한 후 각 항목에 적용하여 단순 재생산적으로 많은 수의 디자인을 도출한다. • 디자인의 요소를 수정 혹은 크게, 작게, 재배치, 반대, 뒤집기 등을 시도해 본다.
형태조합법	• 패션디자인의 형태를 이루는 요소를 분해하여 조합하는 방법이다. • 예를 들어 여성스런 블라우스를 디자인할 때 리본, 러플, 프릴 등의 여성적인 형태요소를 1차로 수집한 다음, 각각의 형태요소를 조합하여 디자인해 본다.

[이세이 미야케 2011 F/W]

⑤ 복합적 개념 발상법

　㉠ 기존 정보와 새로운 정보를 혼합하는 것으로, 발상의 시작이 무엇이었는지 알기 어렵고 여러 단계를
　　거쳐 발상이 이루어진다.

　㉡ 근본적이고 혁신적인 디자인에 적합하다.

추상적 방법	주제나 대상의 본질적인 부분에 집중하기 위해 현재의 목적과 관계없는 측면을 무시하는 방법이다.
단순 결합	별개인 두 개의 개념을 서로 혼합하는 것으로, 외견상 짝지을 수 없는 두 개의 현실을 짝짓는 방법이다.

[준야 와타나베 – 러프의 형태를 가진 상의]　　　[가방과 모자의 개념 연결과 토시와 재킷의 개념 연결]

[후세인 살라얀 2000, 2003 – 2004 A/W]

패션디자인 이론

│패션디자인의 요소│

1 선

① 선에는 굵게 뻗은 선, 긴 직선, 분난뵌 짧은 선, 섞은 선, 꼬불선, 사유곡선 능이 있고 이것들을 융합하여 만든 다양한 선이 있다.

② 선은 강도와 두께, 방향에 따라 그 느낌이 달라진다.

   ⊙ 예를 들면, 여러 개의 수직선이나 수평선을 사용하는 것보다 하나의 강한 수직선만을 사용할 경우 효과를 보다 강하게 표현할 수 있다.

   ⓛ 수평선의 간격이 넓을수록 확장되어 보이는 착시효과가 커지고, 반대로 수평선의 수가 늘어나면 상하로 시선이 분산되어 착시효과가 줄어든다.

   ⓒ 선의 종류는 곧고 강하며 남성적인 직선, 부드럽고 여성적인 곡선, 힘차고 동적인 사선, 휴식과 안정감을 주는 수평선, 위엄과 확고함, 균형을 주는 수직선, 생기있고 젊은 느낌을 주는 스캘럽선, 날카롭고 분주하며 불안정한 느낌을 주는 지그재그선 등 그 종류가 많다.

③ 선은 점보다 더 많은 심리적 효과를 지니고 있다.

   ⊙ 수직, 수평, 사선 등의 직선은 딱딱하고 경직된 느낌을 주는 반면, 커브, 원호 등의 곡선은 우아하고 부드러운 느낌을 준다.

   ⓛ 변화 있는 선은 운동감과 리듬감, 율동감을 주어 활동적인 젊음을 느끼게 한다.

④ 선은 각도, 반복의 간격 및 횟수, 두께, 배경색, 다른 선과의 상대적 비교에 의해 착시효과를 줄 수도 있다.

⑤ 이런 현상을 이용하여 체형을 보완하거나 일부분을 강조하는 효과를 만들 수 있다.

⑥ 이와 같이 의복은 선에 따라 이미지가 결정되는데, 옷감의 유연성은 선의 성격을 결정짓는 데 중요하게 작용한다.

ⓐ 곡선의 종류

종 류	내 용
원	명랑함, 온화함, 귀여운 느낌을 전해주며 라운드 넥, 단추 등에 많이 사용된다.
파상선	율동적이면서 섬세함을 표현해주며 플레어의 결, 러플, 프릴 등에 사용된다.
로코코 곡선	명랑함, 귀여움, 활동적인 느낌을 전해주며 옷자락의 끝장식, 네크라인, 단추구멍 등에 사용된다.
나 선	소라껍데기처럼 빙빙 비튼 모양으로 활동성을 표현하는 데 많이 사용된다.
만곡선	활모양으로 굽은 선을 말하며, 한복에 많이 사용된다.

[수직선]

[수평선]

⑧ 점과 선의 종류별 특징

구 분		종 류	모 양	연출방법	효 과	사 진
점		원 형		• 물방울 문양 • 단추나 코사쥬, 브로치 등을 이용하여 연출	• 이미지 강조 • 시선을 유도하거나 집중시킴	
		타 원				
선	직 선	수직선		• 앞단선, 다트선, 스트라이프 • 아이템의 착장법, 넥타이, 긴 스카프 등을 이용하여 연출	• 길이를 길어 보이게 하거나 폭을 좁아 보이게 함 • 위엄, 권위, 지적인 느낌	
		사 선		• 플레어 스커트, 사선의 끝단선, V네크라인, 스카프, 가방 등을 이용하여 연출	• 시선 유도 • 활동적인 느낌 • 불안정한 느낌	
		지그재그선		• 칼라, 의복의 구성선, 지그재그의 끝단선이나 플리츠 스카프 등을 이용하여 연출	• 각진 것을 강조하여 규칙적인 느낌 • 예민하고 날카로운 느낌	
	곡 선	원		• 라운드 네크라인, 완만한 요크선, 둥근형의 주머니, 둥근 끝단선이나 목걸이, 스카프 등을 이용하여 연출	• 부드러운 느낌이나 귀여운 느낌 • 여성스러운 느낌	
		타 원				
		파상선		• 의복의 프릴, 플라운스, 러플, 플레어 등으로 연출	• 여성적이며 우아한 느낌 • 유연하고 율동적인 느낌 • 흐르는 듯한 느낌 • 사랑스러운 느낌	
		스캘럽		• 의복의 네크라인, 앞단선, 스커트의 끝단선 등으로 연출	• 밝고 귀여운 느낌이나 사랑스러운 느낌 • 섬세한 느낌	

2 형태(면)

선에 의해 둘러싸인 면적을 평면적 형태라고 한다. 다른 말로 면이라고 하며 이런 면들이 모여서 또 다른 입체적 형태를 만든다.

형태는 공간에 의해서 형성된다. 인체라는 공간을 둘러싸는 3차원적 공간인 폼은 의상의 구조적인 측면으로 윤곽선과 조형적 입체구조를 형성한다. 의복의 형태는 구조적으로 기능적인 측면과 장식적 측면의 조화로운 공간구성에 의하여 함께 디자인해야 한다.

① 실루엣
　　㉠ 실루엣은 내부의 구성선과 장식적인 요소를 무시한 외형의 윤곽선을 의미한다.
　　㉡ 실루엣의 형태는 상의 형태, 하의 형태, 소매의 형태, 스커트 또는 바지의 형태뿐만 아니라 의복 자체의 디자인 라인에 의한 것과 디자인의 요소인 다트, 개더, 플리츠, 슬릿, 패드 등에 의한 것으로 나뉜다.
　　㉢ 실루엣의 주요 변화 부위는 어깨와 허리까지의 흐름과 허리에서 아랫단까지 흐름으로 나뉜다.
　　㉣ 옷의 허리 부분이 몸에 맞는 정도, 폭의 넓고 좁은 정도, 어깨에서 아래로 넓어지거나 좁아지는 정도 등이 변화요인이 된다.
　　㉤ 스트레이트(Straight)형 실루엣

엠파이어(Empire) 실루엣	가슴 바로 아래 부분에서 조여졌다가 밑단 부분까지 좁고 길게 늘어진 형태의 실루엣
쉬프트(Shift) 실루엣	어깨에서부터 느슨하게 곧게 늘어진 형태의 실루엣으로 허리 절개선이 없는 것이 특징
텐트(Tent) 실루엣	삼각형 텐트와 같이 밑단으로 향할수록 넓어지는 실루엣
트라페즈(Trapeze) 실루엣	어깨에서 밑단까지 나팔꽃 모양으로 벌어지는 사다리꼴 형태의 실루엣
H 실루엣	허리를 조이지 않으면서 가늘고 길게 보이는 실루엣

　　㉥ 모래시계(Hourglass)형 실루엣

미나렛(Minaret) 실루엣	상체와 하체를 타이트하게 조이고 허리 밑자락을 부풀려서 마치 전등갓처럼 과장되게 표현한 실루엣
크리놀린(Crinoline) 실루엣	하체를 크고 둥글게 부풀린 실루엣
버슬(Bustle) 실루엣	상체는 타이트하게 조이고 엉덩이 부분은 둥글게 과장시켜 여성스러움을 강조한 실루엣
머메이드(Mermaid) 실루엣	무릎 선까지는 타이트하게, 무릎 밑은 벌어지는 인어 다리 형태의 실루엣
프린세스(Princess) 실루엣	세로 절개선에 맞춰 상반신은 타이트하나 허리 아래는 벌어진 여성스러운 여름용 원피스 형태의 실루엣
돔(Dome) 실루엣	돔과 같이 부풀려진 형태의 실루엣
트럼펫(Trumpet) 실루엣	전체적으로 날씬한 형태이나 무릎부터 트럼펫처럼 벌어진 실루엣
피티드(Fitted) 실루엣	상하의는 몸에 딱 맞게 하고 허리를 좁게 하여 허리를 강조한 실루엣

ⓢ 벌크(Bulk)형 실루엣

박시(Boxy) 실루엣	• 상자와 같이 사각형 형태의 라인을 가진 실루엣으로 스트레이트형으로 분류되기도 함 • 직선적인 테일러드 칼라가 가장 어울리는 실루엣
코쿤(Cocoon) 실루엣	• 누에고치와 같이 어깨와 밑단은 좁으나 허리 부분을 부풀린 형태의 실루엣
벌룬(Balloon) 실루엣	• 풍선과 같이 부풀린 O형 형태의 실루엣
배럴(Barrel) 실루엣	• 몸통과 허리 부분을 풍성하게 하여 부피감이 느껴지는 실루엣 • 허리 부분은 불룩하나 밑단은 좁은 형태

벌크형 실루엣

벌크형 실루엣은 몸의 중심부분이 넓게 부풀려져 있어 편의성과 활동성은 상대적으로 크나, 전반전으로 키를 작게 보이게 하는 형태가 있어 키가 작은 사람이 착용할 경우 주의해야 한다.

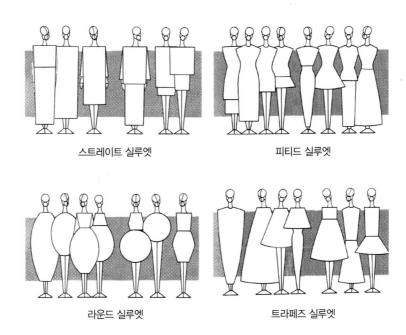

스트레이트 실루엣   피티드 실루엣

라운드 실루엣   트라페즈 실루엣

[실루엣의 종류]

② 디테일

　㉠ 실루엣을 옷의 외형이라고 한다면 디테일은 그 안의 세부적인 장식이라고 할 수 있다.

　㉡ 디테일은 '세부, 세목, 부분'의 의미로, 의상의 세부선의 세부장식으로 의복을 만드는 봉제과정에서 바탕 천으로 제작되는 장식적인 부분과 구조적인 부분으로 나뉘며, 봉제과정에서 디테일이 대부분 결정된다.

　㉢ 디테일의 종류로는 의복의 일부분으로서의 네크라인, 칼라, 슬리브, 커프스, 포켓 등의 장식 디테일과, 기교적인 표면장식 디테일로서의 플리츠, 프릴, 플레어 개더, 턱, 탭, 러플, 파이핑 등을 들 수 있다.

　㉣ 구성선과 디테일은 표면이 복잡하면 선이 잘 보이지 않아 디자인의 미적 효과가 감소할 수 있으므로 유의하여야 한다.

　㉤ 대표적으로 씨실과 날실을 합쳐 엮는 자수 방식의 파고팅은 복잡하여 교복 스커트에는 적합하지 않다.

　㉥ 디테일의 종류

 플리츠	 개 더	 턱	 프 릴	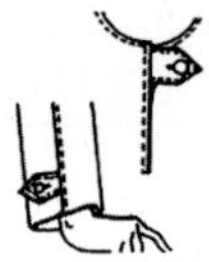 탭
 러 플	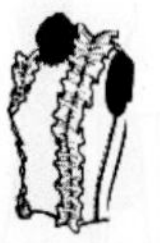 루 시	 드레이프	 페플럼	 보
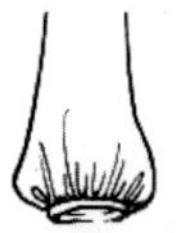 파이핑	 패치워크	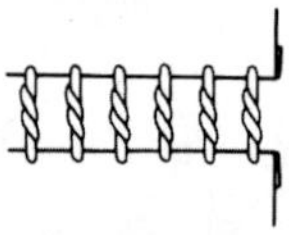 파고팅	 프린징	

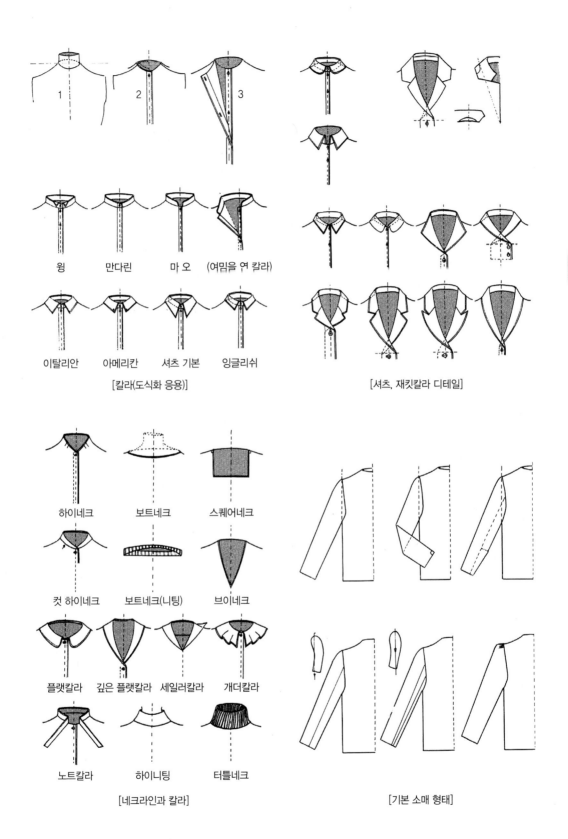

윙　　만다린　　마오　(여밈을 연 칼라)

이탈리안　아메리칸　셔츠 기본　잉글리쉬

[칼라(도식화 응용)]

[셔츠, 재킷칼라 디테일]

하이네크　보트네크　스퀘어네크

컷 하이네크　보트네크(니팅)　브이네크

플랫칼라　깊은 플랫칼라　세일러칼라　개더칼라

노트칼라　하이니팅　터틀네크

[네크라인과 칼라]

[기본 소매 형태]

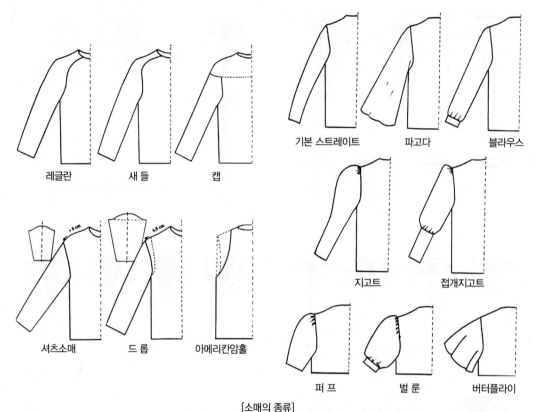

레글란 새 들 캡

기본 스트레이트 파고다 블라우스

지고트 접개지고트

셔츠소매 드 롭 아메리칸암홀

퍼 프 벌 룬 버터플라이

[소매의 종류]

대표적인 네크라인의 유형

- 스퀘어(Square) 네크라인 : 목이 네모(스퀘어) 모양으로 파인 네크라인으로, 유니폼 재킷에 많이 이용된다.
- 오프더숄더(Off The Shoulder) 네크라인 : 어깨가 드러난 형태의 네크라인을 말한다.
- 원 숄더(One Shoulder) 네크라인 : 한 쪽 어깨를 사선 모양으로 노출하는 형태의 네크라인을 말한다.
- 라운드(Round) 네크라인 : 원형 모형의 네크라인으로 여러 형태로 변형이 가능한 장점이 있다.
- 카울(Cowl) 네크라인 : 앞 부분의 주름이 자연스러운 형태로 흐른 네크라인으로, 중세 가톨릭 사제가 입던 두건이 달린 승의에서 유행하여 현재는 드레스에 많이 사용된다.
- 로(Low) 네크라인 : 목 부분을 낮게 파면서 동시에 옆으로도 판 형태의 네크라인을 말한다.
- 홀터(Halter) 네크라인 : 끈이나 밴드를 목 뒤로 묶거나 목에 걸어서 입는 것으로 어깨가 노출되는 형태의 네크라인을 말한다. 주로 이브닝 드레스에 많이 사용된다.
- 보트(Boat) 네크라인 : 둥근형이나 옆으로 파진 형태를 가져 하절기 의복에 많이 사용되는 형태의 네크라인이다.
- 서플리스(Surplice) 네크라인 : 한복의 저고리나 카디건처럼 V자형으로 파인 네크라인이 겹쳐진 형태를 말하며, 넓은 어깨를 가진 사람의 의상에 사용할 경우 효과를 볼 수 있다.

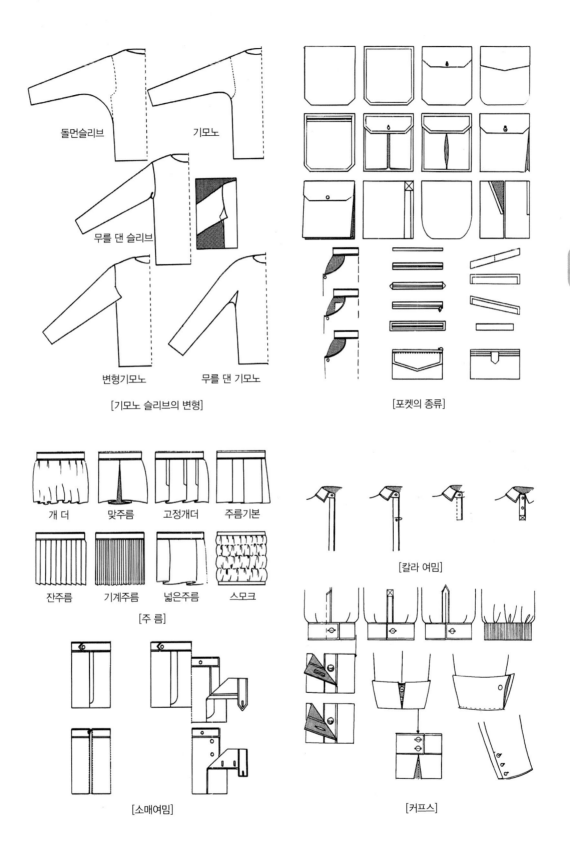

돌먼슬리브

기모노

무릎 댄 슬리브

변형기모노

무릎 댄 기모노

[기모노 슬리브의 변형]

[포켓의 종류]

개 더

맞주름

고정개더

주름기본

잔주름

기계주름

넓은주름

스모크

[주 름]

[칼라 여밈]

[소매여밈]

[커프스]

- 패치워크(Patch-work) : 여러 종류의 소재와 색상을 활용하여 바탕천 위에 덧붙이는 방법으로 입체감의 효과를 줄 수 있다.
- 바인딩(Binging) : 바이어스 옷감을 구성선이나 디테일의 끝단을 따라 둘러 박아 장식하는 방법으로, 박히는 폭의 변화로 느낌을 달리 표현할 수 있다.
- 러플(Ruffle) : 개더나 플레어에 의하여 생기는 부드러운 주름장식을 말한다.
- 페플럼(Peplum) : 블라우스나 재킷 등의 허리라인 아래에 있는 짧은 스커트 모양의 부분을 말한다.
- 파이핑(Piping) : 천의 바깥을 바이어스 천이나 얇은 줄을 이용하여 둥글게 감싸서 정리하는 방법으로, 솔기에 파이핑을 넣어 구성할 경우 선이 뚜렷해지는 효과가 난다.
- 셔링(Shirring) : 천에 일정한 간격을 두고 여러 단을 박아 밑실을 당겨 줄이는 방법으로, 개더가 오밀조밀하게 모여진 상태를 말한다. 원단이 두꺼우면 주름을 잡기 어려우므로 두꺼운 소재의 의상에는 사용되지 않는다.

③ 트리밍

㉠ 트리밍은 의복디자인을 정리할 때 쓰이는 끝 처리, 즉 가장자리 장식의 총칭으로 의복의 기본적인 형태를 변화시키지 않으면서 여러 가지 부가적 아이디어를 첨가하여 디자인상의 장식 효과를 높이는 것이다.

㉡ 별도로 제작된 장식적 부자재를 첨가하는 방법이 사용되며, 단추, 지퍼, 레더, 리본, 시퀸, 비드, 스팽글 등의 기법이 있다.

㉢ 트리밍은 소재, 형태, 색채 등이 매우 다양하며, 장식적 목적으로 사용하기 때문에 화려하고 특이한 재질이 많은 특징이 있다.

㉣ 사용할 때는 전체적인 실루엣 및 디테일과 조화롭게 어울리도록 디자인되어야 한다.

패션디자인의 원리

1 균 형

① 개 요

균형이란, 하나의 축을 중심으로 무게와 힘이 균등하게 분배되어 있는 상태를 말하는데, 패션디자인에서는 공통된 요소들이 반복됨으로써 통일감과 연속성을 얻는 것을 균형이라 할 수 있다.

균형은 시각적 힘에 의해 좌우되는데, 축의 양쪽에 무게, 크기, 밀도, 위치와 관련하여 같은 양의 눈을 끄는 힘이 존재한다. 따라서 심리적으로 안정감과 편안함, 침착함을 느낄 수 있다. 반면 균형이 깨져서 불균형 상태가 되면 안정감을 느낄 수 없게 되지만 시각적 자극은 심해져서 강조의 효과를 얻기도 한다.

중심선의 방향에 따라서 수평적 균형과 수직적 균형이 있는데, 일반적으로 수평적 균형이 시각적 효과가 더 크다. 의복 역시 인체에 입혀지기 때문에 좌우 대칭인 인체 특성상 수직 방향의 균형보다 수평적 균형의 효과가 더 크다. 수직방향으로는 균형을 이루는 것보다 오히려 하체의 시각적 힘을 크게 하여 안정감을 추구하는 경우가 많다.

시각적 힘에 의해 균형을 이룬 상태를 '미적 균형 상태'라고 하며, 선·색상·재질에 의하여 힘의 강도를 다르게 하는 효과를 표현하게 된다. 선의 존재 유무 자체와 선의 특이한 성격은 시각적 힘을 좌우하는 원인이 된다.

또한 색채의 색상, 명도, 채도에 의하여 달리 느껴지기도 하는데, 차가운 색보다는 따뜻한 색, 높은 명도와 높은 채도일수록 시각적 힘을 강하게 느낄 수 있다. 광택 재질의 옷감이나 거친 재질의 옷감일수록 시각적 무게감이 크고, 장식성이 강할수록 강한 느낌을 준다.

의복에서는 계산에 의한 물리적 균형보다는 감각에 의한 시각적 균형을 추구하게 되는데, 균형의 방법에는 대칭균형과 비대칭균형의 두 가지 방법이 있다.

② 대칭균형

㉠ 좌우에 같은 양의 디자인 요소를 배치하여 균형을 이루게 하는 것으로서 패션에 있어서 인체와 동일한 효과를 주며, 이런 효과는 평범하고 안정되며 의례적이고 단정한 느낌을 준다.

㉡ 변화가 없고 흥미를 주지 못하므로 미적 가치나 예술성이 낮게 평가되기도 한다.

㉢ 단정한 정장이나 일상적 유니폼, 제복, 사무복 등에 많이 사용된다.

㉣ 이런 단조로움을 보완하기 위해서 강한 색채대비나 특이한 재질을 사용하기도 하며, 액세서리를 활용하여 변화를 주기도 한다.

㉤ 단조로운 수직 혹은 수평적 균형 이외에도 중심점에 의해 주변 전체의 힘이 균등하게 집결되는 방사상의 균형을 이용하는 방법도 있다.

㉥ 또한 대칭균형에 부분적으로 약간의 변화를 줌으로써 '변화 있는 대칭균형'을 추구하기도 한다.

㉦ 이런 경우 변화의 양이 너무 크면 균형이 깨지면서 '비대칭균형'이 되기도 한다.

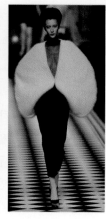

[대칭균형]

③ 비대칭균형

    ㉠ 좌우에 배치된 요소들 간의 차이에 의해 대칭을 이루지는 않지만 시각적인 힘을 균등하게 하여 조화를 이루는 방법이다.

    ㉡ 변화 있는 통일감을 활용하여 보다 세련되고 율동감 있는 균형의 미를 느끼게 하며, 간접적이고 미묘한 아름다움을 표현할 수 있다.

    ㉢ 시선이 움직이는 동선과 착시효과를 이용하여 신체적인 단점을 보완하거나 자신감 있는 신체부위로 자연스럽게 시선을 유도하는 데 이용하기도 한다.

[비대칭균형]

2 비 례

비례는 상대적인 크기를 말하는 것이며, 대상의 크기나 길이에 대한 관계의 표현이다. 비례의 원리를 이용하여 디자인을 표현하는 방법으로는 전체에 대한 부분의 크기를 나타내는 비율, 한 부분과는 다른 부분의 크기 관계에서 의미하는 비를 이용하거나 가로 세로 관계의 크기 자체를 일컫는 규모도 이에 해당된다.

이상적인 비례는 변화가 있는 통일에 의해 이루어지는 조화의 상태에서 얻을 수 있으며, 면이나 길이를 조화롭게 분할하는 기준으로 3:5, 5:8, 8:13 등의 황금분할 기준이 사용된다. 의복에 황금분할을 적용할 경우 상의의 길이를 전체길이의 1/2과 2/3 사이로 한다.

패션디자인에 있어서 비례는 여러 방면에서 고려된다. 상의와 하의 혹은 디테일 간의 면이나 형의 분할, 전체 실루엣의 규모와 각 디테일 간의 규모의 차이, 체형과 대비되는 디테일의 크기, 재질에 따른 디테일의 크기 관계 등에 비례의 원리가 적용된다. 특정 색채 혹은 무늬, 서로 다른 재질의 면적 차이도 비례의 원리를 이용하여 아름답게 디자인할 수 있다.

의복의 경우에는 칼라 또는 목 둘레에 대한 얼굴 크기나 목의 길이, 다리 길이에 대한 스커트 또는 바지 길이의 풍성함, 모티브 간의 크기 · 형태 등의 비례를 조화시켜야 한다.

3 리 듬

리듬은 디자인 요소들이 다양한 방법으로 반복되어 이에 따라 관찰자의 시선이 움직임으로써 형성된다. 이는 시각적 율동감을 느끼게 하며, 반복되는 요소들이 아름답고 자연스런 움직임을 보여준다.

또한, 디자인의 변화와 시각적 통일성을 부여하여 조화를 이루는 데도 도움을 준다. 리듬의 효과는 반복의 규칙과 간격, 패턴의 복잡성에 따라 다양하게 표현된다. 반복의 규칙은 리듬의 강도나 속도감, 동적 이미지를 만들어낸다.

반복은 일정한 패턴에 의해 나타나는데, 이에 따라 다음의 리듬 방법이 구분된다.

반 복	• 디자인 요소를 규칙적으로 동일하게 반복시키는 것이다. • 단조로우나 차분하고 안정감을 준다.
연 속	• 같은 단위가 한 방향으로만 계속 반복되어 나가는 것이다. • 형태나 선의 순서와 의미가 계속되는 리듬을 이용한 것이다.
교 차	• 두 가지의 서로 다른 특성의 요소가 교대로 반복되는 것이다. • 너무 오래 교차시킬 경우 지루함을 줄 수도 있다.
점 진	• 반복의 단위가 점점 강해지거나 약해지는 것이다. • 점진은 방향성을 가지며, 단계적인 변화의 방향은 시선을 어떤 정점이나 중심점에 이르도록 유도하므로 강한 강조의 효과를 주기도 한다.

변 이	• 전환이라고도 하며 하나의 단위가 약한 강도로 다시 반복되는 것을 말한다. • 파도나 메아리처럼 유연한 리듬을 만들어낸다. • 변이는 불규칙 반복리듬으로 규칙적 반복리듬보다 미적으로 더 우수하다.
방 사	• 중심점 혹은 중심이 되는 부분에서 여러 방향으로 퍼져나가거나 안으로 모아지는 경우이다.

[반 복]　　　　　[방 사]　　　　　[점 진]

4 강 조

일정한 단위 내에서 특정 부분에 관심과 흥미를 끄는 현상을 강조라고 한다. 강조점은 디자인의 특징이며 첫 시선을 집중시키는 중심점이다.

강조는 평범함 가운데 포인트를 줌으로써 지루함을 덜고 유쾌함을 전하는 원리이기도 하다. 효과적인 강조의 방법에는 다음의 세 가지 기법이 있다.

① 대 조

　㉠ 서로 상반된 성격을 가진 것끼리 비교되도록 나타내는 것으로, 한 가지 특징을 부각시키기 위하여 다른 것과 대립시키는 방법이다.

　㉡ 강력하고 자극적이며 강한 집중력을 일으킬 수 있는 기법이다.

　㉢ 반대 성격의 선의 대비, 색상대비, 면적대비에 의해 대조의 효과를 얻을 수 있다.

　㉣ 의복 전체에서 재킷의 앞 중심선 부분이 가장 시선을 끄는 부분이므로 의복디자인에서 강조의 위치로 가장 적절하다고할 수 있다.

　㉤ 다만 여러 개의 강조점이 있을 때는 주종의 관계를 확실히 하여 시선이 분산되지 않도록 해야 한다.

② 집 중

　㉠ 한 곳으로 시선이 모아지게 하는 것이다.

　㉡ 자연스럽게 강한 시선을 집중시키는 방사나 점진의 원리를 이용하면 효과적이다.

　㉢ 의복에서는 흔히 액세서리를 이용한다.

  ② 의복 전체에서 재킷의 앞 중심선 부분이 가장 시선을 끄는 부분이므로 의복디자인에서 강조의 위치로
   가장 적절하다고 할 수 있다.

  ⑩ 다만 여러 개의 강조점이 있을 때는 주종의 관계를 확실히 하여 시선이 분산되지 않도록 해야 한다.

③ 우 세

  ㉠ 앞서 말한 대조나 집중은 우세의 원리에 포함된다.

  ㉡ 여러 가지 요소들 중 어느 한 가지가 다른 것들에 비해서 더 강조되는 것을 말한다.

  ㉢ 모두를 강조하는 것은 하나도 강조하지 않은 것과 같다. 서로 비슷한 강도의 디자인의 요소들 중 어느
   한 가지를 특별히 강조하는 것이 중요하다.

  ㉣ 주된 색의 사용, 주요 디테일의 사용 등은 우세의 방법을 사용한 디자인이다.

5 조 화

조화란, 서로 다른 두 개 이상의 것이 모여 이질감 없이 서로 잘 어우러져 통일감을 이룬것을 의미한다.
디자인 단계에서는 선의 조화, 유행과의 조화, 재질의 조화 등을 고려하여야 한다.

유사조화	• 서로 대립되지 않는 비슷한 요소들이 조화를 이루는 상태를 말한다. • 서로 공통점이 있기 때문에 안정적이고 균일한 분위기를 나타내지만 변화가 너무 적을 경우 지루하기도 하다.
대비조화	• 곡선과 직선, 흑과 백, 얇은 것과 두꺼운 것 등 어울리는 요소들이 서로 다른 성격일 때 나타나는 조화이다. • 이런 조화는 강렬하고 극적이기 때문에 적절히 배치하는 것이 어렵지만 독특한 연출을 할 수 있다는 장점이 있다.
불일치조화	• 특별한 통일감 없이 자유스럽게 요소들을 배합시키는 방법이다.

[유 사]   [대 비]   [불일치]

패션디자인의 표현기법

1 드로잉

인체를 통한 드로잉 훈련은 선과 형태뿐 아니라 비례와 동작을 이해하고 해석하는 데 큰 도움이 된다.
드로잉은 인체의 비례 혹은 선의 이미지를 통해 멋과 개성을 표현하기도 하며, 새로운 이미지를 상상하여 그림으로써 실제로 의복을 제작하기 전에 실제 디자인의 느낌을 보여줄 수 있다.

① 크로키

　㉠ 크로키는 디자인을 보여주기 위한 작업용 스케치로, 짧은 시간에 간단한 디자인을 전달하기 위한 수단이 된다.

　㉡ 간단하고 효과적으로 이미지를 전달할 수 있는 방법이 되고, 스케치를 하는 가운데 새로운 아이디어를 떠올리거나 개발할 수도 있다.

　㉢ 최근에는 컴퓨터를 이용하여 디자인 스케치를 다양하게 변화시켜서 시각적 효과를 표현하고, 보다 더 현실에 가깝게 보완하여 보여주는 경우가 많다.

　㉣ 선의 느낌에 따라서 재질을 표현하거나 가볍게 컬러를 더해 이미지를 표현하기도 한다.

② 도식화

　㉠ 건축의 설계도와 같이 작업지시 용도로 사용되는 디자인의 전개도면이다.

　㉡ 작업실 실무자에게 디자이너의 의도를 정확하게 전달하는 의사소통의 방법이 된다.

　㉢ 의복을 평면상에 반듯이 펼쳐 놓은 것 같은 전개도는 상하좌우의 비례를 맞춘 앞·뒷면의 모습을 시각적으로 전달하고, 윤곽선과 구성선, 디테일을 정확한 치수로 표기하며 보충설명이 첨부될 뿐만 아니라 사용되는 소재와 부자재 샘플을 붙여서 의복제작에 도움이 되도록 한다.

　㉣ 정확한 의사전달을 위하여 실제와는 다르지만 자를 사용하여 정확하게 표현한다.

　㉤ 의복을 입은 상태의 모습을 보여주기 위해 인체에 입혀진 상태의 크로키 혹은 일러스트레이션을 함께 첨부하기도 한다.

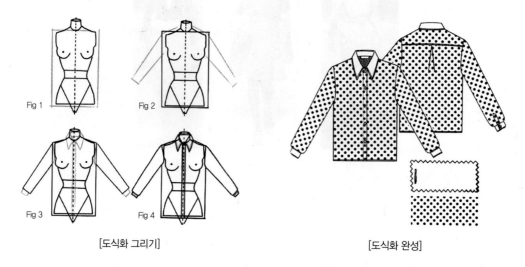

[도식화 그리기]　　　　　　　　　　　[도식화 완성]

③ 일러스트레이션

ㄱ) 일러스트레이션이란, 어떤 내용을 시각화하여 부연설명하기 위한 방법으로 사용되는 삽화나 사진, 도안 등을 말한다.

ㄴ) 최근 개성적인 작가의 표현방법이 다양화되면서 새로운 미술의 한 형태로 등장하고 있으며, 모든 정보의 시각화가 중요해진 현대 산업사회에서 효과적인 전달수단이라고도 할 수 있다.

ㄷ) 패션일러스트레이션은 주로 패션디자인이나 이미지 전달을 목적으로 사용되며, 완제품이 나오고 실제로 의복이 활용될 때까지 디자인의 원본이 되고 있다.

ㄹ) 작가의 개성 있는 드로잉 기법으로 표현하는 것이 일반적인 현상이다.

ㅁ) 실제 작품이 꾸밈없이 그대로 표현되는 사진에 비해 다양한 아이디어를 자유롭게 표현할 수 있다는 장점이 있다.

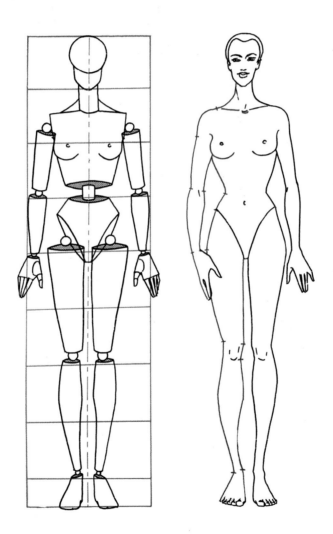

[여성 스타일화 비율]

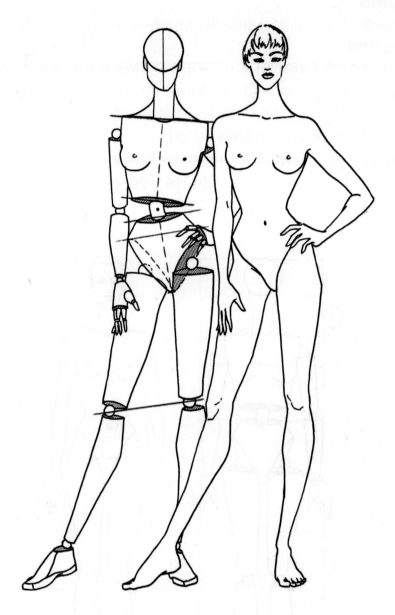

[여성 스타일화 4분의 3 포즈]

[스케치 순서]

2 프레젠테이션

프레젠테이션은 자신의 아이디어를 타인에게 전달하기 위한 중요한 과정이다. 개인의 아이디어와 능력을 손쉽게 보여줄 수 있는 방법인 포트폴리오에서부터 이미지 보드맵, 최근 기계의 발달로 빔 프로젝트와 스크린을 이용하여 여러 사람에게 한번에 아이디어를 전달하는 컴퓨터 프레젠테이션 프로그램은 효과적인 의사전달기법으로 많이 활용되고 있다.

현대 산업사회에서 디자인의 새로운 아이디어는 내용도 중요하지만 어떻게 표현하여 전달하는가도 중요하다.

① **포트폴리오**

　　㉠ 포트폴리오는 개인의 디자인 능력을 시각화하여 보여주는 책 형태의 자료집이다.

　　㉡ 표현하고자 하는 내용의 주제와 순서를 정하고, 포트폴리오의 전체적인 구도계획과 재료, 자료의 배치방법을 정한다.

　　㉢ 내용을 효과적으로 전달하는 데 도움이 되기도 하지만, 지나친 꾸밈과 부적절한 배치는 오히려 내용 전달에 방해요소가 될 수도 있기 때문에 주의하여야 한다.

　　㉣ 정해진 공간 안에서 표현될 내용의 성격을 정확히 파악하고 작품의 크기와 배열을 결정하여, 산만하거나 조잡해 보이지 않도록 계획해야 한다.

② **이미지 보드맵**

　　㉠ 많은 양의 내용을 한눈에 볼 수 있도록 하는 데는 이미지 보드맵이 효과적이다.

　　㉡ 맵은 포트폴리오에 비하여 한번에 보이는 공간이 넓고 장수가 적다.

　　㉢ 특정 주제별로 스타일을 보여주거나 시장분석의 결과를 한번에 비교·분석하여 프레젠테이션할 때는 낱장의 보드 몇 장이 책 형식의 포트폴리오보다 더욱 유용할 수도 있다.

　　㉣ 보드 위에서 내용물의 배열과 여백의 활용이 시각적으로 중요하다.

③ **컴퓨터 파일과 빔 프로젝트**

　　㉠ 컴퓨터 프로그램은 다양한 방법으로 시각적 자료를 보여줄 수 있는 방법을 제시하였다.

　　㉡ 빔 프로젝트의 이용은 컴퓨터 모니터 크기의 한계를 뛰어넘어 보다 큰 화면으로 확대하여 자료를 보여줄 수 있다.

　　㉢ 특히, 파워포인트는 효과적인 내용정리와 시각자료 정리기법을 보여줄 뿐만 아니라 음악 혹은 동영상을 삽입하거나 자료를 순차적으로 보여줄 수 있는 애니메이션 기능을 첨가하여 보다 다차원적 프레젠테이션 기능을 수행할 수 있도록 제작되어 많이 활용되고 있다.

　　㉣ 포트폴리오와 이미지 보드맵의 장점을 모두 가지고 있어서 효과적이지만 스크린, 컴퓨터, 빔프로젝트 등의 장비가 완비되어야만 사용할 수 있다는 단점도 있다.

패션아이템

패션아이템의 유형별 분류

1 개 요

패션아이템이란, 개별적인 의복을 지칭하는 말로서 넓은 의미로는 액세서리를 포함한다.

크게 아이템을 사용하는 대상의 성별과 연령에 따라 분류하고, 같은 아이템이라도 길이, 모양, 용도, 소재, 계절에따라 세분화한다.

또한 아이템은 색상, 소재감, 문양 같은 특성들을 동시에 가지고 있으므로, 어떤 소재로 제작되었는지에 따라 이미지가 달라진다. 때문에 각 아이템별 특성을 파악하는 것이 스타일을 연출하는 데 중요하다.

2 분 류

방 법	기 준	내 용
타깃별 분류	의복을 입는 대상의 성별과 연령 특성	성별에 따라서 여성복과 남성복, 아동복으로 구분되며, 연령에 따라서는 영유아(Baby & Infant), 토들러(Toddler), 아동(Boys), 주니어(Junior) ,영(Young), 어덜트(Adult), 미시(Missy), 미세스(Mrs), 실버미세스(Silver Mrs) 등으로 구분할 수 있다.
상황별 분류	착장 상황	T.P.O(Time, Place, Occasion)에 따라 분류하는 방법으로 포멀웨어(Formal Wear), 캐주얼웨어(Casual Wear), 비즈니스웨어(Business Wear), 홈웨어(Home Wear), 스포츠웨어(Sports Wear), 타운웨어(Town Wear) 등으로 구분된다.
이미지별 분류	패션에 대한 기호나 미의식	페미닌 이미지(Feminine Image), 엘레강스 이미지(Elegance Image), 스포티 이미지(Sporty Image), 내추럴 이미지(Natural Image), 트래디셔널 이미지(Traditional Image), 아방가르드 이미지(Avant-garde Image) 등으로 구분하며, 그 종류는 계속 새롭게 개발되고 늘어나는 추세이다.

패션아이템의 종류

1 블라우스(Blouse)

① 블라우스는 11~12세기 로마네스크 시대 농민들의 작업복인 블리오드에서 유래되었으며 소매, 칼라 등의 디자인에 따라 이름을 붙인다.

② 여성 및 아동용 상의를 뜻한다.

③ 주로 팬츠나 스커트 등의 하의와 함께 입으며, 하의 위에 내어 입는 오버(Over) 블라우스와 안에 넣어 입는 언더(Under) 블라우스로 구분한다.

④ 블라우스의 종류

뷔스티에 블라우스 (Bustier Blouse)	• 원래 의미는 '끈 없는 브래지어' 이다. • 현재는 어깨 끈 없이 목과 팔이 노출되고 가슴 부분만 가리는 스타일을 말한다.
캐미솔 블라우스 (Camisole Blouse)	• 좁은 끈으로 어깨에 고정되는 캐미솔 네크라인의 스타일이다.
크롭 톱 블라우스 (Cropped Top Blouse)	• 넓은 스쿠프 네크라인과 짧은 소매가 특징이다. • 허리 길이가 짧고 피트된 스타일의 블라우스이다.
홀터 블라우스 (Halter Blouse)	• 소매가 없고 등 부분이 노출되어 목 뒤에서 A자 모양으로 단추나 끈으로 여밀 수 있도록 디자인된 스타일이다. • 1970년대에 유행하였다.
깁슨 웨이스트 블라우스 (Gibson Waist Blouse)	• 1900년대 초기에 활동한 화가 찰스 다나 깁슨(Charles Dana Gibson)의 그림에서 자주 등장하던 여인들이 입고 있던 스타일에서 유래되었다. • 하이넥 칼라(High-neck Collar)에 주름이 풍성한 레그 오브 머튼 슬리브(Leg of Mutton Sleeve)가 달린 우아하고 여성스러운 디자인의 블라우스이다.
보 블라우스 (Bow Blouse)	• 목 부분에 칼라 대신 긴 끈이 있어서 리본처럼 묶어 입는 스타일이다.
자보 블라우스 (Jabot Blouse)	• 레이스나 부드러운 천을 이용하여 목과 가슴 부분에 프릴 장식의 자보(Jabot)를 강조한 스타일이다.
페플럼 블라우스 (Peplum Blouse)	• 그리스어 '페플롯(Peplos)'에서 유래되었다. • 허리선에 절개가 있고 그 밑에 러플이나 바이어스 재단기법을 이용하여 퍼지게 만든 스타일이다.
블루종 블라우스 (Blouson Blouse)	• 1960~1980년대 유행했던 점퍼풍의 블라우스이다. • 하의 위로 입는 오버 블라우스 스타일이다. • 허리나 힙(Hip) 부분의 밑단에 밴드 혹은 고무줄을 넣거나, 턱이나 개더를 이용해서 풍성하게 볼륨감을 만들어준 디자인이 특징이다.
튜닉 블라우스 (Tunic Blouse)	• 일반적인 오버 블라우스보다 길어서 엉덩이를 가리는 정도 길이의 스타일이다. • 롱 블라우스(Long Blouse)와 같은 개념으로 대개는 직선 혹은 약간 피트한 스타일이다.

새시 블라우스 (Sash Blouse)	• 단추가 없이 앞자락을 대각선으로 겹쳐서 만든다. • 겹쳐진 사선 모양의 여밈을 허리에서 끈으로 묶어서 입는 스타일이다. • 서플리스 블라우스(Surplice Blouse) 혹은 랩 블라우스(Wrap Blouse)라고도 한다.
페전트 블라우스 (Peasant Blouse)	• 유럽의 농부들이 주로 입었던 스타일이다. • 목둘레와 소매 끝에 개더를 이용하거나 혹은 끈이나 고무줄을 넣어 풍성한 주름을 만들어 준 스타일이다. • 1960년대 히피 스타일로 크게 유행하였으며, 집시 블라우스(Gypsy Blouse)라고도 한다.

셔츠 블라우스 (Shirt Blouse)	보 블라우스 (Bow Blouse)	페전트 블라우스 (Peasant Blouse)	볼륨-슬리브 블라우스 (Volumed-sleeve Blouse)
 Resort Givenchy	 Salvatore Ferragamo	 Anna Sui	 Anna Sui
파워숄더 블라우스 (Powershoulder Blouse)	캐미솔 블라우스 (Camisole Blouse)	페플럼 블라우스 (Peplum Blouse)	코삭 블라우스 (Cossack Blouse)
 Balmain	 Dona Karan	 Resort Givenchy	 Balmain
홀터 블라우스 (Halter Blouse)	튜닉 블라우스 (Tunic Blouse)	스목 블라우스 (Smock Blouse)	크롭 톱 블라우스 (Cropped Top Blouse)
 Resort Salvatore Ferragamo	 Anna Sui	 Chloe	 3.1 Phillip Lim

| 새시 블라우스
(Sash Blouse)

3.1 Phillip Lim | |

2 셔츠(Shirt)

① 셔츠는 여러 뜻을 가지고 있으나 보통 칼라와 옷깃 커프스가 달려있는 와이셔츠와 블라우스를 말한다.

② 좀 더 구체적으로 셔츠는 칼라, 옷깃, 소매, 커프스, 셔츠 자락, 단추, 앞판, 요크(옷의 앞뒤 또는 양 옆면이나 어깨에 덧붙이는 천 조각), 플리츠(등에 있는 집은 듯한 접힌 부분)로 구성된다.

③ 셔츠의 종류

드레스(Dress) 셔츠	• 정장 슈트 · 연미복 · 턱시도 밑에 착용하는 남자의 예장용 셔츠이다. • 앞부분에 프릴이나 러플로 장식을 한다.
하와이언(Hawaiian) 셔츠	• 하와이를 배경으로 꽃무늬 등 화려한 프린팅이 특징인 셔츠를 말한다. • 알로하 셔츠라고도 불리며 하와이 기후에 맞게 반소매에 통이 큰 특징이 있다.
스포츠(Sports) 셔츠	• 넥타이를 착용하지 않고 입는 캐주얼 셔츠로 활동성에 포인트를 둔 셔츠이다.
유러피언 컷(European Cut) 셔츠	• 차분하고 안정되며 도시적인 세련미를 갖춘 캐주얼 셔츠이다. • 다소 타이트하면서도 곡선을 강조한 디자인이 특징적이다.
오픈(Open) 셔츠	• 일반적인 칼라에 목 부분을 좀 더 개방해주는 오픈칼라가 달린 셔츠이다. • 여름용 셔츠로 많이 사용된다.
카우보이(Cowboy) 셔츠	• 미국 서부 카우보이들이 입었다고 하여 유래된 셔츠로 웨스턴 셔츠라고도 한다. • 활동이 많은 카우보이들에게 대응하여 실용성을 중시하고 스티치, 술장식 등을 통해 장식성을 강조한 셔츠이다.
T 셔츠	• 해군 내의에서 유래된 셔츠로 칼라가 없고 소매를 펼칠 시 T자형의 모형이 된다 하여 붙여진 셔츠이다. • 내의 대용으로도 많이 착용하기 때문에 땀 흡수와 통풍이 잘 되어야 한다. • 화이트칼라에 대응하는 영세대의 복장으로 대표된다.
러닝(Running) 셔츠	• 칼라뿐만 아니라 소매까지 없는 셔츠로, 내의로 많이 사용되나 최근에는 일상복으로도 사용된다. • T 셔츠와 마찬가지로 땀흡수와 통풍이 잘 되어야 한다.

파일럿(Pilot) 셔츠	• 비행기 조종사 유니폼과 같이 양쪽 가슴에 주머니가 달려 있는 것이 특징이다.
CPO 셔츠	• 미해군 하사관(CPO ; Chief Petty Officer)들이 입는 셔츠의 일종이다. • 두꺼운 재질의 직물로 제작되며, 파일럿 셔츠와 마찬가지로 양쪽 가슴에 주머니가 달려 있다.

베스트

- 셔츠 위나 재킷 아래에 받쳐 입는 의복으로, 보통 조끼라고 한다.
- 소매가 없는 것이 가장 큰 특징이며, 칼라는 있는 것도 있고 없는 것도 있다.
- 재킷, 팬츠와 함께 슈트의 요소에 해당한다.
- 여러 개의 주머니를 앞면에 달아 실용성을 높인 피셔맨 베스트가 대표적이다.

3 스웨터(Sweater)

① 신축성이 뛰어난 직물 또는 편물로 제작하며, 무게감이 적어 활동성이 크면서도 보온성이 뛰어나다.
② 운동복으로 시작되었으나 현재는 일상용 · 가정용으로까지 널리 확산되었다.
③ 다만 직물보다 통기성과 투습성이 크기 때문에 바람 부는 추운 날 스웨터만 입고 외출할 경우 오히려 보온효과가 떨어지는 단점이 있다.
④ 스웨터의 종류
   ㉠ 카디건(Cardigan) 스웨터 : 앞부분을 단추로 여미는 방식의 스웨터로 착용이 편리하고 유행을 타지 않는 것이 장점이다.
   ㉡ 아가일(Argyle) 스웨터 : 3색 배색의 다이아몬드 형태의 체크무늬 또는 격자무늬가 겹쳐진 스웨터이다.
   ㉢ 페어아일(Fair Isle) 스웨터 : 스코틀랜드 북부 페어 섬에서 유래된 스웨터로, 무어리시 무늬를 넣어 제작한 것이 특징이다.
   ㉣ 터틀넥(Turtle Neck) 스웨터 : 네크라인이 목까지 감싸는 스웨터로 거북이 목과 비슷하여 터틀넥이라는 이름이 붙었다. 목까지 감싸주기 때문에 보온성이 뛰어나다.

4 **스커트(Skirt)**

① 개요

스커트는 인체의 하반신을 감싸는 의복으로 여성복 중에서 가장 오래된 것이다. 허리에 걸쳐 엉덩이와 발 전체 또는 일부를 덮는 원뿔 또는 원통형의 옷의 종류를 말한다. 스커트의 넓이, 길이, 하반신의 위치, 디테일에 따라 명칭이 달라진다. 스커트의 길이는 쉽게 변화를 줄 수 있어서 유행에 가장 민감한 부분이며, 소재의 종류나 재단방법에 따라 전체적인 실루엣에도 변화를 줄 수 있다.

스커트는 서로 다른 문화권과 다른 역사 속에서 다른 방향으로 발전해왔다. 현대 서양 유럽권에서는 거의 대부분 여자가 입으며, 지역 풍습에 따라 남자가 입기도 한다.

남성의 전통 옷으로는 킬트나 푸스타넬라가있다. 하나의 재료를 걸친 간단한 형태도 있지만, 대부분의 치마는 허리에서 꼭 맞고 그 아래로는 넉넉한데, 여기에는 다트, 3각 모양 재단, 주름, 패널 등이 쓰인다. 현대의 치마는 통상 데님, 저지, 소모사, 포플린과 같이 가볍거나 중간 무게의 옷감을 사용한다.

얇거나 달라붙는 옷감으로 만들어진 스커트는 종종 슬립과 함께 입어 수수하게 보이게 한다.

치마의 끝단은 유행이나 착용자의 취향에 따라 허벅지 위로 올라갈 수도 있고, 땅에 닿을 수도 있다. 일부 중세의 상류층 여인들은 바닥 지름이 3미터에 이르는 치마를 입기도 했다.

반대로, 1960년대의 미니 스커트는 앉았을 때 간신히 속옷을 가릴 수 있을 정도로 작아지기도 했다. 의상의 역사 연구가들은 18세기 또는 그 이전의 스커트 모양의 의상을 패티코트로 부르기도 한다.

19세기 서양의 여성 의류의 마름질은 다른 시대보다 더 다양하게 변화하였다. 허리선은 가슴 바로 아래에서 시작하여 점차 자연적인 허리까지 내려갔다. 스커트는 좁게 시작하여 1860년대의 후프 스커트와 크리놀린에 지지되는 형태에 이르기까지 극적으로 늘어났다.

1915년경에 낮에 입는 드레스의 치마단은 바닥을 영원히 벗어났다. 이후 50년간 유행한 스커트는 1920년대에 짧아지고, 1930년대에는 길어지다가 전시에 섬유의 제약으로 짧아졌다. 그리고는 다시 길어졌고, 1967년에서 1970년 사이에 가장 짧았는데, 이는 금기로 여겨졌던 속옷의 노출을 피하면서 가능한 한 짧아진 것이다.

1970년대 이후로는 여성이 입는 바지가 유행하기 시작했다. 스커트는 하나의 길이가 오랜 시간을 유지하지 않았고, 짧은 치마와 발목까지 내려오는 형태가 병행하여 패션 잡지나 카탈로그에 종종 등장하였다.

② 스커트의 종류

타이트 스커트 (Tight Skirt)	• 히프라인에서 단까지 직선인 외형으로 몸에 꼭 맞는 스커트이다. • 스커트의 기본이 되는 형으로 스트레이트 스커트(Straight Skirt)라고도 한다.
랩어라운드 스커트 (Wraparound Skirt)	• '감는 치마'라는 뜻이며, 양끝을 포개어서 하체를 감싸주는 스커트로 포개진 만큼 폭의 여유를 갖게 되고 디자인에 따라서 앞 · 뒤 · 옆으로 윗자락이 놓인다.
점프 슈트 (Jump Suit)	• 항공복에서 유래된 것으로 상의와 하의가 하나로 붙어 있는 스타일이다.
티어드 스커트 (Tiered Skirt)	• 층층으로 이어진 스커트를 말한다. • 층마다 주름이나 개더를 넣어 장식하며 젊은층의 드레스에 적당한 실루엣이다.
하렘 스커트 (Harem Skirt)	• 불룩하게 주름을 넣은 스커트로, 보통 단에 개더를 넣어 불룩하게 한 것이다. • 1910년경 한때 유행하였는데 현재는 칵테일 드레스에서 볼 수 있다.
플레어 스커트 (Flared Skirt)	• 플레어는 나팔꽃처럼 뻗친 형이라는 뜻으로, 허리 부분은 꼭 맞고 단 쪽으로 내려오면서 자연스럽게 넓혀진 스커트이다. • 서양에서는 서큘러 스커트 · 세미 서큘러 스커트, 바이어스로 재단했기 때문에 바이어스 스커트라고도 한다. • 허리에 개더를 넣고 단 쪽을 넓힌 것을 개더 플레어 스커트라고 한다.
서큘러 스커트 (Circular Skirt)	• 원형으로 재단한 천의 중앙에 허리 규격에 맞는 둥근 선을 낸 스커트이다. • 360°의 원으로 된 스커트를 풀 서큘러 스커트(Full Circular Skirt)라고한다.
개더 스커트 (Gathered Skirt)	• 감을 꿰매 오그려서 생기는 잔주름이 개더이고, 이것을 허리둘레에 맞추어 만든 스커트이다. • 통으로 꿰맨 천의 위 끝을 그대로 오그린 것을 페전트(Peasant) 스커트라고 하며, 플레어 부분을 넣어 다소 드레시하게 한 것을 개더 플레어 스커트라고 한다.
요크 스커트 (Yoke Skirt)	• 히프라인 부근에 절개선을 넣어 요크를 만들고 그 선 아래쪽에 주름이나 개더를 넣어 주면 요크 부분은 몸에 꼭 맞고 치마의 아래 폭은 넉넉하게 된다.
플리츠 스커트 (Pleats Skirt)	• 전체적으로 주름을 잡은 스커트의 총칭이다. • 정확하게 말하면 올 어라운드 플리츠 스커트라고 해야 한다. • 이 중에는 아코디언 플리츠, 부분적으로 주름을 넣은 사이드 플리츠, 단 쪽이 넓혀진 엄브렐러 플리츠 등의 스커트가 있다.
슬림 스커트 (Slim Skirt)	• 몸에 꼭 맞아 실루엣이 가느다랗게 보이는 스커트이며 허리선보다 단 쪽이 좁게 되어 있다.
엠파이어 스커트 (Empire Skirt)	• 프랑스의 엠파이어 시대(1804~1825)에 유행한 스커트이다. • 허리선이 5~10cm 정도 위로 올라가고 외형의 실루엣은 직선으로서 다소 넉넉한 느낌이 나며, 밑으로 내려갈수록 퍼진 모양으로 고대 그리스 의상 중에서 볼 수 있는 것과 유사하다.
시스 스커트 (Sheath Skirt)	• 칼집과 같이 몸에 꼭 끼어 가느다란 느낌이 나는 스커트인데, 슬림 스커트와 같다.
튜닉 스커트 (Tunic Skirt)	• 짧은 오버 스커트가 위에 덧달린 스커트로, 보통 블라우스의 연장이다.
고어드 스커트 (Gored Skirt)	• 고어(Gore)는 삼각형의 천 또는 덧대는 천이라는 뜻으로, 전체 원형을 일정한 삼각형 조각으로 절개해서 붙여 만드는 스커트이다.

디바이디드 스커트 (Divided Skirt)	• 나누어진 스커트란 뜻으로 바지와 같이 가랑이가 있는 스커트이다. • 1910년경에 유행하여 승마복으로 사용되었으나 최근에는 스포츠용으로 많이 착용된다. • 퀼로트 스커트와 같다.
퀼로트 스커트 (Culotte Skirt)	• 퀼로트는 프랑스어로 반바지의 뜻이고, 얼핏 보아 스커트와 같이 보이나 가랑이가 있는 바지식 스커트이다. • 디바이디드 스커트와 같다. • 퀼로트와 반대의 개념으로는 서민들이 착용하였던 헐렁한 나팔바지 형태의 판탈롱이 대 표적이다.
트럼펫 스커트 (Trumpet Skirt)	• 악기 중의 나팔 모양을 한 스커트이다. • 허리선에서 무릎까지는 몸에 꼭 맞게 하고 무릎 아래를 플레어나 개더를 넣어 퍼지게 한 것이다.
킬트 스커트 (Kilt Skirt)	• 스코틀랜드 남성 전통복장으로 허리에 두르는 스커트이다.
사롱 스커트 (Sarong Skirt)	• 동남아에서 허리에 두르는 원통형 스커트이다.
오버 스커트 (Over Skirt)	• 스커트 또는 드레스 위에 이중으로 겹쳐 입는 스커트이다.
벌룬 스커트 (Balloon Skirt)	• 밑단에 주름을 많이 넣어 풍선과 같이 부풀린 형태의 스커트이다.
드레이프 스커트 (Draped Skirt)	• 주름을 잡아 무릎 부분까지 드리움으로써 차분함을 주는 스커트이다.
스플릿 스커트 (Split Skirt)	• 반바지 형태의 치마를 말한다.

타이트 스커트 (Tight Skirt)	랩어라운드 스커트 (Wraparound Skirt)	고어드 스커트 (Gored Skirt)	티어드 스커트 (Tiered Skirt)
Chanel	Sonia Rykiel	Armani	Jean Paul Gaultier

하렘 스커트 (Harem Skirt)	플레어 스커트 (Flared Skirt)	서큘러 스커트 (Circular Skirt)	개더 스커트 (Gathered Skirt)
 Lanvin	 Peter Som	 Chloe	 Michael Kors
요크 스커트 (Yoke Skirt)	트럼펫 스커트 (Trumpet Skirt)	디바이디드 스커트 (Divided Skirt)	플리츠 스커트 (Pleats Skirt)
 Chanel	 S/S Dior	 Victor & Wolfe	 Miu miu
시스 스커트 (Sheath Skirt)	슬림 스커트 (Slim Skirt)	엠파이어 스커트 (Empire Skirt)	튜닉 스커트 (Tunic Skirt)
 Jean Paul Gaultier	 Vera Wang	 Chloe	 Anna Sui

5 팬츠(Pants)

① 개 요

팬츠는 양 다리를 각각 분리하여 감싼 형태의 독립된 하의를 말
하며, 슬랙스(Slacks), 판탈롱(Pantaloons), 트라우저스
(Trousers) 등 다양한 명칭을 가지고 있다.

바지는 아랫도리에 입는 옷으로, 다리를 따로 감싸는 것이 특징
이다. 위는 통으로 되고 아래는 두 다리를 꿰는 가랑이가 있다.

한복 바지는 겹바지와 솜바지로 나뉘며, 위는 통으로 되고 그
밑으로 두 다리를 꿰는 가랑이가 있다.

양복 바지를 이르는 말로는 슬랙스(Slacks), 드로어스(Draw-
ers), 팬츠(Pants)가 있고, 모양이나 옷감에 따라 판탈롱·청바
지·맘보바지·스키바지 등이 있다.

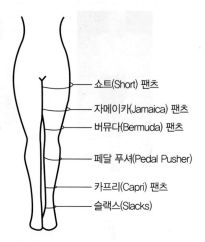

쇼트(Short) 팬츠
자메이카(Jamaica) 팬츠
버뮤다(Bermuda) 팬츠
페달 푸셔(Pedal Pusher)
카프리(Capri) 팬츠
슬랙스(Slacks)

반바지는 보통 아랫단이 무릎 부근이나 그 위로 오는 짧은 바지를 말한다. 축구선수 등 운동선수들의 유
니폼 하의도 반바지이다.

② 시대의 흐름에 따른 팬츠

중세 이전의 유럽에서는 복장 면에서 어린이와 어른의 구별은 없었다. 복장의 구별이 있다고 하면 신분
에 따르는 구별이었다. 요컨대 귀족이면 어린이도 어른도 귀족의 옷을 입고 농민이면 어린이도 어른도
농민의 옷을 입었다. 이 시기에는 어린이와 어른의 구별이 애매했고 일하는 어린이의 모습도 보였다. 어
린이는 어른의 미숙한 모습에 지나지 않았다. 복장에 따르는 어린이와 어른의 구별은 신분제도의 해체가
시작된 17세기였다.

당시의 어른들은 어린이를 귀여움 등 어른과는 다른 가치를 지닌 특별한 존재로 생각하려고 했다. 그래
서 반바지는 어린이다움을 끌어내는 복장으로 성립했다.

1925년 헝가리에서 발표된 아동문학《참 하늘의 색》의 마지막에는 주인공 소년이 반바지를 졸업하며 꿈
많은 소년 시대와 헤어지는 장면이 있다. 한편 앙시앵 레짐 시기의《어린이와 가족생활》에서는 "…우리는
지금 늦게까지 어린이 취급 당하는 부끄러움의 상징이 된 반바지를 실로 오랫동안 입고 있었다."라고 말
하고 있다.

1970년 오사카 만국박람회를 본 당시 11세 일본 도쿠히토 친왕(德仁親王)도, 1983년 당시 11세 김정남
도 반바지를 입었다. 1990년대 후반 이후 보급한 긴 반바지는 반바지가 아니라 중바지라고 부른다. 핫
팬츠(Hot Pants)는 반바지의 일종으로, 일반적인 반바지보다 그 길이가 매우 짧은 바지를 말한다. 평상
복으로는 주로 여성이나 아동이 주로 착용한다.

과거에는 남성 전용의 의복 아이템이었으나 1970년대에 여성복 스타일로 완전히 정착하게 되었다. 팬츠
는 어떤 상의 아이템과 스타일링하느냐에 따라 다양한 분위기를 표현할 수 있으므로 여러 가지로 연출이
가능한 중요한 아이템이다.

③ 팬츠의 종류

카고 팬츠 (Cargo Pants)	• 카고란, '화물선'이란 뜻이다. • 화물선의 승무원이 작업용으로 입는 커다란 플랩, 패치포켓이 양쪽 다리에 달린 팬츠를 말한다.
니커보커즈 (Knicker Bockers)	• 무릎 아래까지 개더를 잡은 무릎 길이의 팬츠이다. • 원래 네덜란드의 남자 옷에서 볼 수 있었던 것으로, 19세기 후반에 자전거의 보급과 함께 그 이름이 알려지게 되었고, 스포츠나 여행을 할 때 많이 착용한다.
보이 쇼츠 팬츠 (Boy Shorts Pants)	• 밑위에서 3~4cm 정도만 내려오는 아주 짧은 길이의 반바지 스타일을 말한다.
자메이카 팬츠 (Jamaica Pants)	• 허벅지 중간 길이의 반바지 스타일을 말한다.
버뮤다 팬츠 (Bermuda Pants)	• 무릎 위 정도 길이의 다리에 밀착되는 통이 좁은 반바지이다 • 밑단에 커프스가 있는 것도 있으며, 사파리 팬츠(Safari Pants)라고도 한다.
하이 웨이스트 팬츠 (High Waist Pants)	• 허리가 높은 팬츠를 말한다.
하렘 팬츠 (Harem Pants)	• 1910년경 동양풍의 스타일이 유행할 때 등장하였으며, 회교도들이 즐겨 입는 발목 부분을 끈으로 묶는 통 넓은 여성용 팬츠를 말한다. • 무릎 길이의 하렘 팬츠를 주아브 팬츠(Zouave Pants)라 한다.
사브리나 팬츠 (Sabrina Pants)	• 슬림하고 밑단으로 갈수록 좁아지는 종아리 길이의 팬츠를 말한다.
페그 톱 팬츠 (Peg Top Pants)	• 팽이 모양의 팬츠를 말한다.
배기 팬츠 (Baggies Pants)	• 상위가 자루처럼 넉넉하고 폭이 넓은 바지이다. • 허벅지 부분이 넓고 밑으로 갈수록 좁은 스타일로 허리 부분이 풍성한 턱이나 개더를 넣어 만든다. • 점프 슈트(Jump Suit) : 항공복에서 유래된 것으로 상의와 하의가 하나로 붙어 있는 스타일이다. • 크롭트 팬츠(Cropped Pants) : Crop은 '잘라내다', '베어내다'라는 뜻으로, 말 그대로 크롭트 팬츠는 바지 기장이 무릎 아래에서 잘라진 형태의 팬츠이다.
벨 보텀즈 팬츠 (Bell Bottoms Pants)	• 1970년대에 유행한 무릎에서 바지 밑단까지 종 모양으로 넓어지는 스타일이다. • 해병들이 즐겨입은 스타일에서 유래되어 '세일러 팬츠'라고도 불린다.
조드퍼즈 팬츠 (Jodhpurs Pants)	• 승마바지의 일종으로 허리에서 무릎까지는 통에 여유가 있고, 무릎 아래부터는 타이트하여 부츠 착용 시 편리함을 도모하는 팬츠이다.
카프리 팬츠 (Capri Pants)	• 8부 길이의 팬츠로, 무릎 아래에서 발목 사이에 밑단이 오는 슬림 라인의 팬츠이다.
스키니 팬츠 (Skinny Pants)	• 가늘어 몸에 딱 붙는 스타일이다.

가우초 팬츠 (Gaucho Pants)	• 종아리 길이의 폭넓은 플레어 팬츠로 인디오와 스페인 혼혈인 가우초가 착용한 팬츠이다.
부츠컷 팬츠 (Boots-cut Pants)	• 부츠를 신고 입었을 때 편리하도록 밑단 쪽을 약간 넓게 재단한 팬츠이다.
팔라초 팬츠 (Palazzo Pants)	• '궁전'이라는 뜻으로 스커트처럼 넓은 플레어가 있는 통이 넓은 팬츠이다.
클래식 팬츠 (Classic Pants)	• 풍성하며 다트나 턱으로 허리에서 피트되는 스타일이다.
비프톱 팬츠 (Bip-top Pants)	• 비브 프론트(가슴받이 ; Bib Front)가 달린 스타일로서 화가나 장인들이 작업복으로 입던 스타일에서 유래되었다. • 오버롤(Overall), 서스펜더(Suspender), 페인터즈(Painters) 팬츠라고도 한다.
시가렛 팬츠 (Cigarette Pants)	• 담배 모양과 같이 가늘고 긴 원통형의 팬츠로 앞 중심선이 없이 둥근형이 특징이다.
캘리포니아 팬츠 (Caliofrnia Pants)	• 밑위가 길고 헐렁하며 풍성한 실루엣의 팬츠이다.

길이에 따른 크롭트 팬츠의 종류

• 7부 바지 : 무릎과 발목 사이로 잘라낸 바지
• 8부 바지 : 7부와 9부의 중간 정도 길이의 바지
• 9부 바지 : 발목에서 10cm 정도 올라온 길이로 복숭아뼈 위에서 잘린 길이의 바지

카고 팬츠 (Cargo Pants)	니커보커즈 (Knicker Bockers)	보이 쇼츠 팬츠 (Boy Shorts Pants)	버뮤다 팬츠 (Bermuda Pants)
Resort Alexander McQueen	Alexander Wang	Alexander Wang	D&G

자메이카 팬츠 (Jamaica Pants)	하이웨이스트 팬츠 (High Waist Pants)	하렘 팬츠 (Harem Pants)	사브리나 팬츠 (Sabrina Pants)
 Louis Vuitton	 Louis Vuitton	 Jill Stuart	 Resort Alexander McQueen
페그톱 팬츠 (Peg Top Pants)	시가렛 팬츠 (Cigarette Pants)	배기 팬츠 (Baggies Pants)	크롭트 팬츠 (Cropped Pants)
 Dries Van Noten	 Resort Dona Karan	 Louis Vuitton	 Phillip Lim
스키니 팬츠 (Skinny Pants)	팔라초 팬츠 (Palazzo Pants)	점프 슈트 (Jump Suit)	부츠컷 팬츠 (Boots-cut Pants)
 Burberry Prosum	 Resort Salvatore Ferragamo	 Alexander Wang	 Garth Pugh

캘리포니아 팬츠 (California Pants)	비프톱 팬츠 (Bip-top Pants)	클래식 팬츠 (Classic Pants)	가우초 팬츠 (Gaucho Pants)
Givenchy	Sonia Lykiel	Givenchy	Chloe

6 재킷(Jacket)

① 개요

재킷(Jacket)은 앞이 트이고 소매가 달린 짧은 상의이다. 재킷은 겉에 입는 상의의 총칭으로 길이는 가슴 밑에서부터 무릎선까지 다양하다.

소매가 있고 앞 여밈이 일반적인데, 본격적으로 여성복으로 사용된 것은 19세기 말부터이다. 과거에는 하의와 같은 색상을 매치하여 입는 것이 대부분이었으나, 1920년대 이후 지금과 유사한 모양의 라운지 재킷과 트위드 재킷이 소개되면서 디자인과 착용법이 다양해지고, 재킷이 주는 이미지도 변화되고 있다. 길이는 엉덩이까지 오거나 그보다 더 짧다. 용도에 따라 사무용, 레저용, 스포츠용이 있고, 종류가 다양하다.

② 재킷의 종류

디너 재킷 (Dinner Jacket)	• 정장용 남성재킷을 말한다. • 벨벳이나 새틴으로 된 숄칼라나 테일러드 칼라로 디자인되며, 단추는 일반적으로 한 개다.
마오 재킷 (Mao Jacket)	• 중국의 지도자 마오쩌둥의 이름에서 유래되었다. • 스탠드칼라에 앞여밈이 약간 옆으로 치우쳐 있는 것이 특징이다.
노포크 재킷 (Norfolk Jacket)	• 영국의 노포크 공작이 애용하던 재킷이다. • 앞·뒤쪽에 세로로 두 줄의 박스 주름을 넣고 그 사이로 허리선에 벨트를 넣은 디자인으로 길이가 긴 재킷이다.
박스 재킷 (Box Jacket)	• 허리선 정도 길이의 짧은 재킷으로, 사각의 직선적인 실루엣이 특징이다.
테일러드 재킷 (Tailored Jacket)	• 정장용 상의로 라펠이 있는 테일러드 칼라가 달린 재킷이다. • 남성용 정장의 상징으로 단정한 느낌을 준다.

블레이저 재킷 (Blazer Jacket)	• 테일러드 칼라에 싱글 혹은 더블 여임의 스포츠 재킷이다. • 영국 보트 경기선수가 빨간색 재킷을 입은 데서 유래되었으며, 금속단추와 앞가슴 포켓에 자수 장식이 특징이다.
볼레로 재킷 (Bolero Jacket)	• 스페인의 투우사들이 즐겨 입는 민속풍의 상의에서 유래되었으며, 밑단이 허리 위로 위치 하는 매우 짧은 형태의 재킷이다.
다운 재킷(Down Jacket)	• 가벼운 오리털을 넣고 퀼팅을 한 방한용 재킷이다.
에비에이터 재킷 (Aviator Jacket)	• 비행사가 입는 짧은 길이의 블루종 스타일의 재킷이다.
샤넬 재킷 (Chanel Jacket)	• 가장자리에 브레이드 장식이 있고, 칼라가 없는 라운드 네크라인에 허리 정도 길이의 박 스형 재킷이다.
카디건 재킷 (Cardigan Jacket)	• 영국의 카디건 백작의 이름에서 유래되었다. • 앞트임을 단추로 여미고 칼라가 없는 재킷이다.
스모킹 재킷 (Smoking Jacket)	• 숄칼라에 단추가 없이 허리 벨트로 여미는 헐렁한 스타일의 재킷이다. • 손님 초대 시 남성들이 즐겨 입는 스타일로 정장보다는 홈웨어로 많이 입는다. • 영국에서는 턱시도 재킷과 같은 뜻으로 사용되기도 한다.
벨보이 재킷 (Bellboy Jacket)	• 호텔 안내직원들이나 악단원들이 입는 몸에 꼭 맞는 짧은 재킷을 말한다.
배틀 재킷 (Battle Jacket)	• 전투용 재킷으로, 주머니가 많이 달려 있고 허리까지 오는 짧은 스타일이 특징이다.
에드워디안 재킷 (Edwardian Jacket)	• 20세기 초 영국에서 남성의 주간 예복으로 많이 이용되었던 재킷이다. • 무릎까지 내려오는 길이가 특징이다.
아노락(Anorak)	• 등산, 스키 등의 겨울 스포츠에 이용되는 방한ㆍ방풍용 재킷이다. • 에스키모들이 입던 방한용 상의를 일컫는다.
페플럼 재킷 (Peplum Jacket)	• 1970년대에 유행한 재킷이다. • 허리선과 엉덩이 선을 분리하여 허리선 밑으로 플레어지게 만들어졌다.

디너 재킷 (Dinner Jacket)	블루종 재킷 (Blouson Jacket)	노포크 재킷 (Noforlk Jacket)	박스 재킷 (Box Jacket)
Resort Balmain	Louis Vuitton	Sonia Rykiel	Stella McCartney

스펜더 재킷 (Spender Jacket)	테일러드 재킷 (Tailored Jacket)	블레이저 재킷 (Blazer Jacket)	볼레로 재킷 (Bolero Jacket)
 Dolce & Gabbana	 Salvatore Ferragamo	 Moschino	 Yves Saint Laurent
샤넬 재킷 (Chanel Jacket)	카디건 재킷 (Cardigan Jacket)	스모킹 재킷 (Smoking Jacket)	나폴레온 재킷 (Napoleonic Jacket)
 Bottega Veneta	 Hermes	 Bottega Veneta	 Balmain

재킷의 유래

- 중세 시대 : 코트아르디
- 르네상스 시대 : 더블릿
- 근대 시대 : 카르마뇰

7 코트(Coat)

① 개 요

코트(Coat)는 외투라고도 하며, 몸을 따뜻하게 하기 위해 가장 겉에 입는다. 즉, 옷 위에 착용하는 겉옷의 총칭이다. 주로 방한, 방풍, 방우 등을 목적으로 착용하며 길이, 실루엣, 용도에 따라 구분된다.

② 코트의 종류

랩 코트 (Wrap Coat)	• 앞단추가 없고 겹쳐서 허리끈으로 묶어서 여미는 스타일이다.
박스 코트 (Box Coat)	• 어깨에서부터 직선으로 내려오는 직사각형 모양의 실루엣이 특징이다.
맥시 코트 (Maxi Coat)	• 길이가 발목까지 오는 부피가 큰 코트이다.
라글란 코트 (Raglan Coat)	• 목둘레에서 겨드랑이 밑으로 절개선이 있는 라글란 소매이다.
케이프 코트 (Cape Coat)	• 소매가 없이 진동둘레에 트임이 있는 헐렁한 삼각형 형태의 코트로, 어깨부분에만 작은 케이프가 달린 것도 있다.
피 코트 (Pea Coat)	• 선원들이 방한용으로 입는 상의에서 유래되었으며, 두꺼운 천으로 만든 마린(Marin) 감각의 코트이다. • 단추가 6개 달린 이중 여밈에 입술형태의 머프 포켓이 달린 짧은 길이의 코트로, 칼라 모양이 큰 것이 특징이다.
체스터필드 코트 (Chesterfield Coat)	• 영국의 체스터필드 백작이 입었던 것으로, 허리가 들어간 실루엣의 싱글 혹은 더블 여밈의 정장용 코트이다. • 칼라와 소매단, 포켓 등에 벨벳을 조화시켜 만든다.
텐트 코트 (Tent Coat)	• 피라미드 형으로 밑단과 소매단이 넓어지는 삼각형 형태 스타일이 특징인 코트이다.
더플 코트 (Dufle Coat)	• 두껍고 거친 모직물로 만들어진 군용 코트로서, 모자가 달려있고 단추 대신 토글과 가죽 끈으로 장식된 스타일이다.
배럴 코트 (Barrel Coat)	• 몸통 부분이 볼록한 모양의 코트이다. • 전체적으로 둥글게 보이며 밑단이 약간 좁은 모양이다.
트렌치 코트 (Trench Coat)	• 제1차 세계대전 때 영국 군인들이 참호(Trench) 속에서 입었던 레인 코트와 버버리 코트의 대표적인 형태이다.
폴로 코트 (Polo Coat)	• 스포츠 관전용으로 입기 시작한 코트의 형태로서, 싱글 혹은 더블 여밈에 큰 포켓과 단추가 달린 박스형의 코트이다. • 현대에는 정장용으로 보통 재킷, 블레이저 혹은 비즈니스 슈트 위에 입는다.
토퍼 코트 (Topper Coat)	• 오버 코트보다 간편하게 입을 수 있는 길이가 짧은 심플한 코트이다. • 일명 하프 코트(Half Coat)라고 한다.
애비에이터 코트 (Aviator Coat)	• 비행사가 입는 짧은 길이의 스타일이 변형된 코트이다.

모닝 코트 (Morning Coat)	• 낮에 입는 정식 예복으로, 저녁 이후에는 입지 않는다. • 코트 뒷길이가 무릎까지 내려오고 앞부분은 V자로 깊게 패어 있어 바지 앞부분이 드러나 보이는 것이 특징이다.
턱시도 코트 (Tuxedo Coat)	• 저녁 이후에서 밤에 입는 야간용 약식예복이다.
테일 코트 (Tail Coat)	• 꼬리라는 의미의 테일(Tail)에서 알 수 있듯이, 코트 뒷부분의 길이가 제비꼬리처럼 무릎 뒷부분까지 내려오는 형태의 코트이다.
인버네스 코트 (Inverness Coat)	• 소매 대신에 케이프가 달린 형태의 코트를 말한다.

케이프 코트 (Cape Coat)	라글란 코트 (Raglan Coat)	체스터필드 코트 (Chesterfield Coat)	랩 코트 (Wrap Coat)
Lanvin	Dries Van Noten	Dolce & Gabbana	3.1 Phillip Lim
더플 코트 (Duffle Coat)	박스 코트 (Box Coat)	텐트 코트 (Tent Coat)	배럴 코트 (Barrel Coat)
Rag & Bone	3.1 Phillip Lim	Alexander Wang	Celline
애비에이터 코트 (Aviator coat)	피 코트 (Pea Coat)	다운 코트 (Down Coat)	토퍼 코트 (Topper Coat)

Burberry Prosum	Burberry Prosum	Issey Miyake	Miumiu
판초 (Poncho)	트렌치 코트 (Trench Coat)		
Chloe	Burberry Prosum		

8 드레스(Dress)

① 개 요

상의와 스커트가 하나로 이어진 스타일이다. 일반적으로 원피스(One-piece)형 드레스를 말하며 원피스 형식의 의복 또는 정장이나 예복을 지칭한다. 드레스(Dress)는 여성용 의복으로, 속옷과 외투를 제외한 여성용 겉옷을 가리킨다.

기본형은 길과 스커트가 하나로 연결된 원피스로, 가슴선이 두드러지고 허리가 잘록하게 들어간다.

종류에는 원피스 · 투피스 · 포멀 드레스 · 애프터눈 드레스 · 이브닝 드레스 · 칵테일 드레스 · 디너 드레스 · 웨딩 드레스 · 엠파이어 드레스 · 튜닉 드레스 · 로브데콜테 · 프린세스 드레스 · 홀터 드레스 · 비치 드레스 등이 있다.

가운(Gown), 로브(Robe)라고도 하는 드레스는 주로 허리선의 위치와 실루엣에 따라 명칭이 구분된다. 때로는 용도에 따라 이브닝 드레스(Evening Dress), 애프터눈 드레스(Afternoon Dress), 칵테일 드레스(Cocktail Dress)로 구분되기도 한다.

② 드레스 종류

프린세스 드레스 (Princess Dress)	• 프린세스 라인이 있는 X자 실루엣의 여성스러운 드레스를 말한다. • 허리 절개선이 없으며 벨트 없이 입는 스타일이다.
드롭웨이스트 드레스 (Drop Waist Dress)	• 상체가 길고 허리선의 절개선이 힙 쪽으로 내려간 드레스이다.
엠파이어 드레스 (Empire Dress)	• 허리선이 가슴 바로 밑까지 높게 올라온 하이 웨이스트(High Waist) 라인에 날씬하고 긴 스타일이다. • 19세기 말 프랑스 조세핀 황후에 의해서 유행되었다.
슈미즈 드레스 (Chemise Dress)	• 어깨에서부터 허리선 없이 직선으로 내려온 드레스로, 개더를 잡아 치마단까지 풍성하게 흘러내린 텐트 실루엣도 있다. • 허리를 조이지 않고 대체적으로 디테일이 단순하다.
베이비돌 드레스 (Baby Doll Dress)	• 아기처럼 귀엽고 경쾌한 느낌을 주는 디자인이다. • 상의는 몸에 꼭맞고, 하의는 스커트 속에 패티코트를 겹겹이 넣어 풍성하게 부풀린 스타일이다.
색 드레스 (Sack Dress)	• 몸의 선에 맞추지 않고 넓게 지어 부대 자루같이 넓게 만든 풍성한 여성용 드레스이다.
칵테일 드레스 (Cocktail Dress)	• 길이가 길지 않은 드레스로 칵테일 마실 때 입는 옷이라는 데서 유래하였다. • 이브닝 드레스보다는 덜 화려하며 비공식 파티의 기본 드레스이다.
점퍼 드레스 (Jumper Dress)	• 소매와 칼라가 없고 목 둘레가 많이 파인 스타일이다. • 보통 드레스 속에 다른 옷을 받쳐 입는다.
시스 드레스 (Sheath Dress)	• 직선형의 좁은 드레스로, 허리선에 솔기가 없고 다트로 체형선에 맞게 적당히 피트시킨 스타일이다.
스트랩리스 드레스 (Strapless Dress)	• 끈이 없이 어깨 부위를 그대로 노출시킨 스타일이다. • 끈 없는 상의를 가슴에 밀착시켜서 고정하고 정장용 드레스에 많이 이용된다.
셔츠웨이스트 드레스 (Shirt Waist Dress)	• 테일러드 셔츠 스타일이 무릎까지 연장된 듯한 드레스이다. • 앞여밈은 작은 단추로 되어 있고 벨트 없이 직선으로 내려온 드레스로, 스커트는 타이트하거나 플레어로 되어 있다.
티어드 드레스 (Tiered Dress)	• 개더, 턱, 플레어, 러플, 플라운스 등을 이용하여 위에서부터 밑단까지 몇 개의 층을 이루는 드레스이다.
팬츠 드레스 (Pants Dress)	• 스커트 부분이 팬츠형으로 디자인된 드레스이다. • 큐롯 드레스(Culott Dress)라고도 한다.
크리놀린 드레스 (Crinoline Dress)	• 1850년경, 이 단어는 뻣뻣한 페티코트를 의미하였다. • 후프형으로 테두리진 치마 속 버팀대로 긴 치마 속에서 치마의 실루엣을 돋보이게 해준 것이다. • 형태와 기능은 초기 파팅게일과 매우 흡사하다. • 또는 크리놀린 원단으로 만들어진 뻣뻣한 패티코트를 말한다. • 지금은 허리를 조이고 스커트 도련이 크게 부풀려진 형태이다.

미니 드레스 (Mini Dress)	• 1960년대 메리 퀀트(Mary Quant)가 미니 스커트를 발표하였고, 앙드레 쿠레주는 이를 다 양하게 변형하여 발전시켰다.

색 드레스 (Sack Dress)	베이비돌 드레스 (Baby Doll Dress)	스트랩리스 드레스 (Strapless Dress)	엠파이어 드레스 (Empire Dress)
Lanvin	Chanel	Dolce & Gabbana	Christian Dior
시스 드레스 (Sheath Dress)	프린세스 드레스 (Princess Dress)	크리놀린 드레스 (Crinoline Dress)	칵테일 드레스 (Cocktail Dress)
Alexander McQueen	Alexander McQueen	Giambattista Valli	Resort Dona Karan
티어드 드레스 (Tiered Dress)	셔츠웨이스트 드레스 (Shirt Waist Dress)	슈미즈 드레스 (Chemise Dress)	점퍼 드레스 (Jumper Dress)
Christian Dior	Resort Alexander McQueen	Calvin Klein	3.1 Phillip Lim

9 액세서리 스타일링

① 개 요

액세서리(Accessory)란, 복장을 갖추기 위한 '부속품 · 보조품'을 의미하며, 귀걸이, 목걸이 등 보석으로 된 장신구부터 넓게는 가방, 구두, 모자, 장갑, 벨트 등 장식을 목적으로 한 패션소품을 말한다.

기능적인 면을 추구하는 것과 장식적인 면을 추구하는 것으로 나누어 살펴보면 다음과 같다.

기능적인 면을 추구	실용적인 액세서리와 모자, 백, 벨트, 양말이나 스타킹, 장갑, 스카프 등
장식적인 면을 추구	반지, 팔찌, 목걸이, 브로치, 팬턴트 등의 장신구

특히 액세서리는 의복을 보다 아름답게 꾸미고 개성을 나타낼 수 있는 요소이며, 더 나아가 토털 패션 연출, 또는 토털 패션 이미지를 조정하고 창출할 수 있는 요소로서 없어서는 안될 요소이다. 즉, 액세서리 그 자체가 독립적인 것은 아니지만 머리부터 발끝까지 의복 속에 혼합된 총체적인 외양 및 개성의 강조라는 의미에서 중요한 역할을 한다.

현대의 패션은 점점 개성화되어가고 있고, 어떻게 남과 다른 창조적인 옷을 입는가에 초점이 맞춰져 있다. 현대 패션이 요구하는 다양화, 개성화 시대에 있어서 액세서리는 옷차림에 액센트와 변화를 주고 패션의 이미지를 자유롭게 연출하고 결정하는 역할을 한다.

액세서리는 시간, 장소, 목적에 따라 선택하는 것이 좋으며, 가장 기본적으로 의상 분위기나 소재를 고려하며 무조건 유행만 따르는 스타일보다 자기만의 개성을 살릴 수 있는 연출이 바람직하다.

② 역 할

액세서리는 전체 패션이미지를 더욱 돋보이게 하기 위한 보조적인 역할을 하며, 미를 위한 포인트가 되기도 한다. 의복에서의 액세서리 선택은 용도와 목적, 디자인의 특성을 고려하고, 착용자와 어울리는 것으로 선택하여야 하며 물론 시대적인 유행성도 고려해야 한다.

액세서리의 역사를 원시시대로 거슬러 올라가면, 인간은 무엇인가로 장식하고자 하는 미적 욕구와 신분을 상징하며, 계급을 구별하고 부를 과시하고자 하는 욕구에서 자연스럽게 출발했다. 즉, 액세서리는 치장이라는 목적 이외에도 주술적인 목적으로 인간의 정신적 위안으로 이용되었으나 현대는 주술적이기보다는 미적인 목적으로 더욱 이용되고 있다.

액세서리는 의복을 보다 아름답고 단정히 보이도록 하고, 각각의 의복에 대해서 잘 조화를 이룰 수 있도록 연결하여 마무리해주는 역할을 한다. 또한 같은 의복을 착용해도 액세서리의 종류나 액세서리를 사용하는 방법에 따라 이미지를 다르게 연출할 수 있다. 그래서 머리끝부터 발끝까지의 의복스타일에 포함되어 전체적인 이미지를 결정하는 중요한 역할을 한다.

따라서 액세서리의 선택과 사용방법은 전반적인 패션이미지 연출에 매우 중요한 영향을 미친다. 다시 말하면 액세서리나 소품을 잘 활용하면 장식적인 효과가 크고 옷차림을 깔끔하게 정리해 주는 효과가 있지만, 잘못 사용하게 되면 눈에 거슬려 오히려 역효과가 나고 이미지를 실추시킬 수 있으므로, 신중하게 선택하여 사용해야 한다.

모든 액세서리는 목적과 영향력에 맞게 선택해야 하며, 각각의 아이템이 자신이 계획하려는 이미지에 어떻게 기여할지를 고려해서 의복이 전달하고자 하는 분위기에 어울리는 액세서리를 고르는 것이 중요하다.

액세서리를 이용한 코디네이션

- 첫째 : 색채 조화에 관한 지식을 토대로 하여 액세서리를 선택한다.
  - 예 블루계열 색상의 의상을 착용했다면 동일 컬러 계열의 페일톤 블루색상을 사용하여 깔끔하고 도시적인 이미지를 표현한다. 반대로 보색인 그린 컬러를 사용한다면 강하고 발랄한 이미지를 표현한다.
- 둘째 : 시간과 장소, 목적에 따라 적절하게 선택한다.
  - 예 낮과 밤의 분위기나 결혼식장과 장례식장의 분위기는 다르므로 그에 맞는 적절한 기준으로 선택한다.
- 셋째 : 의상이 주는 이미지와 조화를 이루는 액세서리를 선택한다.
  - 예 의상의 이미지가 스포티 캐주얼 이미지이면 큼직한 링 모양의 귀걸이나 큰 백 등을 사용한다.
- 넷째 : 액세서리에 의한 강조는 한 곳. 다른 부분은 약하게 하여 조화를 이루도록 한다.
  - 예 스카프와 브로치, 구두, 핸드백 등의 여러 액세서리를 조화시킬 때 스카프나 브로치 중 하나만을 사용하여 강조하고 구두와 핸드백 등은 무난한 디자인으로 조화시킨다.

---

10 모자(Hat)

① 개요

모자는 토털 패션 개념에서 의복의 전체적인 조화를 이루게 하는 액세서리의 일종이며 일정한 형태를 갖춘 모자와 머리쓰개의 종류인 머플러나 두건 등을 포함한다.

모자는 얼굴 가장 가까이에서 얼굴을 아름답고 매력적으로 보이게 하는 데 효과가 있는 액세서리로서 전체 이미지 · 균형미 · 얼굴형 · 머리모양 · 의복과의 조화를 생각해서 각각의 용도와 목적에 맞추어서 쓰는 것이 중요하다.

모자는 남자에게는 착용자의 지위 · 사회에 대한 태도 · 종교에 대한 믿음을, 여자에게는 소속된 계층 · 성장한 배경 · 기혼여부까지도 나타내곤 하였다. 시간과 장소, 경우에 따라 모자를 착용하는 규범도 있었으며 개인의 자기표현으로 사용되는 동시에 사회적 · 시대적 표출이기도 하였다.

따라서 모자는 역사적 시간성과 지역적 공간성을 갖고 있으며 개인성과 대중성을 함께 공유하고 있다.

모자의 역사는 고대 그리스 시대의 햇볕가리개용인 토리아에서 시작되었는데, 시대의 흐름에 따라서 모자의 장식성이 강해져서 중세부터 18~19세기의 유럽에서는 화려함이 극에 달했다.

특히 현대에 와서는 모자를 쓰는 방법이 종래의 의복과 모자의 관계에서 더 발전하여 머리와 메이크업의 일부분으로 이용되고, 장식처럼 사용되어 패션을 조화롭게 표현하는 데 중요한 역할을 하고 있다.

모자는 형태뿐만 아니라 그 소재나 장식에 따라서 분위기를 다르게 연출할 수 있다. 이브닝 드레스나 칵테일 드레스에는 새틴이나 벨벳, 레이스 등의 드레시한 것이 어울리며, 여름에는 통풍이 잘되는 데님, 밀짚모자나 파나마가, 겨울에는 보온성이 좋은 니트나 코듀로이의 소재가 좋다. 또 모자를 착용할 때에는 머리모양을 단순하게 하거나 하나로 묶는 것이 어울린다.

② 모자 각 부분의 명칭
  ㉠ 톱 크라운(Top Crown) : 크라운의 제일 윗부분
  ㉡ 사이드 크라운(Side Crown) : 크라운 옆부분
  ㉢ 원 사이즈(One Size) : 모자를 착용했을 때 머리둘레가 되는 부분
  ㉣ 에징(Edging) : 브림의 가는 선
  ㉤ 브림(Brim) : 에징과 페이싱

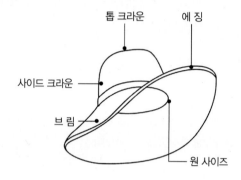

③ 모자의 분류
  ㉠ 챙이 있는 모자
    • 브림이 넓은 것과 브림이 좁은 것이 있는데, 브림이 좁은 것은 자연스럽고 클래식한 이미지로서 키가 작은 사람에게 어울리고, 브림이 크고 넓은 모자는 드라마틱한 이미지로서 키가 큰 사람에게 어울린다.
    • 또한 챙의 끝이 살짝 올라간 스타일은 귀엽고 여성스러운 이미지를 주고, 챙에 꽃이나 레이스 등으로 장식이 되어 있는 모자는 여성스럽고 로맨틱한 의복의 이미지와 조화를 잘 이룬다.
  ㉡ 베레모
    • 베레모는 유행을 추구하는 사람들에게 애용되는데, 이는 모자의 형태를 자유롭게 변화시킬 수 있어서 쓰는 방법에 따라 자유롭고 개성있게 연출할 수 있다.
    • 긴머리 스타일에 잘 어울리며 캐주얼한 스포티브 이미지의 의상에 알맞다.
  ㉢ 운동모자
    • 얼굴형에 구애받지 않고 부담 없이 쓸 수 있으며 종류가 가장 다양하다.
    • 대체로 스포티한 캐주얼 이미지로서 활동적인 분위기를 가지고 있어 청바지나 청재킷과 같은 의상과 자연스런 조화를 이룬다.
  ㉣ 니트모자
    • 니트모자는 경쾌하고 발랄한 여성적인 이미지를 주기 때문에 의상도 캐주얼 이미지와 어울리고, 특히 같은 분위기의 스웨터류와 함께 연출하면 효과적이다.
    • 니트모자는 어린이에게도 잘 어울리며 애용되고 있다.

④ 모자의 종류

종 류	내 용	종 류	내 용
베레모 (Beret)	둥글납작하고 부드러우며 챙이 없는 모자를 말한다.	카스케 (Casquette)	• 프랑스어로 캡(Cap)의 일종으로 보통 크라운이 부드럽고 평평하다. • 학생용 모자나 군모와 같이 앞챙이 달린 모자의 총칭이다.
워치 캡 (Watch Cap)	진한 감색의 니트 재료, 미 해군의 수병이 신싱에서 쓰는 **모자를 말한다.**	캐플린 (Capeline)	반구형의 꼭 맞는 크라운과 부드럽게 파도치는 듯한 넓은 챙을 가진 장식성이 강한 모자를 말한다.
사파리 해트 (Safari Hat)	아프리카 탐험가가 쓰는 차양이 있고 크라운이 약간 깊은 모자를 말한다.	베이스볼 캡 (Baseball Cap)	• 야구선수가 쓰는 모자로 머리에 꼭 맞게 된 반구형이다. • 약간 느슨한 크라운으로 보통 여섯 조각의 천으로 만들어진다.
클로슈 (Cloche)	모자의 챙이 아래쪽으로 되어 있는 것으로 소재는 면, 코듀로이, 면 트윌 등으로 되어 있다.	보닛 (Bonnet)	• 어원은 힌두어인 Banat에서 유래된 것으로, 뒤에서부터 머리 전체를 감싸듯이 가리고 얼굴과 이마만 드러낸 모자이다. • 크라운이 부드럽게 처리되어 있다.
파나마 해트 (Panama Hat)	스트로 해트의 일종으로 원래는 에콰도르, 콜롬비아 등 중남미 야자수의 섬유로 짠 챙 모자이다.	크루 해트 (Crew Hat)	흰 코튼이나 본래의 리넨 등으로 만들어진 이음새가 있는 모자로 스티치 장식을 한 늘어져 내린 느낌의 브림과 8쪽이나 6쪽 이음의 둥근형 크라운이 특징이다.
웨스턴 해트 (Western Hat)	미국 서부지방이나 멕시코 등지의 목장에서 말을 타고 일하던 남자들이 쓰던 모자를 말한다.	톱 해트 (Top Hat)	• 남성 예복용 모자로 크라운 부분이 높은 모자이다. • 실크 해트, 오페라 해트라는 이름도 가지고 있다.

 보터 (Boater)	• 평평한 크라운과 단단한 수평의 챙이 특징인 보리 짚으로 만든 모자이다. • 고전적인 배에서 쓰는 모자에서 유래되었다.	 헌팅 캡 (Hunting Cap)	19C 중반부터 사용되던 수렵용 모자로 부드럽게 약간 앞으로 기울어진 크라운과 짧은 앞 차양이 특징이다.

11 핸드백(Hand Bag)

① 개 요

지갑이나 화장품 · 손수건 · 수첩 등의 소품을 넣고 다닐 수 있는 실용적인 액세서리로서 의상 전체의 이미지를 좌우한다. 패션에서 백은 기능성과 장식성을 넘어 전체와의 토털 코디네이션을 위한 아이템으로 목적과 장소에 맞게 사용한다. 핸드백의 크기나 형태, 재료는 유행에 따라 다양하지만, 핸드백은그 사람의 직업이나 생활방식을 알 수 있을 정도로 라이프스타일과 밀접한 관계에 있다.

백의 발생은 B.C 9세기경 아시리아의 부조에 나타난 네모난 손가방 같은 형태로 보고 있다. 중세 초기에 오늘날의 핸드백의 유형으로 보이는 것이 나타났는데, 당시에는 주로 열쇠 · 지갑 · 빗 · 나이프 등을 넣고 다녔다. 16세기 초기의 여성들 사이에서는 핸드백 안에 향수를 넣고 다니는 것이 유행하였다.

19세기 초기의 엠파이어 스타일은 의복 구성상 포켓을 붙이는 것이 불가능했기 때문에 다시 백에 대한 관심이 생겨 손에 들고 다니는 핸드백이 유행하였다. 백의 소재는 천, 대나무, 비닐, 천연피혁, 합성피혁 등이고 사이즈나 컬러 · 모양 · 손잡이 등은 시대에 맞는 유행 형태가 있다.

현대와 같이 패션의 형태가 심플하게 되면서 액세서리로서의 백의 역할은 패션과 코디네이션에서 중요한 위치를 갖게 된다. 백의 종류는 크게 형태 · 사용방법 · 용도에 따라서 분류가 된다. 손에 들거나 어깨에 메는 백과 벨트가 달린 형태로 분류하고, 용도별로는 정장용 · 레저용 · 칵테일 파티용 · 여행용 등으로 나눈다.

핸드백은 실용성이 강한 액세서리로서 패션 이미지를 완성하는 소품으로도 중요하게 인식되고 있다. 코디네이션 방법에 있어서 핸드백의 크기는 자신의 키와 비례하여 코디해야 하는데, 키가 작은 사람은 부피가 크고 길이가 긴 핸드백은 피하는 것이 좋다.

② 핸드백의 종류

종 류	콘셉트	소 재
정장용 백	일반 직장을 다닐 때 사용되는 백	기본 소, 양 가죽 등을 주로 사용
파티용 백	모임이나 장소, 목적에 따라 디자인을 선택	새틴이나 고급스런 소재의 벨벳, 녹비, 구슬백
캐주얼 백	캐주얼 백은 주로 물건을 넣을 수 있는 실용적인 목적. 비교적 크고 숄더백의 형태가 많음	가죽, 합성피혁, 캔버스지 등이 있으며, 여름에는 마직, 왕골 등의 소재를 사용

여행용 백	가볍고 튼튼한 제품이 좋음	소재는 흠이 생기지 않는 가죽이나 캔버스지, 코팅된 소재, 방수 처리된 나일론 등. 장기여행이나 해외 여행 시에는 슈트 케이스나 트렁크가 적당
스포츠용 백	스포츠가 생활화됨에 따라 스포츠용품으로 많이 쓰임	–

종류	내용	종류	내용
머니파우치 (Money Pouch)	• 염낭을 신주머니와 같이 커다랗게 한 모양의 주머니이다. • 재료는 울트라 스웨트. 드로스트 링을 이중으로 해서 묶은 끈을 십자형으로 어깨에서 내려뜨려 사용한다.	보스턴백 (Boston Bag)	• 손잡이가 두 개, 바닥이 직사각형이고 중간쯤이 불룩한 손잡이가 가방이다. • 간단한 여행이나 스포츠 등에 많이 이용된다. • 가죽, 합성섬유, 폴리 염화 비닐로 안을 붙인 것 등이 있다.
새철백 (Satchel Bag)	• 손으로 들 수 있는 작은 여행용 가방이다. • 원래 새철이란 손잡이가 있는 학생 가방을 말한다.	벨트백 (Belt Bag)	• 1976년 봄 · 여름에는 웨이스트에 악센트를 준 옷차림이 많았는데, 그중 하나이다. • 벨트에 작은 백을 하나 또는 두 개 붙여서 허리에 맨다.
비즈니스백 (Business Bag)	• 사무용 백의 총칭이다. • 주로 피혁제로서 색은 블랙이나 짙은 브라운, 무지의 차분한 감각의 것이 이용된다. • 최근에는 패션성이 풍부한 여러 가지 신소재도 나타나고 있다.	샤넬백 (Chanel Bag)	• 프랑스의 디자이너 샤넬이 고안한 엔벨로뜨 타입의 숄더백이다. • 퀼팅한 부드러운 가죽제품으로, 금줄이나 가죽끈으로 되어 있다.
토트백 (Tote Bag)	• 여성용 대형 핸드백이다. • 원형은 쇼핑용 페이퍼백과 같이 윗 부분이 트이고 두 개의 손잡이가 있다.	세컨드백 (Second Bag)	• 화장용구 등 주변의 물건만을 넣을 수 있는 매우 작은 백이다. • 핸드백 속이나 보조적으로 세컨드백에 넣어 필요에 따라 꺼내어 사용한다.
포세트 (Pochette)	• 어깨에서 비스듬히 매는 끈이 비교적 긴 조그만 핸드백이다. • 보통 여성스러운 느낌을 원할 때 널리 이용한다.	색 (Sack)	• 룩 색의 일종으로 일상 여행용의 간단한 물건이 들어갈 정도의 크기이다. • 현재는 캐주얼 아이템으로도 널리 이용된다.

- 핸드백의 크기는 자신의 키와 비례하여야 함
- 키가 작은 사람은 부피가 크고 길이가 긴 핸드백은 피함
- 핸드백은 반드시 구두나 의상의 컬러와 같은 것으로 맞출 필요는 없음
- 트렌드에 맞게 조화롭다면 컬러나 소재에 특별히 구애받지 않음
  - **예** 다른 의상과 소품은 비슷한 색으로 조화시키고 핸드백은 전혀 다른 컬러를 포인트컬러로 사용 가능

12 구두(Shoes)

① 개 요

구두는 발을 감싸는 신발의 총칭으로 발의 보호와 장식을 겸해서 여러 가지 모양의 것이 만들어져 왔다. 여성 구두의 종류는 기본적으로 끈이나 잠금장치 없이 신는 슈즈, 발등이 드러나고 끈이나 밴드로 여미는 샌들, 발목 위로 길게 올라오는 부츠로 나뉜다.

구두의 선택은 착용하는 의복 이미지와 컬러, 유행과 함께 체형의 장단점을 고려하여 선택하는 것이 좋으며, 구두의 컬러는 의상의 컬러와 비슷하거나 진한 색을 선택하는 것이 코디네이션 되었을 때 안정감을 준다. 일반적으로는 블랙, 브라운, 베이지 계열의 기본컬러를 소유하는 것이 좋다.
예전에는 구두의 보온성, 내구성, 기능성 등을 가치의 척도로 보았지만 요즘에는 기능성을 바탕으로 한 패션성을 중시하는 추세이다. 미래로 갈수록 실용성, 편리성을 추구하므로 스포츠 캐주얼의 스타일이 많이 사용될 것으로 예상된다. 다리의 굵기에 따라 구두를 선택할 때 유의해야 하며, 다리의 길이는 부츠와 구두의 굽을 결정할 때 고려되어야 한다.

일반적인 정장차림에는 엘레강스한 펌프스가 잘 어울리며, 진 종류의 복장이나 레깅스에는 부티스타일이 어울리고 세미정장에는 캐주얼용 구두나 굽이 낮은 단화가 보기에 좋다. 통근용이나 평상시용으로는 굽이 낮은 것이 알맞으며, 이브닝이나 칵테일 파티에는 굽이 높은 화려한 샌들이 어울린다.
의상의 이미지에 따라 구두를 선택해야 하는데, 의상의 색과 일치하는 색상을 선택하는 것이 가장 기본이다. 요즘은 구두와 가방의 색상을 일치시켜 코디네이션 하기도 하며 구두 색상으로 전체적인 패션에 포인트를 주어 액세서리 역할로 활용하기도 한다.

여성용 구두는 실용성과 기능성보다 장식성이 많으며, 굽이 없는 것에서부터 7cm 이상의 하이힐까지 종류가 다양하다. 장식성만 추구하기보다는 의복의 분위기에 맞는 유사한 색상의 구두나 디테일한 구두를 선택하는 것이 좋다. 하이힐은 미니스커트나 정장에 어울리지만, 아방가르드한 분위기나 자기만의 개성을 나타내는 코디네이트를 하거나 그런지 룩 스타일, 진바지, 청바지에 신으면 색다른 멋을 낼 수 있다.

② 구두 손질법

    ㉠ 구두를 오래 신는 요령으로 크림을 발라 먼지와 외상으로부터 손상되는 것을 사전에 방지하고, 가죽 은 물과 되도록 가까이 하지 않도록 주의한다.

    ㉡ 구두에 수분이 들어가게 되면 가죽이 갈라지고 딱딱해지기 때문에 구두가 젖었을 때에는 형태 유지용 보형기를 넣은 후 그늘진 곳에서 말려 주어야 냄새 제거와 구두의 형태를 그대로 보존할 수 있다.

    ㉢ 일반가죽 : 클리너로 닦아주며 색이 바랜 것은 안료를 발라준다.

    ㉣ 누박 : 부드러운 솔로 브러싱하고 더러울 때는 고무클리너로 닦아준다.

    ㉤ 에나멜 : 에나멜 전용 크림으로 닦아 준다.

    ㉥ 스웨이드 : 나일론 솔로 브러싱하고 먼지와 때를 제거하며 색이 바랜 경우는 스웨이드 잉크를 발라준다.

③ 구두의 종류

종 류	내 용	종 류	내 용
레이스업 부츠 (Lace-up Boots)	• 앞이나 옆에서 끈으로 묶도록 된 부츠이다. • 세련된 이미지를 연출한다.	웨스턴 부츠 (Western Boots)	• 미국 서부 개척시대의 복장에서 볼 수 있는 롱 부츠를 말한다. • 독특한 장식과 더불어 승마용의 기능도 충분히 고려하여 만들어졌으며, 카우보이 부츠이다.
사보 (Sabot)	• 사보는 프랑스어로 '나막신'을 말한다. • 전체가 목제인 것과 벨트나 등 부분을 가죽으로 만든 것 등이 있다.	오픈백 (Open Back)	구두의 뒤축이 오픈되어 뒤꿈치가 노출되는 신발로, 뒤축은 끈으로 고정한다.
에스퍼드리 (Espadrille)	• 끈을 발목에 감고 신는 캔버스화로 바닥은 삼베를 엮어서 만든다. • 천으로 된 가벼운 신발로 현대에는 리조트용이나 스포츠용으로 널리 이용한다.	스트랩 펌프스 (Strap Pumps)	발등에 끈이 달린 펌프스를 말한다.
바스켓 슈즈 (Basket Shoes)	• 농구선수가 신는 스포츠 슈즈를 말한다. • 캔버스나 부드러운 가죽으로 만들어지고 밑창에는 미끄럼 방지 모양이 배합된다.	샤넬 펌프스 (Chanel Pumps)	발을 밀어 넣어 쉽게 신을 수 있도록 발등 부분을 넓게 하여 만든 드레시한 구두이다.

 플랫폼 슈즈 (Platform Shoes)	밑창 전체를 높게 한 신발이다.	 인디언모카신 (Indian Moccasin)	원래 모카신은 인디언이 신고 있었던 것으로 모카신을 손으로 만든 것처럼 소박한 스타일로 디자인된다.
 태슬 슈즈 (Tassel Shoes)	• 신발 등에 술 장식을 단 신발의 총칭이다. • 신는 입구가 얕은 슬립온에서 많이 볼 수 있다. • 종종 태슬 슬립온이라든가 태슬 모카신이라고 한다.	 캔버스 슈즈 (Canvas Shoes)	등 부분을 캔버스 천으로 만든 운동화의 총칭으로 스니커즈와 같다.
 헵번 샌들 (Hapburn Sandal)	• 영화 '사브리나(1954)'에서 오드리 헵번이 신었던 샌들이다. • 앞이 트여 있고 뒷꿈치가 낮은 심플한 형태의 신발이다.	 웨지힐 슈즈 (Wedgeheel)	밑창과 굽이 연결된 형태이다.
 옥스퍼드 (Oxford)	끈을 매어 신는 발목까지 오는 짧은 구두이다.	 뮬 (Mule)	발가락에서 발등을 덮는 굽이 높은 신발이다.

구두 선택

- 뾰족한 하이힐은 굵은 다리는 더 굵어 보이고, 키가 작고 마른 사람은 더 말라보여 불안정한 모습이 되므로 체형과의 조화를 생각하여 알맞은 굵기의 굽을 선택하는 것이 좋다.
- 발목에 끈으로 묶는 형태의 구두는 발목이 굵은 사람에게는 어울리지 않는다. 오히려 발등이 시원하게 파지면서 구두의 앞 코 부분에 장식이 들어가는 디자인을 선택해 시선이 발목 부분으로 유도되지 않도록 유의한다.
- 다리가 굵은 사람은 구두를 선택 시 발등을 감싸주는 스타일이나 끈을 묶는 스타일의 심플한 단화가 좋다. 종아리까지 오는 미들 부츠는 피한다.
- 예전에는 보온성·내구성·기능성 등을 가치의 척도로 보았지만, 요즘에는 기능성을 바탕으로 한 패션성을 중시하는 추세이다.

13 장 갑

① 개 요

장갑(Glove)은 원래 추위를 막거나 일을 할 때 손을 보호하기 위해 사용한 것에서부터 점차적으로 예의를 갖춘 하나의 액세서리로 등장했다.

장갑은 손가락이 각각 나누어진 것과 엄지 손가락만 따로 나누어진 것으로 분류한다. 격식을 중요시하던 생활양식에서부터 점차 캐주얼화되면서 특별한 경우를 제외하면 여름철 장갑 착용은 없어지고 그 대신 운전, 골프, 테니스, 등산 등 각종 스포츠나 레저용 그리고 작업용으로 일반화되고 있다.

장갑을 만드는 패브릭으로는 송아지 가죽 등 부드러운 가죽, 나일론 등이 주로 사용된다. 장갑의 종류를 살펴보면 다음과 같다.

종 류	내 용	종 류	내 용
 하프미트 (Half Mitt)	• 손가락 끝 부분을 잘라낸, 즉 손가락 관절까지만 있는 장갑을 말한다. • 드라이버스 글러브가 대표적인 예이다.	 암 렝스 (Arm Length)	칵테일이나 이브닝용으로서 팔 위까지 오는 긴 장갑을 말한다.
 슬립온 (Slip-on)	손에 끼는 것으로 손목 부분에 전혀 장식 없이 끼는 장갑을 말한다.	 쇼티 (Shortie)	• 보통 손목까지 오는 길이를 가진 장갑의 총칭이다. • 솔리폰형이나 단추 하나로 여미게 되어 있다.

장갑의 코디네이션

- 정장용 : 화이트, 블랙, 엷은 베이지색, 와인색의 양가죽으로 만듦
- 스포츠용 · 운전용 장갑 : 돼지 가죽, 송아지 가죽 등으로 만듦
- 7부 소매의 경우 : 장갑이 길어야 함
- 짧은 소매나 소매가 없는 경우 : 길이가 아주 짧거나 긴 장갑을 착용
- 긴 소매 : 짧은 장갑을 소매와 만나도록 착용
- 중간 길이의 장갑 : 소매 위로 착용

14 벨트(Belt)

① 개 요

벨트는 허리에 매는 끈 또는 띠 형태의 총칭이다. 단지 의복을 고정시키는 것뿐만 아니라 장식적인 효과로 다른 액세서리와 함께 유행을 변화시키는 역할까지 담당한다.

벨트는 패션의 흐름에 따라 디자인이나 소재가 달라지는데, 봄, 여름에는 시원한 느낌이 나는 화이트 계통 에나멜이나 플라스틱을 많이 사용하고 가을, 겨울에는 따뜻한 이미지의 브라운, 블랙 색상의 가죽, 모피류를 사용한다. 정장에는 계절 구분 없이 가죽벨트를 사용해야 적절하며, 벨트의 색상은 의복과 일치하는 가죽을 사용하는 것이 좋다.

도금이나 합금한 금속 벨트, 가죽으로 만들어진 고급 벨트, 금속고리를 연결한 체인 벨트, 보석으로 화려한 장식을 한 아우터 벨트 등은 정장 슈트나 화려하고 고급스런 장소에 참석할 때 사용하면 좋다.

남성의 벨트 사용은 장식성보다 실용성에 치중하나 젊은 세대는 스포츠복의 경향으로 진이나 청바지, 캐주얼바지에 버클 달린 벨트를 많이 사용하는 추세이다. 남자들은 일반적으로 구두와 같은 컬러의 벨트를 선택하며 스포츠화는 의상에 따라 선택하는 것이 좋다.

㉠ 내로우(Narrow) : 폭이 좁은 벨트이다.

㉡ 로슬렁(Low-slung) : 허리에 걸치는 것처럼 낮은 위치에 착용하는 벨트이다.

㉢ 힙본(Hipbone) : 미니스커트에 매거나 힙본 팬츠에 걸쳐 매는 벨트이다.

㉣ 새시(Sash) : 부드러운 천을 주름 잡아 만든 벨트, 버클로 단단히 고정시키기도 하고 여러 겹 두르기도 하여 개성에 맞춰 다양한 분위기를 연출할 수 있다.

② 벨트의 종류

종류	내용	종류	내용
커머번드 벨트 (Cummerbund Belt)	폭이 넓은 형태로 주로 남성 예복에 많이 사용되나 여성복에도 많이 응용되고 있다.	서스펜더 벨트 (Suspender Belt)	• 멜빵을 만들어 단 벨트란 뜻이다. • 최근 여성의 환상적인 액세서리로서 등장한 이것은 턱시도에 쓰이는 커머번드와 같이 두꺼운 폭의 벨트에 멜빵을 단 것이 눈에 돋보인다.
콘차 벨트 (Concha Belt)	• 웨스턴 액세서리의 하나로 금속제의 링을 여러 개 이어서 벨트 모양으로 만든 것을 말한다. • 미국 인디언 나바호족이 애용하고 있던 것으로 알려져 있다. • 현재는 새로운 액세서리로서 웨스턴 룩에 한정되지 않고 사용되고 있다. • 콘차는 스페인어로 '조개'라는 뜻이다.	웨스턴 벨트 (Western Belt)	• 폭이 넓고 대형 장식 버클을 붙이며 가죽에 서공을 곁들여 장식한 벨트를 말한다. • 웨스턴 부츠의 어울림과 함께 많이 사용되고 있다.

 새시 벨트 (Sach Belt)	• 부드러운 천을 주름잡아 만든 벨트이다. • 새시란, 장식된 띠처럼 생긴 천을 말한다.	 코르셋 벨트 (Corset Belt)	• 몸을 조이기 위한 벨트이다. • 다른 벨트에 비해 폭이 넓으며 중앙에 끈이 있는 것이 특징이다.
 체인 벨트 (Chain Belt)	• 금속 고리를 이어서 벨트로 만든 것을 말한다. • 금속 이외에 가죽이나 여러 가닥으로 꼰 끈으로 체인을 만든 것도 있다.	 커브 벨트 (Curve Belt)	자기 허리선 위치와 허리선 아래 골반뼈에 연결되는 커브 벨트는 스트레이트 벨트와 함께 비교적 단단한 소재로 만든 것이다.

벨트의 코디네이션

• 버클이 있는 벨트 : 캐주얼웨어나 테일러드 스타일에 적합
• 리본형 벨트 : 부드럽고 드레시한 스타일에 적합
• 가죽으로 만들어진 고급벨트 : 슈트 정장에는 계절 구분 없이 가죽벨트를 사용
• 보석 등 화려한 장식의 벨트 : 화려하고 고급스런 장소에 참석할 때 적합
• 키가 큰 여성 : 아무런 제한 없이 벨트 이용
• 키가 작은 여성 : 벨트를 하면 더 작아보임. 키가 작을수록 벨트의 넓이는 좁은 것을 선택

15 네크웨어(Neck Wear)

① 개 요

네크웨어는 '목 주위에 착용하는 것'의 총칭으로, 넥타이, 초커, 네커치프, 스카프, 스톨 등을 포함한다. 네크웨어는 주로 목 주위를 따뜻하게 하거나 머리를 보호하는 데 많이 쓰이며, 얼굴과 목의 선을 부드럽게 해주거나 악센트를 주어 의복의 착장미를 완성한다.

일반적으로 스카프나 스톨 등이 여기에 속한다. 이런 네크웨어의 액세서리들은 의복과 같이 조화롭게 착용될 경우 우아함을 더하여 주고, 또 보온 목적으로 사용될 경우 더욱 그 쓰임새가 강조되며, 어느 시대에도 유행에 관계없이 사용되어 여성들에게 빼놓을 수 없는 중요한 소품이다.

고대 이집트의 파시움에서 볼 수 있듯이 목에 하는 장식은 원시시대부터 허리 장식과 함께 인간의 본능적인 욕구에서 하던 장식품이었다.

② 네크웨어의 종류

㉠ 머플러(Muffler) : 스카프나 스톨과 같은 의미로 목에 두르는 것을 말하는데, 방한용으로 쓰이는 것을 특히 머플러라고 한다.

ⓛ 스카프(Scarf) : 어깨에 걸치거나 목에 두르거나 머리에 쓰는 등 보온과 장식을 위해 사용된다. 폭이 넓은 밴드형 또는 장방형의 천으로서 얇은 것, 편물, 모피 등 여러 가지이다. 스카프는 방한과 장식을 목적으로 목에 감거나 어깨, 허리에 두르고 머리에 쓰는 정방형의 천으로서 롱 스카프, 숄 등 그 종류가 다양하다. 스카프는 그 자체의 패턴뿐만 아니라 매는 방식이나 패브릭, 컬러에 따라 다양한 분위기를 연출할 수 있다.

ⓒ 스톨(Stole) : 여성용의 어깨걸이로 길이가 길고 폭이 좁은 것을 말한다. 스카프와 비슷한 용도로 쓰이는 스톨은 이브닝 드레스에 맞추어 쓰는 화려한 멋뿐만 아니라 여름철에도 어깨에 걸칠 수 있는 실용적인 것도 있다.

ⓔ 숄(Shawl) : 직사각형이나 정사각형, 타원 등으로 된 천으로 어깨덮개이다.

ⓜ 네커치프(Neckerchief) : 패턴이 없거나 혹은 정방형의 패턴이 있는 수건이다. 장식적인 목도리로 실크나 면 제품이 많다.

③ 스카프 코디네이션 이미지 맵

④ 스카프 연출 방법

기본형 묶기		• 자연스럽고 부드러운 느낌으로 스카프를 묶는 방법이다. • 여성스러운 블라우스, 스웨터 등에 잘 어울리고 부드러운 이미지를 연출할 수 있다.
아코디언형 묶기		• 간단한 옷을 입었을 때 돋보이는 스카프 연출방법이다. • 깨끗한 화이트 셔츠나 스웨터를 입고 아코디언식으로 묶으면 잘 어울린다.
돌려 묶기		• 모임이나 특별한 날에 어울리는 화려한 연출 방법이다. • 늦가을과 초겨울에 입는 바바리 코트나 모직 코트 위에 포근하게 감싸는 느낌으로 둘러도 좋고, 다소 화려하거나 과감한 디자인의 액세서리를 곁들이면 멋스러움을 연출할 수 있다.
한쪽 리본 묶기		• 자연스럽고 부드러운 느낌을 연출하는 방법이다. • 걸쳐서 묶는 연출법과 마찬가지로 단순하면서도 연출 효과가 높다.
그 외 연출법		• 그 외 기타 여러 가지 스카프 연출 방법이 있다.

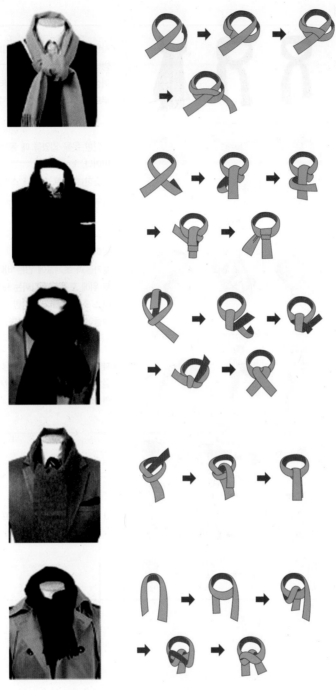

[다양한 연출법]

16 그 외 장신구

① 장신구에는 목걸이, 귀걸이, 팔찌 등 다양한 종류가 있는데 비교적 형태의 변화 없이 오늘날까지 사용되어 왔으며, 모든 여성의 옷차림에서 빼놓을 수 없는 액세서리다.

② 장신구의 굵기나 길이는 착용한 의복과 착용자 의복스타일, 얼굴형, 체형, 헤어스타일에 따라 전체적으로 어울리는 것을 고르도록 한다.

③ 보통은 목걸이와 귀걸이, 반지 등으로 이루어진 한 세트로 연출되지만, 자칫하면 나이 들어 보이거나 촌스러워 보일 수 있으므로 현대에는 개성에 맞추어 조화롭게 연출한다.

④ 최근 파티 문화가 보급되면서 보석류를 착용할 기회가 많아지게 되면서 보석에 관한 관심이 확산되고 있는 추세여서 더욱 중요시되고 있다.

17 목걸이(Necklace)

① 개 요

목걸이는 목에 걸거나 감는 형태가 있으며, 의복의 디자인에 따라 그 길이가 달라지기도 하므로 의복과 가장 밀접한 관계가 있는 아이템이다. 목걸이는 길이에 따라 여러 가지 종류로 나뉜다.

중세의 에드워드 2세 시대에 왕비가 목에 난 상처를 가리기 위해 초커를 사용하였는데, 귀족과 일반인들이 그것을 아름답게 여겨 그 시대의 패션이 되었고, 현재에도 유행되고 있다.

초커는 주로 블랙 벨벳에 보석을 달거나 팬던트를 단 형태가 일반적인데, 현대에는 여러 가닥의 진주로 된 것, 레이스나 프릴이 달린 천으로 된 것, 모조 꽃을 엮어 만든 것 등 다양한 종류가 있다.

목걸이 길이에 따른 명칭

- 초커(36~40cm) : 초커는 목이 긴 사람에게는 잘 어울리나 목이 짧은 사람은 피하는 것이 좋다.
- 프린세스(40~46cm) : 프린세스는 우리나라 사람들에게 가장 잘 어울리는 길이이다.
- 마티네(53~61cm) : 마티네는 가슴 정도까지 내려온다.
- 오페라(71~78cm) : 오페라나 로프는 대담하고 자신감 있는 커리어우먼의 이미지를 줄 수 있으며, 키가 큰 사람들에게 알맞다.

② 목걸이의 종류

파이어리츠 네크리스 (Pirates Necklace)	소뜨와르 네크리스 (Sautoir Necklace)	팬던트 네크리스 (Pandant Necklace)	빕 네크리스 (Bib Necklace)
참 스트링 네크리스 (Cham String Necklace)	로프/롱 네크리스 (Rope or Long Necklace)	초커 네크리스 (Choker Necklace)	독 칼라 네크리스 (Dog Collar Necklace)

18 팔찌(Arm Ring)

① 팔찌는 손이나 팔의 움직임을 돋보이게 하는 아이템이다.

② 금에 진주, 사파이어, 에메랄드, 루비 등을 박아 화려하게 장식한다.

③ 다양한 재료로 만든 것을 계절에 관계없이 사용하지만, 팔이 많이 노출되는 여름에는 투명하고 맑으며 값이 싸고 물에 젖을 염려도 없는 플라스틱 소재를 많이 착용한다.

④ 팔찌의 종류

　㉠ 뱅글(Bangle) : 인도나 아프리카에서 유래된 것으로 팔찌나 발찌를 뜻한다.

　㉡ 암렛(Armlet) : 손목이나 윗팔 부분에 하는 액세서리를 말하며, 암렛은 주로 손목보다 팔의 윗부분을 장식한다.

　㉢ 체인(Chain) : 사슬을 연결한 것 같은 디자인의 총칭이다. 그 외에도 열고 잠그는 장치 없이 나선형으로 끼우는 형태와 의복의 커프스 같은 이미지를 주는 디자인 등 다양하다.

⑤ 팔찌의 디자인별 종류

뱅글 브레스릿 (Bangle Bracelet)	암렛 브레스릿 (Armlet Bracelet)	암링 브레스릿 (Arm Ring Bracelet)	플렉시블 브레스릿 (Flexible Bracelet)
참 브레스릿 (Charm Bracelet)	커프 브레스릿 (Cuffs Bracelet)	체인 브레스릿 (Chain Bracelet)	

19 귀걸이(Earring)

① 개 요

귀걸이는 얼굴 형태의 단점을 보완할 수 있는 아이템으로 인기 있는 액세서리다. 목걸이와 한 세트로 장식하기도 하고 의상과 헤어스타일에 따라 선택하기도 한다.

전체적인 스타일과 조화뿐만 아니라 얼굴의 형태나 헤어스타일에 따라 귀걸이 형태를 정하고, 의상의 컬러와 조화를 생각하면서 피부색에 맞는 것을 선택하는 것이 바람직하다.

초기에는 귓불에 구멍을 내어 끼우는 피어스드(Pierced)식이었는데, 17세기에 립과 나사로 고정시키는 버튼(Button)식이 나왔다.

그 외에도 좀 더 세밀히 나누어보면 보석을 매단 팬던트 유형의 드롭(Drop), 추상파 조각의 모빌처럼 움직일 때마다 흔들리는 모빌(Mobile), 가지무늬나 꽃무늬의 장식으로 된 스프레이(Spray), 귓불에 구멍을 뚫는 피어스드(Pierced), 귓불 양쪽에 용수철로 끼운 클립온(Clip-on), 폭포가 떨어지는 것 같은 모양의 캐스케이드(Cascade), 장식수 모양의 태슬(Tassel), 귀 전체를 감싸는 모양의 머프(Muff) 등이 있다.

② 귀걸이의 종류

    ㉠ 버튼(Button) : 나사 물림으로 되어 귓불에 고정시키는 디자인이다.

    ㉡ 후프(Hoop) : 테를 두른 것 같거나 커다란 고리 모양의 디자인이다.

    ㉢ 댕글(Dangle) : 귓불에 매달거나 흔들거리는 스타일의 디자인이다.

버튼 이어링 (Button Earring)	클립온 이어링 (Clip-on Earring)	모빌 이어링 (Mobile Earring)	스프레이 이어링 (Spray Earring)
	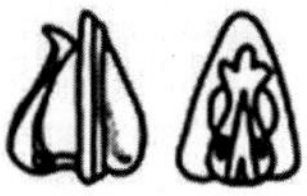	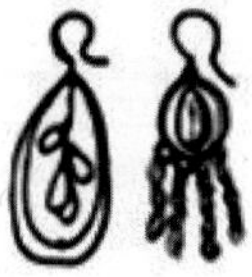	
댕글형	후프형	샹들리에형	모빌형

귀걸이 코디네이션 요령

• 피부색이 밝은 경우 : 선명한 컬러일수록 더 돋보이며, 특히 레드컬러가 잘 어울린다.

• 피부색이 어두운 경우 : 화이트 또는 옅은 색의 것이 화려하게 보인다.

• 피부색은 메이크업에 따라 어느 정도 달라지게 할 수 있으므로 상황에 따라 어울리는 컬러의 귀걸이를 선택하면 된다.

20 안경(Glasses)

① 개 요

안경은 시력장애를 해결하고 햇빛으로부터 눈을 보호하기 위한 아이템으로, 자동차의 보급과 함께 여행의 필수 액세서리가 되었고 안경을 통한 이미지의 변화도 가능하다.

안경은 주로 그 당시의 유명한 영화배우나 탤런트 등 대중의 인기를 얻고 있는 사람이 착용함으로써 유행하는 경우가 많다.

② 안경의 종류

㉠ 고글 : 먼지나 바람으로부터 눈을 보호하기 위한 보안의 목적이 있다.

㉡ 컬래프시블 글라스 : '꺾어 접는다'는 뜻으로 접을 수 있는 안경을 말한다. 브릿지(렌즈와 렌즈 사이의 연결부분)에서 접을 수 있는데 부피가 작아 휴대하기 편하다.

㉢ 패션글라스 : 액세서리로 사용하는 안경의 총칭이나. 테를 크게 하고 여러 가지 디자인과 렌즈의 색상에 변화를 줄 수 있다. 전체적인 이미지와 분위기에 맞추어 다양한 컬러로 연출이 가능하고, 머리 위에 얹거나 모자를 활용하여 그 위에 착용하기도 한다.

③ 안경 부위별 기능과 역할

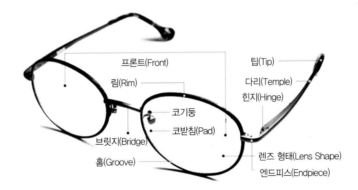

㉠ 코기둥 : 안경렌즈와 눈과의 장단 조정(시력의 미세한 조정), 안경의 광학 중심의 높이 조정, 안경의 좌·우측 밸런스 조정(사난시를 해소) 등의 역할을 한다.

㉡ 엔드피스 : 전경각(Pantoscopic Angle)을 조정함으로써 눈의 시축(視軸)과 안경 렌즈의 광축을 일치시켜 시력교정에 악영향을 주는 비점수차(난시효과)와 프리즘 효과의 유발을 방지한다.

㉢ 안구모양 : 눈 사이즈가 큰 안경테일 경우 사광선(斜光線)에 의한 난시효과가 발생하기 쉬우므로 눈 사이즈의 크기를 조정함으로써 각종 수차를 크게 감소시킬 수 있어서 시력 향상에 큰 도움이 된다.

㉣ 코다리 : 좌·우측 렌즈 면(面)을 휘어서 휘임각을 조정할 수 있어서 돋보기 안경을 만들 때 시축과 렌즈의 광축을 일치시켜 시력 향상과 눈의 피로 해소에 큰 도움을 준다.

㉤ 안경다리 : 안경다리는 코쪽으로 쏠리는 안경테의 무게를 뒤쪽으로 당기는 역할을 함으로써 쾌적하게 안경을 착용하게 한다.

㉥ 코받침 : 1개의 코받침 면적은 약 0.8~1.8cm이며, 무거운 안경일 경우 코받침 면적이 큰 것을 달아야 한다.

④ 얼굴형에 따른 안경스타일의 선택

구 분	기본형	캐주얼 분위기	대담한 분위기
계란형	보스턴	스퀘어	폭 스
사각형	스퀘어	보스턴	로이드
둥근형	로이드	보스턴	폭 스
마름모형	웰링턴	보스턴	로이드
삼각형	웰링턴	폭 스	로이드
역삼각형	웰링턴	스퀘어	티어드롭
장방형	스퀘어	웰링턴	로이드

긴 얼굴형	사각형	각진 얼굴형
계란형	둥근형	역삼각형

⑤ 다양한 안경 스타일

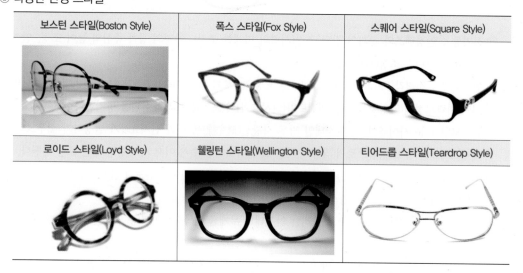

보스턴 스타일(Boston Style)	폭스 스타일(Fox Style)	스퀘어 스타일(Square Style)
로이드 스타일(Loyd Style)	웰링턴 스타일(Wellington Style)	티어드롭 스타일(Teardrop Style)

⑥ T.P.O에 따른 안경 스타일

　　⊙ 비즈니스에 어울리는 안경 스타일

　　　• 우아하면서도 보수적인 옷차림에 어울리는 안경은 절제된 스타일의 클래식한 안경이나 무테 안경이 이상적이다.

　　　• 무테 안경은 남녀 모두 정장에 어울리며 클래식한 금속테 역시 무난하다.

　　　• 뿔테 안경이나 검은색 플라스틱으로 된 각이 있는 안경테는 강한 인상을 줄 수 있으므로 주의해야 한다.

　　　• 일반적으로 비즈니스 스타일의 안경을 선택할 때에는 밝은 색이나 지나치게 튀는 디자인은 피해야 한다.

　　⊙ 캐주얼에 어울리는 안경 스타일

　　　• 여가를 즐길 때는 스포티한 스타일의 안경이 어울린다.

　　　• 여러 색으로 된 안경은 여기에 어울릴 만한 옷을 고르기가 어렵기 때문에 단색의 의상이 가장 잘 어울린다.

　　　• 평범한 조깅 바지에 재킷 그리고 하이힐을 신는 트렌디한 차림에도 화사한 색채가 더해지면 한층 멋지게 보일 수 있다.

　　　• 초록, 보라, 빨강, 파랑은 일반적으로 플라스틱 안경테에서 가장 인기 있는 색상이다.

　　　• 여가를 즐길 때 대학생 스타일의 옷차림을 선호한다면 유행을 타지 않는 뿔테 안경이 트렌드에 맞다.

⑦ 용도에 따른 선글라스 렌즈의 색상

Yellow	• 자외선은 흡수되지만 적외선은 흡수되지 않는 컬러이다. • 흐린 날씨나 밤에 착용하기 좋으며, 특히 야간에 운전할 때는 목표물을 정확하게 볼 수 있다.
Orange	• 먼지로부터 일어나는 빛을 방지하므로 사격 선수나 어두운 산업장 및 야간 운전용으로 사용하면 좋다.
Brown	• 빛의 색상 중에서 특히 잘 흩어지는 블루 빛을 여과시키는 기능이 우수하고 시야를 선명하게 하는 컬러로 사물을 맑고 깨끗하게 볼 수 있다. • 물속이나 스키장, 해변에서 사용하는 것이 좋으며 주로 운전자에게 이 컬러의 렌즈가 적당하다.
Violet	• 나트리움 광선을 90%까지 흡수하며 유리공장에서 많이 이용되는 컬러이다.
Blue	• 눈 보호용으로 가장 부적절한 색상인 블루는 구별이 제대로 되지 않기 때문에, 실제 착용하는 선글라스 컬러로는 적당하지 않다. • 그러나 많은 사람들이 컬러가 시원하다는 이유로 여름철에 선호하는 컬러이기도 하다.
Gray	• 모든 컬러를 자연색 그대로 볼 수 있게 하는 컬러이며, 컬러의 농도에 따라 컬러를 균일하게 저하시키므로 부담감이 적다. • 일반적으로 가장 많이 착용하는 컬러지만 너무 짙으면 눈을 피로하게 한다.
Green	• 인체에 가장 민감한 컬러로, 자연색에 가까워 시야의 이물감이 적은 데다 컬러 식별이 빠르고 눈이 시원하여 피로를 덜어준다. • 시내나 해변의 백사장, 또는 스키장에서 착용하기에 알맞으며 운전할 때 적합하다.

21 시 계

① 초기에는 남자들이 회중시계를 주머니에 넣고 다녔으나, 점차 양복의 단추에 걸다가 전쟁 중에는 손목에 착용하게 되었다.

② 손목시계는 가죽, 금, 은, 백금, 합금, 도금, 플라스틱류, 도기류, 유리 등 소재가 다양하고 고급스러우며, 우아한 것에서부터 심플한 것까지 디자인도 다양하다.

③ 젊은이들은 합금이나 도금을 한 아름다운 디자인의 패션시계와 투명하고 다채로운 컬러의 플라스틱 소재의 시계를 애호하는 경향이 있다.

④ 2000년대에 들어서 디지털, 인터넷 등 급속한 변화와 더불어 음성을 인식하여 목소리로 전화를 걸 수 있는 디지털 전화 시계가 등장하였다.

⑤ 디지털 카메라 기능이 있는 손목시계, 손목 컴퓨터 시계, 손목 TV 등 장식과 실용성이 겸비되고 있다.

22 헤어핀

① 머리를 원하는 스타일로 고정시키기 위한 아이템이다.

② 크레타나 그리스시대에는 헤어밴드를 많이 사용하였고, 로마시대에는 머리카락과 이마를 덮는 화환 형식이 유행하였다.

③ 르네상스 후기부터 보석으로 장식하거나 금사와 은사로 짠 망으로 머리를 장식하였다.

④ 중세에서 근대까지는 화려한 보석이나 꽃을 이용하여 머리를 장식하였다.

⑤ 오늘날에도 리본, 꽃, 모조보석 등을 플라스틱이나 천에 장식하는 등 다양한 디자인이 있다.

23 브로치와 핀

① 옷을 여미고 고정시키는 아이템으로 고대의 피불라에서 유래를 찾아볼 수 있다.

② 고대에는 기능적이었으나 현대에는 기능성보다 장식성에 치중되어 있다.

③ 브로치는 의복 위의 조형미를 가진 하나의 예술품이라고도 볼 수 있다.

④ 브로치나 핀의 디자인 모티프는 건축물, 배, 기차, 자동차, 사람, 동물, 문자, 꽃, 기하학적 무늬, 고대 벽화, 문양, 역사의 상징, 종교적 상징, 현대 과학 등 모든 물건이나 추상적 개념을 작게 압축한 작품으로 볼 수 있기 때문이다.

⑤ 따라서 브로치를 선택할 때에는 개인의 이미지나 개성, 기호, 취향, 의복을 고려하여야 한다.

⑥ 브로치의 형태별 분류

　　㉠ 핀 : 모자나 옷, 스카프 등에 꽂을 수 있는 금속성의 침을 말한다.

　　㉡ 안전핀 : 옷핀이라고도 하는데, 핀 끝을 감싸는 부분이 있어 찔리거나 옷감에 상처가 생기는 것을 방지할 수 있다.

　　㉢ 클립핀 : 클립으로 끼우므로 위험도가 적고 간편하며, 아트적 디자인이나 카메오가 많다.

MEMO

2 과목

출제예상문제

FASHION STYLIST

FASHIONSTYLIST

출제예상문제

01 디자인의 개념에 대한 설명으로 옳지 않은 것은?

① 디자인이라는 용어는 라틴어 'Designare'에서 유래했다.
② 디자인은 계획을 기호(Sign)로 표시한다는 의미를 가진다.
③ 디자인은 일상생활과 상관 없는 추상적인 작업이다
④ 디자인의 출발은 삶을 위한 도구의 사용으로부터 시작되었다.

> **해설** 디자인 : 일상생활과 관련된 합리적 작업

02 디자인의 의미에 대한 설명 중 가장 옳은 것은?

① 디자인은 일상생활과는 구별되는 창조활동이다.
② 디자인은 목적에 따른 기능성이 있는 아름다움의 미적 표현이다.
③ 디자인은 언어적 기능을 가지지 않는다.
④ 디자인은 반드시 조형물로 나타낼 때 비로소 완성된다.

> **해설** 디자인은 장식, 색, 형태, 무늬 등으로 나타내며 언어적 기능을 가짐

03 다음 중 디자인의 필요조건끼리 짝지어진 것은?

① 합목적성, 심미성
② 심미성, 모방성
③ 경제성, 추상성
④ 모방성, 심미성

> **해설** 디자인의 필요조건 : 심미성, 경제성, 창조성, 합목적성

정답 01 ③ 02 ② 03 ①

04 디자인의 조건에 대한 설명으로 옳지 않은 것은?

① 디자인은 적절한 재료의 선택, 사용으로 인간의 생활에 도움이 되어야 한다.

② 디자인은 최소비용으로 최대의 효과를 내는 경제적인 측면도 고려되어야 한다.

③ 디자인은 미의 추구가 우선되므로 기능성이 배제되어도 상관 없다.

④ 디자인은 모방이 아닌 새로운 창조이므로 독창성을 지녀야 한다.

> **해설** 디자인은 미의 추구가 우선되지만 기능성을 고려해야 함

05 패션디자인의 개념에 대한 설명으로 옳지 않은 것은?

① 패션디자인은 인체를 아름답게 보이기 위한 목적을 지닌다.

② 패션디자인의 시대별 미의 기준은 변화하지 않는다.

③ 패션디자인은 미적인 측면과 기능적인 측면을 동시에 만족시켜야 한다.

④ 패션디자인은 인간과 물체와의 관계를 중심으로 한 제품디자인 계열에 속한다.

> **해설** 패션디자인의 시대별 미의 기준은 변화

06 디자인은 새로운 생활환경을 창조하는 일련의 조형행위이다. 다음에서 제시한 디자인 발상방법 중 바르지 못한 것은?

① 디자인의 과정은 객관적이고 합리적인 방법에서 체계적으로 이루어져야 한다.

② 시대의 미의 가치와 유행 경향을 고려하여 디자인을 창출해야 한다.

③ 사용자의 욕구 충족을 목적으로 하므로 만족스런 결과를 위해 과정은 상관 없다.

④ 추상적인 사고에서 이성적 · 합리적 분석을 통해 구체화를 이루는 것이 안전하다.

> **해설** 사용자의 욕구충족을 목적으로 하므로 만족스런 결과를 위해 과정도 중요

04 ③ 05 ② 06 ③ 정답

07 발상은 일련의 연속적인 사고과정이다. 다음 중 그 과정이 옳은 것은?

① 아이디어 – 영감 – 발상 – 구체화
② 발상 – 영감 – 아이디어 – 구체화
③ 영감 – 아이디어 – 발상 – 구체화
④ 영감 – 발상 – 아이디어 – 구체화

해설 영감이 떠오르면 새로운 발상을 하게 되고, 아이디어를 구상하여 구체화하는 일련의 연속적인 사고과정을 거침

08 좋은 복식 디자인이 갖는 인체와의 관계를 설명한 것 중 가장 옳은 것은?

① 인체선을 되도록 많이 노출한다.
② 인체의 실루엣선으로 인체선을 감춘다.
③ 인체의 일부분을 과장되게 강조한다.
④ 인체의 자연적 골격구조를 존중한다.

해설 좋은 복식 디자인은 인체의 자연적 골격구조를 존중하며 그에 맞는 디자인을 구현

09 형(形)을 포함하는 선(線)의 개념에 대한 설명 중 옳지 않은 것은?

① 복식에서 선은 독립적으로 존재한다.
② 패션디자인에서 가장 중요한 시각적 요소이다.
③ 복식의 선은 시선을 움직이게 한다.
④ 복식의 면분할과 형태를 이루며 의복 분위기를 전달한다.

해설 복식에서 선은 독립적으로 존재할 수 없음

정답 07 ④ 08 ④ 09 ①

10 다음 중 의복에서 선의 성격을 결정짓는 가장 큰 요소는?

① 착용자의 성별
② 착용자의 나이
③ 옷감의 색채
④ 옷감의 유연성

> **해설** 의복의 선에 따라 이미지가 결정되므로 옷감의 유연성이 중요

11 곡선은 자유롭고 신축적이고 유동적이며 연속적인 느낌을 준다. 다음 중 그 종류와 느낌, 복식에서의 응용사례가 잘못 연결된 것은?

① 원 – 명랑, 온화, 귀여운 느낌 – 라운드넥, 단추, 암홀, 둥근 주머니
② 파상선 – 율동적, 섬세함, 온유한 느낌 – 플레어의 결, 러플, 프릴
③ 로코코곡선 – 명랑, 귀여움, 활동적 느낌 – 옷자락의 끝장식, 네크라인, 단추구멍
④ 나선 – 여성적, 따뜻하고 부드러운 느낌 – 보트넥, 요크

> **해설** 나선 : 소라껍데기처럼 빙빙 비튼 것, 활동성 표현

12 다음 중 활동감과 흥분감을 느끼게 하는 효과를 가진 선의 종류는?

① 수직선
② 수평선
③ 사 선
④ 만곡선

> **해설** 만곡선 : 활 모양으로 굽은 선

13 다음 중 선의 명확도가 가장 낮은 것은?

① 단색 옷감의 절개선
② 색상 대비차가 큰 디테일선
③ 광택 있는 의복의 실루엣
④ 모피 의류의 주머니 절개선

> **해설** 모피 의류는 털 때문에 선이 보이지 않음

10 ④ **11** ④ **12** ③ **13** ④ **정답**

14 세로선을 이용하여 세로효과를 강하게 나타내고자 할 때, 다음 중 그 효과가 가장 큰 방법은?

① 세로선 사이의 간격을 되도록 많이 늘린다.
② 하나의 강한 세로선만을 사용한다.
③ 세로선 사이의 간격을 동일하게 유지한다.
④ 이왕이면 많은 수의 세로선을 사용한다.

해설 하나의 강한 세로선만을 사용할 경우 효과를 보다 강하게 표현할 수 있음

15 박스 실루엣의 코트 디자인에서 다음 중 가장 어울리는 칼라는?

① 부드러운 숄칼라
② 로코코 곡선의 칼라
③ 칼라 없이 라운드 네크라인
④ 직선적인 테일러드 칼라

해설 박스 실루엣은 직선적인 테일러드 칼라가 가장 잘 어울리는 실루엣

16 가로선에 의해 가로로 확장되어 보이는 착시현상에 대한 설명으로 옳지 않은 것은?

① 가로선의 수가 하나일 때 가장 큰 효과를 준다.
② 가로선의 간격이 넓을수록 효과는 크다.
③ 가로선의 길이와는 상관이 없다.
④ 가로선의 수가 늘어나면 상하로 시선이 분산되어 역효과가 난다.

해설 수평선의 간격이 넓을수록 확장되어 보이는 착시효과가 커지고, 반대로 수평선의 수가 늘어나면 상하로 시선이 분산되어 착시효과가 줄어듦

정답 14 ② 15 ④ 16 ③

17 복식 디자인에서 실루엣에 대한 설명으로 옳지 않은 것은?

① 의복을 착용했을 때 나타나는 전체적인 윤곽선을 의미한다.

② 실루엣은 유행과는 상관없고 의복 구성에서 중요하다.

③ 길, 소매, 스커트, 바지 등의 길이나 형태 등에 의해 결정된다.

④ 패션디자인의 근간을 이루기 때문에 패션 경향을 결정한다.

> **해설** 실루엣은 유행과 밀접하게 상관있고 의복 구성에서 중요

18 다음 복식의 실루엣 중 아래가 넓고 위가 좁은 형태는?

① 스트레이트(Straight) 실루엣

② 배럴(Barrel) 실루엣

③ 에그(Egg) 실루엣

④ 텐트(Tent) 실루엣

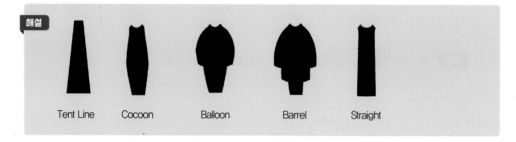

> **해설**
>
> Tent Line　　Cocoon　　Balloon　　Barrel　　Straight

19 다음 중 실루엣을 통해 알 수 없는 것은?

① 스커트의 길이

② 칼라의 형태

③ 허리의 여유분

④ 소매의 형태

> **해설** 실루엣은 내부의 구성선과 장식적인 요소를 무시한 외형의 윤곽선을 의미

20 다음 중 스트레이트(Straight) 실루엣에 속하지 않는 것은?

① 엠파이어(Empire) 실루엣

② 미나렛(Minaret) 실루엣

③ H 실루엣

④ 쉬프트(Shift) 실루엣

Minaret

21 다음 복식의 실루엣 중 허리 부분에 가장 여유가 많은 실루엣은?

① 엠파이어(Empire) 실루엣

② 스트레이트(Straight) 실루엣

③ 배럴(Barrel) 실루엣

④ 트라이앵글(Triangular) 실루엣

배럴(Barrel) 실루엣
몸통과 허리 부분을 풍성하게 하여 부피감이 느껴지는 실루엣으로 허리 부분은 불룩하나 밑단은 좁은 형태

22 다음 중 아워글라스(Hourglass) 실루엣에 속하는 것끼리 묶인 것은?

① 트럼펫(Trumpet) 실루엣, 크리놀린(Crinoline) 실루엣

② 쉬프트(Shift) 실루엣, 프린세스(Princess) 실루엣

③ 트럼펫(Trumpet) 실루엣, 박시(Boxy) 실루엣

④ 쉬프트(Shift) 실루엣, 미나렛(Minaret) 실루엣

아워글라스 실루엣은 모래시계와 같은 실루엣을 말하는 것으로, 미나렛 실루엣, 트럼펫 실루엣, 크리놀린 실루엣 등이 해당

정답 **20** ② **21** ③ **22** ①

23 다음 중 벌크(Bulk) 실루엣에 속하지 않는 것은?

① 코쿤(Cocoon) 실루엣

② 에그(Egg) 실루엣

③ 피티드(Fitted) 실루엣

④ 오버(Over) 실루엣

> **해설** 피티드 실루엣은 아워글라스형에 속함

24 다음 그림이 제시하는 실루엣은?

① 시프트(Shift) 실루엣

② 미나렛(Minaret) 실루엣

③ 박시(Boxy) 실루엣

④ 엠파이어(Empire) 실루엣

> **해설**
>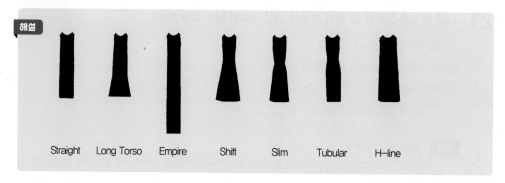
>
> Straight Long Torso Empire Shift Slim Tubular H-line

25 다음 중 복식디자인에서 실루엣의 선택과 복식 아이템의 조화가 잘 어울리는 것은?

① 스트레이트(Straight) 실루엣 – 웨이스트 라인을 강조한 드레스

② 프린세스(Princess) 실루엣 – 여성스러운 여름용 원피스

③ 버슬(Bustle) 실루엣 – 유니섹스 라인의 캐주얼 의상

④ 에그(Egg) 실루엣 – 활동성이 강조되는 스포츠웨어

> **해설**
> • 스트레이트 실루엣 : 웨이스트 라인이 없음
> • 버슬 실루엣 : 여성스러움
> • 에그 실루엣 : 편안한 달걀 형태

26 다음 중 키가 작은 사람이 피해야 하는 실루엣은?

① 프린세스(Princess) 실루엣
② 스트레이트(Straight) 실루엣
③ 트라이앵글(Triangular) 실루엣
④ 벌크(Bulk) 실루엣

> **해설** 벌크 실루엣 : 키가 더 작아보임

27 다음 중 의상과 그 의상에 해당되는 실루엣의 이름이 잘못 짝지어진 것은?

① A – 텐트(Tent) 실루엣
② B – 역삼각형 실루엣
③ C – 버슬(Bustle) 실루엣
④ D – 프린세스(Princess) 실루엣

> **해설** C : 박시(Boxy) 실루엣

28 구성선이나 디테일에 의한 디자인 선의 미적 효과를 표현할 때 효과적인 경우는?

① 표면이 단순한 옷감이 효과적이다.
② 부드러운 옷감이 효과적이다.
③ 두꺼운 옷감이 효과적이다.
④ 표면이 복잡해야 효과적이다.

> **해설** 부드러운 옷감과 두꺼운 옷감은 디테일이 살지 않음

29 디테일에 대한 설명 중 옳지 않은 것은?

① 의복의 내부 장식을 말한다.

② 봉제과정에서 대부분 결정된다.

③ 성격상 구조적인 부분과 장식적인 부분으로 나뉜다.

④ 주로 의복의 끝부분을 말한다.

> **해설** 디테일은 의복의 끝이나 중간 어느 부위도 가능

30 장식적인 디테일에 속하지 않는 것은?

① 플리츠(Pleats)

② 프릴(Frill)

③ 드레이프(Drape)

④ 네크라인(Neckline)

> **해설** 네크라인(Neckline)은 의복의 요소임

31 개더나 플레어에 의하여 생기는 부드러운 주름장식을 무엇이라 하는가?

① 파이핑(Piping)

② 플리츠(Pleats)

③ 턱(Tuck)

④ 러플(Ruffle)

> **해설**
>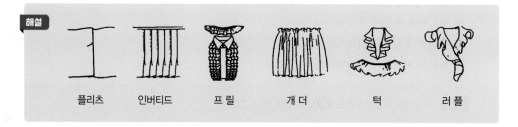
> 플리츠   인버티드   프릴   개더   턱   러플

32 다음 중 여성스러운 느낌의 디테일 장식으로 옳지 않은 것은?

① 프릴(Frill)
② 탭(Tab)
③ 러플(Ruffle)
④ 보(Bow)

해설

탭

33 다음 중 여러 종류의 소재와 색상을 활용하여 바탕천 위에 덧붙이는 방법으로 입체감의 효과를 줄 수 있는 디테일 장식은?

① 바인딩(Binding)
② 패치워크(Patch-work)
③ 스모킹(Smoking)
④ 러플(Ruffle)

해설

패치워크

34 바이어스 옷감을 구성선이나 디테일의 끝단에 따라 둘러 박아 장식하는 방법으로, 박히는 폭의 변화로 느낌이 달리 표현되는 디테일 장식은?

① 패치워크(Patch-work)
② 아프리케(Applique)
③ 바인딩(Binding)
④ 프린징(Fringing)

해설 **바인딩(Binding)**
바이어스 옷감을 구성선이나 디테일의 끝단을 따라 둘러 박아 장식하는 방법으로, 박히는 폭의 변화로 느낌을 달리 표현

정답 **32** ② **33** ② **34** ③

35 다음 사진에 사용된 디테일 장식은?

① 페플럼(Peplum)
② 드레이프(Drape)
③ 프린징(Fringing)
④ 패치워크(Patch-work)

> **해설** 프린징은 아래로 늘어진 듯한 옷의 디테일 중 하나임

36 다음 그림에서 보이는 디테일의 명칭은?

① 셔링(Shirring)
② 러플(Ruffle)
③ 보(Bow)
④ 루시(Ruche)

> **해설** 기교적인 표면장식 디테일로 플리츠, 프릴, 플레어 개더, 턱, 탭, 러플, 파이핑 등을 들 수 있음

37 다음 중 디테일 사진과 이름이 옳게 짝지어진 것은?

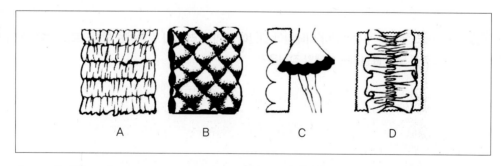

A   B   C   D

① A - 루시(Ruche)   ② B - 파고팅(Fagoting)
③ C - 스캘럽(Scallop)   ④ D - 셔링(Shirring)

프 릴   개 더   턱   러 플

---

38 교복 스커트를 제작하려 할 때, 피해야 할 디테일 장식은?

① 개더(Gather)   ② 파고팅(Fagoting)

③ 플리츠(Pleats)   ④ 고어(Gore)

해설 파고팅 : 천이나 레이스의 씨실을 뽑아 날실과 합쳐 다발모양으로 얽는 매듭 자수로 복잡함

---

39 다음 중 매니시(Mannish)한 의복에 어울리지 않는 칼라는?

① 셔츠 칼라   ② 세일러 칼라

③ 테일러드 칼라   ④ 컨버터블 칼라

해설 세일러는 귀엽고 깜찍한 의상에 어울림

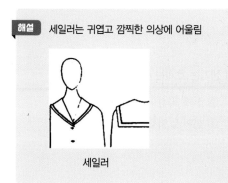

세일러

40 네크라인은 구조적인 디테일로서 얼굴형이나 목의 굵기와 많은 관련이 있다. 다음 중 네크라인의 종류와 설명이 서로 어긋난 것은?

① 라운드 네크라인 – 기본 원형에 가까운 둥근형으로서 여러 형태로 변형이 가능하다.

② 보트 네크라인 – 둥근형이나 옆으로 파진 형태를 가져 하절기 의복에 많이 사용한다.

③ 홀터 네크라인 – 목 뒤로 묶거나 목에 걸어 입는 것으로 어깨가 노출된다.

④ 스퀘어 네크라인 – 목쪽으로 올라간 네크라인으로 목이 커버되는 장점이 있다.

> **해설** 스퀘어 네크라인 : 목이 네모 모양으로 파인 네크라인

41 다음 중 네크라인과 제시한 의상이 어울리지 않는 네크라인은?

① 카울(Cowl) 네크라인 – 우아한 드레스

② 오프 더 숄더(Off the Shoulder) 네크라인 – 겨울철 블라우스

③ 스퀘어(Square) 네크라인 – 유니폼 재킷

④ 로(Low) 네크라인 – 파티복

> **해설** 오프 더 숄더 네크라인 : 어깨가 드러난 형태이므로 겨울철에는 어울리지 않음

42 다음 중 넓은 어깨를 가진 사람이 선택하면 좋을 네크라인은?

① 홀터(Halter) 네크라인 ② 서플리스(Surplice) 네크라인

③ 오프 더 숄더(Off the Shoulder) ④ 원숄더(One-shoulder) 네크라인

> **해설** 서플리스 네크라인 : Y형태의 네크라인

43 솔기에 파이핑(Piping)을 넣어 구성하면 솔기선에 생기는 효과는?

① 선이 부드러워진다. ② 선에 곡선이 생긴다.

③ 선이 뚜렷해진다. ④ 선이 없어진다.

> **해설** 파이핑 : 얇은 끈 같은 줄을 이용함

44 다음 중 몸판에서 바로 연결되어 암홀선이 없는 소매는?

① 타이트(Tight) 슬리브

② 기모노(Kimono) 슬리브

③ 만다린(Mandarin) 슬리브

④ 래글런(Raglan) 슬리브

해설

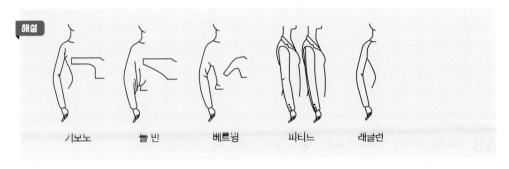

기모노   늘 빈   베트윙   피티드   래글런

45 의복을 마무리하면서 패턴에 변화를 주지 않고 장식하는 것의 총칭은?

① 디테일(Detail)   ② 트리밍(Trimming)

③ 실루엣(Silhouette)   ④ 디자인(Design)

해설 트리밍은 의상을 장식할 목적으로 만들어 달거나 이미 만들어져 있는 것을 필요에 따라 적당한 곳에 붙이는 것을 말함. 트리밍의 사용은 단순한 의복을 개성적으로 만들어 줄 수 있지만, 전체 스타일을 고려하지 않은 트리밍의 사용은 조화를 깨고 산만하며 조잡한 느낌을 주기 쉬움

46 트리밍(Trimming) 종류에 속하지 않는 것은?

① 단추, 지퍼   ② 드레이프

③ 스팽글, 비즈   ④ 스티치

해설 드레이프 : 주름 모양을 말하는 것

정답 44 ② 45 ② 46 ②

47 의복을 디자인하고 트리밍 장식을 할 때 고려해야 할 상황으로 옳지 않은 것은?

① 원단의 두께 ② 소재의 색상

③ 장식의 목적 ④ 소재의 가격

> **해설** 소재의 가격은 디자인 초기 때 예산 부분에서 결정

48 두꺼운 소재의 의상에서 효과가 좋지 않아 피해야 하는 트리밍 장식은?

① 브레이드(Braid) ② 비드(Bead)

③ 셔링(Shirring) ④ 리본(Ribbon)

> **해설**
>
>
>
> 셔링은 원단에 주름을 잡는 것으로, 두꺼우면 주름을 잡기 어려움

49 다음 사진에 사용된 트리밍 장식은?

① 프린징(Fringing), 리본(Ribbon)

② 프린징(Fringing), 스캘럽(Scallop)

③ 셔링(Shirring), 리본(Ribbon)

④ 비드(Bead), 스캘럽(Scallop)

> **해설** 사진에는 셔링과 리본 두 종류의 트리밍 장식이 사용

50 다음 중 디자인의 원리끼리 짝지어지지 않은 것은?

① 균형, 비례 ② 리듬, 대칭
③ 비례, 리듬 ④ 균형, 조화

> **해설** 디자인의 원리 : 균형, 비례, 리듬, 강조, 조화

51 비례의 원리를 의복디자인에 적용하는 데 중요하게 고려할 필요가 없는 것은?

① 비례의 원리는 기본 개념을 중요시하되, 숫자에 얽매이지 말아야 한다.
② 인체가 갖는 자연의 비례가 우선적으로 존중되어야 한다.
③ 이상적인 황금분할을 엄격히 지켜야 한다.
④ 현재의 패션 경향과 유행의 영향을 고려하여야 한다.

> **해설** 황금분할을 엄격히 지킬 필요는 없음. 대칭과 비대칭의 원리가 있음

52 다음 중 황금분할에 대한 설명으로 옳지 않은 것은?

① 가로와 세로의 비가 서로 조화를 이루도록 분할하는 것이다.
② 의복에 적용할 경우 상의의 길이를 전체 길이의 1/2과 2/3 사이로 한다.
③ 결과적 수치가 1:1.618이며 등급비 수는 3:5:8:13…으로 나간다.
④ 연속, 반복되는 단위인 단추의 수는 홀수보다 짝수가 좋다.

> **해설** 연속, 반복되는 단추의 수는 황금분할과는 관계없음

53 복식디자인에서 스커트 길이를 고려하여 재킷의 길이를 결정하고자 할 때 적용하는 디자인 원리는?

① 비 례 ② 강 조
③ 균 형 ④ 리 듬

> **해설** 신체의 길이에서 비례가 중요

정답 50 ② 51 ③ 52 ④ 53 ①

54 다음 중 의복에서 비례를 조화시킬 수 있는 부위가 아닌 것은?

① 칼라 또는 목 둘레에 대한 얼굴 크기나 목의 길이

② 다리 길이에 대한 스커트 또는 바지 길이와 풍성함

③ 어깨 넓이에 대한 스커트의 트임

④ 모티브들이 지닌 크기, 형태, 그룹

> **해설** 어깨 넓이에 대한 스커트의 트임은 상관이 없으며, 스커트 트임은 스커트의 길이와 상관

55 패션디자인 원리에 있어 통일에 대한 설명으로 옳지 않은 것은?

① 착용한 사람과 의복이 잘 어우러져 일체감이 나타나야 한다.

② 통일에 응용되는 디자인의 요소는 선, 색채, 재질, 장식, 문양이다.

③ 유기적으로 통일된 디자인은 안정되고 차분한 분위기를 연출할 수 있다.

④ 통일은 의복의 일부분에 한정시켜 사용하는 것이 좋다.

> **해설** 통일은 의복에 전체적으로 적용되어야 함

56 복식디자인에서 추구하는 '미적 균형상태'에 대한 설명으로 옳은 것은?

① 미적 균형을 이루려면 대칭균형을 이루어야 한다.

② 미적 균형을 이루려면 비대칭균형을 이루어야 한다.

③ 미적 균형에는 대칭균형과 비대칭균형이 모두 포함된다.

④ 순수예술의 미적 균형은 주로 대칭균형으로 표현된다.

> **해설** 균형의 방법에는 대칭균형과 비대칭균형의 두 가지가 있음

54 ③ 55 ④ 56 ③ **정답**

57 균형은 하나의 축을 중심으로 시각적으로 같은 무게를 갖는 것을 말한다. 시각적 무게에 변화를 줄 수 있는 요인에 대한 설명 중 옳지 않은 것은?

① 평범한 선이나 형보다는 특이한 선이나 형이 시각적 무게가 크다.

② 색채에서 배경과의 대비정도가 크면 시각적 무게가 커진다.

③ 저명도보다 고명도가 시각적 무게가 크다.

④ 광택 재질의 옷감이나 거친 재질의 옷감은 시각적 무게가 작다.

> **해설** 광택 재질, 거친 재질의 옷감은 시각적 무게가 큼

58 다음 중 대칭균형을 이용한 디자인이 적절한 의복 디자인은?

① 교복 또는 제복　　　　　　　② 스포츠웨어

③ 드레시한 여성복　　　　　　　④ 개성이 강한 의복

> **해설** 대칭균형은 단정한 정장이나 일상적 유니폼, 제복, 사무복 등에 많이 사용

59 디자인에서 추구하는 조화(Harmony)는 다음 중 어떤 상태를 의미하는가?

① 디자인 요소가 강조된 상태　　　② 디자인 원리가 변화된 상태

③ 시대적 미를 따른 상태　　　　　④ 디자인 요소가 통일된 상태

> **해설** 디자인에서 추구하는 조화(Harmony)는 디자인 요소가 통일된 상태를 의미하는 것

정답 57 ④　58 ①　59 ④

60 다음 중 대비조화에 대한 설명으로 옳지 않은 것은?

① 대비조화는 각각의 요소들이 서로 다른 성격일 때 나타난다.
② 반드시 실루엣의 분위기와 유사한 디테일 처리가 나타난다.
③ 극적인 미와 다이내믹한 분위기를 연출할 수 있다.
④ 거친 느낌의 소재와 부드럽고 투명한 소재의 결합이다.

> **해설** 대비조화
> • 곡선과 직선, 흑과 백, 얇은 것과 두꺼운 것 등 어울리는 요소들이 서로 다른 성격일 때 나타나는 조화
> • 강렬하고 극적이기 때문에 적절히 배치하는 것이 어렵지만, 독특한 연출을 할 수 있다는 장점이 있음

61 패션디자인에서 이용되는 조화가 아닌 것은?

① 선의 조화
② 색채의 조화
③ 자연과의 조화
④ 재질의 조화

> **해설** 자연과의 조화는 패션디자인과 관련 없는 조화

62 복식 디자인에서 공통된 요소들이 반복됨으로써 통일감과 연속성을 얻는 것을 무슨 원리라 하는가?

① 비 례
② 리 듬
③ 균 형
④ 강 조

> **해설** 복식 디자인에서 공통된 요소들이 반복됨으로써 통일감과 연속성을 얻는 것은 균형이라 할 수 있음

60 ② 61 ③ 62 ③ **정답**

63 다음 중 단순 반복 리듬에 대한 설명으로 옳지 않은 것은?

① 한 종류의 특성이 규칙적으로 동일하게 반복된다.

② 전체보다는 의복의 일부분에 한정시켜 사용하는 것이 좋다.

③ 반복 리듬은 디테일이나 색, 트리밍, 소재와 같은 요소로 응용이 가능하다.

④ 디자인상 계획적인 반면 산만한 느낌을 준다.

해설 디자인상 계획적이고 안정된 느낌

64 다음 중 리듬의 종류와 그에 대한 설명이 잘못 연결된 것은?

① 점진적 리듬 – 강약의 성격이 있어 변화성이 있고 부드러운 분위기를 낸다.

② 방사적 리듬 – 생동감이나 운동감을 주므로 강한 시선 집중의 효과를 낼 수 있다.

③ 교차적 리듬 – 반복되는 단위가 변화 없이 규칙적으로 이어지는 리듬이다.

④ 전환적 리듬 – 처음의 리듬 형태가 다른 모양으로 바뀌어 다른 자극을 준다.

해설 교차적 리듬 : 반복되는 단위가 변화되어서 나타나는 리듬

65 신사복 정장차림에서 흰색 와이셔츠가 앞면과 소매 끝에 반복적으로 보임으로써 얻어지는 리듬은?

① 단순반복 리듬　　　　　　　② 규칙반복 리듬

③ 방사적 리듬　　　　　　　　④ 전환적 리듬

해설 반복

• 디자인 요소를 규칙적으로 동일하게 반복시키는 것

• 단조로우나 차분하고 안정감

정답 63 ④　64 ③　65 ②

66 다음 그림에서 나타나는 리듬감은?

① 점진적 리듬
② 방사적 리듬
③ 교체적 리듬
④ 전환적 리듬

> **해설** 점 진
> • 반복의 단위가 점점 강해지거나 약해지는 것
> • 방향성을 가지며, 단계적인 변화의 방향은 시선을 어떤 정점이나 중심점에 이르도록 유도하므로 강한 강조의 효과를 주기도 함

67 디자인의 강조원리에 대한 설명으로 옳은 것은?

① 여러 개의 강조점의 중요도를 같은 비례로 배분한다.
② 의복에는 여러 개의 강조점이 필요하다.
③ 두 개 이상의 강조점이 있을 때는 주종의 관계를 확실히 한다.
④ 무늬의 특징을 강조하기 위해서는 여러 가지의 선을 사용해야 한다.

> **해설** 여러 개의 강조점이 있을 때는 주종의 관계를 확실히 하여 시선이 분산되지 않도록 해야 함

68 의복 디자인에서 강조의 위치로 가장 옳은 곳은?

① 허리 근처인 벨트 부분
② 재킷의 앞 중심선 부분
③ 소매 끝의 커프스
④ 폭이 가장 넓은 부분

> **해설** 의복 전체에서 재킷의 앞 중심선 부분이 가장 시선을 끄는 부분임

69 다음 중 강조점을 두드러지게 사용하는 것이 좋은 의복의 종류는?

① 중학교 교복　　　　　　　　　② 스포츠웨어
③ 공무원 제복　　　　　　　　　④ 일상적인 의복

> **해설** 스포츠웨어는 경쾌하고 강렬한 이미지

70 다음 중 디자인의 원리가 복식 디자인에 적절하게 적용되었다고 보기 어려운 것은?

① 방사선으로 전개되는 리드미컬한 무늬가 있는 응원복
② 좌우로 대칭적인 포켓이 있는 제복의 상의
③ 큰 꽃무늬 원피스에 다양한 액세서리
④ 견고한 조직의 거칠고 투박한 질감의 작업복

> **해설** 큰 꽃무늬 원피스에 다양한 액세서리는 전체적으로 너무 복잡한 인상을 줌

71 셔츠 디자인의 특징이 드러나는 요소로서 옳지 않은 것은?

① 칼 라　　　　　　　　　　　② 요 크
③ 안 단　　　　　　　　　　　④ 소 매

> **해설** 셔츠는 칼라, 옷깃, 소매, 커프스, 셔츠 자락, 단추, 앞판, 요크(옷의 앞뒤 또는 양 옆면이나 어깨에 덧붙이는 천 조각), 플리츠(등에 있는 집은 듯한 접힌 부분)로 구성

72 드레스 셔츠에 대한 설명으로 옳은 것은?

① 스탠드칼라와 어깨 견장이 달린 카키색 군복 형태의 셔츠
② 정장 슈트나 턱시도 속에 받쳐 입는 예장용 셔츠
③ 풀오버 형태의 셔츠
④ 단색의 옥스퍼드 혹은 깅엄체크로 만든 버튼다운 셔츠

> **해설** 드레스 셔츠 : 정장 슈트 · 연미복 · 턱시도 밑에 사용하는 남자의 예장용 셔츠

73 다음 그림은 컨버터블 칼라에 짧은 소매가 달려 있으며 화려한 꽃무늬의 면직물로 만든 박스 형태의 오버 셔츠이다. 이 셔츠의 명칭은?

① 하와이언 셔츠
② 스포츠 셔츠
③ 드레스 셔츠
④ 유러피언컷 셔츠

> **해설** 하와이언 셔츠
> • 하와이를 배경으로 꽃무늬 등 화려한 프린팅이 특징인 셔츠
> • 알로하 셔츠라고도 불리며, 하와이 기후에 맞게 반소매에 통이 큰 특징

74 원래 해군 내의에서 유래되었고 슈트, 셔츠, 타이, 화이트 칼라에 대항하는 영세대를 부각시키며, 영화 "이유 없는 반항", "와일드 완"에서 진스, 가죽재킷과 함께 젊은 세대 복장의 대명사로 일컬어지게 된 메리야스 직물로 만든 셔츠의 종류는 무엇인가?

① 오픈셔츠   ② 셔츠재킷
③ 카우보이셔츠   ④ T 셔츠

> **해설** T 셔츠
> • 내의 대용으로도 착용
> • 화이트칼라에 대응하는 영세대의 복장으로 대표됨

75 다음 중 블라우스의 명칭과 설명이 옳게 연결된 것은?

① 깁슨웨이스트 블라우스 – 하이넥 칼라와 양다리 모양의 소매

② 자보 블라우스 – 나비모양의 리본 장식

③ 새시 블라우스 – 소매 없는 조끼형

④ 세일러 블라우스 – 스탠드업 칼라와 자수 장식

> **해설**
> • 자보 블라우스 : 부드러운 끈으로 목을 묶은 스타일
> • 새시 블라우스 : 겹쳐진 사선 모양의 여밈을 허리에서 끈으로 묶어서 입는 스타일
> • 세일러 블라우스 : 해군복의 세일러 칼라 스타일

76 '페전트 블라우스'에 대한 설명으로 옳지 않은 것은?

① 유럽의 농부들이 입었던 스타일

② 목과 소매 끝에 잔주름을 많이 잡은 스타일

③ 히피들이 즐겨 입던 스타일

④ 남성 테일러드 셔츠를 모방한 매니시 스타일

> **해설**
> 남성 테일러드 셔츠를 모방한 매니시 스타일이 비즈니스 웨어에 가깝다면, 페전트 블라우스는 어번웨어에 알맞음

77 그림과 같이 소매가 없고, 등 부분이 노출되어 목 뒤에서 단추나 끈 등으로 여미는 스타일의 블라우스는?

① 질레 블라우스

② 보디 블라우스

③ 홀터 블라우스

④ 뷔스티에 블라우스

> **해설**
> 홀터 네크라인 : 끈이나 밴드를 목 뒤로 묶거나 목에 걸어서 입는 것으로, 어깨가 노출되는 형태의 네크라인

78 다음 그림과 같이 낚시대와 운동장비 등을 넣기 위해 여러 개의 주머니가 달려 있는, 스포츠웨어로 많이 사용되는 베스트의 명칭은?

① 라이딩 베스트
② 오드 베스트
③ 피셔맨 베스트
④ 스포츠 베스트

해설 베스트
- 셔츠 위나 재킷 아래에 받쳐 입는 의복으로, 보통 조끼라고 함
- 소매가 없는 것이 가장 큰 특징이며, 칼라는 있는 것도 있고 없는 것도 있음
- 재킷, 팬츠와 함께 슈트의 요소에 해당
- 여러 개의 주머니를 앞면에 달아 실용성을 높인 피셔맨 베스트가 대표적

79 다음은 무엇을 설명하고 있는가?

영국 조정팀의 불꽃과 같은 빨강 유니폼에서 유래되었으며, 노치 칼라의 스포티한 재킷이다. 몸에 적당히 맞는 싱글 여밈으로 금속 단추와 장식수가 있는 가슴 포켓이 특징적이다.

① 블레이저 재킷
② 블루종 재킷
③ 배틀 재킷
④ 노퍽 재킷

해설 블레이저 재킷 : 테일러드 칼라에 싱글 혹은 더블 여밈의 스포츠 재킷

80 힙을 덮지 않는 길이가 짧은 재킷의 종류가 아닌 것은?

① 벨보이 재킷
② 배틀 재킷
③ 볼레로 재킷
④ 에드워디안 재킷

해설 에드워디안 재킷은 엉덩이를 가리는 길이

81 다음 중 재킷의 유래가 되는 아이템이 아닌 것은?

① 르네상스 – 더블릿   ② 중세 – 코트아르디

③ 근대 – 카르마뇰   ④ 고대 – 블리오

> **해설** 고대 – 블리오는 원피스 형태임

82 다음 그림과 같이 등산, 스키 등의 겨울 스포츠에 이용되는 방한·방풍용 재킷으로서, 원래는 에스키모들이 입던 방한용 상의를 일컫는 아이템의 명칭은?

① 매키노
② 아노락
③ 스펜서
④ 파 카

> **해설** 아노락
> • 등산, 스키 등의 겨울 스포츠에 이용되는 방한·방풍용 재킷
> • 에스키모들이 입던 방한용 상의를 일컬음

83 1970년대에 유행한 재킷으로, 허리선과 엉덩이 선을 분리하여 허리선 밑으로 플레어지게 만들어진 재킷을 무엇이라고 하는가?

① 페플럼 재킷   ② 사파리 재킷

③ 샤넬 재킷   ④ 미디 재킷

> **해설** 페플럼이란 명칭을 기본으로 재킷, 블라우스 등으로 부름

정답 81 ④   82 ②   83 ①

84 소매 대신 케이프가 달린 형태인 다음 그림과 같은 코트를 무엇이라고 하는가?

① 슈 바
② 얼스터
③ 캐 릭
④ 인버네스 코트

> **해설** 인버네스 코트 : 소매 대신 케이프가 달린 형태의 코트

85 다음 사진은 1925년경의 남성 예복이다. 착용하고 있는 코트의 올바른 명칭은?

① 프록 코트
② 모닝 코트
③ 테일 코트
④ 턱시도 코트

> **해설**
>
> 모닝 코트　　테일 코트　　턱시도 코트

84 ④　85 ②　정답

248　패션스타일리스트 한권으로 끝내기

86 다음 그림과 같이 단추가 6개 달린 이중 여밈에 입술 형태의 머프포켓이 달린 짧은 길이의 코트로, 파일럿 코트(Pilot Coat)라고도 불리우는 코트의 종류는?

① 토퍼 코트
② 피 코트
③ 더플 코트
④ 랩 코트

해설 피 코트는 칼라 모양이 큰 것이 또한 중요한 특징

87 거친 방모직물의 멜톤(Melton)을 소재로 만들어진 군용 코트로서, 후드가 달리고 토글로 여미는 형태이며 1950년대에 스포츠 코트로 소개되었다. 현대에는 클래식한 스타일의 하나로 남녀 학생들에게 애용되는 코트의 종류는?

① 트렌치 코트
② 더플 코트(토글 코트)
③ 세일러 코트
④ 카디건 코트

해설 더플 코트는 소위 '떡볶이 코트'라고 불리며 현재까지 애용됨

88 1950년대 앤 포가티가 발표한 귀여운 이미지의 원피스 드레스의 명칭은?

① 베이비돌 드레스
② 엠파이어 드레스
③ 슈미즈 드레스
④ 셔츠웨이스트 드레스

해설 베이비돌 드레스
• 아기처럼 귀엽고 경쾌한 느낌을 주는 디자인
• 상의는 몸에 꼭 맞고 하의는 스커트 속에 패티코트를 겹겹이 넣어 풍성하게 부풀린 스타일

정답 86 ② 87 ② 88 ①

89 1960년대 "문걸(Moon Girl)"을 발표한 앙드레 쿠레주와 관련 있는 패션 아이템은?

① 칵테일 드레스 ② 팬츠 드레스
③ 저지 드레스 ④ 미니 드레스

> **해설** 1960년대 메리 퀀트(Mary Quant)가 미니 스커트를 발표하였고, 앙드레 쿠레주는 이를 다양하게 변형하여 발전시킴

90 아르누보 시대 S커브 실루엣을 만들기 위한 방법으로 사용되었으며, 몇 장의 삼각형의 천 또는 조각으로 이어서 만들어져 허리부터 힙까지는 피트시키고 밑단으로 갈수록 넓어지는 형태의 스커트는?

① 고어드 스커트 ② 티어드 스커트
③ 페그 톱 스커트 ④ 하렘 스커트

> **해설** • 티어드 스커트 : 겹겹이 층진 스커트
> • 페그 톱 스커트 : 허리 위에 달팽이 모양의 주름이 있는 스커트
> • 하렘 스커트 : 몸빼 바지와 같은 스커트

91 다음 중 허리에 두르는 형식의 스커트가 아닌 것은?

① 사롱 스커트 ② 랩 스커트
③ 오버 스커트 ④ 킬트 스커트

> **해설** 오버 스커트는 다른 스커트와는 다르게 원통형으로 입는 형태

92 다음 중 주로 바이어스 재단을 이용하며 만드는 스커트의 종류는?

① 개더 스커트 ② 플리츠 스커트
③ 버블 스커트 ④ 플레어 스커트

> **해설** 플레어 스커트는 유일하게 바이어스 재단하는 스커트임

89 ④ 90 ① 91 ③ 92 ④ **정답**

93 다음 그림처럼 밑단에 주름을 많이 넣어 풍선과 같이 부풀린 형태의 스커트 명칭은?

① 페그 톱 스커트

② 벨 스커트

③ 벌룬 스커트

④ 사롱 스커트

해설   벌룬 스커트 : 밑단에 주름을 많이 넣어 풍선과 같이 부풀린 형태의 스커트

94 다음 제시된 스커트 중 서로 연관이 없는 다른 디자인의 스커트는?

① 드레이프 스커트   ② 디바이디드 스커트

③ 퀼로트 스커트   ④ 스플릿 스커트

해설   디바이디드 스커트, 퀼로트 스커트, 스플릿 스커트는 일명 치마바지이다.

95 나폴레옹시대 귀족들이 입던 꼭 끼는 바지인 퀼로트와 반대의 개념으로, 서민들이 착용하였던 헐렁한 바지의 형태를 무엇이라고 했는가?

① 트루스   ② 판탈롱

③ 호우즈   ④ 랭그라브

해설   판탈롱 : 퀼로트와 반대의 개념으로 헐렁한 나팔바지의 형태

정답   93 ③   94 ①   95 ②

96 영국의 윈저공이 셔츠와 타이, 스웨터와 함께 승마바지를 입은 것이 유행되면서부터 주로 골프 등의 스포츠 팬츠로 이용되는 밑단에 밴드를 단 무릎 길이의 팬츠 이름은?

① 하렘 팬츠
② 앵클 팬츠
③ 버뮤다 팬츠
④ 니커즈 팬츠

> **해설** 니커즈 팬츠 : 스포츠 팬츠로 주로 이용되는 밑단에 밴드가 있는 팬츠

97 1970년대 유행하였고 무릎에서 바지 밑단까지 종 모양으로 넓어지는 스타일로, 해병들이 즐겨 입은 스타일에서 유래되어 '세일러 팬츠'라고도 알려진 팬츠의 종류는?

① 벨 보텀즈 팬츠
② 조드퍼즈 팬츠
③ 배기즈 팬츠
④ 팔라초 팬츠

> **해설** 벨 보텀즈 팬츠
> • 1970년대에 유행한 무릎에서 바지 밑단까지 종 모양으로 넓어지는 스타일
> • 해병들이 즐겨 입은 팬츠

98 다음 팬츠 중 길이가 가장 긴 것은?

① 버뮤다 팬츠 ② 자메이카 팬츠
③ 페달 푸셔 팬츠 ④ 카프리 팬츠

> **해설** 페달 푸셔 팬츠는 무릎 아래 길이이고, 카프리 팬츠는 발목 전후 길이임

96 ④ 97 ① 98 ④ **정답**

99 스코틀랜드 서부 연안에서 만들어진 것으로 영국의 전통적인 무늬로 알려진 3가지 배색의 다이아몬드 모양으로 짜여진 무늬로 된 스웨터의 명칭은?

① 카디건 스웨터
② 피셔맨 스웨터
③ 아가일 스웨터
④ 페어아일 스웨터

해설 아가일 스웨터 : 3색 배색의 다이아몬드 형태의 체크무늬 또는 격자무늬가 겹쳐진 스웨터

100 예의를 갖춘 한 벌의 의상을 일컫는 '슈트'의 조합에 포함되지 않는 아이템은?

① 재 킷
② 베스트
③ 넥타이
④ 팬 츠

해설 넥타이는 슈트에 포함되지는 않지만 착장해야 하는 아이템의 하나로 T.P.O에 따라 컬러, 무늬 선택이 중요

101 패션디자인 발상의 조건에 해당되지 않는 것은?

① 합목적성
② 순환성
③ 독창성
④ 전문지식의 활용

해설 패션디자인 발상의 조건에는 합목적성, 독창성, 정보력, 전문지식의 활용 등이 있음

정답 99 ③ 100 ③ 101 ②

102 다음 중 패션디자인의 목표에 관한 설명으로 옳지 않은 것은?

① 패션디자인은 인체 위에 착용되어 완성되며 착용자를 돋보이게 하고 착용자에게 만족감을 줌으로 가치가 인정된다.

② 아름다움을 표현한다는 점에서 일반 조형디자인과 공통적인 목표를 가지며, 오로지 미적인 측면만을 고려하여 디자인한다.

③ 인체의 특성과 활동성을 고려하여 쾌적함을 느낄 수 있어야 한다.

④ 착용 상황과 환경, 규범에 맞서서 인간 생활에 혜택을 줄 수 있어야 한다.

> **해설**
> - 패션디자인은 인체 위에 착용되어 완성되며 착용자를 돋보이게 하고 착용자에게 만족감을 줌으로써 가치가 인정됨
> - 아름다움을 표현한다는 점에서 일반 조형디자인과 공통적인 목표를 가지며, 인체와의 관련성으로 인해 기능적인 측면이 고려되어야 함
> - 패션디자인은 우선 인체의 특성과 활동성을 고려하여 쾌적함을 느낄 수 있어야 하고, 사회 · 심리적으로 만족스러우며, 착용 상황과 환경, 규범에 맞서서 인간생활에 혜택을 줄 수 있어야 함
> - 또한, 미적 가치 측면에서도 아름다움의 욕구를 충족할 수 있어야 함

103 발상법 중 서로 다르고 관련이 없어 보이는 요소를 합친다는 뜻의 그리스어에서 유래되었으며, 구체적인 테마를 대상으로 은유와 유추에 기초를 두고 창조적 발상을 해나가는 방법은?

① 브레인스토밍법 ② 고든법
③ 시네틱스법 ④ 체크리스트법

> **해설** 시네틱스법
> - 서로 관련이 없는 몇 개의 부분을 하나의 의미 있는 것으로 통합한다는 그리스어에서 유래
> - 구체적인 테마를 대상으로 은유와 유추에 기초를 두고 창조적 발상을 해나가는 방법

104 문제의 발견을 촉진하는 기법으로 활용되며, 사물을 구성하고 있는 부분이나 요소, 성질과 기능 등의 특성을 계속 열거해 나가면서 더 나은 대안을 모색하는 방법이다. 결점, 장점, 희망점 등 개선하고 싶은 사물의 구체적 특성을 발견하고 더욱 완전한 것으로 접근하려는 아이디어를 찾는 방법은?

① 형태분석법   ② 고든법
③ 시네틱스법   ④ 특성열거법

> **해설** 특성 열거법
> - 문제의 발견을 촉진하는 기법으로 활용되며, 사물을 구성하고 있는 부분이나 요소, 성질과 기능 등의 특성을 계속 열거해 나가면서 더 나은 대안을 모색하는 것
> - 결점, 장점, 희망점 등 개선하고 싶은 사물의 구체적 특성을 발견하고 더욱 완전한 것으로 접근하려는 아이디어를 찾는 방법

105 패션의 주기 중 새로운 스타일을 수용하는 사람이 늘어나서 확산이 빨라지는 단계이며, 사회적 가시도가 높은 시기는?

① 소개기   ② 상승기
③ 절정기   ④ 쇠퇴기

> **해설** 패션의 주기 다섯 단계
> - 소개기 : 새로운 스타일이 소개되는 단계
> - 상승기 : 새로운 스타일을 수용하는 사람이 늘어나 확산이 빨라지는 단계
> - 절정기 : 유행하는 스타일의 수용이 최고조에 달한 단계
> - 쇠퇴기 : 유행스타일에 대한 선호도가 떨어져 수용자가 줄어드는 단계
> - 소멸기 : 소비자들이 더 이상 흥미를 느끼지 않고 스타일을 수용하지 않는 단계

106 다음 중 패션의 정의에 관한 내용으로 가장 옳지 않은 것은?

① 패션은 특정 시기에 대중에게 널리 받아들여지는 스타일이다.
② 패션은 새로운 것을 추구하는 특성이 있다.
③ 패션은 비주기적인 특성을 지니며 의복에서만 보여지는 현상이다.
④ 현대에는 패션 현상이 생활 전반에 걸쳐 일어나고 있다.

> **해설** 패션은 주기적인 특성을 지님

107 균형의 종류 중 대칭균형에 관한 설명으로 옳지 않은 것은?

① 좌우에 같은 양의 디자인 요소를 배치하여 균형을 이루게 하는 것이다.
② 안정감, 솔직함, 단정함이 느껴지고 규범적이며 평범하다.
③ 직장 유니폼, 군복, 경찰복 등 유행에 관계없이 오랫동안 착용되는 기본 의상에 이용된다.
④ 미적 가치나 예술성이 높고 세련미나 성숙미를 표현하기에 적합하다.

> **해설** 대칭균형은 평범하고 안정되며 의례적이고 단정한 느낌을 주지만, 변화가 없고 흥미를 주지 못하므로 미적 가치나 예술성이 낮게 평가되기도 함

108 선에 관한 설명 중 옳은 것은?

① 수평선 – 명랑하고 화사하며 여성적인 느낌을 준다.
② 수직선 – 밝고 귀여우면서 사랑스러운 느낌을 준다.
③ 스캘럽선 – 귀여운 이미지보다는 고상한 느낌을 준다.
④ 지그재그선 – 날카롭고 분주하며 불안정한 느낌을 준다.

> **해설**
> • 수직선 : 위엄, 권위, 지적인 느낌
> • 스캘럽선 : 밝고 귀여우면서 사랑스러운 느낌
> • 지그재그선 : 예민하고 날카롭고 긴장된 느낌

109 블라우스에 관한 설명으로 바르게 짝지어진 것은?

① 캐미솔 블라우스 – 목 부분에 칼라 대신 긴 끈이 있어서 리본처럼 묶어 입는 스타일
② 페플럼 블라우스 – 레이스나 부드러운 천을 이용하여 목과 가슴 부분에 프릴 장식을 강조한 스타일
③ 새시 블라우스 – 일반적인 오버블라우스보다 길어서 엉덩이를 가리는 정도 길이의 스타일
④ 페전트 블라우스 – 유럽의 농부들이 입었던 스타일로 목둘레와 소매 끝에 개더를 이용하거나 끈이나 고무줄을 넣어 풍성한 주름을 만들어준 스타일

> **해설**
> • 캐미솔 블라우스(Camisole Blouse) : 좁은 끈으로 어깨에 고정되는 캐미솔 네크라인의 스타일
> • 페플럼 블라우스(Peplum Blouse) : 그리스어 '페플롯(Peplos)'에서 유래되었으며, 허리선에 절개가 있고 그 밑에 러플이나 바이어스 재단 기법을 이용하여 퍼지게 만든 스타일
> • 새시 블라우스(Sash Blouse) : 단추가 없이 앞자락을 대각선으로 겹쳐 만듦. 겹쳐진 사선모양의 여밈을 허리에서 끈으로 묶어서 입는 스타일. 서플리스 블라우스(Surplice Blouse) 혹은 랩 블라우스(Wrap Blouse)라고도 함

110 숄칼라에 단추가 없이 허리 벨트로 여미는 헐렁한 스타일의 재킷이다. 손님 초대 시 남성들이 즐겨 입는 스타일로 정장보다는 홈웨어로 많이 입는 재킷의 명칭으로 올바른 것은?

① 스모킹 재킷
② 카디건 재킷
③ 다운 재킷
④ 블레이저 재킷

> **해설** **스모킹 재킷**
> * 숄칼라에 단추가 없이 허리 벨트로 여미는 헐렁한 스타일의 재킷
> * 손님 초대 시 남성들이 즐겨 입는 스타일로 정장보다는 홈웨어로 이용
> * 영국에서는 턱시도 재킷과 같은 뜻으로 사용되기도 함

111 액세서리를 이용한 코디네이션에 관한 설명으로 옳지 않은 것은?

① 색채 조화에 관한 지식을 토대로 하여 액세서리를 선택한다.
② 시간과 장소, 목적에 따라 적절하게 선택한다.
③ 의상이 주는 이미지와 조화를 이루는 액세서리를 선택한다.
④ 액세서리에 의한 강조는 여러 곳에 두어 화려하게 연출한다.

> **해설** 액세서리에 의한 강조는 한 곳만 하고, 다른 부분은 약하게 하여 조화를 이루도록 함

112 다음 중 모자에 관한 설명으로 옳은 것은?

① 베레모 – 반구형의 꼭 맞는 크라운과 부드럽게 파도치는 듯한 넓은 챙을 가진 모자이다.
② 사파리 해트 – 야구선수가 쓰는 모자로 머리에 꼭 맞게 된 반구형이다.
③ 클로슈 – 모자의 챙이 아래쪽으로 되어 있는 것으로 소재는 면, 코듀로이, 면트윌 등이 있다.
④ 보닛 – 아프리카 탐험가가 쓰는 차양이 있고 크라운이 약간 깊은 모자를 말한다.

> **해설** • 베레모 : 둥글납작하고 부드러우며 챙이 없는 모자
> * 사파리 해트 : 아프리카 탐험가가 쓰는 차양이 있고 크라운이 약간 깊은 모자
> * 보닛 : 뒤에서부터 머리 전체를 감싸듯 가리고 얼굴과 이마만 드러낸 모자

정답 110 ① 111 ④ 112 ③

113 길이가 36~40cm 정도의 목걸이로 목이 긴 사람에게는 잘 어울리나 목이 짧은 사람은 피하는 게 좋은 목걸이의 명칭은?

① 초 커   ② 프린세스

③ 마티네   ④ 오페라

> **해설**
> • 초커(36~40cm) : 초커는 목이 긴 사람에게는 잘 어울리나 목이 짧은 사람은 피하는 것이 좋음
> • 프린세스(40~46cm) : 프린세스는 우리나라 사람들에게 가장 잘 어울리는 길이
> • 마티네(53~61cm) : 마티네는 가슴 정도까지 내려옴
> • 오페라(71~78cm) : 오페라나 로프는 대담하고 자신감 있는 커리어우먼의 이미지를 줄 수 있으므로 키가 큰 사람들에게 알맞음

114 벨트의 코디네이션 요령으로 옳지 않은 것은?

① 버클이 있는 벨트 – 캐주얼웨어나 테일러드 스타일에 적합

② 리본형 벨트 – 부드럽고 드레시한 스타일에 적합

③ 가죽으로 만들어진 고급벨트 – 청바지나 면 원피스 등 가볍고 캐주얼한 스타일에 적합

④ 보석 등 화려한 장식의 벨트 – 화려하고 고급스러운 장소에 참석할 때 적합

> **해설** 가죽으로 만들어진 고급벨트는 정장에 사용

115 다음 중 팬츠 길이가 짧은 순서대로 바르게 짝지어진 것은?

① 쇼트 팬츠 < 카프리 팬츠 < 버뮤다 팬츠 < 슬랙스

② 버뮤다 팬츠 < 페달 푸셔 < 슬랙스 < 자메이카 팬츠

③ 자메이카 팬츠 < 페달 푸셔 < 카프리 팬츠 < 슬랙스

④ 쇼트 팬츠 < 버뮤다 팬츠 < 자메이카 팬츠 < 슬랙스

> **해설** 팬츠의 길이 : 자메이카 팬츠 < 페달 푸셔 < 카프리 팬츠 < 슬랙스

116 층층으로 이어진 다음의 그림과 같은 스커트를 지칭하는 명칭은?

① 티어드 스커트

② 고어드 스커트

③ 디바이디드 스커트

④ 퀼로트 스커트

해설 티어드 스커트 : 층층으로 이어진 스커트로 층마다 주름이나 개더를 넣어 장식

117 허리선이 가슴 바로 밑까지 높게 올라온 하이 웨이스트 라인에 날씬하고 긴 스타일로 19세기 말 프랑스 조세핀 황후에 의해 유행되었던 드레스는?

① 프린세스 드레스

② 드롭웨이스트 드레스

③ 엠파이어 드레스

④ 색 드레스

해설
- 프린세스 드레스(Princess Dress) : 프린세스 라인이 있는 X자 실루엣의 여성스런 드레스를 말함. 허리 절개선이 없으며 벨트 없이 입는 스타일
- 드롭웨이스트 드레스(Drop Waist Dress) : 상체가 길고 허리선의 절개선이 힙 쪽으로 내려간 드레스
- 색 드레스(Sack Dress) : 몸의 선에 맞추지 아니하고 넓게 지어 부대 자루같이 넓게 만든 풍성한 여성용 드레스

118 모자의 챙이 아래쪽으로 되어 있는 것으로 면, 코듀로이, 면 트윌 등으로 만들어지는 모자는?

① 클로슈

② 베레모

③ 크루 해트

④ 파나마 해트

해설
- 베레모(Beret) : 둥글 납작하고 부드러우며 챙이 없는 모자
- 크루 해트(Crew Hat) : 흰 코튼이나 본래의 리넨 등으로 만들어진 이음새가 있는 모자로 스티치 장식을 한 늘어져 내린 느낌의 브림과 여러 쪽 이음의 둥근형 크라운이 특징
- 파나마 해트(Panama Hat) : 스트로 해트의 일종으로 원래는 에콰도르, 콜롬비아 등 중남미 야자수의 섬유로 짠 챙 모자

정답 116 ① 117 ③ 118 ①

119 길이가 40~46cm 정도의 목걸이로 우리나라 사람에게 가장 잘 어울리는 길이인 목걸이의 명칭은?

① 초 커

② 프린세스

③ 마티네

④ 오페라

 해설
- 초커(36~40cm) : 초커는 목이 긴 사람에게는 잘 어울리나 목이 짧은 사람은 피하는 것이 좋음
- 프린세스(40~46cm) : 우리나라 사람들에게 가장 잘 어울리는 길이
- 마티네(53~61cm) : 가슴 정도까지 내려오는 길이
- 오페라(71~78cm) : 오페라나 로프는 대담하고 자신감 있는 커리어우먼의 이미지를 줄 수 있으므로, 키가 큰 사람들에게 알맞음

120 웨스턴 액세서리의 하나로서 금속제 링을 여러 개 이어서 벨트 모양으로 만든 것으로, 미국 인디언 나바호족이 애용하고 있던 것으로 알려진 벨트의 명칭은?

① 커머번드 벨트

② 웨스턴 벨트

③ 콘차 벨트

④ 새시 벨트

해설
- 커머번드 벨트(Cummerbund Belt) : 폭이 넓은 형태로 주로 남성 예복에 많이 사용되나 여성복에도 많이 응용되고 있음
- 웨스턴 벨트(Western Belt) : 폭이 넓고 대형 장식 버클을 붙이고 가죽에 서공을 곁들여 장식한 벨트. 웨스턴 부츠의 어울림과 함께 많이 사용
- 새시 벨트(Sach Belt) : 부드러운 천을 주름잡아 만든 벨트. 새시란 장식된 띠처럼 생긴 천

119 ② **120** ③ 정답

3 과목

색채 및
소재 코디네이션

FASHIONSTYLIST

색채의 정의 및 개념

색채의 정의

1 색의 정의

① 색은 빛(光)이 눈에 들어와 시신경을 자극하여, 뇌의 시각중추에 선날함으로써 생기는 감각이다.
② 빛은 빨, 주, 노, 초, 파, 남, 보의 색상으로 나타나면서 이것은 모든 물체의 색을 나타내는 역할을 한다.
③ 빛과 색은 분리되지 않고 서로 결합되어 있다.
④ 빛 없는 세상에는 색깔도 없다.
⑤ 색은 우리 일상생활에서 없어서는 안 될 자연스러움으로 존재한다.
⑥ 색의 조화는 우리 생활의 풍요로움을 위해서 매우 중요하며, 색은 우리 인간의 신체구조에 특정한 작용을 하고 있다.
⑦ 서로 상이한 빛의 흡수와 반사를 통해 우리는 색을 감응하여 흥분하거나 안정과 진정을 준다.
⑧ 색이 있는 빛으로 자연효과를 상승시키기도 한다. 색은 감각기관의 느낌이며 맨 처음으로 내면세계(뇌)에서 인식되는 것이다.
⑨ 색은 물리적인 자극(반사된 빛에 노출된 사물의 현상)을 통해 감지되지만 이는 매우 복잡한 과정을 거쳐 눈으로 보고 인식하는 것이다.
⑩ 색채지각이란, 물체의 표면에서 반사된 빛을 우리눈이 받아들이는 과정이다.

2 색의 역사

① 인류가 생긴 이후 색의 현상에 대해서 항상 논하였을 것이다.
② 뉴턴(Newton)이 프리즘으로 태양광을 분석해서 일곱 가지 색으로 구분한 것이 300여년 전이다.
③ 인간이 색채에 대한 확실한 학설을 수립한 것은 1800년대이다. 그러나 보다 과학적인 색채체계가 필요하였으므로 계속 연구되어 왔다.
④ 현재 그중 대표적인 인물은 미국의 먼셀(Munsell)과 독일의 오스왈드(Ostwald)이며, 이들이 색채체계를 완성함으로써 색채조화로의 급격한 진전을 끌어냈다.

3 색상조언의 발달

① 색상조언의 체계에 대한 뿌리는 스위스의 화가이며 색채학과 건축기초자의 한 사람인 요하네스 이텐 교수로부터 나온다.

② 요하네스 이텐 교수는 학생들에게 색채조화에 대한 연습을 시키면서 예술품들의 자연적인 색채조화가 머리, 피부, 눈 색과 밀접한 관계가 있다는 것을 발견하였다.

③ 요하네스 이텐 교수는 '색의 예술'이라는 책을 통해 몇 년 동안 관찰한 내용을 발표하였다.

④ 모든 사람들은 본능적으로 어떤 색들이 본인에게 제일 잘 어울리는지 알아낸다는 결론을 내렸다.

⑤ 이러한 이론은 미국 로스엔젤레스의 패션아카데미라는 학교에서 퍼지게 되었다.

⑥ 독일에서도 색과 형의 조언을 권했으며, 1988년부터는 매우 널리 알려지며 상업적으로 진보되어 새로운 손님에게 알맞은 조언을 하게 되었다.

4 색의 연구에 대한 5가지 측면

① **물리학적 측면** : 직접광이든 혹은 반사광이든 우리의 눈까지 도달하는 빛의 현상에 대한 이해의 측면이다.

② **생리학적 측면** : 생리학적 측면은 물체의 표면에서 반사된 광선이 눈으로 들어와 시신경을 통해 뇌의 시각중추에 이르러 색을 지각하게 되는 것이다.

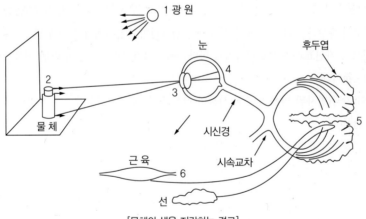

[물체의 색을 지각하는 경로]

③ **심리학적 측면** : 색채가 우리들의 심리에 미치는 영향에 대한 것으로, 지각된 색이 개인의 주관적 감정에 의해 심리적인 연상이나 상징으로 받아들여지는 의식활동을 수반하는 영역이다.

④ **사회학적 측면** : 심리학적인 측면의 기억을 환기시키고 가치판단을 하여 외계와 대응하는 행동으로 연결되어 생겨나는 감정적인 반응이다.

⑤ **미학적 측면** : 심리학적 측면이 생활조형의 표현으로 연결되어 생겨나는 감정적인 반응이다.

색이란 무엇인가

1 물체색과 광원색

① 태양이나 전등 등으로부터 스스로 빛을 내는 색, 즉 광원 그 자체에 빨강이나 파랑 등의 색이 있는 것이다.

② **물체색** : 투과색과 반사색. 빛이 물체에 부딪힌 후 반사되어 눈이 인지하는 것을 말한다.

③ **광원색** : 각 광원이 가지고 있는 색으로 광원에 따라 같은 색도 달라보일 수 있다.

　　㉠ 투과색 : 물체를 투과한 빛의 색을 말한다.

　　㉡ 반사색 : 물체의 표면으로부터 빛을 반사하여 나타나는 색을 가리킨다.

④ 물체의 표면적 특성에 의해 색파장은 흡수되거나 반사된다.

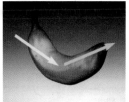

빛과 색

- 색 : 빛(光)이 눈에 들어와 시신경을 자극하여 뇌의 시각중추에 전달함으로써 생기는 감각이다. 빛을 흡수하고 반사하는 결과로 사물의 밝고 어두움을 나타내는 물리적 현상을 말한다.
- 가시광선 : 인간의 눈으로 색을 느낄 수 있는 빛은 가시광선이라 불리는 것으로, 전자파의 380∼780nm 파장의 범위이다.
- 자외선 : 380nm 이하이다.
- 적외선 : 780nm 이상이다.
- ※ 자외선, 적외선은 통상적으로 육안으로 볼 수 없다.

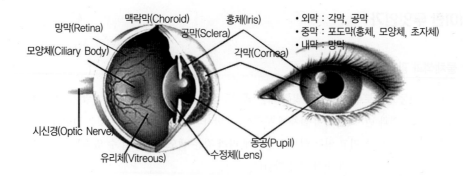

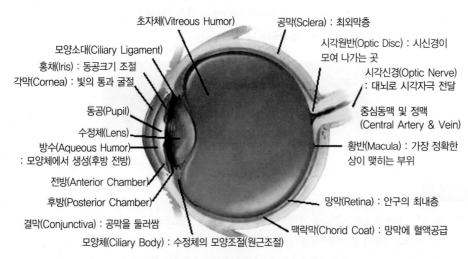

[눈의 구조]

2 색의 분류

① **무채색** : 흰색과 여러 층의 회색 및 검정색에 속하는 색감이 없는 계열의 색을 통틀어 무채색이라고 한다.

② **유채색**

　㉠ 순수한 무채색을 제외한 색감을 갖고 있는 모든 색을 말한다.

　㉡ 빨강, 주황, 노랑, 초록, 파랑, 남색, 보라 등과 이외에 그 중간색은 물론, 이러한 색들의 색감을 조금이라도 가지고 있으면 모두 유채색이다.

　㉢ 색상, 명도, 채도의 속성을 갖고 있는 색을 말한다.

3 먼셀(Munsell)의 표색계

① 미국의 화가이자 미술교육자인 먼셀(Munsell. A. H. 1858~1918)에 의해 창안되었다.

② 먼셀은 빨강, 노랑, 녹색, 파랑, 보라의 다섯 가지 색을 기본으로 하여 10색상, 20색상을 만들고, 다시 10색상을 각각 10등분하여 100색상을 만들어 숫자와 기호로 색상을 표시하였다.

③ 표시방법은 색상기호(H), 명도(V), 채도(C)의 수치에 의해 나타낸다.

④ 우리나라에서는 한국공업규격(KSA 0062)에 의해 규정한 색채교육용으로 채택된 표색계이다.

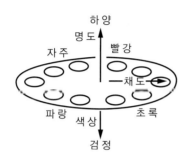

[색상, 명도, 채도의 관계]

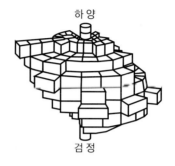

[먼셀의 색입체 개념도]

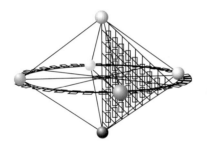

[NCS의 색입체 모형]

[기본 10색상환]

4 **색채의 삼속성**

① 색상(색의 이름)

ㄱ 색상은 물체의 표면에서 선택적으로 반사되는 색파장의 종류에 의해 결정된다.

ㄴ 빨강, 주홍, 노랑, 초록, 파랑, 보라 등으로 구분된다.

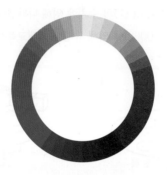

② 명도(색의 밝고 어두움)

ㄱ 물체의 표면이 모든 빛을 흡수하면 검정색으로 보이며 우리는 이 검정색을 어둡다고 느낀다.

ㄴ 이처럼 빛의 반사량에 따라 색의 밝고 어두운 정도를 느끼는 것이 명도이다.

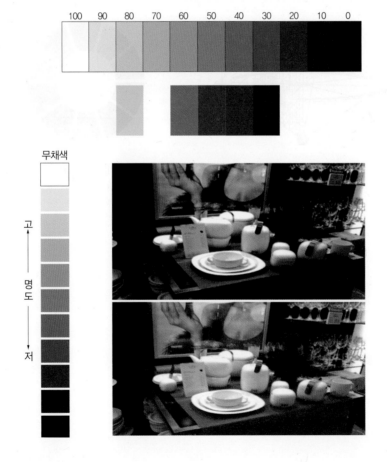

③ 채도(색의 강약, 선명도, 맑고 탁한 정도)

  ㉠ 색파장이 얼마나 강하고 약한가를 느끼는 것이 채도이다.

  ㉡ 여러 가지 색파장이 혼합되어 물체의 표면에서 흡수되거나 반사하는 양에 따라 다르게 느껴지는 것으로, 특정한 색파장이 얼마나 순수하게 반사되는가의 정도를 나타낸다.

  ㉢ 서로 보색관계의 두 색을 인접시켰을 때, 서로의 영향으로 본래의 색보다 채도가 높아 보이게 된다.

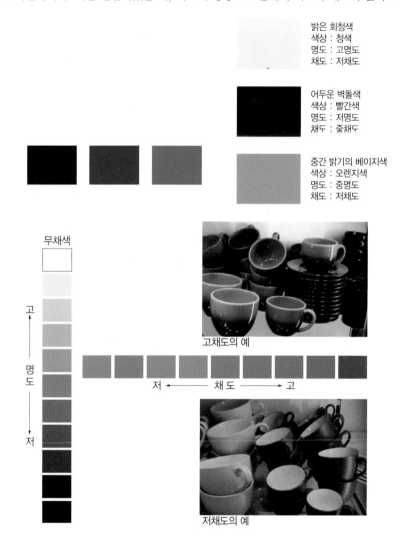

밝은 회청색
색상 : 청색
명도 : 고명도
채도 : 저채도

어두운 벽돌색
색상 : 빨간색
명도 : 저명도
채두 : 줄채두

중간 밝기의 베이지색
색상 : 오렌지색
명도 : 중명도
채도 : 저채도

무채색

고

명도

저

저 ← 채 도 → 고

고채도의 예

저채도의 예

5 **색명과 표시명**

① 색명에 의한 분류

  ㉠ 기본색명

  ㉡ 계통색명(일반색명)

  ㉢ 관용색명(고유색명, 현대색명)

② 색명의 분류

  ㉠ 색의 이름에 의하여 색을 표시하는 표색의 일종으로서 옛날부터 현재에 이르기까지 많이 사용되어 왔다.

  ㉡ 물론 현재에 있어서는 표색의 정확성이 없으므로 혼색계인 XYZ 표색계나, 현색계인 먼셀체계, 오스트발트체계, 일본색 연배색체계 등이 사용되고 있다.

  ㉢ 이러한 표색계는 정량적이고 정확성을 갖고 있는 반면에, 색명은 일상생활 속에서 사용되는 감성적이며, 부정확성을 가진 것이다.

  ㉣ 따라서 우리가 보통 색을 색명으로 전달하려고 하는 경우, 적절하게 표현 가능한 색은 대개 20~30색 정도에 지나지 않는다.

  ㉤ 또, 전문적으로 색명을 수집·분류해서 정리하더라도 300~500색 정도의 분류가 가능한 데 지나지 않는다.

  ㉥ 색명의 분류법은 사람이나 나라에 따라 각각 다르나 보통 크게 나누어 일반색명과 관용색명 두 가지가 있다.

③ 한국공업규격(KS)

  ㉠ 한국공업규격(KS)에서도 일반색명과 관용색명으로 구분하고 있으며, 일반색명은 유채색의 이름과 무채색의 이름을 포함한다.

  ㉡ 교육용으로 교육부에서 결정한 일반색명은 기본색명과 계통색명으로 분류하고 있는데, 이 색은 먼셀 표색계에 준한 것이다.

  ㉢ 그러나 여기서는 색명의 분류에 있어서 편의상 기본색명, 계통색명, 관용색명으로 나누어서 설명한다.

  ㉣ 기본색명

   • 한국공업규격 색명 : 기본적인 색의 구별을 나타내기 위한 색채 전문용어이다. 따라서 단일어형과 의미를 갖는 독립된 언어이며, 이러한 조건에 맞는 우리말의 색명으로서, KSA 001에 제시되어 있는 색이름 중 기본색명의 부분을 소개하면 다음과 같다.

• 유채색의 기본이름

기본색명	대응영어(참고)	색상기호(교육부)
빨 강	Red	R
주 황	Orange(Yellow)	YR
노 랑	Yellow	Y
연 두	Green Yellow	GY
녹 색	Green	G
청 록	Blue Green	BG
파 랑	Blue	B
남 색	Violet, Purple Blue	PB
보 라	Purple	P
자 주	Red Purple, Magenta	RP

• 무채색의 기본이름

기본색명	대응영어(참고)	색상기호(교육부)
흰 색	White	W
밝은 회색	Light Gray	L.GY
회 색	Natural Gray	N
어두운 회색	Dark Gray	D.GY
검정색	Black	B

ⓜ 계통색명
  • 기본색명에 수식어를 붙여 표현하는 방법이다.
  • 전장의 기본색명은 각각 그 색채의 최고채도를 나타내는 색명이므로 그 외의 명도와 채도를 나타내는 색을 수식하는 용어가 필요하게 된다.
  • 유채색에서 명도와 채도를 합하여 고찰한 색의 성질을 색조라고 하는데, 색조를 표현하는 수식어를 여기서는 계통색명이라고 한다.
  • 색상에 관한 수식어 : 빨강 기미 → (Reddish), 노랑 기미 → (Yellowish), 녹색 기미→ (Greenish), 파랑 기미 → (Bluish), 보라 기미 → (Purplish) 등 5종류로 표현한다.

• 계통색명 및 먼셀기호

색표	계통색명 (일반색이름)	먼셀기호	색표	계통색명 (일반색이름)	먼셀기호	색표	계통색명 (일반색이름)	먼셀기호
	아주연한 빨강	5R8/4		아주연한 녹색	5G8.5/4		아주연한 보라	5P8/4
	밝은 회빨강	5R7/2		밝은 회녹색	5G7.5/2		밝은 회보라	5P7.5/2
	회빨강	5R5/2		회녹색	5G5.5/2		회보라	5P5/3
	어두운 회빨강	5R2.5/2		어두운 회녹색	5G3/2		어두운 회보라	2.5P/2
	연한 빨강	5R6.5/8		연한 녹색	5G7/6		연한 보라	5P6.5/5
	칙칙한 빨강	5R6/6		칙칙한 녹색	5G5/5		칙칙한 보라	5P4/6
	어두운 빨강	5R3/5		어두운 녹색	5G3.5/5		어두운 보라	5P3/6
	밝은 빨강	5R6/10		밝은 녹색	5G6.5/9		밝은 보라	5P5.5/10
	빨강	5R4/14		녹색	5G5/10		보라	5P4/10
	짙은 빨강	5R3.5/10		짙은 녹색	5G4/8		짙은 보라	5P3/10
	해맑은 빨강	5R4/14		해맑은 녹색	5G5.5/11		해맑은 보라	5P/10
	아주연한 주황	5YR8.5/3		아주연한 청록	5BG8.5/3		아주연한 자주	5RP8.54/
	밝은 회주황	5YR7.5/2		밝은 회청록	5BG7.5/2		밝은 회자주	5RP7.5/2
	회주황	5YR5.2/2		회청록	5BG5.5/2		회자주	5RP5/2
	어두운 회주황	5YR2/2		어두운 회청록	5BG3/2		어두운 회자주	5RP2.5/2

명도·채도의 차이를 표현하는 수식어

• Pale → 아주 연한

• Light → 연한

• Dull → 칙칙한

• Dark Bright → 어두운

• Strong → 기본색

• Deep → 짙은

• Vivid → 해맑은

• PCCS 계통색명의 톤 구분(Practical Color Coordinate System)

Pale	(p)	아주 연한
Light	(lt)	연 한
Bright	(b)	밝 은
Vivid	(v)	해맑은(선명한)
Strong	(s)	기본색이름
Soft	(sf)	약 한
Dull, Moderate	(d), (m)	칙칙한
Light Grayish	(ltg)	밝은 회
Grayish	(g)	회
Deep	(dg)	짙 은
Dark Grayish	(dkg)	어두운 회
Dark	(dk)	어두운
White	(W)	흰 색
Light Gray	(ltGy)	밝은 회색
Gray	(Gy)	회 색
Dark Gray	(dkGy)	어두운 회색
Black	(Bk)	검 정

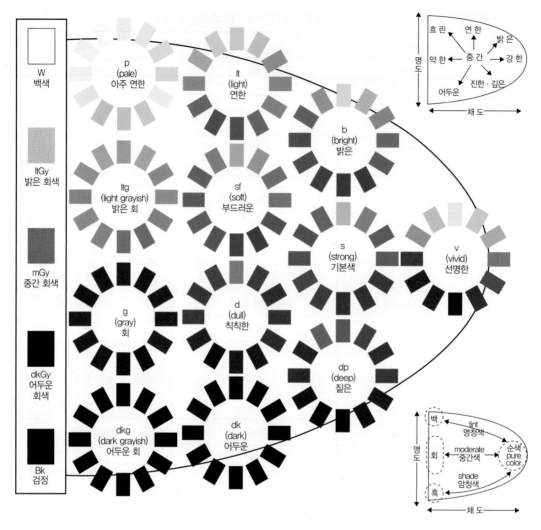

[톤의 개념]

ⓗ 관용색명

- 옛날부터 전해 내려온 습관상으로 사용하는 색은 하나하나의 고유색명과 현대가 되어서 사용하게 된 현대 색명으로 나눌 수 있으며, 관용적으로 사용되고 있는 색명 등을 말한다.
- 식물·동물·광물 등의 이름을 따서 붙여진 것과 시대, 장소, 유행과 같은 데서 이름을 딴 것이 있다.
- 일반적으로 이미지의 연상어에 의하여 만들어지거나, 또는 이미지의 연상어에 기본적인 색명을 붙여서 만들어지는 것으로 그 예를 들어 보면 다음과 같다.
- 그 기원은 확실하지 않으나 옛날부터 사용해 온 고유색명에는, 우리말로 된 하양, 검정, 빨강, 노랑, 파랑, 보라 등이 있고, 한자말로 된 것은 흑(黑), 백(白), 적(赤), 황(黃), 녹(綠), 청(靑), 자(紫) 등이 있다.
- 동물의 이름에서 따온 색명에는 살색(肉色), 쥐색(쥐色), 새먼핑크(Salmon Pink) 등이 있다.

- 식물의 이름에서 따온 색명에는 살구색, 복숭아색, 팥색, 밤색, 풀색, 오렌지색, 장미색, 레몬색, 라벤더, 라일락 등이 있다.
- 광물이나 원료의 이름에서 따온 색명에는 고동색(古銅色), 금색, 은색, 진사(辰砂), 주사(朱砂), 철사(鐵砂), Ochre, Emerald Green, Cobalt Blue, Chrome Yellow 등이 있다.
- 지명 또는 인명에서 따온 색명에는 Prussain Blue, Havana Brown, Bordeaux, Vandyke-brown 등이 있으나 이것들은 대체로 외국에서 들여온 색명이다.
- 자연현상에서 따온 색명에는 하늘색, 땅색, 바다색, 무지개색, 눈색 등이 있으나 옛날부터 사용되어 오던 색명이므로 쉽게 인지할 수 있는 것이다.
- 관용색명

NO	색 표	관용색명, 먼셀기호, 계통색명
1		• Old Rose, 1R 6/6.5, Soft Pink, 칙칙한 빨강 • 빅토리아 왕조 시대의 색명으로 대단히 대중성이 있다. • 지나가버린 옛날 장미의 뜻으로 조금 바랜 느낌의 색이다. • 19세기 후반 대영제국시대에 유행하여 세계적으로 애용되고 있는 색명이다. • KS = 올드로즈
2		• Bordeaux, 1.5R 2.5/3, Dark Red, 어두운 회빨강 • 보르도는 프랑스 남서부의 도시로 빨간 포도주의 대표색을 말한다.
3		• 산호색, 2.5R 7/10.5, Deep Pink, 밝은 빨강 • 산호의 대표적인 색으로부터 붙여진 색명이다. 영어로는 Coral이 된다.
4		• 복숭아꽃색, 2.5R 6.5/8, Deep Pink, 칙칙한 빨강 • 복숭아꽃으로부터 붙여진 색명이다.
5		• 홍매화색, 2.5R 6.5/7.5, Deep Pink, 칙칙한 빨강 • 매화꽃 중에서 빨강 기미가 강한 색의 대표이다.

색채의 심리효과

▌색채의 심리효과▐

1 개 요

우리가 사실상 접하는 색채의 강력한 효과들은 외관상의 밝음 또는 어두움, 선명함 또는 탁함, 크기 등 시각적인 충격의 심리적 성질들을 조작한다. 고립된 색상들은 어떤 개인적인 효과들을 갖지만, 색채들은 의복에서 서로서로 나란히 보여지거나 피부나 머리와 함께 보여질 때, 이러한 상호작용으로부터 나온 것이다.

나란히 있는 서로 다른 색채들은 병렬위치에서 중복되거나 겹쳐진다. 서로서로 인접해 있거나 또는 접촉함으로써 이것들은 서로의 영향과 착시에서 벗어날 수 없다.

우리가 색채를 색상, 명도, 채도의 결합으로 본다 하더라도 결합된 효과들을 조절하려 한다면 색채의 심리적 효과들을 이해하여야만 한다. 이는 우리가 이것들을 함께 경험하지만, 디자인은 아름답고 쾌적한 인상으로 사람의 눈을 끄는 동시에 보는 사람에게 어떤 정보를 전달하기도 하는 것이다. 따라서 세련되고 좋은 상품의 디자인을 창출해 내기 위해서는 색상, 명도, 채도의 응용을 각각 독립된 상태에서 학습하여야만 한다는 것을 의미한다.

앞에서 색이 보이는 원리는 이해가 되었을 것이다. 이번에는 색채디자인이나 색채계획을 하는 데 있어서 이해하지 않으면 안 된다고 생각되는 색채의 기능, 즉 시각반응에 의한 심리적 효과를 소개하기로 한다.

색의 지각현상

1 색의 잔상

① 어떤 색을 한동안 계속해서 보고 있으면 그 색의 자극이 망막에 형상을 남겨, 자극을 제거한 후에도 그 흥분이 남아서 원자극과 동질, 또는 이질의 감각 경험을 일으키는 것을 말한다.

② 간단히 말하자면, 그 색의 자극에 망막의 반응이 순응(약해지는)해가는 것이다.

③ 따라서 눈을 다른 대상으로 이동시키면 원래의 색과는 반전된 색이 잔상으로 나타난다.

④ 이와 같은, 시적 잔상(Visual After Image)이라고 하는 현상은 부의 잔상(Negative After Image)과 정의 잔상(Positive After Image)으로 나누어진다.

⑤ 부의 잔상

　　㉠ 색과 반전한 잔상을 부의 잔상이라고 하고, 이와 같은 반전하는 색상관계를 원래 색의 심리보색이라 한다.

　　㉡ 다음 그림의 검정바탕 위에 있는 흰색을 일정 시간(약 30~40초 정도) 동안 응시하다가, 우측 흰 바탕의 작은 흑점으로 눈을 이동시키면, 그주위(배경)는 희고, 중심부분은 흑색으로 보인다.

　　㉢ 그 다음 그림은 보색잔상을 느끼게 한다. 그림 맨 위의 초록과 연두는 그 잔상으로 보색인 붉은 보라와 보라색이 보인다.

　　㉣ 노랑과 주황은 청자색과 파랑색이 보인다.

　　㉤ 빨강과 보라색은 청록색과 연두색으로 마찬가지로 각각 그 보색잔상이 보인다.

② 정의 잔상

　　㉠ 망막의 흥분상태의 지속성에 기인하는 것이다.

　　㉡ 정의 잔상은 원 자극과 동질의 잔상으로 주로 짧고 강한 자극으로 생기기 쉽다.

　　예 빨간 성냥불을 어두운 곳에 돌리면 길고 선명한 원이 그려진다(이것은 정의 잔상이 계속 일어난 것이다).

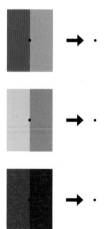

2 색의 대비

① 정 의

어떤 하나의 색을 보는 경우에 하나의 색이 주위의 색이나 먼저 본 색의 영향을 받아 색상 · 명도 · 채도 등이 다르게 보이는 현상을 '색의 대비'라고 한다.

② 동시대비 – 색상대비

㉠ 색상이 다른 두 색, 즉 도안의 색상이 배경색의 잔상으로 나타나는 심리보색쪽으로 변화하여 지각되는 대비효과를 '색상대비'라고 한다.

㉡ 배경과 도안의 면적 비가 클수록 그 효과는 강하며 또한, 배경색과 도안색의 명도가 비슷할수록 색상 대비는 커진다.

㉢ 색상대비는 유채색과 유채색 또는 무채색과 유채색 사이에서만 볼 수 있는 현상으로 색상이 없는 무채색 사이에서는 볼 수 없다.

③ 계시대비

일정한 색의 자극이 사라진 후에도 지속적으로 색의 자극을 느끼는 것으로, 어떤 색을 보다가 다른 색을 보면 앞의 색의 잔상으로 인해 색이 달라져 보이는 현상을 의미한다.

④ 명도대비

명도차를 갖는 두 색을 인접 배색했을 때, 서로의 영향으로 밝은 색은 더 밝게, 어두운 색은 더 어둡게 보이는 현상이다.

⑤ 채도대비

㉠ 채도가 다른 두 색을 서로 대비시켰을 때 서로의 영향으로 다른 채도감을 보이는 현상을 말한다.

㉡ 같은 색을 저채도 위에 놓으면 채도가 더 높게 보이고, 고채도 위에 놓으면 채도가 더 낮아보인다.

㉢ 단, 채도대비는 무채색에서는 일어나지 않는다.

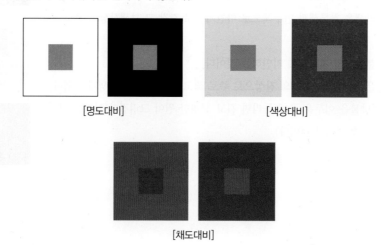

[명도대비]　　　　　[색상대비]

[채도대비]

3 **색의 성질**

① 색의 시인성

　ㄱ 각종 광고물 등을 멀리서 바라보면 잘 보이는 색과 그렇지 않은 색이 있다.

　ㄴ 이 현상을 '색의 시인성(명시도라고도 한다)'이라고 한다. 전자를 시인성이 높다고 하고, 후자를 시인성이 낮다고 한다.

[시인성의 예시]

② 색의 유목성

　ㄷ '눈에 띈다, 눈에 띄시 않는다'라고 하는 문제뿐만이 아니라, 색이 우리의 눈길을 끄는 정도를 '유목성(주목성이라고도 함)'이라고 한다.

　ㄴ 일반적으로 유목성의 정도는 빨강·주황·노랑 등의 난색계는 높고, 녹색·파랑·보라 등의 한색계라고 전해지는 색은 낮다.

　ㄷ 우리 주위에서 유목성이 높은 색이 사용되고 있는 것의 예를 들면 야경을 채색하는 네온이다.

　ㄹ 공업제품의 스위치 색이나 움직이는 부분의 색 등은 유목성이 높은 색(주위를 매혹시킬 수 있는 색)을 사용할 필요가 있다.

③ 색의 진출성과 후퇴성

　ㄱ 어느 정도 떨어져서 보면 같은 모양, 같은 크기의 색이라도 어떤 색은 앞으로 튀어나와 보이고, 또 어떤 색은 뒤로 물러나 들어가 보인다.

　ㄴ 이처럼 앞으로 튀어나와 보이는 색을 진출색, 뒤로 물러나 들어가 보이는 색을 후퇴색이라고 한다.

　ㄷ 일반적으로 난색계는 '진출색', 한색계는 '후퇴색'으로, 밝은 색이 어두운 색보다 진출한다.

　ㄹ 그림 (가)를 조금 떨어진 위치에서 보면 튀어나와 보이는 색은 노랑·노랑기미의 주황·노랑연두와 같은 색상으로, 특히 노랑은 제일 튀어나와 보인다.

　ㅁ 이러한 색은 다른 것과 비교하면 밝은 색으로, 진출색이다.

　ㅂ 들어가 보이는 색상은 파랑·남색·보라 등의 비교적 어두운 색으로, 후퇴색이다.

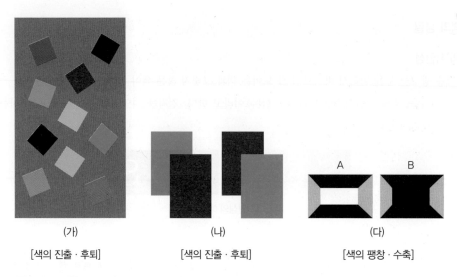

(가)	(나)	(다)
[색의 진출 · 후퇴]	[색의 진출 · 후퇴]	[색의 팽창 · 수축]

④ 색의 팽창성과 수축성

　㉠ 같은 모양, 같은 크기라도 색에 따라서 크게 보이기도 하고 작게 보이기도 한다.

　㉡ 이와 같은 '크기의 지각' 현상을 '팽창색'이라든가 '수축색'이라 부른다.

　㉢ 팽창색은 실제 크기보다 팽창되어 커 보이는 색을 말하며, 수축색은 실제 크기보다 수축되어 작아 보이는 색을 말한다.

　㉣ 그림 (다)의 A와 B에서 그림 A는 흰색이, 그림 B는 검정이 같은 윤곽으로 둘러싸여 있지만, 보기에는 흰색의 면적이 크게 보이고, 검정쪽이 작게 보인다.

　㉤ 이와 같이 밝은 색일수록 팽창성이 있고, 어두운 색일수록 수축성이 있다.

　㉥ 또 그림의 각 색은 같은 크기이지만 진출성이 있는 색들이 크게 보이고, 후퇴성이 있는 색들은 작게 보인다.

　㉦ 일반적으로 난색계 쪽이 한색계보다 크게 보이고, 밝은 색 쪽이 어두운 색보다 크게 보이며, 배경색이 밝을수록 무늬 색은 작게 보인다.

　㉧ 이 팽창성 · 수축성은 색에 의한 면적의 착시이기도 하여, 색을 활용할 때에 꽤 효과적인 성질이다.

색채조화론

1 개요

모든 조형물의 미는 그 조형의 요소인 선, 형, 색, 표면구조 등이 어울려 이루어지는 것이지만 그중에서도 우선 시각적으로 강렬한 반응을 일으키는 것은 색채라고 할 수 있다. 같은 선이나 형으로 이루어지는 조형도 색채를 바꿈으로써 느끼는 감정이 여러 가지로 달라지는 것을 보더라도 알 수 있으며, 인간의 안구의 생리적인 구조나 심리적인 자극면에서도 이미 색채가 우월하다는 것은 쉽게 납득이 가는 문제이다.

이와 같이 다양한 효과를 지닌 색채를 어떤 부분에 어떻게 배치하느냐에 따라 보다 아름다운 효과를 낼 수 있다. 따라서 이 아름다운 효과를 만들기 위한 배색은 어떠한 배색이 좋겠는가에 대한 연구가 본능적으로 또는 의식적으로 추구되어 왔다.

실제로 색을 취급하는 경우 색채의 심리적인 성질이나 물리적·생리적 성질 및 색채조화의 원리에 관한 지식을 겸비하고 있음으로써 보다 유효하게 색을 사용할 수 있고 스피디하게 해결되는 경우가 많다. 개성적인 직관에 의한 처리도 중요하지만 오늘날과 같이 실생활에 색채가 활용되고 있는 상황에서는 색채의 사용에 유효한 색채조화의 이론을 알고 배색에 대한 정확한 판단을 하는 것이 바람직하다.

우리들은 색채를 디자인할 때 물체나 환경의 용도·목적·기능을 고려하고, 전체적인 조화나 밸런스를 배려해 가면서 배색상의 조건을 종합적으로 생각한다. 배색상의 조건에는 주(主)·종(從)의 색의 조합, 도안색과 바탕색 또는 배경색의 조합, 색과 형(形), 재질감과의 상호관계, 면적이나 배색, 배치와 혼합과 같은 매우 많은 다른 요소들이 포함된다.

많은 예술가들은 간단한 공식들이 창조성을 박탈하며, 속박을 강요하기 때문에 색의 조화 공식을 경계한다. 창조적인 사고가 없는 예술은 결코 예술이 아니다. 장점과 단점에 대한 고려는 색채 계획의 가능성을 열어주며 그들의 속박을 최소화한다.

2 배색의 조정

색채는 단 한 가지 색만으로는 인상도 약하고, 감정을 움직이는 힘도 미약하지만, 두 가지 색 이상 조합시킨 배색의 경우는 복잡한 의미전달이 가능해지고, 감정을 움직이는 힘도 강해진다. 이 두 색 또는 여러 가지 색의 배색에 질서를 주는 것, 또 통일과 변화, 질서의 다양성과 같은 반대요소를 모순이나 충동이 생기지 않도록 조화시키는 것이다.

보는 사람에게 유쾌하게 느껴질 때 그것들의 색은 조화되어 있다고 한다. 배색의 목적은 여러 가지 색을 의도적으로 조합시킴으로써 디자인의 전체 효과를 높이기 위한 것이다. 두가지 이상의 색을 조합시키는 것을 배색이라고 한다.

배색은 그 나열하는 방법이나 조합시키는 색의 영향으로 여러 가지 효과를 낼 수 있다. 컬러 디자인의 최종 목표는 색채에 의해 미적 효과가 높은 환경을 제공하는 것이다. 단지 감성이나 취향에 의지하는 것이 아니라 색의 삼속성이나 톤 등에 의한 색채이론을 활용하여 많은 배색을 체험하고, 과거의 색채조화 방식과 비교해 보면서 자기 나름대로의 파일을 만들어 둘 것을 권하고 싶다.

3 먼셀(Munsell)의 색채조화론

① 먼셀은 '균형의 원리'가 색채조화에 있어 기본이 된다고 생각하였다.
② 중간명도의 회색 N5가 색들을 균형 있게 해주기 때문에 각 색의 평균명도가 N5가 될 때 색들이 조화를 이룬다는 가정 하에 다음과 같은 배색의 조화론을 제시하였다.

> 5Y 8/10 5Y 8의 10 색상 5Y, 명도 8, 채도 10

③ 무채색의 조화는 다양한 무채색의 평균 명도가 N5가 될 때 조화로운 배색이 된다.
④ 즉, N1, N3, N5, N7, N9의 배색이나 N3, N4, N7 등의 배색이 그 예이다.
⑤ 먼셀의 색채조화론에 의할 경우 중간 채도의 반대색 배색은 같은 넓이로 배합하면 조화롭게 되고, 채도가 같고 명도가 다른 반대색끼리는 회색척도에 관하여 정연한 간격으로 했을 때 조화롭게 된다.
⑥ 채도가 강한 경우에는 작은 면적으로, 채도가 약한 경우에는 면적을 넓게 하면 조화를 이루게 된다.

4 단색상의 조화

① 단일한 색상 단면에서 선택된 색채들의 배색은 조화롭다.
② 채도는 같으나 명도가 다른 색채들을 선택하면 조화롭다.
③ 명도는 같으나 채도가 다른 색채들은 선택하면 조화롭다.
④ 명도와 채도가 같이 달라지지만 순차적으로 변화하는 색채들을 선택하면 조화롭다.

5 보색조화

① 보색조화는 색상환에서 서로 마주보고 있는 두 색채를 이용한 조화이다.
② 중간채도의 보색을 같은 넓이로 배색하면 조화된다.
③ 명도 · 채도 모두가 다른 보색을 배색할 경우에도 명도의 단계가 일정한 간격으로 변하면 조화롭다.
④ 이 경우 저명도 · 저채도의 색명은 넓게, 고명도 · 고채도의 색명은 좁게 배색하여야 균형을 이룰 수 있다.

6 다색조화

① 색상·명도·채도 모두 다른 색채를 배색할 경우에는 그라데이션을 이루는 색채를 선택하면 조화롭다.
② 색상이 다른 색채를 배색할 경우에는 명도와 채도를 같게 하면 조화롭다.

7 오스트발트(Ostwald)의 색채조화론

① 오스트발트는 '색채의 조화(1931)'에서 조화이론을 발표하였으며 "조화는 질서이다."라고 주장하였다.
② 두 색을 배색할 때는 일종의 서열이 형성되며 이 서열로 쾌감을 느끼게 되는 배색관계가 조화를 이루는 관계라고 보았다.
③ 오스트발트 색체계의 기본구조는 모든 빛을 완전히 흡수하는 이상적인 흑색(Black)과 모든 빛을 완전히 반사하는 이상적인 백색(White), 그리고 특정 파장의 빛만을 완전 반사하고 나머지 파장은 흡수하는 이상적인 순색(Color)이라는 세 가지 요소를 가정하고 이 요소들의 혼합비에 의해 체계화하였다.
④ 오스트발트는 노랑색, 빨강색, 남색, 청록색을 기준색으로 마주보도록 배치하여 8색을 설치한 후 다시 3 등분하여 24색상환을 사용하였다.

8 무채색의 조화

① 무채색 단계 속에서 같은 간격의 색채를 선택해 나열하거나 간격이 일정한 법칙에 의해 회색 단계를 선택해 배색하면 회색조화를 얻을 수 있다.
② 이 원리는 먼셀의 무채색 조화원리와 유사하나, 여기서는 균형보다는 질서에 중점을 두고 있다는 점이 다르다.
③ 무채색 단계 속에서 연속된 색채를 선택할 수도 있고, 2간격 혹은 3간격씩 떨어진 색을 사용할 수도 있으며, 간격이 일정하지 않은 색채를 선택할 수도 있다.

9 단색상의 조화

① 동일한 색상의 색 삼각형 내에서의 색채조화를 단색조화라 하며 등백색, 등흑색, 등순색, 등색상의 조화 등이 있다.
② 색채 분할면적의 비율을 변화시켜 여러 색을 만들고 그것과 등색인 것을 색표로 나타낸 원리이며 기호로써 백색량, 흑색량을 표시한다.
③ 모든 빛을 완전하게 흡수하는 이상적인 흑(B), 모든 빛을 완전하게 반사하는 이상적인 백(W), 특정 파장 영역의 빛만을 완전하게 반사하고 나머지는 파장 영역을 완전하게 흡수하는 이상적인 순색(C)이라고 하는 현실에 존재하지 않는 세 가지 요소를 가정하고, 이들 3색 혼합에 의하여 물체색을 체계화한 것이다.

$$B + W + C = 100$$

10 비렌의 색채조화론

① 비렌(Faber Birren, 1900~1988)은 심리학적인 연구를 통해 배색조화에 관한 이론을 발전시켰다.

② 그는 '회화에 있어서 색채의 역사(1965)'에서 미는 인간의 환경 속에 있는 것이 아니라, 인간의 머리 속에 있다고 이야기함으로써 색 지각이 인간의식 속에 있음을 지적하였다.

③ 비렌은 오스트발트의 색입체와 마찬가지로 흰색, 검정, 순색을 꼭지점으로 하는 비렌 색삼각형을 제시하고 있다.

④ 비렌의 색삼각형 구성을 보면 흰색과 검정 사이에는 회색, 순색과 흰색 사이에는 밝은 색조(Tint), 순색과 검정 사이에는 어두운 색조(Shade), 중간에는 톤(Tone)으로 하여 색채를 영역별로 그룹화하였다.

⑤ 또한 비렌의 색삼각형은 각 색조의 위치에 따라 대표적인 색의 흰색과 검정의 양을 숫자로 표시하였다.

⑥ 처음의 숫자는 흰색의 백분율, 두 번째 숫자는 검정의 백분율을 나타내므로 100에서 이 두 수치의 합을 뺀 것이 순색의 양이 된다.

11 비렌의 조화이론

① 색삼각형의 연속된 선상에 위치한 색들을 조합하면 그 색들 간에는 관련된 시각적 요소가 포함되어 있기 때문에 서로 조화롭다는 것이다.

② 비렌의 시각적 · 심리학적 조화이론은 오스트발트의 조화이론과 매우 유사하나 색삼각형을 색채군으로묶어 분류함으로써 조화이론을 단순하게 표현하였다.

③ 비렌의 조화이론은 이해하기가 쉽기 때문에 색채계획에 실제로 적용하는 데 있어 기초적인 방향과 틀을 제시해준다.

12 아른하임의 색채조화론

① 아른하임은 그의 저서 '미술과 시지각'에서 색채조화를 음악에 비유하여 화음과 불협화음의 원리를 기초로 색채조화의 개념을 발전시켰다.

② 그는 음악에 있어서 고전적으로 불협화음이라 간주하였던 화음이 20세기에 들어오면서 화음의 개념으로 되었음을 지적하면서, 색채의 배색에 있어서도 조화와 부조화의 사이에는 명백한 경계선이 있지 않으며 개인의 경험과 취향에 따라 불협화음으로 조화를 이끌어내는 범위가 더 넓어질 수 있다고 지적하였다.

③ 그는 배색에 있어서 조화로운 관계는 전형적인 안정감과 질서감을 이끌어내는 데 사용될 수 있지만, 불협화음의 조화를 시도함으로써 보다 다양한 감성, 즉 경이로움, 변칙적인 놀라움, 신비함들을 표현할 수 있으며, 이는 미술가나 디자이너가 스스로 탐구해야 할 부분이라고 지적하였다.

④ 아른하임은 색상 간의 조화와 부조화의 체계를 설명하기 위해 전통적인 방법인 둥근 형태의 색상환을 사용하지 않고 삼원색을 꼭지점으로 하는 정삼각형을 이용한다.

⑤ 정삼각형의 각 변의 중앙에는 2차색을 배치하고, 2차색을 중심으로 그 양쪽에 3차색을 배치하여 12색으로 이루어진 색상삼각형을 구성하였다.

⑥ 아른하임은 색상에 있어서 조화와 부조화의 원리를 이 색상삼각형으로 설명한다.

⑦ 즉, 색상삼각형의 각 꼭지점에서 중심선을 긋고 이 중심선에 대칭을 이루는 두 색은 서로 공통된 속성을 지니므로 조화를 이루며, 비대칭을 이루는 두 색은 두 속성 간에 불균형이 내재되기 때문에 부조화를 이룬다는 것이 그 기본 원리이다.

13 색채조화

① 색채의 여러 측면들, 용어들, 이론들, 개인의 신체 색에 대한 개개의 연구들은 이것들이 모두 통합되는 색채조화 연구를 위한 기초를 제공한다.

② 색채조화 공식은 색채조화를 위한 지침을 제공하며 실제 연습에 영감을 주지만, 사용자를 책임에서 자유롭게 하거나 융통성이 있는 자동적인 미를 절대적으로 보장하지는 않는다.

③ 우리들은 색채를 디자인할 때 물체나 환경의 용도·목적·기능을 고려하고, 전체적인 조화나 밸런스를 배려해 가면서 배색상의 여러 조건을 종합적으로 생각해 간다.

④ 배색상의 조건에는 주(主)·종(從)의 색의 조합, 도안색과 바탕색 또는 배경색의 조합, 색과 형(形), 재질감과의 상호관계, 면적이나 배색, 배치와 혼합과 같은 매우 많은 다른 요소들이 포함된다.

⑤ 많은 예술가들은 간단한 공식들이 창조성을 박탈하며 속박을 강요하기 때문에 색의 조화 공식을 경계한다.

⑥ 창조적인 사고가 없는 예술은 결코 예술이 아니다. 장점과 단점에 대한 고려는 색채 계획의 가능성을 열어주며 그들의 속박을 최소화한다.

14 배색조화

① 색채의 배색조화는 색과 색 사이의 유사성에 기인하는 배색조화에서 차이성에 기인하는 대조성 배색까지가 기본이다.

② 이것은 색상의 관계(색상 배색)에도, 색조의 관계(톤배색)에도 해당된다. 여기에는 색이 갖고 있는 힘의 관계를 균형을 이루고 있는 상태로 조정하는 배려가 필요하다.

③ 배색조화 방법의 예

　ㄱ 색상·명도·채도 어느 것인가를, 의도적인 필연성을 고려하면서 공통성 또는 차이성을 명료하게 한다.

　ㄴ 배색의 면적 배분을 바꾸어 주종의 관계를 보다 명료하게 한다.

　ㄷ 조화되기 어려운 색과 색 사이에는 무채색이나 중성색을 넣어서 분리한다.

　ㄹ 이것을 분리효과라고 하며, 때에 따라서는 금색, 은색 등을 사용하면 효과를 높일 수 있다.

색채 표준화

- 색의 정확한 측정·전달·재현·관리를 위해 색채를 객관적으로 표준화하는 과정을 말한다.
- 색채 표준은 시대마다 차이가 있기 때문에, 색채 표준을 이해함으로써 보다 나은 조화론을 연구할 수 있다.
- 색채를 표준화하기 위해서는 과학적이고 합리적인 근거가 있어야 하며, 색채 간 지각적 등보성을 유지하여야 한다.
- 색상·명도·채도 등의 색채 속성이 명확히 표기되어야 하며, 일반 안료로 재현이 가능하여야 한다.

[먼셀의 색명 및 한국표준색의 색기호]

색표	번호	색명	영문색명	먼셀기호	한국표준색의 색기호	온도감
	1	빨강	Red	5R 4/14	5R 4/14	따뜻한 색
	2	다홍	Yellowish Red	10R 5/14	10R 5/14	
	3	주황	Yellowish Red[Orange]	5YR 6/12	5YR 6/12	
	4	귤색	Reddish Yellow	10YR 7/12	10YR 7/12	
	5	노랑	Yellow	5Y 8/14	5Y 8/14	
	6	노랑연두	Greenish Yellow	10Y 8/12	10Y 8/12	중성색
	7	연두	Green Yellow	5GY 7/10	5GY 7/10	
	8	풀색	Yellowish Green	10GY 6/10	10GY 6/10	
	9	녹색	Green	5G 5/10	5G 5/10	
	10	초록	Bluish Green	10G 5/10	10G 5/10	
	11	청록	Blue Green[Cyan]	5GB 5/10	5GB 5/10	차가운 색
	12	바다색	Greenish Blue	10BG 5/10	10BG 5/10	
	13	파랑	Blue	5B 5/10	5B 5/10	
	14	감청	Purplish Blue	10B 5/12	10B 5/12	
	15	남색	Purple Blue[Violet]	5PB 4/12	5PB 4/12	
	16	남보라	Bluish Purple	10PB 4/12	10PB 4/12	
	17	보라	Purple	5P 4/10	5P 4/10	
	18	붉은보라	Reddish Purple	10P 4/12	10P 4/12	중성색
	19	자주	Red Purple[Magenta]	5RP 4/12	5RP 4/12	
	20	연지	Purplish Red	10RP 4/12	10RP 4/12	

배색 조화의 기본

색채조화

1 색상을 기준으로 한 배색

① PCCS 24색 색상환을 기준으로 색상 관계를 나타낸 것이 다음 그림이다.

② 색상 : Y(Yellow)를 기준으로 색상차 0의 동일 색상 배색으로부터 색상차 12의 보색 색상 배색까지의 관계를 나타낼 수 있다.

③ 색상차가 작을수록 친숙해지기 쉽고, 그 색상차가 커짐에 따라 명료성이 높아진다.

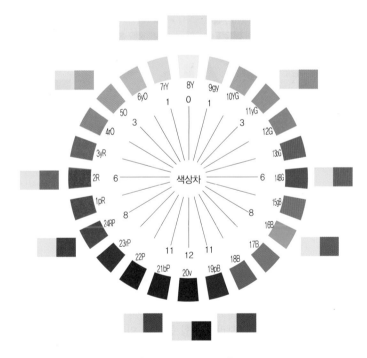

[색상을 기준으로 배색]

① 같은 색상 내에서 배색되는 것을 동일색상배색이라고 한다.

② 색상관계는 배색을 생각하는 데 있어서 기본적으로 가장 중요한 요소이다. PCCS의 12색상환을 기준으로 하여 톤별 색상환으로 나타내고, 그 주위에 모두 색상차가 없는 동일색상 내에서 배색을 한 경우이다.

③ 얼핏 보기에는 다른 색상처럼 보이나 명도와 채도의 차이가 있을 뿐 모두 동일색상끼리의 배색이다.

④ 동일색상에 의한 배색은 같은 색상끼리의 조합이므로 온화한 느낌의 통일감이 있는 배색을 얻기 쉬운 반면에, 단조로운 인상을 주기 쉬운 배색이므로 톤의 콘트라스트를 크게 두는 경우가 많다.

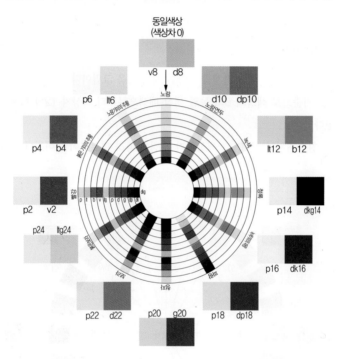

3 인접색상에 의한 배색

① 인접색상에 의한 배색은 어떤 색을 기준으로 하든 색상환상에서의 인접한 색상, 즉 색상차 1의 조합에 의한 배색이다.

② 인접한 색상끼리의 배색이므로 어울리기 쉬운 부드러운 이미지의 배색이 된다.

③ 노랑과 녹색기미의 노랑의 조합, 청자와 보라의 조합 등이 이 인접색상에 의한 배색이 된다.

④ 명쾌한 느낌의 배색을 얻고 싶다면 명도나 채도 차이를 크게 두면 된다.

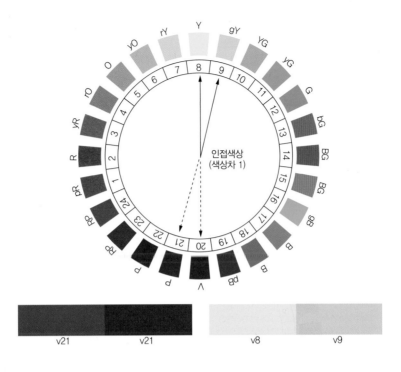

인접색상
(색상차 1)

v21　v21　　v8　v9

4 유사색상에 의한 배색

① 유사색상에 의한 배색은 어떤 색을 기준으로 하든 색상환상에서 색상차 2~3의 조합에 의한 배색이다.

② 유사한 색상끼리의 배색이므로 어울리기 쉬운 온화한 느낌의 배색이 된다.

③ 노랑과 녹색 기미의 조합, 주황과 붉은 기미의 노랑 등이 이 유사색상에 의한 배색이 된다.

④ 유사색상 배색의 경우 명도차나 채도차를 크게 두면 명쾌감이 생기게 된다.

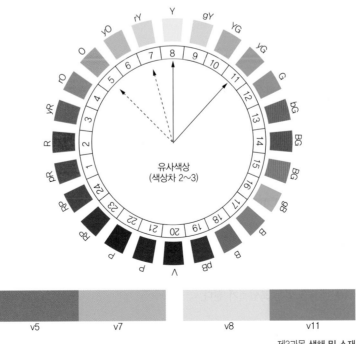

유사색상
(색상차 2~3)

v5　v7　　v8　v11

5 중차색상에 의한 배색

① 중차색상에 의한 배색은 어떤 색을 기준으로 하든 색상환상에서 색상차 4~7 범위 내의 조합에 의한 배색이다.

② 유사하지도 대조적이지도 않은 중간적인 배색이므로 애매하고 부조화적인 배색이 되기 쉽다고 전해져 왔지만, 동양적인 독특한 중간 정도의 콘트라스트 효과의 배색에 사용되기도 한다.

③ 아래 그림에서 보는 것처럼 색상차 6인 노랑과 청록의 조합, 색상차 4인 노랑과 붉은 기미의 주황의 조합 등이 중차색상에 의한 배색이 된다.

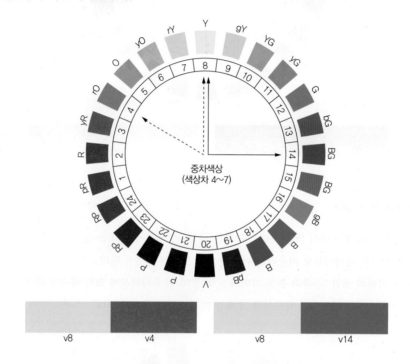

6 보색색상에 의한 배색

① 보색색상에 의한 배색은 색상환상에서 어떤 색을 기준으로 하든 180도 반대의 위치에 있는 색상끼리 조합시키는 배색이다.

② 정반대의 색상끼리의 배색은 서로의 성질을 강조하는 색의 조합이므로 강하고 대담한 인상의 배색이 된다.

③ 노랑과 청자의 조합, 빨강과 청록의 조합 등이 보색색상에 의한 배색이 된다.

④ 보색색상의 배색은 아래 그림에서 보는 것처럼 보색색상에서 색상차 1을 좌우로 이동한 인접보색의 경우도 강한 이미지의 배색이긴 하지만 보색배색보다는 약간 부드러운 이미지가 된다.

⑤ 다음 그림에서 보는 것처럼 보색색상에서 색상차 1~2를 좌우로 이동한 색을 사용한 3색의 배색인 3색인접보색의 경우는 보색의 관계라기보다는 조화로운 배색이 된다.

⑥ 그러나 어느 쪽이든 톤이나 면적비, 예를 들면 한쪽 색상의 면적을 크게, 또 한쪽 색상의 면적을 작게 하는 것이 조화로운 배색을 얻는 포인트가 된다.

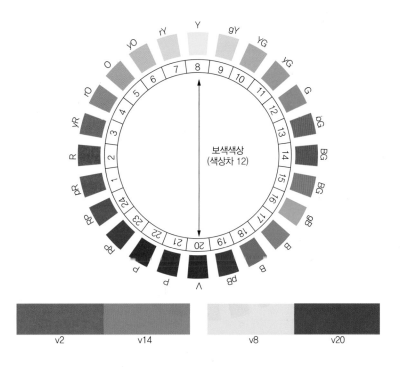

보색색상
(색상차 12)

| v2 | v14 | | v8 | v20 |

7 인접보색에 의한 배색

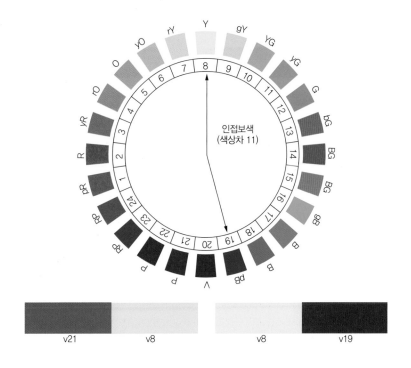

인접보색
(색상차 11)

| v21 | v8 | | v8 | v19 |

8 3색 인접보색에 의한 배색

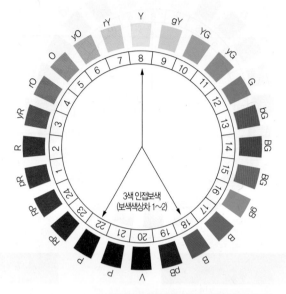

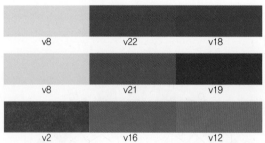

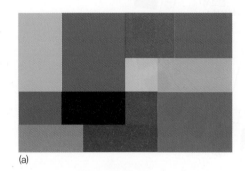

9 대조색상에 의한 배색

① 대조색상에 의한 배색은 중차색상과 보색색상 사이의 색을 조합시키는 배색이다.

② 노랑과 붉은 보라의 조합, 노랑과 파랑의 조합 등이 이 대조색상에 의한 배색이 된다.

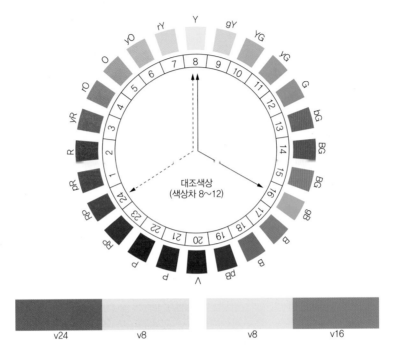

③ 다음 그림처럼 색상환을 3등분하는 위치에 있는 3색을 조합시키는 배색을 Triads(3색상의 대조배색)라고 한다.

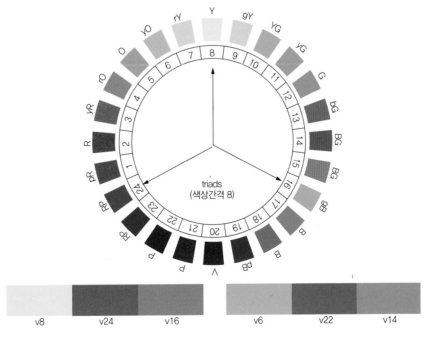

④ 다음 색상환은 4등분한 위치에 있는 4색을 조합시킨 배색으로 Tetrads(4색상의 대조배색)라고 한다.

⑤ 2쌍의 보색끼리의 조합이므로 컬러풀한 배색이 된다.

⑥ 보색색상 배색보다는 덜 화려한 배색이라고는 하지만 보색색상과 마찬가지로 색의 면적 비율에 차이를 두어 컬러 밸런스를 고려하거나 톤에 차이를 두는 것이 조화를 이루는 배색을 얻을 수 있다.

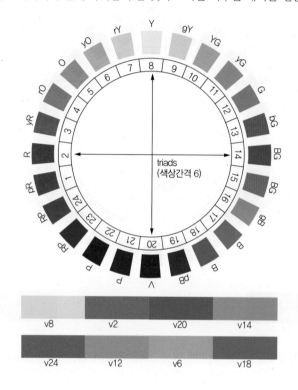

명도 조화

1 명도를 기준으로 한 배색

① 색상의 조화를 보다 효과적으로 하려면 각 색상을 알맞은 명도로 사용하는 것이 중요하다.

② (A)는 무채색의 관계, (B)는 동일색상에 의한 관계, (C)는 대조색상에 의한 관계, (D)는 무채색과 유채색의 관계, (E)와 (F)는 유채색 그룹의 관계로 표시하고 있다.

③ 그러나 명도차가 4 이상으로 큰 대조명도의 관계에서는 명료성은 높고, 명도차가 작아짐에 따라 애매해지는 것을 볼 수 있다.

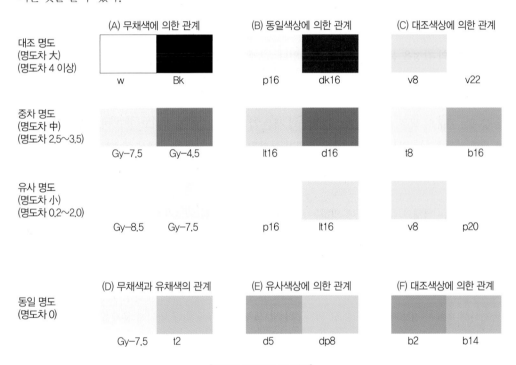

[명도를 기준으로 한 배색]

제4장 색채와 감정

색채와 감정의 연관성

1 개 요

색채에는 사람의 감정을 움직이는 강한 힘이 있다. 그래서 색채를 선택할 때 우리는 단지 색채 감각만으로 그치는 것이 아니라, 색채 감정에 대한 문제가 나온다.

모든 물체는 특유의 색을 가지고 있으며, 각각의 색은 각기 다른 감정을 가지고 있고 미묘하게 변화한다. 이러한 색의 감정효과는 의식되는 것에서 의식되기 어려운 것까지, 선명한 것에서 애매한 것까지 다종 다양하다. 여러 가지 감정효과가 복합되어 색이나 배색에 대한 이미지가 형성되고 있는 것이다.

특히 패션에서는 색채의 감정효과에 의하는 이미지의 특징을 표현하는 것이 중요한 의미를 갖는다. 따라서 여기서는 색채의 감각전이에 의한 색채의 감정효과에 대해 소개하고 배색이미지로 연결시켜 보기로 한다.

2 색채와 감정 – 색채와 이미지

① 국제사회 속에서 정보가 넘쳐 흐르고 있는 오늘날 색채와 감정에 대한 이미지 문제를 가능한 한 다면적으로 분석하기 위해서 SD법(Semantic Differential Method)을 이용하여 연구된 예는 많다.
② 그러나 좋은 디자인을 위해서는 단기 암기식이 아니라 실제로 자신이 납득하고 색의 감정효과를 활용할 수 있어야 한다.
③ SD법(Semantic Differential Method)
    ㉠ 서로 상반되는 형용사군 이용 실험평가 대상-여대생 40명을 상대로 하여 SD법(5단계 평가)으로 필자들이 조사한 결과이다.
    ㉡ 그 주요 이미지는 다음과 같다.

좋 다 ··· 싫 다	
아름답다 ··· 촌스럽다	
품위가 있다 ··품위가 없다	

색채의 감정적인 면을 다루는 위와 같은 것들은 개인의 주관이지만,

따뜻하다	차갑다
밝 다	어둡다
동 적	정 적
가볍다	무겁다
견고하다	유연하다
화려하다	점잖다
강하다	약하다

위와 같은 색채감정은 SD법에 의해 누구에게나 거의 통용되는 요소라는 것이 확인되고 있다.

3 컬러이미지 스케일

① 컬러이미지 스케일이란, 색채가 주는 느낌과 정서, 즉 색채이미지를 언어로 표현하여 좌표계를 구성한 것이다.

② 유행색의 경향과 선호도를 비교 · 분석하는 데 유용하게 사용된다.

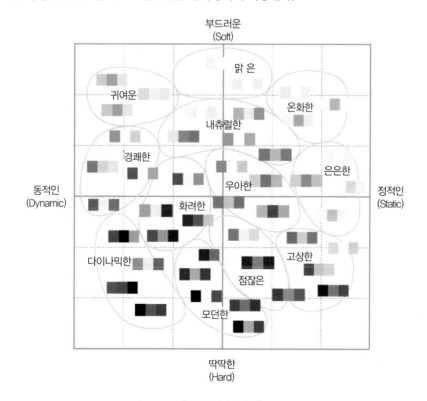

[컬러이미지 스케일]

4 톤 이미지

① 톤이란, 색의 느낌과 관계없이 명도와 채도를 하나의 개념으로 묶어서 표현한 것으로써 색의 이미지를 보다 쉽게 전달하고자 한 것이다.

② 색상이 달라도 톤이 같으면 닮은 이미지로 나타나게 된다.

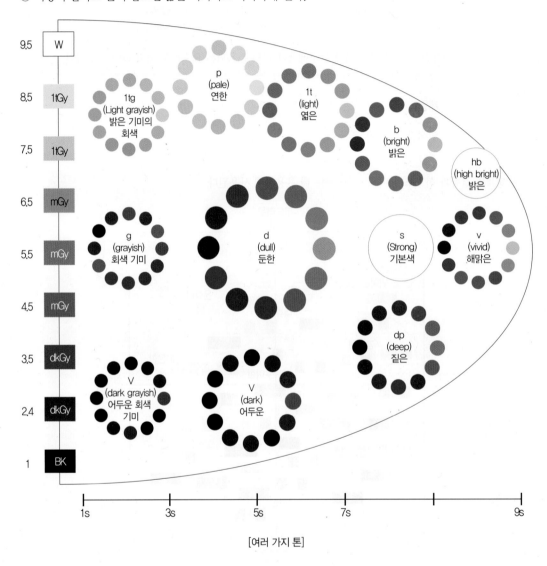

[여러 가지 톤]

③ 비비드 톤(Vivid Tone)

　㉠ 선명한 색조 : 화려한, 강한, 활동적인, 자극적인, 적극적인 이미지로, 대담한 표현과 자극적인 메시지를 전달하는 데 효과적이다.

　㉡ 과일, 무지개, 크레용, 태양, 물감, 여름, 녹황색 채소 등이 그 예이다.

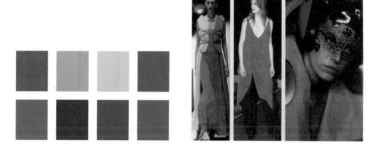

④ 브라이트 톤(Bright Tone)

　㉠ 밝은 색조 : 건강한, 여성적인, 신선한 이미지로, 밝고 화려한 느낌의 포멀웨어나 유희적인 느낌을 살려 캐주얼웨어에 활용할 수 있다.

　㉡ 빛, 스포츠, 색연필, 아동복, 초등학생, 여름, 꽃, 풍선, 젊음 등이 그 예이다.

⑤ 라이트 톤(Light Tone)

　㉠ 엷은 색조 : 세련된, 로맨틱한, 가벼운, 맑은 이미지로, 브라이트 톤보다는 조금 더 밝고 온화한 색으로써 경쾌한 느낌의 의복에서도 자주 사용된다.

　㉡ 아이, 빛, 하늘, 꽃, 봄, 아침, 비눗방울, 유원지 등이 그 예이다.

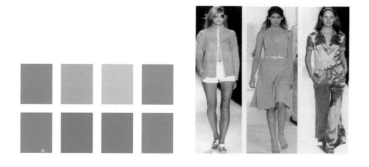

⑥ 페일 톤(Pale Tone)

　㉠ 아주 엷은 색조 : 담백한, 부드러운, 가벼운, 약한, 여성적 이미지로, 색 자체가 아주 연하기 때문에
　　보색이나 반대색을 사용해도 강한 느낌이 없으므로 고급스런 배색효과를 얻을 수 있다.

　㉡ 아기, 물, 봄, 아기옷, 커튼, 속옷, 자연, 빛, 면, 솜사탕, 비눗방울 등이 그 예이다.

⑦ 딥 톤(Deep Tone)

　㉠ 짙은 색조 : 깊은, 전통적인, 중후한, 충실한 이미지로, 고급스럽고 클래식한 이미지를 잘 표현할 수
　　있는 색조이다.

　㉡ 바다, 낙엽, 자연, 심해, 미술관 등이 그 예이다.

⑧ 다크 톤(Dark Tone)

　㉠ 어두운 색조 : 수수한, 남성적인, 단단한, 무거운, 점잖은 이미지로, 딥 톤(Deep Tone)보다도 더 어둡
　　고 무거운 색조이다.

　㉡ 화려함이 없고 소박한 느낌이 강하므로 다색의 배색에도 효과적으로 활용할 수 있다.

　㉢ 블루 계열의 다크 톤은 남성적인 권위를 나타내며 비즈니스웨어에 가장 적합한 색으로 사용되고 있다.

　㉣ 가을, 마른 잎, 가구, 살림, 흙, 겨울 등이 그 예이다.

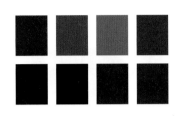

⑨ 덜 톤(Dull Tone)

    ㉠ 칙칙한 색조 : 차분한, 온화한, 점잖은, 둔탁한, 내추럴한 이미지로, 덜 톤의 다양한 배색으로 두드러

       지지 않으면서 고상한 이미지를 표현할 수 있다.

    ㉡ 가을, 노인, 노인 의복, 흙, 단풍 등이 그 예이다.

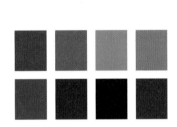

⑩ 라이트 그레이시 톤(Light Grayish Tone)

    ㉠ 밝은 회색의 색조 : 담백한, 엷은, 부드러운 이미지로, 우아하고 세련된 이미지를 표현하는 데 활용할

       수 있다.

    ㉡ 겨울, 흐린 하늘, 꿈, 벽지, 화장품, 연기, 식기 등이 그 예이다.

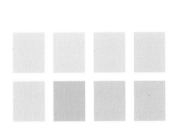

색채와 연상

1 RED

빨강은 고대 원시시대부터 태양이나 불, 피와 관련되어 생명력, 파워, 에너지 같은 직접 지각하기 어려운 정신적인 개념을 상기시키는 색이다. 힘과 에너지, 생명력, 흥분감과 연관되어 빨강은 패션업계 중 스포츠 관련 업계에서 브랜드 컬러로 선호하는 색이기도 하다.

우리의 몸을 순환하는 혈액은 생명력과 활력의 근원이며 태양이나 타오르는 불로부터는 강한 에너지를 느낀다. 따라서 빨강은 생명을 유지하기 위해 필요한 욕망을 표상하는 색이기도 하다.

또한, 빨강은 피의 색을 연상시키기는 하지만 죽음과 직접 연결되기보다는 '혈색이 좋다'거나 '혈기 왕성' 등과 같이 기분이나 정신의 고양 그리고 생명력에 넘친 건강함을 나타내는 경우가 많다. 빨강은 생명력과 정열 등의 활력의 이미지로 인해 축복과 길함을 나타내는 경사로운 색으로 여겨져 혼례의상을 비롯해 민족복식이나 자수 장식에 많이 사용된다.

우리의 전통 혼례에서 신부는 다홍치마에 빨간 연지곤지를 얼굴에 찍었고, 인도 서부나 중동, 동유럽 등에서는 신부의 혼례용 베일에서 빨강을 자주 볼 수 있다고 한다. 현재에도 빨강은 그 따뜻한 이미지에 호화로움이 더해져 귀빈을 맞이할 때 빨간색 융단, 즉 레드 카펫(Red Carpet)을 사용하고, 이 때문에 레드 카펫은 비유적으로 성대하게 환대한다는 의미로 쓰이기도 한다. 또한 우리의 전통 혼례의 자리에서는 청과 홍이 어우러져 축제의 흥을 돋우기도 하였다.

피, 정열, 태양, 위험, 장미, 사과, 사랑, 산호, 적기, 딸기, 강렬, 립스틱, 뜨거움, 더위, 노을, 긴급, 금지, 명쾌, 섹시, 생동력, 혁명 등이 연상된다. 감각과 열정을 자극하는 색으로 에너지를 느끼게 하는 긍정적 이미지를 주는 반면, 공격적이며 분노를 상징하고 미움, 현란함을 느끼게 한다.

의상에서의 빨강은 활동성과 기능성이 요구되는 캐주얼웨어에 많이 사용되기도 하고, 포멀 의상에서는 강한 이미지를 표현하고자 할 때나 강조색으로 사용되기도 한다.

노랑과 빨강 사이에 위치하는 주황은 자연스럽게 그 양자의 중간적 성질을 띤다. 노랑의 밝음과 빨강의 격렬함을 동시에 갖추었지만 그 정도가 알맞아서 노랑처럼 눈부시지 않고 빨강만큼 쉽게 느껴지지 않는다. 그래서 주황은 즐거움과 사교, 흥겨운 일을 연상시키며, 화려하면서도 캐주얼한 사교의 장을 장식하는 데 적당하다. 세속적인 즐거움의 신으로 그리스 신화에 등장하는 술의 신 디오니소스도 주황색 옷을 입고 있다.

고갱(Paul Gauguin)은 원색의 색채로 원시의 신비로움을 표현하였다. 특히, 강렬한 오렌지색을 즐겨 사용하여 낙원에서 마주친 원시적인 역동감과 용솟음치는 생명에 대한 환희를 그려내었다. 밝은 오렌지색은 태양의 색, 싱그러운 과실의 색을 연상시키는 건강하고 발랄한 이미지로 밝고 화려한 인상을 준다. 이러한 느낌을 이용해서 피부에 화사함을 부여하는 비타민 C 효과를 내세운 화장품의 패키지 색채로 사용되기도 하였다.

주황은 지나치게 화려하다거나 위험을 느끼게 한다거나 하는 부정적인 이미지를 내포하기도 하며, 쉽게 눈에 띄는 색이기도 해서 공장 등의 작업현장에서 위험을 환기하는 심벌 마크에 많이 사용된다. 구조용 보트나 튜브, 구명조끼의 색, 도로 건설현장의 작업자의 안전조끼의 색도 주황이다. 5가지 색으로 구분해서 발령하는 미국의 경계태세에서 코드 오렌지(Code Orange)는 경계태세 중 두 번째로 높은 것으로, 테러와 같은 고도의 위협이 있을 때 발령한다.

불교에서 주황은 최고의 완벽한 상태를 뜻하는 깨달음의 색으로서 불교의 상징색이 되었으며, 티베트 불교의 수장인 달라이 라마는 언제나 주황색 옷을 입고 있다. 또한 인도, 타이, 미얀마, 네팔, 티베트, 스리랑카 등지에서 승려는 주황색 법의를 입는다. 이 법의의 색은 헌신과 지복을 의미하며 높은 정신성을 표상한다.

색의 이미지 - ORANGE 단색 이미지 연상

오렌지, 활발, 명쾌, 밝음, 희망, 화사, 행복, 따뜻함, 평화, 살구, 귤, 과일주스, 당근, 적극, 봄, 가을, 감, 여성적 산뜻 등이 연상된다. 난색이면서 흥분색이고 팽창색인 오렌지는 주목성이 높은 색이다. 강렬한 태양의 색으로 남국적인 분위기의 정열을 나타낸다. 의상에서 오렌지는 색상이 가지는 상징성으로 젊은이의 색이라고 불리기도 하고 에너지를 나타내는 색이다. 그러나 너무 선명하기 때문에 지나치면 불안해 보일 수 있으므로 사용을 조심해야 한다.

노랑은 유채색 중에서 가장 밝은 색으로 태양, 빛, 황금을 상징하며 기쁨이나 웃음, 명랑의 이미지를 가지며, 주황·빨강과 어울려 즐거움을 나타낸다. 그러나 노랑은 때로 시기나 질투 등의 부정적인 이미지를 준다. 노란색 장미의 꽃말도 질투이다.

고대 중국의 음양오행설에서 노랑은 중앙을 상징하며 세계 중심의 색, 중국의 대지의 색이었다. 노랑이 중국의 국토를 상징하는 색이 되면서 중국에서 노랑은 황제의 색, 황제의 권위를 나타내는 색이었다.

영화 '마지막 황제'에서도 노랑은 황제의 색이라며 노랑에 대해 강한 집착을 보이는 장면이 나온다. 중국 황제의 정식복장은 선명한 노랑이 기본색이다. 노랑이기는 하지만 최고급 견직물로 지은 황제의 용포는 금색으로 보이기도 한다.

한편, 르네상스 시대의 유럽의 기독교 회화, 특히 최후의 만찬에서는 예수를 배반한 유다의 옷이 노란색이었다. 노랑은 오랫동안 유대인을 구별하는 특별한 색이 되어 왔고, 히틀러 역시 유대인에게 노란색 다비드의 별을 달게 했다.

노랑, 즉 옐로(Yellow)는 지식을 의미하기도 하는데, 이성과 탐구의 색으로 자연과학부의 색이며, 지식·정보의 심벌 컬러로서 전화번호부를 옐로 페이지(Yellow Pages)라고 부른다.

노랑은 주의, 공포, 두려움 등도 의미한다. 신호기의 노랑은 주의를 재촉하기 위해 사용되며, 축구 경기에서는 옐로 카드로 경고를 준다. 일상생활에서 빨강이 위험을 나타내는 데 비해, 노랑은 주위 환기, 위험을 경고하는 색이다.

또한 노랑은 시인거리가 가장 먼 색, 즉 멀리서도 눈에 띄는 색이다. 특히 검정 바탕에 사용할 때 가장 주의를 환기시키는 색으로, 도로에서 작업하는 사람의 유니폼이나 차단기에 검정과 노랑의 줄무늬로 경계표시를 한다. 또 아동의 우산이나 가방에도 노랑이 많이 쓰인다.

> **색의 이미지 - YELLOW 단색이미지 연상**
>
> 개나리, 질투, 희망, 병아리, 바나나, 밝음, 봄, 명랑, 귀여움, 유치원 아이들, 활발, 행복, 명쾌, 발랄, 레인코트, 창의, 유쾌, 따뜻함, 레몬, 해바라기, 나비, 프리지아, 유아복 등이 연상된다.

4 GREEN

자연의 색으로 대표되는 초록은 평온의 이미지를 가지며, 시각적인 휴식과 심리적인 안정을 준다. 주거공간에 초록을 사용했을 때 심리적 치료효과와 더불어 신체적 치료효과까지 기대할 수 있다는 연구결과가 있을 정도다. 이렇게 평온함을 상징하는 초록은 주의집중이나 휴식을 위한 공간에 자주 사용된다. 강한 조명과 피의 잔상을 흡수시키기 위해 수술복은 초록이다.

18세기경 극장의 배우 대기실은 무대의 조명에 피로해진 눈을 쉬게 하기 위해 초록으로 칠해졌다고 한다. 그래서 극장의 무대 뒤에 배우가 대기하거나 휴게의 장소로 이용하는 공간을 그린 룸(Green Room)이라고 한다.

초록의 그린(Green)은 색채의 초록을 가리키는 경우 이외에 그린벨트(Greenbelt)나 그린 비즈니스(Green Businness)와 같이 식물에 관련되어 사용되는 것이 보편적이었다.
그러나 최근에는 환경에 대한 관심이 커지면서 초록은 에콜로지의 상징으로 사용되는 경향이 늘어가고 있다. 국제적인 환경보호단체의 이름도 그린피스(Greenpeace)이며, 환경보존에 에너지 절약을 염두에 두고 설계된 컴퓨터를 그린 피시(Green PC)라고 한다.

그린 디자인(Green Design)은 설계대상이 지구환경이나 생태계에 미치는 영향을 최소화시키기 위한 설계 방법론을 가리킨다. 또한 쓰레기 발생량이 적거나 없는 제품 등 상대적으로 환경친화적인 상품 또는 환경 적합성이 큰 제품을 초록색 상품(草綠色 商品)이라고 한다. 새싹이 성장하는 모습을 통해 초록은 성장, 희망, 젊음, 부활과 같은 이미지를 지닌다.

영화 '바람과 함께 사라지다'에서 스칼렛(Scarlett) 이미지를 상징적으로 표현할 때도 주로 초록이 쓰였다. 스칼렛의 젊음, 원기왕성함, 활발함, 생기있는 이미지를 표현하기 위한 것으로, 스칼렛의 외모, 복식, 배경이 되는 장소의 전체적인 무드에 이르기까지 다양하게 초록이 적용되어 나타났다.

초록은 마음을 안정시키는 정적이고 차분한 색인 만큼 역동감이 느껴지지 않아 무료함이나 단조로움 등의 부정적인 이미지를 주기도 한다. 현대 화가들이 초록의 정적인 느낌을 지루함으로 정의했을 만큼 초록은 우리의 감정을 자극하지 않고 오히려 흥분을 진정시키기까지 하는데, 이러한 치료효과는 자연과 휴식, 명상을 강조하는 마케팅과 광고에서 그 진가를 발휘하고 있다.

또한 초록은 안전색채에서 안전, 진행, 구급, 구호를 나타내는 색이다. 안전의 의미는 앞서 언급한 미국의 경계태세에도 적용되어 코드 그린(Green)은 가장 안전해서 낮은 경계태세를 의미한다.

EU	스페인	대만	호주	필리핀	태국	홍콩

한국	미국	중국	일본	캐나다	싱가폴

초록은 이슬람의 예언자 마호메트가 가장 좋아하는 색으로 마호메트는 초록 외투에 초록 터번을 둘렀다. 이슬람 세계를 대표하는 상징색이 된 초록은 평화의 색, 오아시스의 색으로서 영생의 의미를 함께 포함한다.

이슬람교의 성전 코란에 의하면 초록은 번영을 의미한다고 하며 신성한 색으로 여겨지고 있다. 아랍 연맹의 회원국은 이슬람교도국의 상징으로 국기에 초록을 사용한다. 리비아의 국기는 초록 한 가지로 되어 있다. 이처럼 초록은 종교적 신성함과 영생에 대한 염원의 상징인 것이다.

의상에서 녹색은 잘못 사용하면 세련되지 못한 느낌을 줄 수 있으므로 명도나 채도의 변화로 적절하게 응용해야 할 것이다. 안정감이나 침착한 느낌을 주므로 편안한 스타일의 캐주얼웨어에 사용하면 효과적이다.

색의 이미지 - GREEN 단색이미지 연상

자연의 풍부함과 휴식을 주는 색으로 새싹, 봄, 희망, 신선, 싱그러움, 풀, 어린이, 나뭇잎, 연약함, 화사, 5월, 시원함, 새로움, 위안, 휴식, 생장, 온화, 잔디, 편안 등이 연상된다. 추상적 이미지로 침착, 평온, 조화, 협조, 조화, 미숙, 미경험이 있다.

개방감, 평화, 행복 등 하늘이나 바다의 장대함으로부터 연상되는 이미지를 갖는 파랑은 깊고 청량해서 인간의 마음을 달래주고, 그 무한이 깊이에 숭고함마저 느껴진다. 이런 이유에서인지 그리스신화의 으뜸신인 제우스와 성모 마리아도 파랑으로 상징된다.

파랑은 국내 기업 특히 국영기업과 전기, 전자, 금융 부문에서 기업 이미지를 표현하는 브랜드 컬러로 사용도가 높다. 이는 파랑이 희망과 성공, 밝은 미래와 기업의 발전성을 나타내며, 정직함과 신뢰를 상징하고 실용성과 첨단 기술의 이미지를 연상시키기 때문일 것이다.

파랑은 메테를링크(Maurice Maeterlinck)의 동화극 '파랑새(L' Oiseau Blue)'처럼 평화와 행복을 상징하는 이미지가 강하다. 또 우량주라는 의미를 가진 증권관련 용어 블루칩(Blue Chip)에는 파랑이 지닌 최고위라는 이미지가 담겨 있다.

반면에 어두운 파랑에는 우울이나 슬픔, 허무 등의 마이너스 이미지도 내포되어 있다. 블루 먼데이(Blue Monday) 또는 음악의 블루스(Blues) 등도 그 이미지로부터 유래된 것이다.

다이아몬드 반지와 실버 액세서리로 유명한 미국의 대표적인 보석회사 티파니(Tiffany)는 포장박스와 카탈로그, 브로셔를 파랑으로 통일하고 있다. 파랑은 당시 미국에서 토지권리서의 표지에 사용되었던 색으로서, 고결의 상징인 동시에 하늘, 물, 눈부신 아침햇살을 나타내는 색이다. 티파니사는 뛰어난 품질과 디자인, 기술의 상징으로서 이 물색을 이미지 컬러로 선정했다.

파란 풀, 파란 보리, 파란 매실, 청춘, 푸릇푸릇 등 파랑의 젊음과 신선함 그리고 희망을 느끼게 하는 이들 언어는 모두 초록빛을 띠고 있다. 우리에게 파랑은 청색이나 감색뿐만 아니라 이처럼 초록을 포함하고 있다. 초록과 파랑이 언어상으로는 아직 미분화된 점이 많지만, 어느 쪽도 생명감을 부여하는 이미지를 갖는다는 점에서는 다를 바 없다.

산뜻하다는 점에서 공통된 이미지를 갖는 흰색과 파랑은 배색되었을 때 더욱 그 인상이 강해진다. 여기에 차가운 느낌이 더해져서 이 '흰색−파랑'의 배색은 서늘하고 신선하게 보관해야 하는 식료품의 포장으로 이상적이다. 그래서 우유나 유제품의 포장에서 많이 볼 수 있다.
또한 시원하고 상쾌한 느낌을 전해야 하는 음료나 의약품의 포장, 그리고 주류회사의 로고에서도 자주 사용된다. 그러나 청량음료 외에는 요리 또는 식재에서 파랑을 찾기란 쉽지 않다.

색의 이미지 - BLUE 단색이미지 연상

바다, 시원, 물, 하늘, 여름, 파도, 남성적, 무한, 해변, 활발, 평화, 차가움, 찬바람, 청바지, 수영, 두려움, 성실, 편안 등 긍정적 이미지와 내성적인 이미지를 동시에 가지고 있다. 의상에서의 파랑은 많은 사람들이 선호하는 색으로써 선명한 색은 리조트웨어에 사용하여 젊음과 시원함을 표현할 수 있으며, 어두운 색은 도시적인 미를 표현하는 데 사용할 수 있다.

6 PURPLE

보라에 대한 구체적 연상으로는 제비꽃, 포도, 가지, 등나무 꽃, 붓꽃, 귀부인 등이 있으며, 추상적인 연상으로 고귀, 우아, 화려, 여성적, 신비, 예술, 고독, 신앙, 신성 등이 있다.

보라는 색 그 자체에 안정감이나 존경, 성스러움이 느껴지는 이유에서인지 고귀함, 품격, 신비적, 환상적 등의 이미지를 가진다. 보라는 고대로부터 서양의 동서를 막론하고 신분이 높은 사람, 고귀하고 특별한 사람의 색으로 여겨져 왔다. 로마제국에서는 황제와 여황제 그리고 황위 계승자만이 보라색 옷을 입었다고 한다.

로열 블루와 마찬가지로 보라에도 로열 퍼플(Royal Purple)이라는 색명이 있다. 또한 'Be born in the purple'은 '제왕이 집안에 태어나다'는 뜻이 된다. 보라색 가사는 불교에서 고위 승려의 법복이다. 신분에 따라 관복의 색을 규정한 일본의 관위 12계(官位十二階)에서도 보라는 초고위이다.

퍼플(Purple)은 보라색 염료의 원료가 되는 조개류인 Purpura(라틴어)에서 유래한다. 하나의 조개에서 매우 소량의 염료밖에 얻을 수 없기 때문에 성인 의복을 염색하자면 수천에서 만 개 정도의 조개가 필요했다. 그만큼 보라는 귀한 색이었다.

한편 보라는 인위적으로 합성된 첫 색소이다. 1856년 영국의 화학자 윌리엄 헨리 퍼킨스(William Henry Perkins)가 콜타르에서 보라색 염료의 합성법을 찾아 그 염료를 프랑스어로 접시꽃을 뜻하는 모브(Mauve)로 이름지었다.
현재에는 합성염료의 개발로 보라가 지닌 고가의 귀중한 이미지가 다소 흐려지고 사용방식에 따라서는 천박한 이미지를 자아내기도 한다. 그래도 고급스러움을 표현해야 할 때, 예를 들어 보석이나 화장품의 패키지 등에서 보라가 쓰이는 것을 보면 고대로부터의 고귀한 이미지는 여전히 현대에도 물려 전해지고 있음을 짐작할 수 있다.

색의 이미지 - PURPLE 단색이미지 연상

포도, 할미꽃, 포도주스, 신비, 비애, 정신병원, 질투, 답답함, 예술, 고귀, 여성적, 죽음, 고독, 도라지 꽃, 난 꽃, 가지, 귀족, 고전의상, 우울, 제비꽃, 촌스러움, 천박한 립스틱, 엄숙, 우아 등의 긍정적 이미지와 정서불안의 부정적 이미지가 있다. 의상에서의 보라는 젊은 층보다는 주로 중년층에 사용되며 우아하고 여성스런 이미지를 표현하는 데 사용하면 효과적이다.

흰색은 검정의 정반대의 색이며, 조그만 얼룩이나 더러움도 눈에 띄므로 청결이나 순결의 상징이 되었다. 이미지어에는 맑은, 순수한, 깨끗한, 순결한, 밝은, 신성한, 고귀한, 비움 등이 있다. 이 청정무구한 이미지로부터 웨딩드레스에 흰색이 상징화되어 사용되고 있다.

또한 청정실, 무균실을 화이트룸(White Room)이라고도 한다. 중세 기독교적 색채 상징에 있어서 흰색은 성경에서 예수의 영광과 위엄, 천사, 죄 사함 등의 의미로 사용되었고, 이러한 의미가 상징화되어 부활절이나 성탄절, 성모축일 등에 사용되었다.
성직자가 예배의식을 행할 때 착용하는 복장인 전례복은 예배의 언어와 같다. 초대 교회에서는 소박하고 검소한 신앙생활의 하나로서 면직 등의 표백하지 않은 자연색 또는 기쁨을 의미하는 흰색의 달마티카(Dalmatica)를 착용하였다.

우리는 예부터 청렴고결한 이미지를 전달하는 백의를 즐겨 입어 백의민족이라고 불렸다. 우리 조상들은 백색을 말할 때 아주 희다는 뜻으로 순백(純白) 또는 수백(粹白), 백정(白精), 정백(精白) 그리고 때로는 선명하게 희다고 해서 선백(鮮白)이라고 표현했다. 한국 후불탱화에서 덕과 복, 그리고 대자대비의 상징인 관세음보살의 흰색의 의복은 이레 중생을 수용하는 어머니상을 나타내며, 이차돈이 순교 시 흘렸다고 전해지는 흰 피도 자비심과 관계된다고 한다.

색의 이미지 - WHITE 단색이미지 연상

눈, 청결, 결백, 청초, 위생, 순결, 순수, 웨딩드레스, 설탕, 백합, 목련화, 병원, 의사, 겨울, 얼음, 토끼, 순백, 평화, 붕대, 안개, 안개꽃, 여성적, 신성, 단순, 정직, 정의, 쌀밥, 담백, 신부, 소프트아이스크림, 신비 등이 연상된다. 흰색은 타협을 허락하지 않고 침범할 수 없는 기품이 간직되어 있다. 반면 어떤 색과의 배색에도 수용적이며 불안정한 성향이 있다.
의상에서 흰색은 많은 사람들이 선호하는 색으로 심플하고 세련미, 격조 있는 느낌을 표현하는 의상에 사용할 수 있다.

8 BLACK

검정은 색의 3속성 중 색상이 없고 명도가 가장 낮으며 채도가 없는 무채색이다. 상이 없다는 면이 오히려 하나의 자극으로 감지되어 다른 유채색들과 구분되므로 명백하면서도 독특한 특성을 지닌다. 또한 색상가 채도에 의해 다양한 변화가 생기지 않고 색의 부재라는 특징으로 인해 색채 자체가 단순하며, 선이나 형태를 돋보이게 하고 재질 등 다른 디자인 요소를 살리는 데 효과적이다.

예를 들어, 몬드리안의 그림에서 화면을 분할하는 검정색 선은 여러 원색들이 더욱 선명하게 보이게 하며 전체적인 느낌이 산만하지 않고 조화를 느끼게 한다. 이러한 이유로 검정은 화려한 자수·의상·도자기등 여러 민족의 민속예술품에 다른 원색들과 함께 원시적 환희를 느끼게 하는 색상으로 자주 사용되어 왔다.

또한 다른 색과의 배색에서 대비나 조화를 이루게 하는 데 효과적이다. 시각적으로 자극이 너무 강한 고채도끼리의 배색이나 애매한 인상의 배색에 검정을 삽입함으로써, 각각의 색이 지닌 특징을 나타내고 명쾌한 느낌을 준다. 이를 '세퍼레이션 효과'라고 한다. 세퍼레이션 효과는 만화영화나 캐릭터 일러스트에 많이 사용된다.

검정색에 대한 구체적인 연상으로는 수녀복, 검정 차, 먹, 밤, 상복, 블랙커피 등이 있으며, 이에 따른 검정색의 이미지는 위엄, 무게감, 강한, 엄숙한, 진중한, 고급스러운, 모던한 등의 긍정적인 이미지와 음산한, 불길한, 부정직한, 죽음, 고독, 슬픈, 반항적인 등의 부정적인 이미지로 나눌 수 있다.

암울한 소식을 의미하는 블랙뉴스(Black News), 블랙리스트(Blacklist) 등 서구문화에서의 검정은 허무, 절망, 질병, 죽음, 암흑, 밤, 불행, 불길함 등 대부분 부정적인 색상으로 인식되어 온 것을 알 수 있다.
이러한 검정의 부정적인 이미지로 인해 연극에서 흰색 의상에 대해 검정 의상을 입는 자는 대부분 악을 상징하는 경우가 많다. 악마의 망토의 색도 검정이며, 차이코프스키의 백조의 호수에 등장하는 흑조도 그러하다. 또한 검정이 상복의 색인 것은 고대 이집트를 비롯한 서양사회에서도 통례가 되고 있다.

한편, 동양에서 검정색은 보다 긍정적인 의미로 사용되어 왔다. 우리 문화에 스며들어 있는 검정색은 예로부터 선비의 것, 먹, 간장, 숯 등을 통해 나타났다. 갓의 검정색은 선비의 기품이자 멋의 상징이었고, 글씨의 먹빛은 화려하지 않지만 오래되어도 변치 않는 색으로 선비의 지조를 나타내 주는 색이었다.

또한 숯의 검은색에는 더러운 것을 물리치고 주변을 정화시키는 힘이 있다고 믿겨져 왔다. 서양에서 검정색은 기독교에서는 청빈, 청결을 나타내는 색으로서 시골 사제의 제복이기도 하고 승려계급의 상징색이기도 했다.

검정색은 동서양을 불문하고 여러 시대에 걸쳐 다양한 이미지를 전달해 왔으며, 현대에 와서는 그 이미지가 더욱 복잡해지고 방대해졌지만 여전히 오래되고 근원적인 이미지를 유지하고 있다.

죽음, 엄숙, 밤, 세련, 장례식, 어둠, 정장, 주검, 공포, 마귀할멈, 비애, 부정, 영원, 신사복, 상복, 숯, 석탄, 무한, 절망, 침묵, 죄, 구두, 아스팔트, 머리카락, 허무, 신비적, 자동차, 자장면, 축소 등이 연상된다.

의상에서의 검정색은 젊은이들의 패션에 많이 사용되는데, 이는 검정이 가지는 모던함과 세련미 때문이다. 다른 색과의 배색에서는 선명하고 강렬한 이미지를 준다.

9 GRAY

배색의 질서

1 개요

고전적인 질서에 의한 배색의 형식은 유럽의 색채조화론에서 가장 중시되어 온 색상의 규칙적인 분할에 의한 배색 형식이다.

색상환상에서 기하학적인 위치 관계에 있는 색상은 질서에 기인하는 조화가 얻어진다고 하여, 정삼각형, 정사각형, 정오각형 등의 위치에 있는 각 색상은 조화가 얻어진다고 규정한 설이 많다.

2 Base color & Dominant color(기조색과 주조색)

① 색채조화를 생각할 때 우선 첫째로 표현하고 싶은 이미지의 중심이 되는 색을 선택한다.
② 배색 전체의 토대가 되는 색
　　예 인테리어나 패션 · 텍스타일 등의 배색은, 그 이미지의 중심이 되어 가장 큰 면적을 차지하는 배경색(바탕색)을 베이스 컬러라 한다. 다음에 Assort Color(배합색)나 악센트 컬러에 의해 배색 전체의 이미지를 발전시켜 간다.
　　예 베이스 컬러를 흰색, 어서트 컬러를 검정색으로 하여 모던한 이미지의 인테리어에 베이지를 베이스 컬러로 하고, 어서트 컬러에 브라운계를 사용하여 클래식으로 차분한 분위기로 하거나, 또는 패션 컬러 코디네이트를 생각할 경우, 슈트나 드레스처럼 큰 면적색으로 베이스 컬러, 블라우스나 액세서리 색을 어서트 컬러 또는 악센트 컬러로 하여 소면적에 가해가는 것처럼 하는 방법도 생각할 수 있다.
③ Base Color(기조색)
　　㉠ 베이스컬러는 배색 대상의 이미지나 분위기를 결정하는 중심이 되는 색채로서, 바탕색이 되기 쉽다.
　　㉡ 전체 색조 가운데 가장 절제된 색채를 적용하는 경우가 많다.

④ 도미넌트(Dominant) 컬러(주조색)
  ㉠ 도미넌트 컬러란, 색이나 형·질감 등에 공통된 조건을 갖춤으로써 전체에 통일감을 주는 원리로, 특히 여러 가지 색의 배색 경우에 전체적으로 통일된, 또는 융합된 상태를 만들어내는 데 중요한 기초적 원리이며 배색의 기본이 되는 색이다.
  ㉡ 도미넌트는 색의 3속성에 대응한다.
  ㉢ 색상 도미넌트
    • 서로 융합되지 않는 몇 가지의 색에 같은 색상을 혼합해서, 그 혼합한 색에 의해 전체의 관계가 지배되는 것을 색상 도미넌트라고 한다.
    • 다음 페이지의 A는 큰 원 위의 5가지 색에 빨강을 혼합하여, 작은 원 위의 5가지 색으로 변화시킨 것이다.
    • 이 경우에 빨강 색상 가까이 있는 색은 빨강 기미를 더하게 되어 한층 빨강에 접근하고, 빨강의 반대 색상은 회색 기미를 띠어 탁해진다.
    • B는 보라색을 지배색으로 한 경우이다. 또 한색계의 지배라든가, 난색계의 지배색인 색상에 전체를 조정하는 방법이다.
    • 다시 말해 여러 가지 색의 배색에 통일감을 주기 위한 빨강 기미·푸른 기미·황색 기미 등, 하나의 지배색인 색상에 전체를 조정하는 방법이다.
  ㉣ 명도 도미넌트
    • 전체를 밝은 명도로 갖추거나, 어두운 명도로 갖추거나 하여 지배하는 것을 명도 도미넌트라고 한다.
    • A는 순색을 6가지 색 모두 고유 명도인 채로 배열한 것이고, B는 명조, C는 중 명조, D는 암조로 도미넌트된 것을 배열하고 있다.
    • 도미넌트 되지 않은 A와 비교해 보면, B·C·D의 각 색은 지배된 상태인 것을 알 수 있다.
  ㉤ 채도 도미넌트
    • 여러 가지 색의 배색에서 전체를 채도로 지배하는 것을 채도 도미넌트라고한다.
    • 채도 도미넌트의 가장 순수한 경우로, 제각기의 색에 그것들과 같은 명도의 회색을 더함에 따라 전체를 안정된 상태로 만들고 있다.
    • 이 경우에 각 색상의 변화는 없고, 또 그것들의 명도도 변하지 않는다.
  ㉥ 톤 도미넌트
    • 색상 도미넌트와 마찬가지로, 여러 가지 색의 배색에 통일감을 주기 위해 배색 전체의 톤을 통일함으로써 이미지에 공통성을 주는 방법을 톤 도미넌트라고한다.
    • 그림에서처럼 밝고 가벼운 이미지에는 p·lt, 진하고 어두운 이미지에는 dp·dk, 밝고 선명한 이미지에는 v·b라 하는 것처럼, 이미지에 맞는 톤을 하나 선택하면, 색상은 자유롭게 배색할 수가 있다.
    • 즉, 같은 톤으로, 색상은 자유로운 관계를 원칙으로 한 배색이다.

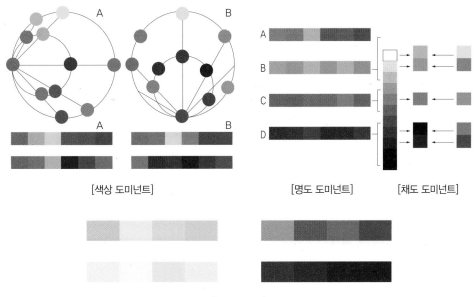

[색상 도미넌트]　　　　[명도 도미넌트]　　[채도 도미넌트]

[톤 도미넌트]

3 그라데이션 – 점진효과

① 단계적으로 변화하거나 이행하는 것을 말한다.

② 색채에서 자연으로 변해가는 해조적인 배열을 말하며, 3색 이상 또는 색상 수가 많을수록 해조성이 나타난다.

　ㄱ 다음 페이지의 그림 A는 명도 · 채도가 같은 여러 가지 색을 색상환으로 배열한 것으로, 순수한 색상 그라데이션의 예이다.

　ㄴ 그림 B 배색에 있어서 24색상환에서 1~3 정도의 색상차의 관계로 계획하는 것이 좋으며, 고채도의 톤일수록 효과를 얻기 쉽고, 저채도의 톤에서는 그라데이션 효과를 표현하기 어려워진다.

　ㄷ 그림 C는 색상과 채도가 같은 색을 무채색의 명암 단계에 대응시킨 명도 그라데이션이다.

　ㄹ 그림 E는 탁한 색에서 서서히 선명한 동명도, 동채도의 채도 그라데이션의 예이나, 채도의 그라데이션 배색의 효과는 저채도에서 고채도로의 단계적인 차이에 의해 표현할 수 있다.

　ㅁ 그림 F는 톤 그라데이션의 예이나, Pale에서 Light, Bright, Vivid의 유사톤의 관계를 연속해서 선택함에 따라서 톤 그라데이션을 표현할 수 있다.

③ 색상 그라데이션의 경우는 색상거리가 60° 이상 떨어져 있으면 해조성을 느낄 수 없지만, 명도 그라데이션의 경우는 그림 D처럼 흰색 · 중명도 검정 3단계라도 해조를 느낄 수 있다.

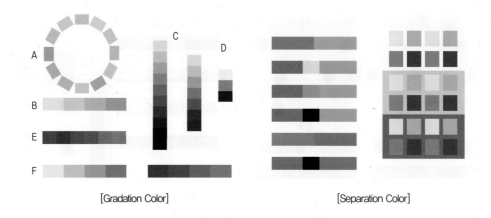

[Gradation Color]　　　　　　　　　　[Separation Color]

4　세퍼레이션 효과에 의한 배색

① 세퍼레이션이란 '분리시킨다', '갈라놓는다'라고 하는 의미이다.

② 배색상에서는 여러가지 색의 배색 사이에 분리색 1색을 삽입하여 분리시킴으로써 그 색 관계가 애매하거나 대비가 지나치게 강한 경우에, 접하는 색과 색 사이에 세퍼레이션 컬러를 1색 삽입함으로써 조화를 꾀하는 것으로 배색상 많이 이용되는 수법이다.

5　악센트 효과에 의한 배색

① 악센트란 '강조한다', '돋보이게 한다', '두드러지게 한다' 등의 의미가 있다.

② 배색에서는 단조로운 배색에 대조적인 색을 소량 추가함으로써 배색에 초점을 주어, 전체의 상태를 돋보이게 하기 위해 사용되는 기법이다.

③ 그림에서 보면 전체가 어두운 톤이라 두드러지지 않는 배색의 경우는 명도와 대조적인 고명도 색을 조금 추가하면 배색에 긴장감과 포인트를 줄 수 있다.

④ 또 그것과는 반대로, 밝고 부드러운 톤(p · lt)의 배색에 대해서는, 명도차가 있는 톤(dp · dk)으로부터 악센트 컬러를 선택하는 것이 좋다.

6　반복효과에 의한 배색

① 두 가지 이상의 색을 사용하여 통일감이나 융화감이 좋지 않은 배색에 일정한 질서에 따른 조화를 주기 위한 방법이다.

② 두 가지 색 이상의 배색을 하나의 단위로 하여 그것을 되풀이하여 반복함으로써 조화된 결과를 얻는다.

③ 그림 A는 3가지 색상을 여섯 번 반복한 것이고, 그림 B는 4가지 색의 단위를 아홉 번 반복하고 있다.

④ 되풀이하여 반복함으로써 융화성이 높아지는 것을 확인할 수 있으며, 이는 체크무늬나 타일의 배색에서 볼 수 있다.

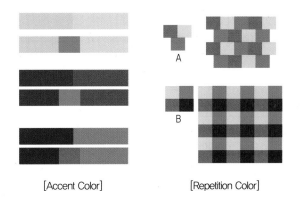

[Accent Color]　　　　　　　[Repetition Color]

7 관용적인 배색의 형식

① 배색조화는 시대나 유행에 따라 평가에 차이가 있고, 풍토나 생활조건에 따라서도 친근색에 좌우되는 등 절대적이라고 할 수 있는 이론은 없다.

② 전통적 · 관습적으로 받아들여지고 있는 배색, 예를 들면 국기의 배색이나 전통적인 공예품 · 장식품 · 직물 · 민속의상 · 관혼상제나 기독교의 전례색채 등은 일반적으로 친숙해진 색채 표현이다.

③ 이것들에 표현되어 있는 배색은 반드시 색채조화론에 따른 배색은 아니다.

④ Tone on Tone

　㉠ 톤 온 톤이란, '톤을 겹치다'라는 의미로, 그 기본은 동일색상에서 두 가지 톤의 명도차를 비교적 크게 둔 배색이다.

　㉡ 보통, 동계색의 농담배색이라고 불리는 배색으로, 밝은 베이지+어두운 브라운, 밝은 물색+감색 등은 그 전형적인 예이다.

　㉢ 여러 가지 색의 배색에 의한 톤 온 톤 배색은 결과적으로 명도 그라데이션 배색이 되고, 회화기법의 키아로스쿠로나 그리사이유(무채색에 의한 농담 표현)와 같은 종류이다.

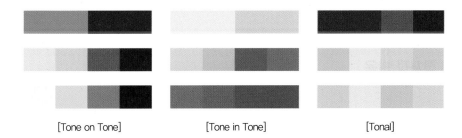

[Tone on Tone]　　　　　[Tone in Tone]　　　　　[Tonal]

⑤ Tone in Tone

　㉠ 톤 인 톤 배색은 근사한 톤의 조합에 의한 배색 기법으로, 색상은 톤 온 톤 배색과 마찬가지로, 동일 색상을 원칙으로 하여 인접 또는 유사색상의 범위 내에서 선택한다.

　㉡ 톤 인 톤 배색은 톤의 차이가 비슷하여 색의 풍요로움을 전달시키는 데 유효하다.

　㉢ 그러나 최근 유럽이나 미국의 패션 정보지에서는 톤은 통일하지만 색상에 대해서는 제약 없는 비교적 자유로운 배색에 대해서도 톤 인 톤 배색이라고 호칭하는 일이 있다.

ⓔ 따라서 여기서는 톤 차이에 근사한(특히 명도가 가까운) 배색 전반을 톤 인 톤 배색이라고 정의한다.
ⓗ 토널, 카마이유나 포카마이유 배색 등은 톤 인 톤 배색과 같은 종류라고 해석할 수 있다.

토널(Tonal) 배색	• 토널 배색은 도미넌트 톤 배색이나 톤 인 톤 배색과 같은 종류이다. • 특히 기본으로 하는 톤에는 중명도·중채도의 중간색계인 덜 톤(Dull Tone)을 사용한 배색기법이다.
카마이유(Camaieu) 배색	• 단색화법을 카마이유 화법이라고 한다. • 카마이유 배색이란 거의 같은 색에 가까운 색을 사용한 얼핏 보면 한 가지 색으로 보일 정도로 미묘한 색 차이의 배색을 말한다.
포카마이유(Faux Camaieu) 배색	• 포카마이유 배색의 포(Faux란, '모조품'이라든가 '가짜인'이라는 의미)이다. • 카마이유 배색의 색상이 거의 같은 색상인 데 비해, 색상과 톤에 조금 변화를 준 배색이다.

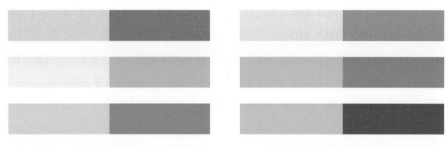

[Camaieu 배색]   [Faux Camaieu 배색]

8 연속배색

① 색상·명도·채도·톤 등이 단계적으로 변화하는 배색으로, 2색 이상을 반복 사용하여 일정한 질서를 유도하여 조화를 이루는 배색을 말한다.
② 배색을 통해 리듬감과 템포가 증가 또는 감소되는 효과를 볼 수 있다.

색채의 정서적 반응

1 색채의 기능

① 장미의 빨강과 금지표지판의 빨강은 같은 색이라도 각각에 있어 그 역할과 의미가 다르다. 이러한 색채의 기능은 크게 정서성과 식별성으로 나눌 수 있다.
② 색의 정서성은 색 자체가 직접 감정적인 반응을 불러 일으키는 것으로, 정서성에는 색에 대해 갖는 기호처럼 개인차가 있는 표현감정 및 거의 모든 사람이 색에 대해 공통적으로 느끼는 고유감정이 있다.
③ 식별 기능은 다양한 색을 사용한 지하철 노선도와 같이 색이 사인이나 기호로 작용해서 색을 구분하는 기능이며, 안전색채 등에 응용된다.

2 색채의 심리적 의미

① 같은 장미라도 흰색 장미와 빨간색 장미에 대한 반응은 매우 다를 수 있다.

② 흰색 장미는 흰색이 주는 청순함을, 빨간 장미는 빨강이 주는 정열적인 강한 힘을 느끼게 한다.

③ 이렇게 색채의 감각상태의 차이가 이미지에 큰 차이를 낳을 수 있다. 이러한 색채의 심리적 의미는 색채가 지닌 정서적·대표적 의미를 말하며, 색채기호나 연상을 통해 나타난다.

④ 대다수의 사람에게 공통적인 색채의 의미는 객관적인 심리평가와 통계방법 등을 통해 다수 연구되어 그 양상이 속속 밝혀지고 있다.

⑤ 난색·한색과 같이 색을 보고 느끼는 시각적 온도감이나 진출색·후퇴색과 같은 시각적 거리감도 그 중 하나다.

3 색채와 성격진단

① 색채의 심리적 의미는 개인에 따라 차이가 있다. 이러한 색에 대한 개인의 반응의 차이를 이용한 심리테스트를 통해 성격이나 병리를 판단하기도 한다.

② 심리테스트는 규격화된 과제를 부여하고 그에 대한 반응의 개인차를 조직적으로 처리해서 대부분의 경우 일반적인 표준과 비교하여 개인의 특징을 기술하는 방법이다.

③ 이러한 심리테스트는 측정하고자 하는 심리적 특징에 초점이 맞추어져 있는지를 보는 타당성, 테스트에서의 득점이 안정되어 있으며 재현성이 있는지를 보는 신뢰성, 절차와 해석이 객관적인지를 보는 객관성 등이 미리 통계적으로 확인되어 있어야 한다.

④ 로르샤흐 테스트(Rorschach Test)

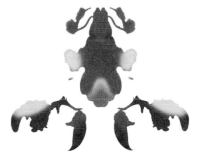

[로르샤흐 테스트에 사용되는 도형]

㉠ 인간의 심리를 폭넓고 심층적으로 파악할 수 있는 유력한 투사법 심리테스트로 평가된다.

㉡ 이 테스트에서는 다음 그림과 같이 여러 가지 색으로 이루어진 잉크의 얼룩과 같은 좌우대칭형의 무작위·무의미한 도형을 제시하고 "무엇으로 보이는가?", "왜 어디가 그렇게 보였는가?"를 질문한다.

㉢ 결과의 해석에 있어서는 전체인지 부분인지, 형태, 색, 농담, 움직임과 같은 도형의 어떠한 특징에 주목해서 회답했는지가 중요한 단서가 된다.

㉣ 그중 색채에 주목한 반응에 대해서는 감수성이나 감정표현의 특징, 충동성, 인간관계를 포함한 환경과의 감정적 관련성이 투영되어 있다고 본다.

㉤ 색채는 감정의 양상을 아는 유력한 지표가 되는데 색채 반응은 감정의 풍부함을, 형태 반응은 감정에 대한 통제의 상태를 나타낸다.

㉥ 양자가 일정한 균형을 이루었을 때 감정을 적절하게 통제한 바람직한 적응상태라고 본다.

㉦ 한편, 이 테스트에서는 개개의 색이 어떠한 의미를 갖는지는 그다지 중요시되지 않는다.

⑤ 로르샤흐 테스트에서의 색채·형태·재질의 의미

　㉠ 순수색채반응 : 형태를 무시하고 색채에 대해서만 반응. 충동적, 자기중심적, 둔한 감수성의 지표가 되기도 하며 어린아이에게서 많이 볼 수 있음

　㉡ 색채·형태반응 : 어느 정도 형태의 배려, 자기중심적, 불안정한 감정을 갖지만, 어느 정도의 통제. 10세정도까지 많음

　㉢ 형태·색채반응 : 형태와색채가 균형을 이룬 반응. 건강, 합리적 반응, 적정한 자기통제

　㉣ 형태반응 : 형태만에 의한 반응. 객관적인 인식, 형식적인 사람, 감정의 억제, 상상력, 자발성 결여

　㉤ 재질반응 : 농담으로부터 모피나 얼음 등의 질감이나 피부감각을 느낌. 애정욕구가 충족되지 않는 불안감 높은 경우에 증가

　㉥ 난색에 반응 : 활동적, 환경에 적극적 호소

　㉦ 한색에 반응 : 절제, 의존심이 강함

⑥ 컬러피라미드 테스트(Color Pyramid Test)

　㉠ 10계통 24색의 사각형 컬러칩 및 그것과 모양과 크기가 같은 15개의 사각형의 피라미드 형태로 인쇄된 바탕지를 사용한다.

　㉡ 피실험자는 컬러칩을 배열하여 '아름다운·좋은' 피라미드와 '추한·싫은' 피라미드를 각각 3점씩 모두 6점의 컬러피라미드를 만든다.

　㉢ 이 때 컬러칩은 여러 개가 준비되어 있어 피실험자는 모두 같거나 또는 모두 다른 색으로 피라미드를 만들 수 있다.

　㉣ 결과는 색의 사용빈도와 배열 형식 등을 지표로 진단된다.

　㉤ 색채 선택의 폭은 자극이나 환경에 대한 수용성을 반영하고, 배열은 인격구조의 분화단계의 지표가 된다.

　㉥ 이 테스트를 통해 '정동성과 자아기능', '정서적 안정성, 감수성, 반응성, 정서적 성숙도, 적응력, 내향적·외향적' 등을 진단한다.

　㉦ 사용빈도가 높은 색의 의미는 다음 표와 같다.

　㉧ 컬러피라미드 테스트는 색채를 이용한 심리테스트 중에서 완성도가 높은 것으로 평가되고 있다.

[컬러피라미드]

색 채		색채의 의미 및 진단의 예
강한 흥분과 각성의 색	빨강(4)	충동의 감정을 일으키는 색. 사용량이 많은 경우는 충동적이고 외향적인 성향을, 사용량이 적은 경우는 감정을 통제하고 있음을 알 수 있다.
	주황(2)	외향적인 색. 정서적 욕구가 강하고 그것을 밖으로 쉽게 표현하는 사람이 많이 사용한다. 사용량이 적은 사람은 감정을 부정하거나 억압하는 사람이 많다.
	노랑(2)	각성효과는 빨강이나 주황보다 강하지 않다. 사용량이 많은 사람은 평온하고 안정되어 있으며 감정을 적절하게 표현할 수 있다. 사용량이 적은 사람은 충동을 합리적으로 표현하는 것이 서투르다.
약한 흥분과 중간 정도의 각성의 색	초록(4)	정서의 조절 및 감수성의 지표. 사용량이 많은 경우 감수성이 풍부함을 나타내지만, 극단적으로 많은 경우는 정서적 자극에 압도당하고 있음을 나타낸다. 사용량이 적은 경우는 감정이 퇴조된 단조로운 사람을 나타낸다.
	파랑(4)	감정통제의 지표. 사용량이 많은 경우는 감정을 통제하고 있고 극단적으로 사용량이 많은 경우는 의기소침, 강박관념에 사로잡혀 있음을 나타낸다. 통제기능이 약해지면 사용량이 감소한다.
	보라(3)	불안, 긴장의 지표. 사용량이 많은 경우는 감정을 통제하고 있고 극단적으로 사용량이 많은 경우는 의기소침, 강박관념에 사로 잡혀있음을 나타낸다. 통제기능이 약해지면 사용량이 감소한다.
	갈색(2)	사용량이 많은 사람은 완고하고 반항적이며 유치한 행동을 하고 극단적으로 많은 경우는 정신박약이 의심된다. 사용량이 적은 사람은 무력형을 나타낸다.
약한 각성의 색	흰색(1)	사용량이 많은 경우 현실과의 접촉 결여, 공허, 통제불량의 지표가 되고, 극단적으로 많은 것은 내표성의 지표가 된다.
	회색(1)	중심적인 색. 사용량이 많은 사람은 억압과 거절의 경향을 지닌다. 사용량이 적은 경우는 억압의 메커니즘이 가능하지 않고 개방적인 사람을 나타낸다.
	검정(1)	사용량이 많은 사람은 억제적이고 무력감이나 부적응감을 느끼며, 사용량이 적은 경우는 강한 억제와는 관계없는 것으로 진단한다.

4 색채의 심리적 효과

① 물체를 볼 때 느끼는 크기는 색에 따라 다소 달라진다. 예를 들어, 검정 바탕의 흰색 문자는 흰색 바탕의 검정 문자보다 더 커 보인다.

② 태양, 달, 별과 같은 어두운 배경의 밝은 물체가 실제보다 커 보인다는 것은 고대 로마시대부터 알려져 왔다.

③ 시각적인 크기감에 대한 예로서는 어두운 색의 옷이 밝은 색의 옷보다 날씬해 보인다거나 밝은 색 자동차가 어두운 색 자동차보다 사고를 당할 확률이 적다거나 하는 것을 들 수 있다.

④ 크기감에 미치는 색의 주된 속성은 명도이며, 색상과 채도의 영향은 크지 않다.

⑤ 일반적으로 빨강이나 노랑 같은 장파장의 색, 난색은 가깝게 보이고 파랑이나 남색 같은 단파장의 색, 한색은 멀리 보인다고 해서 전자를 진출색, 후자를 후퇴색이라고 한다.

⑥ 색과 크기감

　㉠ 진출색 : 두 가지 색이 거리적으로 같은 위치에 있어도 겉보기에 가깝게 보이는 색. 빨강, 주황, 노랑과같은 장파장의 색, 난색

　㉡ 후퇴색 : 두 가지 색이 거리적으로 같은 위치에 있어도 겉보기에 멀리 보이는 색. 파랑, 청록과 같은 단파장의 색, 한색

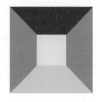 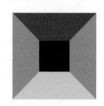

⑦ **색과 형태감** : 색채가 형태와 연관되어 지각되기도 한다.

빨 강	주 황	노 랑	초 록	파 랑	자 주
정사각형	직사각형	역삼각형	육각형	원·구	타 원

⑧ 색과 시간감각

　　㉠ 빨간 조명 아래서는 시간이 실제보다 길게 느껴지고 초록과 파랑 조명 아래에서는 실제보다 짧게 느껴진다고 한다.

　　㉡ 이를 이용하면 난색은 거실이나 식당·호텔의 휴게실 같이 시간이 비교적 더디게 가는 편이 더 유쾌하게 느껴질 수 있는 장소에 적합하고, 한색은 사무실이나 공장 같이 일상적이거나 단조로운 일을 하는 장소에 적합하다.

⑨ 색과 길이감

　　㉠ 초록 조명 아래서는 문지방의 높이가 평소보다 더 낮아 보이고, 빨간 조명 아래서는 더 높아 보인다.

　　㉡ 즉, 난색 계열의 조명에서는 물체가 더 길고 커 보이며, 한색 계열의 조명에서는 물체가 더 짧고 더 작아 보인다.

⑩ 색과 무게감

　　㉠ 밝은 색일수록 가볍고 어두운 색일수록 무겁게 느껴진다.

　　㉡ 빨간 조명 아래서는 물건이 더 무겁게 느껴지고, 초록 조명 아래서는 더 가볍게 느껴진다.

　　㉢ 가벼운 색은 약한, 푹신푹신한, 산뜻한, 즐거운, 관대한 등의 인상을 주고, 무거운 색은 강한, 딱딱한, 느끼한, 슬픈, 우울한, 무딘, 장엄한 등의 인상을 준다.

⑪ 색과 소리

　　㉠ 여러 연구자에 의해 소리와 색채 사이에 결정적인 관계가 있음이 밝혀졌다. 귀에 들리는 음이 낮으면, 눈에 보이는 색은 어두운 쪽으로 이동하는 경향이 있다고 한다.

　　㉡ 예를 들어, 낮은 음을 들을 때 빨강은 더 짙고 푸르스름하게 보인다.

　　㉢ 반대로 귀에 들리는 음이 높으면 눈에 보이는 색은 밝은 색 쪽으로 이동하는 경향이 있다고 한다.

　　㉣ 예를 들어, 높은 음을 들을 때 빨강은 노랑을 띠거나 주황을 띤 색으로 보인다.

⑫ 색자극에 대한 반응

　　㉠ 어떤 색을 보았을 때 분노, 기쁨, 공포, 슬픔, 불쾌 등의 특유한 감정이 느껴지면, 이 감정은 심박, 피부전기활동, 혈압, 맥박수와 같은 자율신경활동이나 호흡활동 등의 신체반응으로 이어져 결국 이와 관련된 구체적인 행동에 반영될 수 있다고 한다.

　　㉡ 그러나 이런 현상을 이해하는 데는 반드시 주의해야 할 점이 있다. 그 하나는 인간의 감정, 신체적 반응과 색채와의 관련성에 대해서는 아직 충분히 증명되거나 통일되는 결론에 이르지 못하고 있다는 점이다.

　　㉢ 또한 색자극에 대해서는 대다수의 사람에게 나타나는 일반적인 반응으로서의 객관적 인상이 있는가 하면, 개인에 따라 차이가 있는 주관적 인상도 있어 경우에 따라서는 그 내용이 상반되기도 한다는 점이다.

　　㉣ 따라서 색채반응에 대한 심리효과를 섣불리 적용하거나 막무가내로 모든 사람에게 같은 효과를 기대해서는 곤란하다.

　　㉤ 색 적용에 있어서는 객관적인 관점과 주관적인 관점 모두를 고려해야 한다.

제5장 이미지별 배색 예와 표현기법

따뜻함과 차가움의 이미지 배색

1 개요

색채에서 느끼는 차가움과 따뜻함의 감정은 색의 3속성 중 색상과 가장 관련이 깊다. 색상환은 차게 느껴지는 '한색'과 따뜻하게 느껴지는 '난색' 그리고 어느 쪽에도 속하지 않는 '중성색'으로 크게 나눌 수 있다.

그러나 이러한 분류는 배색에서 인접하는 색이나 톤의 변화, 관찰자의 심리상태 등 다양한 요인에 의해 그 경계가 다를 수 있다. 난색과 한색의 중간에 위치하여 온도감에 있어서 중성적인 색이라도 함께 사용되는 색에 따라 상대적으로 따뜻하거나 차게 느껴진다.

예를 들어 같은 보라라도 빨강과 함께 사용되면 차게 느껴지고, 파랑과 함께 사용되면 따뜻하게 느껴진다.

지금부터 제시하는 배색의 예는 앞서 언급하였듯이 PCCS의 색 표기법을 따른다. 단, 본문 중에 R, YR, Y, GY, G, BG, B와 같이 먼셀 색채계의 색상으로 색을 표기하는 경우도 있다.

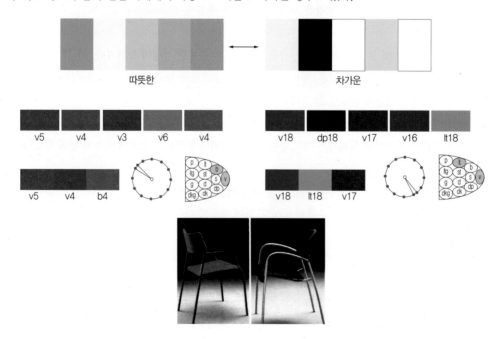

2 색의 세분화

우리는 보통 해맑은 빨강인 홍색도 어두운 노랑 띤 빨강인 적갈색도 빨강이라 부르고, 남색도 감색도 모두 파랑이라고 부르는 경향이 있다. 세분하면 다양한 색감을 주는 색채를 카테고리화해서 몇 가지 대표색으로 호칭하는 경우이다.

난색의 대표색을 빨강, 한색의 대표색을 파랑이라고 해도 이들 색을 다시 여러 종류로 나누면 빨강 안에서도 잠재적으로 차가운 느낌이 드는 색이 있을 수 있고, 파랑 안에서도 잠재적으로 따스한 느낌이 드는 색이 있을 수 있다.

난색도 한색도 아닌 중성색 역시 세분하면 따뜻한 느낌이 들거나 차가운 느낌이 드는 색을 찾을 수 있을 것이다.

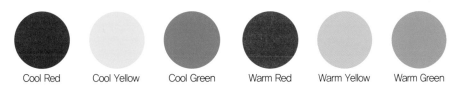

| Cool Red | Cool Yellow | Cool Green | Warm Red | Warm Yellow | Warm Green |

3 실생활의 컬러

한색계는 차가움, 추움, 어두움과 같은 이미지를, 난색계는 따스함, 정열과 같은 이미지를 만들어낸다.

국내 기업의 업종별 브랜드 컬러를 조사한 결과 중에서 기초재 업계의 컬러별 선호도를 살펴보면, 에너지, 정유 등은 빨강의 사용이 많고, 철강과 유리 등은 파랑의 사용이 많은 것으로 나타났다. 기초재 중에서도 에너지나 정유 부분에서 빨강의 사용이 많은 것은 생활의 동력이 되는 뜨겁고 활동적인 의미를 강조하기 위해서이고, 파랑은 주로 차가운 느낌의 기초재에 속하는 철강과 유리 등에서 사용된 것으로 분석되었다.

뜨거운 태양을 떠올리게 하는 여름의 이미지를 표현할 때 차가운 느낌의 한색을 사용하면 감정이 대조되어 오히려 여름의 느낌을 효과적으로 강조할 수 있다. 초록빛 파랑이나 채도가 높은 파랑에 흰색을 부가해서 인접하는 색면과 강한 대비를 이루게 하면 작열하는 여름 하늘 또는 강한 태양빛이 바다에 만들어내는 음영의 이미지를 표현할 수 있다.

이러한 배색은 대비가 큰 만큼 전체적인 구도나 형태도 샤프한 편이 인상을 보다 효과적으로 나타낼 수 있다. 명도가 높은 한색은 건강하고 산뜻한 이미지를 준다. 특히 흰색과 파랑의 배색은 산뜻하고 청결한 인상이 강해 신선함을 강조하는 우유나 유제품 패키지의 배색에 많이 사용된다.

한편, 식재 자체에는 파랑과 같은 색은 찾기 어렵고 난색이 주를 이룬다. 그러나 만약 난색이라도 저채도에 명도차가 작으면, 바랜 듯한 어두운 인상을 주어 신선도가 떨어져 보일 수 있으므로 주의해야 한다.

차가운 느낌의 배색이 많은 사무환경에서는 파티션이나 사무용품 등을 이용해서 부분적으로 따스하고 부드러운 느낌의 색을 부여한다. 이때 시선이 분산되어 작업을 하며 지나치게 강한 난색은 피하는 것이 좋다.

적절한 소재감과 복합되면 따스한 느낌과 차가운 느낌을 더욱 효과적으로 표현할 수 있다. 소재 자체가 온도감을 지닌 것, 예를 들어 기모가 있는 융이나 울 또는 표면의 재질감이 명확하게 느껴지는 것에는 난색이 어울리며, 한색의 경우는 금속이나 거울면 등 광택이 있거나 매끄럽고 반투명한 소재 등이 그 느낌을 보다 효과적으로 전해준다.

따뜻한 느낌을 주기 위해 반드시 전체적으로 난색만을 사용해야 하는 것은 아니다. 예를 들어, 난색이 넓은 면적을 차지하고, 한색이나 중성색이 적은 면적을 차지하면 전체적으로 따뜻한 이미지가 표현될 수 있다. 또한 난색과 한색이 비슷한 중량으로 사용되는 경우라도 형태나 패턴 등에 의해 시각적으로 두드러지거나 눈에 띄는 부분에 난색을 사용하면 따뜻한 느낌이 강조되어 전체적으로 따스한 인상을 줄 수 있다. 이러한 면은 한색에 대해서도 마찬가지로 적용된다.

시각적 온도감은 광원의 색에 대해서도 마찬가지로 적용된다. 난색의 조명과 한색의 조명은 각각 따뜻한 느낌과 찬 느낌을 전해준다. 보통 붉은 빛을 띤 백열전구의 광색은 따뜻한 느낌을, 푸른 빛을 띤 형광램프의 광색은 찬 느낌을 준다. 공간의 전체적인 배색경향과 조화되도록 광원의 색을 고려해서 조명을 선택한다.

흥분과 진정의 이미지 배색

1 개요

흥분·진정의 감정은 색의 3속성 모두와 관련되지만 특히 색상과 채도의 영향이 크다. 난색 계열로 채도가 높은 색은 자극적이며 신경을 긴장시키거나 흥분을 일으킨다. 이에 비해 한색 계열로 채도가 낮은 색은 진정을 나타내며, 특히 초록계열의 색상은 자연의 식물을 연상시켜 진정의 느낌을 잘 표현해 준다.

다음 페르디난트 흐들러의 작품에서도 진정의 이미지를 강하게 느낄 수 있다.

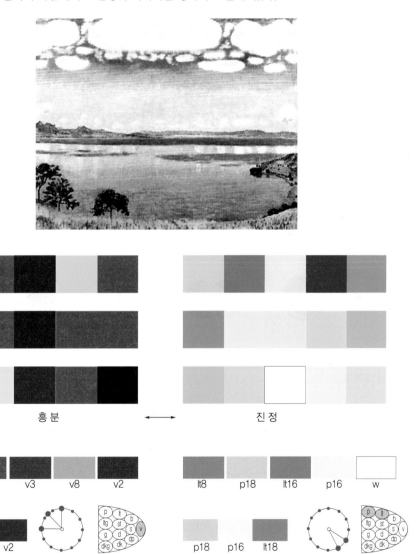

2 고채도의 빨강

① 난색 계열의 채도가 높은 색 중에서 특히 붉은색 계열은 더욱 자극적이며 보는 사람의 감정을 흥분시킨다.

② 고채도의 빨강은 그 색이 속한 사물의 속성, 즉 형태나 소재감에 의한 영향이 크게 작용되지 않을 만큼 인상이 강하다.

③ 큰 면적에 사용하면 더욱 강하게 지각되므로 주의를 집중시키거나 강한 인상을 줄 때 효과적이다.

④ 그러나 지나치게 사용하면 저속하고 천박한 인상을 줄 수도 있다.

⑤ 한편, 고채도의 빨강계열의 색을 큰 면적에 사용하고, 빨강과 보색관계에 있는 고채도의 한색을 보조색으로 사용하면 대비효과로 인해 빨강의 인상을 더욱 강조할 수 있다.

⑥ 스페인의 투우 장면에서 인상적인 비비드 톤의 빨강은 경우에 따라 따뜻한 느낌보다도 감정을 강하게 자극하는 흥분색으로 작용한다.

⑦ 이런 빨강도 색상환에서 노랑에 가까워질수록 흥분이 가라앉혀지고, 반대로 남색에 가까워질수록 요염한 인상을 준다.

⑧ 또한 톤의 사용에 있어 라이트 톤·소프트 톤·덜 톤·다크 톤과 같이 중채도의 톤으로 배색하면 비비드 톤의 강렬한 인상의 붉은색도 침착하고 온화하며 부드러운 느낌을 줄 수 있다.

⑨ 실제 한국 100대 기업의 심벌마크의 색을 조사한 결과를 보면, 정열적이고 적극적인 젊은 기업 이미지를 표현하기 위해서 채택한 빨강 중 64%가 7.5R 5.0/12, 즉 선명한 노란빛 빨강을 사용하고 있다고 한다.

⑩ 심벌마크의 색은 기업이 자신들의 이미지를 함축적으로 대변하기 위해 선택한 것이므로, 자극이 강한 빨강보다는 노란빛이 더해져서 빨강이 갖는 상징적인 의미를 잃지 않으면서도 시각적으로 완화된 인상을 주는 색을 선택한 것으로 보인다.

3 흥분색의 효과

① 흥분색은 시간감각에도 영향을 주어 시간의 흐름을 실제보다 빠르게 느끼게 한다.

② 흥분색을 사용한 공간에서는 실제 머문 시간보다도 길게 느껴지므로 패스트푸드점과 같이 고객의 회전이 빨라야 하는 곳의 인테리어 컬러에 적용하면 효과적이다.

③ 흥분색은 웹사이트의 방문시간 감각에도 영향을 준다. 정보를 제공하는 페이지 등 충실감과 만족감을 주고자 할 때는 난색계의 배색이 효과가 높다.

④ 검색 페이지나 회원가입 페이지, 상품의 주문 페이지 등 신속과 편의를 강조하고자 하는 페이지에는 한색의 배색을 사용하는 것이 좋다.

⑤ 약효별 의약품 포장디자인의 색채를 조사한 결과를 보면, 대사성 의약품의 경우 포장의 배색에서 바탕색은 흰색과 노랑, 주조색은 빨강, 보조색은 주황·빨강·골드로 나타났다.

⑥ 원활한 신진대사의 활동을 요구하는 약효이므로 활발함과 왕성함을 느끼게 하는 빨강이나 주황이 많이 사용된 것으로 생각된다.

⑦ 흥분색을 조명의 색으로 사용하면 자극성이 강해서 시야에 장시간 노출될 경우에 인체의 생리작용의 평형이 깨져 혼란을 초래하게 된다.

⑧ 특히 빨간색 조명을 사용하는 경우 채도가 너무 높고 강하면 혈압과 맥박을 증가시키는 효과가 나타난다고 한다.

4 실생활에서의 배색

① 초원의 붉은 꽃이나 신록의 나뭇잎처럼 매우 선명하게 보이는 색을 실제 물감 등과 비교해 보면 채도가 생각만큼 높지 않다.

② 우리가 자연의 색에서 느끼는 선명함은 단순히 대상의 채도에서만이 아니라 자연계의 배색에서 비롯된 경우가 더욱 많다.

③ 빨간 꽃은 잎이나 줄기의 초록색과 이루는 보색 배색의 효과로써, 신록의 나뭇잎의 초록색은 음영에 의한 색의 대비로써 선명한 인상을 주게 되는 것이다.

④ 명도가 높은 무채색이나 초록계열의 색을 사용하면 청량감을 주는 배색이 된다.

⑤ 특히 흰색의 경우 의약품 포장 색채의 기호도를 조사한 결과에서 의약품 포장의 바탕색으로 가장 선호도가 높은 것으로 나타났는데, 이는 흰색이 주는 안정감과 진정감으로 인한 것으로 보인다.

⑥ 또한 약효별 의약품 포장에 대한 결과를 보면 소화기관용 의약품에서 바탕색은 흰색, 주조색은 파랑과 초록의 사용이 가장 많은 것으로 나타났다.

⑦ 이는 소화나 제산의 약효에서 느낄 수 있는 시원함과 안정감, 진정 효과가 배색에 반영된 것으로 생각된다.

⑧ 또한 구강청정제와 같은 시원한 느낌과 진정효과를 소구하는 의약품의 패키지에도 자주 사용된다.

⑨ 진정효과가 있는 한색계열의 저채도의 배색은 자연과 휴식, 명상을 강조하는 마케팅과 광고에서 활용도가 높다.

가벼움과 무거움, 부드러움과 딱딱함의 이미지 배색

1 개요

무거워 보이는 색과 가벼워 보이는 색이 주는 시각적 무게감은 색의 3속성 중 명도와 가장 관계가 깊다. 명도가 높을수록 가볍게 보이고, 명도가 낮을수록 무겁게 보인다.

예를 들어 어두운 색인 바위나 철 등에서는 무거움을 느끼고, 밝은 색인 눈, 설탕, 소금 등에서는 차가움과 가벼움을 연상하며, 같은 물체라도 마른 것은 가볍게, 젖은 것은 무겁게 느껴진다. 단, 이러한 무게감을 강조하려고 명도를 지나치게 높거나 낮게 선택하면 약하고 명료하지 못한 인상을 주기 쉽다.

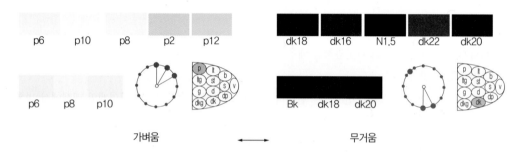

가벼움 ⟷ 무거움

소재 자체가 무게감이 있는 것에 무거운 느낌의 색을 사용하면 효과가 배가 된다. 예를 들어 철에 녹이 슨 질감과 저명도의 색을 조합하면 한층 무거운 느낌이 든다. 마찬가지로 스켈리턴 기법에서처럼 반투명 소재에 가벼운 느낌의 색을 사용하면 더욱 가볍게 느껴지며, 이때 만약 무거운 색을 사용하더라도 느낌이 완화된다. 패션 소재에 있어서도 부분적인 투명감을 주는 표면 가공이 처리된 원단은 소재 자체에 경량감이 부여되어 있어 가벼운 색을 더욱 가볍게 느끼게 한다.

복식의 배색에서는 복식 전체에서 아래로 갈수록 낮은 명도를 사용하는 것이 안정감 있고 자연스럽게 보인다. 하의를 상의보다 어둡게 하고 신발을 가장 어둡게 한다. 그 이유는 고명도의 색이 중량감을 가지므로 무게 중심이 낮아져 안정감을 주기 때문이다.

또 다른 이유로는 자연환경이 이러한 순서로 되어 있기 때문이라고 한다. 자연의 땅과 나무, 꽃, 하늘은 위로 갈수록 밝아지며 이렇게 주위에서 항상 접하는 익숙한 것이 자연스럽고 조화롭게 받아들여진다.

시각적 무게감은 인테리어의 배색에서도 적용된다. 천장을 바닥보다 고명도로 배색하는 것이 압박감이 들지 않는다. 그러나 공간의 용도에 따라서는 이와 반대로 적용하여 역동감을 연출하기도 한다.

한편, 부드럽게 보이는 색과 딱딱하게 보이는 색이 주는 시각적 경연감은 무게감과 이미지가 비슷한데 명도가 높은 색은 부드러운, 명도가 낮은 색은 딱딱한 느낌을 준다. 색상은 난색이 부드럽고, 한색이 딱딱하게 느껴진다. 따라서 난색계의 고명도·저채도와 흰색이 많이 섞인 색은 부드러움을, 한색계의 저명도·고채도는 딱딱함을 느끼게 한다. 또한 명도차가 작은 배색은 부드럽게 보이고, 명도차가 큰 배색은 딱딱하게 보인다.

톤으로는 페일 톤, 라이트 톤, 덜톤, 라이트그레이시톤 등이 부드러운 느낌을, 스트롱톤과 딥톤은 딱딱한 느낌을 준다.

[부드러운 느낌]

[딱딱한 느낌]

시각적 경연감과 무게감의 차이는 형태에 의해 결정되는 경우가 많다. 저명도의 색을 사용한 샤프한 형태는 딱딱한 느낌이 들고, 고명도의 색으로 유기적·추상적인 형태는 부드러운 느낌이 들기 쉽다.
그러나 둥근 모양이라도 양감이 있고 저명도의 색으로 중심이 낮은 물체는 무게감이 강조된다.

즐거움과 화려함, 정적인 이미지 배색

1 즐겁고 화려한 이미지

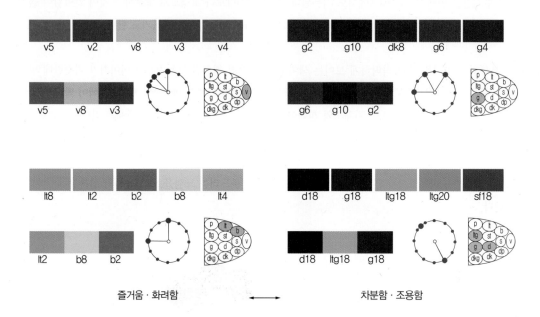

즐거움 · 화려함 ← → 차분함 · 조용함

① 난색을 중심으로 여러 종류의 색상을 사용하고 고채도의 비비드 톤으로 통일하면 변화, 왁자지껄, 시끌 벅적, 화려함 등의 이미지를 표현할 수 있다.

② '빨강-노랑-보라'의 조합은 왁자지껄, '검정-노랑-자주'의 조합은 호화로운 느낌을 준다. 여기에 면적 이 작은 색면을 늘려서 밀도가 높게 배색하면 효과는 배가 된다.

③ 배색에 리듬을 부여함으로써 활발함을 강조한다.

    ㉠ 예를 들어 톤의 명암, 농담, 강약을 반복함으로써 리듬을 만들어낸다.

    ㉡ '밝은-어두운-밝은-어두운 톤'의 배색이나 색상을 '한색-난색-한색-난색'으로 나열하면 리듬이 생긴다.

④ 색상을 여러 종류 사용하는 경우라면 흰색을 배경으로 해서 전체적인 인상을 밝게 만든다.

⑤ 태양의 빛을 연상시키는 주황에서 노랑에 이르는 색상에 라이트 톤 중심의 배색은 건강하고 명랑한 인상 을 준다.

⑥ 사용하는 색상의 수가 많으면 그만큼 화려함이 커진다. 마치 네온사인의 빛이나 불꽃놀이의 화려함과 유사하다.

⑦ 특히 보색관계에 있는 색을 대비시켜 배색하면 한층 화려한 인상이 강해진다.

2 조용하고 정적인 이미지

① 조용하고 정적인 이미지를 표현하려면 단순히 어둡게만 처리하기보다 밝더라도 움직임이 없거나 적은 인상을 주어야 한다.

② 예를 들어, 밝은 회색에서 어두운 회색까지를 기조로 해서 톤의 감각이 드러나도록 하고 여기에 약간의 푸른색을 가미하면 효과적이다.

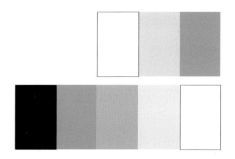

③ 한색은 조용하고 정돈된 느낌을 준다.

④ 다음의 예처럼 사용하는 색상의 개수를 절제하고 공간에서 큰 면적을 차지하는 가구와 벽면의 그림에 동일한 차가운 초록계열의 색을 사용하면 한색이 주는 정적인 느낌이 다른 색과 섞이지 않아 시선이 분산되지 않으므로 안정감 있고 정적인 느낌이 한층 강해진다.

천진난만함과 성숙함의 이미지 배색

1 천진난만한 이미지

① 한마디로 천진난만함이라고 해도 단순히 어린이가 주는 이미지에만 국한된 것은 아닐 것이다.

② 여기에는 발랄한, 귀여운, 재미있는, 예쁜, 순수한, 동화같은, 사랑스러운 등의 다양한 이미지가 복합되어 나타난다.

③ 이런 이미지는 어린이뿐만 아니라 상황에 따라서는 성인에게도 적용할 수 있으므로, 다양한 배색 표현을 익히도록 한다.

④ 빨강, 노랑, 초록, 파랑 등의 색상을 페일 톤·라이트 톤의 명청색조로 배색하여 즐거움과 귀여움을 연출한다.

⑤ 특히 여아의 경우 빨강, 주황, 노랑, 자주 계열의 페일 톤을 중심으로 배색하면 사랑스럽고 달콤한 이미지를 표현할 수 있다.

⑥ 여기에 청록이나 파랑계열의 색을 첨가하면 리드미컬하면서도 산뜻한 분위기를 강조할 수 있다.

⑦ 형태에 있어서는 사실적인 것보다는 단순화되고 명료하며 곡선적인 것이 천진난만함을 표현하는 데 효과적이다.

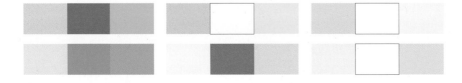

2 천진난만한 이미지의 적용

① 천진난만한 이미지는 일반적으로 어린이의 의복이나 완구, 문구류 등의 배색에 많이 적용된다.

② 이러한 제품은 원색일색일 것 같지만 의외로 차분한 느낌의 색채가 활용되는 경우도 많은 것으로 나타났다.

③ 유·아동복의 경우 최근 개성이 뚜렷하고 콘셉트 역시 다양화되고 있어 브랜드마다 독자적이며 특징적인 이미지를 갖고 있다.

  ㉠ 예를 들어, 국내 토들러복 업계에서 실제 활용하는 색채를 수집해서 분석한 연구결과를 보면 전체 활용 색상 분포는 YR, PB, R과 Y의 순으로 많이 나타났다.

  ㉡ 색조에서는 그레이시 톤, 페일 톤, 다크 그레이시 톤의 순으로 주로 저채도 색조의 출현이 높다.

  ㉢ 아동복이나 아동용품 브랜드의 로고의 배색 역시 반드시 원색 중심은 아니다.

  ㉣ 로고의 색은 브랜드가 추구하는 콘셉트를 직·간접적으로 표현하는 것이므로 앞서 말했듯이 브랜드의 개성이 뚜렷해진 최근에는 아동의 귀여움과 발랄함을 표현하는 데 있어 일반적인 원색의 이미지와 달리 클래식하다거나 낭만적인 이미지의 배색으로 차별화를 꾀하는 브랜드가 많아졌기 때문이다.

④ 어린아이의 놀이와 같은 익살이 섞인 키덜트 패션은 최근 새로운 문화 현상으로 나타나고 있다.

  ㉠ 이러한 '유희적 특성'은 어린시절의 추억과 동화적인 환상을 통해 현대인들에게 천진난만한 순수성을 회상시켜 주고 있다.

  ㉡ 이와 같은 어린아이의 놀이적 익살은 패션에서도 많이 등장하고 있다.

  ㉢ 어린아이와 같은 놀이적 장식이나, 동심을 되찾아 주는 동화적 요소인 프린트나 모티프 등으로 순수함과 환상적인 즐거운 유희로 표현된다.

  ㉣ 환상적인 동화에서나 접할 수 있는 어린아이와 같은 천진난만함의 표현은 이성적인 의식세계에만 한정되어 있는 현대인들의 메마른 정서에 카타르시스적인 의미의 유머를 느끼게 한다.

  ㉤ 색채 또한 어린아이들이 즐겨 사용하는 원색 계열의 명도와 채도가 높은 색상을 사용하여 유동적이고 생생한 느낌을 불러 일으킨다.

3 **성숙한 이미지**

① 도회적이고 성숙한 분위기는 무채색에 가까운 라이트 그레이시 톤, 그레이시 톤, 다크 그레이시 톤으로 통일한다.

② 여성의 경우 빨강부터 보라 계열의 색상을 중심으로 깊이감 있는 색을 보조적으로 배색하면 우아하고 시크한 이미지를 표현할 수 있다.

③ 또한 RP계열을 중심으로 빨강을 첨가하면 관능적인 느낌을 준다.

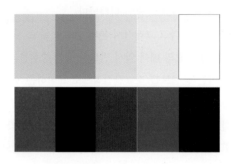

④ PB계열을 중심으로 한 약간 어두운 한색과 흰색, 라이트 그레이시 톤으로 콘트라스트를 강하게 배색하면 단정하고 성실한 비즈니스맨의 이미지를 준다.

⑤ 반면, Y, YR계열로 깊이감 있고 다소 어두우며 그레이시한 색상의 배색은 댄디하고 차분한 분위기를 만드는 데 알맞다.

고급스러움의 이미지 배색

1 고급스러운 이미지

① 고급스러움은 예부터 전해지는 전통적인 이미지를 내포하고 있다. 그래서 보수적인 인상이 강하다.

② 이러한 고급스러움의 이미지는 다크 톤 등의 암청색조에 스트롱 톤, 소프트 톤, 덜 톤 등의 탁색계를 조합하여 표현하는 것이 효과적이다.

③ 트렌드에 있어서 고급스러움이 갖는 의미는 전통을 존중하는 범위 내에서의 즐거운 감성적 체험, 이국적이고 오리엔탈적인 이미지와 자연친화적이면서 다양한 감각적 즐거움, 귀족적인 품격을 추구하는 일반인들의 작은 사치로서의 우아함과 절제된 화려함 등으로 해석되기도 한다.

④ 디자인 역사에서 고급스러움의 표출이 극대화되어 표현된 바로크와 로코코 시대의 건축과 가구 디자인에 나타난 고급스러움의 특징은 과시적이고 즐거움을 추구하고, 세분화 · 전문화되었으며, 독특함을 추구하고 진귀함에 대한 열정으로 표출된 고급문화로서의 디자인이었다.

⑤ 특히 로코코 시대에는 재료를 그대로 사용하지 않고 여러 가지 색으로 채색하여 사용하였다.

⑥ 흰색, 옐로 오커, 네이플스 옐로, 겨자색, 밀짚색, 연한 초록, 로즈, 버밀리온, 카민, 적갈색, 터쿼이즈 블루, 감청색 등을 사용하여 실내장식에 활기찬 즐거움과 고급스러운 느낌을 표현하였다.

⑦ 고급스러움을 표현하기 위해 채도가 낮은 색을 지나치게 사용하면 보수적이고 밋밋해지기 쉽다.

⑧ 이때 콘트라스트가 높은 부분을 만들어 마치 광택과 같은 인상을 주면 한층 고급스러우면서도 긴장감이 돌아 배색이 짜임새 있어 보인다.

⑨ 한편, 고급스러움은 희소성과 관련되는데, 배색에서는 풍부하고 짙은 톤으로 마치 보석과 같은 미묘한 음영에 의해 고급스러움을 표현하기도 한다.

2 가전제품과 고급스러운 이미지

① 연구결과에 따르면 타 영역에서의 고급스러움이 클래식하고 우아하며 감각적인 이미지를 추구하는 것과 다르게, 가전제품 표면 디자인의 고급스러운 이미지는 고품질과 내추럴한 요인에 의해 형성되는 것으로 밝혀졌다.

② 고품질의 이미지 형성에는 메틸릭한 질감과 색조가, 내추럴한 이미지에는 다양한 패턴의 사용과 색상이 중요한 역할을 하는 것으로 나타났다.

③ 색상에서는YR 계열의 라이트 그레이시 톤의 제품이 고품질이면서 내추럴한 재질감으로 가장 고급스럽다고 평가되었다.

④ 고품질 이미지는 톤의 영향이 강해서 라이트 그레이시 톤을 중심으로 페일 톤까지의 영역에서, 그리고 무채색에서 고품질의 이미지를 나타내었다.

⑤ 재질감에 있어서는 금속의 세련되고 디지털 이미지가 강한 펄과 광택이 있는 글라스 질감 그리고 차가운 무광택의 티타늄이 고품질 이미지로 평가되었다.

⑥ 내추럴 이미지는 색상의 영향이 커서 R, YR, PB 등 기존에 가전제품 표면 디자인에 사용되지 않았던 색상을 사용한 제품이 내추럴한 이미지로 평가되었다.

⑦ 재질감에서는 우드형의 월넛과 체리목의 성격을 잘 살린 제품, 그리고 글라스형의 패턴과 광택이 있는 제품이 내추럴하다고 평가되었다.

⑧ 그러나 두 요인 모두 명도의 영향은 크게 받지 않았다고 한다.

⑨ 고급스러움을 추구하는 제품의 색채를 계획할 때는 배색뿐만 아니라 소재와의 어울림도 중요하다.

　예 키친웨어의 경우 알루미늄이나 스테인리스의 광택이 지나치면 명도나 채도가 비교적 낮은 색이라도 고급스러운 느낌을 잃기 쉽다.

⑩ 이때 광택이 있는 펄로 마감하거나 세라믹 코팅으로 도장하게 되면 광택을 어느 정도 절제하게 되고 고급스러운 느낌도 더해진다.

⑪ 마찬가지로 우리의 전통 옻칠과 같은 은은한 광택은 배색을 구성하는 색의 종류가 적더라도 화려함을 잃지 않고 품위와 고급스러운 이미지를 지켜준다.

색채 이미지 배색

1 화려한 톤

① 순색과 순색에 가까운 강한 톤은 모두 축제와 같은 화려한 이미지를 갖는다.

② 화려한 톤에 흰색이 약간 첨가되면 즐겁고 명랑한 느낌을 주며 어린이와 같은 천진한 느낌이나 원초적인 이미지를 준다.

③ 다양한 색채에 익숙하지 않은 어린이들은 이러한 강한 색을 좋아한다.

④ 화려한 톤은 활동적이고 강렬한 이미지를 갖기 때문에 스포츠용품, 유원지, 놀이기구, 완구 등에 많이 사용된다.

⑤ 화려한 톤은 또한 가시성이 뛰어나기 때문에 옥외간판, 사인물, 포장디자인, 문구류에 효과적으로 사용된다.

⑥ 화려한 톤은 색채 자체가 강렬하여 형태나 질감과 같은 다른 디자인 요소를 약화시키므로 그 특징이 잘 나타나지 않게 된다.

⑦ 따라서 형태나 질감에 특징이 없을 때는 화려한 톤으로 강조하는 것이 효과적이지만, 섬세한 특징을 나타낼 때 화려한 톤을 사용하는 것은 바람직하지 못하다.

2 차분한 톤

① 밝은 회색이나 중간 회색과 혼합된 흐릿하고 탁한 색들은 그 색상을 규정짓기 어려운 중성화된 색들로 차분한 이미지를 갖는다.

② 차분한 톤은 자연의 소재에서 흔히 발견되는 색이므로 편안하고 친근감이 있다.

③ 차분한 톤은 또한 순색이 지닌 강렬함이 중화되었기 때문에 수수하고, 소박하며 안정감 있는 이미지를 갖는다.

④ 차분한 톤은 햇빛에 그을린 피부, 마른 볏짚, 불에 구운 토기, 갓 구워낸 빵의 껍질과 같이 불이나 햇빛과 관련된 연상을 불러 일으키므로 따뜻하고 온화한 이미지를 지닌다.

⑤ 차분한 톤은 또한 안개낀 느낌이나 구름이 낀 듯한 느낌을 주기 때문에 명시성이나 선명함이 요구되는 경우에는 바람직하지 못하다.

⑥ 실내의 배경색, 일상적인 용품, 편안함이 요구되는 환경 등에 사용되면 친근한 느낌을 주는 효과가 있다.

 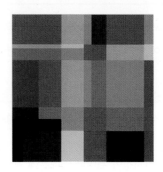

3 밝은 톤

① 순색에 흰색이 많이 첨가된 연한 색, 파스텔조, 가벼운 색 등은 밝은 이미지를 준다.

② 밝은 톤은 여성적이고 부드러움을 주며 섬세한 느낌을 준다. 특히 난색의 가벼운 톤은 달콤하고 꿈같은 낭만적인 이미지를 지닌다.

③ 따라서 내의, 화장품, 잠옷, 유아용품, 어린이를 위한 환경 등에 밝은 톤이 많이 사용된다.

④ 밝은 톤은 또한 달콤하고 감미로운 이미지를 지니므로 아이스크림, 솜사탕, 과자와 같은 기호품의 맛을 돋우어 주는 역할을 한다.

⑤ 밝은 톤은 부드럽고 가벼운 이미지를 지니기 때문에 작고 가벼운 물체에 사용될 때 그 효과가 크며, 무겁고 거대한 물체에 사용될 때는 자연스럽지 못한 느낌을 준다.

⑥ 그러나 환상적인 분위기나 신비함을 이끌어내기 위해 거대한 환경에 계획적으로 밝은 톤을 사용할 수도 있다.

① 검정이나 짙은 회색이 혼합된 어두운 톤은 무겁고 엄숙하며, 남성적이고 성숙한 이미지를 갖는다.

② 깊은 곳은 어둡게 나타나는 경우가 많기 때문에 어두운 톤은 깊은, 신중한, 사려 깊은, 중후한 느낌을 주기도 한다.

③ 어두운 톤은 가죽이나 목재에서 그 풍부함이나 충실감이 잘 느껴진다.

④ 또한 어두운 톤은 크고, 무겁고, 단단하거나 딱딱한 물체에 사용되었을 때 자연스럽게 느껴지는 효과가 있고, 검정에 가까운 어두운 톤은 어두우면서도 색조를 느끼게 하는 정취감이 있다.

⑤ 색채 감각이 뛰어난 사람들은 이러한 색조를 잘 활용하기 때문에 어두운 톤은 멋진, 세련된, 격조 있는, 치밀한 등의 느낌을 주기도 한다.

⑥ 어두운 톤은 색상을 느끼기 어렵기 때문에 어느 정도 명도 대비가 필요하다.

 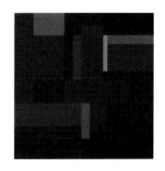

배색(배열)에 따른 이미지

1 정적인 이미지 예시

[선명한 색조]　　　　　　　　　[차분한 색조]

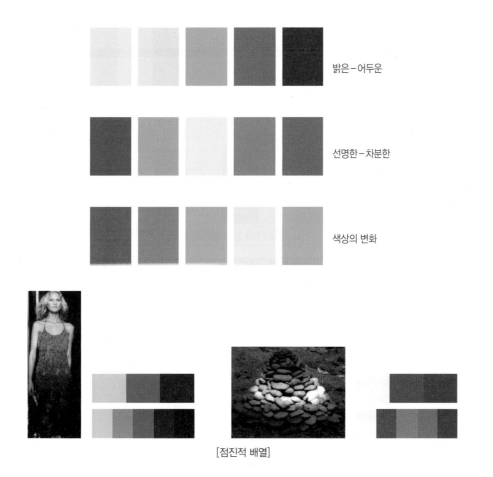

밝은-어두운

선명한-차분한

색상의 변화

[점진적 배열]

3 단절적 배열 예시

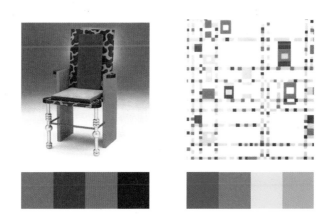

[명도 대비를 이용한 배색]

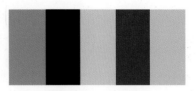

[흰색, 검정 등 무채색을 이용한 배색]

[색상, 색조대비를 이용한 배색]

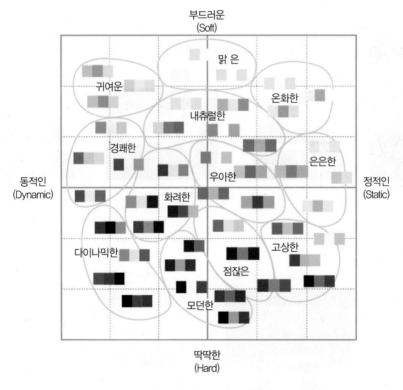

[배색 색채 이미지 스케일]

배색 색채-이미지 배색

1 이미지 스케일 개요

각각의 색채가 지닌 특정한 이미지를 측정하고 전체적으로 나타내 보기 위한 방법으로 x y 좌표를 사용하는 이미지 스케일이 있다. 이미지의 정도를 측정하기 위한 좌표의 x축과 y축에 어떠한 요인을 설정하기 위해서는 이미지 평가에 가장 중요하게 영향을 미치는 요인을 파악할 필요가 있다.

일본의 색채 이미지를 설정하고 있으나, 한국의 색채 이미지 연구에서는 이와는 다른 색채 이미지 공간을 제시하고 있다. 즉, 한국의 색채 이미지 평가에서는 정적인−동적인 이미지가 x축을 나타내고, y축은 일본의 경우와 마찬가지로 부드러운−딱딱한 이미지를 나타낸다. 이러한 이미지 스케일은 그 내부 공간에 색채 이미지 전체를 담아 볼 수 있다는 가정에서 만들어진 개념이다.

앞서 살펴 본 순색과 톤에 따른 색채 이미지를 스케일의 좌표상에 늘어 놓아 보면, 이미지 공간 내에서 모든 색의 위치를 한눈에 파악할 수 있다. 전체적으로 보면 색상에 있어서 난색은 주로 부드러운 쪽에, 한색은 주로 딱딱한 쪽에 치우쳐 있는 것을 알 수 있다.

그러나 톤에 있어서는 밝은 톤이 부드럽고 정적인 이미지에 있고, 어두운 톤은 동적이고 딱딱한 이미지에, 수수한 톤은 정적이고 딱딱한 이미지에, 화려한 톤은 동적이고 부드러운 이미지에 치우쳐 있음을 알 수 있다. 즉, 색상보다는 톤이 세부적인 이미지를 변화시키는 데 더 중요한 변수임을 알 수 있다. 이러한 사실을 보다 세밀하게 파악해 보기 위해 빨간색의 분포를 톤의 변화에 따라 점선으로 연결하여 따라가 보면, 동적인 이미지에서 출발한 순색이, 어두운 톤이 되면서 딱딱한 이미지로 이동되고, 수수한 톤이 되면서 정적인 이미지로 연결되었다가, 밝은 톤이 되면서 부드러운 이미지로 이동하는 것을 볼 수 있다. 이러한 변화는 다소 차이를 보이기는 하지만, 다른 색에 있어서도 마찬가지로 나타나는 것을 알 수 있다.

톤에 따른 이미지는 채도가 중간 이하로 낮은 경우에 모든 색에서 거의 비슷하게 나타나지만, 채도가 높은 경우에는 난색이 더 동적이고 한색은 비교적 정적인 것을 알 수 있다. 그러나 순색의 경우에는 파랑이나 초록도 다소 동적인 이미지로 나타나는 것을 알 수 있다.

2 여러 가지 배색에 따른 이미지

① 색채가 지닌 이미지는 단일색상에서는 단순하게 나타나지만, 여러 가지의 색을 배색하는 경우에는 조합된 색상들과의 관계 속에서 이미지를 갖게 된다.
② 즉, 각각의 색채가 지닌 이미지와 함께 색채 간의 명도, 채도, 색상의 대비 정도에 따라 배색의 이미지는 매우 다양하게 변화된다.

③ 지각되는 색채는 어떠한 경우에도 절대적인 값을 갖지 않으며, 빛의 조건이나 배색조건에 따라 그 이미지는 상대적으로 변화되는 것을 알 수 있다.

④ 가장 따뜻하고 온화한 이미지를 지닌 오렌지색도 명도가 높고 채도가 낮다면 따뜻한 느낌이 소멸되며, 가장 차갑고 딱딱한 이미지의 청록색도 중채도와 중명도에서는 부드러운 이미지로 변화된다.

⑤ 색채의 조합에 있어서 색상의 대비는 약하고 명도 대비가 큰 색채들끼리 조합된 경우에는 단순하면서도 강하고 산뜻한 이미지를 갖는다.

⑥ 색상의 대비가 강해도 명도나 채도의 대비가 약하면 은은하고 차분한 이미지를 갖는다.

　　㉠ 다음 그림 왼쪽은 노랑과 오렌지를 사용해 색상 대비는 약하나 명도 대비가 커서 산뜻한 이미지를 준다.

　　㉡ 그러나 오른쪽은 보라와 노랑으로 색상 대비는 강해도 명도 대비가 약해서 부드러운 느낌을 준다.

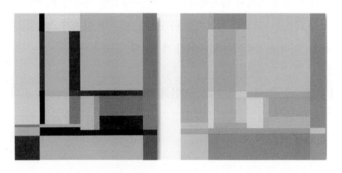

3 배색 이미지 예시

① 배색 이미지 중 대표적인 것 몇 가지만 선별하여 그 특성을 살펴본다.

② 실내 디자인에서 흔히 분류한 이미지들 중에서 고전적인 느낌을 연상시키는 이미지는 클래식한, 엘리건트한, 로맨틱한 이미지를 들 수 있고, 현대적인 이미지로는 모던한, 캐주얼한, 내추럴한 이미지를 들 수 있다.

③ 이러한 이미지가 느껴지는 실내 사진을 선정하여 대표적으로 사용된 색채 팔레트를 분석해 보고 이를 다시 색면 구성으로 표현해 보면 다음과 같다.

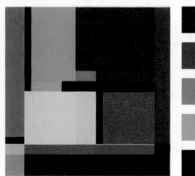

4 클래식한 이미지 배색

① 클래식한 이미지는 현대인에게 선호되는 이미지 중의 하나이다.

② 클래식은 서양의 전통양식 중에서도 항상 모범적 고전으로 추구되는 그리스 · 로마 시대의 양식을 말한다.

③ 클래식에서 추구한 이미지는 규범적이고 풍요로움 속에서도 절제된 미의 표현이었다.

④ 이러한 이미지의 형태적 표현은 수직적인 기둥, 수평적인 기단과 코니스, 정교한 조각, 완전한 대칭과 비례, 거대한 규모 등이었다.

⑤ 클래식한 이미지를 색채로 표현하는 한 방법은 어둡고 무거운 톤과 화려한 톤의 다양한 색채들로 보색대비를 이루어 절제된 가운데 풍부함을 나타내는 배색이다.

⑥ 이러한 배색에 금색과 광택이 있는 질감을 더한다면 풍요로웠던 시대의 특권 계층 사람들의 격조 있는 분위기를 연상시킨다.

5 엘리건트한 이미지의 배색

① 엘리건트한 이미지는 우아함이다. 우아한 이미지는 서양 전통양식 중 신고전 양식을 연상시킨다.

② 신고전양식은 클래식의 엄격한 질서미를 추구하면서도 비교적 간결하며 가볍고 온화한 느낌을 준다.

③ 엘리건트한 이미지의 형태적 표현은 가는 기둥이나 다리, 완만한 곡선, 가볍고 섬세한 장식적 특성 등으로 나타난다.

④ 엘리건트한 이미지는 차분한 톤의 주조색과 약간의 어두운 톤의 보조색 배색을 사용하면 효과적이다.

⑤ 섬세한 느낌을 주기 위해서 부드러운 민트그린, 회색이 낀 보라, 밝으면서 채도가 낮은 노란색 등의 주조색이 효과적이다.

⑥ 그림에서 밝은 보라색 계열과 저채도 중명도의 주황색, 저채도 고명도의 파란색이 부드러운 조화를 보여주면서 엘리건트한 이미지를 잘 나타내고 있다.

6 로맨틱한 이미지 배색

① 로맨틱한 이미지는 프랑스의 로코코 양식이 유행되던 18세기의 이념적 추구와 결부된다.

② 낭만주의를 지향하던 로코코 양식은 직선적인 것을 기피하였으며 모든 것을 부드러운 곡선으로 표현하였다.

③ 따라서 로맨틱한 이미지의 형태적 특성은 곡선이며, 레이스나 리본 등 매우 여성적인 감성으로 표현된다.

④ 로맨틱한 이미지를 색채로 나타내기 위한 한 방법은 다양한 밝은 톤을 주조색으로 하고, 차분한 톤을 보조색으로 하는 배색이다.

⑤ 밝은 톤의 색상은 난색계열이든 한색계열이든 다양하게 사용해도 좋지만, 차분한 톤은 따뜻한 색조를 사용하는 것이 부드럽고 여성적인 이미지를 나타내는 데 효과적이다.

7 모던한 이미지의 배색

① 모던한 이미지는 모더니즘이 완성된 20세기 전반의 디자인과 결부된다.

② 모더니즘은 이전 시대의 장식성과 복잡성을 배제하고 기계시대에 맞는 미적 기준으로 단순성과 순수성을 추구하는 이념이다.

③ 따라서 모더니즘의 형태적 표현은 수직 · 수평선의 직선과 기하학적인 곡선, 원 등으로 나타난다.

④ 재료 특성으로는 회색의 콘크리트, 유리, 금속, 플라스틱 등이며, 목재의 특성은 자연적이기보다는 성형 합판의 기계적인 공정을 느끼게 하는 질감으로 나타난다.

⑤ 모던한 이미지를 색채로 나타내는 한 방법은 단순한 느낌의 흰색과 검정색 그리고 회색과 단순한 강조색으로 빨강이나 파랑 등의 순색을 사용하는 배색이다.

⑥ 몬드리안의 그림과 같이 검은 색의 수직·수평선과 단순한 순색의 구성이 주는 느낌은 모던한 이미지의 대표적인 표현이다.

 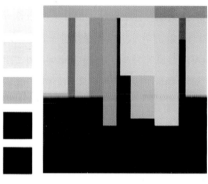

8 캐주얼한 이미지의 배색

① 캐주얼한 이미지는 현대인의 자유로운 생활과 결부된다. 격식과 제약에서 벗어난 자유로움, 생동감, 역동성, 복잡성 등이 캐주얼한 이미지의 대표적인 특성이다.

② 캐주얼한 이미지의 형태적인 표현도 이와 같이 자유로운 것으로서 비대칭, 다양성, 변화, 직선과 곡선 등이 혼재된 복합성 등이 나타난다.

③ 강렬하고 화려한 톤의 다양한 색상과 밝은 톤을 사용하여 억제된 느낌이 없이 감정을 자유롭게 표현한 캐주얼한 이미지는 때로는 경쾌한 느낌과 결부되므로 파스텔조와 같이 밝은 톤으로만 이루어지는 경우도 있다.

④ 그러나 자유로운 개념이 기본이 되는 캐주얼한 이미지는 강한 톤을 사용함으로써 생동감 있는 느낌을 주는 데 더욱 효과적이다.

 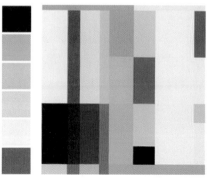

내추럴한 이미지의 배색

① 내추럴한 이미지는 전원적인 이미지이며 기계적인 도시 이미지와는 상반된 느낌으로 골풀, 목재, 무명, 토기 등 자연적인 소재를 연상시킨다.

② 형태적인 특징은 특별한 장식이나 꾸밈없이 자연스러운 모습 그대로의 직선이나 부드러운 곡선 등으로 나타난다.

③ 내추럴한 이미지를 색채로 표현하는 한 방법은 자연적인 소재가 지닌 차분하고 수수한 톤의 배색이다.

④ 색상에 있어서는 중성화된 다양한 갈색들로 표현될 수 있으며, 여기에 흰색이나 검정색, 회색 등으로 변화를 주면 자연적인 이미지가 더욱 풍부한 느낌을 줄 수 있다.

⑤ 배색의 이미지는 하나의 사례일 뿐 정답의 예제가 되는 것은 아니다.

⑥ 각 이미지를 나타내는 배색 방법은 무수히 많기 때문에, 이외에도 특정한 이미지를 나타내는 색채 계획을 다양하게 시도해 볼 수 있다.

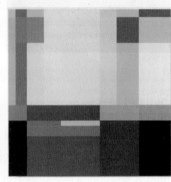

옷감의 구조

옷 감

1 개 요

우리는 일상생활에서 거실의 소파, 창문의 커튼, 구석과 주방의 행주까지 24시간 섬유 소재에 둘러싸여 있다. 그 많은 소재들 중에 패션과 뷰티를 공부하는 여러분들은 의생활과 관련해 100% 울니트를 세탁했다가 아동복 사이즈로 줄었거나, 실크 블라우스로 보였는데 실제 안쪽의 소재 표시를 자세히 살펴보면 폴리에스테르 100%이거나, 어떤 바지는 신축성이 없어 몸무게가 조금만 늘어도 레깅스와 다르게 전혀 입을 수 없었던 경험 등을 해봤을 것이다.

하나의 옷 그리고 옷들이 모여 이루는 토털 룩이 완성되기까지 주재료로 사용되는 소재는 중요한 역할을 한다. 기본 아이템인 화이트 셔츠 하나를 꺼내 겉과 안을 현미경으로 보듯 자세히 살펴 보면, 옷감을 무엇에서 얻고 어떻게 만들고 가공을 하였는지에 따라 다양한 촉감과 성능을 가지게 됨을 알 수 있다.

옷의 안쪽에 부착된 소재 혼용률과 세탁 관리법은 6장에서 공부할 옷감의 종류, 성능, 가공 등에 대한 내용을 암시해준다.

만드는 방법에 따른 옷감의 종류

1 WEAVING : 실을 교차하여 직조하기

① 위빙으로 완성된 소재는 실을 이용해 경사 · 위사를 가로 · 세로로 교차하여 만들어 표면에 실의 교차로 된 결이 있다.
② 실의 교차방법에 따라 무늬가 달라지며 가장자리 올이 풀린다. 기본 교차 방법에는 평직, 능직, 수자직이 있으며, 여러분도 학창시절 종이를 가늘고 길게 오려 두 가지 색상으로 가로 · 세로 한 번씩 교차, 두 번씩 교차하며 연습해본 경험이 있을 것이다.
③ 두 색상의 종이가 경사 · 위사로 교차되어 만들어진 판은 곧 옷감을 의미하게 된다.

④ 기본 삼원 조직

ㄱ 실이 가로와 세로로 만나서 엮어가며 일정 면적의 포를 옷감으로 완성하는 조직은 평직, 능직, 수자직을 기본으로 한다.

ㄴ 조직의 종류에 따라 옷감의 질감과 성질 및 용도가 달라진다.

ㄷ 다음 종이로 만든 각 조직의 사진에서 흰 종이는 경사, 녹색 종이는 위사를 의미한다.

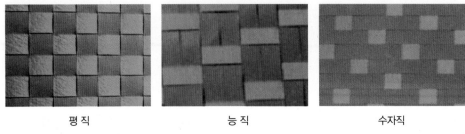

| 평 직 | 능 직 | 수자직 |

[기본 삼원 조직의 각 조직도]

⑤ 삼원 조직에 따른 특징 비교

ㄱ 경사와 위사가 자주 만날수록 실의 자유도는 약해지고 대신 교차점이 많아지면서 밀도는 높아지게 된다.

ㄴ 이는 완성된 옷감의 강도, 유연한 정도, 구김에 영향을 주게 된다.

특 징	조직에 따른 차이
실의 자유도	평직 < 능직 < 수자직
실의 밀도	평직 > 능직 > 수자직
옷감의 강도	평직 > 능직 > 수자직
옷감의 유연성	평직 < 능직 < 수자직
옷감의 구김 정도	평직 > 능직 > 수자직

⑥ 평 직

ㄱ 평직은 가장 간단한 조직으로 경사와 위사가 한 올씩 교대로 교차한다.

ㄴ 조직점이 많아 강하고 실용적이다.

ㄷ 조직점이 많은 대신 실의 자유도가 적으므로 구김이 잘 생기고 옷감의 겉과 안쪽이 구별되지 않으며, 표면이 매끈하지 않고 광택이 적다.

ㄹ 바스켓직은 2올 이상의 경사와 2올 이상의 위사가 1올처럼 움직이는 것으로 평직의 변화조직에 속한다.

ㅁ 평직보다 교차한 조직점이 적어져 실의 자유도가 커지면서 유연하고 구김이 거의 생기지 않는다. 실의 밀도가 커지면서 포가 두꺼워진다.

⑦ 평직 소재 종류

ㄱ 모슬린

• 거친 면직물로 표백하지 않은 상태이다.

- 면이나 면과 폴리에스테르 혼방의 실로 제직하여 얇은 것부터 두꺼운 것까지 두께가 다양하며, 의상 제작 시 본천 이전에 옷의 형태를 만들어 가봉을 하는 데 사용된다.
- 심지, 실내장식, 침구류에 사용된다.

ⓛ 시 폰
- 시폰의 어원은 프랑스어의 Chifffe로서 극히 부드럽고 섬세한 견직물을 말한다.
- 필라멘트사나 견사를 평직으로 직조하여 얇고 가벼우며 비쳐 보인다.
- 블라우스나 스카프, 드레스에 사용된다.

ⓒ 거 즈
- 면약연사(꼬임을 약하게 준 실)를 사용해 밀도를 성글게 제직한 직물로 투명하고 가볍고 위생적이다.
- 짜인 정도에 따라 용도가 다르며 촘촘한 경우 여름 의복, 속옷, 손수건으로 사용되고, 성근 경우 의료 및 위생용 재료에 사용된다.
- 얇은 소재의 드레스나 블라우스 제작을 위한 가봉 단계에서 모슬린 대신 사용되기도 한다.

모슬린의 승화

모슬린 소재는 대부분의 디자이너들에게 실제 옷을 만들기 전 가봉 상태의 옷 형태와 전체적인 느낌을 보기 위해 사용되었다. 디자인 초안의 역할을 해왔던 모슬린은 1970년대 등장한 일본 디자이너(요지 야마모토와 레이 가와쿠보)들에 의해 일상에서도 입을 수 있는 데이 웨어로서 그 위치가 승격되었다. 기존 옷의 개념과 발상을 바꾸기 위한 시도로 시작되었던 작업은 최근 패션잡지에 모슬린의 가봉상태가 완성품으로 승화된 사진들이 등장하기에 이르렀다. 특히 이들은 섬세한 드레이핑과 패턴, 정교한 손바느질이 생명인 오뜨꾸뛰르 패션인 만큼 거즈에서 캔버스의 두께까지 다양한 모슬린이 섞여 있다. 모슬린만의 결합으로 완성된 작품들은 또 다른 감흥을 선사한다.

[모슬린]

[거 즈]

[시 폰]

[요지 야마모토
모슬린 웨딩드레스]

[요지 야마모토
모슬린 드레스 디테일]

[크리스찬 디올
오뜨꾸뛰르]

[샤넬 오뜨꾸뛰르]

ⓒ 산둥실크
- 견이나 실크로 만드는 산둥은 중국의 산둥지방에서 유래되었다.
- 위사를 굵은 슬럽 마디가 있는 실이 사용되어 표면에 불규칙한 두둑효과를 낸다.
- 직물 두께에 따라 드레스, 안감, 코트, 커튼 등에 사용된다.

ⓜ 샴브레이
- 경사에 청색사, 위사에 표백사나 미표백 면사를 사용하여 표면이 희끗희끗 보이는 것이 특징인 평직 면직물이다.
- 남성용 셔츠, 작업복에 사용된다.

ⓗ 오간자
- 면으로 만든 것은 오건디, 견이나 레이온으로 만든 것은 오간자라고 한다.
- 얇고 가벼우며 투사되는 직물로 오건디는 고급 면사를 사용하고 빳빳하게 풀을 먹여 놓았다.
- 오간자는 실크 생사를 경위사로 제직한 다음 단단한 촉감과 광택이 나오도록 가공한다.
- 여름용 드레스, 블라우스, 커튼, 조화 등에 사용된다.

ⓢ 타프타
- 필라멘트사로 치밀하게 짠 평직물로 표면이 매끄럽고 광택이 있고, 사용한 실의 굵기에 따라 용도가 다양하다.
- 페르시아의 견사로 만든 얇은 평직물인 Taftah에서 유래되었다.
- 국내 원단시장에서는 일본식 발음인 다후다 안감으로 통용된다.
- 드레스, 안감, 리본, 우산 등에 사용된다.

ⓞ 홈스펀
- 양모에서 나온 섬유장이 짧은 털들을 이어 집에서 손으로 만든 거칠고 불균일한 방모사를 평직으로 제직한 직물이다.
- 근래에는 이와 비슷한 느낌을 주는 직물을 홈스펀이라 부른다.
- 다양한 색상의 실을 통해 변화 있는 표면을 가지며 겨울 코트, 슈트에 사용된다.

ⓩ 캔버스
- 원래는 대마나 아마의 마섬유로 만들었으나 근래에는 굵은 면사를 이용한다.
- 바지, 천막, 포대 등에 사용된다.

ⓒ 옥스퍼드
- 얇은 실의 경사 2올과 두꺼운 실의 위사 1올로 제직된 바스켓 조직으로 부피감이 있고 통기성이 풍부하다.
- 식탁보, 냅킨, 셔츠 등에 사용된다.

[타프타]

[울 홈스펀]

[캔버스]

⑧ 능 직

    ㉠ 능직은 직물 표면에 뚜렷한 사선 능선이 나타난다.

    ㉡ 평직의 경사 · 위사의 일대일 교차가 아닌 둘 혹은 그 이상의 위사 또는 경사를 건너서 교차하면서 표면에 사선을 형성한다.

    ㉢ 능선이 가도, 새이 있는 실이 배열로 다양한 느낌의 지물을 만들 수 있다.

    ㉣ 평직보다 교차점이 하나 더 건너뛰어 조직점이 적어지면서 강도는 약하나 부드럽고 구김이 덜 생기며 표면에 나타난 사선 트윌을 따라 결이 곱다.

⑨ 능직 소재 종류

    ㉠ 플란넬

      • 울에서 뽑아낸 실로 표면이 양의 털처럼 기모되어 있는 위사를 주로 사용하여 부드럽고 포근한 느낌을 준다.

      • '융'이라고도 하며 실의 두께에 따라 겨울철 남성 슈트, 유아동복, 잠옷 등에 이용된다.

    ㉡ 헤링본

      • 생선 청어의 등뼈라는 의미를 지닌 직물로 능직 중에서 사선이 일정한 간격을 두면서 반대로 만나는 파능직이다.

      • 재킷이나 코트에 많이 쓰이는 대표적인 변화능직물이다.

    ㉢ 개버딘

      • 모사로 된 능직물로 경사 밀도가 위사보다 훨씬 많아서 표면의 경사각도가 45~75도에 이른다.

      • 제직 후 일반적으로 표면의 잔털을 제거하는 클리어 컷 가공을 하여 능선이 뚜렷하고 표면에 광택이 있다.

      • 가는 면사로 된 면 개버딘은 발수가공을 하여 트렌치 코트에 많이 사용되며, 버버리 브랜드의 대표적인 소재이다.

    ㉣ 트위드

      • 표면이 거칠고 비교적 무거운 방모직물이나 최근엔 가벼운 인조사로 제직하여 여름철 재킷으로도 사용된다.

      • 트위드는 능직을 뜻하는 스코틀랜드어에서 유래하였다. 슈트, 재킷, 코트에 이용된다.

ⓜ 진

- 경사와 위사에 두껍지 않은 면사를 사용하여 제직된 면직물로서 데님보다 얇아 아동복, 셔츠, 침구 등에 사용된다.
- 탄탄하고 표면은 매끄럽다.

ⓑ 데 님

- 인디고 블루라는 청색으로 미리 염색한 경사와 미표백 위사를 사용하여 능직으로 제직한 면직물로 표면은 청색, 이면은 백색인 두껍고 질긴 직물이다.
- 캐주얼 의류나 작업복에 주로 사용된다.

ⓢ 서 지

- 빗방향으로 능조직을 나타낸 복지용 직물류로, 학생들의 교복에 많이 이용된다.
- 값이 저렴하나 옷감이 반질반질해지는 단점이 있다.

[면 개버딘]　　　　[울 개버딘]　　　　[헤링본]

[데님 겉쪽]　　　　[데님 안쪽]　　　　[트위드]

데님의 시작은 1847년으로 거슬러간다. 미국으로 건너간 젊은 상인 리바이 스트로스(Levi Struss)의 금광 노동자들을 위한 작업복을 생산하겠다는 아이디어에서 진이 탄생된다. 처음에는 캔버스직으로 나중엔 프랑스의 님(Nimes) 지방에서 수입한 세르쥐 데 님(Serge de Nimes)으로 미국에서는 이 직물을 데님이라고 부르게 되었다.

이 소재로 생산된 질기고 내구성이 좋은 바지는 대성공을 거두었다. '진'이라는 이름은 16세기 제노바의 뱃사람들이 입었던 바지와 비슷해서 생겨난 이름이다. 제노바산이라는 의미의 'Genoese'에서 'Jean'이라는 명칭이 파생되었다. 진이 파란(블루)색을 띠게 된 것은 값이 저렴하면서도 오래가는 염료인 인디고 블루색으로 염색하면서부터 시작되었다. 애초에 궁핍함에서 시작한 블루진이라는 아이템은 이제는 고가의 프리미엄 진부터 이지 캐주얼의 베이직한 블루진까지 일상에 늘 존재하는 패션의 고전이 되었다. 다음의 컬렉션들에 나타난 블루진은 올을 풀어 낡아진 그런지풍, 패딩 팬츠, 리버시블 원단 효과를 낸 아우터까지 그 두께와 가공, 디테일에 따라 다양한 연출효과를 주고 있다.

⑩ 수자직
   ㉠ 수자직은 주자직이라고도 하며, 경사와 위사가 최대한 교차하지 않고 적은 조직점을 분산시켜 표면에 위사나 경사만 돋보이게 한 직물이다.
   ㉡ 수자직은 평직, 능직에 비해 실의 자유도가 커지면서 부드러운 촉감과 광택이 높아진다.
   ㉢ 조직점이 적어 경사와 위사의 마찰이 적어져 구김은 덜 생기나, 강도와 마찰에는 약하다.
⑪ 수자직 소재 종류
   ㉠ 목공단
      • 면사로 제직한 수자직 면직물로 광택 효과를 높이기 위해 머서화 가공을 한다.
      • 드레스, 셔츠, 블라우스, 안감, 침구류로 사용한다.
   ㉡ 공 단
      • 새틴이란 직물의 조직명이며 동시에 주자직으로 된 직물명이기도 하다.
      • 중국의 항구 Tzuiting에서 유래된 이름이다.
      • 견사로 제직되어 광택이 많은 고급직물이다.
      • 표면에 위사가 많이 나타난 것을 위주자직물, 경사가 많이 나타난 것을 경주자직물이라고 한다.
      • 드레스, 블라우스, 스카프, 란제리, 넥타이 등에 사용된다.

ⓒ 색 동
- 색사를 이용해 무지개와 같은 여러 가지 색의 줄무늬를 사용한 직물로 홍, 황, 백, 녹, 청의 다섯 색상을 기본으로 한다.
- 원래의 견, 레이온 외에 최근에는 나일론이나 폴리에스테르를 사용하기도 한다.
- 한복이나 침구 등에 사용된다.

[실크 공단]　　　　　　　　[색 동]

⑫ 기타 조직

　㉠ 파일직
- 첨모직물이라고도 하며, 짧은 섬유를 털처럼 바탕직물 위에 수직으로 끼워 넣거나 심는 방식이다.
- 일종의 입체적 표면을 가지는 직물이다.
- 파일의 형태는 두 가지이며 고리 모양으로 심어진 루프 파일과 털 다발처럼 심어진 컷 파일이 있다.
- 여기서 경사로 파일을 형성하는 경우를 경파일 직물, 위사로 파일을 형성하는 경우는 위파일 직물이라 한다.

파일직 종류

경파일직 소재 종류
- 벨벳 : 흔히 비로드라고 불리며 고급품일수록 바탕뿐 아니라 심는 파일 경사도 견사를 사용한다. 일반적으로 바탕에는 면사, 파일에는 견사, 인조 견사 등을 많이 사용한다. 바탕조직은 평직이나 능직이 사용되며, 파일의 길이는 0.3~1mm 정도이다. 벨벳은 한 뭉치의 양털을 뜻하는 라틴어 벨루스가 어원이다.
- 아스트라강 : 바탕조직은 소모사, 면사를 사용하고 위에 심는 파일사는 양모나 모헤어를 사용한다. 컷 파일과 루프 파일 두 가지가 있으며, 겨울 코트, 모자 등에 사용된다.

위파일직 소재 종류
- 벨베틴 : 우단으로 잘 알려져 있으며, 면이나 기타 방적사로 만들어진다. 파일로 심어진 위사를 잘라 표면에 짧은 파일이 고르게 분포된 위파일직이다. 바탕조직은 평직이나 능직이 사용되고 드레스, 아동복, 실내장식 등에 사용된다.
- 코듀로이 : 골덴이라고도 하며, 경사방향에 직각으로 배열한 파일위사를 절단하여 직물 전체에 경사방향의 파일 두둑을 형성하면서 각각의 두둑 사이에 상대적으로 들어간 골이 패이게 된다. 이 두둑의 폭은 보통 2~3mm 정도이다. 코듀로이는 두꺼우면서 부드러워 바지, 작업복, 레저 의류 등에 사용된다.

[실크벨벳]

[아스트라칸]

[면 벨베틴]

[코듀로이]

ⓛ 자카드직

- 큰 무늬나 꽃과 같은 곡선을 나타내기 위해서는 경사 실 하나하나를 자유롭게 움직여야 전체적으로 끊어지지 않고 부드러운 곡선이 표현될 수 있다.
- 이를 위하여 개발된 것이 자카드 직기이며, 자카드 직물은 평직, 능직 혹은 수자직 바탕에 능직이나 수자직이 부상된 부분으로 무늬가 입체적으로 표현된다.
- 여성복 컬렉션에서 과거 복식사에서 영감을 얻어 화려하고 웅장한 느낌을 연출할 때 많이 사용되는 소재들이다.

자카드직 소재 종류

다마스크
- 경사에는 무연사(꼬임을 전혀 주지 않은 실)를, 위사에는 강연사를 사용해 경수자직과 위수자직을 배합해 무늬를 나타낸 두꺼운 직물이다.
- 무늬는 브로케이드에 비해 편평하고 겉과 안을 모두 사용한다.
- 드레스, 블라우스, 실내장식 등에 이용된다.

브로케이드
- 평직, 능직, 수자직의 바탕에 수자직 또는 능직으로 무늬를 나타낸다.
- 무늬가 앞으로 튀어나와 있고 직물의 겉과 안이 다르므로 양면을 사용할 수 없다.
- 여성복, 드레스, 실내장식, 침구류 등에 사용된다.

양 단
- 바탕은 경수자직이며 무늬는 능직, 위수자직, 평직으로 나타낸다.
- 브로케이드의 일종이고 사용된 색상 개수나 문양에 따라 명칭이 붙는다.
- 견 외에 합성섬유로도 제직되며 한복, 침구에 이용된다.

[다마스크]

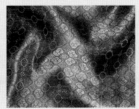
[브로케이드]

[양 단]

ⓒ 크레이프직

- 크레이프란, 쭈글쭈글 주름진 크링클(Crinckle)을 의미하는 프랑스어로 직물 표면이 편평하지 않고 오돌토돌하여 특별한 감촉을 주는 직물이다.
- 크레이프 표면은 까슬하고 신축성, 드레이프성, 방추성이 우수하여 구김이 덜 가는 실용적인 직물이다.

크레이프직 소재 종류

조 젯
- 경위사 모두 S자와 Z자 형태로 꼬인 강연사(강하게 꼬임을 준 실)를 두 올씩 교대로 투입하여 평직으로 제직한 후 크레이프 가공을 한 직물이다.
- 시폰과 느낌은 비슷하나 꼬임이 많은 강연사를 이용해 광택이 적으며 두께는 더 두껍다.
- 베일, 여름용 여성복, 스카프, 커튼 등에 사용된다.

크레이프 드 신
- 경사에 무연사 또는 약연사. 위사에 S연, Z연의 강연사를 사용하여 두 올씩 교대로 투입하여 평직으로 제직한 직물이다.
- 광택과 드레이프성이 우수하며 촉감이 좋다.
- 광택이 없는 쪽(크레이프)을 겉면으로 한 경우는 새틴 백 크레이프라 한다.

시어서커
- 실 제직 시 당력의 변화를 이용한 직물로 이완-긴장직이라 하여 제직 시 2개의 경사 빔의 장력을 서로 다르게 하여 직조하는 방법이다.
- 이완사는 편평한 줄무늬를 만들도록 굽어지며 긴장사는 줄무늬를 만든다.
- 몸에 붙지 않아 여름 옷이나 파자마, 운동복에 많이 이용된다.

[크레이프 조젯]　　　[새틴 백 크레이프]　　　[시어서커]

2 **KNITTING : 편성물**

① 경사와 위사가 교차하여 짜여지는 직물인 우븐과 달리 실로 고리를 만들고 이 고리에 다른 실을 걸어 계속 고리가 연결되면서 만든 옷감이다.

② 옷감에 경사나 위사가 없는 대신 코가 만드는 수직방향을 웨일(Wale), 수평방향을 코스(Course)로 표시한다.

③ 직물에 비해 제조 속도가 빠르고 신축성이 좋으며 가볍다.

④ 또한 경사·위사의 직각으로 구성된 직물에 비해 꼬임이 적은 실을 사용하고 코가 공간을 두고 얽혀 있어 실의 자유도가 커지므로 구김이 잘 생기지 않는다.

⑤ 최근 레포츠, 여가 활동의 확대로 의류가 캐주얼화되면서 점차 니트 시장 규모가 커지고 있다.

[니트 겉쪽 수직방향의 웨일]　　[니트 안쪽 수평방향의 코스]

⑥ 위편성물
　　㉠ 위편성물은 한 쌍의 대바늘을 이용해 짜는 원리로 하나의 실이 좌우로 왕복하거나 원형으로 돌면서 고리를 형성하고 제직한다.
　　㉡ 신축성과 탄력성이 우수하지만 코가 한번 끊기면 올이 풀리기 쉽다.

⑦ 위편성직 소재 종류
　　㉠ 평 편
　　　　• 저지(Jersy)라고도 하며 한 줄의 바늘을 써서 한 방향으로 코를 형성한 가장 기본적인 편성조직으로 표면에는 수직의 웨일이, 이면에는 좌우로 움직인 수평의 코스가 나타난다.
　　　　• 겉과 안의 구별이 뚜렷하다.
　　　　• 위 방향으로 신축성이 우수하고 봉제가 쉽지만 휘말림이 있다.
　　　　• 실의 원료와 두께(면, 모, 비스코스, 견)에 따라 셔츠, 양말, 니트, 스웨터 등에 사용된다.
　　㉡ 고무편
　　　　• 리브(Rib)단이라고도 하며 표면에서 웨일이 하나 또는 둘씩 교대로 나타나는 조직으로 두터운 편성물이 얻어진다.
　　　　• 신축성이 대단히 크고 휘말림이 없다.
　　　　• 재단이나 봉제가 쉬우며 소매나 니트의 끝단, 장갑의 손목 부분에 이용된다.
　　㉢ 자카드편 : 앞에서 본 직물의 자카드직과 같은 원리로 여러 색의 무늬를 나타내기 위해 자카드 편성기가 사용된다.

⑧ 경편성물
  ㉠ 코바늘을 이용하여 짠 수편직물과같은 원리로 실이 세로방향으로 코를 만들면서 코가 좌우로 비스듬히 사선방향으로 지그재그로 진행한다.
  ㉡ 위편성물보다 신축성은 적으나 올이 풀리지 않는 특성을 지닌다.
⑨ 경편성직 소재 종류
  ㉠ 트리코트
    • 트리코트는 프랑스어로 편성(Kntiting)이라는 뜻을 가지고 있으며 점차 경편성물의 대명사가 되었다.
    • 경편성물인 트리코트는 위편성물에 비해 밀도가 높아 형태안정성과 강도가 크지만 신축성은 낮다.
    • 란제리, 셔츠 등에 사용된다.
  ㉡ 튤
    • 경편으로 된 튤은 표면이 5각형이나 6각형의 리로 연결된 망사 조직이다.
    • 튤은 Malines Lace라고도 하며 실크, 면, 인조섬유로 만들어져 드레스나 트리밍, 여성 모자 등에 사용된다.

  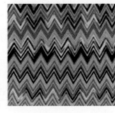 

[저지 평편]　　　　　[고무편]　　　　　[자카드편]　　　　　[튤 경편]

컬렉션에 나타나는 니트(편성물) 소재의 다양한 표현

우븐(직물)에 비해 신축성이나 형태의 유연성이 많은 니트는 실의 원료나 두께에 따라 사계절 착용이 가능하며, 짜임이나 방식에 따라 다양한 이미지 연출이 가능하여 매 시즌 컬렉션에 등장하는 단골 소재라 할 수 있다.

[Ashley Isham 카디건의 실크 저지 평편]　　[D&G 굵은 케이블 조직과 넥 라인, 헴 라인의 고무편]　　[Sonia Rykiel 니트 몸판의 평편과 소매 부분 고무편]　　[Paul Smith 손뜨개 아플리케를 연결한 패치워크 니트]

3 LACING : 레이스

레이스란, 구멍이 많이 뚫려 있고 섬세하며 자수를 놓은 듯한 옷감을 총칭한다. 일반적으로 수공 레이스와 기계 레이스로 구분한다. 여성복에서는 캐주얼웨어에서 오뜨꾸뛰르의 정교한 드레스까지 활용의 폭이 넓고 의류뿐 아니라 홈 인테리어 분야에도 많이 사용된다.

손으로 바늘에 실을 걸어 고리를 이어가며 다양한 문양을 만드는 수공 레이스와 편직기를이용해 기계로 대량 생산하는 기계 레이스 종류가 있다.

① 수공 레이스

　㉠ 보빈 레이스 : 손으로 실패(보빈) 주변을 실로 감거나 연결하여 교차 또는 꼬임을 주는 방법을 응용하여 만든 레이스이다.

　㉡ 크로셰 레이스 : 손뜨개로 익숙하며, 코바늘을 이용해 한가닥의 실을 고리로 연결해 원형의 꽃 등 다양한 무늬를 나타내는 레이스이다.

　㉢ 노트 레이스 : 손가락이나 기구, 또는 거친 실을 이용한 매듭을 연결하여 무늬를 만든 레이스로 태팅(Tatting) 레이스가 여기에 속한다.

　㉣ 니들 포인트 : 바늘을 이용해 단추 구멍 주변의 버튼 홀 스티치나 블랭킷 스티치로 무늬를 만들고 스티치 외 부분은 잘라내는 방법으로, 컷 워크(Cut Work) 레이스가 여기에 속한다.

　㉤ 아플리케 자수 레이스 : 비치는 얇은 옷감이나 망 위에 모티브나 디자인을 실로 수놓은 후 그 부분만 잘라내 활용하면 아플리케가 된다. 최근엔 수공 자수 레이스 외에 기계 자수 레이스도 많이 활용된다.

 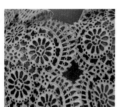  

[크로셰 레이스] 　　 [컷 아웃 레이스] 　　 [아플리케 레이스] 　　 [라셀 기계 레이스]

② 기계 레이스

　㉠ 리버 기계 레이스

　　• 자카드 장치로 직물을 짜는 원리를 이용한 것으로, 디자인에 따라 각 방향으로 보빈을 움직여 섬세한 촉감과 문양을 가진 레이스를 만들 수 있다.

　　• 과거 고급드레스와 웨딩드레스 베일에 사용되었던 샹틸리(Changtyil Lace) 레이스를 리버 기계로 대량생산할 수 있게 되었다.

　㉡ 라셀 기계 레이스

　　• 라셀 경편기를 이용하는 것으로 편성물과 같이 고리를 만들어 주는 것이다.

　　• 제작 속도가 빠르며 천연섬유에서 얻는 실이 아닌 화학사로 값싼 레이스를 대량으로 얻을 수 있다.

[샹틸리 레이스
베일과 원피스]　　[코튼 컷 아웃 레이스
플라운스 디테일]　　[크로셰 레이스
레그 워머]　　[자수 레이스
머리 장식과 드레스]

레이스 소재의 귀재 : 디자이너 크리스토퍼 케인

이탈리아 패션 브랜드 베르사체의 서브 브랜드인 베르수스를 책임졌던 디자이너 크리스토퍼 케인은 런던에서 활동하며 주목받고 있다. 2007년 첫 컬렉션 이래 그는 새로운 색의 조합과 문양, 그리고 독특한 소재 표현으로 신선함을 주고 있다. 다음 페이지 사진의 2011년 S/S 시즌 컬렉션에서는 자주 사용하지 않는 형광색의 사용을 바탕으로 하여 이국적 느낌의 자수 레이스와 컷 워크 레이스 등의 소재를 결합해 보는 사람들에게 강렬함을 준다.

4 FELTING : 펠트와 부직포

앞에서 살펴본 직물이나 편성물은 실이 교차하거나 고리를 만드는, 즉 모두 실로 만드는 옷감이다.

반면 실을 사용하지 않고 양모섬유의 열, 수분, 압력에 의해 서로 엉키는 축융성질을 이용해 얻는 옷감을 펠트라 한다. 점차 펠트는 양모섬유뿐 아니라 재생모, 레이온이나 기타 인조섬유를 혼합하여 다양하게 사용된다.

또한 축융성이 없는 섬유들을 서로 접착하여 만든 옷감을 부직포라 한다. 펠트와 부직포 모두 Non-woven 섬유의 대표적인 예로 직물이나 편성물과 다르게 식서푸서가 없으며 올이 풀리지 않는 것이 특징이다. 의복뿐 아니라 패션 소품, 인테리어 소품, 섬유 공예에도 널리 이용된다.

[여러 색상의 펠트 소재]

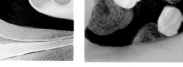
[펠트 소재 클러치]

[펠트 소재 코트]

[펠트 소재 머플러]

얻는 원료에 따른 종류

1 천연섬유

① 식물성 섬유의 종류

면섬유	• 면섬유는 목화나무의 면화에서 얻은 섬유로 수분의 흡수와 체온의 전달이 빠르다. • 착용 시 쾌적감을 주기 때문에 내의나 여름용 의복으로 적합하다. • 염색성은 좋으나 구김이 잘 가서 형태안정성이 없다. • 열에 견디는 내열성이 높아 다림질은 젖은 상태에서 220도까지 안전하다. • 대표적인 소재로는 광목, 융, 타월, 데님, 면 개버딘, 코듀로이, 우단 등이 있다.
마섬유	• 마섬유는 표면이 거칠며 무게가 다양하고 자연적인 광택이 있다. • 강도가 면섬유보다 크고, 습기가 있으면 강도가 더 증가하여 여름 의복으로 적당하나 구김이 잘 생긴다. • 일광 및 미생물의 침해에 약하기 때문에 보관에 주의해야 한다. • 내열성은 섬유 중 가장 강하여 다림질 온도는 260도까지 가능하다. • 대표적 소재로는 한산모시, 저마, 아마, 대마가 있으며 고급 삼베직물로 사용된다. • 여름철 의복뿐 아니라 뛰어난 흡습성 속건성으로 행주, 손수건에 사용된다.

② 동물성 섬유의 종류

　㉠ 모섬유

　　• 양의 털에서 얻은 양모와 다른 동물에서 얻은 헤어섬유로 구분된다.

　　• 모섬유는 천연섬유 중에서 강도는 제일 약하나 촉감이 부드럽고 보온성이 높다.

　　• 특히 모는 열과 압력에 수축되는 성질이 있어 세탁기를 통한 세탁보다는 미지근한 물의 손세탁이나 드라이클리닝이 안전하다.

　　• 염색성이 좋으나 일광에 약하고 구김이 잘 생기지 않는다.

　　• 그러나 흡습성이 좋아서 청결에 유의해야 한다.

　　• 대표적 소재로는 울 개버딘과 플란넬, 트위드, 저지 등이 있다.

ⓛ 모헤어(Mohair) 섬유의 종류

캐시미어	• 캐시미어 염소에서 얻은 털로 평직이나 능직으로 제직 후 기모하여 털의 결을 가지런히 눕혀서 광택을 낸다. • 동물성 섬유 중 가장 섬세하고 부드러워 최고급 섬유로 평가받는다. • 보온성이 크고 가벼워 겨울 코트나 슈트 외에 머플러에도 사용된다.
낙타모	• 낙타에서 얻은 털로 20세기 초 상류층 남성들의 겨울코트로 시작되었다. • 은은한 베이지 톤의 낙타모가 가진 색상을 그대로 이용한 카멜코트가 대표적이다.
알파카	• 낙타과 포유동물인 알파카에서 얻은 털로 양털과 비슷하나 다소 거칠며 양털보다는 강하다. • 빛깔은 연한 갈색에서 회색, 검정색까지 다양하다.
토끼털	• 앙고라 토끼털이 대부분이며 다양한 털 빛깔 중에 백색이 상품가치가 가장 높다. • 섬세하고 가벼우나 길이가 짧아 다른 모섬유와 혼방하여 쓰인다.
견섬유	• 견섬유는 천연섬유 중 유일한 장섬유로 광택이 나는 강력사이다. • 탄성회복률이 낮아 구김이 쉽게 생기고 잘 펴지지 않는다. • 반면 촉감과 보온성이 좋고 특히 염색성이 좋아 고급 의복 재료로 사용된다. • 견섬유는 다른 천연섬유보다 곰팡이나 미생물에 강하지만 일광과 땀에는 약하다. • 용도는 원피스, 블라우스, 넥타이, 스카프 등이며, 대표적 소재로는 브로케이드, 시폰, 공단 등이 있다.

[카멜 코트와 캐시미어 코트]　[다양한 색의 캐시미어 카디건]　[아플리케 장식의 화이트 앙고라 니트]

③ 기타 섬유

　ⓐ 가죽과 모피

　　• 가죽과 모피는 다른 의복 소재와 달리 동물에게서 바로 얻는 섬유로 의복재료뿐 아니라 벨트, 가방, 구두 등의 액세서리와 소품에도 많이 사용된다.

　　• 최근환경 및 동물 보호 운동의 영향으로 인조 가죽과 인조털로 디자인하기도 한다.

　ⓑ 가죽과 관련된 가공

　　• 다양한 느낌과 용도의 가죽을 위해 가죽 표면인 스킨의 외양과 촉감을 변화시키는 여러 가공을 한다.

　　• 대표적으로 널리 사용되는 가죽관련 가공은 다음과 같다.

칠피가공 (Patent)	• 가죽 표면에 광택이 나는 폴리우레탄 처리를 해서 구멍과 통기성이 없고 번쩍거리며 플라스틱 과 같은 효과가 난다. • 흔히 에나멜이라고 불린다.
스웨이딩 (Sueding)	• 가죽 표면의 육질쪽을 연마용 바퀴 위에 통과시켜 벨벳처럼 부드러운 표면을 만든다.
엠보싱 (Embossing)	• 울퉁불퉁한 판, 압력, 열을 사용하여 저가 가죽 표면에 고가 가죽처럼 무늬를 영구적으로 만든다. • 예를 들면 악어무늬를 진피층 가죽에 엠보싱해서 진짜 악어의 표피 가죽 모양을 만들어내는 것 등이 있다.
누벅가공 (Nubuck)	• 가죽에서 얻은 외피층을 가볍게 긁어 스웨이드보다 더 부드럽고 섬세한 보풀을 일으키며 벅스 킨(무두질을 마친 사슴가죽 표면을 사포로 문질러 기모시킨 사슴 가죽으로 매우 부드러우나 질 김)과 비슷해 보이는 효과를 준다.
부직포	• 직포공정을 거치지 않고 합성수지 접착제로 결합하여 펠트 모양으로 만든 섬유이다. • 일반적인 제직방법으로 제작되지 않고 섬유로 직접 옷감을 만든다. • 올의 방향성이 없어 비교적 올이 쉽게 풀리지 않아, 심지, 패드, 방음제, 보온제로 많이 쓰인다.

가죽과 모피 액세서리

가죽과 모피 종류에 따른 액세서리 디자인과 연출

모피와 가죽을 어느 동물에서 얻고 어떤 가공을 하는지에 따라 질긴 정도와 광택, 털 길이나 표면 효과가 달라진다. 아래의 사진들을 보고 털과 가죽의 종류에 따라 액세서리 디자인과 느낌을 어떻게 연출하는지 살펴보자.

• 쉬어링(Shearing) : 양털을 스웨이드처럼 완전히 매끄러운 표면이 아니라 털을 표면에 살려두는 방식이다.

[가방 사선으로 위쪽에서부터
말털 호보백 / 영양털 부츠와
악어가죽 손잡이의 사각 토드백
/ 조랑말 털 미니 숄더백]

[위쪽부터 화이트 여우털
토드백 / 스웨이드와 코요테
털 부츠 / 초콜릿 여우털 백]

[양털 스웨이드와 쉬어링
토드백 / 양털 스웨이드와
쉬어링 부츠]

가죽 종류에 따른 액세서리 느낌과 질감

• 첫 번째 사진의 ①번은 송아지 가죽 펌프스, ②번은 스터드(Stud) 장식의 도마뱀 가죽 펌프스, ③번은 인조 가죽 (Faux Leather) 뒤트임 펌프스, ④번은 인조 가죽에 칠피 가공을 한 펌프스이다. 두 번째 사진은 악어가죽과 아랫 부분은 쉬어링 양털로 이루어진 토드백이다. 세 번째 사진은 전체 스웨이드 바탕 위에 엠보싱 가공을 한 악어가 죽을 덧댄 클러치이다. 마지막 사진은 긴 털을 가진 몽고지역의 몽골리안 양털 숄을 걸친 모습이다.

2 인조섬유

① 재생섬유

레이온	• 목재 펄프가 원료인 레이온은 인조견이라고도 하며, 매끄럽고 광택이 나고 얇으며 흡습성이 좋다. • 염색성과 촉감이 좋아서 견과 같은 느낌을 낼 수 있다. • 정전기 발생이 없어 의류의 안감에 널리 사용되나 인체에 직접 닿는 속옷용으로는 적당하지 않다. • 얇은 직물에서 거친 직물까지 다양하며, 블라우스, 원피스, 스커트 등에 사용된다.
아세테이트	• 아세테이트는 강도가 높고 내구성이 좋으며 비교적 얇고 가벼운 섬유이다. • 수분이 잘 흡수되지 않고 부드러우며, 형태안정성과 드레이프성이 좋아 구김도 잘 가지 않는다. • 일광에 약하고 착용 시 마찰에 의해 정전기가 일어나는 것이 단점이다. • 열에 강해 고온처리하는 주름치마에 많이 사용된다. • 원피스, 스커트, 블라우스, 잠옷, 안감 등에 사용되며, 대표적 소재로는 타프타, 공단, 벨벳 등이 있다.

② 합성섬유

폴리아미드	• 폴리아미드는 미국의 나일론(Nylon), 독일의 퍼론(Perlon), 일본의 토레이 나일론(Toray Nylon) 등의 상품명으로 잘 알려져 있다. • 강도가 높고 구김이 안 가는 특성으로 다른 섬유와 많이 혼합되어 사용된다. • 신도가 높아 편성물에 많이 사용되며 미생물의 침해에도 강하다. • 일광에 노출되면 쉽게 손상되고 마찰이 심하면 정전기나 필링이 일어난다. • 염색성이 좋지 못하다. • 스타킹, 란제리, 양말, 스웨터, 스포츠 의류나 가방 등에 사용된다.

폴리에스테르	• 합성섬유 중 의복으로 제일 많이 사용되는 폴리에스테르 섬유는 일본의 테트론(Tetron), 미국의 데이크런(Dacron) 등 다양한 상품명이 있다. • 그중 테트론과 면이 혼방된 TC 면은 테트론 코튼으로 널리 사용되고 있다. • 형태안정성이 좋고 고온처리한 주름은 잘 펴지지 않는다. • 수분의 흡수가 적고 구김이 안 가며 마찰이 심하면 정전기가 일어난다. • 염색하기는 어려우나 한번 염색된 직물의 색상은 변하지 않는다. • 물세탁이 가능하고 쉽게 말라 다림질은 거의 필요 없다. • 폴리에스테르는 단섬유로 만들기 때문에 혼방에 가장 많이 사용된다. • 천연섬유와의 혼방뿐 아니라 여러 섬유가공이 가능하여 신사, 숙녀, 아동복, 유니폼 등 대부분의 의류에 많이 사용된다.
폴리우레탄	• 1958년 미국의 듀퐁사에서 만든 고무와 같이 신축성이 큰 합성섬유로 스판덱스(Spandex)라고도 불린다. • 폴리우레탄 섬유는 미국 듀퐁사의 상표 라이크라(Lycra)가 압도적인 비율을 차지하고 있다. • 고무보다 강하기 때문에 가는 실로 만들 수 있다. • 고무에 비해 자외선에 강하고 기름, 땀에 잘 견딘다. • 폴리우레탄 섬유 자체만으로 의복에 이용되는 것은 없고 다른 섬유와 혼합해 이용된다. • 신축성이 있는 바지나 재킷, 스커트 등의 의복을 만들기 위해 보통 전체 섬유 혼용률 중 3% 이내를 차지한다. • 거들, 브래지어, 코르셋 등의 속옷과 수영복 그리고 자동차 범퍼 등 그 사용이 확대되는 추세이다.

"꿈의 섬유" 나일론의 진화

1940년 5월에 미국의 듀퐁사에서 처음 선보인 나일론 스타킹은 꿈의 섬유라 불렸다. 원료에서 원단으로 얻기까지 과정이 까다롭고 가격이 비싼 천연섬유만 존재하던 시절 무척 가볍고 질기고 신축성이 좋은 나일론은 합성섬유 발전에 큰 역할을 하게 된다. 이후 프라다의 나일론 백을 거쳐 2012년 디어스 반 노튼 남성복 컬렉션에서는 나일론 재킷과 점퍼가 메인 아이템으로 등장하기에 이른다.

[1950년대 미국 나일론 스타킹 지면광고]   [디자인이 가미된 나일론 레깅스]   [프라다의 나일론 사각 토드백]   [Dries Van Noten Man's Wear]

섬유의 성질

1 구조적 측면

① 강도
  - ㉠ 옷감을 잡아당겼을 때 끊어지지 않고 견디는 정도를 말한다.
  - ㉡ 구성하는 실의 종류와 성질, 직조 방법에 따라 달라진다.
② 신도 : 옷감을 잡아당겨 끊어질 때까지 늘어난 정도를 말한다.
③ 탄성
  - ㉠ 옷감을 잡아당기면 늘어났다가 본래 길이로 다시 돌아가는 정도를 말한다.
  - ㉡ 고리로 연결되어 실의 자유도가 큰 편성물이 탄성이 크다.
④ 내구성
  - ㉠ 옷감이 반복되는 마찰과 굴곡 등에 견디는 성질이다.
  - ㉡ 옷의 관리와 실용적 측면에 많은 영향을 주는 성질이다.
⑤ 열가소성
  - ㉠ 옷감에 압력과 열을 가하여 주름이나 권축을 주면 그 변형을 영구적으로 유지하는 성질이다.
  - ㉡ 폴리에스테르와 나일론은 열가소성이 특히 우수하여 주름치마, 나일론스타킹 등에 활용된다.

2 외관의 미적 측면

① 드레이프성
  - ㉠ 옷감의 늘어짐, 의복의 형태를 이루는 소재의 자연스러운 곡선의 정도를 말한다.
  - ㉡ 드레이프성은 옷감의 무게와 조직에 따른 실의 자유도 등에 관련이 있다.
② 염색성
  - ㉠ 염료를 흡수하여 색을 띠는 성질로 흡습성에 비례하며 합성섬유보다 천연섬유의 염색성이 높다.
  - ㉡ 합성섬유 중 폴리프로필렌은 전혀 염색이 되지 않아 원액 염색을 한다.
③ 필링성
  - ㉠ 필링이란, 직물이나 편성물에서 빠져나온 실이 떨어지지 않고 표면에 뭉치는 것을 말한다.
  - ㉡ 천연섬유는 강도가 작아서 필링이 생긴 후 쉽게 떨어져 나가지만, 합성섬유는 그대로 뭉쳐 있어 필링성이 좋지 않다.
④ 광택성
  - ㉠ 광택은 옷감 표면에서 빛이 반사되는 정도에 따라 나타나는 것으로 표면의 아름다움을 표현하는 수단이 된다.
  - ㉡ 견섬유의 우아하고 아름다운 광택이 삼각단면에서 나온다는 것을 활용해 합성섬유의 단면을 삼각형에 가깝게 만들기도 한다.

국내외 수많은 시상식장에 들어서는 여배우들의 드레스에는 항상 하늘거리며 주름지듯 몸을 감싼 여신 콘셉트의 드레스가 등장한다. 드레이프는 몸을 이루는 원통형의 각 부분들을 감싸는 패턴이 합쳐져 하나를 이루는 테일러드형과 달리 몸을 따라 주름지며 생긴다. 1930년대 활동하였던 마들렌 비오넷은 그리스 복식에서 영감을 얻어 새틴 크레이프, 조젯, 시폰 등을 사용해 직물의 드레이프성을 통한 옷과 몸 사이의 유연하고 미세한 공간으로 여성성을 표현한 드레스를 만든 대표적인 디자이너이다.

이러한 드레이프형 드레스에는 얇으면서도 강도가 좋은 크레이프직의 실크 조젯, 시폰 그리고 평직보다는 면적당 실의 교차점이 작아 밀도가 적어 휘어짐과 원상태로 돌아옴이 자유로운 수자직의 공단, 새틴 등의 직물이 사용된다.

[명화 속 여성이 두른
드레이프형 숄]

[인체 위에 직접 대고
패턴작업을 하는
비오넷의 모습]

[비오넷의 그리스
로만 드레스에서
영감을 얻은 작품]

[2009 비오넷
실크드레이프
미니드레스]

3 위생 및 관리 측면

① 흡수성
  ㉠ 옷감이 물과 접하였을 때 물을 흡수하는 성질을 말한다.
  ㉡ 땀 흡수에서 쾌적성과 위생성에서는 좋지만 형태안정성이 좋지 않은 불편이 따르므로 용도에 따라 활용된다.

② 발수성
  ㉠ 옷감의 표면에서 물이 스며들지 않고 구르는 성질이다.
  ㉡ 비옷이나 스포츠의류는 발수성이 커야 하므로 발수가공 된 옷감을 사용하여 물이 침투해 피부에 닿는 것을 막아준다.

③ 보온성
  ㉠ 인체로부터 발생한 열이 외부로 빼앗기는 것을 막는 성질로 섬유 사이에 공기를 가지고 있는 함기율, 옷감의 두께 그리고 열전도율과 관계가 있다.
  ㉡ 편성물이 직물보다 고리로 연결할 때 생기는 많은 구멍으로 함기율이 높다.

④ 대전성

    ㉠ 섬유와 마찰 시 정전기가 발생한다는 것으로, 섬유에 수분함유량·흡습성이 작을수록 대전성이 높아진다.

    ㉡ 일반적으로 천연섬유에 비해 합성섬유는 수분함유량이 적어 대전성이 높다.

    ㉢ 섬유에 정전기가 발생할 경우 겉표면에 있던 먼지들이 섬유 안으로 빨려 들어가므로 쉽게 오염이 일어난다.

옷감의 변신, 가공

1 위생과 관련된 가공

방오 가공	• 세탁이 어려운 소재가 오염되는 것을 미리 방지하기 위한 가공법이다. • 섬유의 종류에 따라 다르며 나일론, 폴리에스테르와 같은 합성섬유에는 물기 없이 건조한 먼지와 같은 오물이 쉽게 부착되므로 대전방지제를 사용한다. • 면, 양모와 같이 습기가 있는 오물이 잘 부착되는 경우는 발수가공을 하게 된다.
항균, 방취 가공	• 섬유제품에 항균성 기능을 주어 미생물의 서식을 막아 악취와 섬유의 오염, 변색을 방지하기 위한 가공이다. • 주로 의류, 침구, 타월, 양말 등의 섬유제품에 한다.
방충 가공	• 모직물 등의 벌레가 생기기 쉬운 동물성 섬유제품에 대해 좀과 같은 해충을 막기 위한 가공이다. • 인체에 무해한 유기인산염과 같은 방충가공제를 사용한다.

2 심미성과 관련된 가공

① 광택과 관련된 가공

    ㉠ 포일 가공

       광택이나 반짝거리게 하기 위해 인조가죽이나 합성섬유 표면 위에 펄 느낌의 도료를 고정시키는 가공이다.

    ㉡ 번 아웃 가공

       • 두 가지 다른 종류의 섬유를 섞어 직조한 포를 화학성분으로 한 종류의 섬유로 녹이는 가공이다.

       • 주로 파일 직물인 벨벳에 사용하여 녹인 부분은 광택이 없는 문양이 생기고, 안 녹고 남은 벨벳 부분은 본래의 광택이 살아 있게 된다.

② 기모와 관련된 가공

　　㉠ 기모 가공
　　　• 방모섬유의 표면에 잔털을 일으켜 보온성을 높이거나 부드러운 촉감을 부여하는 가공이다.
　　　• 털을 한 방향으로 눕혀 정리한 후 기모를 준 원단에는 비버체크와 캐시미어가, 털의 방향성 없이 정
　　　　리한 후 기모를 준 원단에는 플란넬이 있다.

　　㉡ 피치 스킨 가공
　　　• 기모가공의 한 종류이며 스웨이드 가공과 같다.
　　　• 섬유 표면에 샌드페이퍼를 이용해 천연가죽의 뒷면과 같이 미세한 털을 일으켜 복숭아 표면과 같은
　　　　촉감을 부여하는 가공이다.

　　㉢ 클리어 컷 가공
　　　• 소모직물에 털 깎기나 털 태우기 과정을 통해 표면을 매끄럽고 윤기 있게 하는 가공으로 직물 조직
　　　　이 뚜렷하게 보이기 위해 사용하는 경우도 있다.
　　　• 면, 울 개버딘이 그 예이다.

[비버체크에 기모
가공을 한 하프 코트]

[울 캐시미어 소재에
기모 가공을 한 랩 스커트]

[스트라이프 느낌의
번 아웃 가공 블라우스]

[번 아웃 가공으로 녹은
부분이 비치는 원피스]

③ 주름과 관련된 가공

　　㉠ 크링클 가공
　　　'주름잡다, 줄인다'의 뜻으로 섬유를 줄여서 오그라지고 종이를 구긴 것과 같은 무늬를 부여하는 가공
　　　이다.

　　㉡ 플리세 가공
　　　• 면섬유가 수산화나트륨에 의해 팽윤·수축되는 성질을 이용하여 주름을 만드는 가공이다.
　　　• 줄무늬 효과나 크레이프 효과를 줄 수 있으나 다림질할 경우 형태변형이 될 수 있다.
　　　• 시어서커나 플리세 원단이 대표적이다.

ⓒ 워싱 가공

- 자갈, 모래, 약품이나 효소 등과 함께 수세하면 그 마찰로 자연스러운 주름과 부드러운 촉감 등을 생기게 하는 가공이다.
- 주로 봉제가 끝난 진 제품에 많이 사용된다.
- 모래를 이용한 샌드 워시(Sand Wash), 화산석을 이용한 스톤 워시(Stone Wash), 효소를 이용한 엔자임 워시(Enzyme Wash)가 있다.

[플리세 가공 원단의
웨딩드레스]

[포일 가공과 플리츠
가공 스커트]

[크링클 가공을 한
버버리 트렌치 코트]

[크링클 가공을 한
리넨 셔츠]

주름의 미학

솔리드 소재의 매끈한 원단과 달리 주름 소재는 볼륨감과 독특한 질감의 표면효과로 일상적인 주름 스커트와 스카프뿐 아니라 주름 형태에 따라 디테일이나 옷 전체에 사용되기도 한다.

일본 디자이너 이세이 미야케의 주름 디자인은 "PLEATSPLEASE" 브랜드로 국내에도 소개되고 있으며, 20세기 초 이탈리아 디자이너 포투니는 다양한 주름 드레스를 발표하였다.

[이세이 미야케 브랜드
PLEATS PLEASE 주름재킷]

[포투니의 의상/포투니의 의상
을 재현한 2011 랑방 컬렉션]

[2010 알렉산더 맥퀸
플리츠 드레스]

소재의 잠재성과 미래

1 개 요

소재 및 섬유 산업은 미래를 이끌어갈 신성장 동력 산업으로 제시될 만큼 잠재력을 지닌 분야이다. 국가에서도 한국 니트 산업 연구원 및 유구 자카드 산업단지 등을 설립해 21세기 라이프스타일과 기후 변화에 따른 새로운 수요와 니즈에 부합하는 소재와 섬유 실험 및 개발, 자체 생산 및 수출까지 많은 노력을 기울이고 있다.

이처럼 소재와 섬유가 가능성을 지닌 이유는 비단 의류상품뿐 아니라 리빙 용품, 텍스타일 용품, 패션 소품 및 기능성 제품 등 다양한 유형의 상품으로 완성될 수 있기 때문이다.

아래 사진들은 패션 외의 영역에서 상품화된 소재와 웰빙 트렌드에 따라 증가한 기능성, 친환경 섬유의 상품화를 보여주고 있다.

[리빙 멀티 숍 Todo의
패브릭 소파, 쿠션 제품]

[캐릭터 소품 브랜드
Ugly Doll의 패브릭
인형 제품들]

[속건, 항취 기능의 대나무
섬유 유아복 브랜드
Bambu Bebe 제품들]

제 7 장 · 질감별 소재의 이미지

▌질감과 이미지 ▌

1 개 요

소재가 가지는 특유의 질감과 촉감, 무게감, 형태감 등은 일반적으로 계절이나 입는 사람의 체형, 착장의 전체적인 이미지를 기준으로 하여 사용된다. 또한 반대되는 질감과 두께감의 소재들을 함께 매치하여 스타일을 완성할 수 있다.

인체 고정을 위해 딱딱하고 뻣뻣한 소재로 만든 코르셋에서 하늘거리는 얇은 시폰의 부드러운 러플 드레스까지 질감에 따라 연출되는 이미지가 다양하다는 점에서 각각의 소재가 지닌 질감이 중요한 요소라 할 수 있다.

2 뻣뻣한 질감 : Stiff

① 딱딱하고 뻣뻣한 느낌으로 의상의 형태를 안정시키고 유지하는 데 도움을 준다.
② 면 개버딘이나 마, 가죽, 수직 실크, 오간자 등이 있다.
③ 몸의 라인과 상관없이 의복의 형태를 유지하며, 소재 코디네이션에서는 이 스티프한 소재와 소프트한 소재를 믹스매치하기도 한다.

3 부드러운 질감 : Soft

① 부드럽고 가벼운 느낌으로, 직물에서는 새틴이나 시폰으로 드레이프와 러플, 플라운스 등의 여성스러운 디테일 표현이 가능하여 로맨틱한 이미지의 소재 연출을 한다.
② 편성물로는 견사나 모사로 된 얇은 두께의 저지류가 신축성도 가지면서 몸을 따라 부드럽게 라인을 형성 해준다.

4 광택이 있는 질감 : Glossy

① 소재의 표면에서 느껴지는 광택은 두 종류로 나눌 수 있다.
② 먼저 실크 공단, 금은사로 직조된 라메직물이나 벨벳처럼 소재 자체의 광택으로 실키하고 럭셔리한 느낌 을 들 수 있다.
③ 다음으로 기계 표면의 메탈과 같은 광택으로 가죽이나 금속 소재, 에나멜 느낌을 부여하는 칠피 가공을 통한 매끈하고 미래적인 광택을 들 수 있다.
④ 또한 광택을 가진 부자재인 스터드, 시퀸(스팽글), 아일릿(징) 등으로 원단 위에 추가적인 광택효과를 주 기도 한다.

비치는 질감 : See-through

① 입었을 때 피부가 비치는 시스루 소재는 가볍고 시원한 느낌과 몸이 은근히 보이는 관능적인 느낌을 줄 수 있다.
② 사용하는 실의 두께와 종류로 얇고 투명함을 만드는 시스루 소재는 오간자, 노방, 시폰, 레이스 등이 있으며 소재를 겹겹이 함께 사용하기도 한다.

6 바삭거리는 질감 : Crispy

① 발랄, 상쾌한 느낌으로 만졌을 때 바삭거리는 촉감을 주는 소재로 천연섬유로는 면섬유의 포플린, 마섬유의 린넨, 견섬유의 타프타와 무아레 등이 있다.
② 화학섬유로는 아세테이트나 폴리에스테르로 만든 신테틱(Synthetic) 소재 등이 속한다.
③ 이 중 견섬유나 화학섬유는 약간의 광택을 가진다.

7 벌키한 질감 : Bulky

① 몸의 곡선에 따라 자연스럽게 이어지는 느낌보다 소재 자체의 풍성함으로 실제 몸보다 커보이는 질감으로, 실제 몸보다 더 뚱뚱해 보일 수 있다.

② 기모직물이나 파일직물처럼 털이나 루프를 심어 소재 자체의 부피감을 높이는 방식은 벨벳, 모피, 아스트라칸, 캐시미어 등에서 볼 수 있다.

③ 이 외에도 니팅이나 소재 기법을 통해 원단 표면을 벌키하게 하는 방식도 있다.

8 거친 질감 : Rough

① 소재 자체의 부피감이 있으며 표면이 거칠고 요철감이 나타난다.

② 실의 종류나 굵기 조직에 따라 거친 느낌은 다양하며 울 홈스펀이나 트위드 등은 모직물만의 따뜻함을, 면섬유의 캔버스나 바스켓 조직은 시원하면서 거친 느낌을 준다.

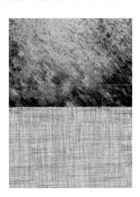   

패션 이미지 감성에 따른 소재 표현

개요

1 소재와 이미지 감성

소재는 무엇을 만들기 위한 재료의 의미로 옷의 형태인 실루엣, 컬러와 함께 패션 디자인의 3대 요소 중 하나이다. 소재로 만들어진 패션 아이템들은 하나의 아웃 핏을 만들고 각각의 스타일과 느낌을 나타낸다.

면 티셔츠 아이템과 오버 롤 데님 팬츠 아이템으로 조합한 착장(아웃 핏)을 하고 면접이나 공식적인 자리에 가지 않으며, 반대로 프릴장식의 실크 블라우스와 펜슬 스커트를 입고 야외 활동을 하거나 등산을 하지는 않을 것이다. 앞의 캐주얼 룩과 포멀 룩처럼 현실적으로 비교되는 사례 외에도 수많은 마네킹에 걸리거나 모델이 입고 촬영한 착장들은 저마다의 다른 콘셉트와 이미지를 전달하고 있다.

패션에서는 이러한 이미지들을 크게 동적인, 정적인, 과거 지향적인, 미래 지향적인, 여성적인, 남성적인과 같은 감성 형용사를 축으로 하여 해당하는 대표적인 이미지들로 분류해 놓고 있다. 모던, 엘레강스, 로맨틱, 액티브, 매니시, 에스닉, 클래식, 소피스티케이티드 감성이 대표적이며, 패션 브랜드들은 각각 오랜 시간 유지해 온 대표적인 감성을 중심으로 매 시즌 트렌드에 맞춰 다른 감성을 조금씩 결합하며 컬렉션을 구성한다.

해외 패션 브랜드에서 전개하는 컬렉션을 통해 감성 연출을 위한 소재 종류와 질감 및 표현기법을 알아보자.

2 모던(Modern)한 감성

① 기능주의 영향으로 나타난 모던은 '세련된, 현대적인, 근대적인'이라는 의미를 가진다.

② 현대적이고 지적인 이미지를 추구하는 감성으로, 장식과 디테일을 최대한 없앤 간결한 스타일을 추구한다.

③ 디자인이 무채색 위주의 컬러와 심플한 실루엣으로 제한되어 있기 때문에 특히 고급스러운 소재를 통한 도시적 이미지 연출이 중요하다.

④ 디자이너 캘빈 클라인의 컬렉션에서는 가죽, 면 실크, 쿨 울(Cool Wool) 양복지 소재, 비스코스 레이온 등의 소재를 화이트&블랙 컬러 중심으로 무광택과 광택으로 혼용하거나 같은 색상의 질감이 다른 소재를 플리츠, 배색 등의 기법으로 표현한다.

3 클래식(Classic)한 감성

① 클래식은 '고전(古傳), 최고의, 전통적인' 등의 사전적 의미를 가지고 있으며, 시대를 초월하는 가치와 보편성을 가진다.

② 여러 감성 중 클래식은 소재가 부각되는데, 체크, 실크 사각 스카프, 카멜 코트, 모헤어 니트 앙상블, 코듀로이 팬츠 등이 그 예이다.

③ 이들 소재 모두 유행보다는 오랜 시간 지속적으로 인기가 있는 아이템이다.

④ 돌체 앤 가바나의 컬렉션에서는 코듀로이 소재와 가죽 배색, 그레이 톤의 헤링본, 스웨이드와 앤틱한 느낌의 가죽 벨트, 실크 스카프와 방모 소재가 롱 플레어 스커트와 헌팅 캡, 터틀넥 니트 아이템 및 네이비, 베이지, 그레이, 버건디의 다크한 컬러 톤과 함께 전개된다.

⑤ 이러한 결합은 중후하고 클래식한 무드를 잘 표현해 준다.

4 로맨틱(Romantic)한 감성

① 로맨틱은 '소녀같은, 낭만적인' 등의 의미를 가지며 여성스럽고 우아하며 귀여운 스타일이다.

② 장식이 많으며 꽃무늬나 레이스, 러플, 프릴, 플라운스 등의 디테일이 많이 사용된다.

③ 디자이너 알베르타 페레티가 런칭한 여성복 브랜드 필라소피는 페일 톤이나 파스텔 계통의 컬러를 중심으로 페미닌하고 낭만적인 라인을 전개한다.

④ 새틴 공단과 레이스, 울, 시폰, 퍼 소재를 중심으로 광택의 실크 공단이라는 같은 질감과 컬러 톤을 가진 소재를 테이핑, 리본, 테이프 등으로 표현한다.

⑤ 또한 펠트 울로 만들어진 꽃 모양 아플리케와 프릴 그리고 흰색이 많이 섞인 페일 톤의 스타킹은 전체적으로 은은한 로맨틱 감성을 나타낸다.

① 매니시는 '남자같은, 여자답지 않은'이라는 의미로 남성복의 요소를 지니고 있는 여성복 스타일을 말한다.

② 매니시한 감성은 주로 정통 남성복을 구성하는 아이템과 소품을 매치하여 나타내는 방법이 대표적이다.

③ 넥타이, 테일러드칼라 재킷과 페도라 등이 있다.

④ 에르메스의 컬렉션에서는 플란넬과 개버딘, 캐시미어의 고급 울 소재가 차콜 그레이, 블랙, 베이지 컬러로 테일러드 슈트 및 코트의 남성복 아이템으로 나타난다.

⑤ 울 펠트의 페도라와 광택이 없는 부드러운 가죽의 가는 벨트와 슬림한 넥타이는 트래디셔널한 매니시 느낌을 연출한다.

6 액티브(Active)한 감성

① 액티브는 '동적인, 움직이는' 등의 의미를 가지며 주로 스포츠웨어의 기능성, 활동성, 편안함을 패션에 적용한다.

② 액티브한 감성의 옷은 스포츠웨어의 기능성을 중시한 스타일부터 스포츠웨어의 요소를 일상복에 적용시켜 모던하고 소프트하게 변형한 스타일까지 다양하다.

③ 알렉산더 왕의 컬렉션에서는 방수성과 발수성이 좋은 나일론과 폴리에스테르, 스트레치 면 소재 및 메쉬(망사 조직의 일종) 소재를 중심으로 스포츠웨어에 주로 사용되는 스트링, 오픈 지퍼, 고무편(점퍼의 밑단에 신축성을 주는 니트 조직의 넓은 밴드의 일종) 등의 부자재가 디테일로 나타난다.

④ 디자이너 알렉산더 왕만의 세련되고 소프트한 액티브 스포츠 룩은 이러한 소재와 화이트, 핑크, 옐로우, 블루와 더해져 완성된다.

⑤ 동적인 액티브 감성에 속할 수 있는 캐주얼 룩은 최근 확대된 레저와 여가 문화로 등산복 중심의 아웃 도어 룩부터 베이직한 이지 캐주얼까지 세분화되어 발달하고 있다.

⑥ 국내에서는 편안하면서도 각자의 개성과 시크한 감성을 드러낼 수 있는 프랑스 브랜드 중심의 '프렌치 시크 캐주얼(French Chic Casual)'룩과 아이돌 그룹 가수들이 대중매체에서 선보이는 비비드한 팝 컬러와 미래주의적 요소가 섞인 캐주얼 룩이 트렌드로 떠오르고 있다.

⑦ 프렌치 시크 캐주얼 룩을 선보이는 브랜드는 바네사 브루노, 이자벨 마랑, 자딕 앤 볼테르가 대표적이다.

⊙ 바네사 브루노

바네사 브루노 컬렉션에서는 박시한 실루엣의 트렌치 코트와 빈티지한 니트, 원피스는 카키시한 톤의 컬러들과 믹스되어 프렌치 감성을 표현한다. 벌키한 느낌의 니트 소재, 잔잔한 플로럴 문양의 코튼 소재, 가죽 소재의 빅 백과 부츠 그리고 원피스와 톤 온 톤 배색한 테이프와 셔링 디테일은 소프트하면서도 여성스러운 캐주얼 룩을 선보인다.

⊙ 자딕 앤 볼테르

자딕 앤 볼테르는 코튼 소재와 진을 중심으로 매 시즌 다양한 소재 가공과 표현, 그리고 액세서리 매치로 빈티지 캐주얼 룩 안에서 시크한 감성을 추구하는 브랜드이다. 데님 소재에 오일 가공이나 포일 가공을 하여 매끄러움과 메탈 광택을 내며, 코튼 저지의 티 셔츠와 울 캐시미어 스웨터, 코튼 야상 점퍼는 흐르는 듯한 실루엣으로 빈티지한 느낌을 연출한다. 또한 스웨이드, 사슴 가죽 소재의 워커와 단화는 편안하면서도 개성 있는 캐주얼 룩을 완성해 준다.

ⓒ 제레미 스콧

　제레미 스콧 컬렉션은 그래픽적인 문잉과 비비드한 컬러를 바탕으로 패션에 대한 유머러스함을 보여 주며 국내 여성 그룹 2NE1 의상으로도 유명하다. 가죽 소재는 형광색 느낌의 칠피 가공과 메탈 느낌의 포일 가공, 비닐 코팅 등의 다양한 기법을 거쳤고, 매치된 코튼 니트 원피스는 캔디 스트라이프로 팝 캐주얼 룩을 연출한다.

7 **에스닉(Ethnic)한 감성**

① 에스닉은 '이국적인, 민족의' 등의 의미를 가진 말로 민속적이고 토속적인 지역 고유의 아름다움을 의미한다.

② 주로 각국의 민속 의상과 고유의 염색, 자수, 전통문양 등에서 영향을 많이 받으며, '동양적인'을 의미하는 오리엔탈 룩 또한 에스닉한 감성을 나타낸다.

③ 일본 디자이너 겐조의 컬렉션에서는 일본 전통 의상의 문양을 울, 실크 소재에 손뜨개한 아플리케, 꽃 형태의 입체적인 패치워크, 자수, 자카드의 방식으로 겨울 시즌에 맞는 두께감 있는 소재 사용으로 따뜻한 느낌을 더한다.

8 엘레강스(Eelegance)한 감성

① '우아한, 고상한, 품위 있는'의 의미를 지닌 엘레강스 감성은 페미닌 룩을 지향하는 여성복 브랜드가 대부분 지향하는 감성 중 하나이다.

② 엘레강스한 이미지는 어떠한 특정 디자이너나 룩보다는 패션 아이콘으로 대변하는 경우가 많다.

③ 이들은 현대의 여성복 브랜드나 디자이너 컬렉션에도 계속 영감을 불어넣으며 로맨틱하면서도 시크하고 도시적이면서도 클래식한 레이디 라이크 룩을 재창조하게 한다.

④ 대표적 인물로는 그레이스 켈리, 오드리 헵번, 재클린 케네디와 최근의 카를라 부르니까지 각국의 영부인과 왕비가 대표적이다.

⑤ 주로 실크 타프타와 캐시미어 울, 크레이프 새틴과 수직 실크, 트위드 등 둥근 라인의 옷 형태를 유지시키는 소재로 심플한 블랙 드레스와 슈트, 여성스러운 원피스에 진주 보석과 모자, 장갑 등의 소품과 매치되는 경우가 많다.

제9장 텍스타일 문양

▌문양의 활용▐

1 개 요

문양은 평면의 원단 위에 프린트를 하거나 직조 단계에서 문양을 넣어 입체적으로 표현할 수 있다.
문양은 의상뿐 아니라 남성 넥타이와 스카프, 인테리어 디자인의 침구와 벽지 및 문구용품까지 그 활용의
폭이 매우 넓어지고 있다.

패션에서는 브랜드의 아이덴티티를 상징하는 문양 개발로 오랜 세월 생명력을 유지하고 경쟁력을 강화한다.
대표적인 예로 에트로의 페이즐리 문양, 에일리오 푸치의 기하학 문양, 폴 스미스의 다채로운 스트라이프
등이 있다. 이러한 점에서 문양은 소재와 함께 패션을 구성하는 요소로서 중요성과 힘을 지닌다.

아래 사진들은 패션뿐 아니라 다양한 영역에서 문양을 이용한 디자인을 보여준다.

[팍스호텔
객실인테리어]

[야요이 쿠사마
물방울 작품]

[에밀리오 푸치
기하학 문양]

[살바토레 페라가모
동물 문양 넥타이]

소재의 문양별 이미지와 종류

1 전통문양 개요

오랜 시간 이어 내려온 전통문양은 크게 시대별 전통문양과 지역별 전통문양으로 나눌 수 있다.

시대별 전통문양은 유럽을 중심으로 로마·그리스 시대부터 고딕, 르네상스, 바로크와 로코코를 거쳐 20세기 초 아르누보와 아르데코 문양을 대표적인 예로 들 수 있다. 이들은 각 시대별 미의식과 문화가 반영되어 있다.

또한 지역별 전통문양은 각 지역의 문화권과 자연환경에 의해 형성되어 지역마다의 특수성을 전달해 주며, 아시아권과 열대지방, 북극지방 문양 등이 있다. 전통문양은 현대적인 감각으로 재창조되어 매 시즌 디자이너들의 콘셉트와 트렌드에 많은 영감을 주고 있다.

2 시대별 전통문양

① 바로크 문양
   ㉠ 17세기 바로크 양식은 다채로운 색상을 사용한 장식적인 화려함을 기본으로 한다.
   ㉡ 브로케이드나 벨벳과 같은 고급 소재와 직선적 느낌보다 나선형의 문양이 대표적이다.
   ㉢ 자수의 발달은 기교가 많고 복잡한 바로크 문양에 큰 영향을 미치게 된다.

② 로코코 문양
   ㉠ 로코코 시대의 문양은 딱딱한 틀이 아닌, 유동적이고 굵은 직선이 휘어져 섬세한 형태로 표현된다.
   ㉡ 경쾌하고 리드미컬한 곡선들의 결합은 여성스럽고 세련된 느낌을 준다.
   ㉢ 꽃, 리본, 레이스, 루프 등이 문양에 주로 사용된다.

③ 아르누보 문양
   ㉠ 새로운 예술운동을 뜻하는 아르누보는 자연의 가장 순수한 형태를 포착하기 위한 식물이나 동물을 문양의 바탕으로 한다.
   ㉡ 주로 식물 넝쿨이나 줄기가 소용돌이치거나 서로 교차하는 곡선을 표현한다.

④ 아르데코 문양
   아르데코 문양은 합리주의와 단순성을 추구하는 기능주의 예술운동의 영향을 받아, 기하학적 형태를 기본으로 밝은 색상과 강렬하고 뚜렷한 색채대비를 보인다.

[바로크 문양]　　　[로코코 문양]　　　[아르누보 문양]　　　[아르데코 문양]

2010 F/W Balmin "Baroque n Rocker"

발망 컬렉션을 통해 과거 시대에 영감을 받아 현대적으로 재해석한 전통문양과 소재 표현 방법을 살펴보자. 아래 사진을 보면 호화로운 루이 14세 시대의 바로크 복식과 70년대 스타일을 접목한 컬렉션을 선보인다. 특히 소재와 문양 그리고 디테일은 베르사유 궁전을 연상시키는 호사스러운 분위기로 제안된다. 브로케이드, 벨벳, 시퀸, 라메 등의 장식적인 소재와 화려한 문양이 블랙, 퍼플, 골드, 레드 등의 바로크 시대 귀족적인 느낌의 컬러와 만난다.

[바로크 시대 복식과 문양 및 장식]

[바로크 시대에 영감을 받은 21세기 발망 컬렉션의 소재 및 문양 개발]

3 **지역별 전통문양**

① 인도 전통문양

　　㉠ 인도의 캐시미르 지방 전통문양인 페이즐리 패턴은, 열매를 반으로 자른 형태나 눈물방울, 솔방울, 올
　　　챙이 등을 여러 색으로 섞어 양식화한 것으로, 에스닉 이미지를 나타낸다.

　　㉡ 옷이나 가방, 머플러에도 이용된다.

② 열대지방 전통문양

　　㉠ 열대지방 섬의 꽃과 잎사귀를 원색으로 선명하게 반복한 문양으로, 하와이 지역의 꽃무늬 및 하와이
　　　언 셔츠가 대표적이다.

　　㉡ 여름 비치웨어나 캐주얼 브랜드 퀵 실버에서는 이 문양을 셔츠나 팬츠에 사용한다.

③ 일본 전통문양

　　㉠ 여러 종류의 꽃무늬가 섬세하게 평면적으로 표현된 패턴이다.

　　㉡ 브랜드 겐조의 경우 일본 전통 꽃문양을 현대적으로 표현하고 있다.

④ 인도네시아 전통문양

　　인도네시아의 자바 섬에서 전통적으로 생산되는 납방염에 의한 패턴으로, 복잡하고 섬세한 색선들이 얽
　　혀 나타내는 패턴이다.

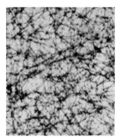

[인도 페이즐리 문양]　　　[하와이언 문양]　　　[일본 전통문양]　　　[인도네시아 바틱 문양]

기하학 문양

1 개 요

기하학 문양은 점, 선, 곡선, 원, 체크, 옵티컬 패턴 등 선의 기하학적 구조와 규칙에 의해 만들어진다. 대체적으로 단순하고 정돈된 모던한 느낌을 준다. 보편적이고 무난하여 남녀노소 모든 연령에 사용된다. 대표적 예로는 도트, 스트라이프, 체크문양이 속한다.

2 도트 문양

① 핀 도트

아주 작은 크기의 물방울 무늬로 원피스나 스카프에 사용되면 클래식하고 여성스러운 이미지를 연출한다.

② 폴카 도트

㉠ 핀 도트와 코인 도트의 중간 크기로 의류용으로 가장 많이 사용되는 크기이다.

㉡ 1950년대 유행하였고 현재에도 레트로 룩 연출에 효과적이기 때문에 많이 사용된다.

③ 코인 도트

㉠ 동전 크기의 물방울 무늬로 눈에 잘 띄는 크기이다.

㉡ 도트의 색을 여러 색상으로 하면 화려하거나 캐주얼한 이미지를 연출한다.

[핀 도트]　　　　　[폴카 도트]　　　　　[코인 도트]

3 스트라이프 문양

① 핀 스트라이프 : 핀으로 그린 것과 같은 가는 선의 줄무늬이다.

② 핀 포인티드 스트라이프 : 핀으로 점을 찍어 줄무늬를 나타낸 것으로 주로 남성 양복 원단 위에 실 스티치로 표현하여 입체적인 느낌을 준다.

③ 블록 스트라이프 : 두 가지 색상의 두꺼운 줄이 같은 간격으로 규칙적이고 교대로 배열된 줄무늬이다.

④ 캔디 스트라이프 : 다양하고 선명한 색상으로 구성된 줄무늬로 팝걸과 같은 발랄한 이미지를 연출한다.

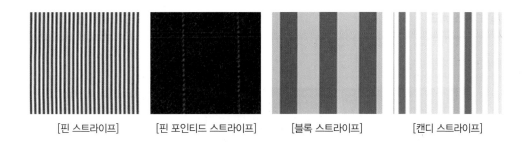

[핀 스트라이프]　　　[핀 포인티드 스트라이프]　　　[블록 스트라이프]　　　[캔디 스트라이프]

4 체크 문양

① 깅엄 체크

흰색의 실과 한 가지 색의 실이 교차하면서 구성한 체크로, 코튼 소재의 셔츠나 원피스에 사용하면 캐주얼한 느낌을 준다.

② 글렌 체크

　㉠ 정방향의 작은 체크 부분과 큰 체크 부분을 섞어 배치하는 패턴이다.

　㉡ 남성복에 많이 사용되는 전통적이고 클래식한 이미지를 준다.

③ 아가일 체크

　㉠ 다이아몬드 형상의 체크로 다이아몬드를 경사진 사선으로 분할하는 특징이 있다.

　㉡ 주로 편성물 소재에 활용되며 스웨터, 양말에 사용된다.

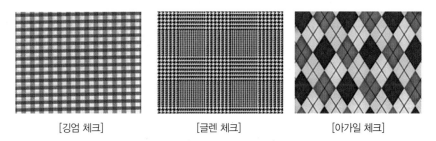

[깅엄 체크]　　　　　[글렌 체크]　　　　　[아가일 체크]

④ 윈도 패인 체크

유리창 틀과 같은 모양의 체크 패턴으로, 가로와 세로에 한 줄의 가는 선이 교차해서 이루는 비교적 큰 크기의 장방형으로 나타난다.

⑤ 타탄 체크

　㉠ 스코틀랜드 지방의 가문을 상징하는 전통적인 무늬로, 붉은색을 중심으로 한 화려한 체크가 이중, 삼중으로 겹쳐 나타난다.

　㉡ 영국 출신 디자이너 비비안 웨스트우드는 전통적인 타탄체크를 스타일링과 재단을 통해 펑키한 이미지로 표현하고 있다.

⑥ 하운드 투스 체크

사냥개 이빨이 물린 것과 같은 모양의 체크로, 주로 겨울 모직물에 사용되어 무늬가 거칠고 큰 편이며 클래식한 이미지를 준다.

[윈도 패인 체크]　　　　　[타탄 체크]　　　　　[하운드 투스 체크]

문양과 소재 표현으로 디자인 콘셉트 발전시켜 보기

소재와 체크 종류에 따라 이미지와 계절감을 연상시켜 유사한 느낌을 찾아가다 보면 하나의 콘셉트로 연결될 수 있다. 첫 번째 사진을 시작으로 파란색 깅엄 체크 셔츠는 캐주얼하고 시원한 느낌과 화이트 코튼, 얇은 블루 진, 리넨 소재 등의 천연섬유를 연상시킨다. 코튼 컷 워크 레이스나 모슬린, 화이트, 블루, 베이지 컬러와 그린 등의 내추럴 색상으로 확대된다. 이때 생각나거나 관련된 단어를 자연(Nature), 농장(Farm), 에코(Eco), 리넨(Linen), 코튼 레이스(Cotton Lace) 등으로 적어 이미지를 찾아나가면 도움이 된다. 이와 같은 방식으로 관심이 있는 다른 체크 혹은 문양을 찾아 연습해보자.

도트, 스트라이프, 체크 무늬는 색상과 소재, 크기와 반복 형태에 따라 클래식, 캐주얼, 로맨틱 등 다양한 감성과 이미지 연출이 가능하다. 또한 한 착장에서 동일 무늬를 다른 색상과 크기로 코디네이션하거나 세 개의 각각 다른 무늬들을 한 착장에 함께 코디네이션하여 새로운 분위기를 만들 수 있다.

[베이지와 브라운 톤/
아가일 체크와 코듀로
이 재킷, 울 스커트의
클래식 이미지]

[옐로우, 핫 핑크,
레드 톤/니트로 나타난
캔디 스트라이프의
캐주얼 이미지]

[스카이 블루 톤/
실크 새틴 소재와
도트무늬, 리본장식의
로맨틱 이미지]

[블랙, 레드 톤/
타탄 체크 스커트와
프린팅 티셔츠의
펑크 이미지]

자연 문양

1 동물 문양

① 표범(레오파드)이나 얼룩말(지브라), 도마뱀이나 악어 가죽의 표면처럼 동물의 특징을 대표적으로 나타내는 부분을 문양으로 표현하거나 전체적인 동물의 형상을 실제적으로 표현하기도 한다.

② 또한 동물의 움직임이나 모습을 선으로 단순화하거나 그래픽 작업을 통해 규칙적으로 반복한다.

③ 로베르토 카발리와 같은 디자이너는 동물 가죽 무늬를 실크 블라우스, 스카프, 드레스 등에 문양으로 나타내거나 다양한 모피와 조류의 털이나 깃털 장식을 통해 야생적이고 원시적인 느낌을 럭셔리하면서도 여성스러운 룩으로 연출하여 오랫동안 사랑받고 있다.

④ 동물의 전체적인 형태나 일부분을 사실적 느낌으로 표현한 자연 문양

[도마뱀과 악어를 형상 화한 프린팅 드레스] [호랑이를 사실적으로 형상화한 롱 니트] [표범 무늬를 형상화한 시폰 드레스] [사실적 느낌의 깃털 프린팅 드레스]

⑤ 조류, 포유류 등의 다양한 동물 패턴을 반복하여 표현한 자연 문양

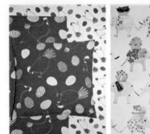   

[닭, 코끼리, 다람쥐, 사슴등의 동물을 반복적 패턴으로 표현] [깃털의 패턴화]

2 식물 문양

① 꽃이나 과일, 나뭇잎과 가지 등을 모티브로 하는 식물 문양은 사용하는 색상의 톤과 수 그리고 표현기법 에 따라 에코 내추럴, 로맨틱, 에스닉, 캐주얼 등의 다양한 이미지를 연출한다.

② 꽃 패턴

다음 사진처럼 꽃잎의 잎맥과 명암까지 나타내는 사실적인 표현, 수채화 기법의 부드러운 표현, 선으로 단순화된 무채색의 선으로 드로잉한 기하학적인 표현, 꽃의 일부분만을 표현하는 등 다양하게 꽃의 느낌 을 나타낸다.

③ 의상에 표현된 다양한 꽃 패턴

열대과일이나 블루 톤과 오렌지, 레드 톤 등 시원한 느낌의 색상으로 채색된 꽃 무늬는 특히 S/S와 F/W 시즌 사이의 여름 시즌을 겨냥한 리조트 웨어나 크루즈 라인 컬렉션에서 많이 선보인다.

[열대과일이 대칭으로
프린팅된
리조트 룩 원피스]

[서정적인 느낌이
플로럴 프린팅 원피스]

[화이트 소재에 블랙
선으로 표현된 수묵화
느낌의 플로럴 프린팅]

[그래픽 느낌의 단순화
된 플로럴 프린팅
남성 팬츠]

추상 문양

1 개 요

눈에 보이는 사물의 형태와 관계없는 느낌으로 기본적인 밑그림 없이 자유로운 형태와 색, 선, 질감으로 표현하는 문양이다.

디자인의 제한을 받지 않으며, 문양의 면적이나 옷에 사용되는 위치에 따라 풍부한 이미지를 전달할 수 있다.

미국 화가 잭슨 플록의 움직임에 따라 뿌려진 물감의 면적을 채우는 액션 페인팅이 대표적인 예이다.

[물감을 흘리고 붓으로
긁은 듯한
추상 문양 패턴]

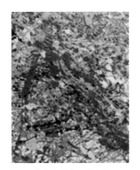

[화가 잭슨 플록의
액션 페인팅]

[컬렉션 무대에서
모델 앞의 로봇이
분사한 추상문양]

[물감을 뿌린 느낌의
추상 문양의
상 · 하의 연결]

2 기타 문양

① **카뮈 플라주 패턴** : 세계 각국의 군복에 쓰이는, 위장을 위해 자연과 비슷한 색상이 혼합된 패턴으로 밀리터리 룩 표현에 효과적이다.

② **오브젝트 패턴** : 주변에서 볼 수 있는 일상의 사물들을 단순화시켜 표현하여 반복한 패턴으로 주제는 다양하며 팝아트적인 느낌을 준다.

③ **캐릭터 패턴**

　㉠ 만화 캐릭터나 미국의 월트 디즈니 캐릭터, 일본의 애니메이션 캐릭터 등을 이용한 패턴으로 키덜트 룩 느낌을 준다.

　㉡ 루이비통에서는 일본 작가 무라카미 다카시의 캐릭터 패턴을 가방에 활용한 컬렉션을 선보였다.

[카뮈 플라주 패턴]　　[립스틱을 모티브로 한 오브젝트 패턴]　　[일본 작가 무라카미 다카시의 캐릭터 패턴]

리조트 라인과 텍스타일 문양

매년 뉴욕, 밀라노, 런던, 파리의 4대 도시에서는 봄, 여름과 가을, 겨울을 위한 두 번의 컬렉션이 가장 크게 열린다. 그중 한 여름의 휴가철과 여행, 레저를 위한 룩을 제안하는 우먼즈 리조트 웨어(Womans Resort Wear) 컬렉션이 열린다. 리조트 웨어 컬렉션은 기존의 S/S와 F/W 시즌을 위한 메인 컬렉션보다 스타일 수나 규모는 작지만, 좀 더 실용적이고 캐주얼한 룩을 많이 선보여 사랑을 받고 있다. 스텔라 맥카트니, 마이클 코어스, 발렌티노, 샤넬 등의 디자이너들이 참여하고 있으며, 한 여름의 크루즈나 리조트를 겨냥한 콘셉트에 맞게 사용하는 텍스타일이나 문양도 화이트, 블루를 기본으로 스트라이프, 코럴(산호), 돛단배 등 여름을 대표하는 모티브를 통해 표현됨을 알 수 있다.

[스텔라 맥카트니 리조트 웨어 라인]　　[마이클 코어스 리조트 웨어 라인]　　[마이클 코어스 리조트 웨어 라인]　　[샤넬 크루즈 라인]

제10장 패션 소재 기획의 실제

개요

매 시즌의 컬렉션이 시작하기 전 프리미에르 비종 및 텍스월드를 중심으로 세계적인 소재 박람회가 열리며, 이외에도 트렌드 관련 잡지들은 S/S와 F/W의 소재 트렌드를 계절감과 소(小)테마에 맞게 전개하여 발표한다.

우븐과 니트, 남성복과 여성복을 분류하기도 한다. 소재는 패션을 완성시키는 중간 과정으로 컬러, 아이템, 스타일과 함께 제안된다.

예시 – 2011 F/W 시즌 소재 트렌드

1 THEME 1 : Jewel Tones

① 보석의 원석을 테마로 하여 반짝이는 보석과 같은 광택과 화려함은 실크류 소재의 새틴과 샤뮤즈 타프타 등에 염색과 가공을 통해 보여진다.
② 이러한 소재는 주로 점프 슈트, 원피스 스타일로 나타난다.

2 THEME 2 : Cream

① 크림을 테마로 하여 오가닉 리넨 소재의 모자장식과 펠트, 인조 털, 울 소재가 주는 따뜻한 감촉을 표현한다.
② 이러한 소재는 무게감과 보온성으로 오버 실루엣을 통해 벌키한 이미지를 연출한다.

3 THEME 3 : Plaid

① 다양하고 복잡하게 만들어진 전통적인 체크 플레이드를 테마로 하여 울 플란넬, 캐시미어 소재를 사용한다.
② 여기에 하운드 투스, 타탄, 윈도 패인 등을 변형한 체크 패턴이 결합하여 클래식하고 트래디셔널한 이미지를 연출한다.

4 THEME 4 : Charcoal Grey

① 차콜 그레이라는 석탄과 목탄의 느낌이 가미된 그레이 톤이다.

② 이 느낌은 재활용한 폴리에스테르 섬유와 대나무 실로 만든 소재와 울 소재에 여러 톤의 그레이 색상 실로 직조한 체크 등으로 표현된다.

| 예시 - 2012 S/S 시즌 테마별 텍스타일 문양 트렌드 |

1 THEME 1 : Polychromy

① 고대 건축물의 다색으로 된 장식기법을 의미하는 폴리크로미를 테마로 한다.

② 문양 모티브는 체크나 도트와 같은 클래식 모티브를 다양한 형광색을 교차시켜 미래적인 테크노 느낌으로 재해석한다.

③ 이러한 빛과 컬러를 조합한 프린팅은 남성복 캐주얼 스타일로 나타난다.

2 THEME 2 : Initerance

① '순례, 순방'을 의미하는 이니터런스를 테마로 한다.

② 낙타나 말을 타고 돌아다니는 노마드 느낌을 위해 모래나 땅에서 보이는 색을 기본으로 한다.

③ 여기에 원시적이고 민속적인 전경에서 모티브를 얻은 원시적이고 민속적인 문양을 프린팅으로 표현한다.

3 THEME 3 : Genesis

① 땅속 암석이나 지하 바다에서 영감을 얻은 자연적이고 서정적인 느낌을 테마로 한다.

② 보라와 카멜레온 색을 기본 컬러로 숲의 형상이나 깃털 모티브를 프린팅으로 표현한다.

③ 또한 기존 카키색과 갈색 위주의 카뮈 블라주를 초자연적인 컬러들로 만들어 아방가르드 의상 스타일과 결합한다.

4 THEME 4 : Oxygen

① 로맨틱하고 깨끗한 느낌을 테마로 하여 일상의 편안한 이지 캐주얼 스타일과 결합한다.

② 기본 문양은 스트라이프, 도트, 작은 체크를 파스텔 톤의 따뜻한 색상으로 나타내 귀여운 느낌을 연출한다.

패션과 뷰티 디자인의 소재를 통한 이미지 연출

1 개 요

앞에서 살펴본 다양한 통로로 발표되는 소재 트렌드를 참고하면서 대부분의 여성복 브랜드는 의류 상품을 디자인하고 매장에 출시한다. 그중 1년에 두 번 뉴욕, 밀라노, 런던, 파리를 중심으로 열리는 하이 컬렉션 우먼즈 웨어는 매 시즌 고유한 브랜드와 디자이너 이미지에 맞게 콘셉트를 설정하고 이에 따라 소재, 문양, 디테일, 액세서리 등을 디자인한다. 이렇게 토털 스타일링이 완성된 룩들을 무대에 올리게 된다.

다음으로 패션뿐 아니라 최근 시장이 커지고 있는 뷰티 & 코스메틱 브랜드도 상품 홍보를 위한 지면광고나 모델 촬영을 위해 브랜드의 주요 타깃층과 이미지에 따라 매장 인테리어를 위한 소재나 광고모델의 의상을 위한 소재 기획을 하게 된다.

마지막으로 브랜드가 아닌 개인의 포트폴리오 또한 자신만의 테마에 맞는 영감과 이미지를 연결하고 완성하기 위해서는 소재, 컬러, 스타일맵이 기본 요소라 할 수 있다. 매 시즌 그리고 많은 브랜드들이 여성 고객을 위해 콘셉트로 하고 있는 로맨틱 이미지를 예로 목적과 브랜드에 따라 소재로 나타나는 로맨틱 감성을 비교해 보도록 한다.

우먼즈 웨어 하이 컬렉션의 예

1 로다르테(Lodarte)

① 우리나라에서는 가수 서인영이 입고 나온 가죽으로 된 드레스로 알려진 로다르테는 거칠고 빳빳한 가죽과 얇은 시폰 등의 다양한 질감의 패브릭을 믹스 매치하여 감각적이면서도 여성스러운 실루엣을 완성하는 브랜드이다.
② 그중 다음 컬렉션은 발레리나를 테마로 소녀스럽고 여성스러운 느낌을 얇고 가벼운 시폰, 오간자, 라메 직물, 튤, 얇은 거즈 등의 소재로 표현한다.
③ 얇은 소재들을 실처럼 꼬아 끈으로 만드는 소재기법은 발레리나의 튜튜 드레스 형태에 영감을 받은 실루엣과 결합해 S/S 시즌의 로맨틱 무드를 완성한다.

④ 로다르테(Lodarte) 'Ballerina' 컬렉션의 이미지 및 소재, 스타일 완성

우먼즈 웨어 내셔널 브랜드의 소재 기획

1 개 요

국내에도 로맨틱 감성을 콘셉트로 하는 여성복 브랜드가 있다. 그중 사틴 브랜드의 겨울 시즌 대표적 상품은 다음 사진과 같으며, 이 외에도 전체 착장을 이루는 아이템별로 그 물량을 기획해 전개하게 된다.

대부분의 내셔널 브랜드 의류상품이 소비자와 만나기까지는 '브랜드 기획 콘셉트－이미지 콘셉트－스타일 선정－소재 & 색상 선정－부자재 선정－패턴－샘플 제작－생산용 패턴 제작－봉제－마무리 공정－품평회－검품－포장－출고'라는 일반적인 의류생산 공정을 거치게 된다.
이중 소재는 아이템 종류가 결정되고 디자인이 전개되는 단계부터 가봉, 샘플 생산, 패턴 작업에서 완성까지 옷의 주재료가 되므로 중요한 역할을 하게 된다.

내셔널 브랜드 기획실에서는 스타일 디자이너와 소재 디자이너 그리고 영업 파트와 협력을 통해 상품 이미지와 시즌에 맞는 소재와 색상, 문양을 기획하여 소재회사에 주문을 한다. 특히 겨울 시즌에는 자체 생산을 하지 않고 외주생산을 하는 가죽, 니트, 퍼 아이템을 프로모션 업체를 통해 스타일을 구성한다.

2 겨울 시즌

① 겨울 시즌의 로맨틱 감성을 위해 실크 시폰과 공단, 울 체크, 양 가죽의 쇼킹 핑크 팔목장갑, 실크 벨벳의 헤어밴드, 퍼 장식과 같은 색상 톤으로 염색한 레이스, 장미꽃 패턴, 레더 등의 소재로 고급스럽고 소공녀 같은 스타일을 완성해 준다.

② 주소재 외에도 코사지, 진주 목걸이, 새틴 테이프, 벨벳 테이프 등 부자재도 중요한 비중을 차지한다.

3 소재 발주서(Order Form) 예시

날짜 / 시즌 2018 F/W			
아이템 Coat		업 체	입고일 2018. 8. 30
총수량	4 4"	가 격	AD 4 yds (7. 30)
소재 퀄리티 스와치는 촉감을 알기 위해 손으로 만질 수 있는 크기로, 컬러 스와치는 회사별로 컬러 넘버가 붙어 있는 작은 크기로 퀄리티 스와치와 함께 제시된다. Quality Swatch　　　　　Color Swatch			
비고 : 패턴작업과 봉제 시 케이프, 소매, 체크 문양 잘 맞추기			

① 두 번째 케이프 울 체크 코트 상품을 예로 들어 발주서를 작성해 보면 아이템은 크게 코트로 분류된다.

② 소재 입고일은 겨울 시즌의 코트 소재 중 수입 소재를 사용할 경우 국내보다 절차와 시간이 오래 걸리고 변수가 많으므로 여름에 이미 수량을 정하고 발주를 하는 경우가 많다.

③ 소재 주문량은 코트 하나를 만드는 데 필요한 요척을 계산하여 기획한다.

④ AD감은 Advanced의 줄임말로 메인 생산에 앞서 처음의 기획의도와 느낌에 맞는지 알기 위해 하나의 샘플 생산에 필요한 원단을 미리 주문하는 것이다.

⑤ 같은 디자인으로 컬러별 원단 수량을 정하게 된다.

⑥ 비고에는 기모직물이나 체크와 같은 소재별 특성에 따라 생산 공정에서 특히 유의해야 할 사항을 미리 적어둔다.

여성 뷰티 & 코스메틱 브랜드의 예

1 질 스튜어트

① 뷰티 컬렉션(Jill Stuart Beauty Collection Line)

　㉠ 패션 브랜드 질 스튜어트는 현대적이고 여성스러운 감성의 페미닌 룩을 보여준다.

　㉡ 국내외 패션상품의 인기에 힘입어 10대 후반~20대 중반의 로맨틱을 꿈꾸는 소녀들과 젊은 여성들을 겨냥한 뷰티 & 코스메틱 라인을 출시하였다.

　㉢ 이전의 패션 라인보다 핑크, 화이트 톤의 플라워 장식과 시폰과 레이스 소재 및 코사지, 진주 디테일은 인테리어 장식과 뷰티 제품의 색조와 용기 디자인에 활용되어 더욱 확실하고 감성적인 로맨틱 무드를 연출해 준다.

② 질 스튜어트 뷰티 컬렉션의 이미지 및 소재, 스타일 완성

① 코스메틱 브랜드 베네피트는 미국의 50년대 레트로풍 로맨틱 스타일을 표현한 일러스트로 유명하다.

② 상품 패키지나 관련 소품에 이러한 일러스트가 사용되어 금발 단발의 웨이브 소녀가 등장하는 복고적인 여성스러움과 로맨틱 감성이 파우더와 틴트 등의 달콤한 향기와 잘 어울리고 있다.

③ 아래 맵은 베네피트 상품 이미지와 영화 '플레전트 빌' 속에 나타난 50년대 미국의 발랄한 여고생 소녀들의 의상과 헤어스타일을 보여준다.

④ 실제 50년대 로맨틱 스타일로 실크 사각 스카프로 두건 연출과 컬이 굵은 금발 웨이브헤어, 잘록한 허리와 A라인으로 퍼지는 스커트, 니트 아이템과 보니 삭스(발목까지 오는 얇은 양말로 옥스퍼드 신발 및 롱스커트와 함께 국내에서도 유행함)가 유행했다.

패션과 뷰티업계의 자연과 친해지기

문명의 발달과 환경 문제는 빛과 그림자처럼 늘 공존해왔다. 점차 환경과 건강, 자연에 대한 문제가 국가를 불문하고 전 세계적으로 핫 이슈가 되었다. 변화의 속성을 가장 크게 반영하는 패션과 뷰티 산업 또한 그린 마케팅을 중심으로 친환경을 위해 노력하고 있다. 영국 보디 숍은 사용한 화장품 용기를 재활용하며, 패션에서도 고가 명품 브랜드인 에르메스가 재활용 브랜드인 'Petith'를 출시하고 스위스의 유명 재활용 브랜드인 'Freitag'는 현수막, 안전벨트 등 산업용으로 생명을 다한 소재를 패션상품으로 재활용하여 선보였다. 비단 직접적인 재활용뿐 아니라 내추럴리즘은 몇년째 패션 트렌드를 유지하고 있다.

이러한 움직임들은 뉴스에서 방송되는 외국의 자연 재난 소식이 전혀 우리와 관련 없는 일이 아니라는 것을 보이지 않는 힘으로 강하게 역설하고 있다.

개인 포트폴리오를 위한 예

1 개 요

로맨틱 콘셉트에도 다양한 스타일과 테마가 존재한다. 전체적인 로맨틱 감성을 바탕으로 엘레강스 룩이나 걸리시 룩, 빈티지 룩에서 고스 로리타와 같은 펑키 로맨틱 룩까지 선택한 이미지에 따라 기본 소재 및 자수, 프린팅과 같은 디테일한 소재 기법으로 발전시킬 수 있다.

다음은 뷰티 디자인과 학생들의 맵 작업으로, 하나의 로맨틱 감성에서 어린 연령대를 타깃으로 하여 미성숙한 소녀와 같은 로맨틱 테마와 좀 더 성숙하고 엘레강스한 느낌이 더해진 로맨틱 테마를 각각 전개하면서 이미지, 소재, 액세서리, 의상스타일 및 메이크업 & 헤어 디자인 과정을 보여준다.

소재 사용의 측면에서 살펴보면 같은 실크 소재라 하더라도 층층이 넣은 짧은 길이의 프릴과 레이스는 굵은 면적의 플라운스 디테일보다 어리고 발랄한 느낌을 준다. 타프타와 자카드 소재 또한 패치형의 속치마와 함께 부풀리거나 퍼프형 블라우스로 표현하면 소녀스러운 로맨틱 무드에 더욱 용이하다.
부자재 또한 반짝이는 보석장식이나 왕관, 리본보다 진주, 스카프, 단순한 형태의 클러치 매치가 좀 더 성숙한 여성스러움과 로맨틱 느낌을 잘 전달할 수 있다.

2 THEME 1 : Meet Romance

3 과목

출제예상문제

FASHIONSTYLIST

출제예상문제

01 다음 중 색료의 혼합에 있어 1차색에 해당하는 색은 무엇인가?

① 마젠타, 시안, 녹색　　　　　　② 빨강, 녹색, 파랑

③ 빨강, 노랑, 파랑　　　　　　　④ 마젠타, 시안, 노랑

> **해설** 원색은 색의 기본으로 더 이상 쪼갤 수 없으며, 혼합에 의해 나올 수 없는 1차색임. 빛의 1차색은 빨강, 녹색, 파랑이고, 색료의 1차색은 마젠타, 시안, 노랑

02 서로 보색관계의 두 색을 인접시켰을 때, 서로의 영향으로 본래의 색보다 어떤 특성이 높아 보이는가?

① 채 도　　　　　　　　　　　② 명 도

③ 색 상　　　　　　　　　　　④ 순응도

> **해설** 보색대비는 보색끼리 인접한 경우 서로의 채도를 높여서 색이 더욱 선명한 것을 말함. 예를 들어 빨간 사각형이 보색인 청록의 배경과 잔상이 겹쳐, 보다 고채도의 색으로 지각되는 것

03 '색의 항상성'에 대하여 바르게 설명한 것은 무엇인가?

① 밝기나 색이 조명에 의해 비례하여 변한다.

② 단색광일수록 항상성이 약하다.

③ 조명이 달라진 직후에는 색의 변화를 알 수 없다.

④ 조명이 달라져도 색은 변하지 않는다.

> **해설** 화장실의 조명을 켜도 보라색 수건은 여전히 보라색임

정답 01 ④ 02 ① 03 ④

04 색의 진출과 후퇴에 관한 설명으로 옳지 않은 것은 무엇인가?

① 밝은 난색계의 색을 벽에 칠하면 방이 좁아보인다.
② 난색계는 한색계보다 진출성이 크다.
③ 배경색의 채도가 높은색에 비해 채도가 낮은 색은 진출성이 있다.
④ 배경색과 명도차가 큰 밝은색은 진출성이 있다.

> **해설** 채도가 낮은 색은 후퇴색임

05 빨강에 흰색을 섞었을 때 나타나는 결과는 무엇인가?

① 명도는 높아지나 채도는 낮아진다.
② 명도는 낮아지나 채도는 높아진다.
③ 명도와 채도 모두 높아진다.
④ 명도와 채도 모두 낮아진다.

> **해설** 빨강에 흰색을 섞으면 명도는 높아지나 채도는 낮아짐

06 감산혼합에 의해 얻을 수 없는 색은 무엇인가?

① 청 록   ② 빨 강
③ 갈 색   ④ 보 라

> **해설** 빨강은 혼합에 의해 나올 수 없는 1차색임

07 일정한 색의 자극이 사라진 후에도 계속적으로 색의 자극을 느끼는 현상은?

① 채도대비   ② 명도대비
③ 색상대비   ④ 계시대비

> **해설** 어떤 색을 계속 바라본 후에 다른 색으로 이동해 바라보게 되면 먼저 보았던 색의 영향으로 나중에 본 색이 다르게 보이며, 이렇게 2가지 색을 시간차를 두고 단계적으로 볼 때 일어나는 현상이 계시대비임

08 색과 음의 관계를 바르게 짝지어 놓은 것은?

① 높은 음 – 고채도, 저명도의 색

② 중간음 – 순색에 가깝고 밝고 선명한 색

③ 예리한 음 – 밝고 강한 채도의 색

④ 탁음 – 둔한 색, Grayish Tone, 낮은 채도의 색

> **해설** 탁음과는 둔한 색이나 낮은 채도의 색이 어울림

09 벽에 붙은 청록색 전단지를 한참 읽다가 문득 시선을 하얀 벽면으로 돌렸을 때, 보이는 잔상의 색은?

① 파 랑 　　　　　　　　　　② 검 정

③ 빨 강 　　　　　　　　　　④ 노 랑

> **해설** 부의 잔상(Negative After Image) : 자극이 사라진 후 그 정반대 상을 볼 수 있는 경우

10 색의 진출과 후퇴에 대한 설명으로 옳지 않은 것은?

① 배경색과 색상차가 큰 색은 진출한다.

② 배경색의 채도가 낮은 것에 대하여 높은 색은 진출한다.

③ 배경색과 명도차가 큰 밝은 색은 진출한다.

④ 난색계는 한색계보다 진출성이 있다.

> **해설** 배경의 색상차와는 관계없음

11 색채대비에 대한 설명 중 옳지 않은 것은?

① 채도대비는 유채색과 무채색 사이에서 더욱 뚜렷하게 느낄 수 있다.

② 명도대비는 명도의 차이가 클수록 더욱 뚜렷이 나타나며, 무채색의 경우 이러한 현상이 더욱 두드러지게 나타난다.

③ 색상대비는 1차색끼리 잘 일어나며 2, 3차색이 될수록 그 대비효과는 크게 나타난다.

④ 채도가 증가한다는 것은 색상이 뚜렷해지는 것이며, 따라서 면적이 커질수록 색상이 뚜렷이 나타나게 된다.

> **해설** 2, 3차색이 될수록 대비효과는 덜함

12 다음은 무엇을 설명하고 있는가?

> 색채는 인간의 심리구조와 긴밀한 관련을 맺고 있으며, 색채를 통해서 맛, 냄새, 소리, 촉감 등을 느낄 수 있다.

① 색채의 상징성   ② 색채의 공감각

③ 색채의 심리성   ④ 색채의 정서성

> **해설** 실제로 맛을 보거나 소리를 듣는 것이 아니더라도 색채를 통해 감각을 느끼는 것과 같은 효과를 느낌

13 색의 3속성 중에서 중량감에 가장 큰 영향을 미치는 것은?

① 명 도   ② 색 상

③ 채 도   ④ 톤

> **해설** 명도란, 색의 밝고 어두운 정도를 뜻함. 명도가 가장 높은 색은 흰색, 가장 낮은 색은 검정

14 색채의 연상작용에 대한 설명으로 옳지 않은 것은?

① 정열, 혁명, 활력, 흥분, 에너지 등의 추상적 연상작용을 일으키는 색은 '빨강'이다.

② 죽음, 공포, 악마, 허무, 절망, 침묵, 엄숙 등의 연상작용을 일으키는 색은 '검정'이다.

③ 고귀, 추함, 고독, 창조, 신비, 우아, 신성 등의 연상작용을 일으키는 색은 '보라'이다.

④ 애정, 식욕, 온화, 희열, 유쾌, 약동 등의 연상작용을 일으키는 색은 '녹색'이다.

> **해설** 녹색은 생명과 건강, 희망, 젊음 등을 상징하는 대표적인 색이다. 정신적인 안정감을 주는 색으로 피로를 덜고 휴식과 명상을 위한 공간색채로 사용된다.

15 나뭇잎이 녹색으로 보이는 이유는 무엇인가?

① 나뭇잎의 원래 색이 녹색이기 때문이다.

② 다른 색은 흡수하고 녹색광만 반사하기 때문이다.

③ 다른 색은 반사하고 녹색광만 흡수하기 때문이다.

④ 녹색광만 굴절하기 때문이다.

> **해설** 장파장, 단파장, 중간파장 중 우리 눈은 중간파장의 빛에 가장 민감하게 반응하고, 중간파장의 영역에 해당하는 녹색빛에 강하게 반응하므로 나뭇잎은 초록색으로 보인다.

16 다음 내용은 면적대비에 대한 일반적인 설명이다. 빈칸에 차례로 들어갈 말은?

> 명도가 높은 색은 그 면적을 (A) 하고 명도가 낮은 색은 (B) 하며, 채도가 높은 색은 (C) 하고 채도가 낮은 색은 (D) 배분하는것이 시각적으로 균형 있는 색면을 구성하는 방법이다.

	A	B	C	D
①	크게	작게	크게	작게
②	크게	작게	작게	크게
③	작게	크게	크게	작게
④	작게	크게	작게	크게

> **해설** 면적대비란, 같은 색이라도 면적의 크기에 따라 색의 명도와 채도가 다르게 보이는 현상이다.

17 색채학에서 보통 Color Tree라고 하는 것은 무엇인가?

① 색입체　　　　　　　　　　　② 색 환
③ 색광의 분산　　　　　　　　　④ 색상차

> **해설** 오스트발트의 색입체는 명도·채도가 수직·수평의 축을 이루고 있는 먼셀의 색입체와는 달리 등색상 정삼각형 구도의 사선배치로 구성되어 전체적으로 쌍원추체의 형태로 이루어져 있다.

18 오스트발트 체계의 기본구조에 대한 설명으로 옳지 않은 것은?

① 순색, 흰색, 검정을 배치한 3성분의 혼합비에 의해 표시한다.
② 기준색은 노랑, 빨강, 남색, 청록이다.
③ 20색상환을 사용한다.
④ 유채색의 각 순색상들은 28단계로 변화한다.

> **해설** 오스트발트의 기본색상은 노랑, 빨강, 남색, 청록의 4색을 기준으로 사이에 주황, 보라, 파랑, 연두를 배치한 8가지 색이다. 이 8가지 주요색상을 3등분하여 총 24색의 색상환을 구성하였다.

19 다음 중 톤(Tone)에 대한 설명으로 옳지 않은 것은?

① 명도와 채도의 복합개념이다.
② 강/약, 얇다/깊다 등과 같은 색의 상태차이를 뜻한다.
③ 색채조화에서 색의 3속성에 의한 것보다 어렵다.
④ 유채색에서 보통 12종류의 톤으로 나눌 수 있다.

> **해설** **톤**
> • 색의 느낌과 관계없이 명도와 채도를 하나의 개념으로 묶어서 표현한 것으로써 색의 이미지를 보다 쉽게 전달하고자 한 것
> • 색상이 달라도 톤이 같으면 닮은 이미지로 나타나게 됨

17 ① 18 ③ 19 ③ 　정답

20 색명법에 관한 설명으로 옳지 않은 것은?

① 정량적이고, 정확한 색 표시방법이다.
② 숫자나 기호보다 색감의 연상이 편리하다.
③ 색 이름에 의해 색을 표시하는 표색의 일종이다.
④ 감성적이고 부정확성을 가진다.

해설 표색계는 정량적이고 부정확성을 갖는 반면에 색명법은 감성적이고 부정확성을 가짐

21 먼셀(Munsell)의 기본 색상 기호는?

① C, M, Y
② R, Y, G, B, P
③ Y, B, G, R
④ R, G, B

해설 먼셀의 기본 색상에서는 기본 5원색을 설정

22 색채 표준화의 기본적인 조건에 해당하지 않는 것은?

① 색채 속성 배열의 과학적 근거
② 색채의 속성(색상, 명도, 채도) 표기
③ 색채 간 지각적 등보성
④ 특수안료의 사용

해설 표준화 조건
과학적·합리적 체계, 사용 용이, 색채 간 지각적 등보성 유지, 일반 안료로 재현 가능, 색상·명도·채도 등의 색채 속성이 명확히 표기

23 다음 중 먼셀 색채조화론의 원리를 예를 들어 설명한 내용으로 잘못된 것은?

① 짙은 색이나 약한 채도는 밝은 명도나 강한 채도의 것보다 그 넓이를 작게 한다.
② 명도는 같지만 채도가 다른 반대색끼리는, 약한 채도는 넓게, 강한 채도는 작게 면적을 준다.
③ 중간 채도의 반대색 배색은 같은 넓이로 배합하면 조화롭다.
④ 채도가 같고 명도가 다른 반대색끼리는 회색척도에 관하여 정연한 간격으로 했을 때 조화롭다.

해설 넓이를 크게 한다는 것이 색채조화론의 원리

정답 20 ① 21 ② 22 ④ 23 ①

24 의상디자인의 발달과정에서 시대별로 나타난 색채사용의 특성 중 타당하지 않은 것은?

① 1900년대에는 아르누보의 부드럽고 여성적인 경향을 보이는 파스텔색조가 유행하였다.

② 1940년대 초반에는 2차 세계대전의 영향으로 검정, 카키, 올리브그린의 군복 색조가 유행하였다.

③ 1960년대는 팝아트의 영향으로 블루진과 자연의 색조인 파랑, 녹색이 유행하였다.

④ 1980년대에는 재패니스 룩(Japanese Look), 앤드로지너스 룩(Androgynous Look)으로 검정, 흰색과 어두운 자연계 색이 유행하였다.

> **해설** 팝아트와 자연의 색조는 관계없음

25 다음 보기의 내용이 설명하는 배색의 형식은 무엇인가?

> • 단조로운 배색에 대조적인 색을 소량 추가함으로써 배색에 초점을 주어, 전체의 상태를 돋보이게 하기 위해 사용하는 기법이다.
> • 옷의 배색이 단조로울 때 액세서리를 통해 포인트를 주는 것도 이의 한 예이다.
> • '강조한다', '돋보이게 한다', '두드러지게 한다' 등의 정의로 설명할 수 있다.

① 악센트 효과에 의한 배색　　　　　　② Tone on Tone 배색

③ Tone in Tone 배색　　　　　　　　④ 그라데이션 효과에 의한 배색

> **해설** 단조로운 배색에 대조적인 색을 소량 추가함으로써 배색에 초점을 주어, 전체의 상태를 돋보이게 하기 위해 사용되는 기법

26 다음 보기의 내용이 설명하는 것은?

> 인상주의의 영향을 받아 환하고 연한 파스텔 계통의 부드러운 색조가 유행했으며, 복잡한 이중적인 색채로 섬세한 분위기를 연출했다.

① 아방가르드　　　　　　　　　　　② 순수주의

③ 미술공예운동　　　　　　　　　　④ 아르누보

27 무대에서 하얀 발레복을 입은 무용수에게 빨간 조명과 녹색 조명이 동시에 투사되면 발레복은 무슨 색으로 나타나는가?

① 주 황　　　　　　② 노 랑
③ 파 랑　　　　　　④ 보 라

해설 빨간색과 녹색을 가산혼합하면 노랑색이 나타남

28 작은 견본을 보고 옷감을 골랐더니 완성된 옷의 색상이 견본색보다 강하게 느껴졌다. 이는 색채의 어떤 효과로 인한 것인가?

① 색상 대비　　　　② 면적 대비
③ 채도 대비　　　　④ 명도 대비

해설 면적이 적은 부분의 색상은 본래 색보다 강하게 느껴짐

29 인류에게 알려진 오래된 염료 중의 하나로 벵갈이나 자바 등 아시아 여러 곳에서 자라는 토종식물에서 얻어지며, 우리에게 청바지의 색으로 잘 알려진 천연염료는?

① 인디고　　　　　② 플라본
③ 모 브　　　　　④ 모베인

해설 인디고 : 가장 많이 사용되는 천연염료 중 하나로 청바지의 색으로 잘 알려져 있음

정답 27 ② 28 ② 29 ①

30 복식디자인 분야의 유행색에 대한 개념이 옳지 않은 것은?

① 일정 기간을 갖고 주기적으로 반복된다.
② 특정 시기에 더 선호하게 되는 색이다.
③ 패션 유행색은 다른 분야에 비해 비교적 느리게 변한다.
④ 색채 전문기관에 의해 유행색이 예측되기도 한다.

> **해설** 패션 분야 유행색은 오히려 더욱 빠르게 변함

31 다음 중 색채심리를 이용한 배색 중 옳지 않은 것은?

① 백색, 회색, 흑색을 밝은 순서로 세로로 늘어놓은 다음 백색을 위에 놓고 바라보면 안정감이 있다.
② 실내에 천장을 가장 밝게 하고, 중간 부분을 윗벽보다 어둡게 하며 바닥은 그보다 더 어둡게 한다.
③ 자동차의 바깥부분에 따뜻한 색 계통을 칠하면 눈에 잘 띈다.
④ 맨홀공사 표지판을 세웠을 때, 청록색이나 파란색 계통의 한색을 사용한다.

> **해설** 위험과 금지를 상징하는 색깔은 빨강임

32 다음 중 안정적이며, 온도감 없이 중성적인 느낌의 색채는 무엇인가?

① 녹 색   ② 귤 색
③ 파 랑   ④ 다 홍

> **해설** 녹색은 중성의 색임

33 다음 중 색채의 강약감에 대한 설명으로 옳은 것은?

① 페일톤(Pale Tone)은 강한 색이다.

② 명도의 영향을 받지 않는 것이 특징이다.

③ 주로 채도의 높고 낮음에 따라 달라진다.

④ 브라이트(Bright)나 비비드(Vivid) 등의 톤은 약한 색이다.

> **해설** 채도에 따라 강하게 느껴지기도, 약하게 느껴지기도 함

34 따뜻한–차가운, 밝은–어두운, 약한–강한 등의 반대적인 의미를 단계적으로 정도 차이를 표기할 수 있도록 조사하는 방법은 무엇인가?

① GT법

② 오스왈드법

③ ISCC법

④ SD법

> **해설** 색채감정은 SD법에 의해 누구에게나 공통적인 요소라는 것이 확인됨

35 컬러이미지 스케일에 대한 설명으로 옳지 않은 것은?

① 색채이미지를 어휘로 표현하여 좌표계를 구성한 것이다.

② 색채의 3속성을 체계적으로 이미지화한 것이다.

③ 유행색 경향 및 선호도 비교 · 분석에 사용된다.

④ 색채가 주는 느낌, 정서를 언어스케일로 나타낸 것이다.

> **해설** 색의 이미지를 판단하는 기준의 하나로, 언어이미지에 대응하여 배색이미지를 스케일을 위해 배치하여 감성 이미지를 제시한 것

정답 33 ③ 34 ④ 35 ②

36 다음 중 색채의 조화를 위한 효과적인 배색방법을 설명한 것으로 옳지 않은 것은?

① 유사색상의 배색은 톤의 대비효과를 강하게 하면 온화한 느낌으로 조화를 이루게 된다.

② 무채색을 기조로 하여 유채색을 조합하면, 우아하고 캐주얼한 이미지가 된다.

③ 모노톤을 사용하면 단조롭고 심플하므로 질감의 차이로 변화를 주는 것이 좋다.

④ 사용되는 색을 같은 톤으로 통합하면, 전체의 이미지도 통합된다.

> **해설** 톤의 대비효과를 약하게 하면 온화한 느낌으로 조화를 이룰 수 있음

37 다음 중 가장 화려한 이미지를 전달하는 배색은?

① 딥 톤(Deep Tone)의 한색 ② 페일 톤(Pale Tone)의 한색

③ 비비드 톤(Vivid Tone)의 난색 ④ 다크 톤(Deep Tone)의 난색

> **해설** 비비드 톤은 선명하고 화려한 이미지

38 미용색채에서 외형적이고 활달하며 명랑한 개성을 나타내고자 할 때 적합한 입술색은?

① 진한 핑크색 계열 ② 라이트브라운 계열

③ 따뜻한 오렌지 계열 ④ 차분한 퍼플 계열

> **해설** 오렌지 계열의 입술색은 명랑하고 활달한 느낌을 주기에 적합

39 색채의 시간성과 속도감을 이용한 색채계획에 있어서 옳지 않은 것은?

① 오랜 시간 기다려야 하는 대기실에 적합한 색채는 지루함이 느껴지지 않는 난색계의 색을 적용한다.

② 손님의 회전율이 빨라야 할 패스트푸드 매장에서는 난색계의 색을 적용한다.

③ 사무실에 적합한 색채로는 한색계의 색상을 적용한다.

④ 고채도의 난색계 색상이 한색계보다 속도감이 빠르게 느껴지므로 스포츠카의 외장색으로 적합하다.

> **해설** 장파장인 빨간색 계열은 시간이 길게 느껴지고 속도감에서는 반대로 빨리 움직이는 것 같이 지각되는 데 반해, 단파장인 파란색 계열은 시간이 짧게 느껴지고 속도감에서는 느리게 움직이는 것 같이 지각됨

36 ① **37** ③ **38** ③ **39** ① **정답**

40 살이 찐 사람이 날씬해 보이려면 어떤 색의 의상을 입는 것이 바람직한가?

① 고채도의 빨강　　　　　　　　　② 고명도의 파랑
③ 저명도의 빨강　　　　　　　　　④ 저채도의 파랑

> **해설** 저명도, 저채도의 한색의 의상을 입으면 날씬해 보일 수 있음

41 부드럽고, 수줍고, 달콤하고, 섬세하며 여성적인 이미지로 파티나 약혼식, 결혼식 후의 신부 예복으로 가장 많이 쓰이는 색은?

① 핑 크　　　　　　　　　　　　　② 골 드
③ 보 라　　　　　　　　　　　　　④ 오렌지

> **해설** 실제로 핑크는 결혼 후의 피로연 등에 자주 쓰이는 색임

42 스타일리스트가 콘서트를 여는 가수를 위해 여러 가지 의상을 고르려 한다. 보다 리듬이 강하고 빠른 곡들을 부르는 상황에서 갈아입어야 할 의상으로 옳은 것은?

① 연보라색　　　　　　　　　　　② 빨강색
③ 회 색　　　　　　　　　　　　　④ 녹 색

> **해설** 빨강은 힘과 에너지, 생명력, 흥분감 등과 연관되어 스포츠 관련 업계에서 브랜드 컬러로 선호하는 색임

43 세퍼레이션(Separation) 컬러는 흑색 윤곽이 있으므로 더 이상적인 조화가 이루어진다는 것을 뜻한다. 이와 관계있는 것은?

① 보색배색　　　　　　　　　　　② 저드의 색채조화론
③ 만화영화나 캐릭터 일러스트　　　④ 파버비렌의 조화론

> **해설** 두 색 또는 다색의 배색에서 그 관계가 모호하든지 대비가 지나치게 강할 경우에, 접하고 있는 색과 색 사이에 분리색을 한 가지 삽입하는 것으로 조화를 이루는 기법임

정답 40 ④　41 ①　42 ②　43 ③

44 색상의 강도에 의해 강한 느낌을 주기 때문에 디자인에서 악센트로 자주 사용되는 것은?

① 채도가 높은 색　　　　　　　　　　② 채도가 낮은 색

③ 명도가 높은 색　　　　　　　　　　④ 명도가 낮은 색

> **해설** 채도가 높을수록 색감이 강하기 때문에 악센트 칼라로 사용됨

45 다음은 어떠한 배색방법에 대해 기술한 것인가?

> 비슷한 톤의 조합에 의한 배색기법으로 동일색상의 사용을 원칙으로 하고 있으며, 인접 혹은 유사색
> 상의 범위 내에서 선택한다. 톤의 차이가 비슷하여 색의 풍요로움을 전달시키는 데 유효하다.

① 토널(Tonal) 배색　　　　　　　　　② 톤 온 톤(Tone on Tone) 배색

③ 비콜로(Bicolore) 배색　　　　　　　④ 톤 인 톤(Tone in Tone) 배색

> **해설** 톤 인 톤 배색은 동일한 명도와 채도를 가지고 색상만 바꾸는 배색을 말함

46 연속된 단계적인 배열을 통해 자연스러운 배색의 효과를 볼 수 있는 배색기법은 무엇인가?

① 톤 인 톤(Tone in Tone) 배색　　　② 세퍼레이션(Separation) 배색

③ 그라데이션(Gradation) 배색　　　　④ 악센트(Accent) 배색

> **해설** 그라데이션 기법은 색채의 배색, 의류의 배색, 메이크업의 색조에서도 다양하게 쓰임

47 사람의 관심을 끌어야하는 직업을 가진 사람의 의복색을 결정할 때, 특히 고려해야 할 사항은?

① 색의 주목성　　　　　　　　　　　② 색의 운동감

③ 색의 상징성　　　　　　　　　　　④ 색의 항상성

> **해설** 주목성은 색이 우리의 눈을 끄는 힘을 말하는데, 명시도가 높은 색은 어느 정도 주목성이 높아짐. 일반적으로
> 고명도 · 고채도의 색이 주목성이 높고, 한색보다는 난색이 주목성이 높음

48 다음 내용 중 빈칸에 들어갈 알맞은 용어는?

> 한 남자가 검정 옷을 입고, 흰 넥타이를 매고 있을 때, 우리는 검정색을 (   )색이라 말한다.

① 대 조
② 통 일
③ 조 화
④ 주 조

해설 주조색은 배색의 기본이 되는 색으로 약 60~70% 면적을 차지하는 가장 넓은 부분의 색임

49 다음 중 연속배색에 관한 설명으로 옳은 것은?

① 애매한 색과 색 사이에 뚜렷한 한가지 색을 삽입하는 배색이다.
② 색상이나 명도, 채도, 톤 등이 단계적으로 변화하는 배색이다.
③ 셋 이상의 색을 사용하여 되풀이하고 반복함으로써 융화성을 높이는 배색이다.
④ 단조로운 배색에 대조색을 추가함으로써 전체의 상태를 돋보이게 하는 배색이다.

해설 연속적인 배색은 명도, 채도, 톤 등이 단계적으로 변화

50 피부에 노란기가 있고 창백해 보이는 얼굴색의 경우, 개성을 부각시킬 수 있는 가장 적절한 머리 염색제는?

① 파랑 띤 검정
② 차가운 느낌의 금발
③ 담갈색
④ 황금색 띤 갈색

해설 창백하거나 칙칙해보이지 않을 수 있는 색을 선택하여야 함

51 단섬유(방적사)에 비해 장섬유(필라멘트사)의 좋은 점은?

① 함기량이 크다.
② 통기성이 우수하다.
③ 촉감이 부드럽다.
④ 보온성이 우수하다.

해설 필라멘트사를 사용하면 부드럽고 매끈함

정답 48 ④ 49 ② 50 ① 51 ③

52 단섬유로 만들어 혼방에 가장 많이 사용되는 합성섬유는?

① 비닐론
② 폴리에스테르
③ 스판덱스
④ 폴리프로필렌

> **해설** 폴리에스테르는 혼방에 가장 많이 사용되며, 천연섬유와의 혼방뿐 아니라 여러 섬유가공이 가능하여 대부분의 의류에 사용

53 다음 중 다림질 온도(내열성)가 높은 순서인 것부터 나열된 것은?

① 모, 면, 합성섬유, 견
② 합성섬유, 견, 면, 모
③ 면, 모, 합성섬유, 견
④ 면, 견, 모, 합성섬유

> **해설** 면은 열에 견디는 내열성이 높아 젖은 상태에서 220도까지 안전하며, 폴리에스테르는 쉽게 말라 다림질이 거의 필요 없음

54 옷감의 보온성을 결정하는 두 가지 성질이 서로 옳게 짝지어진 것은?

① 연소율, 열전도율
② 흡수율, 통기율
③ 함기율, 열전도율
④ 탄성률, 함기율

> **해설** 옷감의 보온성을 결정하는 성질
> • 함기율 : 섬유 사이에 공기를 가지고 있는 정도
> • 열전도율 : 물체 속에 열이 전도하는 정도

55 폴리에스테르로 주름치마를 만드는 것은 섬유의 어떤 성질을 이용한 것인가?

① 대전성
② 열가소성
③ 방적성
④ 레질리언스

> **해설** 열가소성이란, 열의 작용으로 영구적 변형이 생기는 성질을 말하는데, 폴리에스테르는 열가소성이 좋아서 고온처리로 주름을 만들 수 있음

56 섬유의 대전성에 관한 설명으로 옳지 않은 것은?

① 흡습성이 많은 섬유일수록 정전기가 심하게 일어난다.

② 섬유에 정전기가 일어나면 오염이 잘 된다.

③ 특히 겨울철 대기가 건조할수록 정전기는 심하게 일어난다.

④ 옷을 입거나 벗을 때에 방전되어 전기가 일어나므로 불쾌하다.

> **해설** 흡습성이 적은 섬유일수록 대전성이 높아져 정전기가 심하게 일어남

57 옷의 형태안정성을 좋게 하는 섬유의 성능과 관계없는 것은?

① 신축성   ② 내추성

③ 압축성   ④ 통기성

> **해설** 통기성은 공기가 얼마나 잘 통하는지의 성질로, 옷의 형태안정성과는 관련이 없음
> - 신축성 : 옷감이 잘 늘어나고 줄어드는 성질
> - 내추성 : 옷감에 구김이 잘 가지 않는 성질
> - 압축성 : 압력이 가해질 때 부피가 줄어들 수 있는 성질

58 면으로 된 양말이나 속옷에 곰팡이 발생을 방지하기 위해 처리하는 가공법은?

① 방충가공   ② 머서화가공

③ 방추가공   ④ 방염가공

> **해설** 곰팡이 발생을 방지하기 위한 가공법은 방충가공이며, 방추가공은 주름을 방지하는 가공이다.

59 양모 섬유는 알칼리 상태에서나 뜨거운 곳에서 마찰되면 서로 엉키는 특성이 있다. 이 성질은 (㉠)이라 하며, 이를 이용하여 제작한 원단을 (㉡)라 한다. 빈칸에 알맞은 말끼리 짝지어진 것은?

① ㉠ – 축융성 ㉡ – 펠트   ② ㉠ – 방적성 ㉡ – 펠트

③ ㉠ – 축융성 ㉡ – 저지   ④ ㉠ – 방적성 ㉡ – 저지

> **해설** 펠트 : 양모 섬유의 열, 수분, 압력에 의해 서로 엉키는 축융성질을 이용해 얻는 옷감

정답   56 ①   57 ④   58 ①   59 ①

60 모섬유의 용도와 관리에 대한 설명 중 옳지 않은 것은?

① 보온성이 좋아 겨울용 의류직물로 사용된다.
② 단백질 섬유이므로 해충의 침식을 막기 위해 햇볕에 말린다.
③ 드라이클리닝으로 세탁 시 수축을 막는다.
④ 흡습성이 좋아서 청결에 유의해야 한다.

> **해설** 모섬유는 보온성이 높고 세탁기 사용보다는 드라이클리닝이 안전하며 흡습성이 좋아 청결에 유의해야 함

61 모섬유의 권축(섬유의 길이 방향대로 파상의 꼬임이 있는 것)이 가지는 성질로 옳지 않은 것은?

① 보온성   ② 탄력성
③ 내추성   ④ 대전성

> **해설** **대전성**
> 대전성이란, 섬유와 마찰 시 정전기가 발생한다는 것으로, 섬유에 수문함유량 · 흡습싱이 직을수록 대전성이
> 높아짐. 일반적으로 천연섬유에 비해 합성섬유는 수분함유량이 적어 대전성이 높으며, 섬유에 정전기가 발생
> 할 경우 겉표면에 있던 먼지들이 섬유 안으로 빨려 들어가므로 쉽게 오염이 일어남

62 견섬유의 용도와 관리에 대한 설명 중 옳지 않은 것은?

① 세탁은 드라이클리닝이 안전하다.
② 일광에 의한 색상의 변화를 막기 위해 그늘에서 건조한다.
③ 내충, 내균성이 좋아 좀에 의한 침식이 양모보다 우수하다.
④ 다리미의 온도는 150℃ 이상으로 고온에서 견디는 성질이 좋다.

> **해설** 견섬유는 원피스, 블라우스, 넥타이, 스카프 등에 주로 쓰이며, 다리미의 온도는 150℃ 이하로 낮게 해야 함

60 ② **61** ④ **62** ④ **정답**

63 다음은 인조(화학)섬유가 천연섬유보다 나은 점을 열거한 것으로 옳지 않은 것은?

① 약품에 견디며 열처리가공이 가능
② 햇볕과 병충해에 견디는 성질
③ 높은 흡수성에 의한 쾌적성
④ 안정된 생산공급

> **해설** 흡수성이 높아 쾌적한 것은 천연섬유가 인조섬유보다 나은 점

64 폴리에스테르는 T/C(면과 혼방), T/W(모와 혼방) 섬유와 같이 혼방에 주로 쓰이는데, 그 이유로 옳지 않은 것은?

① 천연섬유에서 부족한 염색성을 높인다.
② 흡습성이 적은 결점을 보완한다.
③ 구김이 적고 형태안정성이 좋다.
④ 부드럽고 매끄러운 촉감을 얻을 수 있다.

> **해설** 폴리에스테르는 염색성이 낮아 염색하기가 어려움

65 모섬유 대용으로 개발되어 벌크가공으로 보온성을 높인 인조섬유는?

① 나일론
② 폴리아크릴
③ 스판덱스
④ 레이온

> **해설** 아크릴은 양모보다 따뜻한 섬유로 널리 알려짐

66 탄성력이 뛰어나 속옷 파운데이션용으로 많이 사용되는 인조섬유는?

① 폴리에스테르
② 폴리아크릴
③ 스판덱스
④ 아세테이트

> **해설** 폴리우레탄은 1958년 미국의 듀퐁사에서 만든 고무와 같이 신축성이 큰 합성섬유로 스판덱스(Spandex)라고도 불림

정답 63 ③ 64 ① 65 ② 66 ③

67 섬유의 재료 제조 과정이 '섬유 → 실 → 방직' 과정인 것은?

① 편 물　　　　　　　　　　② 부직포
③ 직 물　　　　　　　　　　④ 펠 트

> **해설** 직물 제조 과정 : 섬유 → 실 → 방직

68 평직의 성질에 대한 설명으로 옳은 것은?

① 신축성이 크다.
② 짜임이 유연하여 장식효과가 크다.
③ 외관이 화려하고 표면이 부드럽다.
④ 표면이 거칠고 광택이 적다.

> **해설** 평직은 표면이 매끈하지 않고 광택이 적음

69 평직으로 짜인 직물로 묶인 것은?

① 시폰, 모슬린　　　　　　② 데님, 모슬린
③ 양단, 데님　　　　　　　④ 양단, 시폰

> **해설** 평직으로 짜인 직물로는 모슬린, 시폰, 거즈 등이 있음
> • 모슬린 : 거친 면직물로 표백하지 않은 상태
> • 시폰 : 필라멘트사나 견사를 평직으로 직조함
> • 거즈 : 면 약연사를 사용해 밀도를 성글게 제작함

70 다음 중 능직에 대한 설명으로 옳은 것은?

① 평직보다 강도가 강하다.

② 날실과 씨실이 1올씩 교차되며 짜여진 조직이다.

③ 수자직보다 광택이 우수하다.

④ 같은 굵기의 실로 밀도가 큰 직물을 만들 수 있다.

> **해설** ① 평직보다 강도가 약함
> ② 둘 혹은 그 이상의 위사 또는 경사를 건너서 교차함
> ③ 수자직이 광택이 더 우수함

71 능직으로 짜인 옷감으로 묶인 것은?

① 양단, 공단

② 서지, 개버딘

③ 우단, 코듀로이

④ 포플린, 옥양목

> **해설** 능직 소재 종류에는 플란넬, 헤링본, 개버딘, 트위드, 진, 데님, 서지 등이 있음

72 다음 중 수자직의 표면에 대한 설명으로 옳은 것은?

① 표면의 조직점이 평직보다 많아 강도가 강하다.

② 표면의 광택이 좋고 아름답다.

③ 표면에 능선이 나타난다.

④ 표면에 조직점이 뚜렷하게 나타난다.

> **해설** **수자직**
> 수자직은 주자직이라고도 하며, 경사와 위사가 최대한 교차하지 않고 적은 조직점을 분산시켜 표면에 위사나 경사만 돋보이게 한 직물임. 수자직은 평직, 능직에 비해 실의 자유도가 커지면서 부드러운 촉감과 광택이 높아지며 조직점이 적어 경사와 위사의 마찰이 적어져 구김은 덜 생기나 강도와 마찰에는 약함

73 수자직으로 된 블라우스가 평직으로 된 블라우스보다 좋은 점은?

① 표면이 거칠고 실용적이다.

② 강도가 커서 세탁에 강하다.

③ 유연하여 구김이 잘 생기지 않는다.

④ 능선을 나타낼 수 있고 다양한 변화직이 가능하다.

> **해설** 평 직
> 평직은 가장 간단한 조직으로 경사와 위사가 한 올씩 교대로 교차함. 조직점이 많아 강하고 실용적이지만 조직점이 많은 대신 실의 자유도가 적으므로 구김이 잘 생김. 옷감의 겉과 안쪽이 구별되지 않으며, 표면이 매끈하지 않고 광택이 적음

74 다음 중 삼원직의 특성 비교 중 옳게 나열된 것은?

① 강도 – 평직 > 수자직 > 능직

② 광택 – 능직 > 수자직 > 평직

③ 구김 – 평직 > 능직 > 수자직

④ 보온성 – 평직 > 능직 > 수자직

> **해설** 삼원 조직에 따른 특징 비교
>
> | 특 징 | 조직에 따른 차이 |
> |---|---|
> | 실의 자유도 | 평직 < 능직 < 수자직 |
> | 실의 밀도 | 평직 > 능직 > 수자직 |
> | 옷감의 강도 | 평직 > 능직 > 수자직 |
> | 옷감의 유연성 | 평직 < 능직 < 수자직 |
> | 옷감의 구김 정도 | 평직 > 능직 > 수자직 |

75 다음 중 직조와 그 성질의 연결이 옳지 않은 것은?

① 수자직 – 내마모성　　　　② 편성물 – 신축성

③ 첨모직 – 보온성　　　　　④ 평직 – 내구성

> **해설** 수자직은 마모에 대한 내성이 약함

76 다음 중 직조와 직물의 연결이 옳은 것은?

① 이중직 – 광목, 코듀로이

② 이중직 – 크레이프, 시어서커

③ 기모직 – 양단, 새틴

④ 파일직 – 벨벳, 타월

> **해설** **파일직**
> • 첨모직물이라고도 하며 짧은 섬유를 털처럼 바탕직물 위에 수직으로 끼워 넣거나 심는 방식
> • 일종의 입체적 표면을 가지는 직물
> • 파일의 형태는 두 가지이며, 고리 모양으로 심어진 루프 파일과 털 다발처럼 심어진 컷 파일이 있음
> • 경사로 파일을 형성하는 경우는 경파일 직물, 위사로 파일을 형성하는 경우는 위파일 직물

77 다음 중 파일직이 아닌 직물은?

① 타 월

② 벨 벳

③ 코듀로이

④ 데 님

> **해설** 경파일직 소재 종류에는 벨벳, 아스트라칸 등이 있고, 위파일직 소재 종류에는 벨베틴, 코듀로이 등이 있음

78 다음 중 펠트의 특성에 대한 설명으로 옳지 않은 것은?

① 표면에 결이 없고 압축에 대한 탄력성이 좋다.

② 가장자리가 잘 풀리는 단점이 있다.

③ 강직하고 드레이프성이 나쁜 편이다.

④ 인장과 마찰에 대단히 약하고 강직하다.

> **해설** 펠트는 실을 사용하지 않고 양모섬유의 열, 수분, 압력에 의해 서로 엉키는 축융성질을 이용해 얻는 옷감으로, 올이 풀리지 않는 것이 특징

79 부직포에 대한 설명으로 옳지 않은 것은?

① 심지, 패드, 방음, 보온재로 많이 쓰인다.
② 신축성이 많아 잘 늘어나고 비교적 강한 섬유에 속한다.
③ 올의 방향성이 없어 비교적 올이 쉽게 풀리지 않는다.
④ 일반적인 제직방법으로 제작되지 않고 섬유로 직접 옷감으로 만든다.

> **해설** 부직포는 신축성이 없고 뻣뻣함

80 보온성은 섬유의 함기율에 영향을 받는다는 점에서 직물보다 함기율이 높은 편물이 겨울성 소재로 많이 이용된다. 그러나 바람 부는 추운 날에 두꺼운 스웨터만 입고 외출하면 보온 효과가 떨어진다. 그 이유는?

① 직물보다 통기성과 투습성이 향상되기 때문
② 열전도율과 흡습성이 크기 때문
③ 형태안정성은 좋으나 조직이 엉성하여 신축성이 크기 때문
④ 스웨터 재료 실에 방수처리가 되지 않았기 때문

> **해설** 편성물은 고리로 연결할 때 생기는 많은 구멍으로, 직물보다 함기율이 높음

81 패션 테마의 이미지와 그에 해당하는 소재의 재질이 어울리게 짝지어진 것은?

① 로맨틱 – 크리습(Crisp)한 느낌의 약간 뻗치는 볼륨감의 소재
② 모던 – 금속이나 에나멜로서 느껴지는 메탈릭한 느낌의 소재
③ 컨트리 – 소프트한 느낌의 드레이프성이 강한 소재
④ 액티브 – 부드러우면서 늘어지는 림프(Limp)한 느낌의 소재

> **해설** 모던 테마는 현대적이고 약간은 인위적인 소재가 잘 어울림

79 ② 80 ① 81 ② **정답**

82 거칠고 볼륨감 있는 러프(Rough)한 느낌의 소재가 아닌 것은?

① 홈스펀 트위드   ② 인디언 헤드

③ 벨 벳   ④ 홉 색

> **해설** 벨벳은 매끄럽고(Soft), 부드러움

83 다음에서 제시된 원단들이 주는 공통된 재질감은?

시폰, 쪼젯, 레이스, 노빙

① 주름의 느낌(Crinkle)   ② 중량감의 느낌

③ 알갱이 느낌(Grainy)   ④ 시스루한 느낌(See-through)

> **해설** 시스루 소재는 오간자, 노방, 시폰, 레이스 등이 있으며 소재를 겹겹이 함께 사용하기도 함

84 옷감의 재질과 그 옷감으로 만든 의상 착용자의 조화 사례 및 효과를 제시한 것 중 옳지 않은 것은?

① 광택이 나는 직물 – 작은 체형에 효과적이나 거칠고 주름진 피부에는 역효과가 난다.

② 거칠고 두껍게 짜인 직물 – 실제보다 체형을 크게 보이게 한다.

③ 뻣뻣한 직물 – 체형의 전체적인 윤곽선을 감추어 몸의 결점을 커버 가능하다.

④ 얇고 비치는 직물 – 원단의 중량감이 적으므로 체형이 큰 사람에게 효과적이다.

> **해설** 원단의 중량감이 적으므로 체형이 큰 사람에게 비효과적임

85 체형이 크거나 뚱뚱한 사람이 선택하면 좋을 재킷 스타일은?

① 잔잔한 꽃무늬가 그려진 재킷   ② 비대칭 균형의 사선무늬의 재킷

③ 작은 곡선무늬가 그려진 재킷   ④ 규칙적인 물방울 무늬의 재킷

> **해설** 체형이 크거나 뚱뚱한 사람에게는 체형이 부각되지 않는 소재와 무늬가 좋음

정답 82 ③ 83 ④ 84 ④ 85 ②

86 제시된 텍스타일 디자인과 패션테마가 잘못 짝지어진 것은?

① 컨트리

② 매니시

③ 로맨틱

④ 액조틱

> **해설** 매니시한 감성은 남성스러움을 뜻하며 단순하고 어두운 디자인을 나타냄

87 기하학 문양의 종류와 텍스타일 디자인으로 적용된 사례가 옳게 짝지어진 것은?

① 자잘한 줄무늬나 체크 – 체육대회용 응원복
② 대담한 줄무늬나 체크 – 원피스, 드레스
③ 거칠고 큰 문양 – 남녀 테일러드 슈트
④ 사선이나 만곡선 – 스포티한 운동복

> **해설** 사선은 동적인 이미지로 활기찬 느낌을 주기 때문에 스포티한 운동복에 적절함

88 문양의 선택에 따라 텍스타일 디자인을 할 경우 고려할 내용이 아닌 것은?

① 선, 색채, 재질 등의 디자인요소의 조화를 고려해야 한다.
② 움직이는 인체에 입혀지므로 동작 시에도 아름답게 보여야 한다.
③ 문양 선택 시 멀리서 보는 것보다 가까이서 자세히 보는 것이 효과적이다.
④ 착용자의 연령, 성격, 체형을 고려해야 한다.

> **해설** 가까이서보다 멀리서 보아야 한눈에 그 조화를 확인할 수 있음

89 옷감의 무늬가 주는 시각적 효과로 체형의 결점을 보완할 수 있다. 다음 중 적절한 경우는?

① 키가 작은 친구를 위해 큰 무늬가 있는 재킷을 권하였다.

② 덩치가 큰 동생을 위해 작은 꽃무늬가 있는 원피스를 선물하였다.

③ 하체가 왜소한 언니를 위해 화려한 프린트 무늬가 있는 스커트를 선물하였다.

④ 어깨가 넓은 후배에게 어깨에 무늬가 있는 셔츠를 권하였다.

> **해설** 화려한 문양의 옷을 입으면 왜소한 체형을 보완하는 데에 도움이 됨

90 다음 중 체크무늬와 명칭이 서로 옳게 짝지어진 것은?

① 아가일 체크

② 깅엄 체크

③ 타탄 체크

④ 하운드 투스 체크

> **해설** ① 글렌 체크무늬
> ③ 하운드 투스 체크무늬
> ④ 타탄 체크무늬

91 '모던(Modern)'이라는 테마에 어울리지 않는 프린트 패턴은 무엇인가?

① 반전통적, 실험적, 하이테크적인 감각의 프린트 패턴

② 가공되지 않은 거친 느낌의 애니멀 패턴

③ 메탈릭컬한 색상의 기하학 프린트 패턴

④ 차갑고 탄력있으며 미래적인 프린트 패턴

> **해설** 가공되지 않은 거친 느낌의 애니멀 패턴은 컨트리(Country) 테마에 가깝다고 할 수 있음

정답 89 ③ 90 ② 91 ②

92 여름 정장 재킷의 안단에 심감을 넣을 때 주로 많이 쓰이는 것은?

① 부직포   ② 옥스포드

③ 조 젯   ④ 레이스

> **해설** 부직포는 직포공정을 거치지 않고 합성수지 접착제로 결합하여 펠트 모양으로 만든 섬유로, 일반적인 제작방법으로 제작되지 않고 섬유로 직접 옷감을 만듦. 올의 방향성이 없어 비교적 올이 쉽게 풀리지 않아 심지, 패드, 방음제, 보온제로 많이 쓰임

93 다음 중 작업복으로 적당한 것은?

① 아세테이트 – 첨모직   ② 면 – 평직

③ 레이온 – 수자직   ④ 나일론 – 이중직

> **해설** 면직물은 땀과 수분을 잘 빨아들여 촉감이 상쾌하여 실용적이고, 평직은 조직점이 많아 강하고 실용적임

94 다음 중 스포츠 웨어가 특히 갖추어야 할 성능이 아닌 것은?

① 흡수, 흡습성   ② 광택, 촉감

③ 신축성   ④ 내구성

> **해설** 스포츠 웨어는 활발한 신체적 활동을 해야 하므로 흡습성이 좋아야 하고 신축성 및 내구성도 좋아야 실용적임

95 언더웨어로 적합한 원료 섬유에 관한 내용으로 옳은 것은?

① 착용감이 중요하므로 부드러운 촉감의 합성섬유를 사용해야 한다.

② 겨울용 내의를 위해 열전도율이 높고 함기율이 적은 섬유를 사용해야 한다.

③ 잦은 세탁에 잘 견뎌야 하므로, 탄성력이 좋은 나일론사로 제작된 제품이 좋다.

④ 외관과 촉감은 물론 보온성을 위해 단섬유로 만든 것이 적합하다.

> **해설** 언더웨어는 통풍이 잘 되고 부드러운 소재가 적합

96 다음 중 사용 용도에 따라 적절하게 섬유를 선택 또는 구매한 사례는?

① 동절기 교복 원단으로 모와 폴리에스테르가 혼방된 소재를 선택하였다.

② 야외에서 오랜 작업을 위해 마 소재의 점퍼를 구입하였다.

③ 여름용 남성 정장을 위해 나일론 소재를 선택하였다.

④ 부드럽고 우아한 드레스를 만들기 위해 면 소재의 원단을 구입하였다.

> **해설** 동절기 보온성을 위한 모직물과 형태안정성이 좋고 구김이 잘 안가는 합성섬유인 폴리에스테르가 혼방된 소재가 적당함

97 패션 디자인을 위한 소재 기획단계에서 고려해야 할 내용으로 옳지 않은 것은?

① 용도에 맞는 기능성과 경제성을 고려해야 한다.

② 생산을 위한 봉재성과 조형성을 고려해야 한다.

③ 디자인이 유행으로 확산될 수 있는지 가능성을 검토한다.

④ 패션 트렌드 테마나 주제에 맞는 소재를 기획한다.

> **해설** 유행 확산 여부는 소재 기획단계와 관련성이 없음

98 소재 기획을 위해 반드시 필요한 지식으로 옳지 않은 것은?

① 섬유의 종류와 성능

② 직물과 편물의 제조공정과 성능

③ 직물의 종류와 특징

④ 봉제과정 및 유통과정

> **해설** 봉제과정 및 유통과정은 소재 기획과 관련성이 없음

정답 96 ① 97 ③ 98 ④

99 다음 사진에서 제시된 기획의 소재테마는 무엇인가?

① 엑조틱

② 액티브

③ 로맨틱

④ 매니시

> **해설** 모델들이 모두 이국적인 의상을 입고 있음

100 다음 사진에서 제시된 테마에 어울리지 않는 원단은?

① 리 넨

② 새 틴

③ 개버딘

④ 조 젯

> **해설** 개버딘
> 모사로 된 능직물로 경사 밀도가 위사보다 훨씬 많아서 표면의 경사각도가 45~75도에 이름. 제직 후 일반적으로 표면의 잔털을 제거하는 클리어 컷 가공을 하여 능선이 뚜렷하고 표면에 광택이 있음. 가는 면사로 된 면 개버딘은 발수가공을 하여 트렌치코트에 많이 사용되며, 버버리 브랜드의 대표적인 소재임

4과목

패션 스타일링

제2장 패션 스타일링 연출

제3장 패션 비즈니스

제4장 패션스타일리스트 실무

제5장 패션스타일리스트 분야별 분석

출제예상문제

FASHIONSTYLIST

이미지 메이킹

이미지 메이킹의 중요성

1 대중문화와 이미지 메이킹

최근 전자미니어의 발달로 대중문화에 나타난 이미지의 중요성이 증가하고 있다. 존 어리(John Urry)는 전자미디어 기술발달이 서로 다른 공간에서도 같은 시간에 동일한 이미지를 볼 수 있게 하여 문화적 동질화 현상을 만들고 지구촌화시켰다고 하였다.

이는 전 세계의 대중들이 동시에 같은 이미지를 보고 동일한 이미지에 노출되면서 문화적 동질화를 가져온다는 것이다.

이미지는 광고와 영화, 그리고 텔레비전 등 전자미디어에서 불연속적이고 추상적인 스펙트럼을 통해 새로운 패션을 발생시키는 역할을 하게 된다. 현대 사회에서 중요하게 부각되는 이미지는 실재하는 사물이지만 동시에 다른 사물들이 재현된 것이다. 이미지는 현실의 사물이나 상상의 사물을 재현하기 위해 만들어지는데, 어떤 의미에서 재현은 세계의 현존을 대신하는 일이며 만들어진 모습이다. 우리는 어떤 것의 '이미지대로' 이미지를 만들며, 이러한 이미지 안에서 상징적 형태를 발견할 수 있다.

이미지와 우리의 관계는 우리와 문자와의 관계보다는 우리와 세계와의 관계와 더 유사하게 이미지화된 파편으로 보여주며, 우리는 세계를 보듯이 이미지를 본다. 내 앞에 있는 이미지가 완전히 현실처럼 보인다고 해도 그것을 환상이라고 부정할 수 있듯이 이미지는 '환상'이라고도 부를 수 있다.

2 이미지의 개념

이미지는 그것이 만들어진 사회가 정한 규범에 따라 사물이나 사상을 표상하고 재현한다.

이미지는 흔히 시각적 표상만을 가리키는 것이라 인식되고 있으나 그림, 사진, 도상, 도안과 같은 도형적 이미지, 영화, 텔레비전과 같은 광학적 이미지, 감각, 자료, 외모와 같은 지각적 이미지, 꿈, 기억, 관념과 같은 정신적 이미지 그리고 은유, 서술과 같은 언어적 이미지 등을 모두 포함한다.

현대는 이미지 경쟁의 시대이다. 우리는 이미지가 개인의 행동과 사회문화에 막대한 영향력을 발휘하는 현실 속에서 살고 있다. 오늘날 개성 있고 가치 있는 이미지는 곧 최고의 경쟁력이라 할 수 있다.

대부분 사람들은 첫 만남에서 상대방에 대한 이미지를 결정하기 때문에 첫인상은 인간관계나 비즈니스에 있어 매우 중요하다. 일부 학자들은 첫인상이 보통 3초 안에 결정되며, 3초 동안 눈, 얼굴, 몸, 태도 등으로 커뮤니케이션이 이루어지며 이미지가 형성된다고 한다. 메라비언의 법칙(The Law of Mehrabian)에 따르면 첫인상을 결정하는 데 있어 시각적인 이미지가 55%, 청각적 이미지가 38%, 그리고 말의 내용이 7%의 영향을 끼친다고 한다.

마케팅의 아버지라 불리는 필립 코틀러(Philpi Kotler, 1998) 교수는 이미지를 '자신은 하나의 상품이며, 자신의 이미지를 메시지로써 세련되게 잘 포장하고 시각화해서 원만한 대인관계와 호의적인 속성개발을 하는 것'이라 정의하였다. 즉, 이미지는 자신 내부의 여러 가지 자질을 조화시켜 외부적으로 멋지게 연출하는 것으로, 만드는 것이 아닌 훈련하는 것이라 주장하였다.

보통 연예인이나 정치인과 같은 특정인에게만 적용된다고 인식되었던 이미지 메이킹은 이제 일반인에게도 자신의 직업, 신분, 개성에 따른 이미지를 만들어 상대에게 자신의 가치와 능력을 어필하고 호감을 줄 수 있는 방법으로 여겨지고 있다.

자신을 더욱 훌륭하게 변화시켜 많은 사람에게 호감을 주도록 이미지 메이킹하여 사회생활을 성공적으로 만들어 가는 것은 매우 중요한 일이다.

이미지 메이킹의 형성요소

이미지 메이킹은 시각적이며 비언어적 커뮤니케이션으로 이루어진다. 이에 정신적, 시각적, 행동적, 그리고 음성적 이미지로 분류하여 살펴보고자 한다.

1 정신적 이미지(Mind Image)

정신적 이미지는 개인 이미지의 본질에 해당되는 부분으로, 각 개인의 성품이나 신념, 철학 등을 바탕으로 자신의 사상과 가치관으로 표출될 수 있는 이미지를 말한다. 정신적 이미지는 보이지 않는 이미지로서 우리의 마음가짐, 정신, 성품, 가치관, 영혼등의 요소들로 구성되어 있다고 볼 수 있다.

2 시각적 이미지(Visual Image)

시각적 이미지는 시각적으로 나타나는 외형적인 모습의 일부분 또는 보이는 전체의 이미지를 말한다. 자신의 타고난 외형이 만들어내는 고유한 시각적 이미지로 패션, 헤어스타일, 메이크업 등이 이에 해당된다고 할 수 있다.

① 옷차림

옷은 몸을 보호하고 개성을 연출하는 중요한 요소이다. 복식은 사회적인 만남에서 중요성을 가진다. 모르는 사람과의 첫 대면에서 착용자에 대한 정보를 무언중에 제공함으로써 첫인상을 결정하는 역할을 한다.

② 메이크업

현대인에게 화장은 몸차림의 일부로 호의적인 첫인상을 형성하는 데 있어 자주 활용된다. 화장은 자칫 피곤하고 세련되지 않게 보일 수 있는 부분을 가려주어 자신감 있게 사회활동을 할 수 있는 원동력이 된다.

③ 헤어스타일

좋은 첫인상의 요건에서 우선적으로 꼽히는 것은 깨끗하고 잘 정돈된 헤어스타일이다. 헤어스타일은 얼굴 이미지를 좌우하므로 효과적인 연출을 위해서는 형태와 헤어 액세서리, 염색 등을 고려할 필요가 있다. 헤어스타일은 얼굴 크기나 연출하고자 하는 이미지에 따라 다양하게 변화시킬 수 있다.

3 행동적 이미지(Behavior Image)

① 표 정

밝은 표정을 만드는 데 있어 가장 중요한 것은 눈의 표정과 입의 표정이다. 눈의 표정에서 눈동자는 항상 중앙에 놓이도록 한다. 상대의 눈높이와 맞추며, 부드러운 눈웃음으로 상대방의 미간을 본다. 입의 표정에서는 입 모양을 다물었을 때 양쪽 꼬리가 올라가도록 한다. 또한, 미소를 지을 때는 윗니가 살짝 드러나도록 하는 것이 첫인상을 좋게 하는 방법이다.

② 자 세

자세나 태도는 이제 사회화된 언어의 일부로 통하고 있으며, 인간에게 고유한 몸짓 언어는 말하는 것을 강조하거나 명확하게 해준다. 공격적인 자세, 친근한 자세, 애정 어린 자세, 신중한 자세, 무관심한 자세, 긴장하고 있는 자세, 긴장이 풀린 자세, 느긋한 자세 등은 대개 심리적 상태나 일정한 특징을 나타내는 움직임으로 표현한다.

③ 동 작

동작은 의식적이든 무의식적이든 상대에게 어떤 느낌과 이미지를 주는 요인이 된다. 어떤 동작은 사람들에게 호감을 주는가 하면 어떤 동작은 불쾌한 느낌을 불러일으키므로 동작을 통해 자신의 이미지를 관리할 필요가 있다.

④ 매 너

매너는 그 사람의 교양을 가늠하는 척도가 되며 인간관계에서도 경쟁력을 가지는 또 하나의 능력이라 할 수 있다. 매너는 상대방이 불편해하지 않는 말씨, 즉 올바른 대화법을 사용하고 마음을 편하게 해주며 예의를 지킴으로써 상대방을 배려한다고 느끼게 하는 것이다.

4 음성적 이미지(Phonetic Image)

시각적인 것 외에 사람의 이미지를 결정하는 데 중요한 요소는 바로 음성이다. 즉, 사람의 이미지를 높이는 데는 시각적인 것 못지 않게 말하기와 태도 등이 매우 중요한 역할을 한다.

좋은 화법을 가진 사람은 보다 좋은 이상을 줄 수 있으며, 바람직한 화법은 겉모습보다 더욱 강한 인상을 줄 수 있다.

① 음 질

음질은 신경질적인 목소리, 쉰소리, 콧소리 등 타고난 부분이지만 훈련이나 노력에 의해 충분히 개선함으로써 좋은 음질을 표현할 수 있다.

② 억 양

억양은 말의 강약, 어조에 변화를 주며 자연스럽게 말하는 것이다. 말이나 메시지를 강조하기 위해 음절을 조절할 경우 내용은 한층 설득력을 가지게 된다.

③ 음의 높고 낮음

음의 높고 낮음은 말이 의미하는 것을 판단하는 데 영향을 미칠 수 있다.

④ 말의 속도

말의 속도는 메시지를 받고 정확하게 판단하는 데 영향을 미친다. 말의 속도가 너무 빠르거나 느리지 않도록 조절하여 적당한 속도로 가끔 숨을 쉬면서 말하면 메시지 전달에 효과적이다.

말이 빠른 경우 듣는 사람이 불안감을 느끼게 되며, 반대로 너무 느린 경우 산만하고 주의 집중이 되지 않는다.

⑤ 음 량

음량은 목소리의 크고 작음을 말한다. 음량의 변화는 감정을 나타내며, 의도하지 않았던 부정적인 메시지도 전달할 수 있다. 그러므로 목소리가 너무 크거나 작지 않은지 점검하고 주위 상황과 공간의 크기, 듣는 사람의 여건에 따라 적절히 음량을 조절하여 밝은 목소리로 말하는 것이 바람직하다.

[이미지 메이킹의 5단계 과정]

구 분	내 용
1단계	Know yourself(자신을 알라)
2단계	Develop yourself(자신을 계발하라)
3단계	Package yourself(자신을 포장하라)
4단계	Market yourself(자신을 팔아라)
5단계	Be yourself(자신에게 진실하라)

이미지 메이킹을 위한 10가지 방법

- 열린 마음을 가져라
- 첫인상에 승부를 걸어라
- 외모보다는 표정에 투자하라
- 비전과 자신감을 소유하라
- 자신의 일에 즐겁게 미쳐라
- 열등감에서 탈출하라
- 동료, 상사, 부하를 존중하라
- 말하기 전에 생각하라
- 신용을 저축하라
- 남을 귀하게 여겨라

| 이미지 메이킹의 성공사례 |

1 개요

현대 사회에서는 타인이 인식하는 자신의 이미지가 중요하기 때문에 스스로 보여주고 싶은 특성을 극대화하고 보이고 싶지 않은 것을 감출 줄 아는 이미지 연출이 필요하다.

레이건(Donald Wilson Reagan)과 부시(George Bush) 등 미국 대통령의 이미지를 성공적으로 관리한 로저 에일스(Roger Ailes)는 "You Are The Message"라는 말을 남겼다.
이는 어떤 이미지를 창출하는가에 따라 상대방에게 전달되는 메시지가 달라지며 이 메시지를 전달하는 매체가 바로 자신이라는 뜻이다. 이렇듯 이미지는 연출과 의지에 따라 만들어진다고 할 수 있다.

이미지 메이킹의 성공사례를 살펴보면 다음과 같다.

2 브로치 외교를 실천한 매들린 올브라이트(Madeleine Albright)

1997년 1월 23일 여성 최초로 미국 국무장관에 취임한 매들린 올브라이트는 정치와 외교에 패션 액세서리를 이용한 유명한 정치인이다. 그녀는 굉장한 협상가였다고도 전해지며, 자신의 기분을 브로치로 표현하였다고 한다.
1997년 미국 최초의 여성 국무장관 시절에는 평화의 상징인 비둘기 브로치를 착용하였고, 김대중 대통령 시절 한국 방문 때는 햇살 문양 브로치를 이용하여 햇볕정책을 지지한다는 것을 보여주기도 하였다.
그녀는 2009년에 'Read My Pins : Stories From a Diplomat's Jewel Box'라는 책을 출판하였고, 소장한 200여 개의 브로치를 모아 뉴욕의 아트 앤 디자인 박물관에서 '내 브로치를 읽어라'라는 주제로 전시하기도 하였다.

3 늘 변화와 혁신을 추구하는 이미지 리더십의 힐러리 클린턴(Hillary Clinton)

힐러리 클린턴은 전 미국 국무장관으로 활동하였으며 두 차례 미국 대통령 선거 후보로 출마하기도 한 여성 정치인이다. 미국의 42대 대통령 빌 클린턴의 부인이며, 남편의 대통령 재직 시절 중 활발한 정치 활동으로 전 세계의 관심을 모았다.

힐러리는 합리적이고 철저한 분석력과 논리로 정계에서도 뛰어난 정치가로 인정받고 있으며, 늘 변화와 혁신을 추구하는 이미지 리더십의 소유자이다.

힐러리는 과거 변호사 시절 두꺼운 안경을 쓴 고집스럽고 촌스러운 이미지였으나 1993년 미국 퍼스트레이디가 된 후 영향력 있는 여성의 이미지를 구축하였다. 그녀의 부드럽게 컬이 들어간 커트 머리는 단정하면서도 모던한 느낌을 주었다. 그 후 여성 정치인으로서 민주당 연방 상원의원으로 데뷔하여 쇼트 컷 헤어스타일로 변신하였고 자신감과 당당한 이미지를 보여 주었다.

그녀는 주로 선명한 색상의 스커트와 바지 정장을 즐겨 입으며 자신만의 패션 스타일을 통해 이미지 메이킹 전략을 구사하고 있다.

옷차림의 중요성

연극배우에게 짙은 감색 양복에 넥타이를 매고 값나가는 서류가방을 들게 했다. 그리고 지나가는 행인에게 지갑을 잃어버려서 그러니 버스비를 좀 달라고 했다. 두 시간 동안에 그는 십만 원이 넘는 돈을 모을 수 있었고 그중에는 택시를 타라며 택시비를 주는 사람도 있었다.

다음날 같은 사람이 같은 시간에 같은 장소에서 청바지에 점퍼 차림으로 같은 질문을 했을 때 사람들의 반응은 너무나 달랐다. 어떤 사람은 들은 척도 않고 지나쳤고, 어떤 사람은 매우 주저하며 버스비를 건네주었다. 두 시간 동안 그는 만원이 조금 넘는 돈을 얻을 수 있었다.

4 관료주의를 타파한 안드레아 정(Andrea Jung)

"118년 역사를 지닌 우리 회사의 가장 큰 적은 관료주의였습니다. 그래서 저는 브랜드 이미지와 경영 관행 등 모든 것을 바꾸었습니다. 시장에서 1등을 지키려면 도전적인 기업가 정신이 필수적입니다."

세계 최대의 화장품 방문판매업체인 에이본(Avon)의 안드레아 정 회장은 공격 경영을 구사하는 CEO이다. 중국계 이민 2세인 안드레아 정은 미국에서 손꼽히는 스타 기업인이다. 베이징하얏트 호텔에서 기자와 독점 인터뷰를 가진 그녀는 "에이본을 21세기에 재창조하고 있다"고 말했다.

1979년 프린스턴대 영문과를 최우등으로 졸업한 그녀는 니먼 마커스 백화점 등 상류층이 주 고객인 고급 백화점 업계에서 경력을 쌓았다. 에이본이 대대적 변신을 시도하던 1993년 마케팅 담당자로 입사했고, 1999년에는 에이본 창립 이후 118년 만에 첫 여성 CEO로 올라섰다. 에이본 이사회는 그녀의 미래에 대한 비전을 높이 샀다는 후문이다.

세계 최대 화장품 방문판매업체 에이본의 CEO이자 세계가 주목하는 여성 CEO인 안드레아 정은 포춘, 포브스 등이 매년 선정하는 '세계에서 가장 영향력 있는 여성 100인'에서 늘 10인 안에 이름을 올렸다.

탁월한 경영 능력을 자랑하며 승승장구하는 그녀는 패션도 하나의 전략으로 삼는다. 평소에는 모노톤 정장으로 똑똑하고 당찬 이미지를 구현하지만, 공식 행사에서는 회사 이미지에 걸맞게 여성스럽고 트렌디한 패션을 선보인다. 안드레아 정은 자사의 발전을 위해 스타일도 철저하게 관리하는 경영인으로 유명하다.

5 성공한 여성의 대명사 오프라 윈프리(Oprah Gail Winfrey)

오프라 윈프리를 모르는 사람은 없다. 그녀는 미국을 움직이는 또 하나의 힘이자 막강한 브랜드이다. 그녀는 불행한 어린시절을 이겨냈고, '기회의 나라', '평등의 나라'라고는 하지만 유색인종에 대한 편견이 존재하는 미국 사회에서 흑인으로서 모든 악조건을 극복하고 당당하게 성공하였다.

그녀의 패션 스타일은 능력, 지식, 적극성의 이미지를 가지며, 전문직 여성에게 모방의 대상이 된다. 오프라 윈프리의 이미지는 브래지어 끈까지 오는 긴 머리, 그리고 아프리카 헤어스타일로 특징지어진다. 그녀는 자신만의 독특한 헤어스타일과 클래식한 메이크업으로 우아함을 표현한다.

오프라 윈프리의 십계명

- 남들의 호감을 얻으려 애쓰지 마라
- 앞으로 나아가기 위해 외적인 것에 의존하지 마라
- 일과 삶이 최대한 조화를 이루도록 노력하라
- 주변에 험담하는 사람들을 멀리하라
- 다른 사람들에게 친절하라
- 중독된 것들을 끊어라
- 당신에 버금가는 혹은 당신보다 나은 사람들로 주위를 채워라
- 돈 때문에 하는 일이 아니라면 돈 생각은 아예 잊어라

6 테일러드 슈트로 간결한 이미지를 연출한 칼리 피오리나(Carly Fiorina)

칼리 피오리나는 스탠퍼드 대학교에서 사학·철학을 전공하여 학사 학위를 받았다. 메릴랜드 대학교 경영대학원에서 경영학 석사(MBA) 학위를 받았으며 이후 매사추세츠 공과대학교(MIT)에서도 석사 학위를 받았다. AT&T에 입사하여 경력을 쌓았으며 임원으로까지 승진하였다.

그녀는 AT&T에서 루슨트 테크놀로지를 분사하는 작업에 참여하였다. AT&T와 루슨트테크놀로지 분사 과정에서 유명한 관리자로 이름을 알렸으며, 1998년 포춘에서 발표한 '비즈니스계에서 가장 영향력 있는 여성'에 선정되었다.

그녀는 1999년 휴렛패커드 최고경영자로 전격 영입되면서 큰 주목을 받았다. 휴렛패커드 최초의 외부 출신 회장, 대형 컴퓨터 업계 최초의 여성 회장, 세계 상위 20대 기업 최초의 여성 회장 등 여러 기록을 세우며 능력에 큰 기대를 모았다.

그녀는 회사 내부의 대대적인 개혁을 이루어 내고 컴팩과의 합병을 성사시키는 등 세계 최고의 여성 기업인으로 찬사를 받았다. 그러나 2005년, 실적 부진과 주가 폭락 등의 이유로 사임하게 된다.

그 후 그녀는 타이완 세미 컨덕터 매뉴팩처링 컴패니(TSMC) 사외이사로 재직하다가 유방암에 걸려 투병 생활을 하였다.

유방암에서 회복된 후 정계 진출을 결심하였고 공화당의 캘리포니아주 연방상원의원후보로 선출되어 2010년 11월 선거에 출마했으나 낙선하였다.

칼리 피오리나는 기업인답게 주로 테일러드 칼라(Collar)의 절제된 재킷을 입는다. 재킷 안에는 칼라가 없는 움직임이 편안한 소재를 선택하여 실용성을 추구하고 단정한 액세서리를 착용하여 포인트를 준다. 그녀는 스카프를 적절히 이용한 패션으로도 유명하다.

7 젊고 자신감 있는 이미지로 대통령이 된 존 F. 케네디(John F. Kennedy)

1960년 9월 26일 미국 시카고 CBS 스튜디오에서 최초의 미국 대선 후보 TV 토론회가 열렸다. 이 한 번의 TV 토론회가 미국 대통령을 바꿨다. 미국인들은 부통령 출신인 리처드 닉슨 대신 무명에 가까웠던 정치 신인 존 F. 케네디를 선택하였다.

닉슨이 케네디보다 말을 못했기 때문일까? 아니다. '말을 못 하는 것처럼'보였기 때문이다. 케네디는 흑백 배경을 고려해 짙은 감청색 양복을 입고 세련된 머리 모양을 하였다. 미소와 제스처를 적절히 사용해 젊고 자신감 있게 보였다. 반면 닉슨은 회색 양복에 색깔 없는 음색으로 늙고 초췌한 이미지를 남겼고, 국민들은 케네디의 손을 들어주었다. 1980년 대선에서 영화배우 출신의 로널드 레이건이 지미 카터 대통령을 압도한 데도 이미지가 한몫을 하였다. 카메라에 익숙한 레이건이 카터보다 여유로운 모습을 보였고 국민들에게 안정감을 주었다.

케네디는 1961년 1월 20일 제35대 미국 대통령 취임 연설에서 "국민 여러분, 조국이 여러분을 위해 무엇을 할 수 있을 것인지 묻지 말고, 여러분이 조국을 위해 무엇을 할 수 있는지 스스로에게 물어보십시오. 세계의 시민 여러분, 미국이 여러분을 위해 무엇을 베풀 것인지 묻지 말고, 우리 모두가 손잡고 인간의 자유를 위해 무엇을 할 수 있을지 스스로에게 물어보십시오."라고 말했다. 오늘날에도 널리 회자되는 존 F. 케네디 취임 연설의 유명한 대목이다.

존 F. 케네디는 미국 역사상 최연소이자 20세기에 태어난 최초의 미국 대통령이다. 그는 젊고 활기찬 이미지로 세련된 재클린 케네디와 함께 대중들의 마음을 사로잡으며 대통령으로 당선되었다.

스티브 잡스의 심플한 패션이 주는 의미

항암치료로 복귀가 불투명했던 애플의 최고경영자 스티브 잡스가 2011년 3월 3일 태블릿 PC인 '아이패드 2' 발표회를 직접 진행하면서 세계를 깜짝 놀라게 했다.

예전에 비해 한층 수척해진 모습으로 일선에 언제 복귀할지의 여부는 밝히지 않았지만, 트레이드 마크라 할 수 있는 검은색 터틀넥 스웨터에 청바지를 입고 등장하면서 그의 건재를 과시하였다.

공식 행사임에도 불구하고 잡스와 같이 늘 단순하고 평범한 패션을 추구하는 세계적인 명사들은 많다. 페이스북의 창업자 마크 주커버그는 모자가 달린 재킷 후디스를 좋아하고, 세계적인 화장품 메이커 에이본의 안드레아 정 최고경영자는 소매가 없는 빨간색 드레스를 선호한다. 뉴욕타임즈는 주말판 비즈니스 면에서 화려한 정장보다는 간편한 복장을 선호하는 세계적인 기업의 최고경영자 등 유명 인사들의 사례를 전하며, 여기에도 나름의 메시지가 담겨 있다고 분석하였다.

잡스의 경우에는 개인보다는 애플에 대한 집단적인 접근을 유도하려는 뜻이 담겨있다고 분석하였다. 이름값이 높은 자신에게 관심이 쏟아질 수 있으므로 이를 제품으로 돌리려는 고도의 계산이라는 것이다. 또한 크라이슬러의 서지오 마치온네 최고경영자 역시 넥타이와 정장 대신 스웨터 차림을 즐겨하는 것은 회사가 보다 신축성이 있다는 것을 강조하려는 것이다.

이 밖에도 MSNBC 방송의 정치대담 프로그램을 진행하는 조 스카보로가 폴리스 재킷과 진 바지를 고집하는 이유로는 전직이 공화당 하원의원임에도 진보적인 프로그램을 맡는 만큼 캐주얼한 복장을 통해 민주당원들도 좋아할 수 있는 부드러운 이미지를 강조하려는 포석이라는 해석이다. 이에 대해 패션 트렌드 예측 회사인 도네거 그룹의 예술 감독 데이비드 울프는 "간편한 복장을 주로 입는 최고경영자들을 과거에는 안타깝게 생각했지만 최근 들어서는 오히려 스마트해 보인다고 말했다.

※ 출처 : 스포츠조선, 2011년 3월 6일 기사

8 비언어적 효과로 성공한 버락 오바마(Barack Hussein Obama, Jr.)

미국 최초의 흑인 대통령이 탄생하였다. 많은 사람들이 옳은 일에 대한 신념과 열정이 강한 그의 당선을 점쳤고, 마침내 이뤄졌다. 버락 오바마는 새로운 미래 아이콘이라 불리며 세계인의 주목을 한 몸에 받았다. 미국의 대통령 선거가 끝나자마자 오바마에 관한 다양한 책들이 쏟아져 나왔다. 그의 자서전뿐 아니라 성공비법을 다룬 책, 종교에 관한 것까지 전세계적으로 그에 대한 관심이 뜨거웠다.

버락 오바마가 이렇게 많은 사람들의 지지를 받은 이유는 미국의 대통령으로서뿐 아니라 새로운 시대의 멘토로 떠올랐기 때문이라고 할 수 있다. 사람을 귀하게 여기고 변화와 발전을 중요시하는 그의 연설과 실천, 그리고 추진력은 얼어붙은 사람들의 마음을 녹이기에 충분하였다.

버락 오바마 전 미국 대통령은 연설의 대가일 뿐 아니라 패션의 대가이기도 하다. 때문에 비언어적 효과를 제대로 활용할 줄 아는 정치인으로 꼽힌다. 그는 대선 캠페인 동안 소탈한 패션 감각의 심플한 베이직 스타일로 '슈트 5벌의 전략'을 이용하여 선거에서 승리를 맛보았다.

멋을 내지 않은 듯한 슈트 차림과 세계의 경제위기였기 때문에 가끔은 젊은층과 중산층을 흡수하는 청바지 차림으로 유세하여 호평을 받았다. 이러한 재킷과 넥타이 없는 흰색 셔츠 차림은 경기 불황을 이기기 위해 열심히 일하는 모습을 보여주고 서민적이고 검소한 이미지를 주려는 고도의 전략이라 분석된다.

2008년 대통령에 당선된 날 그는 검은색과 강렬한 빨간색을 이용한 '패밀리룩'을 선보여 화제를 모았다. 자신은 검은 정장에 붉은 넥타이를, 부인은 검은색과 빨간색이 조화된 드레스를 골랐다. 또한 큰딸에게는 빨간색, 작은딸에게는 검은색 드레스를 입혔다. 조화로운 옷을 입은 '대통령 가족'의 이미지를 통해 화목한 가정의 분위기를 연출하면서 국가도 이처럼 경영하겠다는 메시지를 전달한 것이다.

제2장 패션 스타일링 연출

패션 스타일링(Fashion Styling)의 개념

1 개 요

일반석으로 사람들은 첫인상에 의해서 사람들을 판단하는 경향을 보인다. 한번 결정된 인상은 외모 이외의 다른 측면까지 영향을 미치기 때문에 코디네이션의 역할이 무엇보다도 중요하다.

스타일링(Styling)은 디자인, 색상, 실루엣 등 여러 요소를 활용하여 유행하는 형태의 옷을 만드는 것으로, 의복에서부터 소품, 헤어, 메이크업까지 하나의 스타일로 전체를 코디네이트한다.

패션 코디네이션의 요소는 패션 코디네이션을 위해 필요한 부분들로, 각 요소를 응용하거나 조합하여 이미지를 연출하며 점(Dot), 선(Line), 형태(Form), 색상(Color), 소재(Material) 등으로 구분한다. 패션 코디네이션의 형태는 실루엣(Silhouette), 디테일(Detail), 트리밍(Trimming) 등으로 세분화되며 소재에는 재질과 문양 등을 포함한다.

현대 사회에서 경쟁력을 가지고 자신만의 개성을 표현하기 위해서는 시간과 장소, 상황에 적합한 이미지를 연출할 수 있어야 한다.

패션 코디네이션 요소

1 점(Dot)

점은 기하학적인 의미로 크기가 없고 위치만을 가지는 것이라 정의할 수 있다.

그러나 디자인 분야에서나 조형 예술에서는 시각적인 표현의 필요에 의해서 점은 형과 크기, 면을 가질 수 있다. 점의 공간적 감각은 크기보다는 위치, 점과 점 사이의 공간, 점의 배열에 따른 운동감, 리듬감, 원근감 등을 나타낼 수 있으며, 의복에서는 물방울 문양, 단추의 배열 등에서 점의 효과를 이용할 수 있다.

전체적으로 규칙적인 패턴은 경직된 느낌을 주고, 조밀성의 차이를 두면 율동감이 표현된다.

2 선(Line)

선은 한 점이 연속적으로 움직여서 이루어진 자취로 경계가 되는 줄, 물체의 윤곽을 이루는 부분을 의미한다. 선에 의하여 시각적인 외형이 좌우되므로 그 디자인이 아름다워 보일 수 있는지의 여부는 선을 어떻게 다루는지에 달려 있다.

의복을 디자인할 때의 선은 순수 예술에서의 선과는 달리 그 의복이 입체인 인체에 착용된다는 것을 고려하여 움직임에 따라 변화하는 선을 염두에 두어야 한다. 선의 효과는 사용되는 옷감이나 표현되는 디자인 선 그리고 색채에 따라 그 느낌이 달라진다. 따라서 같은 선을 사용하더라도 의복의 재질이나 색채에 따른 차이점도 고려해야 하며, 개인의 특성이나 체형의 장단점을 강조 · 보완하고 원하는 느낌을 잘 살려 표현할 수 있어야 한다.

의복을 구성하는 가장 중요한 요소로 평면인 옷감을 인체에 맞추기 위해 옷을 만드는 과정에 들어가는 솔기, 다트, 트임, 단선 등의 구성선이 있다. 직선에는 수직선, 수평선, 사선, 지그재그선 등이 있고, 곡선에는 원, 타원, 파상선, 스캘럽, 나선 등이 있다.

일반적으로 직선은 명쾌하고 단순하며 딱딱하고 엄격한 성질을 가져서 남성적 느낌을 주고, 곡선은 유연하고 우아하며 여성적이고 원만한 느낌을 준다. 이러한 선의 형태에 따른 느낌을 이용하여 복식을 효과적으로 디자인한다.

① 선의 착시

착시(Optical Illusion)란, 눈에서 발생하는 지각 현상 중 하나로 사물이 본래의 모습과 다르게 보이는 것이다. 즉, 인간은 눈을 통하여 투영된 물체를 뇌 신경을 거쳐 인지하게 되며, 이런 지각 현상을 일으킬 때 비교를 통한 판단의 과정에서 사물을 실제와 다르게 인식하게 된다.

선은 구부러진 정도, 두께, 방향, 길이 등의 상태에 따라서 심리적 효과나 몸매에 미치는 효과에 차이가 있다. 적절한 선의 효과를 이용한다면 외견상의 체형과 의복의 크기나 길이, 방향, 형태 등에 착시를 만들어 낼 수 있다.

② 선들의 특징

선들의 특징을 살펴보면 다음과 같다. 수평선은 시선을 좌우로 움직이게 하므로 길이를 작아 보이게 하지만 조용, 정착, 안정, 평온한 느낌을 준다. 사선은 한 부분만 사용해도 큰 가시적 효과가 있는 예술적이고 세련된 선으로 불안정하고 활동적인 느낌을 준다. 지그재그선은 재킷의 앞 중심의 여밈선, 칼라, 네크라인 등에 사용되며 날카롭고 경쾌한 느낌을 준다. 원형 곡선은 둥근 모양의 소매, 라운드 네크라인, 둥근 주머니, 둥근 솔기, 둥근 케이프, 둥근 단추 등에 사용되며 명랑하고 유연한 느낌을 준다. 타원형 곡선은 U 네크라인, 둥근 앞단 모양 등에 사용되며 부드럽고 여성적인 느낌을 연출한다. 파상선은 러플, 프릴, 블라우스, 플레어 스커트 등에 사용되며 율동적이고 여성적인 이미지를 준다. 장식적인 요소로 트리밍, 목둘레선 등에 사용되며 특이하고 우아한 이미지를 연출한다.

3 실루엣(Silhouette)

실루엣이란, 의복의 외형선을 말하는 것으로 멀리 떨어져 보아도 그 윤곽선이 보이는 것을 뜻한다. 이러한 실루엣을 통하여 인체의 선을 따라 의복이 아름답게 잘 조화를 이루었는가를 알 수 있다.

따라서 복장의 실루엣은 인체의 선, 시대에 알맞은 유행성, 미적인 외형을 구상하여 표출하는 데 그 목적이 있다.

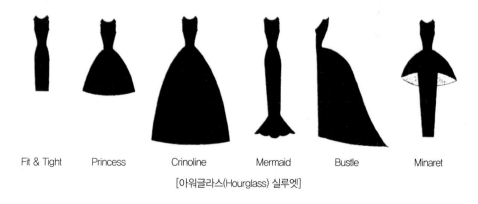

| Fit & Tight | Princess | Crinoline | Mermaid | Bustle | Minaret |

[아워글라스(Hourglass) 실루엣]

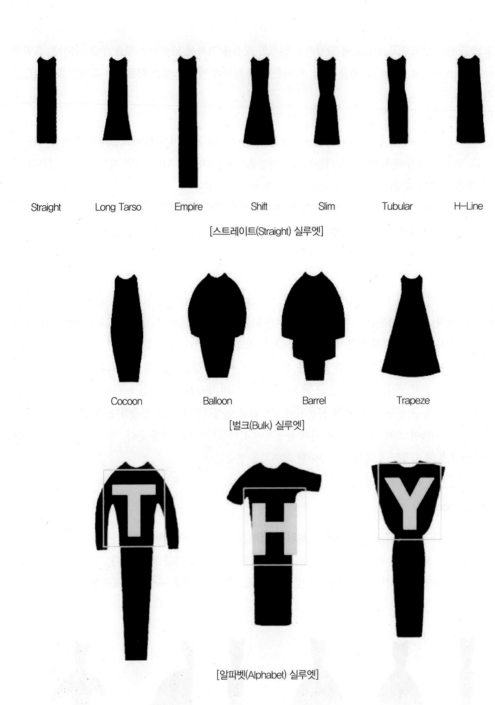

Straight   Long Tarso   Empire   Shift   Slim   Tubular   H−Line

[스트레이트(Straight) 실루엣]

Cocoon   Balloon   Barrel   Trapeze

[벌크(Bulk) 실루엣]

[알파벳(Alphabet) 실루엣]

체형에 따른 스타일링

1 개 요

체형이란, 시각적 이미지를 통한 인간의 물리적인 형태와 그 부속기관을 말한다. 체형과 얼굴의 분석은 개인 스타일링의 기본 작업이며, 신체의 골격 형성에 따라 체형과 얼굴형은 차별된 이미지를 보임을 알 수 있다.

일반적으로 골격 구조에 따라 신체는 몇 가지 형태로 구분되며, 근육 조직과 체중은 체형의 구체적인 모양을 보여준다. 여기서 분류는 미술 영역에서 주로 통용되고 있으며, 이상적인 인체비율로 알려진 8등신 (Proportion)비를 모형으로 하여 5가지 체형으로 구분한다.

2 인체와 옷의 비율

일반적으로 통용되는 여성 인체비율은 7 1/2이며, 2004년 통계에 따르면 20대(21~29세) 한국 여성 평균 인체비율은 7 1/4로 나타났다. 복식 분야에서도 일반적으로 8등신 비율을 이용하고 있으며, 패션디자인에 있어서 착용한 옷의 구분을 3:5의 비율로 할 때 시각적으로 가장 아름답다고 느낀다고 한다.

체형에 따른 스타일링을 할 때는 먼저 체형을 확실히 파악하고 그 후 자신이 연출하고자 하는 방향을 정해야 한다. 콘셉트 이미지가 정해지면 체형의 장점과 단점을 파악하고 어울리는 색상을 선택하며, 헤어와 메이크업을 결정하여 스타일링을 완성한다.

여러 체형과 체형의 보완

1 이상적인 체형

최근 이상적인 체형은 여성 인체비율 7 1/2에, 키가 크고 마르며 팔과 다리는 길고 허리는 잘록하며, 적절한 균형감이 있는 체형이다. 주목할 점은 이 체형은 어깨와 힙의 폭이 비슷하나 허리는 잘록하다. 이상적인 체형은 과거와는 다르게 가슴이 크며 허벅지와 힙 라인을 중요시 여기는 경향도 나타나고 있다.

이 체형은 색상으로 체형을 보완할 필요가 없으며 거의 모든 스타일이 가능하고 소재에 대해서 신경 쓰지 않아도 된다.

2 삼각형 체형

① 이 체형은 앉아서 일하는 시간이 많은 사람, 수험생 등 운동량이 부족한 여성에게 많이 나타난다.
② 허리 위쪽은 좁고 허리 아래쪽은 넓은 삼각형 모형의 체형으로 하체가 상체보다 발달되었다.
③ 어깨 폭이 힙보다 좁으며, 힙이나 넓적다리에 살이 많다는 특징이 있다.

④ 따라서 좁은 어깨를 볼륨감으로 보완하고, 하체 쪽으로 시선이 집중되지 않도록 하의 선택 시 강한 색상, 디자인, 장식 등을 배제한 품목을 선택해야 한다.

⑤ 상체를 돋보이게 하는 색상과 문양의 상의와 어두운 색의 하의 선택이 유리하다.

⑥ 이 체형에 적절한 디자인은 어깨 패드 또는 장식이 들어가거나 어깨를 강조하는 스타일이고, 힙을 덮는 길이의 블라우스나 재킷, 힙을 커버할 수 있는 팬츠 등을 이용한다.

⑦ 스커트는 힙 아래도 폭이 넓은 것, 바지는 통이 좁은 것이 권장되며 바지보다는 스커트가 더 잘 어울린다.

⑧ 어울리지 않는 디자인은 어깨가 더욱 좁아 보이는 홀터넥, 레글런 슬리브 소매이다.

⑨ 디자인이 강한 주름 장식이나 러플 장식, 드레이프 등의 하의는 피해야 한다.

⑩ 소재는 전체적으로 중간 두께의 부드러운 원단이나 체형이 보이는 천도 가능하다.

• 상체보다 하체가 상대적으로 커 보이는 체형
• 상체가 왜소한 여성적인 이미지
• 하체가 커 보이므로 샤프한 이미지 결여

Good

Bad

역삼각형 체형

① 어깨가 골반의 폭보다 넓거나 상체가 하체보다 두꺼운 체형이다.

② 최근에는 어깨가 넓은 체형도 현대적인 이미지를 연출한다고 하여 과거와는 다르게 무조건 커버보다는 자신의 개성을 표현할 수 있는 방향으로 나아가고 있다.

③ 색상은 전체적으로 중간색에서 어두운 톤으로 가는 것이 유리하며, 상의는 어둡고 하의는 밝은 색으로 콘셉트를 잡는 것이 좋다.

④ 남성적 이미지 연출이 싫다면 홀터넥이나 래글런 소매 등 어깨선을 이용하여 어깨를 좁아 보이게 할 수 있다.

⑤ 이 체형은 셋인 슬리브를 이용하여 현대적 이미지를 연출하는 것이 가장 일반적이다. 어깨가 넓은 체형은 허리 아래까지 볼륨을 주면 전체적으로 큰 볼륨 체형의 소유자처럼 보일 수 있으므로 주의해야 한다.

⑥ 어울리는 디자인은 돌먼 슬리브, 심플한 디자인으로 어깨를 강조하지 않는 스타일, 하체가 볼륨 있어 보이는 벌룬 스커트, 플레어 스커트, 플리츠 스커트이다.

⑦ 반면 목 위로 올라오는 단추, 더블여임, 작거나 큰 옷, 가로 줄무늬, 프릴, 레이스, 큰 단추 등의 스타일은 피하는 것이 좋다.

⑧ 어울리지 않는 디자인은 퍼프 소매, 어깨 패드 또는 장식이 들어가거나 어깨를 강조하는 스타일, 타이트한 레깅스나 스커트 스타일이다.

⑨ 소재는 중간 두께의 천이나 니트 제품이 유리하며 풀기가 있는 천은 피해야 한다.

• 하체보다 상체가 커 보이는 체형
• 현대적, 활발, 남성적 이미지
• 어깨가 넓어 부드러운 이미지 결여

Good   Bad

모래시계형 체형

① 이 체형은 볼륨 있는 서양 사회에서 많이 선호되는 체형이며, 최근 동양 사회에서도 선호되는 경향이 늘고 있다.

② 가슴과 힙이 풍만한 할리우드 스타들에게 많은 체형이며, 가슴둘레와 허리둘레의 치수 차이가 30cm 이상인 체형이다.

③ 가슴과 힙이 넓고 허리는 가늘어서 여성적 미를 가장 강조하는 체형으로 꼽힌다. 가슴과 힙은 둘레가 같고 볼륨이 있으며 허리는 상대적으로 잘록하여 전체적으로 모래시계의 모형이다.

④ 일반적으로 글래머 스타일이라고 불린다. 이런 체형은 뚱뚱해 보일 수도 있기 때문에 허리를 강조하여 날씬한 부분을 드러내는 것이 필요하다.

⑤ 어울리는 디자인은 폭이 넓은 벨트나 허리선을 드러내는 스타일이며, 전체적으로 아워글라스 실루엣을 이루도록 스타일링하는 것이 개성을 강조할 수 있어서 많이 이용되고 있다.

- 현대 여성의 이상적인 형(허리가 가늘어 보이는 체형)
- 몸에 피트되는 의상을 무난히 소화(관능적인 여성미 연출)
- 가슴과 엉덩이가 풍만하므로 허리가 피트되지 않으면 몸이 확대되어 보임

Good   Bad

5 **장방형 체형**

① 장방형 체형은 직사각형 체형과 유사하다. 좁은 어깨, 볼륨 없는 가슴, 가는 허리와 팔, 다리로 살이 거의 없는 마른형과 전체적으로 가슴, 허리, 힙의 구분이 어려운 살이 조금 있는 장방형으로 나눌 수 있다.

② 어깨와 힙의 밸런스는 맞지만 허리선의 구분이 확실하지 않아서 여성적인 이미지가 부족하다. 이 부분을 보완하기 위해서 볼륨감 있는 실루엣을 연출하는 것이 좋다.

③ 마른 장방형 체형의 경우 어둡고 짙은 색보다는 페일톤, 브라이트톤과 같은 톤을 사용하여 마른 체형을 보완하며, 체형을 돋보이게 하기 위해서 여성스러움을 강조하는 실크 소재 등 부드러운 소재와 프릴장식 등 장식을 이용하여 여성스러운 이미지를 연출하는 것이 도움이 된다.

④ 허리에 살이 있는 장방형 체형은 허리를 조이지 않고 단추 등으로 허리를 날씬하게 보일 수 있도록 연출한다.

⑤ 허리를 꽉 조이지 않고 성의 재킷이나 스트레이트 실루엣 원피스 등을 이용하여 자신에게 적절한 스타일을 찾는 것이 중요하다.

⑥ 마른 장방형 체형은 두꺼운 소재, 광택 소재, 프린트가 있는 소재, 레이스, 프릴, 퍼프스타일, 전체적으로 여성스럽고 부드러운 느낌의 스타일이 권장된다.

⑦ 살이 있는 장방형 체형은 이와는 다른 연출로 남성적 이미지를 없애는 데 중점을 둔다.

⑧ 이 체형은 일반적으로 몸에 꽉 끼는 옷, 너무 큰 옷, 얇은 천, 큰 무늬, 세로줄무늬, 목선이 많이 파지거나 드라마틱한 옷과 너무 짧은 머리는 피하는 것이 좋다.

- 전체적으로 볼륨이 없는 마른 체형(미성숙한 이미지)
- 전체적으로 볼륨이 큰 체형(남성적인 이미지)
- 여성스러운 이미지 결여

Good   Bad

6 타원형 체형

① 타원형 체형은 아동이나 중년에 많은 체형으로 허리에 살이 많으며 어깨, 허리, 힙의 폭에 큰 차이가 없어 보인다.

② 이 체형은 크고 둥근 체형을 보완해야 하며, 자칫 옷이 작아서 체형이 노출된 듯한 느낌을 없애는 것이 가장 중요하다.

③ 세로 직선이나 각을 사용하며, 몸 부분에 시선이 가지 않도록 얼굴로 시선을 집중시켜야 한다. 또한 체형을 세로로 가늘어 보이도록 한다.

④ 색상은 얼굴의 목 부위는 밝은 색으로, 그 외 부분은 어두운 색상으로 코디네이션하여 시선을 머리 쪽으로 쏠리게 하고 신체 쪽에는 시선이 가지 않도록 해야 한다.

⑤ 어울리는 스타일은 목선에 깃이 있고 어깨가 반듯해 보이는 셋인 슬리브, 테일러드 칼라의 박스 스타일의 재킷, 앞 중심에 단추가 있는 원피스, 오버 블라우스, 셔츠블라우스 등이며, 이러한 연출과 함께 레이어드 코디네이션 하는 것도 효과적인 방법이다.

⑥ 수직선이 들어가면 좀 더 깔끔한 이미지에 키가 커 보이는 효과가 있어서 세로선이 들어간 스타일이 적절하다.

⑦ 어울리지 않는 디자인은 몸에 딱 맞아 몸의 선들을 그대로 드러내는 디자인, 폭넓은 벨트로 허리를 더욱 강조하는 스타일이며, 두껍고 빳빳하거나 광택나는 소재는 피해야 한다.

- 다리가 가늘고 허리와 배 부분에 살이 많은 체형
- 아동이나 중년에 많은 체형
- 귀여운 이미지
- 세련미와 성숙한 이미지 결여

Good　　　　　　　　　　　　　　　　Bad

신체 부위·특성별 스타일링

1 키가 크고 뚱뚱한 체형

① 뚱뚱한 체형을 커버하기 위해 명도와 채도가 낮은 한색 계열의 색상이 적합하다.

② 가능하면 여성적인 이미지를 연출할 수 있도록 하며, 뚱뚱한 부분을 가려줄 수 있는 품목 선택에 주의를 기울여야 한다.

③ 오피스웨어 스타일 셔츠, 스트레이트한 팬츠, 스트라이프 줄무늬 슈트, 셔츠에 베스트로 레이어드 등의 방법으로 자신의 단점을 커버할 수 있도록 한다.

④ 이 체형에게 치수와 숫자는 별로 중요한 사항이 아니며, 옷을 입었을 때 느낌이 중요하므로 보는 사람이 편안한 느낌이 드는 단순한 디자인을 선택하는 것이 좋다.

⑤ 액세서리는 큰 것보다는 작으면서 감각적인 선을 중시한 디자인이 적절하다.

2 키가 크고 마른 체형

① 최근 가장 선호되는 체형이며, 어떤 스타일도 소화할 수 있는 모델 체형이라 특별한 체형 커버보다는 자신이 원하는 이미지 연출 방향에 맞춰 어떤 품목을 선택할지를 고민하면 된다.

② 색상의 선택은 자유로우나, 검정색이나 감청색은 권위적인 느낌을 주는 도시적인 색으로 주변 사람들에게 위화감을 줄 수 있어 T.P.O에 맞춰서 적절한 색상으로 스타일링하는 것이 좋다.

③ 일자바지보다는 판타롱 스타일로, 미니스커트보다는 샤넬 라인 정도로, 짧은 재킷보다는 긴 재킷으로 힙선을 가려서 부드러운 인상을 연출하는 것이 선호된다.

3 키가 작고 뚱뚱한 체형

① 이 체형은 '단순함, 상의로 시선 집중, 색상 통일'이 필요하다. 이 세 가지를 염두에 두고 깔끔하고 단정한 이미지 연출에 집중해야 한다.

② 그 밖에 단순함을 피하기 위한 디테일을 준다면, 수직선을 이용하여 깔끔하며 단정한 이미지를 주어도 좋으며, 작은 무늬, 작은 물방울무늬 등을 사용한 귀여운 이미지 연출도 가능하다.

③ 뚱뚱한 체형은 시폰 소재, 너무 두껍지 않은 소재 등을 이용한 의복을 선택한다.

④ 하체가 길어 보이도록 기본형 팬츠, 타이트 스커트 등이 적당하다.

⑤ 상·하의 색상을 너무 차이 나게 연출하면 키가 작아 보일 수 있으므로 색상을 유사하게 하며, 상의 목둘레 포인트로 시선을 위쪽에 머무르게 한다.

4 키가 작고 마른 체형

① 왜소해 보일 수 있어 자신감이 없는 사람으로 비춰질 수 있다.

② 빈약한 체형은 최대한 활기를 불어넣을 수 있는 스타일이 중요하며, 한마디로 자신감 있어 보이는 스타일 연출에 신경을 써야 한다.

③ 이 체형은 슈트 차림이 가장 자신감 있어 보이며 빈약한 체형을 커버할 수 있다.

④ 기본 연출에 슈트 차림을 염두에 두고 이를 응용한 스타일 연출을 하면 보다 쉽게 이 체형 커버에 접근할 수 있다.

5 가슴이 작은 체형

① 가슴이 작은 체형은 성적인 매력이 부족해 보일 수 있기 때문에 가슴 라인을 커버해 줄 수 있는 스타일을 선택하도록 한다.

② 이것으로 부족하다면, 언더웨어를 이용하여 신체 커버가 가능하다.

③ 가슴이 작은 체형은 일상복에 착용되는 어떤 스타일이든 소화할 수 있다는 장점이 있다.

6 가슴이 큰 체형

① 이 체형은 몸의 선을 살려서 적절한 핏(Fit)으로 여성의 아름다움을 돋보이게 하는 것이 중요하다.

② 가슴이 큰 체형은 가슴이 커서 뚱뚱해 보일 수 있는 체형으로, 이 부분을 커버하고 체형의 장점을 강조하는 이미지 연출이 필요하다.

③ 이 체형은 개인에 따라서 강조를 선호하는 사람과 가슴을 작아 보이게 하고 싶은 사람으로 나눌 수 있을 것이다.

④ 가슴 주변에 장식이 없는 스타일, V넥이나 허리 라인을 강조한 스타일은 가슴을 강조하기에 적합한 의상이다.

⑤ 박시한 상의와 짧은 하의 혹은 스키니하게 하체의 얇은 부분 강조, 레이어드 오프 숄더, 재킷 등으로 가슴으로의 시선을 가리는 방법도 있다.

7 힙이 큰 체형과 발목과 다리가 굵은 체형

① 힙이 큰 체형은 힙을 가려주는 것이 포인트로 힙을 덮는 길이의 상의, 타이트한 스커트, 박시한 원피스, 카디건 등으로 주로 체형 커버를 위해 레이어드 코디네이션을 이용하는 것이 적합하다.

② 발목이 굵은 체형은 발목에 끈이 있는 구두, 디자인이 강한 구두, 시선을 끄는 색의 구두는 피하며, 어두운 색의 기본 펌프스 구두와 피부색보다 짙은 스타킹으로 다리를 가늘어 보이게 하는 것이 효과적이다.

③ 구두 굽이 높을수록 발목이 얇아 보이는 시각적 효과가 있으나, 굽이 높은 구두는 걷기가 힘들고 다리에 무리가 갈 수 있으므로 중간굽을 추천한다.

8 힙이 작고 납작한 체형과 오리궁둥이 체형

① 힙이 작고 납작한 체형은 페그탑 팬츠, 카본 팬츠, 주름이 많이 들어간 고어 스커트, 개더 스커트, 플레어 스커트 등 힙 부분에 장식이 많은 형태가 적합하다.

② 최근에는 힙 패드 등으로 커버할 수 있는 아이템이 있기도 하다.

③ 소위 말하는 오리궁둥이 체형은 뒤 허리선에서 가파르게 올라온 힙 라인으로 신체의 후면을 굴곡져 보이게 하므로 바지보다는 A라인 스커트, 플레어 스커트가 좋다.

④ 니트나 스키니 팬츠, 밝은 색의 하의는 결점을 강조할 수 있으므로 피해야 한다.

⑤ 상의 재킷은 힙선 위쪽에 오게 하여 가능하면 상체 쪽으로 시선을 유도하도록 해야 한다.

옷에 묻은 얼룩을 빼는 요령

- 혈액이나 날갈(단백질)이 묻었을 때
  - 얼룩이 묻은 즉시 찬물에 빨며 빠지지 않을 경우에는 암모니아수나 비눗물을 사용한다.
  - 뜨거운 물은 단백질을 응고시키므로 사용하지 않는다.
- 잉크가 묻었을 때 : 수산 용액이나 표백분을 사용한다.
- 과일즙이 묻었을 때 : 3%의 붕산수나 5%의 암모니아수, 비누로 빤다.
- 커피, 차 종류가 묻었을 때
  - 시간이 지나면 변색되므로 얼룩이 묻은 즉시 미지근한 물에 빤다.
  - 얼룩이 빠지지 않으면 암모니아수나 비누를 사용한다.
  - 전문 얼룩제거 제품을 사용해도 편리하다.
- 껌이 묻었을 때 : 얼룩을 긁어낸 후 석유나 휘발유를 사용한다.
- 된장, 간장이 묻었을 때 : 얼룩이 묻은 즉시 세탁을 하며 빠지지 않을 경우에는 표백한 후에 세탁한다.
- 페인트가 묻었을 때 : 벤젠이나 휘발유를 사용한다.
- 술 종류가 묻었을 때 : 시간이 오래 경과되면 초산 발효로 인해 섬유가 상하기 때문에 묻은 즉시 세탁을 하며 빠지지 않을 경우에는 암모니아수와 붕산수를 소량씩 섞어서 빤다.
- 인주가 묻었을 때 : 벤젠으로 닦은 후 남은 얼룩은 세제나 비누로 빤다.
- 땀이 많이 묻었을 때 : 비눗물이나 미지근한 물로 빨며 빠지지 않을 경우에는 즉시 세탁소에 맡긴다.
- 초콜릿, 과자가 묻었을 때 : 지방은 휘발유, 당류는 미지근한 물을 사용하며 알코올을 이용하기도 한다.
- 아세테이트, 모직물, 견직물 등의 옷감은 물빨래보다는 드라이클리닝이 적합하다.

※ 출처 : http://www.fashionssun.com

┃얼굴형과 헤어스타일┃

1 계란형(Oval)

얼굴의 가로:세로가 2:3의 이상적인 얼굴형으로 모든 스타일을 소화한다.

2 원형(Round)

① 얼굴 가로:세로의 2:3 비율에서 가로가 더 크며 얼굴은 곡선을 이룬다.
② 이마 쪽이나 턱뼈의 너비보다 광대뼈 부분이 넓은 얼굴을 말한다.
③ 이 얼굴형은 둥근 얼굴을 각지고 길어 보이게 하는 연출을 해야 한다.
④ 피터팬 칼라, 라인 네크라인이 좋으며 헤어는 머리 정수리 부위를 부풀린다.
⑤ 머리 옆쪽은 두상에서 부풀려지지 않는 형태로 얼굴을 길어보이게 하며, 너무 짧은 기장은 둥근 얼굴을 강조할 수 있어서 피해야 한다.

3 마름모형(Diamond)

① 이마의 가로보다 광대뼈가 더 넓은 얼굴형으로, 얼굴의 가로:세로가 2:3 비율 이상으로 각진 얼굴이다.
② 이러한 얼굴형은 뺨의 너비를 균형 있게 하고 각을 부드럽게 보이도록 연출해야 한다.
③ 목신은 스쿠프 라인, 목선이 보이는 프릴 장식, 셔츠 칼라 등으로 길고 부드럽게 보이게 한다.
④ 헤어스타일은 턱 부근에 볼륨과 컬을 주어서 날카로워 보이는 이미지를 부드럽게 변화시키도록 한다.

4 사각형(Square)

① 얼굴 가로:세로는 2:3 비율 이상이며, 얼굴이 짧다는 인상을 주므로 얼굴을 길어 보이게 해야 한다.
② 이마뼈, 광대뼈, 턱선이 거의 같은 너비이므로 이 부분을 커버할 수 있도록 신경 써야 한다.
③ 목선이 높이 올라오는 보트넥, 터틀넥보다는 목선을 드러내거나 칼라가 있는 스타일로 얼굴형을 커버하도록 한다.
④ 헤어스타일은 짧은 머리는 얼굴을 더욱 사각으로 보이게 하여 피해야 하며, 정수리쪽은 높고 앞머리에 살짝 컬이 지면 부드러워 보일 수 있다.

5 **역삼각형(Heart)**

① 턱선보다 넓은 이마를 가졌으며 이마뼈의 가로 폭이 광대뼈와 같거나 넓다.

② 이 얼굴형은 최근 선호되는 형이나 날카로워 보일 수 있고, 부드러운 인상을 주지 않아 이 부분을 보완하는 것이 권장된다.

③ 이를 위해서 얼굴 위쪽과 아래쪽의 균형을 살리고 턱선이 부드럽게 보이는 것이 중요하다.

④ 목선은 라운드선이 좋으며 프릴, 러플, 서플리스 칼라와 같은 장식이 적절하다.

⑤ 헤어스타일은 턱 주변에 볼륨을 주어 이미지를 부드럽게 하는 것에 중점을 둔다.

⑥ 짧은 머리는 얼굴형을 부각시키므로 피해야 한다.

색상 코디네이션

1 개 요

여성의 사회 진출이 활발해지고, 1980년 'Color Me Beautiful(Carol Jackson)'이 출간되면서 본격적으로 색상과 코디네이션에 관심이 부각되었다.

색상 코디네이션은 두 가지 이상의 색상을 사용하여 서로 강조 또는 조화시켜 자신이 원하는 이미지를 연출하는 것이다. 기본적으로 색채는 색상에 따라 동일한 면적이더라도 그 크기가 달라 보이게 되는데, 이를 색상의 면적감이라고 한다. 큰 면적에 대해서는 가까움을 그리고 작은 면적에 대해서는 먼 거리를 연상하기 때문에 운동감과 관련이 있다.

난색, 밝은 명도, 선명한 채도는 착용자를 팽창되어 보이게 하며, 반면에 한색, 어두운 명도, 탁한 채도는 수축되어 보이게 한다. 탁한 채도는 반드시 팽창하지도 수축하지도 않는다. 사람도 동일한 면적감의 성질이 적용된다.

2 톤 온 톤(Tone on Tone) 코디네이션

① '톤을 겹치다'라는 뜻이다.

② 동일 색상에서 두 가지 톤의 명도차를 비교적 크게 잡은 배색이다.

③ 동일 색상으로 톤차(특히 명도차)를 강조한다.

④ 차분함, 시원함, 솔직함, 정적임, 간결함 등의 느낌을 준다.

3 톤 인 톤(Tone in Tone) 코디네이션

① 근사한 톤의 조합에 따른 배색 방법이다.

② 색상은 톤 온 톤 배색과 마찬가지로 동일 색상을 원칙으로 하여 유사 또는 인접 색상의 범위 내에서 선택한다.

③ 톤의 선택에 따라 약하고 강한, 무겁고 가벼운 등의 다양한 이미지 연출이 가능하다.

④ 온화함, 상냥함, 건전함 등의 느낌을 준다.

4 그라데이션(Gradation) 코디네이션

① 색상, 명도, 채도, 톤에 순차적으로 변화를 주어 리듬감, 율동감, 통일감을 주는 코디네이션 방법이다.

② 즉, 색채가 조화되는 배열에 따라 시각적인 유목감을 주는 방법이다.

③ 세 가지 이상의 다색 배색에 이와 같은 효과가 나타난다.

④ 색상의 자연스러운 연속과 명암의 조화를 이루는 변화가 포인트이다.

5 세퍼레이션(Separation) 코디네이션

① 배색이 애매하거나 지나치게 강렬할 때 사이에 무채색을 삽입하여 전체적으로 조화를 이루게 하는 명쾌한 배색이다.

② 서로 부조화를 이루는 색상이 매치되었거나 대조되는 색상으로 시각적인 자극을 준다면 조화를 이루게 하기 위해서 무채색을 사용하여 삽입하면 훨씬 안정적인 이미지를 연출할 수 있다.

③ 중간 부분의 대부분은 허리 부분이 되므로 날씬해 보이는 효과도 가져올 수 있다.

6 악센트(Accent) 코디네이션

① 단조로운 배색에 반대 색상 또는 색조를 사용하여 전체적으로 어울리게 만들어 주는 배색이다.

② 색과 색을 분리시켜 전체적으로 이질감 나는 색채 조화에 포인트색상을 넣음으로써 어우러지게 만드는 코디네이션 방법이다.

텍스처(Texture) 코디네이션

1 개 요

텍스처(Texture)는 '직물'이라는 뜻을 지닌 텍스타일(Textile)에서 파생된 단어로 직물의 느낌·재질감, 즉 직물 표면의 성질, 시각적인 특징을 나타낸다. 직물은 동일한 재료로 만들어지더라도 제작법에 따라 시각적 효과가 다르게 나타나며 각각 다른 재질감의 차이를 적절하게 조화시키는 것이 텍스처 코디네이션이다.

2 하드 텍스처

하드(Hard) 텍스처는 뻣뻣하고 가공되지 않은 느낌의 두꺼운 패브릭으로, 체형을 증가시켜 보이므로 마른 체형의 사람에게는 적합하나 뚱뚱한 체형은 주의하여 선택하여야 한다. 하드 텍스처의 패브릭에는 트위드(Tweed), 홈스펀(Home-spun), 모슬린(Muslin), 마 등이 있다.

무늬(Pattern on Pattern) 코디네이션

무늬 코디네이션은 다양한 무늬와 무늬의 조합으로 새로운 코디네이션을 시도하거나 시선을 집중시키는 방법이다.

크기가 다른 무늬 코디네이션, 색상이 다른 무늬 코디네이션, 줄 굵기가 다른 무늬 코디네이션, 무늬 크기를 이용한 원근감 주기 등으로 다양하고 재미있는 코디네이션 연출이 가능하다. 이 방법은 자신의 개성을 표현할 때 많이 이용되며 시각적 자극을 주므로 주의해야 한다.

디자인에 의한 코디네이션

1 플러스 원(Plus One) 코디네이션

플러스 원 코디네이션이란, 착용자의 이미지에 따라 착장된 기본 의상 위에 한 가지 아이템을 더하여 연출 효과를 내거나 의외적인 새로운 감각으로 전환시키는 방법이다.

예를 들어, 스카프를 팬츠 위에 랩(Wrap)처럼 입음으로써 기본적인 의복의 형태를 바꾸어 의외성을 주는 방법은 일상적인 옷차림을 탈피한 변화론적 플러스 원 코디네이션법이고, 어깨에 스카프나 숄을 원피스 위에 두름으로써 이미지를 보다 명확하게 연출한 방법은 보조적인 연출로 조화론적 방법의 플러스 원 코디네이션법이다.

2 멀티(Multi) 코디네이션

멀티(Multi)는 '복합의 · 다양의'란 뜻으로 레이어드 룩(Super Coordination)이라고도 한다.

이 코디네이션 방법은 형태에 차이가 있는 똑같은 아이템을 여러 겹으로 겹쳐 입기 때문에 속에 입는 것과 겉에 입는 것의 길이나 품, 디자인 차이가 있어야 다양하게 표현할 수 있다. 같은 패브릭에 같은 컬러와 패턴으로 코디네이션시키면 너무 밋밋하고, 반대로 다른 패브릭에 다른 컬러, 패턴 등 여러 다른 요소들이 한꺼번에 결합되면 조화감과 안정감이 떨어지게 된다.

따라서 패브릭이나 여러 모양의 패턴으로 다양하게 표현하려면 컬러를 통일시키고, 컬러나 패턴에 변화를 주려면 패브릭에 통일감을 주어 코디네이션 해야 한다.

3 시즈너블(Seasonable) 코디네이션

계절에 상관없는 스타일로 상식적인 계절에 맞는 의상이 아니다. 여름에는 겨울 소재 이용, 겨울에는 여름 소재 이용 등의 의상 디자인이나 스타일이 대표적인 예이며, 주로 겨울철에 얇은 소재와 두꺼운 소재의 매치가 많이 쓰이고 있다.

4 피스(Piece) 코디네이션

피스(Piece)는 '부분 · 조각 · 단편'을 의미한다. 피스 코디네이션은 각각의 단품을 조화 있게 꾸미는 가장 대중적인 코디네이션 방법이다. 난품에 의한 코니네이션 요령은 간단한 빙법으로 구성되지민 변화의 폭이 매우 다양하고 풍부하여 개성적인 이미지 연출을 할 수 있다.

피스 코디네이션의 종류에는 크게 상의의 아이템을 덧입어 연출하는 방법과 하의 아이템을 조화시켜 연출하는 방법으로 나뉜다. 상의 아이템에 의한 피스 코디네이션 표현은 셔츠 온 베스트, 셔츠 온 셔츠, 재킷 온 재킷 등의 방법이 있고, 하의 아이템에 의한 코디네이션은 팬츠 온 스커트, 팬츠 온 드레스 등의 방법이 있다. 피스 코디네이션은 아이템의 조화가 자칫하면 파격적일 수 있으므로 컬러나 패브릭의 차이가 너무 대조적이지 않도록 주의하여야 한다.

색명에 의한 분류 – PCCS 계통색명의 톤 구분에 따른 코디네이션

1 톤 기본 용어

① 톤(Tone)이란, 색의 느낌과 관계없이 명도와 채도를 하나의 개념으로 묶어서 표현한 것으로써 색의 이미지를 보다 쉽게 전달하고자 한 것이다.

② 색상이 달라도 톤이 같으면 닮은 이미지로 나타나게 된다.

③ 기본적인 용어와 코디네이션 이미지

Pale	(p)	아주 연한
Light	(lt)	연 한
Bright	(b)	밝 은
Vivid	(v)	해맑은(선명한)
Strong	(s)	기본색이름
Soft	(sf)	약 한
Dull, Moderate	(d), (m)	칙칙한
Light Grayish	(ltg)	밝은 회
Grayish	(g)	회
Deep	(dp)	짙 은
Dark Grayish	(dkg)	어두운 회
Dark	(dk)	어두운
White	(w)	흰 색
Light Gray	(ltgy)	밝은 회색
Gray	(gy)	회 색
Dark Gray	(dkgy)	어두운 회색
Black	(bk)	검 정

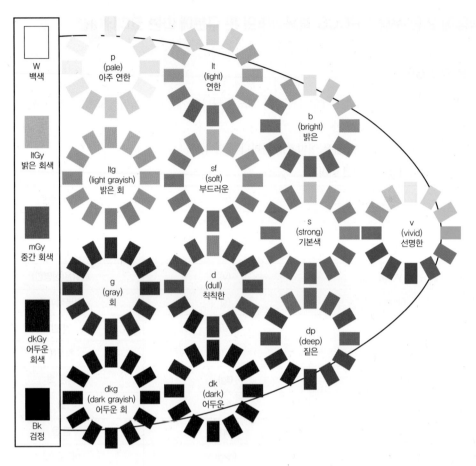

[톤의 개념]

2 비비드 톤(Vivid Tone) – 선명한 색조

화려한, 강한, 활동적인, 자극적인, 적극적인 이미지 연출에 적당하며 액티브한 이미지를 연출하는 데도 적절하다.

3 페일 톤(Pale Tone) - 아주 엷은 색조

담백한, 부드러운, 가벼운, 연약하며 여성적 이미지를 연출하는 색이다. 이 톤은 명도가 매우 높아 밝고 연한 색이므로 보색이나 반대색을 사용해도 강한 이미지가 없는 무난한 이미지 연출이 가능하다.
로맨틱이나 엘레강스한 이미지를 연출하기에 적절하다.

4 브라이트 톤(Bright Tone) - 밝은 색조

건강한, 여성적인, 신선한 이미지이며, 밝고 화려한 느낌의 포멀웨어나 자극적이지 않으며 지루한 느낌을 주지 않는 캐주얼웨어에 활용할 수 있다.
이 톤은 엘레강스하거나 로맨틱한 이미지 연출에 많이 쓰인다.

5 딥 톤(Deep Tone) – 짙은 색조

깊은, 전통적인, 중후한, 충실한 이미지이다. 고급스럽고 클래식한 이미지를 잘 표현할 수 있는 색조이다.

6 그레이시 톤(G rayish Tone) – 회색의 색조

수수한, 우중충한, 탁한 이미지이다. 침착하고 차분함을 잘 표현하는 색조로 도시적인 감성을 표현하는 대중적이며 대표적인 색이다.

차갑고 도시적이며 모던한 이미지 연출에 적절하다.

남성복 코디네이션 스타일링

1 슈트(Suits) 스타일링

슈트는 남성복의 가장 대표적인 아이템으로 직장이나 다양한 장소에서 격식을 차릴 때 입는 기본 의복이다. 보수적인 남성복의 재단법과 스타일은 지난 100년 동안 거의 변화가 없다고 해도 과언이 아니다. 그 이유는 전통적으로 남성복은 실제적이고 견고한 이미지 연출에 초점을 맞추고 있기 때문이다.

슈트는 일반적으로 상·하의 동일의 소재와 색상으로 이루어진 것을 일컬으며, 재킷, 팬츠, 셔츠, 베스트로 구성되어 있다. 오래전부터 착용되어 온 슈트는 코디네이션의 기본 공식이 적용되는 스타일 중 하나이다.

2 슈트의 기본 스타일

18세기 중반 유럽에 산업혁명이 일어나면서 남성 슈트는 과거의 화려함이 줄어들기 시작하였고 20세기 전후에 와서 '실용적, 편리함, 검소함'의 이미지가 함축된 의복으로 자리매김하게 되었다.

슈트는 현대 사회의 가장 대표적인 직장 출근복, 격식을 갖추어야 하는 자리의 기본 복식으로써 스타일에 따라서 4가지 형태로 구분한다. 그 외 결혼식이나 포멀 파티에는 턱시도(Tuxedo)나 테일 코트(Tail Coat) 등을 착용한다.

턱시도와 테일 코트

턱시도(Tuxedo)
1886년 미국 뉴욕 주 '턱시도 파크'에 있는 컨트리클럽에서 열린 가을무도회 때 처음 등장하여 이 지명을 본뜬 이름을 갖게 되었다. 턱시도는 영국에서는 '디너 재킷', 이탈리아에서는 '스모킹'이라 불린다. 1960년대 패션디자이너 이브 생 로랑은 패션쇼에서 턱시도를 '르 스모킹'이라는 이름의 여성복으로 선보였다. 이때를 계기로 '스모킹'이라는 단어는 여성복 턱시도를 부르는 대명사처럼 지금까지 쓰이고 있다.

테일 코트(Tail Coat)
테일 코트 착용 시 흰색 나비넥타이, 칼라를 아래로 접어 구부리는 윙칼라, 흰색 장갑, 검정색 실크 양말 등을 함께 갖추는 것이 기본이다.

---

① 아메리칸 스타일(American Style)
　㉠ 움직임이 용이한 실용적인 슈트의 형태로 품이 넉넉하여 기능적인 면이 강조된 스타일이다.
　㉡ 전체적으로 일직선 형태로 떨어지는 박스형의 재킷으로 1개의 뒤트임이 있고, 단추가 3~4개 달렸으며, 소매통이 넉넉하다.
　㉢ 따라서 어느 정도 체형의 결점을 감추고 편안하게 착용할 수 있으나, 감각적인 스타일을 표현하기는 용이하지 않다.

② 유러피안 스타일(European Style)

    ㉠ 선이 완벽한 입체 재단을 통해 각이 진 어깨와 좁은 소매, 가슴에서 힙까지 매우 피트(Fit)하게 맞는 스타일이다.

    ㉡ 또한 재킷에 뒤트임이 없고, 팬츠는 허리 아래부터 몸에 피트하게 맞아 바디라인이 잘 보이는 스타일로 감각적인 스타일 표현에 알맞다.

    ㉢ 전체적으로 우아하고 남성적인 체형을 돋보이게 해주는 실루엣으로, 마른 체형에 잘 어울려 젊은 이미지 연출 시 선호되며 유행에 민감한 스타일이다.

    ㉣ 2005년경 디올 옴므(Dior Homme)에서 선보인 극단적인 슬림 핏이 대중들의 인기를 끌기도 하였다.

③ 이탈리안 스타일(Italian Style)

    ㉠ 아메리칸 스타일의 넉넉함과 유러피안 스타일의 곡선미, 브리티시 스타일의 부드러운 균형미를 조화시킨 스타일로 가장 최근에 제시된 슈트의 한 형태이다.

    ㉡ 어깨가 넓고 허리 부분은 곡선 처리가 적으며, 밑단이 부드러운 곡선 처리로 되어 있어 세련되면서 편안한 느낌이 있다.

    ㉢ 이탈리아 디자이너 브랜드의 실루엣에서 볼 수 있다.

    ㉣ 정리하면 미국의 편안함과 영국의 균형미, 유럽의 곡선미가 잘 어우러진 이탈리아 특유의 스타일이다.

    ㉤ 대표적으로 디자이너 조르지오 아르마니 스타일을 꼽을 수 있다.

④ 브리티시 스타일(British Style)

    ㉠ 유러피안 스타일 실루엣과 아메리칸 스타일 실루엣의 중간 형태로, 바디라인을 그대로 반영하여 자연스러운 선을 강조하며 잘록한 허리선과 살짝 각진 어깨의 형태가 특징이다.

    ㉡ 2개의 뒤트임과 해킹 포켓(Hacking-pocket : 비스듬하게 붙인 덮개 달린 호주머니)이 있으며, 재킷과 소매의 품은 조이지도 넉넉하지도 않은 정도이다.

    ㉢ 현대에는 패드를 넣지 않으면서도 자연스럽게 살린 어깨선과 2개의 앞여밈 단추, 1개의 뒤트임이 있는 싱글형으로 많이 표현되고 있다.

    ㉣ 브리티시 스타일은 아메리칸 스타일의 편안함과 유러피안 스타일의 인체미를 돋보이게 하는 장점을 흡수하여 편안하면서 고전적인 이미지를 연출한다.

[아메리칸 슈트]   [브리티시 슈트]   [유러피안 슈트]   [턱시도]

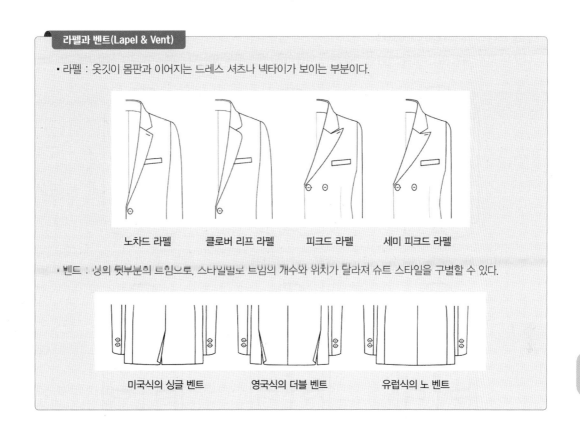

라펠과 벤트(Lapel & Vent)

- 라펠 : 옷깃이 몸판과 이어지는 드레스 셔츠나 넥타이가 보이는 부분이다.

| 노차드 라펠 | 클로버 리프 라펠 | 피크드 라펠 | 세미 피크드 라펠 |

- 벤트 : 싱의 뒷부분의 트임으로, 스타일별로 트임의 개수와 위치가 달라져 슈트 스타일을 구별할 수 있다.

| 미국식의 싱글 벤트 | 영국식의 더블 벤트 | 유럽식의 노 벤트 |

슈트 착장법

1 재 킷

정장 상의 재킷은 착용했을 때 칼라와 깃이 목 근처를 내려오면서 편안하게 앉혀졌는지 체크해야 한다. 깃은 7.5~8.5cm 정도로 가슴 쪽에 반듯하게 놓여야 하며 끝이 말리는지 살펴보아야 한다. 다음으로 체크해야 하는 부분은 어깨선이다. 어깨는 심이 들어가 있는 부분으로, 사람마다 어깨 높이에 차이가 있어 입는 브랜드의 심이 알맞게 자리하여 어깨선을 살리고 있는지 봐야 한다. 또한 등 뒤는 무리 없이 편안하게 놓이고 주름지지 않고 깔끔하게 떨어지고 있는지 살펴봐야 한다.

그리고 가장 중요한 점은 재킷을 입고 움직였을 때 편안하며 외관이 잘 유지되는 것이다. 재킷의 길이는 힙을 덮는 정도가 좋으며, 소매길이는 손목뼈 부분을 살짝 덮는 정도에 셔츠가 바깥으로 1.5~3cm 정도 보이는 것이 적당하다. 만약 재킷에 줄무늬가 있다면 옷판이 이어지는 부분의 이음새에 무늬가 자연스럽게 연결되고 있는지 살펴봐야 한다. 정장 상의 주머니는 플랩 포켓(Flap Pocket)인지 확인하고 블레이저는 패치 포켓(Patch Pocket)을 선택하며, 팔꿈치에 패드가 붙여진 것은 캐주얼로 분류하여 입어야 한다. 마지막으로 체크 포인트는 핏(Fit)이 좋아야 한다는 점을 염두에 두고 전체적으로 살펴보면 된다.

① **싱글 브레스티트(Single Breasted)** : 슈트나 재킷의 일반적인 여밈 형식으로 두 개의 단추가 보편적이며, 단추는 모두 채워 입는 것이 아니라 가운데나 위쪽의 단추를 채워 입는다.

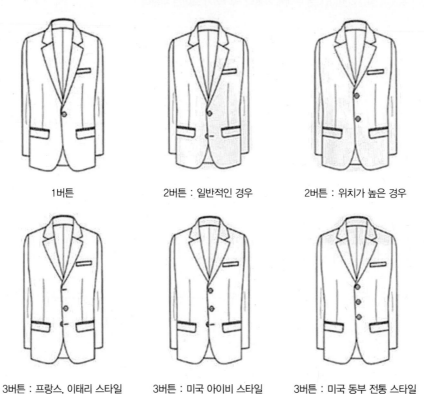

| 1버튼 | 2버튼 : 일반적인 경우 | 2버튼 : 위치가 높은 경우 |

| 3버튼 : 프랑스, 이태리 스타일 | 3버튼 : 미국 아이비 스타일 | 3버튼 : 미국 동부 전통 스타일 |

② **더블 브레스티트(Double Breasted)** : 화려하고 멋스러워 유럽인들이 선호하며, 단추의 개수나 스타일에 따라 여밈이 다르다. 스타일이 타이트하므로 엉덩이가 큰 체형은 피하는 것이 좋다.

| 2버튼 : 파티용, 화려한 모임 | 4버튼 : 단추가 위쪽인 경우 | 4버튼 : 하나만 채우는 경우 |

6버튼 : 단추가 위쪽인 경우   6버튼 : 하나만 채우는 경우   6버튼 : 라펠이 짧은 경우

2 바지

① 바지는 앞 허리 단추가 배꼽에 놓이는지 살펴봐야 한다. 최근 배꼽 아래에서 멈추는 것도 나오고 있으나 원칙은 배꼽에 허리 단추가 오는 것이다.

② 허리띠에서 허리선이 내려갈수록 다리가 짧아 보일 수 있다는 것을 고려하여 바지를 선택해야 한다.

③ 바지 길이는 구두를 살짝 덮는 정도가 알맞으며, 너무 길이가 길면 인상이 게을러 보일 수 있으니 주의해야 한다.

④ 바지 단에 커프스가 있는 바지는 없는 것에 비해 다리가 짧아 보이며 정장 차림으로는 적합하지 않다.

⑤ 일반적으로 바지 길이는 앞단이 구두 등에 살짝 닿고 뒷단이 구두 굽의 1/3이나 절반 정도를 덮는 길이가 적절하다.

⑥ 유행에 따라서는 발목뼈 부분을 살짝 덮고 구두를 가리지 않을 수도 있으니, 트렌드와 연령에 맞는 적절한 바지를 선택하는 것도 중요하다.

⑦ 보통 앉아서 보내는 시간이 많아 바지가 금방 구겨지고 낡기 때문에, 슈트를 구입할 경우에는 바지를 한 벌 더 구입하는 것을 추천한다.

⑧ 바지는 주름 있는 바지, 즉 플리티드 팬츠(Pleated Pants)와 주름 없는 바지(No Pleated Pants)로 구분된다.

⑨ 전자는 헐렁하고 펑퍼짐해 보여 전체적인 룩이 자칫 짧아 보일수 있으나, 배가 나오고 힙에 살이 있는 사람에게 적절하며, 후자인 주름 없는 바지는 적당한 몸매의 사람들에게 권장한다.

3 셔 츠

① 정장 슈트는 셔츠와 타이로 완성되며, 셔츠는 깃이 반듯하고 형태를 제대로 유지하고 있는지 살펴봐야 한다.

② 셔츠는 목둘레와 팔 길이가 중요하다. 목은 너무 조이지 않고 셔츠 목 부분과 목 사이에 손가락 하나가 들어갈 수 있는 여분이 있어야 한다.

③ 대표적으로 스탠더드(Standard) 칼라는 일반적인 칼라로 깃 크기에 차이가 좀 있으나, 거의 같은 모양이며 비즈니스 웨어와 캐주얼 웨어에 두루 사용된다.

④ 버튼다운(Button Down) 칼라는 이름이 말하듯 칼라 양쪽 모서리에 단춧구멍이 있어 몸판에 고정하는 모양이다.

⑤ 이 칼라도 비즈니스 웨어에 사용되지만 파티, 특별행사와 같은 자리에서는 잘 입지 않는다.

⑥ 셔츠 구비의 기본은 흰색으로 하며, 자신의 얼굴색과 슈트 색에 따라서 베리 페일 톤(Very Pale Tone)으로 구비하여도 좋고, 핀 스트라이프 등의 무늬 있는 것을 구비하여 연출하여도 좋다.

4 베스트

① 베스트는 유행을 많이 타는 아이템이다. 최근 베스트를 많이 착장하지는 않으나 그래도 멋이나 체형을 커버하는 아이템으로는 쓰이고 있다.

② 방한용으로 사용되기도 하지만, 그것보다는 볼록 나온 배를 감추거나 베스트의 무늬나 포인트 색상으로 멋을 내기 위해 이용한다.

③ 하지만 베스트는 여전히 정통 슈트 차림에 클래식한 이미지를 연출할 때 많이 쓰이고 있다.

5 타 이

① 타이는 셔츠와 함께 정장을 완성하는 중요한 아이템이다. 매는 방법에 따라서 다른 이미지를 연출할 수 있다.

② 소재는 100% 실크가 품위 있어 보이며 계절도 타지 않는다.

③ 강한 직선형의 얼굴에는 타이 무늬가 선명하며 두툼한 실크에 짜임새가 탄탄하고 표면이 매끈한 소재가 좋으며, 직선형의 얼굴은 투박한 느낌을 주는 짜임새가 얼기설기한 것으로 이미지를 부드럽게 만든다.

④ 둥근형 얼굴은 너무 두드러지는 색과 패턴은 피하고, 번쩍이거나 투박하지 않으며 선이 느껴지는 것을 고르는 것이 적절하다.

⑤ 길이는 넥타이가 벨트의 버클을 덮고 살짝 가리는 정도가 무난하다.

⑥ 타이 무늬에 따른 명칭

솔리드	도 트	로얄 크레스트	페이즐리
비즈니스에서 파티까지 사용할 수 있는 만능 아이템	공식적인 자리에서도 사용할 수 있는 정통 패턴	레지멘탈 스트라이프 사이에 크레스트를 배치한 것. 영국 정통 패턴. 클래식 스타일	스코틀랜드 페이즐리시의 이름에서 유래한 타이인도의 전통 문양. 포멀 스타일

스트라이프	작은 무늬	체 크	니 트
오른쪽에서 왼쪽으로 흐르는 것을 '클럽 스트라이프'라 부름	너무나 종류가 많아 트렌드의 영향을 받기 어려운 베이직한 아이템	영국 전통의 느낌을 연출하고 싶을 때 추천	편직물 타이. 끝이 수평으로 커트. 캐주얼한 인상을 줌

[타이 디자인에 따른 이미지 연출]

6 구두

구두는 일반적으로 검정 또는 브라운 계열이 적절하며, 바지와 비슷한 색상을 선택하는 것이 무난하다. 구두는 항상 단정하고 깔끔한 이미지를 줄 수 있도록 손질해야 한다.

Straight Tip	Plain Toe	Wing Tip	U Tip
캐주얼에 신으면 안 됨	캐주얼에서 포멀까지 가능	클래식 슈트에 적합	

Monk Strap	Chukka Boots	Wing Tassel	Loafer
끈 없는 신발 중 캐주얼과 함께 신을 수 있음	주로 캐주얼에 매치	슈트와 캐주얼에 모두 가능	캐주얼 차림에 석합

7 벨트

벨트는 허리 위치에 바지를 고정하며 스타일링을 완성하는 역할을 한다. 벨트 폭은 3~3.5cm 정도가 적정하며, 버클은 기호에 따르나 기본 단정한 디자인이 일반적이다. 벨트는 바지 색상과 잘 매치되는 가죽 벨트를 착용한다.

8 양말

양말은 색상과 길이가 중요하다. 남성 슈트는 주로 어두운 색이기 때문에 양말 색도 슈트 색에 맞춰 구비해야 한다. 또한 다리를 움직였을 때 바지가 짧아져 다리털이 보일 수 있기 때문에 목 길이가 긴 양말을 착용한다. 최근처럼 바지 길이가 과거에 비해 짧은 디자인이 유행할 때는 양말에 포인트를 주는 무늬를 넣어서 개성을 표현하는 것도 나쁘지 않다. 단, 비즈니스 웨어로 착장한다면 슈트 색과 비슷한 색상, 무늬 없는 것으로 깔끔한 인상을 주도록 한다. 개성을 드러내고자 한다면 무늬를 이용해서 트렌디한 이미지를 연출하는 것이 좋다. 일주일 기준으로 10켤레 정도를 구비하고 있어야 문제 없이 신을 수 있다.

9 **기 타**

남성재킷의 구성 요소를 이루는 포켓의 종류는 다음과 같다.

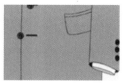

[플랩 포켓]

[제티드 포켓]

[웰트 포켓]

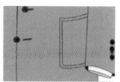

[패치 포켓]

슈트 착장

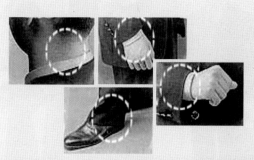

- 깃 : 셔츠의 깃이 상의의 깃에서 1~1.5cm 정도 나오는 것이 좋다. 셔츠와 양복의 깃은 옆에서 보았을 때 평행인 것이 미관상 아름답다.
- 상의 길이 : 양손을 아래로 내렸을 때 옷자락이 가볍게 잡힐 정도가 좋다.
- 손 : 1~1.5cm 정도가 적당하다.
- 팬츠의 통 : 구두의 3/4을 가릴 정도가 적당하다.

와이셔츠와 넥타이 코디법

1 개 요

넥타이는 슈트 차림을 완성하는 중요한 아이템으로 자신의 개성을 표현하기 가장 적절한 부분이다. 다양한 소재와 색상, 무늬의 넥타이를 어떤 셔츠와 조합하느냐에 따라 센스 있는 스타일 연출이 가능하다.

2 슈트 색상에 따른 스타일링

① 감색 계열 슈트 코디네이션

    ㉠ 남성 슈트의 기본이 되는 색상이다.

    ㉡ 청결함과 생동감을 느낄 수 있다.

    ㉢ 셔츠는 흰색, 청색, 회색, 핑크색 셔츠가 잘 어울린다.

    ㉣ 넥타이는 레지멘탈, 스트라이프, 페이즐리 같은 전통 스타일(붉은색, 남색)의 무늬가 적합하다.

② 회색 계열 슈트 코디네이션

㉠ 어떤 색과도 잘 어울리며 차분하다.

㉡ 점잖음과 지성적인 분위기를 느낄 수 있다.

㉢ 조끼까지 포함한 쓰리 피스는 비즈니스 웨어의 대표적인 모델이라고 할 수 있다.

㉣ 셔츠는 흰색, 청색, 브라운 계통까지 넓게 선택할 수 있다.

㉤ 넥타이는 어떠한 색과도 잘 어울리며, 특히 자주색, 청색, 회색 계열 등이 가장 잘 어울린다. 무늬는
스트라이프, 물방울, 페이즐리 등이 좋다.

③ 밤색 계열 슈트 코디네이션

　㉠ 키와 체격이 크고 피부색이 흰 사람에게는 돋보이는 색상이다.

　㉡ 부드럽고 따스한 느낌을 준다.

　㉢ 셔츠는 흰색, 노란색, 초록색 및 동색 계열이 잘 어울린다.

　㉣ 넥타이는 붉은색이 포인트로 들어간 스트라이프, 페이즐리, 동일 색조의 밤색 스트라이프, 올리브색
　　의 올오버나 프린트가 잘 어울린다.

④ 검정색 계열 슈트 코디네이션

　㉠ 자주 입게 되지는 않지만 반드시 갖추고 있어야 하는 색상의 슈트이다.

　㉡ 진중하고 성실한 느낌을 준다.

　㉢ 셔츠는 흰색, 청색, 회색 등 여러 색상을 커버할 수 있다.

　㉣ 의외로 다양한 넥타이를 폭넓게 소화시켜 포멀한 이미지로부터 감각적이고 강렬한 이미지까지 연출해
　　낼 수 있는 매력을 지니고 있다.

체형에 따른 남성복 스타일링

1 키가 크고 마른 체형

키가 크고 마른 체형은 라펠과 어깨가 넓은 것이 좋으며, 각이 진 어깨선을 가진 슈트가 권장된다. 팽창 효과가 있는 밝은 계열 컬러의 가로 스트라이프나 격자 패턴이 들어간 슈트에 베스트까지 입는 것이 마른 체형을 커버하는 데 효과적이다. 상의와 하의의 컬러와 패턴을 다르게 매치하는 것도 가능한 체형이다.

2 키가 작고 마른 체형

키가 작고 마른 체형은 약간 넉넉하면서 길이가 짧은 상의를 선택하고, 밝은 그레이나 베이지와 같은 밝고 환한 바탕에 패턴을 강조하여 왜소한 부분을 커버하도록 한다.

③ 키가 크고 뚱뚱한 체형

심플한 디자인으로 된 슈트를 선택하여 날씬해 보이게 하며, 어깨선이 일직선을 이루는 재킷에 아래로 갈수록 통이 좁아지는 팬츠를 선택한다. 색상은 다크 계열이나 블랙, 그레이 등을 선택하여 체형이 축소되어 보이도록 한다.

④ 키가 작고 뚱뚱한 체형

복잡한 장식이 없는 단순한 디자인이 알맞으며 선명한 세로 스트라이프 패턴, 세로선 단추 장식 등을 이용한다. 어깨 위에 악센트를 주어 시선을 위로 올림으로써 키가 커보이게 표현하는 것이 좋으며, 슈트 색상은 중간 톤으로 어두운 계열과 그레이 등 무채색을 선택하는 것이 적절하다.

T. P. O에 따른 패션스타일링

1 개 요

외모가 비즈니스의 경쟁력이 되는 시대에 비즈니스의 글로벌화로 해외 출장이 잦아지면서 '글로벌 스탠더드'
에 맞는 깔끔하고 세련된 옷차림에 관심을 갖게 되었다.
패션업계에서는 상황에 어울리는 옷차림을 의미하는 용어를 사용하기 시작했으며, 그 후 상황에 따른 적절
한 코디네이션을 하는 것은 일상의 예의가 되었다. 이를 위해서는 T.P.O를 고려해야 하는데, T.P.O는
Time, Place, Occasion의 줄임말이다.

2 T.P.O의 의미

① 시간(Time)은 계절, 밤과 낮 등 시간이 언제인지를 고려해야 하는 것이다.
② 장소(Place)는 비즈니스, 출장, 결혼식, 파티장, 클럽, 미팅 등 어떤 장소에 가는가를 고려해야 하는 것으
  로 자신이 가려고 하는 장소의 드레스코드를 맞춰야 한다.
③ 상황(Occasion)은 어떤 특별한 일, 행사, 경사인지를 구분하여 코디네이션을 해야 한다는 것이다.

상황별 스타일 연출

1 일반적인 비즈니스 스타일링

남녀를 불문하고 비즈니스 패션의 기본은 슈트이며, 여성의 경우는 다양한 소재와 디자인 등이 있다. 색상
은 검정, 감색, 회색, 베이지계통을 입으며, 무늬는 무지와 스트라이프 등 심플한 것을 여러 벌 준비해서 입
으면 좋다. 속옷도 화려한 것보다 베이직한 것을 이용하며 작은 액세서리를 사용한다.
비즈니스 상황에서는 남성과 여성 모두 단정하고 지적인 이미지를 중시한다. 따라서 헤어스타일은 단정하게
연출해야 한다. 남성은 단정한 커트스타일이 좋으며, 여성은 화려한 펌은 피하고 긴 머리는 가능한 한 묶는
편이 좋은 인상을 준다. 또한 눈에 띄는 긴 앞머리는 어두운 인상을 주기 때문에 핀으로 모으거나 짧게 자르
는 편이 좋다. 메이크업은 회사의 내규에 맞춰 너무 과도하지 않게 한다. 기본적으로 비즈니스 상황에서의
과도한 메이크업은 피하도록 하나 노메이크업 또한 예의 없는 것으로 인식되고 있다.

여성의 경우 복장에서 주의할 점은 너무 화려하지 않도록 하는 것과 피부 노출이다. 가슴을 지나치게 노출
하는 패션이나 캐미솔, 미니스커트 등은 비즈니스에 어울리지 않는다. 노슬립(소매 없는 상의)은 피해야 하
며 상의에 재킷을 입을 경우에는 이용해도 무난하다.
또한 큰 프릴이 붙은 블라우스와 화려한 소재의 직물, 빛나는 소재, 슬릿이 깊은 것과 플레어가 많이 들어간
스커트는 적당하지 않다. 속옷이 비칠 듯한 경우에는 짙은 색은 피하고 베이지 등의 눈에 띄기 어려운 색을
착용하도록 한다.

비즈니스 상황에서 스타킹 색상은 살구색 무지가 기본이다. 문양이 들어가거나 줄이 들어간 스타킹 등은 어울리지 않는다. 단지 겨울에 다소 두꺼운 타이즈는 허용범위이다.

여성 구두는 심플한 펌프스(Pumps)가 적당하다. 샌들이나 뮬과 같이 발가락과 뒤꿈치 부분이 열린 것은 부적절하며, 높은힐, 굽이 너무 낮은 신발, 뒤꿈치가 뾰족한 신발, 부츠, 스니커즈 등은 피해야 한다. 더러움과 형태가 변형되는지에 신경을 쓰며, 단정한 신발을 항상 손질한 상태로 신도록 한다.

액세서리는 흔들리거나 소리가 나지 않는 심플한 것을 고르며, 스카프도 개성이 너무 강한 화려한 것은 피하는 것이 좋다.

2 격식 있는 행사 스타일링

① 결혼식, 파티, 조문 등과 같은 공식적인 모임이나 행사를 참석할 때 스타일링은 중요한 예의로 인식된다.

② 결혼식 스타일링

결혼식은 신랑과 신부가 주인공인 행사이다. 신랑은 주로 턱시도와 테일 코트를 입으며, 신부는 흰색 드레스와 핑크색 애프터드레스를 많이 입는다.

남성들이 주로 입는 턱시도는 1880년경 미국 뉴욕의 턱시도 파크에 있는 컨트리클럽 사교계의 신사들이 남자의 정식 예장인 모닝코트 대신에 약식 예장으로 입었던 데서 비롯되었다. 영어의 디너 재킷에 해당하며, 드레스 라운지라고도 하였다. 보통 신사복과 같은 스타일로 허리선 가까이까지 길게 늘어지게 롤 칼라나 라펠이 달려 있다. 단추는 1~2개이고, 항상 앞을 터놓고 입으며, 등판은 한 장의 천으로 만드는 것이 특징이다. 끝이 뾰족한 피크트 라펠(Peaked Lapel ; 칼깃)로 앞이 더블로 여며지는 것도 있고, 커머번드(Cummerbund ; 일종의 복대)나 베스트 등을 단 연예인들이 입는 스타일도 있다. 다양한 색상이 쓰이나 원래는 검정이나 진한 감색이 기본이고, 여름에는 상의는 흰색 마직을 쓰기도 하나 이때도 바지는 검정을 입는다.

바지에는 옆에 길이로 비단 선을 대기도 한다. 이렇게 정장을 할 때는 보통 검정 보타이(Bow Tie)를 맨다.

여성들은 결혼식에 참석할 때 신부와 같은 색은 피하고, 신부보다 화려하지 않게 헤어, 메이크업, 의상, 액세서리를 착장하는 것이 예의이다.

② 파티 스타일링

파티의 목적이나 콘셉트에 맞는 스타일링을 연출하며, 드레스코드가 있는 경우에는 드레스코드에 맞는 개성 있는 스타일로 연출한다. 취지와 목적에 맞게 스타일링하여 파티 분위기를 깨지 않는 것이 중요하다. 남성의 파티복으로 슈트를 착장하는 경우 포인트를 포켓치프로 줄 수 있다. 포켓치프는 지나치게 화려하게 접는 것보다는 직사각형으로 접어 재킷 주머니 위로 약 1cm 정도만 보이게 하면 된다.

재킷은 격식을 갖춘 느낌이 나도록 네이비 계열로, 셔츠는 클래식한 체크무늬나 스카이블루 색상을 입는다. 특히 셔츠는 칼라 목 높이가 약간 높고 칼라에 힘이 들어가 빳빳한 제품으로 선택하는 게 좋다. 바지는 밝은 베이지나 그레이 계열을 권장한다. 단, 허리 앞부분에 주름이 잡히지 않은 노 턱(No-tuck) 바지를 입어야 딱 떨어진 느낌을 줄 수 있다.

③ 조문 시 스타일링

조문할 때는 남녀 모두 검정색 정장을 착용하는 것이 예의이다. 디자인은 장식이 적고 심플한 스타일이 좋으며, 액세서리나 장식은 배제하여 고인에 대한 애도의 마음을 보이도록 한다.

3 면접 스타일링

면접에서 면접관에게 좋은 인상을 주기 위해서는 최대한의 예의를 갖추고 당당하며 적극적인 모습을 보여줘야 한다. 면접시간을 지키는 것은 기본 예의로 미리 면접 장소에 도착하여 성실하고 신뢰 가는 인상을 주도록 한다.

이러한 이미지를 만들기 위해 남성은 네이비 계열의 싱글 여밈이 적절하며 넥타이는 슈트 색상과 잘 매치하여 단정하면서 깔끔한 이미지를 연출하도록 한다. 구두는 슈트와 어울리게 준비하고 양말은 구두 색상에 맞추어 적절하게 선택한다. 여성도 남성과 비슷한 계열의 바지 슈트나 치마 슈트 등의 정장 차림으로 준비한다. 얼굴이 갸름하거나 역삼각형인 경우에는 탑보다는 블라우스를 입는 것이 좋으며, 코사지 장식을 넣어준다면 클래식한 느낌을 살릴 수 있다. 통통한 체형은 되도록이면 이너웨어를 탑으로 입어 둔해 보이는 것을 방지한다. 구두는 화려하지 않고 장식이 없는 심플하고 무난한 스타일이 좋으며, 자신의 키를 고려하여 너무 높지 않은 4~5cm 정도의 굽을 선택한다. 스커트나 원피스의 경우 살색 스타킹을 신는 것이 좋다.

이와는 다르게 개성이 강한 광고회사나 디자인 관련 회사의 면접은 자신만의 개성을 표현할 수 있는 콘셉트 연출도 중요하다. 스튜디어스 면접은 항공사별로 원하는 이미지의 메이크업을 숙지하고 비슷한 이미지를 연출하는 것이 중요하다.

면접 의상을 선택할 때 가장 신경 써야 할 부분은 본인의 사이즈를 정확히 알고 옷의 맵시를 잘 살리는 것이다. 그 다음으로는 면접 장소와 해당 직무가 어떤 것인지 고려해야 한다. 공기업, 대기업, 호텔, 항공사, 방송국 등 회사별 직무에 적합한 스타일로 본인에게 잘 어울리는 색상의 의상을 선택하는 것이 바람직하다.

┃직업별 스타일 연출┃

1 세일즈 분야

단정하고 깔끔한 전통적인 정장 스타일은 세일즈맨을 대표한다.

그렇다고 정장이 세일즈맨의 유니폼은 아니다. 보험이나 자동차, 부동산 등 영업을 하는 사람의 패션 원칙은 단 하나로 고객의 패션 눈높이에 맞추는 것이다. 시장의 자영업자가 고객이라면 딱딱해 보이는 정장 바지보다는 점퍼에 약간은 화려한 셔츠도 권장된다.

2 금융 · 법조계 분야

이 분야에 몸담고 있다면 '신뢰'와 '설득'의 이미지를 풍길 수 있는 패션 전략이 요구된다. 보수적인 성향이 강한 집단이므로 영국풍의 전통적인 정장 스타일이 적합하다. 다만 금융계는 감색을, 법조계는 회색을 선호한다.

3 공공기관 및 교육 서비스업 분야

이 분야의 종사자는 기본적으로 친근하고 편안한 이미지가 필요하다. 따라서 안정적이고 편안하며 차분한 이미지를 풍기는 브라운 계열의 스포티한 정장을 선호한다. 페일톤 역시 부드럽게 마음을 열어주는 색상이므로 적절하다.

4 창의적인 직업 분야

창의성과 아이디어가 중시되는 광고계, 벤처기업 관련 비즈니스맨들은 '열정'과 '카리스마'를 더해줄 수 있는 패션 전략이 비즈니스 성패에 적잖은 영향을 미친다. 크리에이티브한 스타일로 코디하되 자신만의 개성을 담아내는 게 관건이다. 다만 패션을 복고로 하든 첨단으로 하든, 헤어스타일만은 최신의 유행을 따라야 한다.

5 전문직 분야

전문직 분야는 자신의 캐릭터나 개성이 드러나도록 연출하여도 된다. 분야별 T.P.O를 맞춰서 착장하는 것이 기본 예의라고 한다면 전문직 종사자는 다른 직종과 다르게 보편적인 스타일로 착장해야 한다는 부담감에서 벗어날 수 있다. 세련된 감성과 도시적인 스타일로 자신의 개성을 표현한다. 그 분야에서 더욱 뛰어난 사람으로 보일 수 있도록 트렌드를 리드할 수 있는 스타일에 관심을 갖는 것이 중요하다.

6 정치 분야

자신의 정치 이념과 소속된 정당의 이미지에 부합하며 국민에게 신뢰를 줄 수 있는 이미지로 스타일링해야 한다. 신뢰감을 강하게 전달하기 위해 경직된 정장 차림이 권장되며, 때로 부드럽고 친근한 이미지를 줄 수 있도록 스타일에 유연함을 표현하는 전략도 사용한다.

정치인 스타일링은 신체적 결점뿐만 아니라 정치인 이미지를 보완해야 하는데, 이미지는 표정, 목소리, 헤어스타일, 의복 등 전체에서 만들어지기 때문에, 스타일리스트가 많은 부분에 관심을 갖고 조언을 줄 수 있으면 스타일 연출에 더욱 도움이 된다. 대외적인 행사에서는 방문하는 국가의 패션 스타일과 특성 등을 고려하며 예의를 갖추는 스타일링이 필요하다.

기타 상황별 스타일링 연출

1 중요한 회의 또는 격식 있는 미팅 시 스타일링

클래식한 디자인 셔츠를 선택하고 색상 대비가 적은 같은 톤의 넥타이를 고르는 것이 무난하다. 스트라이프 넥타이는 줄무늬가 왼쪽 위에서 오른쪽 아래로 그어져 있는 디자인도 깔끔해 보여서 좋으며, 슈트와 같은 톤의 솔리드 색상도 세련되어 보인다. 옷깃과 소매 끝만 흰색인 클래식 셔츠를 입고 커프스 링이나 타이핀 등의 액세서리를 이용하면 격식 있는 모습이 연출된다.

2 캐주얼한 자리 스타일링

옥스퍼드 쇼개의 셔츠의 산뜻한 스트라이프 디이 그리고 모든 소재의 슈트를 입고 사이스는 넉넉한 것보다 딱 맞게 입는 것이 좋다. 브라운 색상의 슈즈, 안경, 가죽 밴드 시계 등으로 도시적인 이미지를 연출할 수 있다.

3 프레젠테이션 또는 출장 시 스타일링

프레젠테이션 복장의 키워드는 신뢰감과 친근감, 그리고 전문성이다. 우선 청중들과 비슷한 수준의 옷차림을 하는 것이 유리하다. 키워드에 적합한 연출을 위해 발표자는 연한 색상보다는 신뢰도가 높은 네이비 계열, 짙은 회색, 검정색 등의 진한 색 의상이 좋고, 밝은 색 셔츠로 밝고 젊어 보이는 이미지를 연출한다. 청중을 주목시켜야 하기 때문에 강한 임팩트를 주기 위한 붉은 계열의 타이에 흰색 셔츠를 매치하면 좋다.

해외 출장 시에는 각국의 문화를 고려해야 한다. 프랑스와 이탈리아는 럭셔리하고 엘레강스한 정장을 선호한다. 영국은 콤비로 코디를 연출해도 되며, 미국 출장에서는 임원은 딱딱한 정장 슈트를 입고 일반 비즈니스맨은 편안한 느낌을 주는 캐주얼 정장을 입는다. 또한 타이에 따라 클럽 소속 여부가 정해지는 경우가 있는 나라이므로 타이에 신경을 쓴다. 동남아는 정장을 입지 않아도 좋으며, 1년 내내 더운 나라이기 때문에 반팔 정장도 가능하다.

4 임원 수행 시 스타일링

상사를 모셔야 하는 위치의 중간 관리자라면 온화한 이미지를 연출한다. 온화하고 편안한 이미지를 주기 위해 네이비 계열 정장, 흰색 셔츠, 파란색 계열의 타이를 매치해 주면 좋다.

5 비행기 안 또는 이동 시 스타일링

'링클 프리(Wrinkle-free)' 가공을 해 구김이 잘 생기지 않는 재킷을 준비하여 셔츠와 함께 입고 워싱 처리를 하지 않은 짙은 색상의 데님바지를 함께 매치한다. 바지 색상이 어둡기 때문에 상의는 밝은 컬러의 재킷과 셔츠를 입어야 한다. 편안하게 활동할 수 있는 스타일링으로 격식을 갖추면서도 지나치게 캐주얼하지 않은 느낌을 준다.

패션 비즈니스

▍패션 비즈니스 ▍

1 개 요

패션 비즈니스(Fashion Business)는 패션 상품의 범주 결정에 따라 패션 상품과 관련된 제반 산업 모두를 지칭한다. 즉, 패션 특성을 지닌 상품 마케팅의 일련 과정과 관련된 모든 패션 산업에서 나타난다.

이에 제3장 패션 비즈니스에서는 패션의 특징과 개념을 정리하고 패션 사이클을 살펴본다. 또한 주요 패션 관련 용어를 정리하고, 패션을 이용한 마케팅 개념 및 패션 커뮤니케이션을 알아보고자 한다.

▍패션 용어의 중요개념 ▍

1 패션의 특징

① 패션은 특정한 스타일을 가지고 다른 것과 구별되는 특징 혹은 형태가 있어야 한다.
② 하나의 스타일은 수많은 디자인으로 표현될 수 있는데, 의상 · 미용 관련 종사자들은 패션 경향으로부터 적합한 스타일을 발견하여 이를 토대로 여러 디자인을 개발한다.
③ 패션은 많은 사람들에 의해 수용되어야 하고, 변화의 속성을 가져야 한다.
④ 특정 시기가 지나면, 그 시기에 인기가 있으며 선호되던 패션은 구식이 되어 새로운 패션으로 대체된다.
⑤ 좀 더 좁혀서 정리할 때는 어느 특정 기간이나 장소에서 확립된 의상 스타일과 행동이 많은 사람들에게 받아들여져 널리 유행하고 변화해 가는 과정이며, 유행, 유행 스타일, 방법, 양식 등의 의미가 있다.
⑥ 종래의 패션은 주로 복식에 관한 유행을 가리키는 경우가 많았다. 그러나 현재는 모든 것, 특히 의 · 식 · 주 전반에 걸쳐 패션화가 진행되어 우리들의 생활 여러 면에 나타나면서 다면적인 성격을 가지게 되었다.
⑦ 패션이라는 단어의 어원은 라틴어의 '팩티오(Factio)'에서 유래된 것으로 '만드는(Making)' 혹은 '행하는 것(Doing)'을 의미한다.
⑧ 중세 영어로는 팩시움(Facioum)이었으며, 현대에 와서 패션이 되었다.
⑨ 최근 '패션'이란, 헤어, 메이크업, 의복, 네일, 반영구 등 외적으로 나타나는 전통적인 습관으로 양식 (Manner)이나 행동(Demeanour)을 통한 행위(Action) 혹은 만드는(Making) 과정이라 할 수 있다.

⑩ 패션의 특징 및 개념

특 징	내 용
스타일	• 스타일 : 다른 것과 구별되는 독특한 특징 혹은 형태 • 하나의 스타일은 수많은 디자인으로 표현될 수 있는데, 의상·미용 관련 종사자들은 패션 경향으로부터 적합한 스타일을 발견하여 이를 토대로 여러 디자인 개발
많은 사람에 의해 수용	• 수용 : 대다수의 소비자가 어떤 스타일을 구입하거나 이미지 연출하며 착용하는 것 • 패션업체나 디자이너가 새로운 스타일을 대중에게 소개하여 의도적으로 유행을 유도한다고 하더라도 대다수 소비자가 이를 수용하지 않으면 패션은 창출되지 않음
변화의 속성	• 변화의 속성 : 특정 시기가 지나면, 그 시기에 인기있으며 선호되던 패션은 구식이 되어 새로운 패션으로 대체 • 패션 변화의 촉진요인 　– 대중매체의 발달 　– 가처분 소득의 증가 　– 패션업체의 적극적인 마케팅 활동 　– 신소재 개발 　– 기술적 진보 예 인터넷을 이용한 전 세계의 문화 접촉 등 　– 계절 변화 등

⑪ 패션의 범위를 오브제로 정리하여 보면 패션 관련 제품은 의복, 화장품, 제화류 및 백, 안경 및 선글라스, 스타킹 및 양말, 주얼리 및 액세서리, 스카프 및 모자, 신사용 장식물 및 넥타이, 시계, 향수 등을 들 수 있다.

⑫ 패션관련 서비스는 헤어 관리, 피부 관리, 네일 관리, 메이크업 서비스, 왁싱, 반영구, 다이어트, 성형수술 및 문신, 이미지 컨설턴트 등으로 분류하여 볼 수 있다.

⑬ 이를 통하여 패션 관련 제품과 패션 관련 서비스 부분의 업종에서 나타나는 유행 현상이 모두 패션현상임을 알 수 있다.

⑭ 오브제(Object)로서의 패션의 범위

구 분	범 위	
패션 관련 제품	• 의 복 • 제화류 및 백 • 스타킹 및 양말 • 스카프 및 모자 • 시 계	• 화장품 • 안경 및 선글라스 • 주얼리 및 액세서리 • 신사용 장식물 및 넥타이 • 향 수
패션 관련 서비스	• 헤어 관리 • 네일 관리 • 왁 싱 • 다이어트 • 이미지 컨설턴트	• 피부 관리 • 메이크업 서비스 • 반영구 • 성형수술 및 문신

패션 사이클

1 패션 사이클 곡선

패션이 생기고(소개기), 성장하고(성장기), 안정되고(성숙기), 쇠퇴하고(쇠퇴기), 소멸해가는(소멸기) 과정을 패션 사이클이라고 한다. 그 길이나 속도는 상품에 따라서 모두 다르기 때문에 측정할 수 없다.

특히, 오늘날에는 패션 사이클이 전반적으로 단축되는 경향이 강해지고 있으며, 이는 빠르게 변화하는 현대 사회의 특징 중 하나의 현상이다. 다음은 패션이 생성되고 소멸되는 주기를 보여주는 곡선이다.

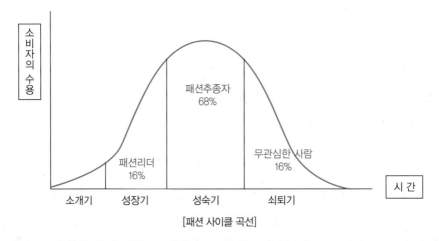

[패션 사이클 곡선]

패션 사이클은 패션 현상의 시기의 길이와 인구채택 주기를 기준으로 클래식, 패션, 패드로 분류한다. 클래식(Classic)은 긴 수명과 낮은 정점이지만 사회 전반에 확산된 현상이며, 시간의 제한을 받지 않는 영속적인 유행으로 받들어지는 디자인이나 스타일을 말한다. 약간의 세부적인 변화는 있을 수 있으나, 그 스타일의 기본형은 그대로 남아 있게 된다.

패드(Fad)는 짧은 수명주기와 급격한 확산 등을 일컬으며, 주로 하위문화에서 나타나거나 특이한 스타일에서 찾을 수 있다. 패션 현상은 적절한 주기를 가지며 대중들에게 확산된 현상을 일컫는 것을 알 수 있다.

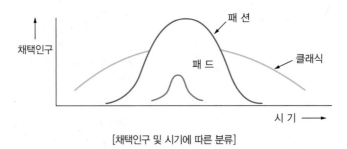

[채택인구 및 시기에 따른 분류]

구 분		클래식(Classic)	패드(Fad)
과 정		• 긴 수명주기 • 낮은 정점 • 사회 전반에 확산	• 짧은 수명주기 • 급격한 확산 • 특정 하위 문화집단 내 확산
대 상		• 전통적 스타일(베이직) • 인체미 존중	• 특이한 스타일 • 의복의 일부분 또는 장식품

패션의 흐름

1 뉴행과 트렌드

패션은 반복되지만 이것은 과거 그대로가 아니고 반드시 새로운 요소가 첨가되거나 혹은 어떤 요소가 빠지면서 흐르고 있다. 그 때문에 패션의 흐름은 과거를 모방하는 것이 아니라 그 시대의 새로운 요소를 더해 변화하면서 진행하고 있다.

패션이 하나의 방향을 보이면서 움직여 가는 '방향 · 경향'을 유행, 즉 트렌드(Trend)라고 한다.

용어

1 패션 관련 용어 정리

① 스타일(Style)

다른 옷들과 구별되는 특징적인 형태로서, 식별할 수 있는 선, 룩, 실루엣 등으로 묘사한다.

예 오바마 & 미셸 오바마 스타일

② 룩(Look)

용모, 외관 등 의상의 전체적인 인상을 포착하는 경우이다. 즉, 룩은 커다란 이미지 또는 Feeling의 특징을 포착한 개념적 용어이다.

예 마린 룩, 밀리터리 룩, 스쿨걸 룩 등

③ 하이패션(High Fashion)

소수의 사람들이 착용하는 새로운 유행 스타일이다. 새롭고 창의적인 디자인인 동시에 사회에서 영향력 있는 유행 선도자 집단에 의해 수용됨으로써 앞으로 대중으로의 확산잠재력이 있는 스타일이다.

④ 매스패션(Mass Fashion)

현재 많은 사람들이 착용하는 유행 스타일을 말한다.

⑤ 모드(Mode)

대중유행의 원형이 되는 것을 의미한다.

⑥ 보그(Vogue)

보그는 프랑스어로 광범위하게 퍼진 유행이나 인기를 뜻한다.

⑦ 프레타포르테(Pret-a-porter)

영어로는 기성복(Ready to wear)이다. 유명 디자이너들이 자신의 이름을 상표로 하여 생산하는 고급 기성복 컬렉션을 일컫는다. 2~3월 F/W와 10월 S/S가 열리며, 프레타포르테 컬렉션은 오뜨꾸뛰르 컬렉션 이후에 발표된다.

레디 투 웨어 시장의 디자인은 원단, 재단, 마무리 등의 품질이 매우 우수하다. 비록 주문 제작한 것은 아니지만, 레디 투 웨어 컬렉션은 독점적이거나 한정판이므로 가격이 비싸다. 레디 투 웨어 컬렉션은 오뜨 꾸뛰르보다 더 직접적이며 트렌드를 이끈다.

이 컬렉션은 국제적 패션 트렌드 경향을 보여준다는 인정을 받고 있으며, 패션에 관심 있는 세계인들에게 주목된다. 또 이 컬렉션은 대규모 생산에 적합하도록 표준치수로 제조되고, 꾸뛰르보다는 다소 가격이 조율되었지만, 패션쇼, 광고, 고품격 디자인과 직물, 패턴 재단과 제조비용은 비싼 편이다. 모든 요소는 생산에서 비용 효율성을 감소시킬 수 있으며, 더 높은 가격대를 형성하는 데 영향을 준다.

캘빈 클라인(Calvin Klein), 도나 카란(Dona Karan), 프라다(Prada) 등이 상업적으로 성공한 대표적인 디자이너이다.

⑧ 오뜨꾸뛰르(Haute Couture)

오뜨꾸뛰르 컬렉션은 개인 고객을 위해 디자인 하우스가 독점적으로 진행하며, 생산된 의류 상품은 고품질이고 완성도가 매우 우수한 제품을 의미한다. 유명 디자이너의 고급 주문 여성복 또는 고급 맞춤 의상점(Fine Sewing)의 의미이며, 영어로는 맞춤복(Order-made)이다.

오뜨꾸뛰르는 특정 콘셉트로 고도로 숙련된 기술을 필요로 하는 디자인을 소화하며 작업에 시간이 많이 걸리므로, 10~20장 정도만 생산할 수 있어 가격이 매우 높다. 오뜨꾸뛰르 컬렉션은 1년에 2번 개최되고, 각 쇼는 30벌 내외의 독창적이고 창의적인 작품의상으로 구성된다.

공식적인 오뜨꾸뛰르 디자이너로 인정받기 위해서 디자이너 하우스는 프랑스 산업 부서가 관리하며, 파리에 본부를 둔 디자이너의 단체 파리 의상조합(Chamber Syndicaledela Haute Couture)에 가입이 초대된 디자이너만이 가능하다.

대표적으로 크리스찬 디올(Christain Dior), 샤넬(Chanel), 아르마니(Armani)를 포함해 약 20명의 회원이 있다.

⑨ 대량생산(Mass Production)

대량생산은 생산 부분에서 가장 저렴하고 고도로 산업화된 모형이다. 대량생산 기술은 20세기 전후로 시작되었다. 대량생산된 디자인은 최근에는 유명한 디자이너와 협업을 통한 하이패션으로 보여진다.

대량생산 시장 부문에서 일하는 패션디자이너들은 인기 있는 트렌드와 고급 기성복 컬렉션으로부터 영감을 얻는 디자인을 기획한다. 의류 제품이 빨리 팔릴 것으로 확신한 콘셉트를 지닌 것을 패스트 패션(Fast Fashion)이라고 한다.

대표적으로 스페인 유통체인인 망고와 자라는 미국에 진출했을 때, 디자인부터 판매현장 상품까지 유연성 있게 상품이 회전할 수 있도록 생산업체와 판매업체들의 소유권 통합이 이루어졌으며, 유행하는 상품의 의류 가격을 더 합리적으로 제공하여 대중의 큰 인기를 얻었다.

최근SPA(Specaility retaielrof Private label Apparel)형 기업인 피그먼트(Pigment), 스탭(Staff), 탑샵(Top shop), 미쑤(Minno) 등의 회사들이 수백만 평의 의류유통에 중심이 되고 있다.

의복 관련 용어 정리

- Clothing(의류, 피복) : 바디 위의 모든 착장물 총칭
- Clothes, Garments(의복, 옷) : 인체 체간부(몸통, 팔, 다리)의 피복물
- Apparel(의류) : 직물로 만들어진 실질적인 옷. 특히 산업체에서 이용
- Costume(의상) : 민속 · 국민 · 계급 · 시대 · 지방 · 행사 · 무대 등의 특유한 피복. 특정의 역사적 · 문화적 맥락과 관련
- Dress(드레스) : 외관을 장식하여 정장한 의미
- Clothing and Ornament(복식) : 옷과 장식(품)
- Clothing and Adornment(복식) : 옷과 장식(품 착장 상태)

패션 트렌드 경향 파악

1 개 요

패션은 머물러 있는 것이 아니라 항상 변화한다. 그리고 이 변화는 주의 깊게 보면 방향성을 갖는다. 이처럼 패션이 움직이고 있는 방향을 패션 트렌드(Fashion Trend)라고 한다.

최근에는 패션 트렌드 예측 에이전시(Fashion Forecasting Agencies)들을 통하여 정보를 받고 있으며, 이들은 라이프스타일의 변화, 현재 문화, 향후 18개월 내에 나타날 현상들을 관찰하여 사회경제적, 문화적 현상 분석과 함께, 원사와 소재 박람회에서 획득한 정보들을 조합하고 분석한 트렌드 정보를 고객에게 제공한다. 이외에도 많은 사이트에서 관련 정보를 찾을 수 있다.

> **패션 관련 사이트**
>
> - 패션넷코리아 : www.fashionnetkorea.com
> - 퍼스트뷰코리아 : www.firstviewkorea.com
> - 트렌드 스톱(Trendstop) : www.trendstop.com
> - 인터패션플레닝 : www.ifp.co.kr
> - WGSN(글로벌 트렌드) : www.wgsn.com
> - 프로모스틸(Promostly) : www.promostly.com

패션 마케팅과 커뮤니케이션의 개념

1 개 요

패션 산업에서의 마케팅은 기업이 소비자들의 필요나 욕구를 만족시킴으로써 이익을 얻고자 하는 과정이다. 특정 제품, 서비스, 신제품의 정보를 제공하고, 소비자로 하여금 이를 이용하도록 유도하고 권유하는 행위들을 말한다.

2 패션 마케팅의 이해

기업은 고객의 만족을 최종 목표로 하나 수익성이 없으면 기업을 유지하기 어려운 것이 사실이다. 따라서 마케팅의 목표는 '거래활동을 통해서 고객은 욕구를 충족시키고 기업은 이익을 얻는 것'이다.

기업 입장에서 마케팅 관점은 수익성 있고 가치에 기반을 둔 고객과의 관계를 창출하는 것이며, 넓게는 마케팅 관리 과정을 포함하여 개인이나 조직의 목표를 충족시켜 주는 교환을 창출하기 위해 제품개발, 가격결정, 촉진, 유통을 계획하고 실행하는 과정이다.

패션 마케팅은 지난 1970년대 이후 지속적으로 발전해 왔다. 이전 패션 마케팅의 핵심은 미디어를 통해 여성에게만 관심의 대상이 되었다. 그러나 소비자들의 패션에 대한 관심이 급증하고 새로운 기술 개발과 교육 수준의 향상으로 제품과 미디어 커뮤니케이션에 대한 관심이 커지고 있다.

최근 패션마케터는 패션 트렌드와 소비자 구매습관과 매우 밀접한 관련이 있으며, 트렌드와 소비자 행동을 고려하고 목표 고객의 취향에 기반한 광고 캠페인도 해야 하므로 최신 스타일과 패션 산업 전반에 대한 이해가 필요하다.
패션마케터는 향후 성공적인 트렌드와 소비자 집단을 분석해야 하며, 패션 제품을 목표 고객에게 판매하는 방법에 대한 충분한 연구가 이루어져야 한다.

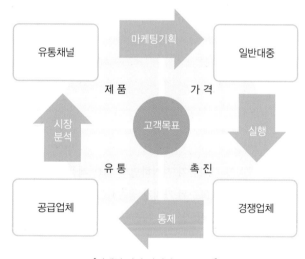

[마케팅 관리 과정과 주요 요인]

마케팅 믹스란, 제품(Product), 가격(Price), 판매촉진(Promotion), 유통(Place)을 말한다. 각 회사가 확정된 시장을 분석하고 자사만의 적합한 마케팅 믹스 조합을 찾아 마케팅 활동에 이용하여 기업의 이익을 극대화하는 과정으로, 이때 마케팅 믹스를 4P's 라고 한다.

- 제품(Product) : 회사 자신의 표적시장에 제공하는 패션 품목과 서비스를 의미한다. 실루엣, 색상, 소재, 디테일, 연출이미지 변화 등을 통해 고객의 욕구를 충족시킬 수 있는 제품을 개발하는 것이 중요하다.
- 가격(Price) : 상품을 구매하는 고객이 부담하게 될 금액이다. 패션 산업에 속하는 기업은 요즘 소비자를 겨냥하는 상품의 가격에 대해 신중하게 생각해야 한다. 가격은 생산 비용보다는 높게 매겨지고 고객이 느끼는 가치에 비해서는 낮게 매겨져야 한다. 패션 상품의 경우에는 패션 사이클, 브랜드 이미지, 브랜드 인지도 등에 따라 가격이 조정되어야 한다.
- 판매촉진(Promotion) : 특정 브랜드와 디자이너 상품의 정체성을 확립하고 이에 대한 수요를 늘리거나 소비자 구매를 늘리기 위한 회사의 모든 노력을 포함한다.
- 유통(Place) : 유통은 상품이나 서비스를 판매하거나 유통하는 곳을 가리킨다. 패션 상품은 상품이 지닌 물리적 가치 외에 심리적 가치가 매우 크게 작용한다. 입지조건은 상품의 이미지와 가치에 큰 영향을 주기 때문에 유통 경로 선정은 패션 마케팅에서 큰 비중을 차지한다.

패션 마케팅 패러다임

1 개요

패션 제품에 대한 소비가치의 다양성이 나타나기 시작하면서 패션 제품에 대한 소비가치의 양면성, 즉 성별, 연령별, 가치, 사회구조 등에 상반되는 모순된 가치가 공존하는 상태가 나타나기 시작하였다.
예를 들면 최고 고가 상품을 구매하는 상징적 가치를 추구하는 소비자층과 실리적 가격과 품질을 추구하는 소비자의 양상이 더욱 뚜렷해졌다.

이외에도 패스트 패션과 슬로우 패션, 글로벌 시장의 표준화 대 현지화 등 패션 소비의 양극화와 소비가치의 양면성 현상은 패션 시장을 점포화 상태로 만들었으며 온라인과 오프라인을 이용한 유통구조의 다각화로 인해 새로운 양상이 만들어졌다.

이러한 과거와는 다른 시각의 패션 마케팅을 고려해 보아야 하는관점을 크게 세 가지로 나누어 요점만 정리하였다.

2 럭셔리 마케팅(Luxury Marketing)

럭셔리 마케팅은 고객의 가치를 경쟁사보다 효율적으로 창조하고 커뮤니케이션을 제공함으로써 기업, 고객, 사회 모든 부분에 긍정적인 효과를 목표로 한다.

최근 소비자의 고가상품 구매가 활발해지면서 소득수준에 따른 소비법칙이 통하지 않는 시대가 되었으며, 고가의 해외 수입브랜드의 국내시장 규모가 더욱 급성장하고 있다. 이와 동시에 희소가치를 가져왔던 명품 시장이 대중화됨에 따라 중산층의 럭셔리 브랜드 선호도가 높아지면서 가격에 영향 받는 소비자를 목표로 한 매스티지(Masstige) 브랜드가 증가하고 있다.

3 글로벌 마케팅(Global Marketing)

최근 인터넷의 보급과 발달로 패션상품시장은 글로벌화되있다. 이도 인해 국내시장에 해외브랜드 노입은 늘어났으며, 소비자들은 점점 국내 브랜드를 초월한 글로벌 이미지를 가진 브랜드에 대한 선호가 높아졌다.

국제 상품 마케팅전략을 위해 제품의 표준화 전략을 이용하여 국제시장의 범위를 확대하고 경쟁우위를 차지하고자 노력하고 있다.

이는 대표적인 SPA 브랜드들의 인기로 이미 그 영향력이 확인되었다.

4 사회적 마케팅

친환경 개념이 사회 전반적으로 영향을 미치면서 패션 기업의 사회적 책임 경영은 선택이 아니라 필수 조건이 되고 있다.

이에 건강과 지속적인 성장을 추구하는 로하스(LOHAS ; Life style of Health and Sustainability)는 공동체 전체의 더 나은 삶을 위해 소비생활을 건강하고 지속가능한 친환경 중심으로 전개하자는 생활양식 · 행동양식 · 사고방식을 뜻한다.

신소비층의 출현은 새로운 패션소비문화를 만들었다. 지구 환경에 악영향을 미치는 것에 대한 소비자들의 선별적 선택이 이루어지며, 기업들이 지구 환경오염 등을 막고 사회에 기여할 수 있는 방향을 찾게 하였다.

패션 마케팅 전략

조직의 존재 이유와 문화를 확인하는 과정이 필요하고, 최고경영자가 추구하는 목표와 경영전략이 제시되어야 하며, 비전, 사업영역, 조직문화 등 조직목표의 확인이 필요하다.

1 3C 분석

고객(Customer), 경쟁자(Competitor), 자사(Company)를 분석한 여건분석이다.

SWOT 분석은 크게 '외부'와 '내부'로 나눠 분석하는 데 비해 3C 분석은 '고객', '경쟁사', '자사'의 3가지를 분석한다. SWOT 분석의 외부 환경분석(기회, 위협 분석)은 3C 분석의 고객과 경쟁사 분석에 대응하며, SWOT 분석의 내부 환경분석(강점, 약점 분석)은 3C 분석의 자사분석에 대응한다.

기업들은 흔히 고객이 가장 중요하다고 말하면서도 온 신경을 경쟁사에만 집중하는 경우가 많다. 또 전략을 세우기 위해 핵심적인 환경 요인을 꼽을 때도 자사에 대해 객관적으로 판단하지 못하는 경우가 많다. 3C 분석은 이렇듯 편향된 사고를 배제하고 객관적으로 분석하는 데 도움이 된다.

사실 고객에게 제품이나 서비스를 제공하는 기업의 입장에서 보면 고객을 중요하게 생각하는 일이 모든 기업 활동의 근본이라고 할 수 있다. 그러나 고객을 어떻게 대할 것인지 생각하는 동시에 어떻게 경쟁에서 승리할 것인지 생각하지 않으면 시장에서 우위에 서기 힘들다.

① 3C 분석의 구성 요소

    ㉠ 고객(Customer)

        캘리포니아 대학교 하스 경영대학원 명예교수인 아커(David A. Aaker)는 3C 분석을 할 때 각 C의 현재 상황을 파악하기 위해서는 다음과 같은 요소를 분석해야 한다고 주장하였다.

        먼저 고객 분석에서는 고객과 고객이 모인 집단의 시장을 함께 분석하는 것이 중요하다고 한다. 이때 고객에 대해서는 '세분시장', '구매 동기', '미충족 수요' 등의 관점에서 분석하고, 시장에 대해서는 '규모 및 성장성', '수익성', '비용구조', '유통체계', '트렌드', '주요 성공요인' 등의 관점에서 분석하는 것이 바람직하다.

        고객 분석에서는 주요 세분 구매 동기와 미충족 수요는 무엇인지, 시장 또는 산업과 그 하위 시장의 매력도는 어느 정도인지, 수익률 저하요인, 시장진입과 철수의 장벽, 성장예측, 비용 구조, 수익 전망 등을 분석한다.

        또한 유통 채널의 유형과 각각의 상대적인 강점이 무엇인지 파악하고, 전략에 중요한 영향을 주는 산업 트렌드를 찾으며, 현재와 장래의 주요 성공 요인을 찾는 것이 중요하다.

    ㉡ 경쟁자(Competitor)

        경쟁사 분석에서는 경쟁자는 누구이며 어떤 전략을 사용하고 있는지를 분석한다. 또한 경쟁사의 규모와 업적, 강점과 약점 등을 파악하는 관점에서 분석해야 한다.

ⓒ 자사(Company)

자사 분석에서는 재무 측면과 조직 측면에서 분석해야 한다.

재무측면에서는 '판매액 및 시장점유율', '수익성' 등의 지표를 들 수 있고, 조직 측면에서는 '전략'과 '자원·자산을 포함한 강점 및 약점' 등의 지표를 들 수 있다. 자사의 전략과 업적, 원가, 차별화된 요소, 강점, 약점, 전략상의 문제점, 기업문화를 살펴보고, 기존의 업무(사업) 포트폴리오를 분석하며, 포트폴리오상의 제품 시장에 대한 투자 수준을 파악하는 것이 중요하다.

② 3C 분석 전략

구 분	내 용
고객 (Customer)	• 고객 분석 : 세분시장, 구매 동기, 미충족 수요 • 시장 분석 : 규모 및 성장성, 수익성, 비용구조, 유통체계, 트렌드, 주요 성공요인
경쟁사 (Competitor)	• 경쟁사의 전략, 경쟁사의 규모와 업적, 경쟁사의 강점과 약점
자사 (Company)	• 재무 측면 : 판매액 및 시장 점유율, 수익성 • 조직 측면 : 전략, 강점 및 약점(자원·자산 포함)

2 SWOT 분석

SWOT 분석은 Strength, Weakness, Opportunity, Threat의 약자로 분석을 통해 이 네 가지 요소를 추출한다고 해서 붙여진 이름이다. SWOT 분석은 크게 외부 환경분석과 내부 환경분석으로 나뉜다. 외부 환경분석을 통해 자사의 기회와 위협요인이 무엇인지 분명히 알 수 있고, 내부 환경분석을 통해 자사의 강점과 약점을 확실히 찾을 수 있다.

그리고 네 가지 요소를 교차 분석함으로써 전략을 구체화할 수 있을 뿐만 아니라 앞으로 풀어야 할 과제 또한 명확히 파악할 수 있다.

① 외부 환경분석

외부 환경분석의 대상에는 거시환경 요인과 미시환경 요인이 있다.

거시환경 요인으로는 인구동태(인구, 연령), 경제(경기, 환율), 기술(기술혁신, 특허), 정치(법률, 제도), 문화(생활방식, 가치관), 환경(환경규제, 에너지, 공해) 등 기업을 둘러싼 여러가지 환경적인 요소가 있다. 한편 미시환경 요인은 이른바 산업 내부 요인으로 고객, 경쟁사, 유통업자, 공급업자 등 기업과 직접적인 관계가 있는 요소라고 할 수 있다.

외부 환경요인을 파악했다면 이 중에서 자사에 기회가 되는 요소와 위협이 되는 요소가 무엇인지 찾아봐야 한다. 이때 기회는 시장에서 우위에 설 수 있는 환경 요인을 뜻하며, 위협은 적절히 대처하지 않으면 기업의 지위를 악화시킬 수 있으므로 주의해야 하는 환경 요인을 뜻한다.

환경이 빠르게 변화하는 오늘날에는 각각의 요인이 앞으로 어떻게 변화할 것인지에 대한 정보도 함께 수집하는 것이다.

② 내부 환경분석

내부 환경분석은 자사의 브랜드와 경쟁회사를 비교해 생산력, 인재, 유통망, 현금흐름 등이 강한지 약한지를 파악하는 것이다. '장점'과 '단점'의 개념은 상대적이기 때문에 내부 환경분석이라고 해서 순수하게 자사의 내부만 보고 평가하는 것은 아니다. 반드시 자사와 경쟁회사를 비교·분석해야 하는 것이다.

내부 환경분석을 할 때는 마이클 포터의 '가치사슬'을 이용할 수도 있다. 가치사슬을 통해 사업 활동을 기능적으로 분석할 수 있기 때문에 어떤 기능이 강하고 어떤 기능이 약한지 명확히 알 수 있다.

또 필립 코틀러가 제시한 '마케팅, 재무, 생산, 조직'을 검토하는 방법을 이용할 수도 있다. 이 방법에 따르면 꼭 자사의 약점들을 제거하기 위해 노력할 필요는 없다. 반대로 자사의 강점만 믿고 현상 유지에 머물러서도 안 된다. 어디까지나 현재 상황보다 나아지기 위해 어떻게 할지 생각해야 하는 것이다.

> • 반드시 자사와 경쟁회사를 비교·분석해야 함
> • 마이클 포터의 '가치사슬', 필립 코틀러의 '마케팅, 재무, 생산, 조직'검토 방법 이용 가능

↓

내부 환경요인

거시환경 요인 : 인구, 경제, 기술, 정치, 문화, 환경 등 기업을 둘러싼 여러 가지 환경적인 요소

미시환경 요인 : 고객, 경쟁사, 유통업자, 공급업자 등 기업과 직접적인 관계가 있는 요소

구 분	강점(Strength)	약점(Weakness)
기회 (Opportunity)	강점활용 – 기회도전 (SO) 전략 → 기회를 활용하기	약점보강 – 기회도전 (WO) 전략 → 약점을 극복함으로써 기회를 활용하는 마케팅 전 략을 창출
위협 (Threat)	강점활용 – 위협대응 (ST) 전략 → 위협을 회피하기 위해 강점 을 사용하는 마케팅 전략을 창출	약점보강 – 위협대응 (WT) 전략 → 위협을 회피하고 약점을 최 소화하는 마케팅 전 략을 창출

외부 환경요인

[SWOT 분석]

3 STP 마케팅전략

STP 마케팅전략은 시장세분화(Market Segmentation), 표적시장 선정(Targeting), 제품 포지셔닝(Positioning)을 확정하는 과정이다.

시장세분화는 고객을 몇 가지 기준으로 나누는 작업으로 전체 시장에 비슷한 욕구를 가진 소비자군으로, 혹은 마케팅 믹스를 종합적으로 활용할 수 있는 집단으로 나누는 것이다.

표적시장 선정은 각 세분시장의 매력도를 평가하여 우리 기업에 가장 적합한 세분시장을 표적시장(Target Market)으로 선정하는 과정을 말한다.

포지셔닝은 표적시장 내 소비자 의식 속에 차별화된 브랜드 이미지를 심는 과정이다.

구 분	내 용
시장세분화 (Market Segmentation)	• 고객을 몇 가지 기준으로 나누는 작업 • 전체 시장에 비슷한 욕구를 가진 소비자군으로 혹은 마케팅 믹스를 종합적으로 활용할 수 있는 집 단으로 나누는 것
표적시장 선정 (Targeting)	• 각 세분시장의 매력도를 평가하여 우리 기업에 가장 적합한 세분시장을 표적시장(Target Market) 으로 선정하는 과정
포지셔닝 (Positioning)	• 소비자의 의식 속에 차별화된 브랜드 이미지를 심는 과정

① 시장세분화(Market Segmentation)

다양한 욕구를 가진 전체 시장을 일정한 기준에 따라 공통된 욕구와 특성을 가진 부분시장으로 나누는 것을 말한다.

이렇게 나누어진 동질적인 부분시장을 '세분시장'이라고 하고, 이 중에서 기업이 구체적인 마케팅 믹스를 개발하여 상대하려는 세분시장을 '표적시장'이라고 한다.

일반적인 제품과 서비스 시장에는 소비자의 다양한 욕구가 존재한다. 이러한 욕구를 효율적으로 이해하기 위해서 시장을 여러 각도에서 분석함으로써 고객층의 특성을 분명하게 인식하고, 전략적인 시사점을 찾을 수 있는 기준을 이용할 수 있다. 또한 기존 브랜드들이 충족시켜주지 못하고 있는 소비자 욕구를 발견할 수 있다.

시장세분화란, 전체 시장을 어떤 기준(변수)에 따라 동질적인 고객집단 세분시장으로 나누고 그 집단의 욕구와 필요에 맞추어 상품을 개발하고 마케팅 활동을 전개하는 것이다. 이러한 과정은 기업에서 빈 시장(Niche Market) 발견을 가능하게 한다.

즉, 시장세분화는 잠재적인 시장을 공통된 욕구와 특성을 가진 몇 개의 하위 시장(Sub-market)으로 나누는 것이다. 하나의 제품시장을 세분화 변수를 사용하여 여러 개의 동질적인 고객집단 세분시장으로 나누는 과정이다.

시장을 세분화할 때는 소비자들이 제품을 어떤 목적을 가지고, 어떤 용도로, 어떻게 사용하는지에 대한 기준을 정해서 시장을 나누어야 기업의 목적에 맞게 효과적인 마케팅 전략을 세울 수 있다.

시장세분화의 기준이 되는 변수로는 다음과 같은 것이 있다.

㉠ 지리적 변수(Geographic Variables)

지리적 변수에 의한 시장세분화는 소비자들의 거주 지역, 도시의 규모, 기후 등으로 시장을 구분한다. 지역·계절 한정적인 맥주 등은 지리적 속성에 따라 시장세분화를 통해 공략시장을 정하는 예이다. 소비자들이 거주하는 지역의 특성이 각기 다르기 때문에 서울특별시, 부산광역시 등으로 구분하기도 하고, 서울특별시의 경우에도 강북과 강남으로 구분하기도 한다.

이러한 지리적 세분화는 작업이 비교적 쉽고 적은 비용으로 세분시장에 접근할 수 있어 널리 이용되는 유용한 기법으로, 특정 지역의 마케팅 전략을 세우는 데 많이 쓰인다.

ⓛ 인구통계적 변수(Demographic Variables)

인구통계적 변수는 소비자의 욕구나 구매 행동에 밀접한 관련이 있어 가장 흔히 사용된다. 담배, 화장품 등의 제품은 성별을 세분화 변수로 삼아 남성용, 여성용으로 시장을 나누기도 하고, 의류, 잡지, 화장품 등은 연령을 세분화 변수로 사용하기도 한다.

또한 소득에 의한 시장세분화도 일반적인데, 우리나라의 경우 특히 자가용 승용차 시장을 세분화하는 데 적절한 변수로 사용된다. 그러나 소비자의 욕구가 점점 복잡하고 다양해지면서 인구통계적 변수에 대한 의존도는 점점 감소하고 있다.

ⓒ 사이코그래픽 변수(Psychographic Variables)

심리분석적 변수들은 소비자들의 사고와 생활방식이 다양해지면서 특히 강조된다. 개성이란 소비자의 이미지이기 때문에, 개성을 중시하는 소비자들은 제품의 특별한 기능적 편익보다는 기업이나 브랜드의 이미지를 더 중요시하게 된다.

라이프스타일은 개성 변수와 함께 자신을 나타내는 수단이 되기 때문에 중요시되는데, 주로 소비자들의 행동, 관심, 의견 등에 따라 구분된다. 일반적으로 사이코그래픽 변수는 사회계층, 라이프스타일, 개성으로 크게 분류한다.

ⓔ 행동적 변수(Behavioral Variables)

행동분석적 변수에 의한 시장세분화는 제품이나 서비스의 편익, 상표충성도 등에 대한 소비자의 태도나 반응에 따라 시장을 구분하는 것이다.

편익이란, 소비자들이 제품을 사용하면서 얻고자 하는 가치를 말하며, 치약을 예로 들면, 충치 및 치주질환을 예방하는 기능을 추구하는 집단, 미백기능을 추구하는 집단 등으로 나눌 수 있다. 제품 사용량에 따라서는 대량소비자, 소량소비자 등으로 세분화하기도 하고, 자사 상표에 대한 호의적인 태도와 반복구매 정도를 나타내는 브랜드 충성도에 따라 자사 브랜드 선호집단, 경쟁브랜드 선호집단 등으로 세분화하기도 한다.

ⓜ 시장세분화의 주요 변수와 기준의 예

주요 변수	내 용
지리적 변수 (Geographic Variables)	소비자가 거주하는 지역을 중심으로 제품시장을 나누는 것
인구통계적 변수 (Demographic Variables)	연령, 직업, 소득, 거주지역, 학력
사이코그래픽 변수 (Psychographic Variables)	사회계층, 라이프스타일, 계층
행동적 변수 (Behavioral Variables)	추구하는 편익, 사용상황, 사용량, 브랜드충성도가 포함

② 표적시장 선정(Targeting)

각 세분시장의 매력도를 평가하여 우리 기업에 가장 적합한 세분시장을 표적시장(Target Market)으로 선정하는 과정을 말한다. 전체 제품시장을 구성하는 여러 고객집단 중 특정 고객집단을 표적으로 삼아 그들의 욕구에 대응하는 제품과 마케팅 프로그램을 개발하는 마케팅 전략을 도입한다.

표적시장 선정은 자사의 마케팅 목표 달성을 위해 세분시장의 규모와 성장 및 매력성, 기업의 목표와 재원 등을 고려해야 한다.

세분시장 평가
• 세분시장 평가를 통해 표적시장을 선정 • 세분시장의 규모와 성장 및 매력성, 기업의 목표와 재원 등을 고려

↓

표적시장 선정
• 표적시장은 기업이 진출하기로 결정한 시장에서 공통적인 욕구나 특징을 공유하는 구매자 집단을 의미 • 표적시장은 비차별화 전략, 차별화 전략, 집중화 전략을 통해 선정

[시장세분화를 통한 표적시장 선정 흐름]

③ 포지셔닝(Positioning)

포지셔닝 수립 과정에서는 진출하는 시장의 소비자를 분석하고 경쟁업체의 시장상황을 분석한 후 경쟁업체의 포지셔닝을 파악하고 자사의 포지셔닝을 결정한다. 소비자 및 시장조사를 통해 포지셔닝을 확인하고 시장상황에 맞는 재포지셔닝 전략을 실시하여 자사에 최상의 결과를 가져오도록 한다.

즉, 포지셔닝은 선정된 표적 세분시장 내 가장 바람직한 경쟁적 위치를 적립하는 과정으로, 경쟁업체와 차별되는 자사 브랜드 이미지를 소비자의 의식 속에 심는 일련의 활동이다.

따라서 포지셔닝 과정에서 자사 브랜드와 경쟁 관계에 있는 브랜드 분석이 중요하다.

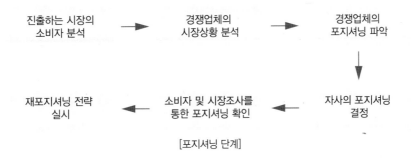

[포지셔닝 단계]

패션과 소비자 행동

1 소비자 행동의 정의

소비자행동(Consumer Behavior) 이란, '소비자들이 그들의 니즈를 충족시키기 위해 제품 구매 전 정보를 조사하고, 구매 후 여러 제품을 사용하고 평가하며 폐기하는 과정에서 보이는 모든 행위'를 말한다.

2 소비자 행동 분석

소비자 행동 분석이란, 효과적인 마케팅 전략 수립을 위해 개인 및 집단이 상품이나 서비스 구매와 관련하여 행하는 모든 행동의 유형을 분석하는 것을 말한다.

일반적으로 '행동'은 몸을 움직이는 신체적인 움직임을 의미한다.

그러나 소비자 행동에서의 '행동'은 구매나 소비와 같은 신체적 행동은 물론 구매 전 행하는 정보탐색과 구매 후 소비를 통해 느끼는 만족과 같은 정신적 활동을 모두 포함한다.

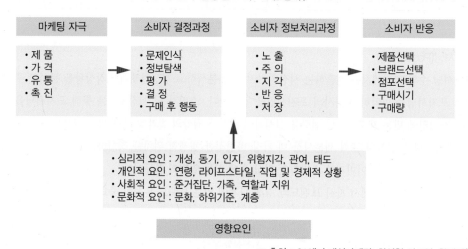

※ 출처 : 21세기 패션마케팅, 최선형 외 2인, 창지사(2011)

[패션소비자 행동 분석의 틀]

3 소비자 행동의 구매결정과정

소비자 행동은 구매 행동과 소비 행동으로 분류된다. 구매 행동은 소비자의 구매 행동이나 구매 의사 결정 등을 의미하고, 소비 행동은 재화의 소비 과정 등을 의미한다.
소비자 구매결정과정은 일반적으로 다섯 단계로 나눌 수 있다.

문제인식	→	정보탐색	→	대안평가	→	구매결정	→	구매 후 평가
단체사진에서 입을 옷을 선택해야 함		인터넷이나 잡지 등을 이용해 정보수집		선택 가능한 몇 가지 대안을 놓고 고민 및 평가		선택 및 구매결정		단체사진을 보며 만족 및 불만족

① 문제인식

소비사는 자신이 현재 처한 실제 상태와 바람직한 상태라고 생각하는 상태에 차이가 있다고 생각되면 이를 해결하려는 욕구를 느낀다. 소비자가 해결해야 할 욕구가 있다고 인식하는 것을 문제인식(Problem Recognition)이라고 한다.

② 정보탐색

문제를 인식한 소비자는 이를 해결하기 위해 정보탐색을 하게 된다. 정보탐색은 제품에 대한 정보를 기억으로부터 회상해 내는 내적탐색과, 내적탐색에 의해 의사결정을 할 만큼 충분한 정보를 가지고 있지 않거나 회상할 수 없을 때, 보다 많은 정보를 찾기 위하여 외부에 있는 정보를 탐색하는 외적탐색이 있다.

③ 대안평가

소비자는 자신의 경험, 기억과 외부로부터 수집한 정보를 이용하여 대안평가를 한다. 패션디자인에 민감한 상품은 디자인, 가격, 유행, 브랜드, 편의성 등이 있으며, 다양한 종류나 소비자 기호에 따라 선택 시 사용되는 기준이 다양하다.

④ 구매결정

제품과 상품에 대한 평가과정이 끝나면 구매결정을 하게 된다. 평가과정에서 가장 좋은 평가를 받은 상표와 제품을 구매하고자 하는 구매의도를 형성하게 된다. 경우에 따라서는 비계획구매 혹은 충동구매를 하게 된다. 마케팅기관의 판촉활동이 적극적으로 이루어지면 이러한 충동구매 비중은 높아질 것이다.

⑤ 구매 후 평가

구매 후 평가는 소비자가 제품을 구매한 후에 일어나는 제품에 대한 소비과정과 소비결과에 대한 평가과정을 의미한다. 소비자들은 구매 후 제품을 사용하면서 만족 혹은 불만족을 경험하고, 그 결과에 따라서 재구매를 결정하게 된다. 구매 후 자신의 구매결정에 대한 심리적 불안감을 가지게 되는데, 이것을 인지적 부조화(Cogntiive Dissonance)라고 한다. 이는 심리적인 불안감을 생성시키므로 소비자들의 선택에 대한 긍정적인 정보를 마케팅 관리자가 제공하는 것이 재구매를 높이는 데 긍정적 효과를 준다.

패션소비자 행동에 영향을 미치는 요인

1 문화적 요인

문화적 요인으로는 넓은 개념의 문화, 하위문화, 사회계층을 들 수 있다. 문화는 사회적으로 학습되며 습득된 관습까지 포함하며, 하위문화는 주류세대의 문화와 다른 문화집단에서 발생되는 현상을 이야기한다.
사회계층은 한 사회 내에서 동일한 지위에 있는 사람들로 구성되며, 일반적으로 재산, 소득, 직업, 교육수준, 사회적 유대관계 등에 의해 결정된다.

2 사회적 요인

소비자들은 준거집단, 가족 그리고 사회적 역할과 신분의 영향을 받아 소비행동을 하게 된다. 준거집단(Reference Group)은 소비자가 구매를 결정할 때 비교의 기준으로 삼는 집단을 말한다. 개인은 준거집단 구성원의 행동을 따르거나 그 집단의 행동과 동일시하려는 경향이 있기 때문에, 집단의 성격에 영향을 받아 구매 행동에 영향을 받는다.
특히 가족은 1차 비공식적 준거집단이므로, 개인의 패션상품 행동에 가장 큰 영향을 미치는 집단들 중 하나이며, 사회에서 가장 중요한 구매기관이다. 가족집단은 제품 구매자와 구매 결정자, 실제 사용자가 다른 경우가 많다.

3 개인적 요인

개인적 요인에는 연령, 라이프스타일, 직업, 경제적 상황 등을 들 수 있다. 사람은 연령(Age)에 따라서 필요시하는 품목과 구매력에도 차이가 있다. 특히, 패션상품은 연령에 따라서 구매와 선호도 차이가 크게 나타나고 있어서 이 부분은 시장세분화가 중요한 영향을 미친다.
라이프스타일(Life style)은 사람들이 살아가는 방식을 의미하는 것으로, 비슷한 생활양식을 가진 소비자들은 비슷한 구매 성향을 나타낸다.
개인적 요인은 인구통계학적 특성을 포함하게 되며, 특히 상품구매 대상들이 어떤 활동을 하며, 어떤 것에 관심이 있고, 어떻게 생각하고 있는가를 정확하게 인지하고 판촉활동에 응용하는 것이 중요하다.

4 심리적 요인

패션상품 구매 행동은 개성과 자아개념, 동기, 인지, 위험지각, 관여, 태도 등 개인의 심리적인 요인들에 의해서도 많은 영향을 받는다.
개성(Personality)은 개인이 환경에 대해 비교적 일관성 있고 지속적인 반응을 보이게 하는 심리적 특성을 말한다. 개성은 자신감, 우월감, 사회성, 자율성, 적응성, 공격성, 남성성, 여성성 등과 같은 특성들로 설명된다.

자아개념(Self-concept)은 자기 자신에 대한 생각과 느낌을 말하는 것으로 자기이미지라고 불린다. 자아개념은 실제적 자아개념과 이성적 자아개념, 사회적 자아개념으로 나뉘게 된다. 이러한 개성과 자아개념은 패션상품 소비구매에 영향을 미치게 된다.

동기(Motive)는 욕구로부터 발생된 내부적 긴장상태를 줄이기 위한 적극적이고 강한 힘을 말한다. 욕구(Needs)는 일종의 심리적 긴장상태를 촉발시키는 요인이므로, 매슬로우(Maslow)는 인간의 욕구에는 계층이 있다고 보았다.

배고픔, 목마름, 배변 등의 생리적인 욕구, 안전과 보호 등의 안전의 욕구, 소속감과 사랑을 받고자 하는 사회적 욕구, 자존심과 인정받고자 하는 존경의 욕구, 자아를 실현하고자 하는 자아실현의 욕구가 있다고 하였고, 이러한 욕구들은 패션상품 구매에도 큰 영향을 끼치고 있는 것으로 알려져 있다.

자아개념

- **실제적 자아개념** : 소비자가 스스로 현재 자기 자신에 대해 가지고 있는 개념을 말한다. 이 개념은 객관적 자신 실체와 다를 수 있다.
- **이상적 자아개념** : 소비자가 스스로 되고자 하는 자신의 모습을 말한다.
- **사회적 자아개념** : 개인이 특정한 상황에서 타인이 자신에 대해 가져주기를 원하는 이미지이다.

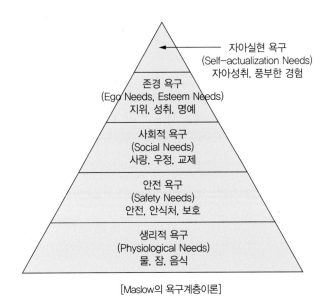

[Maslow의 욕구계층이론]

패션 커뮤니케이션

1 개요

패션 마케팅 커뮤니케이션은 패션마케터와 소비자 간의 원활한 의사소통을 돕는 기능을 하며, 이러한 커뮤니케이션 기능은 정보기능과 설득기능, 상기기능 그리고 강화기능으로 분류한다.

패션 마케팅 커뮤니케이션은 마케팅 기능을 통해 제품 혹은 서비스를 식별하게 하고, 타사 제품과 서비스와 차별화를 가져오게 하며, 제품과 서비스의 특징에 대한 정보 제공 및 소비자들로 하여금 신제품의 사용을 유도하거나 재사용을 권유하는 것을 말한다.

2 패션 커뮤니케이션 효과

광고, 이벤트, 판촉 등의 마케팅 커뮤니케이션 도구는 소비자와 커뮤니케이션 과정을 통해 패션 브랜드 콘셉트를 표적 소비자들에게 전달하여 브랜드를 알리고 이미지를 형성하여, 궁극적으로 구매행동을 유발하기 위해 사용된다.

[5가지 유형의 커뮤니케이션 효과]

커뮤니케이션 효과	정의
패션 제품 범주욕구	현재의 욕구와 바람직한 동기부여 상태 간의 지각된 차이를 해소하기 위해 패션 제품이 필요하다는 것을 느낌
패션 브랜드 인지도	제품 범주 내의 여러 패션 브랜드들 가운데 특정의 패션 브랜드를 구매대안으로 고려할 정도로 그 브랜드의 존재를 알 수 있는 능력
패션 브랜드 태도	패션 브랜드가 현재의 욕구를 어느 정도 충족시킬 수 있는지에 대한 구매자의 평가
패션 브랜드 구매의도	특정 패션 브랜드를 구매하겠다는 구매자의 결심
패션 브랜드 구매	특정 패션 브랜드를 구매하기 위해 구매 관련 행동을 실행

※ 출처 : 패션마케팅, 고은주 외 7인, 박영사(2009)

3 패션 마케팅 커뮤니케이션

① 패션광고

패션광고란, 광고주가 청중을 설득하거나 영향을 미치기 위하여 대중매체를 이용하는 비용이 발생하는 비대면적인 의사전달 형태라고 정의한다. 이에 광고활동은 수신자들의 원하는 반응을 얻어내기 위해 수신자들에게 어떠한 방법을 통해서 각인 및 호소할 것인가가 매우 중요하다.

② 홍 보

비용을 쓰지 않고 기업이나 제품에 대한 정보를 매체의 뉴스나 기사를 통해 제공함으로써 호의적인 기업 브랜드 이미지를 형성하고 자사 제품 구매 및 자사 제품 인지도 상승과 같은 소비자 반응을 자극하는 것이다.

최근 패션마케터들이 자주 사용하는 홍보로 협찬과 제품 삽입광고(PPL ; Product Placement)가 있는데, 이는 협찬이나 제품 삽입광고 사용이 소비자의 상표에 대한 친숙도를 높이는 데 효과적이기 때문이다.

③ 판매촉진

판매촉진을 위해 고객의 구매를 자극하고 유통의 효율성을 향상시키기 위한 제반 홍보활동이다. 비주얼 머천다이징도 판매촉진의 한 부분이다.

④ 인적판매

판매원이 고객과 직접 대면하여 자사의 패션 제품이나 서비스를 구매하도록 유도하는 커뮤니케이션 활동이다. 판매원은 고객과의 접촉을 통해 고객의 반응을 얻을 수 있고 부정적인 의견에 대해 즉각적으로 피드백할 수 있는 기회를 가지게 된다.

고객에게 제품이나 서비스에 대한 많은 정보를 전달할 수 있으며 구매 욕구를 자극하는 데 효과적이다. 최근에는 퍼스널 쇼퍼라는 용어와 함께 일대일 고객의 쇼핑을 도와주는 서비스도 등장하였다.

⑤ 홍보수단

㉠ QR Code(Quick Response Code) : 인터넷 주소, 전화, 이름, 사진, 위치, 메시지 등 짧은 정보를 목적으로 잡지, 명함, 간판, 광고 등 다양한 분야에서 활용되고 있다.

㉡ 위젯(Widget) : 사용자 기기 또는 모바일 단말에 다운로드하거나 설치할 수 있으며, 간편히 쓸 수 있도록 만든 작은 창(Window) 형태의 응용서비스를 말한다.

㉢ 애플리케이션(Application) : 디지털 기술을 활용해 통신, 방송, 출판 등의 미디어가 융합하는 '디지털 컨버전스'가 핸드폰 앱 스토어(App Store)를 통해 확산되고 있다.

㉣ 출판물 : 연간 보고서, 책자, 신문기사, 잡지, 리플릿, 전단지 등을 이용하여 홍보한다.

㉤ 행사 : 신제품이나 기업 활동에 대한 목표 대중의 관심을 끌기 위한 전시회, 콘테스트 및 스포츠와 문화행사 후원 등의 홍보 활동이다.

㉥ 뉴스 : 제품 관련 우호적 기사를 찾거나 호의적 뉴스를 만들어 낸다.

㉦ 공익활동 : 공공복지와 지역사회 활동으로 소비자에게 좋은 이미지를 준다.

◎ 아이덴티티 홍보(Identity Media)

감각적인 자극이 넘쳐나는 사회에서 관심을 끌려면 대중이 쉽게 인지할 수 있는 시각적 정체성을 만들어야 한다. 기업 로고나 문구류, 책자, 간판, 명함, 건물, 제복, 옷차림등을 이용하여 감각적인 시각적 이미지를 심어주어 홍보 효과를 증가시킬 수 있다.

ⓩ 인터넷(The Internet) 홍보

인터넷의 발전은 패션산업을 세계화시키는 데 일조했다. 인터넷을 통해 부유하고 동경되는 사람들과 라이프스타일이 노출되면서 서구화된 패션이 다른 문화권에도 영향을 주게 되었으며, 서구 디자이너의 상품들이 중국, 베트남과 같은 국가에서 복제하여 대량생산되고 있다. 또 나아가 패션 컬렉션을 전 세계 동시에 볼 수 있게 되었으며, 이와 동시에 의류상품 판매도 가능해졌다. 대부분의 디자이너와 유통업자 이름이 웹을 통해 알려지고, 소비자들은 온라인으로 쇼핑하는 것이 가능하게 되었으며, 디자인은 디지털 패션 잡지를 통해서도 소개된다.

ⓩ 소셜 미디어(Social Media)와 블로그(Blog)의 사용

디자이너와 블로거 간의 의사소통이 가능해졌고, 소셜미디어는 패션위크 보도에 큰 역할을 하고 있다. 그리고 최근 디자이너들은 패션쇼를 인터넷 생중계로 보여주고 있는 추세이다. 블로그는 2000년대 초반에 나타났으며, 그 후 급속하게 확장되었다. 최근 파워블로그를 운영하는 운영자들은 높은 수익을 내기도 하며, 그 분야 산업 소비자를 움직이고 정보를 제공하는 역할을 주도하기도 한다.

4 비주얼 머천다이징(VMD)

상품의 이미지를 최상의 상태로 보여주고 판매가 될 수 있도록 하는 활동을 비주얼 머천다이징(VMD ; Visual Merchandising)이라 한다. 이는 시각을 자극하는 상품정책이라고 할 수 있다.

상품을 감각적 · 시각적으로 연출함으로써 고객의 구매의욕을 높이는 전략으로, 브랜드와 점포 독자의 콘셉트를 고려하여 고객을 쉽게 이해시키기 위한 표현 수단을 의미한다. 기획에서부터 판매까지 일관된 사상으로 상품을 전개시킨다는 특징이 있다.

① VMD 역할

일의 즐거움, 판매자로서의 진정한 즐거움은 고객에게 좋은 상품을 안겨주고 고객을 만족시킬 수 있는 시각적 구상을 하는 일이다. 판매원 스스로 상품에 대한 긍지를 가지고 어떻게든 돋보이게 하려는 행동이 무엇보다 중요하며, 이를 위해 기업 내 모든 부서의 협조로 이루어지는 과정의 결과가 VMD이다.

매력적인 매장을 만들기 위해서 디스플레이에 대한 지식과 기술을 익히고, '어떻게 상품을 고객에게 제안하는가'를 전제로 기업 내 각 부서의 일들이 판매 현장에서 최상의 결과를 목적으로 전개되는 것이 VMD이다.

② VMD 테마 계획구성

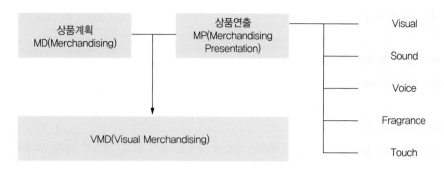

③ VMD 계획을 위한 기본 업무

　　㉠ 스토어 콘셉트의 명확화

　　㉡ 대상 고객의 명확화

　　㉢ 머천다이징 콘셉트의 명확화

　　㉣ 비주얼 프레젠테이션 방법의 명확화

④ VMD의 전개

　　㉠ MP(Merchandising Presentation)

　　　　현대 생활은 향상의 기치 아래 다양한 패턴의 변화를 갖게 되었다. 상품판매는 다양한 기호를 수용하기 위한 차별화 정책으로 고객에게 환경, 심리, 정서에 호소하는 강력하고 차별화된, 그리고 실질적인 판매 촉진 방법이 필수 불가결하게 되었다.

　　　　상품과 동시에 회사의 이미지를 부각시키는 CI의 개선을 선두로 상업공간에서 프레젠테이션의 질적인 향상을 위하여 VP, PP, IP가 진행되는데, VP, PP, IP를 종합한 전략을 MP라 한다. MP = VP + PP + IP의 등식이 성립되며, 이 세 가지 기능이 상품 성격에 맞게 적절히 배분되어야 상품제안(MP)의 효과를 높일 수 있다.

　　㉡ VP(Visual Presentation)

　　　　인간의 오감 중에 특히 시각에 소구(Appeal)하는 표현방법의 소구효과가 가장 높다. VP는 점포와 매장이 필요로 하는 것을 쉽게 시각적으로 연출·표현하는 것을 말한다. 상품기획(MD)을 시각화하는 것이다. 즉, 상품이 가진 장점과 특징, 특성을 시각에 호소해 연출하며, 매장의 이미지를 구체적으로 표현하는 것이다.

　　　　매장의 콘셉트(기본 이념)와 이미지를 고객에게 정확하게 전달해 고객이 상품을 보고, 만지고, 구입하고, 사용함으로써 그 가치를 아는 동시에 매장에 대한 신뢰를 높게 하는 종합적 판매촉진활동이다.

ⓒ PP(Point of sales Presentation)

매장 내 상품 정보를 시각적으로 알기 쉽게 연출하여 판매를 촉진시키는 장소이다. 벽면 상단, 선반 상단 등의 디스플레이를 말한다.

ⓔ IP(Item Presentation)

고객의 시야에 상품을 쉽게 들어오게 하기 위해서 분류시킨 상품군을 스톡(Stock) 진열로 표현하기도 하고 종목, 품목으로 상품을 제시하기도 하는데, 행어 집기나 선반, 박스 등의 집기를 사용하는 경우가 많다.

IP는 고객이 직접 상품을 살펴보고 구매하는 장소로 상품을 보기 쉽고, 고르기 쉽고, 구매하기 쉽게 효율적으로 진열해야 한다. IP를 효과적으로 전개하기 위해서는 상품의 분류, 정리와 제안 방법을 계획성 있게 잘 조합해야 하며, 판매 사원 모두가 원칙에 따라야 하고 소비자 입장에서의 고려도 잊지 말아야 한다.

제4장 패션스타일리스트 실무

패션스타일리스트 비전

1 개 요

현대의 다원화 및 전문화된 사회구조는 분야별로 전문 인력에 대한 역할과 기여를 매우 강도 높게 요구하고 있다. 비주얼 관련 다양한 분야에서 독창적인 콘셉트와 이미지를 창출해내는 토탈 코디네이션 전문가에 대한 사회적 수요가 높아지면서 전문 인력의 배출이 절실하다.

이러한 시점에 패션스타일리스트 전공에 대한 인식을 올바르게 알리고 해당 분야의 요구에 부응하며 실력 있는 참다운 프로로서의 패션스타일리스트 전문가들을 양성하기 위해 패션스타일리스트의 비전을 제시한다.

코디네이터(Coordinator)란, 의상, 헤어스타일, 액세서리, 메이크업 등을 조합하여 촬영 의도에 맞게 출연자의 분위기를 연출하는 사람이다. 대개 프리랜서로 활동하며 영화사, 광고사, 잡지사 등의 의뢰를 받아 일한다. 최신 유행은 물론 시대 고증에도 능통해야 하며 나아가 연출 및 촬영에 관해서도 어느 정도 식견이 필요하다.

패션스타일리스트의 정의 및 분야

1 코디네이션(Coordination)

코디네이션(Coordination)은 사전적으로 Co(공동, 상호)와 Ordination(정리, 배치)의 합성어로 통일, 조화, 일치, 조정을 의미한다. 즉, 두가지 이상을 조합하는 것으로 각기 다른 의미나 새롭게 하는 것이라고 할 수 있다.

토탈 패션 코디네이션(Total Fashion Coordination)은 디자인, 색상, 소재, 디테일, 액세서리, 소품, 메이크업, 헤어스타일 등을 조화롭게 조합하여 전체의 통일감 속에서 아름다움을 만들어 내는 것으로, 착용자의 체형과 외모 등을 포함하여 시간(Time) 과 장소(Place), 상황(Occasion)에 적합한 이미지를 연출하는 것이다. 또한 패션 코디네이션에는 누가(Who), 언제(When), 어디서(Where), 왜(Why) 입는지에 대한 4W의 원칙이 적용된다.

스타일리스트(Stylist)는 패션 분야의 전문 직종으로 '옷을 입거나 실내를 꾸미는 일에 대해 조언하거나 지도하는 사람'이라는 사전적 의미가 있다. 직접 디자인을 하지 않지만 여러 의미로 사용된다.

과거에는 패션코디네이터가 헤어 디자이너와 메이크업 아티스트의 업무를 모두 통합하여 사람의 머리끝부터 발끝까지 컨설팅 업무, 즉 의상과 헤어, 메이크업, 액세서리를 하나로 만들어 조화를 이루는 일을 하였다. 하지만 현재에 와서는 분야별로 분업화되면서 헤어스타일리스트, 메이크업 스타일리스트, 패션스타일리스트 등으로 '스타일리스트' 개념이 바뀌었다.

외국에서는 패션 분야에서 총감독의 의미로 스타일 디렉터(Director)라는 말을 쓰고 있는데, 앞으로 우리나라에서도 패션 스타일을 총체적으로 컨설팅할 수 있는 스타일 디렉터 분야의 발전이 이루어질 것이라 전망된다.

패션스타일리스트 진출분야

1 진출 분야 분류

분야	주요 업무
Media Entertainment (방송)	• 드라마 스타일링 • 뉴스 및 보도프로그램 스타일링 • 연예인 프로그램(쇼) 진행자 및 일반 프로그램 진행자(방송 MC) 스타일링 • 영화 스타일링
Performance (공연)	• 가수 스타일링 • 연극 및 뮤지컬 무대의상 스타일링 • 패션쇼 스타일링
Commercial Advertising (상업광고)	• 광고 스타일링
PI (Personal Identity, 이미지 컨설팅)	• 정치인 스타일링 • 기업인 스타일링 • 전문인 스타일링
Licensed Fashion Magazine (라이선스 패션매거진)	• 패션잡지 스타일링

용 어	내 용	용 어	내 용
Q-sheet	큐시트. 프로그램의 진행사항을 구체적으로 명시해 놓은 내용	S # (Scene Number)	장면 표시 번호
Scene	신. 영화의 장면 단위	Sequence	시퀀스. 몇 개의 신으로 이루어지는 사건 진행의 한 단락(묶음)
Shot	샷. 한 프로그램 안에서 단일 TV 카메라가 잡은 단일 연기의 한 토막. 컷과 컷, 곧 화면 전환 사이의 한 그림	Ad Lip	애드립. 원고대로 하지 않고 상황에 맞게 또는 창의적으로 말한다는 뜻
Bridge	한 프로그램 안에서 다른 꼭지로 넘어갈 때 삽입되는 화면이나 소리(음악)를 말하며 내용 전환이나 연결을 할 때 사용	B.S (Bust Shot)	가슴 이상 부분을 잡는 샷
Continuity	콘티. 대본이나 구성을 바탕으로 하여 정확한 순서와 여러 상황 등 모든 사항을 기입하는 것	Credit Title	제작 스텝들의 이름을 완성된 프로그램의 시작이나 끝부분에 자막으로 삽입한 것
C.I (Cut IN)	한 화면에 다른 화면을 삽입하는 것	D.E (Double Exposure)	한 화면 위에 다른 화면이 겹쳐져서 이루어진 합성화면. 이중노출
C.U (Close Up)	어떤 한 부분을 특별히 크게 확대하여 찍는 것	Dolly	카메라 전체를 전진, 후퇴시켜 촬영하는 방식
DIS (Disolve)	디졸브. 장면전환의 한 방법으로서 두 개의 화면을 순간적으로 전환시키지 않고 앞의 화면이 서서히 사라지면서 다음 화면이 서서히 나타나도록 하는 것	ECU (Extreme Close Up)	익스트림 클로즈 업 샷 예 인물의 두 눈만 크게 잡은 샷
E (Effect)	효과음. 주로 화면 밖에서의 음향이나 대사에 의한 것	F.F (Full Figure)	한 인물을 머리에서 발끝까지 완전히 잡는 샷
ELS (Extreme Long Shot)	익스트림 롱샷. 보통보다 더 넓은 롱샷	Fixed Shot	고정 샷. 카메라를 전혀 움직이지 않고 촬영하는 샷
F.I (Fade In)	화면이 차츰 밝아지는 것	F.S (Full Shot)	피사체나 사람의 전경을 잡는 샷
F.O (Fade Out)	화면이 차츰 어두워지는 것	I.I (Ins In)	화면 가운데 일점을 중심으로 둥글게 확대하여 영사하는 기법

G.S (Group Shot)	일반적으로 네 사람 이상의 그룹을 화면에 담는 샷	I.O (Ins Out)	화면을 점점 작게 줄여가는 기법
Mass Shot	G .S보다 많은 인원을 잡음	K.S (Knee Shot)	무릎 이상을 잡는 샷. 불안정한 감을 주지만 상반신의 움직임을 보여주고 싶을 때와 샷과 샷을 연결하는 과정으로 자주 사용
INS (Insert)	화면과 화면 사이에 끼워 넣는 삽입 화면	Looking Room	토크나 대담을 할 때 질문자나 답변자가 상대에게 질문 또는 답변을 할 때 그 사람을 바라보는 느낌을 주기 위한 일정한 공간
Library Shot	자료실에서 수집한 그림장면. 흔히 자료화면	Mob Scene	몹신. 많은 군중이 나오는 장면
L.S (Long Shot)	피사체의 원경을 잡는 샷	M.S (Medium Shot)	사람 키의 중간 부분 이상을 잡는 샷
Montage	몽타주. 여러 장면을 하나로 배합하여 일시적으로 보여주는 필름 편집 기술	NAR (Narration)	내레이션. 등장인물이 아닌 사람에게서 들려오는 설명체의 대사. 해설. 설명 형식의 대사
N.G (No Good)	잘못 촬영된 필름. 원래는 영화 용어이지만 방송에서도 많이 사용되는 용어	O.L (Over Lap)	화면이 겹쳐지며 장면이 바뀌는 수법. 한 화면의 끝과 다음 화면의 처음을 부드럽게 포개는 기법(시간의 경과를 나타내기도 함)
Naratage	내레이션과 몽타주의 합성어. 과거를 이야기하면서 화면을 구성하는 기법	PAN	카메라는 고정시킨 채, 상하좌우로 회전시키며 촬영하는 것
O/S.S (OS.S, Over Shoulder)	한 인물의 어깨를 걸쳐서 다른 인물의 전면을 잡는 샷	Sub-title	타이틀을 커다란 주제라고 한다면 서브타이틀은 작은 주제
Reaction Shot	감정표현을 나타낼 때 사용되고 이야기하는 사람이 아닌 다른 물체나 듣는 사람의 표정을 잡는 샷	T.S (Tight B. S)	B. S보다 약간 윗부분 이상을 잡는 샷
T.B (Track Back)	피사체를 향해 반대로 후퇴하며 촬영하는 것	Title Back	자막의 배경이 되는 그림이나 장면
T.U (Track Up)	피사체를 향해 전진하며 촬영하는 기법	1S	한 사람을 한 화면에 잡는 샷
W.O (Wipe Out)	화면을 닦아 지우듯이 지우면서 다음 화면을 가져오는 기법. 또는 바꾸는 것	2S	두 사람을 한 화면에 잡는 샷. 통상 W. S를 잡음

패션스타일리스트 분야별 분석

| Media Entertainment - 방송 |

1 드라마 스타일링

① 개 요

드라마 기획 단계에서 연출자와 작가가 의도한 방향으로 제작진과 함께 연구를 하여 인물 등의 성격을 파악하고, 직업과 라이프스타일을 고려하여 개개인의 설정이 잘 드러날 수 있도록 인물에게 색감을 부여한다.

스타일리스트는 특히 연기자의 성격을 최대한 반영시켜 줄 의상 콘셉트를 제시해야 하며, 극중 인물의 성격과 생활상에 맞게 브랜드를 설정하여 액세서리, 헤어스타일 소품까지도 결정하는 역할을 한다. 좀 더 구체적으로 설명하면, 스타일리스트는 시놉시스를 바탕으로 드라마상의 인물의 캐릭터를 올바르게 분석해서 그 극중 캐릭터에 맞는 패션을 머리에서 발끝까지 스타일링한다.

드라마는 상황이나 시간, 때에 맞는 의상 스타일을 충분히 고려하여 집안 내에서 촬영할 가내복이나 잠옷까지도 완벽하게 준비해야 한다.

드라마 촬영 시 가장 주의해야 할 점은 스튜디오와 야외촬영은 각각 다른 날에 촬영하는 경우가 많다는 것이다. 각기 다른 날 스튜디오의 야외에서의 촬영을 할 수 있는데, 스케줄에 따라 촬영 날이 다르지만 촬영 후 편집을 통해서 바로 이어지는 장면이 많아 자칫 의상 연결이 잘못되거나 소품이나 메이크업이 달라 방송에서의 옥에 티를 만드는 경우가 있다.

꼼꼼한 메모와 철저한 대본 분석으로 완벽하게 준비해야 원만한 드라마 촬영을 할 수 있으므로, 특히 유의해야 한다.

> **시놉시스**
>
> 드라마는 대본이 나오기 전에 드라마의 전체적인 줄거리와 등장인물의 성격, 배경을 바탕으로 인물들의 관계와 갈등 구조가 나타나는 시놉시스가 맨 처음 나온다. 시놉시스는 제목, 주제, 기획 의도, 등장인물, 줄거리로 구성되어 있다.

② 드라마 스타일링의 절차

절 차	내 용
시놉시스 분석	드라마 형식(정극, 시트콤, 현대극), 내용(멜로물, 메디컬, 미스테리, 스릴러), 시대(현재, 미래, 과거), 대상(청소년, 주부, 노인, 남성, 여성, 어린이) 등의 구조 파악
인물(배우) 연구	성별, 연령, 성격, 가정환경, 직업, 학력, 시대(꿈, 현실, 회상…), 신체적 특성 등의 배역 파악
각 인물 캐릭터 컬러 선정	캐릭터에 맞는 의상, 메이크업, 헤어스타일 결정
이미지 작업	캐릭터에 맞는 이미지를 찾아 맵(Map) 작업
협 찬	인물의 패션 스타일을 설정한 후 이미지가 맞는 브랜드를 조사, 브랜드별 의상 협찬 후 착용

③ 예제) 드라마 스타일링 – Sex And The City(미국드라마)

절 차	내 용
시놉시스 분석	'섹스 앤 더 시티'는 서로 다른 개성을 가진 네 여자의 '성 담론'을 소재로 한 미국의 인기 시리즈물로 뉴욕의 성 칼럼니스트이자 성 인류학자로 일종의 성 전문가이지만, 사실은 상처 입는 것을 두려워하며, 남성에게 끌려다니곤 하는 주인공 캐리. 홍보이사로 상류층의 삶을 동경하며 비교적 자유분방한 성생활을 즐기는 사만다. 화랑 딜러로 보수적인 성향을 가지고 있으며 꿈같은 사랑을 꿈꾸는 샬롯. 냉소적이고 이성적인 변호사로 약간은 바보스러운 남성을 좋아하는 미란다 등이 서로 가족과 같이 느끼며 일과 사랑을 펼치는 드라마이다. 작품에 등장하는 네 명의 미녀는 칼럼니스트, 홍보이사, 화랑 딜러, 변호사라는 고연봉의 화려한 직업을 가지고 여유로운 생활을 영위하지만 평생의 동반자를 찾지 못한 외로운 30대의 싱글들. 하지만 이들은 짝을 찾기 위해 각자의 개성에 맞는 방법으로 도전을 거듭하고 있다.
인물(배우) 연구	• 캐리 직업 : 성(性) 칼럼니스트.'성 인류학자'로 New York Star에서 일하고 있음 – 개인적인 스타일 : 캐리의 패션 감각은 도시의 세련됨과 화려함의 전형이라고 할 수 있다. 현대 감각적인 의상과 복고풍의 의상을 적절하게 조화하여 때로는 날카롭게, 때로는 매력적이게, 때로는 튀면서도 얌전한 느낌의 매력이 한껏 우러나는 외모를 창출한다. • 샬롯 직업 : 화랑 딜러 – 개인적인 스타일 : 샬롯은 여성적인 터치가 가미된 디자이너의 옷들을 선호한다. 그녀는 치마 선들을 가지고 장난을 치지도 않고 지나치게 앞서가는 유행은 멀리하며 몸매에 미끄러지듯 떨어지면서 옷선이 깔끔하고 무난한 무늬의 숙녀다운 의상을 선호한다. • 사만다 직업 : 광고회사 간부 – 개인적인 스타일 : 사만다는 상류층의 삶을 좋아하고 오스카 시상식과 같이 화려한 곳에 갈 수 있는 기회는 절대 놓치지 않는다. 낮에 그녀는 정장을 입을 때 가장 편안해 하고 밤에는 그녀의 화려한 면모를 살려줄 수 있는 부드러운 실크 드레스나 깊게 파인 목선이 매력적인 드레스들, 그리고 다이아몬드 액세서리를 즐긴다. • 미란다 직업 : 변호사 – 개인적인 스타일 : 미란다는 패션의 유행에 그다지 많은 시간을 할애하지도 신경을 쓰지도 않는다. 하지만 그녀는 우리가 흔히 아는 다른 변호사들보다는 훨씬 더 세련된 감각으로 옷을 입는다. 그녀의 의상은 잘 마무리되고, 약간은 무거운 듯하면서도 성숙한 느낌을 풍기는 것들이 많다.

	캐릭터에 맞는 의상, 메이크업, 헤어스타일을 결정한다.
각 인물 캐릭터 컬러 선정 각 인물 캐릭터 컬러 선정	
이미지 작업	캐릭터에 맞는 이미지를 찾아 맵(Map) 작업을 한다.
협찬	

2 뉴스 및 보도프로그램 스타일링

① 개 요

최근 아나운서의 인지도가 높아짐에 따라 아나운서 이미지는 주목받는 부분이기도 하다. 아나운서는 신뢰감을 기본으로 하며, 프로그램에 따라 다양한 이미지가 요구된다.

② 남자 아나운서(뉴스 진행자)

패션 스타일 포인트 – 신뢰감 / 기본원칙 – '슈트(Suit)'

남성 아나운서는 넥타이나 양복 어깨선과 같이 확실한 선이 있고 얼굴 골격에서도 기본 선이 있다. 이 때문에 자연스러운 느낌의 재킷보다는 어깨 패드를 넣어 확실한 어깨선을 가진 재킷을 주로 입는다.

TV에서 전문적인 모습을 보이기 위해 남성은 짙은 청색 슈트에 옅은 푸른색 셔츠와 붉은색 넥타이로 연출하는 것이 좋은 효과를 줄 수 있다. 붉은색 계열은 색번짐(Bleeding) 현상으로 좋지 못한 효과를 낼 수 있으므로, 채도를 낮춘 짙은 붉은색으로 사용하는 것이 조명을 사용하는 스튜디오에 적합하다.

회색 슈트에 옅은 회색 무지 셔츠와 파란색과 녹색의 넥타이 또는 짙은 청색 넥타이는 자신감을 나타낼 수 있는 좋은 연출이다. 단, TV 스튜디오에 청색 또는 녹색 크로마키(Cromakey)를 사용할 수 있으므로 미리 확인하여 청색과 녹색 계통의 의상을 피해야 하는 것을 잊지 않도록 한다.

남성 아나운서는 한여름이라도 긴팔 슈트를 착용하는데, 이는 시청자에게 절대적인 신뢰감을 줘야 하는 뉴스 프로그램의 특성 때문이다. 신뢰감과 정확성을 요구하므로 의상의 선택은 클래식 스타일 정장을 위주로 하며, 최근에는 정통 클래식보다는 클래식과 엘레강스 스타일의 중간 정도 스타일을 선호한다.

아나운서의 의상은 상반신 위주로 연출이 되기 때문에 옷을 입는 사람의 얼굴형에 맞는 네크라인과 컬러가 중요하고 안경은 빛이 반사되지 않는 제품을 선택함으로써 안경을 쓰는 것이 단점이 되지 않도록 한다.

③ 여자 아나운서(뉴스 진행자)

패션 스타일 포인트 – 신뢰감 / 기본원칙 – '슈트(Suit)'

여성 아나운서 역시 재킷 안에 블라우스를 받쳐 입기는 해도, 블라우스만 입고 진행하는 일은 거의 없다. 여성 아나운서도 신뢰감이 절대적으로 중요하므로 슈트 차림을 기본으로 한다.

일반적으로 여성 아나운서의 의상만 봐도 첫 뉴스 분위기를 짐작할 수 있다. 그래서 오후 5시쯤 그날의 뉴스 가안을 살펴보고 주가 폭락 · 테러 등의 뉴스가 있으면 화려한 옷은 피하도록 한다. 그 예로 베이징 올림픽 때나 광복절에는 밝은 느낌의 의상을 선택하며 남성 아나운서의 옷과도 조화를 이루어야 한다.

스튜디오 배경은 거의 바뀌지 않고 남성 아나운서의 의상도 넥타이 외에는 크게 변화를 줄 수 없기 때문에 여성 아나운서의 의상으로 매일 새로운 분위기를 연출해야 한다. 여성 아나운서는 짙은 청색 슈트, 회색 슈트 등이 적합하지만 자신에게 어울리는 개성적인 색상을 과감히 사용하는 것도 도전해볼만 하다.

여성 아나운서들은 한번 입었던 옷은 다시 입지 않는 것에 주의해야 하며, 몸에 맞는 피트감과 얼굴색에 어울리는 컬러를 선택하는 것이 관건이다. 좋은 재킷을 선택하기 위해서는 유행보다는 아나운서와 잘 맞는 재킷을 선택하는 것이 중요하다.

뉴스 진행자 스타일링

- 뉴스에서 진행자의 신뢰 있는 이미지를 부각시키도록 의상은 정장으로 제한한다.
- 남성 진행자는 재킷, 셔츠, 넥타이, 여성 진행자는 재킷, 블라우스 등의 아이템을 이용한다.
- 과도한 디자인은 배제하고, 클래식하며 엘레강스 이미지를 연출할 수 있는 의상을 선택하며, 과장된 액세서리 착용은 피한다.
- 아나운서들은 의상 제작보다는 협찬 업무가 주를 이루므로 협찬사와의 상호 협조가 중요하다.

3 **연예인 프로그램(쇼) 진행자 및 일반 프로그램 진행자(방송 MC) 스타일링**

① 개 요

방송 프로그램의 성격에 따라 아나운서의 정형화된 분위기를 반드시 따를 필요는 없으며, 진행을 맡은 프로그램의 성격과 시청자의 타깃에 따라 의상 분위기는 달라질 수 있다. 순발력 있게 분위기 설정에 주의해야 한다.

MC들의 의상 스타일 및 컬러를 선택해야 할 때, 시사 프로그램은 클래식한 라인의 덜톤, 딥톤과 같은 색상이 적당하다. 이것은 지적이며 신뢰감을 주는 색상이미지와 분위기를 연출하기 위함이다.

쇼, 연예프로그램은 밝고 경쾌한 느낌을 주는데, 방송 보는 사람을 즐겁게 해주기 위한 것이다.

한 사람이 여러 프로그램을 할 때는 프로그램의 성격, 타깃, 방송시간에 맞춰 차별화된 스타일을 선택해야 하는 것에 주의해야 한다.

4 영화 스타일링

① 개 요

극중 배우들이 착용하고 등장하는 의상은 자신들이 맡고 있는 배역의 중요성이나 품위를 내세우는 데 보조 역할을 하는 매우 중요한 요소 중의 하나이다. 특히 여배우의 경우는 자신들이 착용한 드레스의 분위기에 따라 미적인 특징을 증폭시킬 수 있기 때문에 영화 초창기부터 알게 모르게 복장을 통한 인기 경쟁을 벌여왔다고 해도 과언이 아니다.

역사적으로 거슬러 올라가면 독일의 에른스트 루비치 감독의 경우도 1919년 시대 사극인 '마담 뒤바리(Madame Dubarry)'를 공개하면서 시선을 자극시키는 형형색색의 복장을 등장시켰다. 영화 역사학자들은 '의상 드라마(Costume Dramas)'의 효시작이라는 타이틀을 부여하고 있다.

이후 1920년대부터 1950년대까지 프랑스와 할리우드는 시대 사극과 로맨스 극 등 다양한 영화 형식을 통해 패션의 중요성을 부각시키는 작업을 추진해왔다.

이중 프랑스의 크리스찬 디올(Christain Dior)은 자신의 노하우를 영화계에 적극 접목시키면서 영화 의상이 확고한 자리를 구축하는 데 크게 공헌한다. 연기자 중 마릴린 먼로, 오드리 헵번 등은 모두 기품 있는 복장을 착용해 자신들의 인기 지수를 높이는 동시에 관객들의 패션 유행을 주도하는 역할을 해냈다.

의상은 이처럼 극이 전달하고자 하는 내용의 진실성을 부각시켜 주는 동시에 배우들의 특징을 요약적으로 보여줄 수 있는 중요 소품 역할을 해오고 있다.

영화 스타일리스트는 영화의 의상 총감독을 맡아 영화 속에 등장인물 전체의 스타일링을 맡게 되므로, 영화 전반적인 부분의 지식을 고루 갖추어야 한다. 구체적으로는 시나리오를 읽고 등장인물의 캐릭터, 개성을 파악한 후, 기획 단계에서부터 참여하는 감독을 비롯한 아트 디렉터, 조명감독, 촬영감독 등과 여러 차례 협의하여 영화 전체의 조화를 위한 의상과 디자인을 제작하고, 스크린 테스트와 촬영 단계에서 수정 및 제작 작업을 한다. 감독과 여러 스텝과의 호흡이 잘 맞아야 하는 창의적 작업이다.

② 예제) 영화 스타일링 – '티파니에서 아침을(Breakfast at Tiffany's, 1961)'

절 차	내 용
홀리(오드리 헵번) 배역 분석	배경은 1940년대 초 뉴욕. 검은 선글라스에 화려한 장신구로 치장한 한 여성이 택시에서 내려 보석상 티파니 앞을 활보한다. 그녀는 바로 뉴욕의 한 아파트에서 홀로 살아가며 부유한 남자들과의 만남을 통해 화려한 신분상승을 꿈꾸는 홀리. 그러던 어느 날 같은 아파트에 폴이라는 별 볼일 없는 작가가 이사를 오면서 이들의 만남이 시작된다. 폴은 부자 여인의 후원을 받긴 하지만, 연인 노릇을 해주느라 피곤하다. 그런데 이웃에 사는 우아하고 귀여운 홀리를 보고 매료당한다. 홀리와 센트럴 파크에서 승마를 타기도 하는 등 점점 친해진다. 또한 홀리는 제멋대로 즉흥적으로 행동하는데, 그게 아주 매력적이다. 가령 한밤중에 폴의 침대에 스스럼없이 기어들어와 폴의 팔에 안겨 잠들기도 한다. 그녀는 이 가난한 현실을 벗어난 꿈같은 상류사회, 부와 풍요를 동경한다. 신분상승을 꿈꾸는 그녀.

콘셉트 설정	상류사회를 꿈꾸는 개성이 강하고 매력적인 여성으로 우아하고 깔끔한 이미지의 스타일링을 하며 자유로운 성격 표현을 위해 과감하고 파격적인 소품을 사용한다. 엘레강스하면서 로맨틱한 이미지를 살리도록 한다.
자료조사, 이미지 스타일링 작업	
영화 의상 진행 계획	주인공의 T.P.O에 맞춰 의상 진행을 계획한다.
시장조사, 샘플링	가장 적합한 디자이너로 지방시(Givenchy)를 협찬한다.
실물 의상 코디네이션	신과 콘셉트에 따라 의상 및 소품을 완벽하게 준비하여 체크한다.
의상 설정, 배치, 의상 확정	장면에 따라 의상과 소품을 완벽하게 결정하여 준비한다. 이때 스토리를 전체적으로 이해하고 의상을 선정하는 것이 중요하다.
영화 촬영	준비한 패션 스타일링이 현장과 어우러지도록 유동성을 가지고 촬영에 임한다.
마무리	

Performance – 공연

1 가수 스타일링

① 개 요

가수의 의상은 무대에서의 화려한 이미지를 표현해야 하므로 협찬 의상 이외의 제작의상도 필요하다. 가수의 음악적 장르의 특성과 가수의 신체적인 특성, 노래와 맞는 안무 등을 고려하여 의상제작을 진행한다. 가수들은 쇼 음악프로그램이 주요 무대이므로 화려한 컬러 배색과 감각적이고 장식적인 면이 중요하다. 또한 트렌디한 의상이나 독특한 의상과 새로운 유행 아이템을 보여주는 것이 중요하다. 각 방송사의 특징이나 그 프로그램의 특성을 고려하여 의상제작을 하므로 사전에 프로그램의 특성을 파악해야 한다.

가수 스타일링은 TV 무대의상, CD 재킷촬영, 뮤직비디오 등으로 나뉜다.

② 가수 스타일링 절차

절차	내용
콘셉트 잡기	가수 신곡 노래의 가사, 장르 등을 분석하고, 가수 혹은 그룹 각 개인의 신체 특성을 이해한다. 전체적인 스타일링 방향과 대표 이미지 콘셉트가 결정이 되었다면, 좀 더 구체적으로 가수 혹은 그룹의 꼼꼼한 사이즈 체크가 이루어져야 한다. 개별 연예인 관리 차트를 만들어야 한다. 이때는 머리둘레(모자준비를 위해) 측정, 신체사이즈 측정, 신발사이즈 측정 및 신체의 특이사항 등의 기록을 각 가수별로 모두 작성하고 중요하게 보관해야 한다. 또한 이때 각 가수별로 외모의 특성을 고려할 수 있는 각자의 사진도 부착해야 한다.
전 세계 자료조사, 이미지 방향설정, 스타일링 작업	최근 글로벌화로 모든 자료는 국내와 국제 무대를 대상으로 조사한다. 먼저, 국내외 활동하는 가수들의 패션 스타일링을 조사하고 나아가 파리, 뉴욕 등 디자이너의 패션컬렉션, 라이선스 패션잡지, 해외 뮤직비디오, 만화 등 자료들을 수집 후 스타일화와 이미지 맵(Map) 완성을 한다. 최근 과거 맵 작업과는 다르게 컴퓨터프로그램을 이용하여 작업하여 고객에게 보여주기 쉽게 하는 것이 추세이다.
패션 스타일링 준비 및 의상제작 의뢰	패션 스타일링 방향이 결정되면 구매를 통해 이루어질 것인지 의상제작을 해야하는지 결정해야 하며, 제작이 결정되었다면 디자인에 맞는 원단과 부자재를 동대문 시장에서 구매하여 의상작업하는 곳에 의상제작 도식화 및 작업의뢰서를 작성하여 제작의뢰를 한다. 그리고 헤어와 소품 및 액세서리를 준비한다.
패션 스타일링 완성	패션 스타일링은 의상뿐 아니라 전체적인 완성도를 높이는 것에 주의를 기울여야 한다. 정해진 마무리 수작업을 통해 콘셉트를 더 잘 표현할 수 있도록 최종 마무리한다.

③ 음악 장르별 스타일링 연출 방법

㉠ 댄스(Dance)

댄스는 힙합, 록 등 장르에 따라 다른 스타일링을 연출한다. 가장 화려하고 특징 있는 스타일을 연출하는 것이 중요하며 율동과 스타일의 균형을 잘 맞춰서 스타일링한다.

예를 들어, 움직임이 많은 안무를 하기에 불편함이 없고 땀 등에도 원단이나 옷의 형태가 변하지 않도록 주의해야 한다.

또한 소품의 활용이 매우 중요하기 때문에 직접 제작을 하는 경우가 많이 있으며, 안무팀이 있으므로 가수와 조화롭게 스타일링하는 것이 중요하다.

가수와 안무팀의 컬러적인 부분과 소재적인 특징을 고려하여 감각적이고 화려한 무대와의 연출이 중요하다.

ⓒ 발라드(Ballade)

음악 멜로디, 가사가 서정적인 분위기로, 대부분 단순한 디자인을 사용하며 원단으로 많은 변화를 주어 스타일링을 연출한다.

가수의 피부 톤과 출연할 프로그램의 조명 등의 분위기를 참고하여 작은 소품 변화를 주기도 하고, 원단 소재의 질감이나 컬러의 배색으로 이미지를 완성하는 것이 중요하다.

또한 라이브 위주의 가창력을 드러낼 수 있는 방송에서는 노래할 때 방해가 되지 않는 아이템으로 스타일링 연출하도록 해야 한다. 예를 들어, 목을 압박하거나 자세를 불편하게 하는 아이템은 스타일상 꼭 필요하더라도 다른 것으로 교체한다.

ⓒ 록(Rock)

음악의 비트가 강하고 가수의 개성이 강한 경우가 많기 때문에 메탈소재의 액세서리나 가죽, 진 소재를 사용한다.

레이어드 연출은 마치 공식처럼 사용하기도 하고 가수의 헤어스타일과 메이크업 연출 또한 중요하며 디자인 또한 대담하고 과감한 것이 필요하다. 전체적인 스타일링은 자유로우며 과감하게 표현한다.

ⓔ 힙합(Hip Hop)

드럼스타일(Drum Style : 전체적으로 통이 넓고 긴 스타일)과 배기스타일(Baggy Style : 전체적으로 통이 넓으나 위는 통이 더 넓고 아래로 통이 좁아지는 스타일)이 대표적인 힙합 스타일이다.

원래 정통 아메리카 힙합 스타일은 배기스타일이었으나, 동양인의 체형에 맞게 드럼스타일로 변형되어 유행하였다. 상의는 박스 스타일과 슬림하고 타이트한 스타일이다. 컬러는 밝은 청색이나 네이비, 베이지를 주로 선호하며 부드럽고 가벼운 소재를 선호한다.

최근에는 실용적인 힙합 스타일을 추구하여 스포츠웨어와 힙합을 섞어 기능성 있는 옷이 인기를 얻고 있으며, 여성의 힙합 스타일 선호가 증가하면서 세미 힙합 스타일이 인기 있다.

힙합 스타일의 가장 큰 매력은 옷을 많이 구입하지 않고도 다양한 코디네이션과 액세서리로 세련된 연출을 할 수 있으며 여기에다 실용성과 기능성을 가미해 누구든지 편하게 입을 수 있다는 것이다.

한국에서는 가수 '서태지와 아이들'의 의상을 통하여 유행하기 시작하였다. 힙합스타일은 1980~1990년대에 대표적으로 유행한 스타일이다.

ⓜ 재즈(Jazz)

20세기 초반 미국 노예 제도로부터 해방된 흑인들을 통해 발생한 기악(器樂) 음악이다. 흑인의 리듬 감각과 블루스에 뿌리를 둔 연주 스타일 및 백인이 유럽에서 들여온 여러 가지 음악적 요소가 혼합되어 탄생하였으며, 미국 특유의 사회적 배경 안에서 처음에는 댄스 뮤직이라는 형태로 발전했다.

역동적인 4비트와 즉흥 연주에 커다란 특색이 있다. 어원은 '야단법석'을 의미하는 속어이다. 몽환적인 느낌의 스타일로 강한 컬러 의상의 아이템과 아이라인이나 입술을 강조한 메이크업으로 섹시미를 강조한 스타일이다.

ⓑ 헤비메탈(Heavy Metal)

1960년대 말과 1970년대까지 성행한 블루스 록과 사이키델릭 록의 계통을 잇는 과격한 사운드의 록 뮤직이다.

긴 머리, 독특하고 과격한 화장, 레이저를 주체로 한 펑크풍의 패션과 비트와 보컬에 특징을 갖는 음역이 넓은 사운드로 알려져 있다.

대표적인 밴드로는 레드 제플린, 딥 퍼플, 블랙새바스 등이 있다. 1980년대 성행한 '글램 메탈'의 기반이 되었다. 사이키델릭 록과 블루스 록을 기반으로 헤비메탈을 만들어낸 많은 밴드들은 기타 솔로, 강한 비트 그리고 전체적으로 시끄러워진 음악 등을 특징으로 굵고 육중한 사운드를 개발했다. 헤비메탈의 가사와 퍼포먼스는 일반적으로 남성적인 것들의 영향을 받았다.

ⓢ 디스코(Disco)

디스코(Disco)는 빠르고 경쾌한 리듬감으로 이루어진 댄스 음악 장르이다.

1977년 존 트라볼타 주연의 영화 '토요일 밤의 열기(Saturday Night Fever)'가 세계적으로 크게 인기를 얻으면서 널리 알려졌다. 한국에서는 1979년부터 격렬한 동작에 의한 정열적인 디스코가 젊은이들에게 급속도로 전파되었다. 그 후 디스코에서 하우스 디스코로 발전되었다.

대중적인 멜로디 라인으로 몸을 움직이기 쉬운 장르이며, 테크노보다는 기계적인 요소가 적은 것이 특징이다. 또한 16비트 음악인 펑크(Funk)의 빠른 템포를 빌려온 것으로 춤추기 좋은 8비트의 흥겨운 곡조로 변형된 것이다.

④ 뮤직비디오 의상 스타일링

뮤직비디오 감독이 기획하고 스타일리스트는 뮤직비디오 감독과 협의하여 스타일을 결정한다. 뮤직비디오의 콘셉트를 정확하게 이해하며, 촬영장소를 확인하여 적절한 스타일링을 할 수 있도록 한다.

뮤직비디오 촬영은 의상뿐 아니라 가구소품, 배경 등 전체적인 이미지와 콘셉트, 의상이 어울려야 함을 고려하여 여러 여분의 의상 및 소품을 준비한다.

돌발 상황이나 예측하지 못한 상황이 있어도 문제없이 촬영할 수 있도록 꼼꼼하게 많은 의상, 소품, 액세서리 등을 준비한다.

2 연극 및 뮤지컬 무대의상 스타일링

① 개 요

최근 연극 및 뮤지컬 무대의상은 새로운 창조물보다는 과거의 작품을 재해석하는 경향이 높아지고 있다. 이런 이유로 상연되는 공연의 과거 역사와 의상 캐릭터 분석 및 그 시대배경의 조사가 먼저 이루어져야 한다.

공연의상은 작품의 예술적 표현과 연출자의 의도 등이 잘 표현되어야 한다. 이를 위해서는 우선 공연장이 어디인지부터 체크를 하여 의상의 볼륨감을 결정해야 한다. 관객의 눈높이에서 보여지는 의상이라는 점을 알고 일반 의상과는 다른 시각으로 접근한다.

극중 인물을 창조할 때 예술적인 감각과 많은 관람 경험, 제작 경험을 바탕으로 인물을 가장 잘 나타내도록 선택해야 하며, 멀리 떨어져서 보는 관객을 위해서 디자인은 간결하면서 강조하는 부분을 정확하게 알아볼 수 있도록 해야 한다. 헤어, 메이크업 등도 멀리서 보았을 때를 기본으로 과장되고 강렬하게 표현되어야 한다.

가장 필수적인 요건으로 다양한 직접 · 간접적인 경험을 통해 소재, 디자인, 부자재, 기타 다른 분야와의 상호 작용을 바탕으로 한 기술적 능력을 겸비하도록 한다. 특히 다양한 역사, 문화적 배경의 이해와 폭넓은 지식을 바탕으로 작품을 고증 또는 재해석하는 경우가 대부분이므로, 시대문화적 깊은 이해의 능력이 필요하다.

② 뮤지컬 스타일링 절차

절차	내용
작품 분석	• 작품이 표현하고자 하는 것이 무엇인지 파악한다. • 작품의 시대적 배경과 작품의 형식 등 몇 장으로 이루어졌는가를 파악하고, 작품의 특성에 맞게 콘셉트를 결정한다.
인물(배우) 연구	• 몇 명의 배우가 출연하는지를 파악하고, 각 배우들이 표현해야 하는 역할과 캐릭터 등을 이해한다.
각 인물 캐릭터 선정 및 강조사항 결정	• 캐릭터에 맞는 의상, 메이크업, 헤어스타일을 결정한다.
이미지 작업	• 캐릭터에 맞는 이미지를 찾아 맵(Map) 작업을 한다. • 맵 작업을 통해서 전체적 이미지 연출의 보완점 및 강조할 부분의 밸런스를 맞춘다.
제작 완성	—

3 패션쇼 스타일링

① 개요

패션쇼는 1911년을 전후로 열린 미국 시카고(Chicaco) 패션쇼가 시초이다. 패션쇼는 살아있는 모델에게 상품을 입혀 전시하는 방법으로, 디자이너의 새로운 상품을 고객에게 선보여 관심을 이끌고 구매 욕구를 자극한다. 윈도우 디스플레이와 비슷한 역할을 하나 동적인 요소를 가졌다는 점에서 차이가 있다.

이러한 패션쇼 패션스타일리스트는 콘셉트가 정해지면 의상, 소품, 액세서리를 디자이너나 브랜드 홍보회사에서 섭외해 가장 적절한 분위기를 연출하도록 하는 창조자들이다. 모델의 의상 구성에서부터 패션쇼가 끝나는 마지막 드레싱 룸(Dressing Room)의 정리까지 모든 부분을 맡아서 총괄하며, 의상디자이너가 추구하는 부분과 상품성을 모두 고려하여 장점을 극대화한다.

상세한 업무를 분류해보면 첫째, 모델을 결정하고 가봉시간과 장소를 결정해야 하며, 둘째, 모델별로 구성안을 작성하고 액세서리들을 선택하며, 헬퍼들이 모델별로 입는 의상에 대하여 알 수 있도록 헬퍼 차트를 작성해야 한다. 이러한 작업은 의상구성안에 도식화로 그려진 의상을 패션쇼 순서대로 정리하는 것이 일반적이다.

특히 패션쇼 스타일링을 위해서 드레싱 룸 및 행거 옷걸이 체크, 큰 거울 등의 위치를 체크하고, 다리미, 바느질 도구, 옷핀, 양면테이프 등 응급상황에 대처할 수 있도록 준비를 철저히 해야 한다.

② 패션쇼의 유형

패션쇼의 유형은 주관·주최자에 따른 유형, 개최하는 목적에 따른 유형, 쇼의 규모에 따른 유형, 주최자와 관객에 따른 유형, 구성방식에 따른 유형으로, 크게 5가지 유형으로 분류할 수 있다.

유 형	내 용	상세구분
주최에 따른 유형	• 자선 쇼, 패션잡지 쇼, 의상디자이너 쇼, 학생 졸업작품 쇼, 액세서리 쇼, 소재·생산업체 쇼 등으로 분류	−
개최 목적에 따른 유형	• 소비자에게 상품을 판매하기 위한 쇼, 유통업자에게 상품을 판매하기 위한 쇼, 매장샵 마스터를 교육시키기 위한 쇼, 프레스쇼, 시상식쇼, 오락쇼 등으로 분류	−
규모에 따른 유형	• 유행경향을 설명하여 특정상품에 대한 판매기능을 부각시켜 가장 일반적으로 개최되는 유형	• 프로덕션 쇼(Production Show) • 포멀 쇼(Formal Show) • 인포멀 쇼(Informal Show)
주최자와 관객에 따른 유형	• 의상 디자이너, 바이어, 패션관련인을 대상으로 유행경향을 제시하고 판매를 위한 쇼 • 상품 판매력을 향상시키기 위한 쇼 • 의류제조업자 및 소매업 종사자가 패션 관련 홍보종사자들, 즉 기자들, 잡지 편집자들에게 홍보하기 위해서 개최	• 트레이드 쇼(Trade Show) • 리테일 쇼(Retail Show) • 프레스 쇼(Press Show)
구성방식에 따른 유형	• 모델들이 일정한 순서에 의해서 무대에 등장하여 패션 트렌드를 관객에게 소개하는 방식으로, 창의적이고 자유로운 장소에서도 개최 가능 • 패션쇼에 무용, 특수장치 등의 사용을 통해서 주제를 강조하고 흥미를 유발하기 위해서 진행	• 패션 퍼레이드(Fashion Parade) • 극화 쇼(Dramatized Show)

③ 패션쇼의 프로그램 순서

프로그램 순서	설 명
행사 장소 선정 및 패션쇼 일시 확정	• 패션쇼의 스케줄표 작성 • 패션쇼 기획자로부터 콘셉트에 맞는 시안확정(의상을 고려한 무대구성, 조명, 영상, 음향기계, 음악, 특수효과등 확정)
패션쇼에 초대될 구매자 및 홍보관련 업체 초청장 및 홍보물 제작	• 초대장, 프로그램 소개홍보물, 포스터 등 제작 및 배포
패션스타일리스트와 의상디자이너가 사전에 제작될 의상에 대한 스테이지(Stage)별로 모델 의상 및 액세서리 구성 완성	• 패션쇼의 주제는 목적과 내용에 맞게 패션쇼 기획자가 의상디자이너와 상의하여 결정. 이후 패션스타일리스트와 의상디자이너가 상의하여 의상 콘셉트별로 무대 구성 • 모델구성안에 따라 드레스 룸의 헹거에 의상을 분류 • 모델들이 편리하게 옷을 갈아입을 수 있도록 헬퍼를 배정 • 의상 및 액세서리, 소품까지 주최측과 협의하여 준비시킴
헤어, 메이크업, 헬퍼, 진행요원, 진행보조 등 무대 뒤의 모든 부분을 무대감독이 감독	• 모델에게 콘티상의 시작 신호를 보냄 • 거울, 헹거, 테이블 등 편의시설 점검 • 패션 스타일링을 위한 모든 관리 및 편의시설 점검

무대를 제외한 관객석 배치	• Vip, Press, Buyer 등 전문적인 관객 및 일반관객 자리 배치
패션쇼 진행팀은 쇼 끝난 후 철거	• 패션쇼 장소를 원래대로 복원

Commercial Advertising - 상업광고

1 개 요

광고에는 그 사회를 사는 사람들의 생활양식, 사고방식 등 그 시대의 사회상이 담겨져 있고, 소비자들은 광고를 통해서 생활에 필요한 정보를 얻는다.

이런 특성을 가진 광고의 상업적 효과를 얻기 위해서는 광고주가 요구하는 부분과 소비자 성향이나 모델의 장점·단점, 광고매체에 따른 영상인지, 사진인지에 따라서 제품의 특징을 살릴 수 있도록 잘 고려해서 설계되어야 한다.

광고는 사전에 충분한 조사와 협의가 이루어진 상태에서 좋은 시안이 나올 수 있으며, 광고를 위해서 필요로 하는 비용이 높기 때문에 상업광고만 전문으로 일하는 스타일리스트를 고용하여 진행하는 경우가 많다.

광고 시안에 맞춰서 스타일리스트는 촬영에 필요한 철저한 준비 상태로 촬영에 참여해야 한다. 보통은 홍보하고자 하는 제품의 이미지에 맞는 콘티가 주어지며, 이에 충실하게 의복착장을 준비하고, 여기에 자신의 생각과 이미지 연출에 도움 되는 다른 대안도 준비하는 것이 프로의 모습이다.

때에 따라서는 촬영장의 작은 소품까지 준비하여 완벽한 콘셉트 이미지 연출을 담당한다. TV CF광고일 경우에는 고비용이 들어가는 광고 수단인 만큼 각 전문가와 기관의 역할이 중요하다. 그리고 이때 중요한 것은 광고를 의뢰하는 기업이 원하는 방향이다. 이를 위해서 광고대행사는 광고 시안을 여러 개 만들어 광고의뢰 기업에게 제시한다. 이 중 채택된 시안을 구체적으로 실현화시킬 수 있도록 브랜드 콘셉트에 알맞은 광고기획의 콘티(CONTI) 작업을 스토리맵화한다. 그리고 광고의뢰 기업 담당자와 촬영감독, 스타일리스트에게 프리젠테이션 회의를 실시하여 자신들의 의도를 설명하고, 서로 각자 역할을 담당하는 부분과 영역을 나눈 뒤 시안에 맞는 촬영 준비를 한다.

콘티는 그림으로 표시된 일종의 대본과 같은 것으로 광고의 줄거리이다. 보통은 CF의 장면을 그림이나 사진으로 나타내며, 콘티에 충실하기 위해 최선을 다해야 한다. 이때 중요한 것은 시안에 맞는 의상을 제작할 것인지, 협찬을 통할 것인지를 분석하고 판단하여 빠른 시간 안에 모든 시안의 착장을 준비하고 대안을 마련하는 것이다.

광고대행사(Advertising Agencies)

광고주와의 계약에 따라 광고 캠페인을 기획, 실행하는 조직이다.

전문적 서비스 집단(Special Service Groups)

이들은 광고개발에 있어서 광고주, 대행사, 미디어를 도와준다. 예를 들어 조사회사, 광고 제작회사, 매체구매 서비스회사 등이 여기에 속한다.

광고주 의뢰

⬇

오리엔테이션(Orientation)

광고 진행 목적, 광고 예산과 매체 선정, 광고주의 요구사항, 경쟁상황, 제작 스케줄 및 완료일 등과 광고를 하고자 하는 제품과 회사 그리고 관련된 사람들에게서 정보와 자료들을 수집하는 것이 오리엔테이션의 중요한 목적임

⬇

광고대행사 광고팀

– 대행사 마케팅팀의 자료를 바탕으로 광고기획서 작성

– 광고기획자(AE ; Account Executive), 카피라이터(CW ; Copywriter), 디자이너(Designer), PD(Producing Director), 매체담당, SP(Sales Promotion Media)담당, 마케팅조사담당

⬇

광고기획서 작성(AE)

⬇

광고기획서 확정(광고팀과 합의)

⬇

광고기획서 합의(광고주와의 합의)

광고 제작 방향을 확정하여 불필요한 시간과 경비의 낭비 방지

⬇

시안 작업

인쇄매체 – 광고기획자(AE ; Account Executive), 카피라이트(CW ; Copywriter), 디자이너(Designer) → Rough Sketch : 전파매체 – 광고기획자(AE ; Account Executive), 카피라이트(CW ; Copywriter), PD(Producing Director), CM/CF감독 → Storyboard

⬇

Presentation 광고기획서(R/S, Story Board)

4과목

↓
광고제작(인쇄매체, 전파매체) - 스타일리스트 역할이 이때 필요

↓
광고주 결제

[광고제작 기획순서]

Licensed Fashion Magazine - 라이선스 패션매거진

1 개 요

라이선스(License)는 허가, 면허의 일반적인 뜻 외에 타인 소유의 특허를 사용하는 법적 권리를 나타내는 단어이고, 라이선스 패션매거진은 프랑스, 영국, 이탈리아 등 패션산업이 발달한 나라의 패션잡지들이 다른 나라의 잡지, 출판계와 라이선스 계약을 맺고 현지판을 발행하는 것을 말한다.

국내 유행을 선도하는 패션매거진은 20년 가까운 역사를 가지고 있으며, 패션과 뷰티 문화 등 전 세계 각 분야의 가장 주목할 만한 이슈와 국내외 트렌드를 예상하고 분석하는 매체이다.

패션매거진 스타일리스트는 잡지의 패션 분야를 담당하는 전문가이다. 잡지의 성격에 따라 일의 진행 방식에 다소 차이가 있지만, 편집부에서 지면 구성과 테마에 대한 기획회의에 참석하기도 하며 기획회의를 통과한 시안을 촬영할 때 큰 역할을 한다.
패션매거진 스타일리스트는 때로 아트 디렉터나 크리에이티브 디렉터와 같은 역할을 하기도 한다.

> **디렉터**
>
> **아트 디렉터(Art Director)**
> 광고, 극장, 마케팅, 패션, 출판, 영화, 인터넷, 텔레비전, 비디오 게임 분야에서 비슷한 직업 기능을 담당하는 직위의 이름이다. 문화예술공연사업의 총괄적인 기획을 맡는다.
> 또한 홍보, 광고, 그래픽 디자인 분야에서는 대체로 시각적인 표현 수단을 계획하며, 이를 감독·총괄하는 역할을한다. 고객의 의뢰, 요구나 계획을 순차적으로 달성하기 위해 밑그림과 진행 절차를 지휘한다. 미디어 분야에서는그 소재 및 표현 방법을 고민하고 결정한다.

카피 슈퍼바이저(Copy Supervisor)와 아트 슈퍼바이저(Art Supervisor)의 상위자이며, 광고 크리에이티브 부서의 최고 책임자를 의미한다.

스토리텔링 기업, 광고대행사의 기획시스템에서 제작 최고 책임자로, 어소시에이트 크리에이티브 디렉터 선임자 가운데 선발한다.

제품 부문에 속해 있으면서 판매촉진, 마케팅, 어카운트, 미디어리서치 등과 협의하며, 여기서 발생하는 문제를 분석하여 회사의 기술운영을 맡는다.

차트 및 의뢰서 예시

연예인 개인차트

날짜 : 20   년   월   일

이름 :

구 분	측 정	사 진
기본 기성사이즈		
신 장		
어깨넓이		
등길이		
가슴둘레		
허리둘레		
하의길이 (허리에서 바닥)		
팔길이		
허리에서 무릎까지		
허리에서 발목까지		
허벅지둘레		
신발사이즈		
기타 비고		신체적 장점 / 단점 혹은 연예인 개인 고유의 이미지 특이사항 기록

의상제작 샘플의뢰서

작업작성자 및 연락처 :

의뢰일	20 년 월 일
작업완성 희망일	20 년 월 일
기타 비고	

종 류	규 격	소요량	작업이미지 도움 사진
원 단			
원 단			
배 색			
안 감			
지 퍼			
실			
심 지			
심 지			
패 드			
단 추			
단 추			
기 타			작업지시 의상 도식화
허리둘레			
엉덩이둘레			
총 장			
기본 사이즈			
어깨넓이			
상의길이			
소매길이			
하의길이			
가슴둘레			
바지길이			
스커트길이			

구두제작 샘플의뢰서

작업작성자 및 연락처 :

의뢰일	20 년 월 일
작업완성 희망일	20 년 월 일
기타 비고	

투입일	규 격	소요량	작업이미지 도움 사진
시 즌			
타 겟			
리스트			
굽			
외피1			
외피2			
내피1			
내피2			
세 피			
색 상			
장 식			
기 타			작업지시 의상 도식화
주의사항			
	샘플원단 부착		

1 드라마 스타일링 – 드라마 '신데렐라 언니'

신데렐라를 21세기형으로 재해석한 작품으로 계모의 딸, '신데렐라 언니'가 신데렐라를 보며 스스로 정체성을 찾아가는 이야기를 통해 또 다른 동화를 완성해가는 드라마이다.

사랑이란 달콤한 말 따위는 사치였던 은조와 사람들의 따뜻한 사랑으로 자랐지만 어릴 때 엄마를 잃고 끝없이 타인의 사랑을 갈구하는 효선이 등장한다. 서로 다른 부모와 환경에서 자라온 두 소녀가 한 집에서 자라게 되면서, 서로를 미워하고, 누군가를 함께 사랑하면서 서로의 등 뒤에서 아파하게 된다. 하지만 한 남자를 사랑하며 성숙한 여자가 되는 과정에서 둘은 점차 닮아간다.

누가 신데렐라든, 누가 신데렐라 언니이든 인생은 똑같이 아프고 달콤하다. 두 소녀와 한 남자를 통해 사랑, 인생의 맛을 이야기하는 드라마이다.

드라마 '신데렐라 언니'에서 송은조는 청소년기와 성인이 되고 나서의 스타일을 선보이고 있다. 당신이 주인공의 스타일리스트라는 전제하에 드라마에서 제시된 스타일이 아닌 새로운 스타일을 제안하시오.

연습문제

① 테마 기획

② 콘셉트 기획

③ 컬러 기획 및 소재 기획

④ 디테일, 실루엣, 헤어, 메이크업, 소품, 아이템 기획

⑤ 패션 스타일링 맵(Map)

⑥ 헤어 & 메이크업 맵(Map)

캐릭터 분석 – '송은조'역 ○ ○ ○ 주연

응시자만의 캐릭터 분석이 필요

세상을 바라보는 시각이 냉소적이며, 아름다운 것에 대한 감동도 삶에 대한 환상도 없는, 미래를 향한 꿈을 꾸며 살아가지 못하는 아이로 세상에 태어났다. 하지만 한 남자를 만나며 아픔과 사랑을 알고 성숙해져 가는 캐릭터이다.

---

① 테마 기획

아름다운 것에 대한 감동도 삶에 대한 환상도, 이상에 대한 동경도 없는 아이로 세상에 태어나 항상 외롭고 고독하며, 방황하여 한 장소에 마음을 정착 못하는 '송은조'의 캐릭터를 모던한 이미지를 이용하여 도시적이며 차가운 이미지를 준다.

추후 사랑하게 되면서는 모던하며 로맨틱한 이미지를 복합적으로 이용하여 도시적이면서 내면의 소녀적 이미지를 표현한다.

여기서 주의할 것은 도시적인 모던한 이미지 연출을 지배적인 연출방법으로 하며, 로맨틱한 이미지를 모던에 보조적인 역할을 하도록 테마를 잡아서 균형감 있게 코디네이션해야 한다는 것이다. 종합적으로는 도시적이며 편안한 느낌을 줄 수 있는 이미지를 연출한다.

초창기에는 스트레이트 실루엣을 이용하여 모던하며 차가운 성격을 부각시키도록 한다. 후반부에는 원포인트 코디네이션을 통하여 좀 더 부드러워진 심리상태를 표현하도록 한다.

② 콘셉트 기획

'송은조'는 고독한 외로움이 나타나는 배역이므로, 의상에서는 자신의 심리상태가 표현되도록 무채색 계열을 이용하여 코디네이션한다.

편안한 스타일을 평상시에 많이 착용하며, 의상 아이템으로는 겨울의 계절감을 표현하는 터틀넥의 목도리나 롱 니트 가디건, 어두운 계열의 모던한 코트를 이용한다. 또한 심플한 원피스 등을 활용하여 차가운 도시에 믹스 매치하여 스타일링을 연출한다.

그러나 드라마 중반부에서 한 남자를 사랑하게 되면서 의상 컬러도 좀 더 밝아지고 의상 아이템도 원포인트 코디네이션 또는 딜톤을 이용하여 모던한 감각을 유지한다. 니트 소재로 여성스러운 로맨틱 이미지를 부각시키고, 색상대비로 심리적으로 밝아지고 있음을 표현한다.

③ 컬러 기획 및 소재 기획

- 기획한 테마와 콘셉트에 맞는 컬러를 기획해야 한다. 컬러 기획에서는 주 포인트 컬러와 보조 포인트 컬러, 시즌별 이미지에 기초한 컬러 코디네이션에 대하여 기술한다.
- 기획한 테마와 콘셉트에 맞는 소재를 기획해야 한다. 소재 기획에서는 주로 표현할 소재에 대해 구체적으로 기술하고, 전체적인 소재의 느낌과 소재를 통해 표현하고 싶은 느낌에 대해서도 구체적으로 기술해야 한다.

모던한 이미지를 부각시키는 무채색과 다크톤을 초반기에는 이용하며, 중후반으로 넘어가면서는 모던하면서 편안하고 여성스러움을 표현할 수 있도록 덜톤을 이용한다.

소재는 니트 소재를 이용하여 편안하며 여성스러운 느낌을 주며, 벌키한 실루엣과 니트 소재의 다양성을 이용하여 풍성해지는 감성에 대한 변화를 소극적으로 나타내도록 한다. 늦은 가을에서 겨울이라는 드라마 계절을 고려하여 겨울용 소재인 울(Wool)과 캐시미어(Cashmere)로 된 코트나 니트를 많이 착용하며, 벨로아(Velour)의 종류인 스웨이드 등 촉감이 부드럽고 따뜻한 소재들을 사용한다.

④ 디테일, 실루엣, 헤어, 메이크업, 소품, 아이템 기획

- 실루엣 기획 : 이론적 바탕으로 표현하고 싶은 실루엣으로 서술한다. 위에 기술한 테마, 콘셉드, 컬러, 소재와 맞춰 연관성 있고 조화롭게 하나의 스타일을 기술해야 한다.
- 디테일, 아이템, 소품 기획 : 주로 사용할 디테일(주름, 러플 등), 아이템, 소품(액세서리, 가방, 구두 등)에 대해 기획한다. 위에 기술한 테마, 콘셉트, 컬러, 소재, 실루엣과 맞춰 연관성 있고 조화롭게 구성해야 한다.

스트레이트 실루엣에 중심을 두지만, 세상의 구속에서 벗어난 개성적 표현을 위하여 상의가 루즈하면 하의는 타이트한 스타일로 연출한다.

최대한 자연스러운 약간의 컬이 있는 긴 웨이브 헤어와 투명 메이크업으로 자연스러운 얼굴 표현에 최대한 초점을 맞춘다. 소품인 신발에서는 무채색 등 어두운 계열의 앵글이나 투박한 신발 굽을 이용하여 너무 세련되고 가공된 느낌을 배제시킨다.

가방과 구두는 약간 클래식한 이미지를 주는 디자인을 선택하여 주 테마를 유지시키며, 너무 감각적이고 세련된 스타일로 가지 않도록 주의해야 한다. 또한 단정한 귀걸이, 목걸이 등의 액세서리로 너무 화려해 보이지 않도록 전체적 이미지를 조율한다.

⑤ 패션 스타일링 맵(Map)

①~④에서 기획한 스타일에 대해 스타일링 맵핑을 한다. 자신이 기획한 스타일링에 대해 최대한 표출해야 한다.

⑥ 헤어 & 메이크업 맵(Map)

맵 기획

기획한 테마와 콘셉트에 맞는 헤어와 메이크업을 기획한다.

메이크업은 최대한 투명한 피부톤을 살려주는 내추럴한 청순 메이크업으로, 눈 화장은 눈매만 보정하듯이 한다. 은은한 오렌지 색상으로 눈 쪽 메이크업을 하고, 부드러운 볼터치와 자연스러운 입술 색상으로 편안하고 부드러운 이미지를 부각시킨다.

전체적으로 청순하면서 여성스러운 메이크업을 연출한다. 헤어는 내추럴한 긴 머리에 어울리는 굵은 웨이브 컬로 청순하면서 여성스러운 이미지를 표현한다. 그리고 눈에 띄지 않고 자연스러운 네일 손질을 하도록 한다.

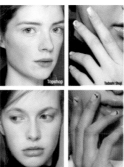

MEMO

4

과목

출제예상문제

FASHIONSTYLIST

출제예상문제

01 다음 중 이미지 메이킹의 형성요소로 옳게 짝지어진 것은?

① 정신적 이미지(Mind Image), 시각적 이미지(Visual Image)
② 시각적 이미지(Visual Image), 로맨틱 이미지(Romantic Image)
③ 정신적 이미지(Mind Image), 창조적 이미지(Creative Image)
④ 창조적 이미지(Creative Image), 로맨틱 이미지(Romantic Image)

> **해설** 이미지 메이킹의 형성요소
> • 정신적 이미지(Mind Image)
> • 시각적 이미지(Visual Image)
> • 행동적 이미지(Behavior Image)
> • 음성적 이미지(Phonetic Image)

02 다음 중 음성적 이미지에 해당하지 않는 것은?

① 음 질
② 억 양
③ 음의 높고 낮음
④ 동 작

> **해설** 음성적 이미지에는 음질, 억양, 음의 높고 낮음, 말의 속도, 음량 등이 있음
> ④ 동작은 행동적 이미지에 속함

정답 01 ① 02 ④

03 이미지 메이킹의 형성요소 중 시각적 이미지에 해당하지 않는 것은?

① 옷차림
② 표 정
③ 메이크업
④ 헤어스타일

> **해설** 시각적 이미지로는 옷차림, 메이크업, 헤어스타일 등이 있음
> ② 표정은 행동적 이미지에 해당

04 다음 보기에서 설명하는 인물로 옳은 것은?

> 대선 캠페인 동안 소탈한 패션 감각의 심플한 베이직 스타일로 '슈트 5벌의 전략'을 이용하여 선거에서 승리를 맛보았다. 재킷과 넥타이 없는 흰색 셔츠 차림은 경기 불황을 이기기 위해 열심히 일하는 모습을 보여주고, 서민적이고 검소한 이미지를 주려는 고도의 전략이라 분석된다.

① 버락 오바마
② 존F. 케네디
③ 빌 클린턴
④ 로널드 레이건

> **해설** 버락 오바마 전 미국 대통령은 연설의 대가일 뿐 아니라 패션의 대가이기도 하며, 그 때문에 비언어적 효과를 제대로 활용할 줄 아는 정치인으로 꼽힘

05 다음 중 모래시계형 체형이 선택해야 하는 스타일은?

① 번쩍이는 소재의 슈트로 화려한 스타일
② 어깨 패드와 견장 장식 재킷으로 어깨를 강조한 스타일
③ 두껍고 박시한 스타일 원피스
④ 허리를 강조한 스타일 원피스

> **해설** 모래시계형 체형
> 가슴과 힙은 둘레가 같고 볼륨이 있으며 허리는 상대적으로 잘록하여 전체적으로 모래시계의 모형. 일반적으로 글래머 스타일이라고 불림. 모래시계형 체형은 뚱뚱해 보일 수도 있기 때문에 허리를 강조하여 날씬한 부분을 드러내는 것이 필요

06 다음은 어떤 색상 계열의 남성 슈트 코디네이션에 대한 설명인가?

> 남성 슈트의 기본이 되는 색상으로 청결함과 생동감을 주며 다소 차가운 분위기를 주기도 한다. 셔츠는 흰색, 청색, 회색, 핑크색 셔츠가 잘 어울린다.

① 감색 계열
② 회색 계열
③ 밤색 계열
④ 검정색 계열

> **해설** 감색 계열 남성 슈트 코디네이션
> 감색은 남성 슈트의 기본이 되는 색상으로 청결함과 생동감을 줌. 감색 계열의 슈트에는 흰색, 청색, 회색, 핑크색 셔츠가 잘 어울리며, 넥타이는 레지멘탈, 스트라이프, 페이즐리 같은 전통 스타일의 무늬가 적합

07 다음 중 타원형 체형에 대한 설명으로 가장 옳지 않은 것은?

① 다리가 가늘고 허리와 배 부분에 살이 많은 체형이다.
② 세련미와 성숙한 이미지가 결여된다.
③ 상체보다 하체가 상대적으로 커 보이는 체형이다.
④ 아동이나 중년에 많은 체형이다.

> **해설** 상체보다 하체가 상대적으로 커 보이는 체형은 삼각형 체형

08 힙이 작고 납작한 체형을 위한 스타일링으로 가장 옳은 것은?

① 주름이 많이 들어간 고어 스커트, 개더 스커트, 플레어 스커트 등 힙부분에 장식이 많은 형태가 적합하다.
② 하체가 길어 보이도록 기본형 팬츠, 타이트 스커트 등이 적당하다.
③ 가슴라인을 커버해 줄 수 있는 스타일을 선택하도록 한다.
④ 힙을 가려주는 것이 포인트이며 힙을 덮는 길이의 상의, 타이트 스커트, 박시한 원피스 등이 좋다.

> **해설** 힙이 작고 납작한 체형은 페그탑 팬츠, 카본팬츠, 주름이 많이 들어간 고어 스커트, 개더 스커트, 플레어 스커트 등 힙 부분에 장식이 많은 형태가 적합하며, 최근에는 힙 패드 등으로 커버할 수 있는 아이템도 있음

09 다음 중 각각의 단품을 조화 있게 꾸미는 가장 대중적인 코디네이션 방법은?

① 멀티 코디네이션

② 피스 코디네이션

③ 플러스 원 코디네이션

④ 시즈너블 코디네이션

> **해설** **피스(Piece) 코디네이션**
> 각각의 단품을 조화 있게 꾸미는 가장 대중적인 코디네이션 방법. 단품에 의한 코디네이션 요령은 간단한 방법으로 구성되지만 변화의 폭이 매우 다양하고 풍부하여 개성적인 이미지 연출을 할 수 있음

10 여성의 역삼각형 체형에 어울리는 스타일링으로 가장 옳은 것은?

① 심플한 디자인으로 어깨를 강조하지 않는 스타일

② 퍼프소매, 어깨 패드가 들어간 스타일

③ 타이트한 레깅스나 스커트 스타일

④ 폭넓은 벨트로 허리를 더욱 강조하는 스타일

> **해설** 역삼각형 체형에 어울리는 디자인은 돌먼 슬리브, 심플한 디자인으로 어깨를 강조하지 않는 스타일, 하체가 볼륨 있어 보이는 벌룬 스커트, 플레어 스커트, 플리츠 스커트

11 남성의 슈트 패션 스타일 중 움직임이 용이한 실용적인 슈트의 형태로 품이 넉넉하여 기능적인 면이 강조된 스타일은 무엇인가?

① 유러피안 스타일

② 아메리칸 스타일

③ 이탈리안 스타일

④ 브리티시 스타일

> **해설** **아메리칸 스타일**
> 아메리칸 실루엣은 움직임이 용이한 실용적인 슈트의 형태로 품이 넉넉하여 기능적인 면이 강조된 스타일. 전체적으로 일직선 형태로 떨어지는 박스형의 재킷으로 1개의 뒤트임이 있고, 단추가 3~4개 달렸으며, 소매통이 넉넉함

12 키가 크고 마른 체형을 가진 여성의 패션 스타일링에 대한 설명으로 가장 옳은 것은?

① 이 체형은 '단순함, 상의로 시선 집중, 색상 통일'이 필요하다.

② 특별한 체형 커버보다는 자신이 원하는 이미지 연출 방향에 맞춰 어떤 품목을 선택할지를 고민한다.

③ 여성적인 매력이 부족해 보일 수 있기 때문에 가슴 라인을 커버해 줄 수 있는 스타일을 선택하도록 한다.

④ 레이어드 오프숄더, 재킷 등으로 가슴으로의 시선을 가리는 방법이 좋다.

> **해설** 키가 크고 마른 체형
> 이 체형은 어떤 스타일도 소화할 수 있는 모델 체형이라 특별한 체형 커버보다는 자신이 원하는 이미지 연출
> 방향에 맞춰 어떤 품목을 선택할지를 고민하면 됨

13 다음 중 그라데이션(Gradation) 코디네이션에 대한 설명으로 가장 옳지 않은 것은?

① 근사한 톤의 조합에 따른 배색 방법으로, 동일 색상을 원칙으로 하여 유사 또는 인접 색상의 범위 내에서 선택한다.

② 색상, 명도, 채도, 톤에 순차적으로 변화를 주어 리듬감, 율동감, 통일감을 주는 코디네이션 방법이다.

③ 색채가 조화되는 배열에 따라 시각적인 유목감을 주는 방법이다.

④ 세 가지 이상의 다색 배색에 이와 같은 효과가 나타나며, 색상의 자연스러운 연속과 명암의 조화를 이루는 변화가 포인트이다.

> **해설** 톤 인 톤(Tone in Tone) 코디네이션
> 톤 인 톤 배색은 근사한 톤의 조합에 따른 배색 방법으로, 색상은 톤 온 톤 배색과 마찬가지로 동일 색상을 원
> 칙으로 하여 유사 또는 인접 색상의 범위 내에서 선택

14 다음 중 여성의 경우에 면접에 적합한 스타일링으로 가장 옳지 않은 것은?

① 얼굴이 갸름하거나 역삼각형인 경우에는 탑보다는 블라우스를 입는 것이 좋다.

② 바지슈트나 치마슈트 등의 정장차림으로 준비한다.

③ 구두는 10cm 이상의 펌프스구두가 적합하다.

④ 스커트나 원피스의 경우 살색 스타킹을 신는 것이 좋다.

> **해설** 구두는 화려하지 않고 장식이 없는 심플하고 무난한 스타일이 좋으며, 자신의 키를 고려하여 너무 높지 않은
> 4~5cm 정도의 굽을 선택

정답 12 ② 13 ① 14 ③

15 다음 중 '톤을 겹치다'라는 뜻으로 동일 색상에서 두 가지 톤의 명도차를 비교적 크게 잡은 색상 코디네이션 방법은?

① 톤 온 톤(Tone on Tone) 코디네이션
② 톤 인 톤(Tone in Tone) 코디네이션
③ 그라데이션(Gradation) 코디네이션
④ 세퍼레이션(Separation) 코디네이션

> **해설** 톤 온 톤(Tone on Tone) 코디네이션
> 동일 색상에서 두 가지 톤의 명도차를 비교적 크게 잡은 배색으로, 동일 색상으로 톤차(특히 명도차)를 강조

16 다음 중 타원형 체형의 여성에게 어울리지 않는 스타일링은 무엇인가?

① 몸에 딱 맞아 몸의 선들을 그대로 드러내는 디자인
② 오버블라우스, 셔츠블라우스
③ 테일러드 칼라의 박스 스타일의 재킷
④ 앞 중심에 단추가 있는 원피스

> **해설** 타원형 체형의 여성에게 어울리지 않는 디자인은 몸에 딱 맞아 몸의 선들을 그대로 드러내는 디자인, 폭넓은 벨트로 허리를 더욱 강조하는 스타일이며, 두껍고 빳빳하거나 광택 나는 소재는 피해야 함

17 남성의 슈트 착장법에 대한 설명 중 가장 옳지 않은 것은?

① 정장 상의 재킷은 착용했을 때 칼라와 깃이 목 근처를 내려오면서 편안하게 앉혀졌는지 체크해야 한다.
② 벨트는 바지 색상과 잘 매치되는 가죽벨트를 착용한다.
③ 셔츠 목부분과 목 사이에 손가락 하나가 들어갈 수 있는 여분이 있어야 한다.
④ 슈트를 착용할 때는 흰색 양말이 가장 무난하다.

> **해설** 남성 슈트는 주로 어두운 색이기 때문에 양말 색도 슈트 색에 맞춰 어두운 계열로 구비해야 하며, 비즈니스 웨어로 착장한다면 슈트 색과 비슷한 색상, 무늬 없는 것으로 깔끔한 인상을 주도록 함

15 ① 16 ① 17 ④ **정답**

18 단조로운 배색에 반대 색상 또는 색조를 사용하여 전체적으로 어울리게 만들어 주는 색상 코디네이션 방법은?

① 세퍼레이션(Separation) 코디네이션

② 톤 온 톤(Tone on Tone) 코디네이션

③ 악센트(Accent) 코디네이션

④ 톤 인 톤(Tone in Tone) 코디네이션

> **해설** 악센트(Accent) 코디네이션
> 단조로운 배색에 반대 색상 또는 색조를 사용하여 전체적으로 어울리게 만들어 주는 배색으로, 악센트 색상은 색과 색을 분리시켜 전체적으로 이질감 나는 색채 조화에 포인트 색상을 넣음으로써 어우러지게 만드는 코디네이션 방법

19 다음 중 직업별 스타일 연출로 가장 옳지 않은 것은?

① 전문직 분야 – 상대에게 자신의 캐릭터나 개성이 드러나지 않도록 연출하며, 컬러는 보수적인 느낌의 검정이나 회색 계열이 적당하다.

② 정치 분야 – 자신의 정치 이념과 소속된 정당의 이미지에 부합하며 국민에게 신뢰를 줄 수 있는 이미지로 스타일링해야 한다.

③ 금융·법조계 분야 – 신뢰와 설득의 이미지를 줄 수 있는 패션전략이 요구된다.

④ 세일즈 분야 – 시장의 자영업자가 고객이라면 딱딱해 보이는 정장 바지보다는 점퍼에 약간은 화려한 셔츠도 권장된다.

> **해설** 전문직 분야의 경우 자신의 캐릭터나 개성이 드러나도록 연출하여도 되며, 다른 직종과 다르게 보편적인 스타일로 착장해야 한다는 부담감에서 벗어날 수 있음

20 다음은 어떤 남성 슈트 스타일에 대한 설명인가?

선이 완벽한 입체 재단을 통해 각이진 어깨와 좁은 소매, 가슴에서 힙까지 매우 피트(Fit)하게 맞는 스타일이다. 또한 재킷에 뒤트임이 없고, 팬츠는 허리 아래부터 몸에 피트하게 맞아 바디라인이 잘 보이는 스타일로 감각적인 스타일 표현에 알맞다.

① 브리티시 스타일
② 유러피안 스타일
③ 아메리칸 스타일
④ 이탈리안 스타일

> **해설** 남성 슈트 스타일
> • 브리티시 스타일(British Style) : 아메리칸 스타일의 편안함과 유러피안 스타일의 인체미를 돋보이게 하는 장점을 흡수하여 편안하면서 고전적인 이미지를 연출
> • 아메리칸 스타일(American Style) : 움직임이 용이한 실용적인 슈트의 형태로 품이 넉넉하여 기능적인 면이 강조된 스타일
> • 이탈리안 스타일(Italian Style) : 어깨가 넓고 허리 부분은 곡선 처리가 적으며, 밑단이 부드러운 곡선 처리로 되어 있어 세련되면서 편안한 느낌이 있음

21 피스(Piece) 코디네이션에 해당하지 않는 것은?

① 셔츠 온 베스트
② 재킷 온 재킷
③ 액세서리 온 드레스
④ 팬츠 온 드레스

> **해설** 피스(Piece) 코디네이션
> 피스 코디네이션은 각각의 단품을 조화 있게 꾸미는 가장 대중적인 코디네이션 방법으로 상의 아이템에 의한 피스 코디네이션 표현은 셔츠 온 베스트, 셔츠 온 셔츠, 재킷 온 재킷 등의 방법이 있고, 하의 아이템에 의한 코디네이션은 팬츠 온 스커트, 팬츠 온 드레스 등의 방법이 있음

20 ② **21** ③ **정답**

22 다음 중 상황별 스타일 연출로 가장 옳지 않은 것은?

① 파티 스타일링 – 파티의 목적이나 콘셉트에 맞는 스타일링을 연출하며, 드레스코드가 있는 경우에는 드레스코드에 맞는 개성있는 스타일로 연출한다.

② 조문 시 스타일링– 조문할 때는 남녀 모두 검정색 정장을 착용하는 것이 예의이다.

③ 면접 스타일링 – 스튜어디스 면접의 경우 항공사별로 원하는 이미지의 메이크업을 숙지하고 비슷한 이미지를 연출하는 것이 중요하다.

④ 결혼식 스타일링 – 하객 의상은 흰색이나 핑크색이 적합하며 화려하고 튀는 스타일로 연출한다.

> **해설** **결혼식 스타일링**
> 결혼식에 참석할 때 신부의 색은 피하고 신부보다 화려하지 않게 헤어, 메이크업, 의상, 액세서리를 착장하는 것이 예의

23 다음 중 ( ) 안에 들어갈 용어를 순서대로 나열한 것은?

> 패션 사이클은 패션 현상의 시기의 길이와 인구채택 주기를 기준으로 클래식, 패션, 패드로 분류한다. 그중 긴 수명과 낮은 정점이지만 사회 전반에 확산된 현상을 (㉠)(이)라 한다. (㉡)은/는 짧은 수명 주기와 급격한 확산 등을 일컬으며, 주로 하위문화에서 나타나거나 특이한 스타일에서 찾을 수 있다.

① ㉠ – 클래식(Classic), ㉡ – 모드(Mode)

② ㉠ – 모드(Mode), ㉡ – 패드(Fad)

③ ㉠ – 클래식(Classic), ㉡ – 패드(Fad)

④ ㉠ – 모드(Mode), ㉡ – 포드(Ford)

> **해설** **클래식과 패드의 특징**
>
> | 구 분 | 클래식(Classic) | 패드(Fad) |
> |---|---|---|
> | 과 정 | • 긴 수명주기
• 낮은 정점
• 사회 전반에 확산 | • 짧은 수명주기
• 급격한 확산
• 특정 하위 문화집단 내 확산 |
> | 대 상 | • 전통적 스타일(베이직)
• 인체미 존중 | • 특이한 스타일
• 의복의 일부분 또는 장식품 |

24 다음 ( ) 안에 들어갈 용어로 가장 옳은 것은?

> 패션은 머물러 있는 것이 아니라 항상 변화한다. 그리고 이 변화는 주의 깊게 보면 방향성을 갖는다. 이처럼 패션이 움직이고 있는 방향을 ( )(이)라고 한다.

① 스타일(Style)
② 패션트렌드(Fashion Trend)
③ 매스패션(Mass Fashion)
④ 보그(Vogue)

> **해설** 패션 관련 용어
> • 스타일(Style) : 다른 옷들과 구별되는 특징적인 형태로서, 식별할수 있는 선, 룩, 실루엣 등으로 묘사
> • 매스패션(Mass Fashion) : 현재 많은 사람들이 착용하는 유행 스타일
> • 보그(Vogue) : 프랑스어로 광범위하게 퍼진 유행이나 인기

25 다음 중 용어와 설명이 잘못 짝지어진 것은?

① 룩(Look) – 커다란 이미지 또는 분위기의 특징을 포착한 개념적 용어이다.
② 모드(Mode) – 소수의 사람들이 착용하는 새로운 유행스타일이다.
③ 스타일(Style) – 다른 옷들과 구별되는 특징적인 형태로서, 식별할 수 있는 선, 룩, 실루엣 등으로 묘사한다.
④ 보그(Vogue) – 프랑스어로 광범위하게 퍼진 유행이나 인기를 뜻한다.

> **해설** 모드(Mode)는 대중유행의 원형이 되는 것을 의미하며 소수의 사람들이 착용하는 새로운 유행 스타일은 하이패션(High Fashion)임

26 다음 설명에 해당하는 용어로 가장 옳은 것은?

> 공식적인 디자이너로 인정받기 위해서 디자이너 하우스는 프랑스 산업 부서가 관리하며, 파리에 본부를 둔 디자이너의 단체 파리의상조합(Chamber Syndicale de la Haute Couture)에 가입이 초대된 디자이너만이 가능하다. 대표적으로 크리스찬 디올(Christian Dior), 샤넬(Chanel), 아르마니(Armani)를 포함해 약 20명의 회원이 있다.

① 오뜨꾸뛰르(Haute Couture)
② 프레타포르테(prêt-à-porter)
③ 패션트렌드(Fashion Trend)
④ 대량생산(Mass Production)

> **해설** **오뜨꾸뛰르(Haute Couture)**
> 특정 콘셉트로 고도로 숙련된 기술을 필요로 하는 디자인을 소화하며 작업에 시간이 많이 걸리므로, 10~20장 정도만 생산할 수 있어 가격이 매우 높음. 오뜨꾸뛰르 컬렉션은 1년에 2번 개최되고, 각 쇼는 30벌 내외의 독창적이고 창의적인 작품의상으로 구성

27 다음 중 다른 옷들과 구별되는 특징적인 형태로서, 식별할 수 있는 선, 룩, 실루엣 등으로 묘사를 할 때 쓰는 용어는?

① 패션(Fashion)
② 스타일(Style)
③ 모드(Mode)
④ 룩(Look)

> **해설** 스타일(Style)은 다른 옷들과 구별되는 특징적인 형태로서, 식별할 수 있는 선, 룩, 실루엣 등으로 묘사함. 예를 들면 '오바마&미셸 오바마 스타일'과 같은 용어로 사용할 수 있음

28 다음 중 패션 마케팅 전략인 3C 분석의 구성 요소에 속하지 않는 것은?

① 고 객

② 경쟁자

③ 위 협

④ 자 사

> **해설** 3C 분석의 구성요소는 고객(Customer), 경쟁사(Competitor), 자사(Company)
> ③ 위협(Threat)은 SWOT 분석의 구성요소에 해당

29 다음 중 ( ) 안에 공통으로 들어갈 용어로 가장 옳은 것은?

> ( )은/는 Strength, Weakness, Opportunity, Threat의 약자로 분석을 통해 이 네 가지 요소를 추출한다고 해서 붙여진 이름이다. ( )은/는 크게 외부 환경분석과 내부 환경분석으로 나뉜다. 외부 환경분석을 통해 자사의 기회와 위협요인이 무엇인지 분명히 알 수 있고, 내부 환경분석을 통해 자사의 강점과 약점을 확실히 찾을 수 있다.

① SPT 마케팅전략

② SWOT 분석

③ 3C 분석

④ 시장세분화

> **해설** SWOT 분석
> SWOT 분석은 Strength, Weakness, Opportunity, Threat의 약자로 분석을 통해 이 네 가지 요소를 추출한다고 하여 붙여진 이름. 네 가지 요소를 교차 분석함으로써 전략을 구체화할 수 있을 뿐만 아니라 앞으로 풀어야 할 과제 또한 명확히 파악할 수 있음

30 다음 중 STP 마케팅전략 과정에 해당하지 않는 것은?

① 시장세분화 ② 표적시장 선정
③ 외부환경 분석 ④ 포지셔닝

> **해설** STP 마케팅전략은 시장세분화(Market Segmentation), 표적시장 선정(Targeting), 제품 포지셔닝(Positioning)
> 을 확정하는 과정

31 다음에서 설명하는 STP 마케팅전략 과정으로 가장 옳은 것은?

전체 시장을 어떤 기준(변수)에 따라 동질적인 고객집단 세분시장으로 나누고 그 집단의 욕구와 필요
에 맞추어 상품을 개발하고 마케팅 활동을 전개하는 것이다. 이러한 과정은 기업에서 빈 시장(Niche
Market) 발견을 가능하게 한다.

① 표적시장선정 ② 내부환경분석
③ 포지셔닝 ④ 시장세분화

> **해설** 시장세분화(Market Segmentation)는 다양한 욕구를 가진 전체 시장을 일정한 기준에 따라 공통된 욕구와 특
> 성을 가진 부분시장으로 나누는 것

32 STP 마케팅전략 시장세분화의 기준이 되는 주요 변수에 해당하지 않는 것은?

① 인구통계적 변수 ② 사이코그래픽 변수
③ 연령별 변수 ④ 지리적 변수

> **해설** 시장세분화 변수
> • 지리적 변수(Geographic Variables)
> • 인구통계적 변수(Demographic Variables)
> • 사이코그래픽 변수(Psychographic Variables)
> • 행동적 변수(Behavioral Variables)

정답 30 ③ 31 ④ 32 ③

33 STP 마케팅전략의 표적시장 선정에 대한 설명 중 가장 옳지 않은 것은?

① 각 세분시장의 매력도를 평가하여 우리 기업에 가장 적합한 세분시장을 표적시장(Target Market)으로 선정하는 과정이다.

② 전체 제품시장을 구성하는 여러 고객집단 중 특정 고객집단을 표적으로 삼아 그들의 욕구에 대응하는 제품과 마케팅 프로그램을 개발하는 마케팅전략을 도입한다.

③ 자사의 마케팅 목표 달성을 위해 세분시장의 규모와 성장 및 매력성, 기업의 목표와 재원 등을 고려해야 한다.

④ 진출하는 시장의 소비자를 분석하고 경쟁업체의 시장상황을 분석한 후 경쟁업체의 포지셔닝을 파악하고 자사의 포지셔닝을 결정한다.

> **해설** ④ STP 마케팅전략의 포지셔닝(Positioning) 과정에 대한 설명

34 다음 중 소비자 행동의 구매결정과정 5단계로 가장 옳은 것은?

① 문제인식 – 정보탐색 – 대안평가 – 구매결정 – 구매 후 평가
② 정보탐색 – 문제인식 – 대안평가 – 구매결정 – 구매 후 평가
③ 대안평가 – 문제인식 – 정보탐색 – 구매결정 – 구매 후 평가
④ 문제인식 – 정보탐색 – 구매결정 – 대안평가 – 구매 후 평가

> **해설** **소비자 행동의 구매결정과정 5단계**
> 문제인식 → 정보탐색 → 대안평가 → 구매결정 → 구매 후 평가

35 다음 보기에서 설명하는 커뮤니케이션 방법으로 가장 옳은 것은?

> 비용을 쓰지 않고 기업이나 제품에 대한 정보를 매체의 뉴스나 기사를 통해 제공함으로써 호의적인 기업 브랜드 이미지를 형성하고 자사 제품 구매 및 자사 제품 인지도 상승과 같은 소비자 반응을 자극하는 것이다.

① 패션광고   ② 인적판매
③ 홍 보   ④ VMD

> **해설** 홍보(Publicity)
> 최근 패션마케터들이 자주 사용하는 홍보로 협찬과 제품 삽입광고(PPL ; Product Placement)가 있는데, 이는 협찬이나 제품 삽입광고 사용이 소비자의 상표에 대한 친숙도를 높이는 데 효과적이기 때문

36 면대면(Face to Face)을 이용하여 보다 친숙하고 따뜻한 감성으로 다가가는 커뮤니케이션 방법은?

① VMD   ② 홍 보
③ 패션광고   ④ 인적판매

> **해설** 인적판매
> 판매원이 고객과 직접 대면하여 자사의 패션 제품이나 서비스를 구매하도록 유도하는 커뮤니케이션 활동. 고객에게 제품이나 서비스에 대한 많은 정보를 전달할 수 있으며 구매 욕구를 자극하는 데 효과적

37 다음 중 소비자 행동에 영향을 미치는 개인적 요인에 포함되지 않는 것은?

① 연 령   ② 라이프스타일
③ 자아개념   ④ 직 업

> **해설** 개인적 요인에는 연령, 라이프스타일, 직업, 경제적 상황 등이 있음
> ③ 자아개념은 심리적 요인에 해당

정답 35 ③ 36 ④ 37 ③

38 다음 방송 용어에 대한 설명 중 가장 옳지 않은 것은?

① Sequence – 몇 개의 신으로 이루어지는 사건 진행의 한 단락(묶음)
② Continuity – 카메라 전체를 전진, 후퇴시켜 촬영하는 방식
③ Scene – 영화의 장면단위
④ Q-sheet – 프로그램의 진행사항을 구체적으로 명시해 놓은 내용

> **해설** 방송 용어
> • Continuity : 콘티. 대본이나 구성을 바탕으로 하여 정확한 순서와 여러 상황 등 모든 사항을 기입하는 것
> • Dolly : 카메라 전체를 전진, 후퇴시켜 촬영하는 방식

39 다음 ( ) 안에 공통으로 들어갈 용어로 가장 옳은 것은?

> 드라마는 대본이 나오기 전에 드라마의 전체적인 줄거리와 등장인물의 성격, 배경을 바탕으로 인물들의 관계와 갈등 구조가 나타나는 ( )이/가 맨 처음 나온다. ( )은/는 제목, 주제, 기획 의도, 등장인물, 줄거리로 구성되어 있다.

① 시퀀스
② 큐시트
③ 대 본
④ 시놉시스

> **해설** 스타일리스트는 시놉시스를 바탕으로 드라마상의 인물의 캐릭터를 올바르게 분석해서 그 극중 캐릭터에 맞는 패션을 머리에서 발끝까지 스타일링

40 다음 중 드라마 스타일링의 절차로 가장 옳은 것은?

① 시놉시스 분석 – 각 인물 캐릭터 컬러 선정 – 인물(배우) 연구 – 이미지 작업 – 협찬
② 시놉시스 분석 – 인물(배우) 연구 – 이미지 작업 – 각 인물 캐릭터 컬러 선정 – 협찬
③ 시놉시스 분석 – 인물(배우) 연구 – 각 인물 캐릭터 컬러 선정 – 이미지 작업 – 협찬
④ 시놉시스 분석 – 각 인물 캐릭터 컬러 선정 – 인물(배우) 연구 – 협찬 – 이미지 작업

> **해설** 드라마 스타일링의 절차는 '시놉시스 분석 – 인물(배우) 연구 – 각 인물 캐릭터 컬러 선정 – 이미지 작업 – 협찬' 순으로 진행

38 ② 39 ④ 40 ③ **정답**

41 다음 중 음악 장르별 스타일링 연출 방법으로 가장 옳지 않은 것은?

① 댄스 – 움직임이 많은 안무를 하기에 불편함이 없고 땀 등에도 원단이나 옷의 형태가 변하지 않도록 주의해야 한다.

② 발라드 – 음악 멜로디, 가사가 서정적인 분위기로 대부분 단순한 디자인을 사용하며 원단으로 많은 변화를 주어 스타일링을 연출한다.

③ 디스코– 몽환적인 느낌의 스타일로 강한 컬러 의상의 아이템과 아이라인이나 입술을 강조한 메이크업으로 섹시미를 강조한 스타일을 연출한다.

④ 록 – 음악의 비트가 강하고 가수의 개성이 강한 경우가 많기 때문에 메탈 소재의 액세서리나 가죽, 진 소재를 사용한다.

> **해설** 재즈(Jazz)
> 몽환적인 느낌의 스타일로 강한 컬러 의상의 아이템과 아이라인이나 입술을 강조한 메이크업으로 섹시미를 강조한 스타일

42 남자 아나운서의 스타일링으로 가장 옳지 않은 것은?

① 안경은 빛이 반사되지 않는 제품을 선택함으로써 안경을 쓰는 것이 단점이 되지 않도록 한다.

② 아나운서에게 어울리는 화려한 색상을 과감히 사용한다.

③ 클래식 스타일 정장을 위주로 하며 최근에는 정통 클래식보다는 클래식과 엘레강스 스타일의 중간 정도 스타일을 선호한다.

④ 상반신 위주로 연출이 되기 때문에 옷을 입는 사람의 얼굴형에 맞는 네크라인과 컬러가 중요하다.

> **해설** 아나운서는 전문적이고 신뢰 있는 인상을 주는 것이 중요하므로 과도한 디자인이나 시각적 자극을 줄 수 있는 의상 등은 피하는 것이 좋음

정답 41 ③ 42 ②

43 패션쇼의 유형에 해당하지 않는 것은?

① 쇼의 장소에 따른 유형

② 주관, 주최자에 따른 유형

③ 개최하는 목적에 따른 유형

④ 구성방식에 따른 유형

> **해설** 패션쇼의 유형
> • 주관, 주최자에 따른 유형
> • 개최하는 목적에 따른 유형
> • 쇼의 규모에 따른 유형
> • 주최자와 관객에 따른 유형
> • 구성방식에 따른 유형

44 자선 쇼, 패션잡지 쇼, 의상디자이너 쇼, 학생졸업작품 쇼, 액세서리 쇼, 소재·생산업체 쇼 등으로 분류되는 패션쇼 유형은?

① 개최하는 목적에 따른 유형

② 구성방식에 따른 유형

③ 주관, 주최자에 따른 유형

④ 규모에 따른 유형

> **해설** 주관, 주최자에 따른 유형은 자선 쇼, 패션잡지 쇼, 의상디자이너 쇼, 학생졸업작품 쇼, 액세서리 쇼, 소재·생산업체 쇼 등으로 분류

45 연극 및 뮤지컬 무대의상 스타일링에 대한 설명으로 가장 옳지 않은 것은?

① 공연장이 어디인지부터 체크를 하여 의상의 볼륨감을 결정해야 한다.

② 멀리 떨어져서 보는 관객을 위해서 디자인은 간결하면서 강조하는 부분을 정확하게 알아볼 수 있도록 해야 한다.

③ 상연되는 공연의 과거 역사와 의상 캐릭터 분석 및 그 시대배경의 조사가 먼저 이루어져야 한다.

④ 헤어, 메이크업은 가까이에서 보았을 때를 기본으로 절제되고 자연스럽게 표현되어야 한다.

> **해설** 헤어, 메이크업은 멀리서 보았을 때를 기본으로 과장되고 강렬하게 표현되어야 함

부 록

2차 실무
출제예상문제

수험생 여러분들의 2차 시험 대비에 도움을 드리고자 패션스타일리스트 2차 실무 시험 출제예상문제를 부록으로 수록하였습니다. 출제유형 및 배점기준 등을 파악하시는 데 도움을 드리기 위한 내용으로 답안 없이 문제만 수록되어 있습니다. 전체적으로 쭉 훑어보시면서 2차 실무 시험 준비에 참고하시기 바랍니다.

FASHIONSTYLIST

2차 실무 출제예상문제

다음은 수험생 여러분들의 2차 시험 대비에 도움을 드리고자 제공하는 패션스타일리스트 2차 실무 시험 출제예상문제입니다. 답안 없이 문제만 수록되어 있으며, 전체적으로 쭉 훑어보시면서 2차 실무 시험 준비에 참고하시기 바랍니다.

구 분	검정과목	출제 문항수	시험시간
2차(실무)	스타일리스트 실무	6문항	기술형 + 작업형 3시간

다음에 제시된 설명을 잘 읽고 스페셜 드라마 '편의점 샛별이'에서 여자 주인공역을 맡은 배우 '김유정'의 패션을 스타일링하시오.

> ### 드라마 '편의점 샛별이'
>
> **기획의도**
> '아이 하나 키우는 데 온 마을이 필요하다' 그 유명한 아프리카 속담처럼, 아이는 주변의 사랑과 관심 속에서 비로소 어른으로 자라난다. 해맑은 모습 뒤에 내면의 상처를 안고 사는 열혈 소녀 정샛별은 열정 청년 최대현을 만나 사람 냄새 물씬 나는 신성동의 일원이 된다. 특별할 것 없지만 그래서 더 정감 가고 그래서 더 따뜻한 곳, 신성동. 이 곳에서 샛별과 대현은 마음의 상처를 치유하고 그 사랑을 얻으며 미래를 꿈꾸는 어른으로 몰라보게 성장한다. 〈편의점 샛별이〉는 이들의 이야기를 마치 편의점처럼 친숙한 감성의 유쾌한 코미디로 풀어내는 드라마다.
>
> **등장인물 – 정샛별(주연 : 김유정)**
> 종로 신성점 알바. 상큼한 미모와 달리 언제 어디로 튈지 모르는 4차원 성격의 똘끼 소유자. 놀라운 운동 능력과 대단한 싸움 실력을 갖췄지만 정작 샛별은 꽃을 사랑하고 친구를 좋아하고 레트로 감성의 노래와 패션을 즐기는 매력 만점의 스물두 살 청춘. 고교시절 지역구를 평정한 이력이 있다. 소녀들의 구룡 성채라 불리는 발광여고에 다니던 샛별의 바람은 그저 친구들과 평범한 학교생활을 하는 것뿐이었는데.

※ 기술형 문제 – 패션 테마스타일링 기획(총 4문항/배점 40점)

> ▶ 테마 기획 시 8가지 미의식을 기초하여 포함되는 감각과 룩을 명시하여 기획
>
> ▶ 콘셉트 기획 시 패션 테마 기획을 기본으로 콘셉트 명시 및 코디네이트 기법 명시
> ㉮ 믹스 매치, 크로스오버 코디네이션 등)
>
> ▶ 컬러 기획 시 선택한 컬러의 이미지 명시, 컬러 코디네이트 기법에 기초한 기획
>
> ▶ 소재 기획 시 선택한 소재에 대한 특성, 장점, 활용 이미지 명시, 소재 코디네이트 기법에 기초한 기획
>
> ▶ 실루엣과 디테일, 아이템, 소품기획 시 테마, 콘셉트, 컬러, 소재에 맞는 실루엣과 디테일 기획, 체형별 코디네이트 기법에 기초하여 기획
>
> ▶ 헤어와 메이크업 기획 시 테마, 콘셉트, 실루엣, 디테일 기획과 연관 지어 조화로운 헤어 스타일링 기획, 메이크업 기획 시 테마, 콘셉트, 컬러 기획과 연관 지어 조화로운 메이크업 스타일링 기획

01 정샛별의 패션 스타일링을 위한 테마를 설정하고 테마명을 설명하시오. (10점)

02 정샛별을 위한 패션 스타일링 테마를 어떻게 풀어갈 것인지 콘셉트를 구체적으로 제시하고, 이 콘셉트의 차별화 포인트는 무엇인지 설명하시오. (10점)

03 정샛별을 위한 패션 스타일링 테마와 콘셉트에 맞는 컬러 기획 및 소재 기획을 하시오. (8점)

04 정샛별을 위한 패션 스타일링 테마와 콘셉트에 맞는 실루엣과 디테일은 어떤 것인지, 아이템은 어떻게 구성할 것인지, 소품은 어떻게 스타일링할 것인지, 헤어와 메이크업을 어떻게 스타일링할 것인지 기획하시오. (12점)

▶ 주어진 잡지를 이용하여야 하며 사진이나 그림은 다양한 방법으로 사용가능합니다.

▶ 테마명은 잡지의 문자를 이용해도 좋고 직접 써 넣어도 좋습니다.

05 정샛별을 위한 앞의 기획에 맞는 패션 스타일링 맵(테마, 콘셉트, 컬러, 소재, 룩, 소품, 아이템, 실루엣, 디테일 포함)을 구성하시오. (40점)

※ 맵에 테마명을 반드시 기입하시오.

06 정샛별을 위한 패션 스타일링에 맞는 헤어 스타일링과 메이크업 스타일링 맵을 구성하시오. (20점)

참고문헌

제1과목 ....

공미란 · 안인숙, 〈패션디자인〉, 예학사, 2003.

김민자 · 최현숙 · 김윤희 · 하지수 · 최수현 · 고현진, 〈서양패션 멀티 콘텐츠〉, 교문사, 2010.

김영옥 · 안수경 · 조신현, 〈서양복식의 문화의 현대적 이해〉, 경춘사, 2010.

노미경, 〈서울과 밀라노의, 스트리트 패션 비교 연구〉, 성신여자대학교 석사학위 청구논문, 2003.

노미경, 〈서울과 밀라노 스트리트 패션 비교 연구〉, 한국복식학회지, 53권(5호), 2003.

박미령, 〈현대 패션의 소비 이데올로기 분석〉, 경희대학교 박사학위 청구논문, 2005.

박준현, 〈21세기 패션 트렌드에 나타난 하위문화 스타일−히피와 펑크풍을 중심으로−〉, 건국대학교 석사학위 청구논문, 2010.

양미경, 하위문화 패션스타일 유형, 〈The Korea Fashion & Costume Design Association〉, vol.6 no.1(2004)

최원정, 〈현대 스트리트 패션에 관한 연구〉, 홍익대학교 석사학위 청구논문, 2010.

최해주 · 임은혁 · 황선진, 〈패션디자인〉, 두산동아, 2011.

이재희 · 이미혜, 〈이미지의 시대〉, 경성대학교 출판부, 2011.

이전숙 저, 〈현대인의 패션〉, 교문사.

이이자 · 김인경 · 김효숙 · 박명희 · 원명심 · 이명숙 · 이상은 · 이순재 · 이원자 · 정하신 공저, 〈현대사회와 패션〉, 건국대학교 출판부.

Bonnie English, 〈A Cultural History Of Fashion In The 20th Century〉, Berg, 2007.

Kitty G. Dickerson 저, 장남경역, 〈패션 비즈니스의 내면〉, 시그마프레스, 2004.

Gerda Buxbaum, 〈Icon of Fashion the 20th century〉, Prestel, 1999.

Harriet Worsley, 〈DECADES OF FASHION〉, Paperback, 2011.

Charlotte Fiell & Emmanuelle Dirix, 〈Fashion Sourcebook − 1920s(Fiell Fashion Sourcebooks)〉, Paperback, 2011.

Suzanne Lussier, 〈Art Deco Fashion, Copyrighted Material〉, 2003.

이은숙, 〈A Study on the Fashion Trends of a Popular Star〉, Journal of the Korea Fashion & Costume Design Association Vol. 10 No. 1 (2008) p.71.

Doopedia 두산백과

스트어트 홀 외 2인 저, 전효관 · 김수진 외 5인 역, 〈모더니티의 미래〉, 현실문화연구, 2000.

Sean Homer 저, 이택광역, 〈프레드릭 제임슨 − 맑스주의, 해석학, 포스트모더니즘〉, 문화과학사, 2002.

Andrew Darley 저, 김주환역, 〈디지털 시대의 영상문화〉, 현실문화 연구, 2003.

이민선, 〈남성의 몸과 패션에 표현된 미적 이미지〉, 서울대박사 학위논문, 서울대대학원, 2001.

최경희, 〈현대패션에 표현된 다원적 성에 관한 사회기호학적 분석〉, 서울대박사 학위논문, 서울대대학원, 2006.

딕 헵디지 저, 이동역 역, 〈하위문화 스타일의 의미〉, 현실문화연구, 1998.

임은혁, 〈1990년대 패션에 나타난 하위문화 스타일〉, 서울대석사 학위논문, 서울대대학원, 2002.

Marcia A. Morgado(2007), The Semiotics of Extraordinary Dress A Structural Analysis and Interpretation of Hip−Hop Style, CLOTHING & TEXTILES RESEARCH JOURNAL, 25(2), p.131.

The resa M. Winge(2012), Body Style, Newyork : Berg

이미지 & 내용출처

http://blog. naver.com.PostView.nhn

http://En.Wikipedia.Org

http://Kin.Naver.Com/Qna/Detail.

http://Cafe.Naver.Com/Hairmetoo.Cafe

http://Blog.Naver.Com/Tubetint

http://www.Hani.Co.Kr/Section

http://Patzzi.Joins.Com/Article/Article.Asp

http://Blog.Naver.Com/Sac_Art

http://www.Schiaparelli.Com/Intro.Html.

http://Old.Elle.Co.Kr/Brand/Brandoverview_Inspiration.

http://www.infomat.com/whoswho/christiandior.html

http://en.wikipedia.org/wiki/Hypermodernity

제2과목

교육과학기술부(2011), 〈패션디자인〉, 서울 : 두산동아㈜

김칠순 · 신혜순 · 이규혜 · 이은옥 · 장동림 · 채수경 · 최인려 · 한명숙(2007), 〈패션디자인〉, 경기파주 : 교문사

양숙희(1995), 〈패션〉, 서울 : 경춘사

오희선 · 박화순(2001), 〈패션을 위한 디자인〉, 서울 : 경춘사

유송옥 · 김경실 · 간호섭(2006), 〈패션디자인〉, 서울 : 수학사

이광훈 · 정혜민 · 조현주, 이명준(2010), 〈패션디자인의 발상 기법〉, 서울 : 시그마프레스

이전숙 · 김용숙 · 이효진 · 염혜정(2003), 〈현대인의 패션〉, 서울 : 교문사

이호정(2005), 〈패션디자인〉 (개정판), 서울 : 교학연구사

Laird Borrelli(2008), 〈Fashion illustration by Fashion designers〉, San Francisco : Chronicle books

이현미 외 5인, 〈패션스타일리스트〉, 시대고시기획

정삼호 외 2인, 〈패션 self 스타일링〉, 2007, 교문사

조진아 외 3인, 〈토탈코디네이션〉, 2002, 훈민사

정삼호, 〈현대패션모 2000〉, 교문사

박길순 외 3인, 〈패션이미지 스타일링〉, 2009, 궁미디어

최해주 · 임은혁 · 황선진, 〈패션디자인〉, 2011, 두산동아

김월순 외 2인, 〈토탈코디네이션〉, 2004, 예림

인터넷 자료

http://blog.naver.com/PostView

http://En.Wikipedia.Org

http://blog.joinsmsn.com/media

제3과목 ··

박영순 · 이현주(2004), 〈색채와 디자인〉, 교문사

수잔베리 & 주디 마틴 저(1992), 김미자(1997) 역, 〈디자인과 색의 연출〉, 예경

조필교 · 정혜민 (1999), 〈패션디자인과 색채〉, 전원문화사

한국색채 학회(2002), 〈색이 만드는 미래〉, 도서출판 국제

김민경(2005), 〈김민경의 실용색채활용〉, 예림

프랭크 H. 만케 저, 최승희 · 이명순(2002) 역, 〈색채, 환경, 그리고 인간의 반응〉, 도서출판 국제

조현주 · 이광훈 · 정혜민(2007), 〈쉽게 이해하는 색채학〉, 시그마 프레스

윤혜림(2008) 저, 〈색채심리마케팅과 배색이론〉, 도서출판 국제

정흥숙(2006), 〈서양복식문화사(개정판)〉, 서울 : 정문사

김성련 · 유효선 · 조성교(2005), 〈새의류소재〉, 서울 : 교문사

김정숙 · 권수애 · 최종명(2002), 〈의류봉제과학〉, 서울 : 교학연구사

Celia stall-meadows(2004), 〈KNOW YOUR FASHION ACCESSORIES〉, Fairchild Publications, Inc.

김영인 · 문영애 · 이영숙 · 이윤주(2001), 〈디지털패션디자인〉, 서울 : 교문사

슈미트 · 베아체(1999), 〈패션의 클래식〉, 황현숙 옮김(2001), 〈시대를 초월하는 유행, 명품〉, 서울 : 예경

Caroline Lebeau(2004), 〈fabrics : THE DECORATIVE ART OF TEXTILES〉

Thames & Hudson : London

이현미 · 박송애 · 김현량 · 김영란 · 정애리 · 정우진(2011), 〈패션스타일리스트(개정판)〉, 서울 : 시대고시기획

인터넷 자료

www.firstviewkorea.com

www.elle.com

www.google.com

www.fi.co.kr

제4과목 ··

고은주 외 7인(2009), 〈패션마케팅〉, 박영사

권경선(1999), 〈디자이너를위한 디스플레이 연출〉, 도서출판 국제

권혜숙(2004), 〈패션과 이미지메이킹〉, 수학사

김동수(2015), 〈보넬본〉, 형설출판사

김명희(2002), 〈현대 패션에 나타난 아트디렉터의 역할에 관한 연구〉, 동덕여대 석사학위논문

김유순 · 박선희 · 신명자 · 한명숙(2004), 〈스타일리스트를 위한 이미지 메이킹〉, 예림

김은경 외 2인(2000), 〈현대생활속의 패션〉, 학문사

김은숙 외 6인(2015), 〈미용경영학〉, 메디시언

김은주 외 2인(2008), 〈샵마스터〉, 신한 M & B

김종복(1997), 〈패션감각탐구〉, 시대

김희섭(2006.11.25), 조선일보, 칼리피오리나(Carly Fiorina)

김희숙 · 이선경 · 조신현 · 문장은(2009), 〈스타일메이킹〉, 교문사

남정석(2011.03.06), 〈스티브잡스의 심플한 패션이 주는 의미〉, 스포츠조선

문은배(2011), 〈색채디자인교과서〉, 안그라픽스

박길순 외 3인(2009), 〈패션이미지 스타일링〉, 궁미디어

박영진 외 4인(2017), 〈패션스타일리스트 한권으로 끝내기〉, 시대고시기획

박은준 외 10인(2015), 〈토탈 코디네이션〉, 메디시언

배용진, 장성란(2016), 〈디자인을 위한 색채〉, 지구문화사

배용진 외 2인(2018), 〈패션 & 뷰티코디네이션을 위한 색채 15강〉, 지구문화사

사사키치카 외 6인(2007), 〈이미지메이킹〉, 예림

신상옥 외 3인(1999), 〈현대 패션과 의생활〉, 교문사

안광호 · 김동훈 · 유창조(2001), 〈촉진관리(통합적 커뮤니케이션 접근)〉, 학현사

위혜정 외 2인(2011), 〈이미지메이킹을 위한 패션스타일링〉, 청람

오선숙 외 2인(2002), 〈패션의 이해와 연출〉, 경춘사

오세희(2007), 〈스타일리스트를 위한 패션스타일리스트〉, 성안당

오희선 · 박화순(2000), 〈아름다운 여성을 위한 패션코디〉, 경춘사

유현주 외 2인 (2001), 〈토털뷰티코디네이션〉, 일진사

이경기(2006), 〈영화대백과〉, 한국언론인협회

이경손 · 김희섭 · 박영신(2011), 〈패션스타일링을 위한 코디네이션〉, 교문사

이경희(2001), 〈20세기의 모드〉, 교학연구사

이기열(2011), 〈패션쇼의 이해〉, MJ미디어

이선재(1998), 〈의상학의 이해〉, 학문사

이영주(2001), 〈패션 VMD〉, 미진사

이현미 · 박송애 · 김현량 · 김영란 · 정애리 · 정우진(2008), (2011), 〈패션스타일리스트〉, 시대고시기획

이호정(2001), 〈의류상품학〉, 교학사 p.58(재정리)

이은영(2000), 〈패션마케팅〉, 교문사

임숙자 역(1997), 〈패션머천다이징 & 마케팅〉, 교문사

장성은 · 이종숙(2008), 〈토탈패션뷰티 코디네이션〉, 경춘사

정삼호(1996), 〈현대패션모드〉, 교문사

정삼호 외 2인(2000), 〈패션 셀프 스타일링〉, 교문사

정흥숙 외 2인(1998), 〈현대인과 의상〉, 교문사

조영아 · 최경아(2009), 〈샵마스터〉, 교학연구사

조유경(2013), 〈라이선스 패션매거진에 나타난 국내 · 외 화장품 광고 비교분석〉, 세종대학교 대학원

조진아 · 강근영 · 이현주 · 전연숙 · 송승연(2002), 〈토털코디네이션〉, 훈민사

최선형 외 3인(2011), 〈21세기 패션마케팅〉, 창지사

최선임(2003), 〈패션스타일리스트〉, 문예당

홍병숙 · 서성무 · 진병호(2002), 〈패션비즈니스〉, 형설출판사

Arthur A. Winter and Stanley Goodman(1978), Fashion Advertising and Promotion, Fairchild Publications.

Colin McDowell(2000), Fashion Today, PHAIDON

Lindsay Mannering(March 29, 2009), Hillary Clinton's Top 10 Most Promising Fashion Statements(PHOTOS)

Michael R. Solomon, Nancy J. Rabolt(2004), Consumer Behavior in Fashion, publishing as Prentice Hall, 이승희, 김미숙, 황진숙 옮김(2006), 〈패션과 소비자행동〉, 시그마프레스

Rockport(1998), The best of News paper Design, Rockport

인터넷 자료

http://www.huffingtonpost.com/lindsay-mannering/hillary-clintons

http://magazine.joinsmsn.com

http://www.onstylei.com

http://Style.com

http://Firstview.com

www.terms.naver.com,네이버지식백과(2011.10.28), Madeleine Albright, Andrea Jung

http://pds.joins.com/news/component/htmlphoto_mmdata/201512/11/htm_2015121119285533521.jpg

http://www.hillaryclintonquarterly.com/images/timemagazinecover11162009.jpg

http://i2.cdn.turner.com/cnnnext/dam/assets/150922134700-15-tbt-kennedy-nixon-debaterestricted-exlarge-169.jpg

http://www.chosun.com/national/news/200407/200407220423.html

http://enfant.designhouse.co.kr/magazine/type2view.php?num=46342

http://i.dailymail.co.uk/i/pix/2014/09/04/article-O-210DCF4400000578-230_634x477.jpg

http://justwonstalk.tistory.com/153

https://ko.depositphotos.com/16077403/stock-photo-andrea-jung.html

https://ko.wikipedia.org/오바마

http://news.joins.com/article/9463669

https://ko.wikipedia.org/아트디렉터

https://ko.wikipedia.org/크리에이티브_디렉터

http://www.firstviewkorea.com

http://www.fashionssun.com/bbs/board.php?botable=0201&wrid=18

https://search.naver.com/search.naver?where=nexearch&sm=tabetc&mra=blRB&query

MEMO

좋은 책을 만드는 길, 독자님과 함께하겠습니다.

2024 시대에듀 패션스타일리스트 한권으로 끝내기

개정10판1쇄 발행	2024년 08월 30일 (인쇄 2024년 06월 27일)
초 판 발 행	2013년 01월 10일 (인쇄 2012년 10월 19일)
발 행 인	박영일
책 임 편 집	이해욱
편 저	박영진 · 윤예진 · 박지수 · 윤진영
편 집 진 행	김은영
표 지 디 자 인	조혜령
편 집 디 자 인	박지은 · 고현준
발 행 처	(주)시대고시기획
출 판 등 록	제10-1521호
주 소	서울시 마포구 큰우물로 75 [도화동 538 성지 B/D] 9F
전 화	1600-3600
팩 스	02-701-8823
홈 페 이 지	www.sdedu.co.kr

I S B N	979-11-383-7371-5 (13590)
정 가	38,000원

끝까지 책임진다! 시대에듀!

QR코드를 통해 도서 출간 이후 발견된 오류나 개정법령, 변경된 시험 정보, 최신기출문제, 도서 업데이트 자료 등이 있는지 확인해 보세요! **시대에듀 합격 스마트 앱**을 통해서도 알려 드리고 있으니 구글 플레이나 앱 스토어에서 다운받아 사용하세요. 또한, 파본 도서인 경우에는 구입하신 곳에서 교환해 드립니다.

문신사 · 반영구화장 · 속눈썹 연장도 역시 시대에듀

반영구 메이크업 디자인 앤 스킬

- 한국어, 중국어 겸용판
- 반영구 디자인과 색채 배합을 위한 필독서
- 편저 정미영
- 정가 30,000원

프로가 되는 속눈썹 연장

- 초보부터 프로까지 속눈썹 연장의 모든 것
- 전문 아이래쉬인으로 거듭나기 위한 기초
- 응용심화 테크닉
- 편저 강경희 · 박기원
- 정가 22,000원

문신사(반영구화장사) 한권으로 끝내기

- 신설예정 문신사/반영구화장사 자격증
- All 컬러의 풍부한 사진자료
- 단원별 적중예상문제 및 상세한 해설
- 파이널 모의고사 2회분 수록
- 편저 정성진
- 정가 28,000원

※ 도서의 이미지 및 세부구성은 변경될 수 있습니다.

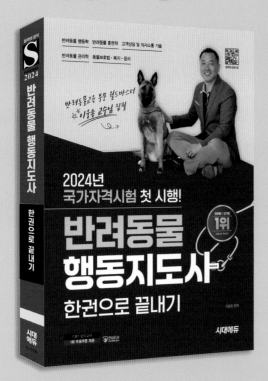

또 하나의 가족을
이해하고 사랑하는 법!

NCS 반려견스타일리스트
한권으로 끝내기

송치용 · 최미경 · 남도균 편저 / 496쪽 / 28,000원

▶ 국가공인자격 단기합격 대비
▶ 출제영역에 맞춘 목차구성
▶ 시험 연계 핵심이론, 연습문제
▶ 실전 모의고사 3회분 수록

동물병원 119
- 강아지편 -

이준섭 · 한현정 편저 / 370쪽 / 16,000원

▶ 2017 세종도서 교양부문 선정 도서
▶ 전문수의사 집필
▶ 반려인 필수지식 및 반려견 질환과 치료법 수록
▶ 반려동물 응급처치법 수록

나는 이렇게 합격했다

당신의 합격 스토리를 들려주세요
추첨을 통해 선물을 드립니다

베스트 리뷰
갤럭시탭 / 버즈 2

상/하반기 추천 리뷰
상품권 / 스벅커피

인터뷰 참여
백화점 상품권

이벤트 참여방법

합격수기

| 시대에듀와 함께한 도서 or 강의 **선택** | > | 나만의 합격 노하우 정성껏 **작성** | > | 상반기/하반기 추첨을 통해 **선물 증정** |

인터뷰

| 시대에듀와 함께한 강의 **선택** | > | 합격증명서 or 자격증 사본 **첨부**, 간단한 **소개 작성** | > | 인터뷰 완료 후 **백화점 상품권 증정** |

이벤트 참여방법

다음 합격의 주인공은 바로 여러분입니다!

QR코드 스캔하고 ▷ ▷ ▷
이벤트 참여하여 푸짐한 경품받자!

합격의 공식
시대에듀